设计应用基础及精彩实例

主 编 蔡玉强
副主编 韩 炬 裴未迟 姜海勇
参 编 吴 超 及冲冲 丁广文 邢 娜 孟 欣 赵 飞 王晓月 李志斌 李少峰
主 审 李德才

Basis of Design Application and Wonderful Examples Based on Creo 2.0

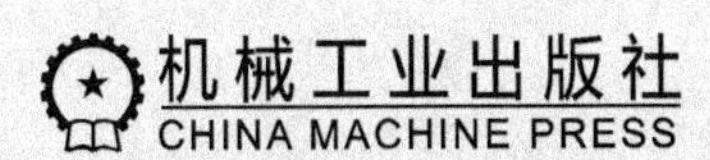
机械工业出版社
CHINA MACHINE PRESS

本书基于PTC公司推出的Creo 2.0中文版编写，主要介绍了零件建模、产品装配、工程图创建、机构运动仿真以及结构分析与优化设计、管道设计等模块的功能和使用技巧，每个模块都引入大量精彩范例，使读者通过范例的学习熟悉建模与仿真分析的基本操作，掌握软件使用技巧。

本书内容全面，基本覆盖了产品设计分析的全流程，实例精彩，内容循序渐进，由浅入深；基础知识的解释简单实用；零件创建部分的编写以基础特征的创建为主线，将工程特征和基准特征的创建贯穿到各个实例中。

本书非常适合机械、工业造型、航空航天、家电等领域工程技术人员及广大在校大学生、研究生使用。

图书在版编目（CIP）数据

Creo2.0设计应用基础及精彩实例/蔡玉强主编. —北京：机械工业出版社，2014.1（2023.7重印）

ISBN 978-7-111-45411-3

Ⅰ.①C… Ⅱ.①蔡… Ⅲ.①计算机辅助设计-应用软件 Ⅳ.①TP391.72

中国版本图书馆CIP数据核字（2014）第006526号

机械工业出版社（北京市百万庄大街22号 邮政编码100037）
策划编辑：舒 恬 责任编辑：舒 恬 任正一
版式设计：霍永明 责任校对：刘秀丽 程俊巧
封面设计：张 静 责任印制：单爱军
北京虎彩文化传播有限公司印刷
2023年7月第1版·第6次印刷
184mm×260mm·26印张·703千字
标准书号：ISBN 978-7-111-45411-3
定价：69.00元

电话服务
客服电话：010-88361066
010-88379833
010-68326294

网络服务
机 工 官 网：www.cmpbook.com
机 工 官 博：weibo.com/cmp1952
金 书 网：www.golden-book.com
机工教育服务网：www.cmpedu.com

前言 PREFACE

Creo 2.0 是美国 PTC 公司（Program Technology Corporation）最新推出的一套 CAD/CAE/CAM 参数化软件系统。PTC 公司于 1988 年发布了 Pro/ENGINEER 软件的第一个版本，经过二十余年的发展，Creo 整合了 PTC 公司的 Pro/ENGINEER 的参数化技术、CoCreate 的直接建模技术和 ProductView 的三维可视化技术，目前已经成为三维建模软件的领头羊，广泛应用于电子、机械、工业造型、航空航天、家电等领域。Creo 2.0 集零件设计、装配、工程图、钣金件设计、模具设计、NC 加工、造型设计、逆向工程、运动模拟、有限元分析等于一体，基本覆盖了产品设计加工的全流程。

数字化设计与分析是产品设计的一个重要发展方向，在校大学生、研究生以及广大工程技术人员迫切需要熟练使用该软件，也更加渴求介绍该软件使用方面的优秀图书。

本书基于 PTC 公司推出的 Creo 2.0，对零件设计、装配、工程图、机构运动仿真分析、有限元分析等各个模块，进行了简要的讲解，每个模块都引入大量精彩范例，使读者通过范例的学习熟悉基本操作，掌握建模的技巧。本书内容全面，基本覆盖了产品设计分析的全流程，非常适合机械、工业造型、航空航天、家电等领域工程技术人员及广大在校大学生、研究生使用。

本书共 15 章。内容包括二维草绘、零件三维造型、工程图、零件装配、机构运动仿真、结构分析及管道设计七大功能模块。

第 1 章　主要对 Creo 2.0 的安装、Creo 2.0 操作界面及配置文件进行详细的讲解。

第 2 章　主要介绍自下而上产品设计方法，通过简单的实例使读者初步了解基于 Creo 的产品设计流程，体验 Creo 的典型设计思想。

第 3 章　主要介绍了草绘的基本过程及草图创建技巧。

第 4 ~ 10 章　以基础特征创建工具为主线，结合基准特征和工程特征的创建，通过大量实例介绍了拉伸、旋转、扫描、螺旋扫描、混合、扫描混合及曲面类零件的创建方法和技巧。

第 11 章　主要介绍零件装配的操作方法及技巧。

第 12 章　主要介绍了机构运动分析和仿真的过程及技巧。

第 13 章　主要介绍了工程图的创建及技巧。

第 14 章　主要介绍结构分析及优化设计的流程及技巧。

第 15 章　主要介绍管道设计流程及技巧。

本书基于 Creo 2.0 软件，以在校大学生、研究生及广大工程技术人员在产品设计分析中的实际需求为导向，对编写的内容进行了系统化及整合，内容上包括零件造型模块、产品装配模块、工程图模块、机构运动学分析模块、有限元结构分析模块。这些模块完全满足了产品设计工程师的软件应用需求。在实例的选择上结合实际应用，可以迅速培养工程师的实战能力。

在编写形式上，首先通过具体的实例来让读者从总体上体会产品设计中的常用模块，使读者能窥见软件的全貌和使用软件进行产品设计的流程。经过整合的每个内容模块首先对基础知识进行解读，解释简单实用，内容循序渐进，由浅入深。通过精彩范例使读者迅速掌握 Creo 2.0 中文版的主要功能，并掌握软件的使用技巧。

参与本书编写的人员包括华北理工大学蔡玉强（第 1 章、第 2 章）、韩炬（第 13 章）、裴未迟（第 11 章）、吴超（第 12 章）、及冲冲（第 3 章、第 15 章）、邢娜（第 8 章）、孟欣（第 4 章）、赵飞（第 14 章）、李志斌（第 10 章）、王晓月（第 9 章）、李少峰（第 6 章）、河北农业大学姜海勇（第 7 章）、邢台职业技术学院丁广文（第 5 章），本书由蔡玉强担任主编，并进行统稿。

读者对象：本书内容系统全面，实例精彩，联系实际，极适合广大工程技术人员和在校学生使用。

随书资源包内容简介

为了方便读者练习，特将本书中所用到的范例、配置文件等放入随书资源包中。随书资源包请读者从机工教育服务网（www.cmpedu.com）本书详情页展示的链接地址下载使用。按照章节组织文件，每章包括如下内容：

1）“before” 文件夹，存放练习准备文件。

2）“OK” 文件夹，存放结果文件。

3）“video” 文件夹，存放操作过程的动画演示文件。

4）“实训题” 文件夹，存放章后 “实训题” 部分的模型文件。

另外附赠的系统配置文件存放在 Creo 2.0_system_file 文件夹中。

目 

CONTENTS

前言

第 1 章　Creo 简介 ………………………… 1

1.1　Creo 功能模块简介 ………………………… 2

1.2　Creo 2.0 软件的安装 ………………………… 2

1.3　设置 Creo 2.0 软件的启动目录 ………………………… 4

1.4　初识 Creo 2.0 工作界面 ………………………… 5

1.5　Creo 2.0 基本操作 ………………………… 6

1.6　配置文件简介 ………………………… 9

第 2 章　Creo 产品设计过程 ………………………… 14

2.1　设置工作目录 ………………………… 15

2.2　自下而上产品设计体验 ………………………… 15

2.2.1　零件的创建 ………………………… 16

2.2.2　装配体的创建 ………………………… 20

2.2.3　工程图的创建 ………………………… 22

2.3　设计修改 ………………………… 26

第 3 章　二维草绘 ………………………… 28

3.1　草绘简介 ………………………… 29

3.2　二维草绘的基本过程 ………………………… 30

3.3　草绘界面环境下工具的使用 ………………………… 31

3.4　草绘实例 ………………………… 48

3.4.1　草绘实例一 ………………………… 48

3.4.2　草绘实例二 ………………………… 51

3.4.3　构造图元的使用实例 ………………………… 56

3.5　实训题 ………………………… 60

第 4 章　拉伸类零件的创建 ………………………… 62

4.1　拉伸命令简介 ………………………… 63

4.2　连杆 ………………………… 66

4.3　底壳 …… 71
4.4　托架 …… 75
4.5　直齿圆柱齿轮 …… 84
4.6　平面凸轮 …… 94
4.7　实训题 …… 97

第5章　旋转类零件的创建 …… 100
5.1　旋转命令简介 …… 101
5.2　法兰盘 …… 103
5.3　轴 …… 107
5.4　带轮 …… 109
5.5　普通球轴承 …… 115
5.6　实训题 …… 118

第6章　扫描类零件的创建 …… 120
6.1　扫描命令简介 …… 121
6.2　恒定截面变轨迹管 …… 126
6.3　挡杆建模 …… 128
6.4　变截面扫描实体模型（实例一） …… 130
6.5　变截面扫描实体模型（实例二） …… 132
6.6　凸轮设计 …… 134
6.7　实训题 …… 137

第7章　螺旋扫描类零件的创建 …… 139
7.1　螺旋扫描命令简介 …… 140
7.2　六角头螺栓的创建 …… 141
7.3　螺母的创建 …… 145
7.4　拉伸弹簧的创建 …… 147
7.5　变节距螺旋弹簧的创建 …… 149
7.6　实训题 …… 150

第8章　混合类零件的创建 …… 152
8.1　混合命令简介 …… 153
8.2　旋转混合命令简介 …… 157
8.3　变径进气直管 …… 159
8.4　通风管道 …… 162
8.5　变径进气弯管 …… 164
8.6　铣刀 …… 166
8.7　实训题 …… 168

第9章 扫描混合类零件的创建 ………… 169
9.1 扫描混合命令简介 ………… 170
9.2 吊钩 ………… 173
9.3 方向盘 ………… 175
9.4 斜齿圆柱齿轮 ………… 180
9.5 实训题 ………… 192

第10章 曲面类零件的创建 ………… 195
10.1 曲面命令简介 ………… 196
10.2 车轮端面盖 ………… 208
10.3 斜支撑座 ………… 212
10.4 风扇 ………… 217
10.5 凸起花纹轮胎 ………… 225
10.6 实训题 ………… 231

第11章 零件装配 ………… 234
11.1 装配模块简介 ………… 235
11.2 减速器装配 ………… 241
11.3 四足步行机器人装配 ………… 246
11.4 装配体中图层及隐藏的使用 ………… 257
11.5 实训题 ………… 258

第12章 机构运动分析和仿真 ………… 259
12.1 机构运动仿真的一般过程 ………… 260
12.2 机构模型创建 ………… 260
12.3 机构模块概述 ………… 265
12.4 齿轮机构运动仿真 ………… 266
12.5 凸轮机构运动仿真 ………… 276
12.6 平面四连杆机构运动学分析 ………… 280
12.7 实训题 ………… 284

第13章 工程图模块 ………… 285
13.1 工程图创建界面及创建流程简介 ………… 286
13.2 视图创建实例 ………… 288
13.2.1 基座零件工程图视图的创建 ………… 288
13.2.2 托架零件工程图视图的创建 ………… 302
13.2.3 轴工程图视图的创建 ………… 307
13.3 工程图标注实例 ………… 311
13.4 装配工程图模板的创建与应用实例 ………… 324
13.5 装配体工程图实例 ………… 335

13.6　工程图打印…………………………………………………………………… 342
13.7　实训题…………………………………………………………………………… 344

第14章　结构分析及优化设计 ………………………………………………… 345
14.1　结构分析模块简介…………………………………………………………… 346
14.1.1　结构分析模块概述………………………………………………………… 346
14.1.2　结构分析流程……………………………………………………………… 347
14.2　建立结构分析模型…………………………………………………………… 354
14.2.1　简化模型…………………………………………………………………… 354
14.2.2　材料………………………………………………………………………… 354
14.2.3　创建约束…………………………………………………………………… 357
14.2.4　创建载荷集………………………………………………………………… 360
14.2.5　创建载荷…………………………………………………………………… 361
14.2.6　网格划分…………………………………………………………………… 364
14.2.7　实例：模锻液压机………………………………………………………… 365
14.3　建立结构分析………………………………………………………………… 369
14.3.1　静态分析…………………………………………………………………… 369
14.3.2　模态分析…………………………………………………………………… 373
14.3.3　疲劳分析…………………………………………………………………… 375
14.4　设计研究……………………………………………………………………… 384
14.4.1　标准设计研究……………………………………………………………… 385
14.4.2　敏感度设计研究…………………………………………………………… 386
14.4.3　优化设计研究……………………………………………………………… 387
14.4.4　实例分析…………………………………………………………………… 388
14.5　实训题………………………………………………………………………… 392

第15章　管道设计 ……………………………………………………………… 393
15.1　管道设计简介………………………………………………………………… 394
15.1.1　管道设计概述……………………………………………………………… 394
15.1.2　Creo管道设计的工作流程………………………………………………… 394
15.1.3　进入管道设计模式………………………………………………………… 394
15.2　创建管道的一般过程………………………………………………………… 395

参考文献………………………………………………………………………… 407

第1章 Creo 简介

本章要点

随着计算机辅助设计——CAD（Computer Aided Design）技术的飞速发展和普及，越来越多的工程设计人员开始利用计算机进行产品的设计和开发，Creo 作为一种当前最流行的高端三维 CAD 软件，越来越受到我国工程技术人员的青睐。

本章主要内容

❶Creo 功能模块简介
❷Creo 2.0 软件的安装
❸设置 Creo 2.0 软件的启动目录
❹初识 Creo 2.0 工作界面
❺Creo 2.0 基本操作
❻配置文件简介

1.1 Creo 功能模块简介

Creo 软件是美国 PTC（Parametric Technology Corporation）公司最新推出的一套 CAD/CAE/CAM 软件，它构建于 Pro/ENGINEER Wildfire 版的成熟技术之上，整合了 PTC 公司的三个软件，即 Pro/ENGINEER 参数化技术、CoCreate 的直接建模技术和 ProductView 的三维可视化技术，经过二十余年的发展，Creo 软件已经成为当前三维建模软件的领头羊，广泛应用于电子、机械、工业造型、航空航天、家电等领域。

Creo 集零件设计、装配、工程图、钣金件设计、模具设计、NC 加工、造型设计、逆向工程、运动模拟、有限元分析等功能于一体，基本覆盖了产品设计加工的全流程。对应的功能模块有二维草图、三维实体、零件装配、工程图、机械仿真、数控加工、模具设计、结构分析等数十个。每个模块都有自己独立的功能，所创建的文件扩展名也不同。本书主要针对设计中常用到的二维草图、三维实体、零件装配、工程图、机械仿真和结构分析模块进行讲解。

1.2 Creo 2.0 软件的安装

1. 安装要求

(1) 操作系统要求

◆工作站上运行：Windows NT 或 UNIX。

◆个人机上运行：Windows NT、Windows 98/ME/2000/XP。

(2) 硬件要求

◆ CPU：一般要求 Pentium 3 以上。

◆内存：一般要求 1GB 以上。

◆显卡：一般要求支持 Open_GL 的三维显卡，分辨率为 1024 × 768 像素以上，至少使用 64 位独立显卡，显存 512MB 以上。

◆网卡：必须要有，一般就可以。

◆显示器：分辨率为 1024 × 768 像素以上，32 位真彩色。

◆鼠标：三键鼠标。

◆硬盘：建议准备大于 5GB 的空间，Creo 2.0 软件系统的基本模块，需要 2.7GB 左右的硬盘空间。

2. 安装方法和过程

运行 Creo 安装程序 setup.exe，启动安装向导，选中【安装新软件】单选按钮，如图 1.2.1 所示。之后，按照软件的提示，按步骤进行安装。

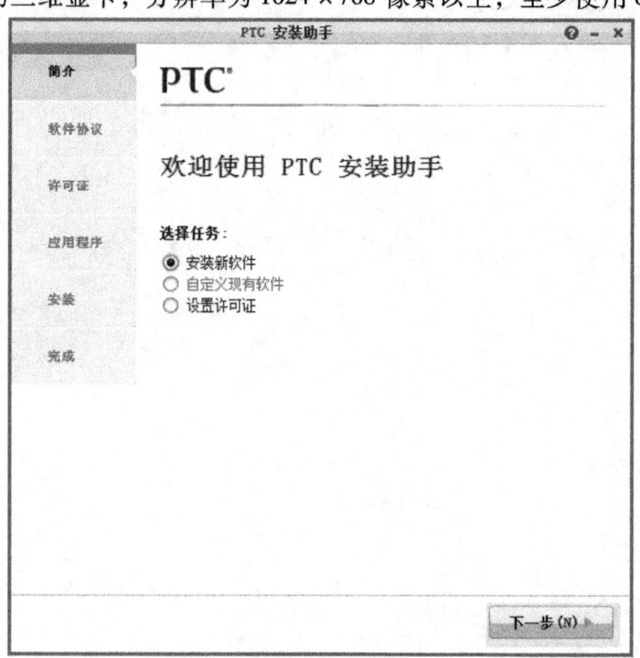

图 1.2.1 安装简介

若需要指定程序的安装路径和需要

安装的组件时,需要在【应用程序】步骤界面下(如图 1.2.2 所示)打开【自定义】后的对话框(如图 1.2.3 所示),一般根据自己的需要选定各模块要安装的组件后单击【确定】按钮即可(其他的命令配置和快捷方式等无需设置)。

当安装路径和组件都定义完成之后单击图 1.2.2 所示界面上的【安装】按钮开始安装软件程序。

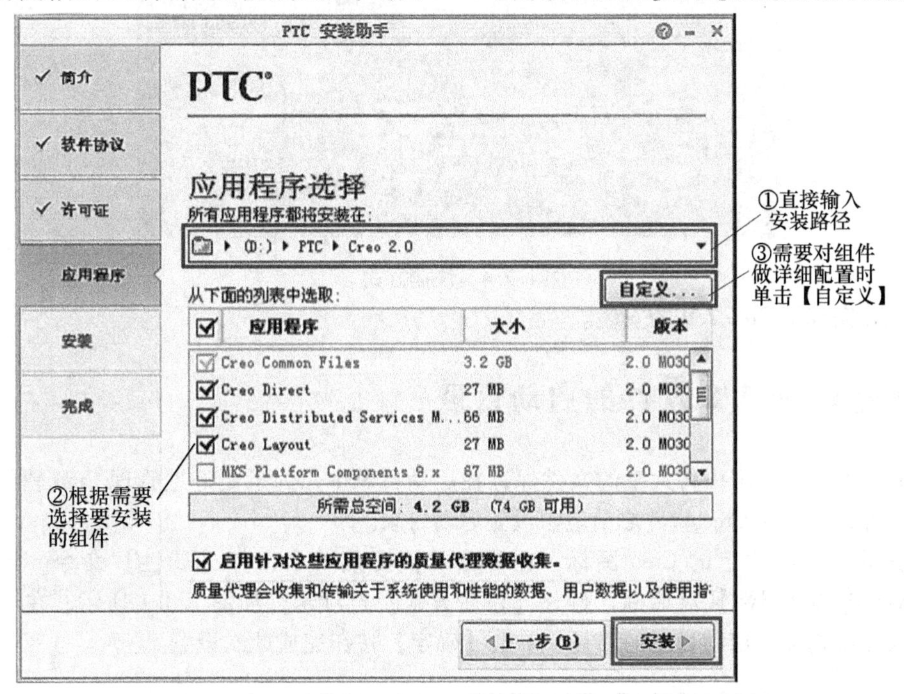

图 1.2.2　安装应用程序

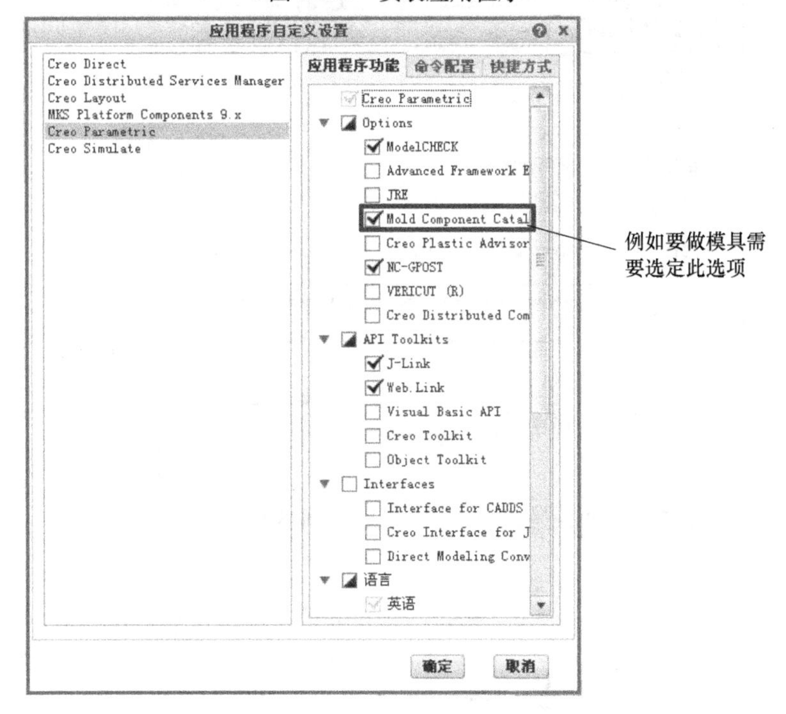

图 1.2.3　自定义组件

如果和本教程安装的组件一样,则安装后桌面应该创建了以下一些快捷方式,如图 1.2.4 所示。

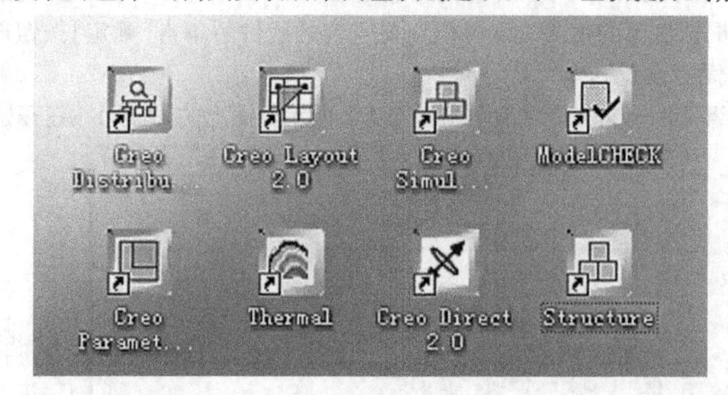

图 1.2.4　快捷方式

至此完成了 Creo 2.0 的安装。

1.3　设置 Creo 2.0 软件的启动目录

Creo 软件在运行过程中将大量的文件保存在启动目录中，为了更好地管理 Creo 软件的大量有关联的文件，在进入 Creo 软件之前应该设置启动目录。

鼠标右键单击桌面上的 Creo 图标，在弹出的快捷菜单中选择【属性】命令。此时弹出【Creo Parametric 2.0 属性】对话框，打开【快捷方式】选项卡，如图 1.3.1 所示。在【起始位置】右侧文本框内输入启动目录的路径，单击【确定】按钮完成此次设置。

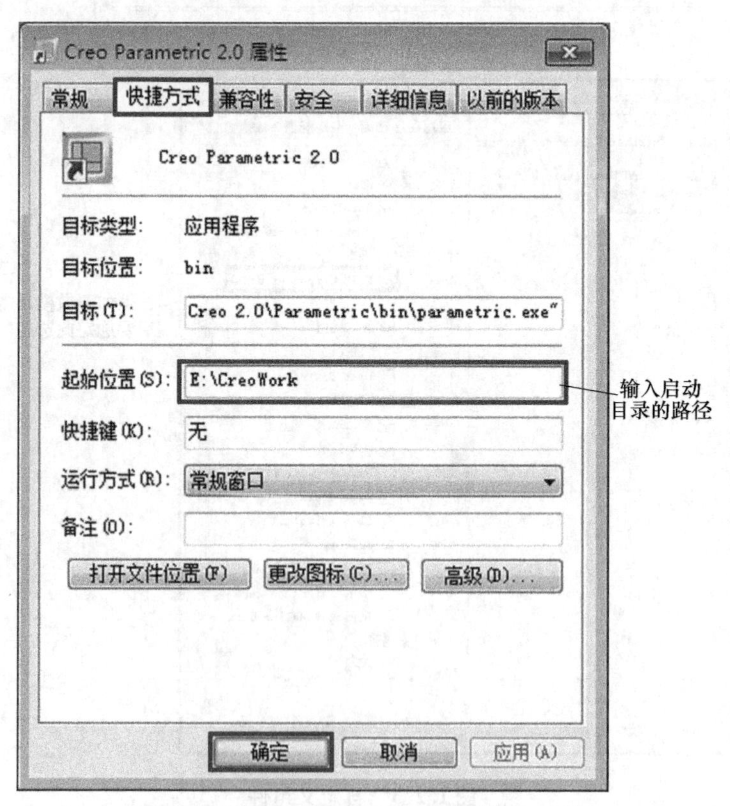

图 1.3.1　【Creo Parametric 2.0 属性】对话框

1.4　初识 Creo 2.0 工作界面

单击【开始】|【所有程序】|【PTC Creo】|【Creo Parametric 2.0】，或者直接双击桌面启动图标打开 Creo 2.0 的工作界面。根据用户选择的工作模块不同，界面也不同。以零件模式为例简单介绍 Creo 2.0 的工作界面。工作界面包括导航选项卡区、快速访问工具栏、功能区、视图控制工具条、标题栏、智能选取栏、信息提示区及图形显示区，如图 1.4.1 所示。

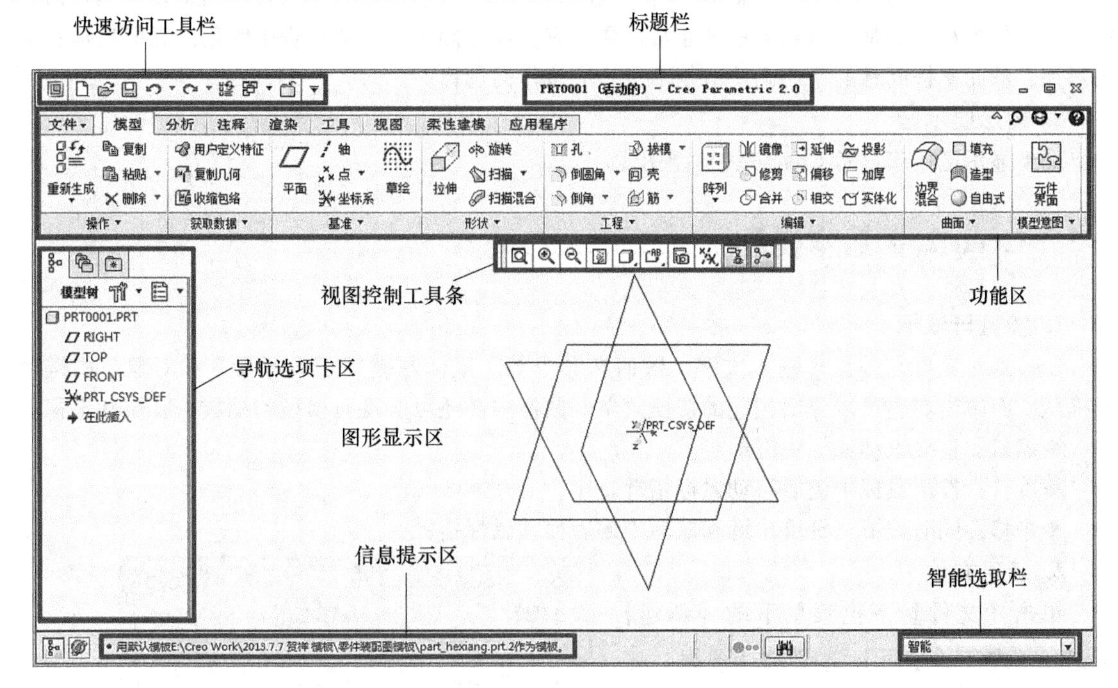

图 1.4.1　Creo Parametric 2.0 工作界面

1. 导航选项卡区

导航选项卡区包括三个页面选项：模型树或层树、文件夹浏览器、收藏夹。

◆模型树或层树：列出了活动文件中的所有零件及特征，并以树的形式显示模型结构。

◆文件夹浏览器：用于浏览文件。

◆收藏夹：用于有效组织和管理个人资源。

2. 快速访问工具栏

快速访问工具栏中包括新建、保存、修改模型和设置 Creo 环境的一些命令，这为用户快速进入命令提供了极大的方便。用户可以根据具体情况定制快速访问工具栏。

3. 功能区

功能区中包含【文件】下拉菜单和命令选项卡。其中命令选项卡显示了 Creo 中的所有功能按钮，并以选项卡的形式进行分类，用户可以根据具体情况定制选项卡。值得指出的是，用户会看到有些菜单命令和按钮处于非激活状态（呈灰色），这是因为它们当前还没有处在发挥功能的环境中，一旦进入有关环境，便会自动激活。

4. 视图控制工具条

视图控制工具条是将【视图】选项卡中部分常用的命令按钮集成到了一个工具条中，以方便用户随时调用。

5. 标题栏

标题栏显示了活动的模型文件名称以及当前软件版本。

6. 智能选取栏

智能选取栏也称为过滤器，主要用于快速选择所需要的要素。

7. 信息提示区

用户操作软件的过程中，信息提示区会实时地显示与当前操作相关的提示信息以及执行命令的结果。值得注意的是：信息提示区非常重要，应养成在操作软件的过程中时刻注意信息提示区的习惯，从而掌握问题的所在，并清楚下一步应该作何选择。

8. 图形显示区

图形显示区用于显示 Creo 各种模型图像。

1.5　Creo 2.0 基本操作

1. 键盘与鼠标

Creo 通过鼠标与键盘来输入文字、数值和命令等。鼠标左键用于选择命令和对象，中键用于确认，而单击右键可以弹出相应的快捷菜单。鼠标中键还可实现对模型的缩放、旋转和平移。

◆缩放：直接滚动鼠标中键即可。

◆旋转：按下鼠标中键后移动鼠标指针。

◆平移：同时按下〈Shift〉键和鼠标中键后移动鼠标指针。

2. 新建文件

单击【文件】下拉菜单下的【新建】按钮，或者【主页】选项卡【数据】区域内的【新建】按钮，弹出【新建】对话框，如图 1.5.1 所示。选择不同【类型】和【子类型】选项，则进入不同的功能模块界面。

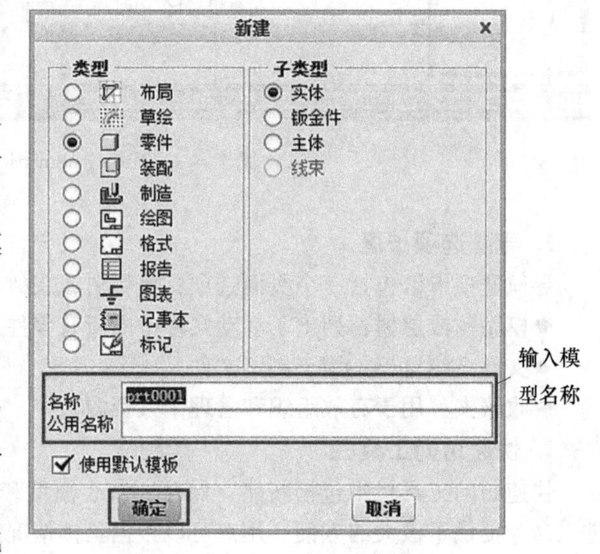

图 1.5.1　【新建】对话框

3. 保存文件

1）单击快速访问工具栏中的【保存】按钮，或者单击【文件】下拉菜单下的【保存】按钮，弹出【保存对象】对话框，如图 1.5.2 所示。在此对话框中设置当前模型保存路径，单击【确定】按钮完成文件的保存。

2）单击【文件】下拉菜单下【另存为】按钮右侧的▸按钮，打开【保存模型的副本】下拉菜单，如图 1.5.3 所示。

①单击【保存副本】命令，弹出【保存副本】对话框，如图 1.5.4 所示。在【保存副本】对话框中输入当前模型副本名称和存储路径，单击【确定】按钮完成副本的创建。

②单击【保存备份】命令，弹出【备份】对话框，如图 1.5.5 所示。在【备份】对话框中定义当前模型备份文件的存储路径，单击【确定】按钮完成备份的创建。

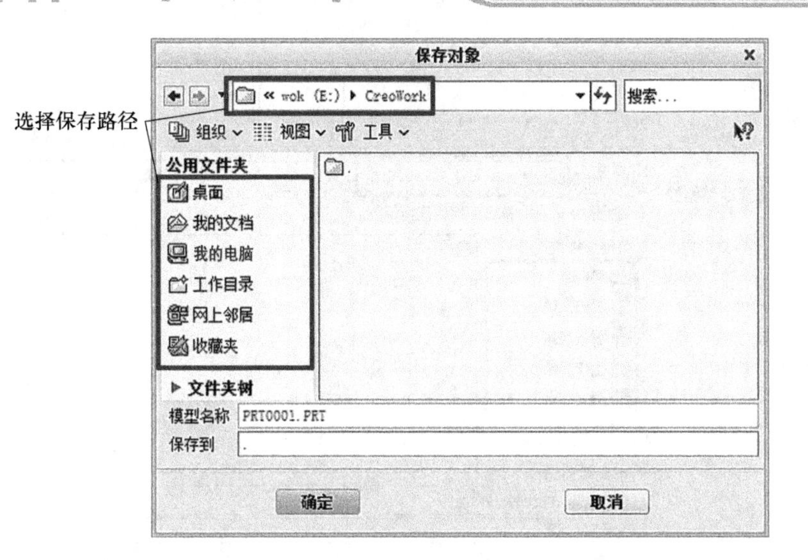

图 1.5.2 【保存对象】对话框

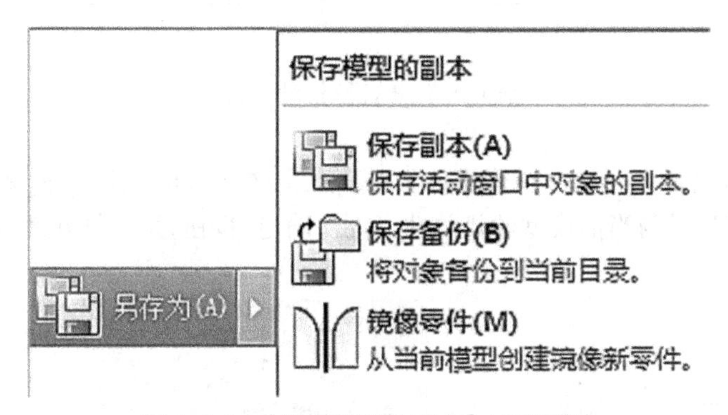

图 1.5.3 【保存模型的副本】下拉菜单

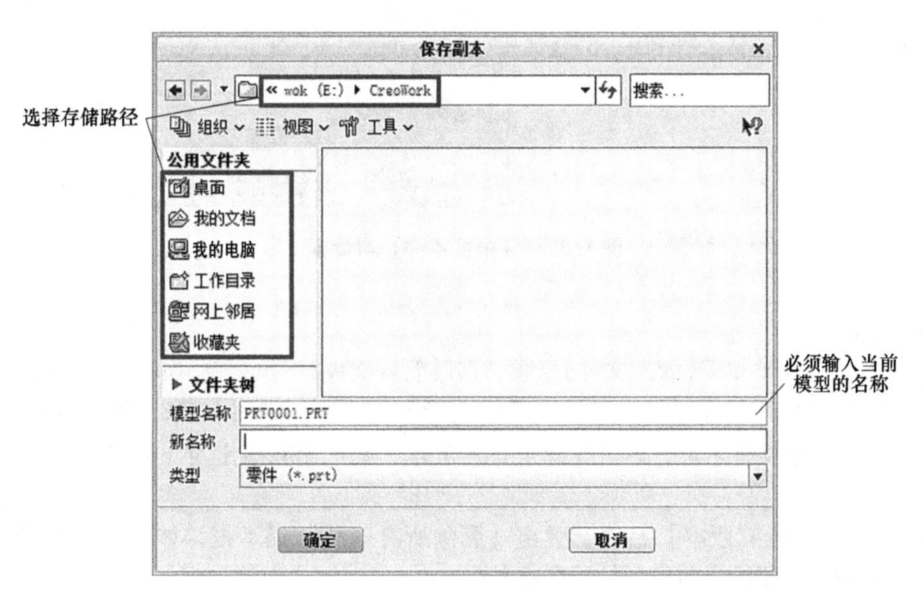

图 1.5.4 【保存副本】对话框

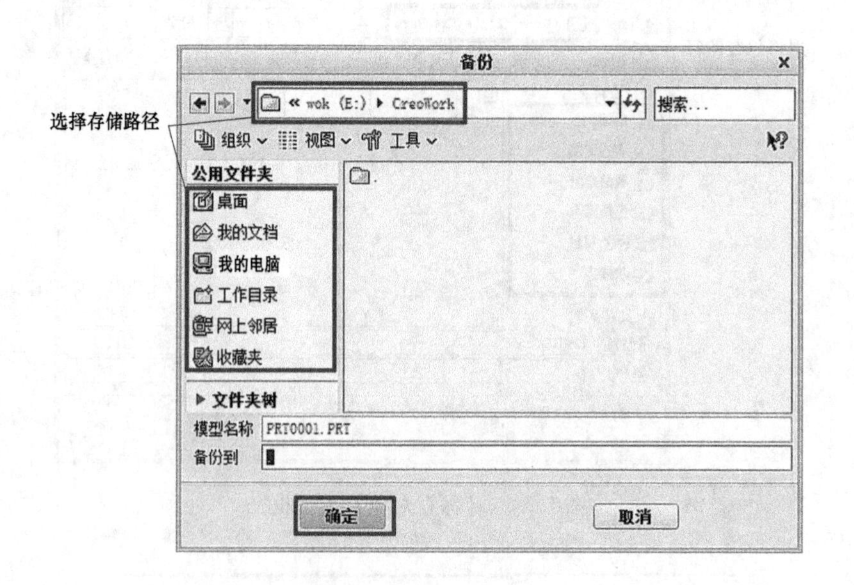

图 1.5.5 【备份】对话框

③单击【镜像零件】命令,弹出【镜像零件】对话框,如图 1.5.6 所示。在【镜像零件】对话框中可以设置镜像的类型以及与当前模型的相关性,单击【确定】按钮,系统打开镜像文件。

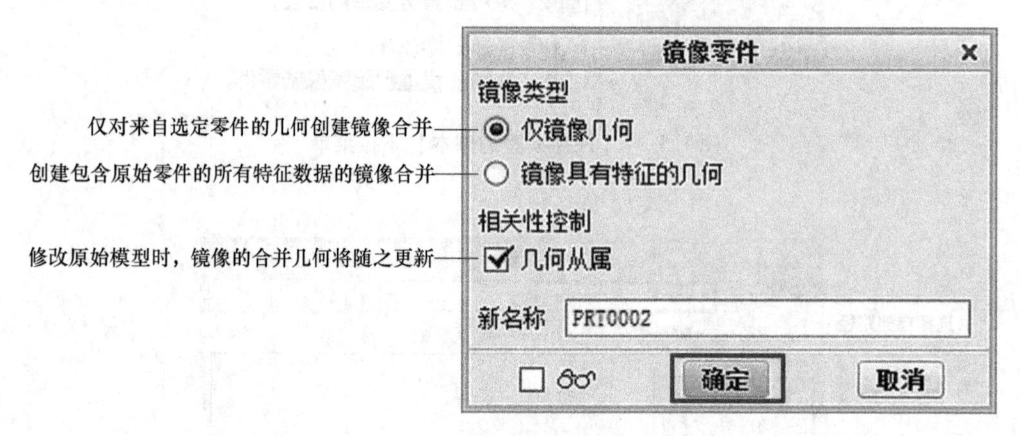

图 1.5.6 【镜像零件】对话框

4. 删除文件

单击【文件】下拉菜单下【管理文件】选项,打开【管理文件】下拉菜单,如图 1.5.7 所示。

1）单击【删除旧版本】命令，弹出【删除对象】对话框，如图 1.5.8 所示。在此对话框中输入要删除旧版本的文件名称，单击【确定】按钮，则可删除指定对象除最高版本号以外的所有版本。

2）单击【删除所有版本】命令，弹出【删除所有确认】提示框，如图 1.5.9 所示。单击【是（Y）】按钮，则删除当前模型的所有版本。

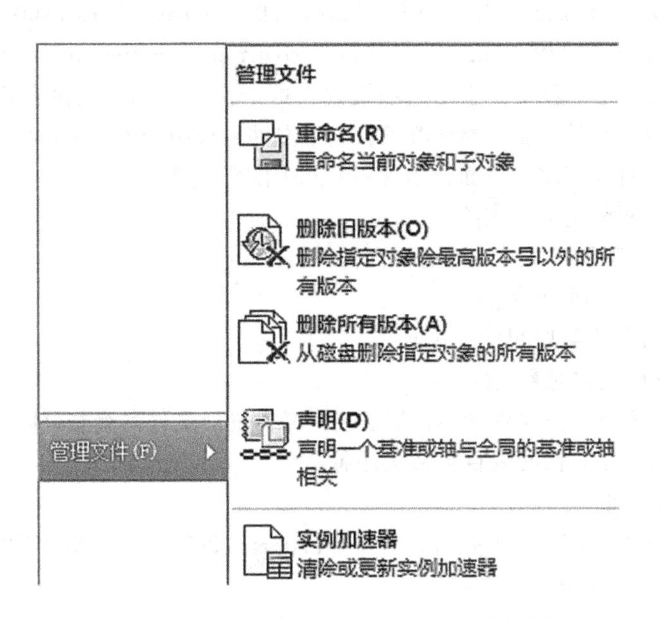

图1.5.7 【管理文件】下拉菜单

图1.5.8 【删除对象】对话框

图1.5.9 【删除所有确认】提示框

1.6 配置文件简介

1. 配置文件的功用

Creo的配置文件是Creo的一大特色，Creo里的所有设置都是通过配置文件来完成的。例如，在选项里可以设置中英文双语菜单、单位、公差、更改系统颜色等。掌握各种配置文件的使用方法,根据自己的需求来做配置文件,可以提高工作效率,减少不必要的麻烦,也有利于标准化等。

配置文件包括系统配置文件和其他配置文件。

（1）系统配置文件　用于配置整个Creo系统，包括config.sup和config.pro。Creo安装完成后，这两个文件存在于 Creo 安装目录下的“text”文件夹内。若 Creo 安装在 D 盘下，则系统配置文件的路径为：D：\ Program Files \ PTC \ Creo 2.0 \ Common Files \ M030 \ text \ config。在 Creo 启动时，首先会自动加载 config. sup，然后是 config. pro。config. sup 是受保护即强制执行的系统配置文件，如果其他配置文件里的选项设置与这个文件里的选项设置相矛盾，系统以 config. sup 中的设置为准，它的配置不能被覆盖，这个文件一般用于进行企业强制执行标准的配置。

（2）其他配置文件有很多，下面介绍常用的几个配置文件

1）Gb. dtl——工程图主配置文件。

2）Format. dtl——工程图格式文件的配置文件。

3）Table. pnt——打印配置文件。

4）A4. pcf——打印机类型配置文件。

5）Tree. cfg——模型树配置文件。

补充说明的是：其他配置文件命名，扩展名是必需的。文件名有些可以自定义，一般来讲按系统默认的名称就可以了，没必要自定义文件名。

2. 配置文件的更改

（1）系统配置文件的更改　首先将光盘 creo 2.0\creo 2.0_system_file\下的 drawing. dtl 文件复制到 Creo 启动目录“CreoWork”文件夹下。

方法一：直接通过软件提供的【Creo Parametric 选项】修改。

单击【文件】下拉菜单中的【选项】按钮，弹出【Creo Parametric 选项】对话框，单击左侧【配置编辑器】，弹出【Creo Parametric 选项】对话框。在该对话框中可以完成工程图模板、零件图模板、装配图模板的指定以及长度单位、质量单位的指定。

在【Creo Parametric 选项】对话框中，选择【drawing_setup_file】选项对其值进行更改。单击【值】下的下拉列表框右侧的下拉按钮▼，如图 1.6.1 所示。在弹出的下拉列表中选择【Browse】，此时弹出【选择文件】对话框。选择“drawing. dtl”文件打开即可。如图 1.6.2 所示。

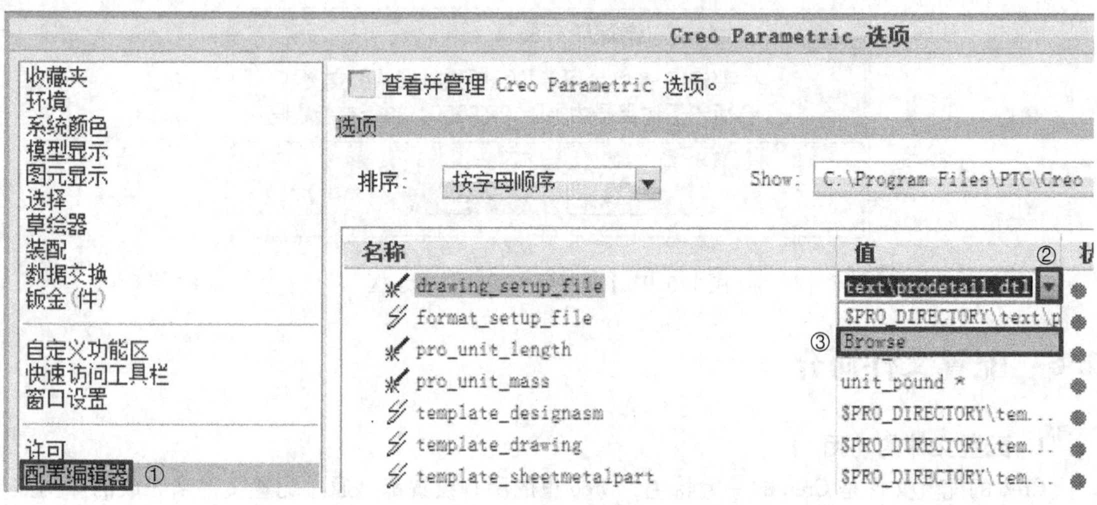

图 1.6.1 【Creo parametric 选项】对话框

然后单击【Creo Parametric 选项】对话框中的【确定】按钮，弹出【Creo Parametric 选项】提示框，如图 1.6.3 所示。如果单击【是（Y）】按钮，则弹出【另存为】对话框，系统默认在

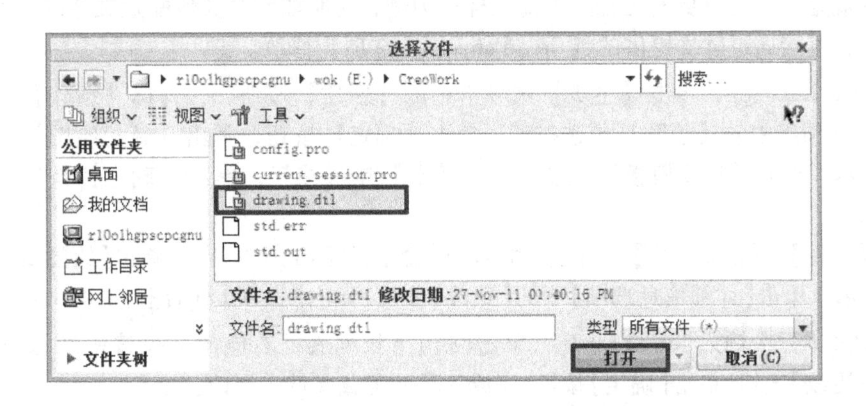

图 1.6.2 【选择文件】对话框

启动目录中生成新的系统配置文件 config. pro，单击【确定】按钮，则此系统配置文件保存了绘图设置选项的更改；如果单击【否（N）】按钮，则此设置只对本次操作生效。

方法二：直接修改配置文件。

随书资源包中的 config. pro 文件中对一些基本的选项进行了设置，将光盘 creo 2. 0\creo 2. 0_system_file\下的 config. pro 文件复制到 Creo 启动目录即 E：\ CreoWork 目录下，用户可以根据企业需求修改该配置文件。修改方法：

以记事本窗口打开启动目录中的系统配置文件 config. pro，修改相关选项并保存。下面以更改绘图设置文件选项为例说明如何更改系统配置文件。将 “drawing_ setup_ file” 的设置值由 “C：\creo 2. 0_system_file \drawing. dtl” 更改为 “E：\ CreoWork \ drawing. dtl”。保存此设置完成更改。如图 1. 6. 4 所示。

（2）其他配置文件的更改　除了系统配置文件以外其他配置文件的更改都要在 config. pro 中指定才能生效。

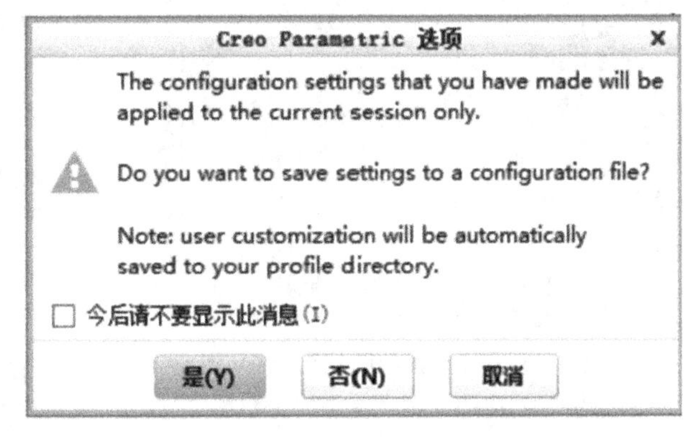

图 1. 6. 3 【Creo Parametric 选项】提示框

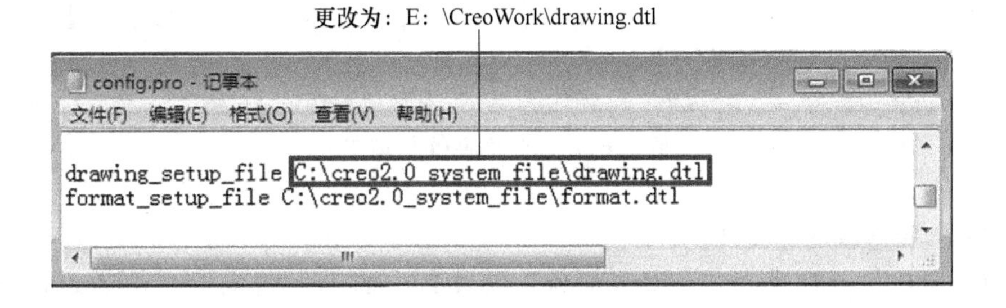

图 1. 6. 4　config. pro 文件

我国国家标准对工程图作出了很多规定，例如，尺寸文本的方位与字高、尺寸箭头的大小等都有明确的规定。下面以更改工程图中箭头样式为例，说明如何对其他配置文件进行更改。

方法一：直接通过软件提供的【Creo Parametric 选项】修改。

打开 Creo 2.0 软件，单击【主页】选项卡中的【新建】按钮，弹出【新建】对话框，选取【类型】选项组中的【绘图】单选按钮，单击【确定】按钮，弹出【新建绘图】对话框，如图 1.6.5 所示。选取【指定模板】选项组中的【空】单选按钮，单击【确定】按钮。进入工程图创建界面。

选择【文件】|【准备(R)】|【模型属性(I)】命令，如图 1.6.6 所示，弹出【绘图属性】窗口，如图 1.6.7 所示。单击【详细信息选项】下的【更改】按钮，弹出【选项】对话框，如图 1.6.8 所示。在【选项】下的文本框中输入“arrow_style”，单击【值】下拉列表框右侧的下拉按钮，选取“filled”。单击【添加/更改】按钮，单击【确定】按钮，完成工程图配置文件的更改。

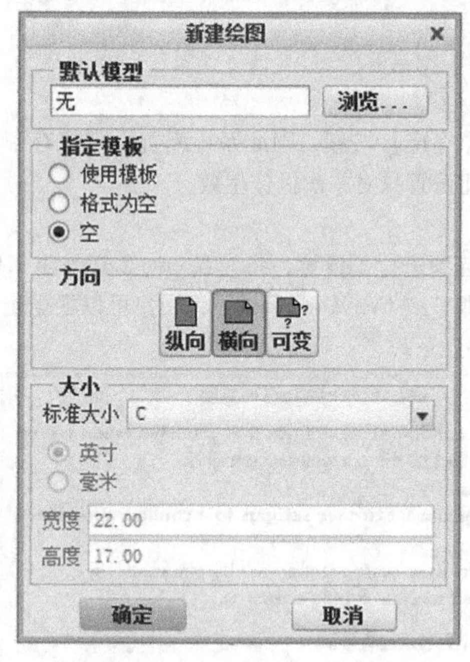

图 1.6.5 【新建绘图】对话框

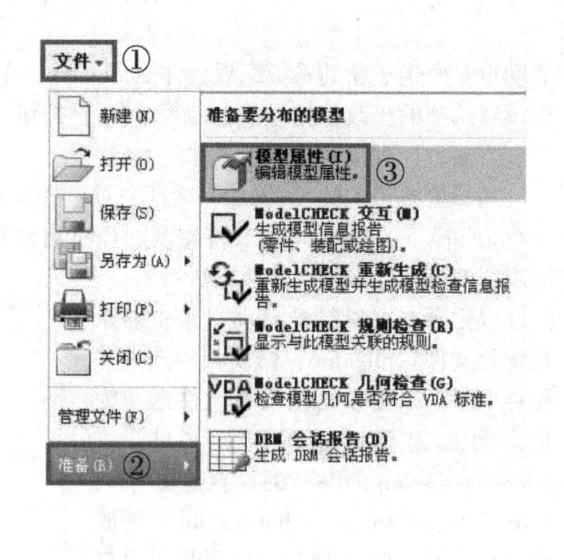

图 1.6.6 【准备要分布的模型】下拉菜单

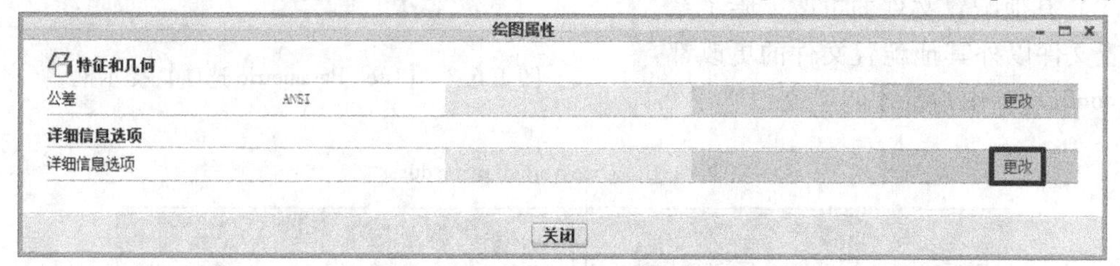

图 1.6.7 【绘图属性】窗口

方法二：直接修改配置文件。

以记事本窗口打开启动目录“CreoWork”文件夹中的工程图配置文件 drawing.dtl，其中“draw_arrow_style”是控制箭头样式选项的，将其后面的值设为“FILLED”，如图 1.6.9 所示，保存设置。完成工程图配置文件的更改。

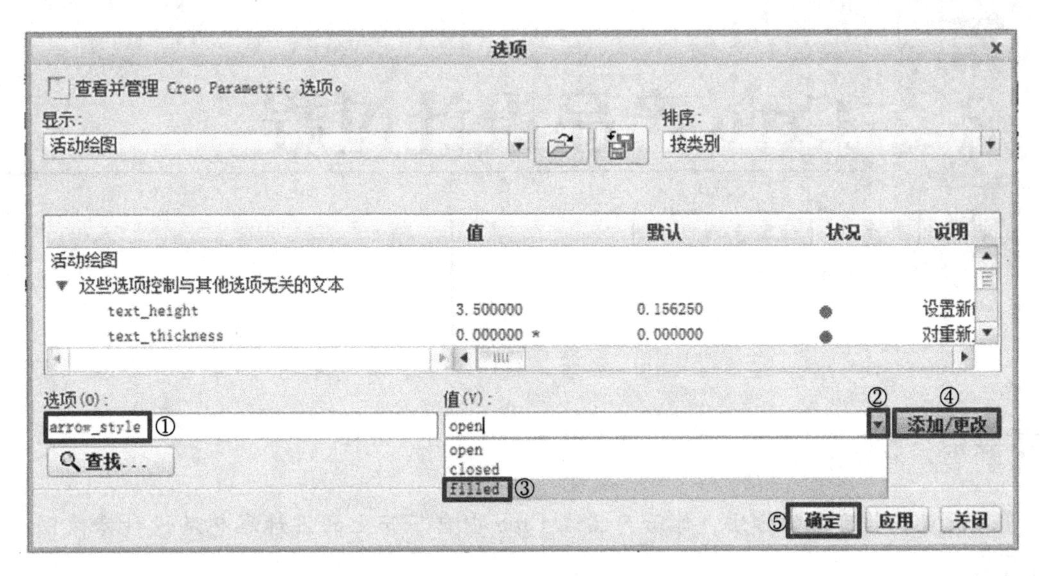

图 1.6.8 【选项】对话框

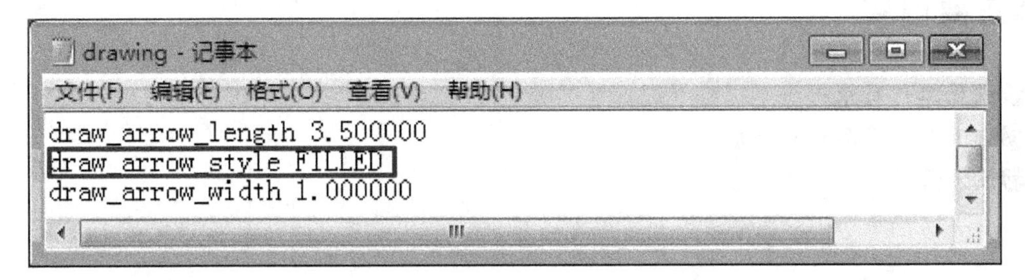

图 1.6.9 drawing. dtl 文件

第2章 Creo产品设计过程

本章要点

掌握设置工作目录的方法，体验产品在Creo中自下而上的设计思想及设计修改同一数据库原则。

本章主要内容

❶设置工作目录
❷自下而上产品设计体验
❸设计修改

2.1　设置工作目录

使用 Creo 2.0 软件进行模型设计时，由于 Creo 的全相关性，如果对文件管理不当，就会造成系统找不到正确相关文件的情况，使文件的保存、删除发生混乱，所以必须设置工作目录。工作目录的设置有以下两种方式：单击【文件】|【管理会话】|【选择工作目录】命令，或者单击【主页】选项卡【数据】区域【选择工作目录】按钮，弹出【选择工作目录】对话框，如图 2.1.1 所示。在此对话框中选择工作目录的路径，单击【确定】按钮完成设置。

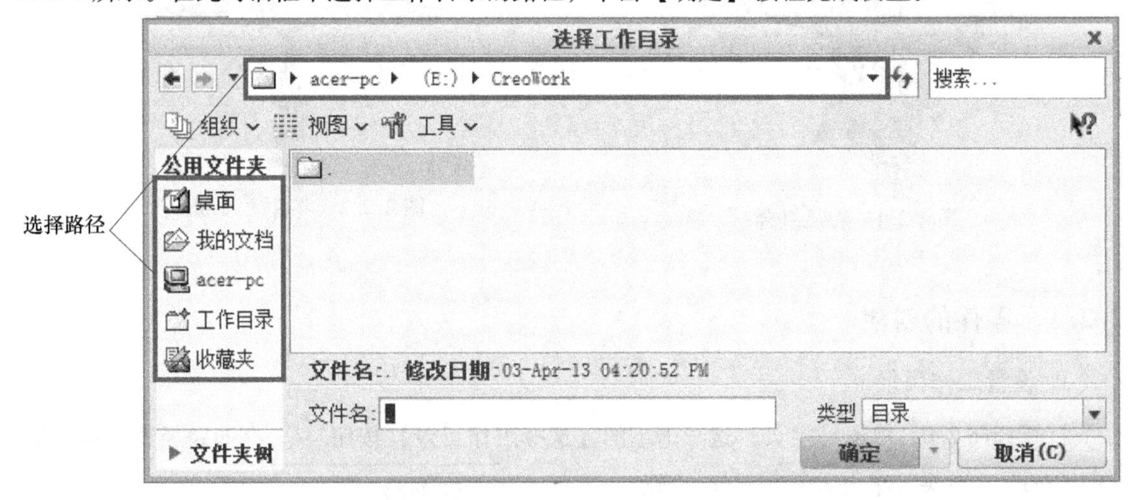

图 2.1.1　【选择工作目录】对话框

2.2　自下而上产品设计体验

学习目标

了解产品自下而上的设计过程。

众所周知，任何复杂的产品都是由多个零部件组装而成的，而每个零件（模型或三维实体）又是由数量众多的特征以搭积木的方式组织起来的。特征是指组成图形的一组具有特定含义的图元，是设计者在一个设计阶段完成的全部图元的总和。

特征可分为基础特征、基准特征、工程特征等。

基础特征创建工具有：拉伸、旋转、扫描、混合、扫描混合、螺旋扫描、边界混合、造型、折弯等。

工程特征是在基础特征基础上的一些为美观或加工方便而设置的特征。工程特征创建工具有孔、倒角、倒圆角、筋、拔模等；编辑特征工具有复制、阵列、镜像等。

任何一个特征在模型中都有一定的方位，都放置或参照一定的基准特征。

模型创建思路：首先创建基础特征，然后添加工程特征，在创建基础特征过程中穿插创建基准特征。当然为了创建的快捷，常采用编辑特征工具编辑特征，如复制、阵列等。

在 Creo 2.0 软件中，可先在零件模式下创建出各个零件，然后在组件模块中将它们装配成一个整体。这就是自下而上（DOWN-TOP）设计方法。

图2.2.1所示是一个最简单的产品，它由两个零件组成，每个零件又由多个特征组成。零件“yaobing”，如图2.2.2所示，由三个基础特征、两个基准特征、一个工程特征组成。特征管理员——模型树如图2.2.3所示。下面以创建零件“yaobing”为例，说明其创建过程。

图2.2.1　特征组合

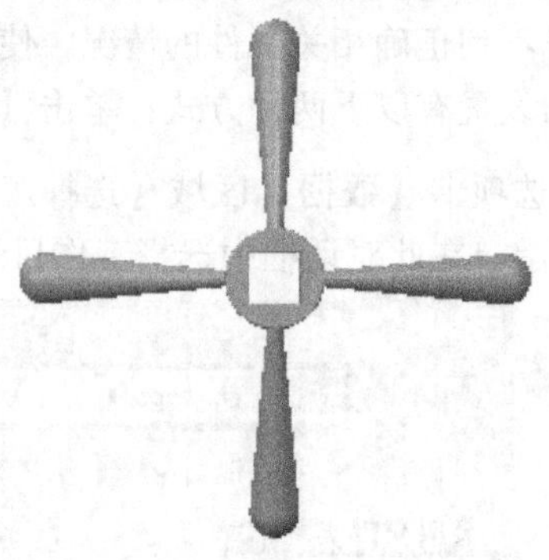

图2.2.2　零件“yaobing”

2.2.1　零件的创建

1. 设置工作目录

打开Creo 2.0，单击【主页】选项卡下的【选择工作目录】按钮，存储路径选择桌面下的“Creo”文件夹，单击 确定 按钮。

2. 创建零件文件

单击【新建】按钮，弹出如图2.2.4所示的【新建】对话框，选择零件，输入名称为“yaobing”，取消【使用默认模版】，单击 确定 按钮，随后弹出如图2.2.5所示的【新文件选项】对话框，然后选择“mmns_part_solid”，单击 确定 按钮。

3. 创建基础特征一

1）单击【拉伸】工具按钮，在窗口顶部出现【拉伸】特征面板。

2）在【拉伸】特征面板中单击【创建实体】按钮，以生成实体。

3）单击【放置】按钮，弹出【草绘】下滑面板，单击其中的【定义】按钮。弹出【草绘】对话框。指定基准平面TOP为草绘平面，参考为RIGHT基准面。其他选项使用系统默认值。

模型树
YAOBING.PRT
RIGHT
TOP
FRONT
PRT_CSYS_DEF
拉伸 1 ——基础特征
倒圆角 1 ——工程特征
DTM1 ——基准特征
A_2
DTM2 ——基准特征
阵列 1 / 旋转 1 ——两个基础特征
在此插入
截面

图2.2.3　特征管理员——模型树

4）单击【草绘】对话框的 草绘 按钮，进入草绘模式。

5）单击【草绘】下滑面板中的【圆心和点】按钮，绘制直径为“20”的圆，单击拐角矩形按钮中的下拉按钮，选择 中心矩形，绘制边长为“10”的正方形，绘制草图如图

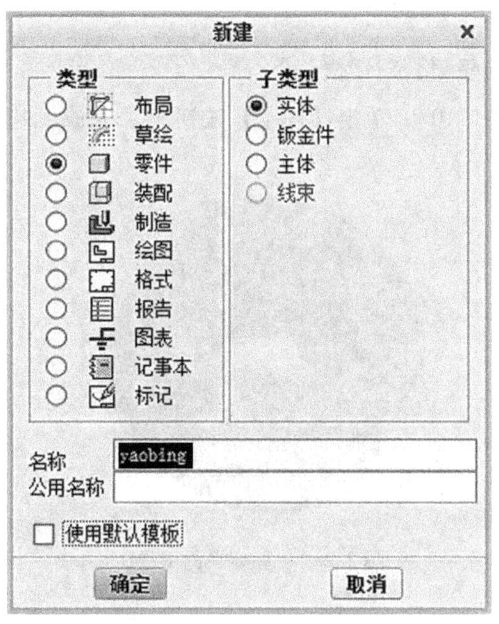

图 2.2.4 【新建】对话框

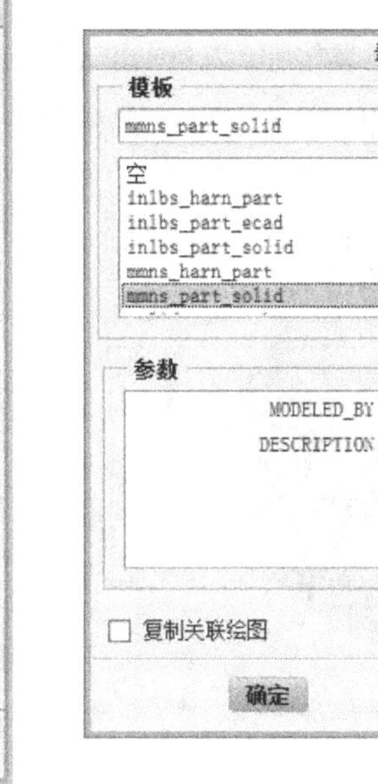

图 2.2.5 【新文件选项】对话框

2.2.6 所示。

6）单击工具栏中的【确定】按钮✔，完成草图的绘制。

7）单击【拉伸】特征面板中【双侧深度】按钮；输入拉伸高度“10”。

8）单击【拉伸】特征面板中的【确定】按钮✔，完成拉伸操作，得到如图 2.2.7 所示的空心圆柱体。

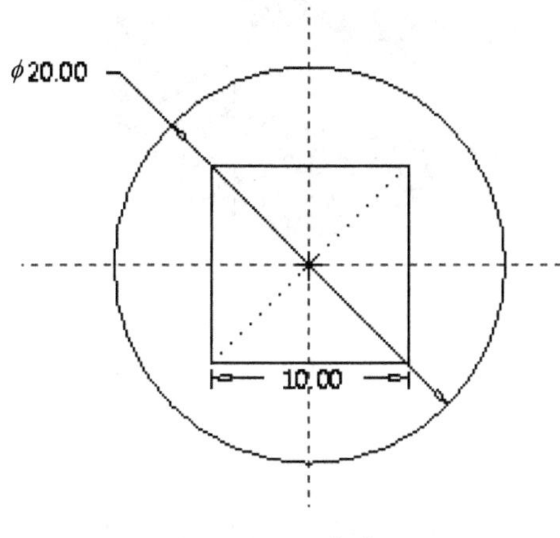

图 2.2.6　绘制草图

图 2.2.7　空心圆柱体

4. 创建工程特征

1）单击【倒圆角】工具按钮 倒圆角，在绘图窗口顶部出现【倒圆角】特征面板。

2）输入倒角尺寸“0.5”，选择空心圆柱体上、下表面的圆的边缘及键槽处的棱边，单击【确定】按钮✔，生成如图 2.2.8 所示倒圆角特征。

5. 创建基准特征一

1）单击【基准平面】工具按钮▱，弹出【基准平面】对话框。

2）选择参考面 RIGHT 作为参考，输入偏移距离“10”，单击【确定】按钮✔，完成了基准平面 DTM1 的创建，如图 2.2.9 所示。

图 2.2.8　倒圆角特征

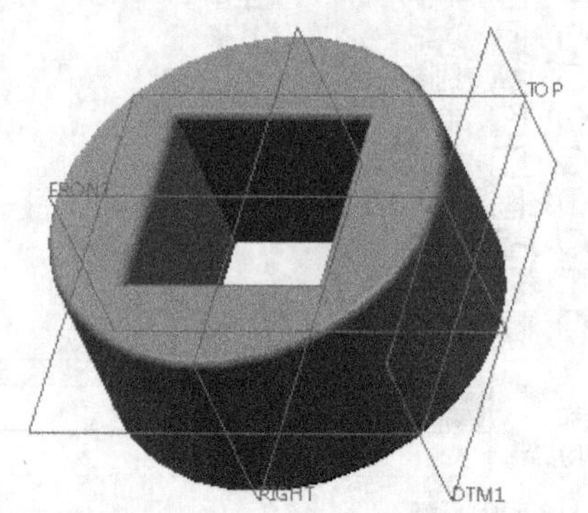

图 2.2.9　基准平面 DTM1

3）单击【基准轴】按钮，弹出【基准轴】对话框，如图 2.2.10 所示。按住〈Ctrl〉键，选取参考面 TOP 和 DTM1 面，从【参考】列表框的【约束】列表中选择【穿过】选项。单击【确定】按钮，完成了基准轴线 A_2 的创建，如图 2.2.11 所示。

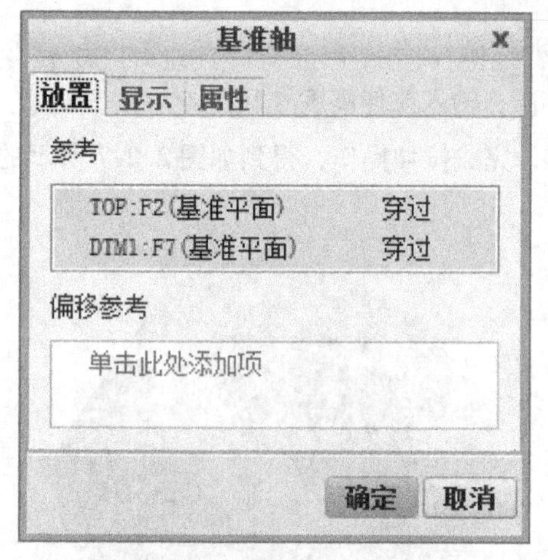

图 2.2.10　【基准轴】对话框

图 2.2.11　基准轴线 A_2 显示

6. 创建基准特征二

单击【基准平面】工具按钮▱，弹出【基准平面】对话框，按住〈Ctrl〉键，选取基准轴线 A_2 和参考面 DTM1 面为参考，【约束】列表中选【穿过】基准轴线 A_2，与参考面 DTM1 面偏移，输入旋转角度“70”，完成基准平面 DTM2 的创建，如图 2.2.12 所示。

7. 创建基础特征二

1）单击【旋转】工具按钮，在绘图窗口顶部显示【旋转】特征面板。

2）在【旋转】特征面板中单击【创建实体】按钮，创建实体模型。

3）单击【放置】按钮，弹出【放置】下滑面板，单击【定义】按钮。弹出【草绘】对话框。

4）在屏幕的参考面中指定基准平面 DTM2 为【草绘平面】,【参考】为水平面 FRONT,【方向】选项为【底部】。如图 2.2.13 所示。单击【草绘】对话框的 草绘 按钮，进入草绘模式，如图 2.2.14 所示。

5）绘制如图 2.2.15 所示摇柄杆草图。

6）单击【中心线】按钮，绘制旋转中心线与水平参考线重合。单击工具栏中的【确定】按钮。退出草绘模式。

7）单击【拉伸】特征面板中的【确定】按钮，创建摇柄如图 2.2.16 所示。

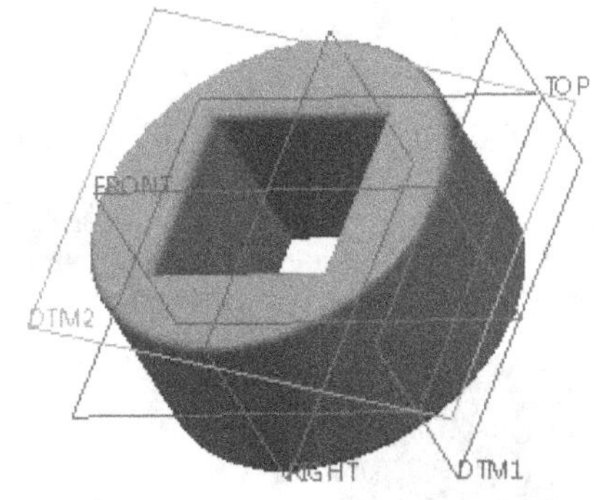

图 2.2.12　基准平面 DTM2 显示

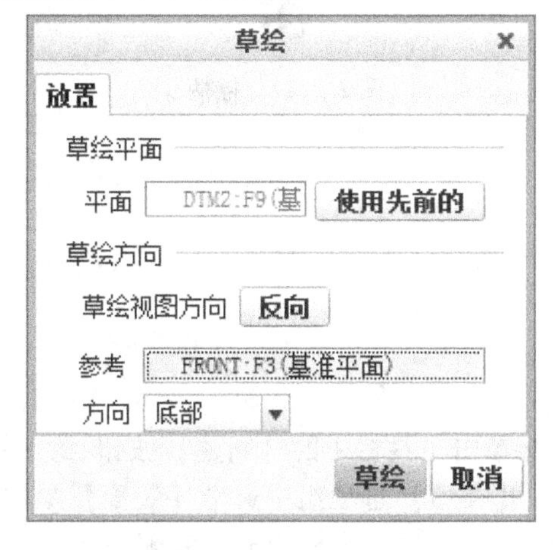

图 2.2.13　【草绘】对话框

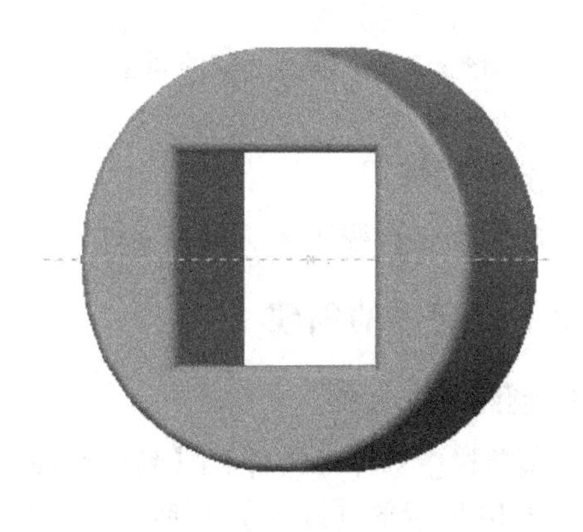

图 2.2.14　草绘模式

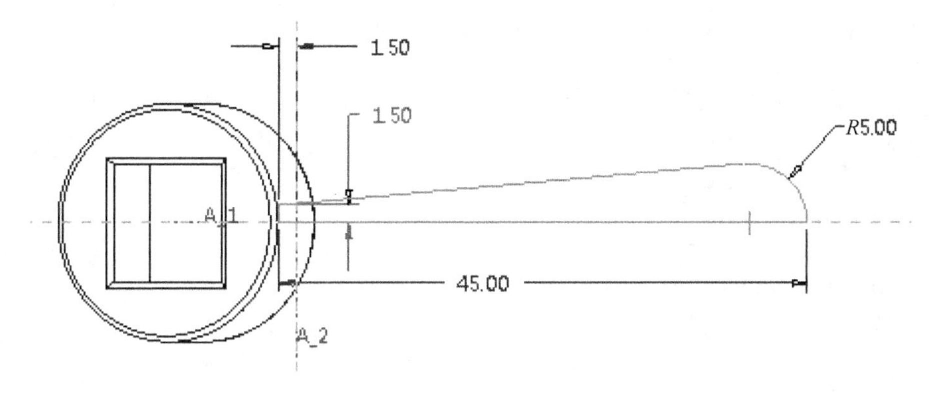

图 2.2.15　摇柄杆草图

8. 创建基础特征三

1）在模型树中选择刚创建的摇柄特征，单击【阵列】工具按钮，打开【阵列】特征面板。

2）选择【轴】阵列方式，在模型中选择中心圆柱的轴线为阵列的轴线，在【阵列】特征面板中输入阵列子特征个数“4”，角度值为“90”。

3）单击【确定】按钮✓，完成阵列特征的操作，结果如图 2.2.17 所示。

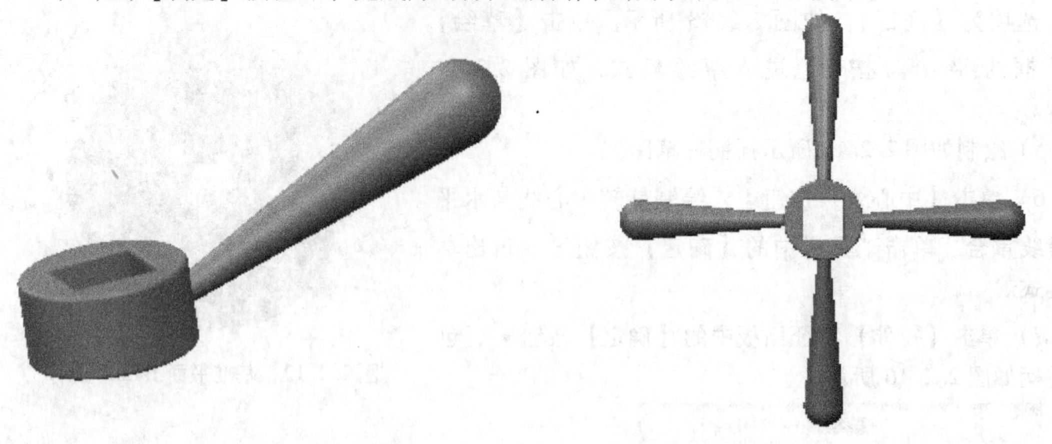

图 2.2.16　完成摇柄的创建　　　　图 2.2.17　摇柄

9. 保存模型

单击【保存】按钮✓，保存文件。

2.2.2　装配体的创建

1. 创建装配文件

在菜单栏中选择【文件】|【新建】命令，或者直接单击工具栏中的【新建】按钮，弹出如图 2.2.18 所示的【新建】对话框。在该对话框中的【类型】选项组中选中【装配】单选按钮，【子类型】选项组中选中【设计】单选按钮，在【名称】文本框中输入装配件名称“famen”，取消【使用默认模板】，单击 确定 按钮，随后弹出如图 2.2.19 所示的【新文件选项】对话框，然后选择“mmns_asm_design”，单击 确定 按钮。

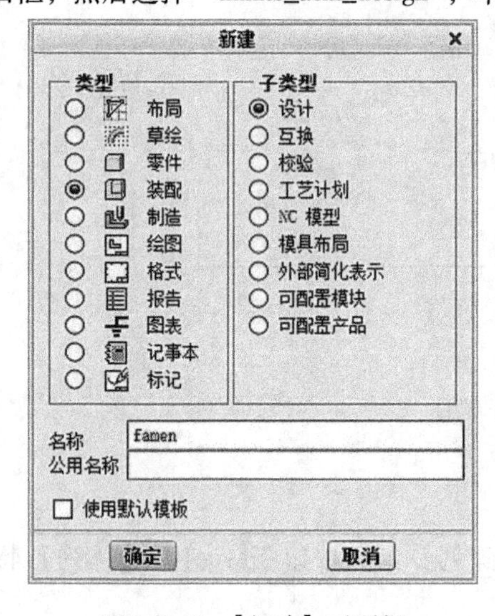

图 2.2.18　【新建】对话框

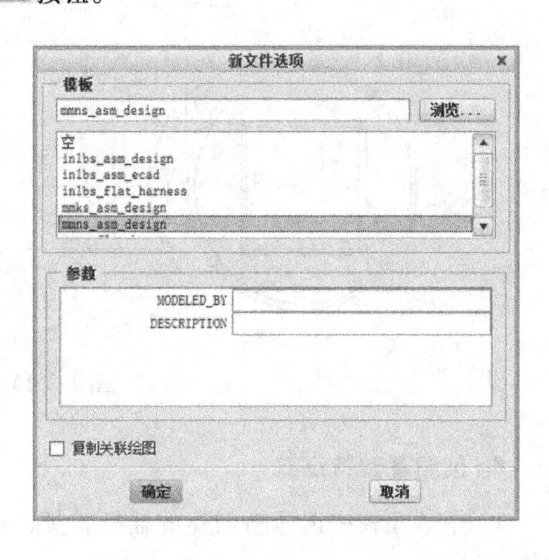

图 2.2.19　【新文件选项】对话框

2. 调入第一个零件

单击【组装】按钮，然后在弹出的【打开】对话框中选择文件“qiufa. asm”，确认后，系统会将文件“qiufa. asm”载入装配界面，单击【元件放置】选项卡下的【固定】按钮 固定，然后单击✔按钮。

3. 调入第二个零件

1）单击【组装】按钮，然后在弹出的【打开】对话框中选择文件“yaobing. prt”。确认后系统将摇柄载入装配界面，装配体组件如图 2. 2. 20 所示。

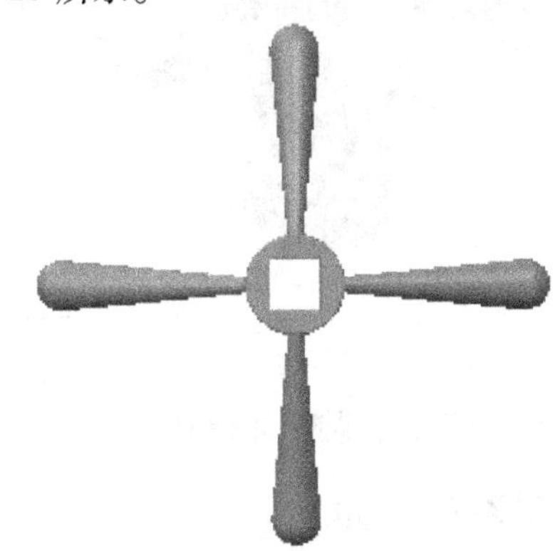

图 2. 2. 20　装配体组件

2）创建约束组装零件。在【元件放置】对话框约束【类型】下拉列表中选择【重合】选项，首先单击鼠标选择摇柄的中心轴线，然后单击鼠标选择球阀中阀杆的中心轴线，随后系统会自动生成【对齐】约束，如图 2. 2. 21 所示。

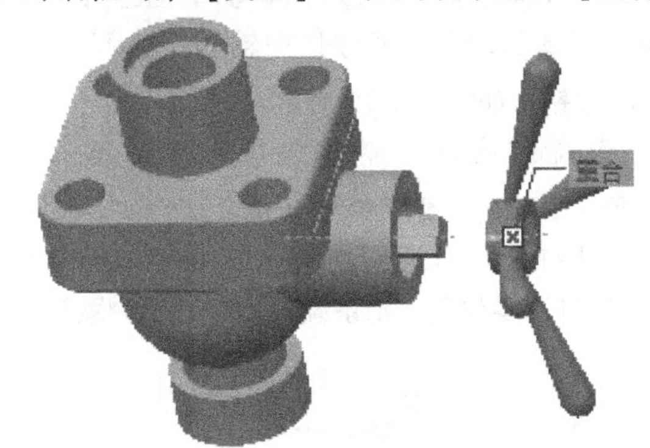

图 2. 2. 21　选择轴线生成【对齐】约束

3）在【元件放置】对话框约束【类型】下拉列表中选择【重合】选项，选择如图 2. 2. 22 所示的两个平面创建约束，选择后系统会自动生成匹配约束，然后单击【元件放置】对话框中的【确定】按钮✔。

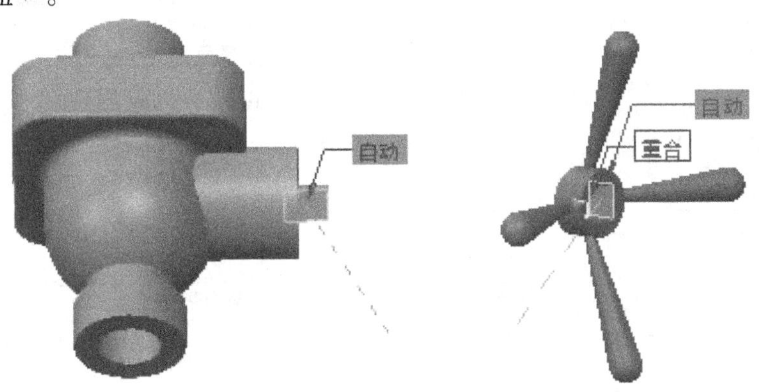

图 2. 2. 22　选择约束面

4）在【元件放置】对话框约束【类型】下拉列表中选择【重合】选项，选择如图2.2.23所示的两个平面创建约束，然后单击【元件放置】对话框中的【确定】按钮✔，生成的装配体如图2.2.24所示。

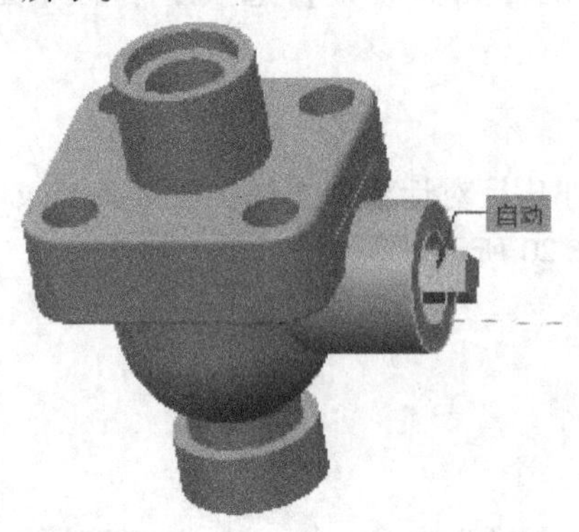

图2.2.23　选择平面

5）单击💾按钮，将装配体保存。

2.2.3　工程图的创建

1. 创建绘图文件

图2.2.24　装配体

1）单击【新建】按钮🗋，在弹出的【新建】对话框中选择【类型】为【绘图】，取消选择【使用默认模板】复选项，在【名称】中输入“yaobing”，单击 确定 按钮，如图2.2.25所示。

2）系统弹出的【新建绘图】对话框，如图2.2.26所示。单击【默认模型】选项组中的 浏览... 按钮，从【打开】对话框中双击选择“yaobing.prt”（如果已经打开零件图，则系统自动将其设为默认模型）。

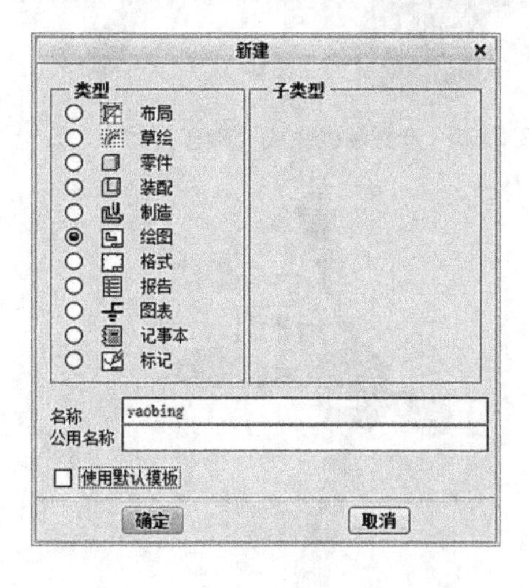

图2.2.25　【新建】对话框

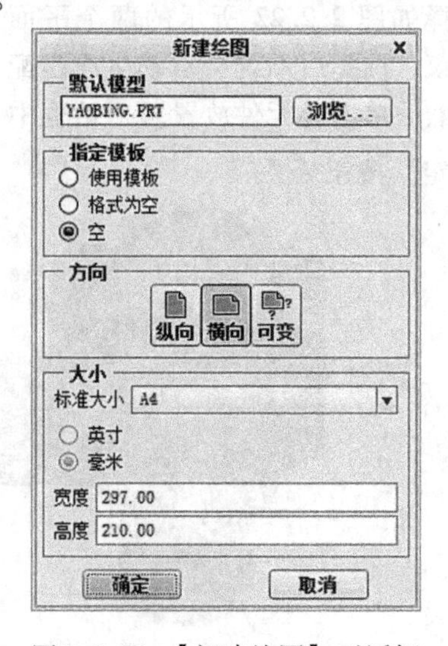

图2.2.26　【新建绘图】对话框

3）在【指定模板】选项组中选中 空 。

4）单击【大小】选项组中【标准大小】下拉列表框的 按钮，从下拉列表中双击选择【A4】，单击 确定 按钮，进入绘图环境。

2. 创建主视图

1）在 模型视图 命令群组中单击常规按钮，系统弹出如图 2.2.27 所示的【选择组合状态】对话框。接受默认设置，单击 确定 按钮。

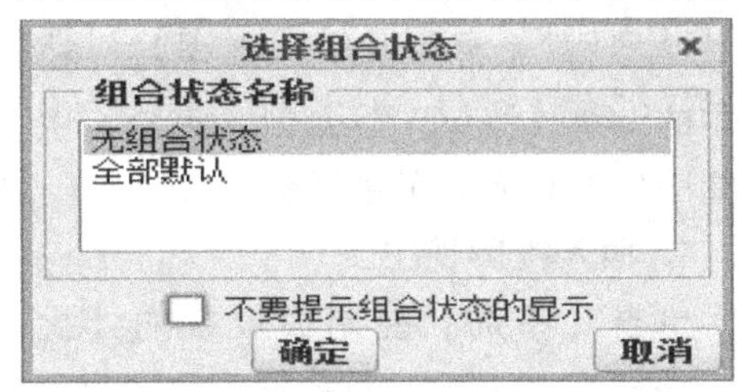

图 2.2.27 【选择组合状态】对话框

2）系统在信息区提示 选择绘图视图的中心点。，在图形区选择一点单击，此时图形区出现预览模型和【绘图视图】对话框，在【绘图视图】对话框中设置【视图名称】为【主视图】。

3）在【视图方向】选项组中选择 查看来自模型的名称，在【模型视图名】中选择【RIGHT】，设置视图方向参考如图 2.2.28 所示。单击 应用 按钮，创建的视图如图 2.2.29 所示。

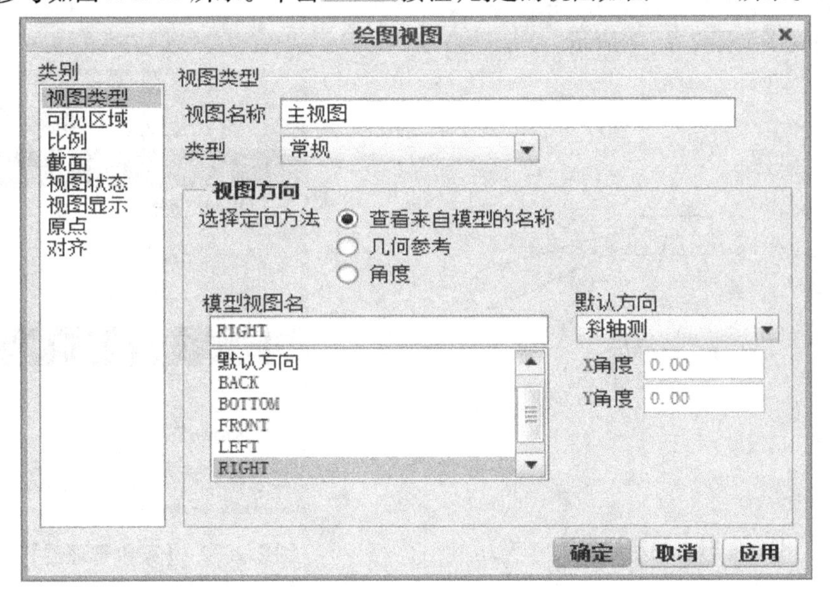

图 2.2.28 设置视图方向参考

4）在【绘图视图】对话框中的【类别】列表框中，单击【视图显示】，设置【显示样式】为 隐藏线，【相切边显示样式】为 无，如图 2.2.30 所示，单击 应用 按钮，在【类别】列表框中选择【比例】，单击 自定义比例，在对应的文本框中输入数值“1”，创建的视图如图 2.2.31 所示。

图 2.2.29 创建的视图

3. 创建截面

双击主视图，弹出【绘图视图】对话框，在【绘图视图】对话框中的【类别】列表框中，单击【截面】，然后单击选择 2D 横截面，再单击选择 + ，弹出【菜单管理器】对话框，如图 2.2.32 所示，单击此对话框中的【完成】，然后弹出【输入横截面名】对话框，如图 2.2.33

所示。在对话框中输入"A1"，单击✓，系统弹出【菜单管理器】对话框，如图2.2.34所示。然后单击选择窗口左侧模型树中的"RIGHT"，单击【绘图视图】对话框中的 确定 按钮，截面创建完毕，生成如图2.2.35所示的主视图。

4. 插入投影视图

单击【布局】控制面板中的【投影】按钮 投影，将鼠标光标移动到合适的位置单击创建俯视图。双击俯视图，在【绘图视图】对话框中的【类别】列表框中，单击【视图显示】，设置【显示样式】为隐藏线，【相切边显示样式】为无，如图2.2.36所示，单击 应用 按钮，创建俯视图如图2.2.37所示。

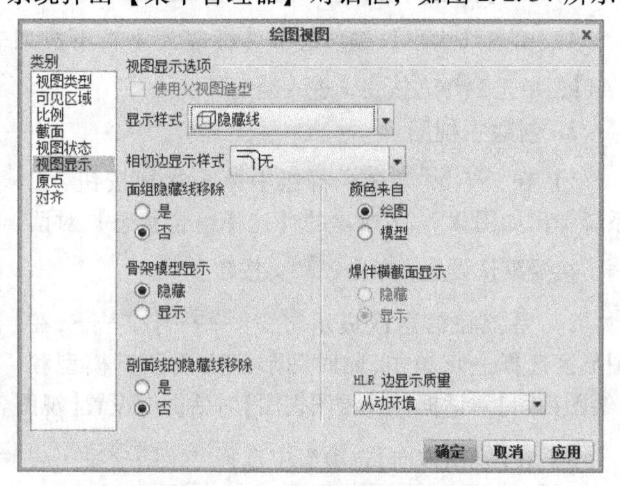

图2.2.30 设置【视图显示】

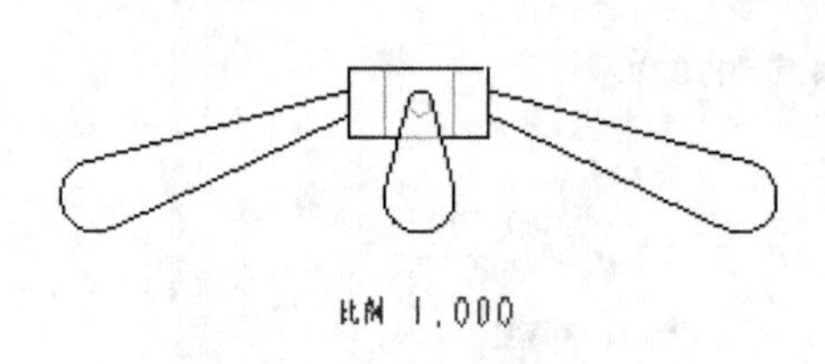

图2.2.31 创建的视图

图2.2.32 【菜单管理器】对话框

图2.2.33 【输入横截面名】对话框

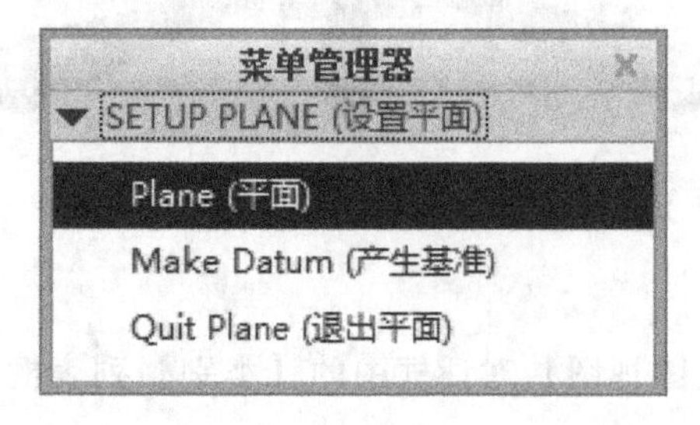

图2.2.34 【菜单管理器】对话框

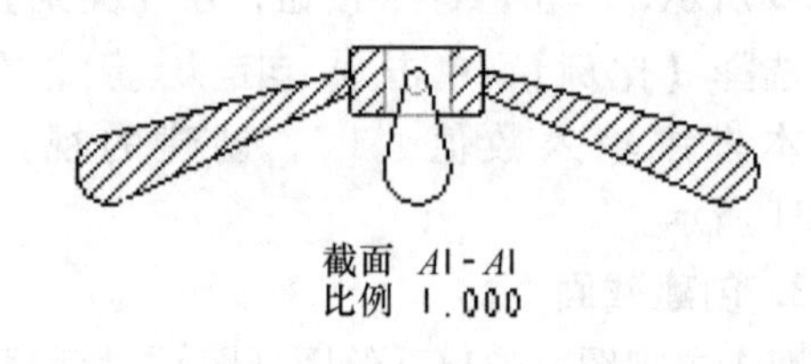

图2.2.35 主视图

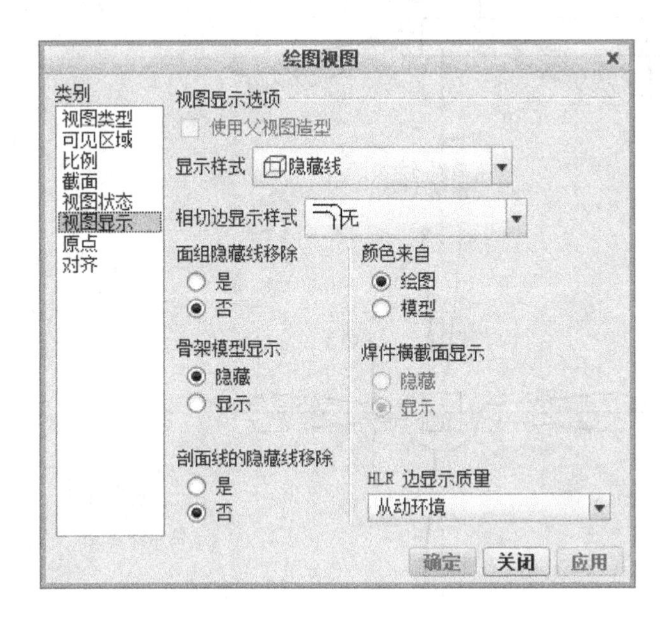

图 2.2.36 【绘图视图】对话框

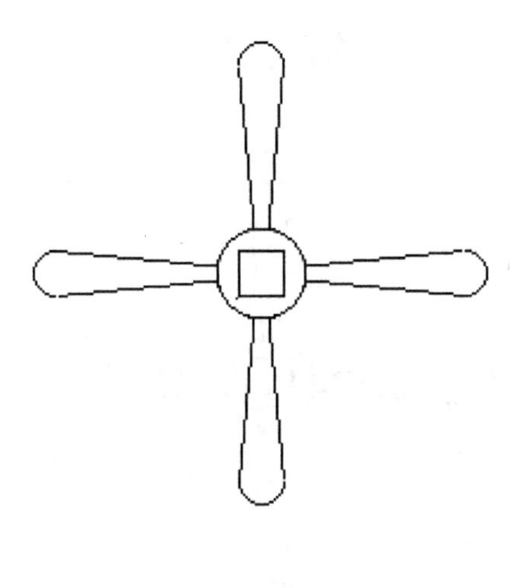

图 2.2.37 创建俯视图

5. 显示基准轴

1）单击【注释】控制面板，单击【显示模型注释】命令，系统弹出【显示模型注释】对话框，如图 2.2.38 所示。

2）单击【显示模型基准】选项卡，再单击主视图，单击选择【显示模型注释】对话框中基准轴，单击 确定 按钮，以同样的方式创建另一个视图的基准轴线，其效果图如图 2.2.39 所示。

图 2.2.38 【显示模型注释】对话框

6. 尺寸标注

1）在 注释 命令群组中单击【显示模型注解】命令，系统弹出【显示模型注释】对话框。

2）在【显示模型注解】对话框中单击顶部的【显示模型尺寸】选项卡，在【类型】下拉列表中选择【全部】。

3）按住〈Ctrl〉键，在视图上单击选择相应的特征，模型上出现尺寸，单击 应用 按钮，单击【关闭】按钮，视图显示尺寸如图 2.2.40 所示。

4）单击按钮，将工程图保存。

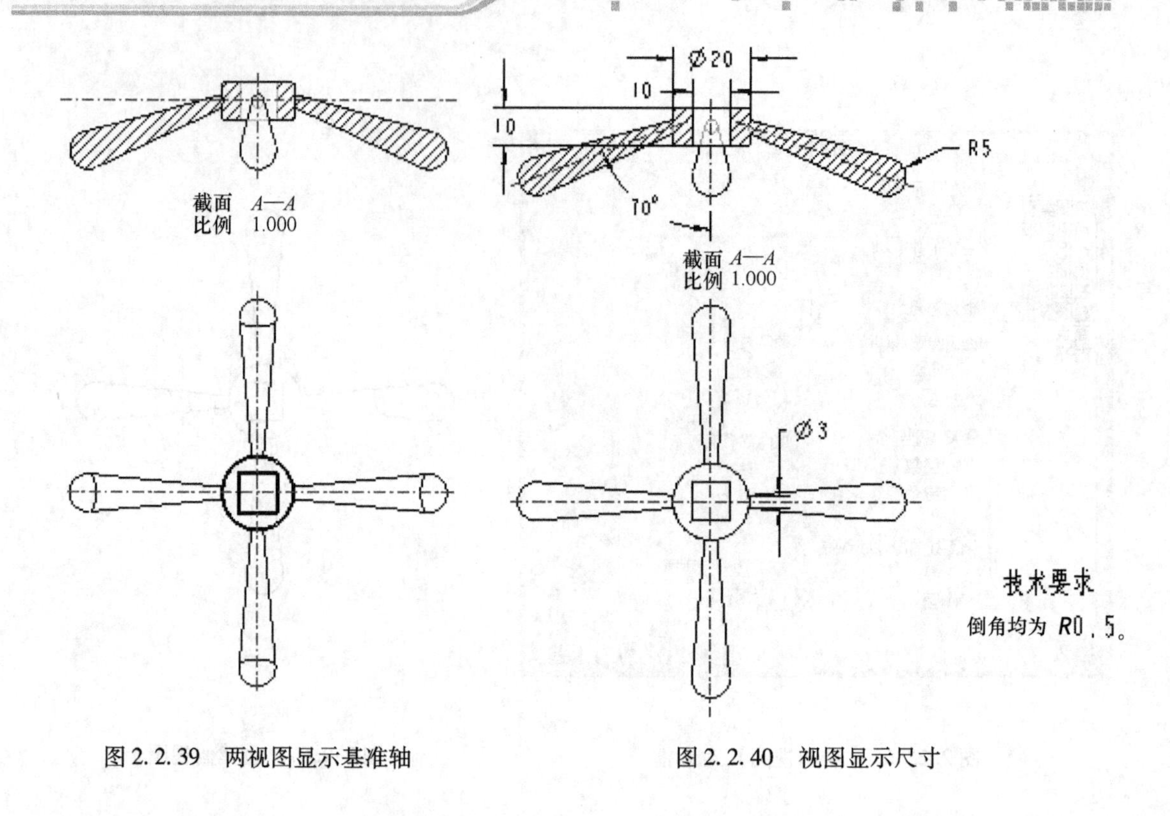

图 2.2.39 两视图显示基准轴　　图 2.2.40 视图显示尺寸

2.3 设计修改

以“yaobing.prt”为例介绍设计修改。

1. 修改零件尺寸，观察工程图与三维装配图的变化

1）打开“yaobing.prt”文件。在快捷工具栏中单击【显示样式】按钮，选择其下拉菜单中的【消隐】按钮，然后双击实体模型摇柄，如图 2.3.1 所示。

2）双击尺寸为“ϕ20”的尺寸线，在弹出的小对话框中输入尺寸“30”，然后按“〈Enter〉键”。其效果如图 2.3.2 所示，其工程图如图 2.3.3 所示。

3）同理，修改零件的其他尺寸，其工程图也会做出相应的改变。

2. 修改工程图尺寸，观察零件模型和装配模型的变化

1）双击工程图中尺寸“ϕ30”，弹出【尺寸属性】对话框，如图 2.3.4 所示，将其【公称值】中数据修改为“20”，单击 确定 按钮。

2）单击按钮，将工程图保存。

3）打开“yaobing.prt”文件，单击【模型】控制面板中的【重新生成】按钮 重新生成，然后双击模型，其尺寸变化如图 2.3.5 所示。

4）单击按钮，将其保存。

从以上可以看出，零件三维模型造型，零件的工程图、装配图中的零件可共享一个公共的数据库。所以设计者只要修改三者中的任何一个模型，数据库中的内容都会发生改变。多用户设计时，每个用户都可获得最新的设计数据，修改方便。

以上介绍了自下而上的产品设计过程，自上而下的产品设计过程将在第 15 章中进行相应的介绍。

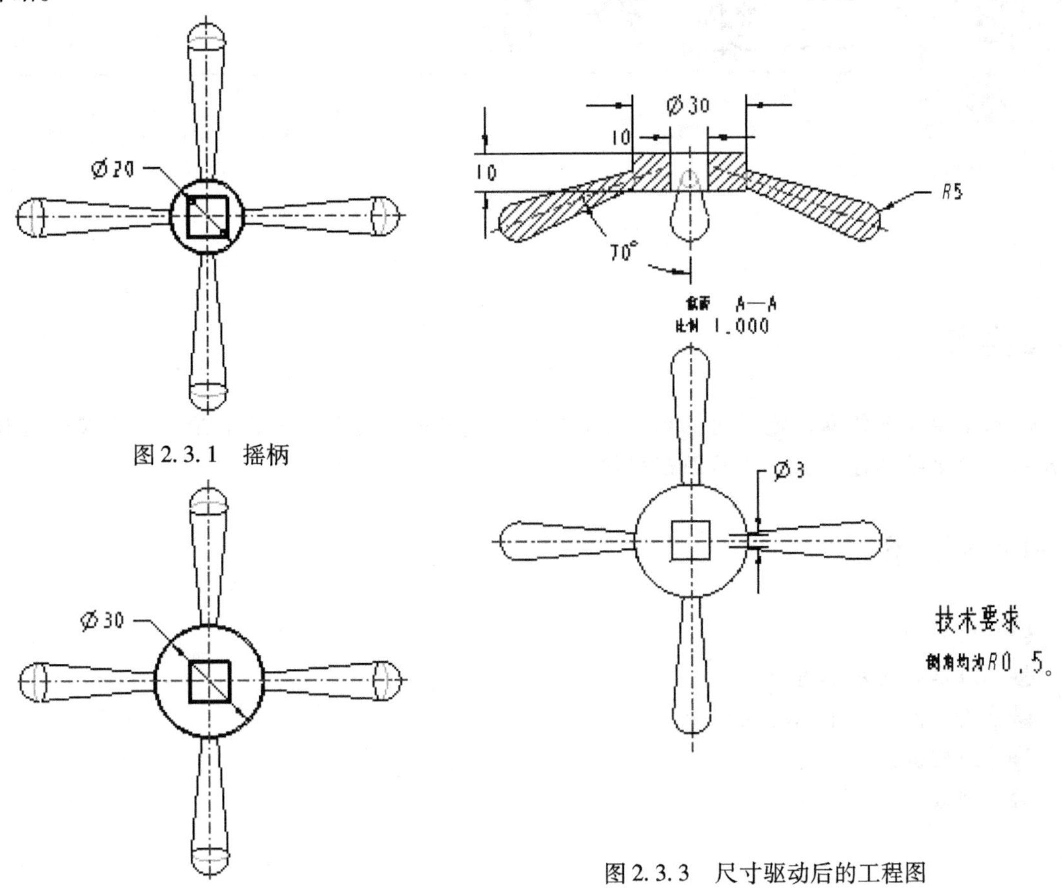

图 2.3.1　摇柄

图 2.3.2　尺寸驱动后的摇柄

图 2.3.3　尺寸驱动后的工程图

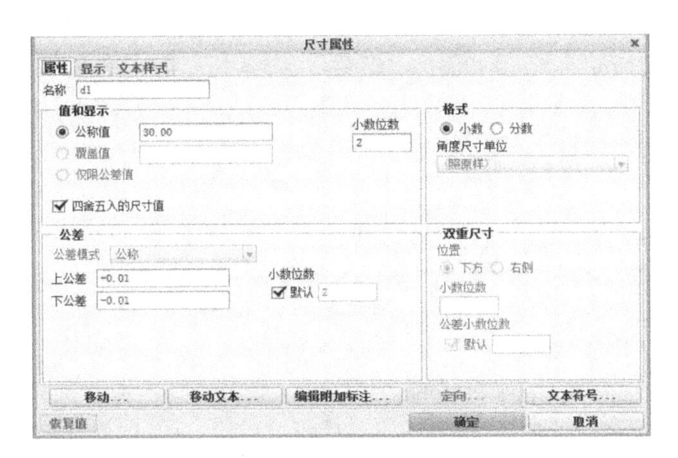

图 2.3.4　【尺寸属性】对话框

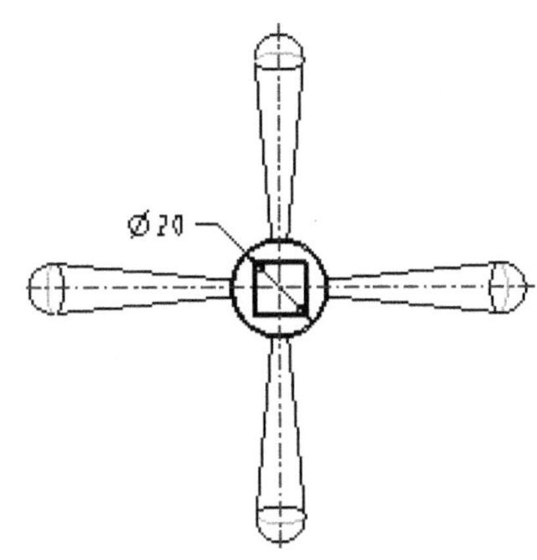

图 2.3.5　尺寸驱动后的摇柄

第3章 二维草绘

本章要点

二维草绘是三维零件建模的基础，它贯穿零件建模的全过程。本章将通过几个实例向读者介绍二维草绘创建过程，及草图创建技巧。

本章主要内容

❶草绘简介
❷二维草绘的基本过程
❸草绘界面环境下工具的使用
❹草绘实例
❺实训题

3.1　草绘简介

学习目标

掌握进入草绘界面的方法，学会草绘环境设置方法。

1. 进入草绘模式

二维草绘是在草绘模式下进行的，进入草绘模式有两种途径：

1）由草绘模块进入草绘模式：单击工具栏中的【新建】按钮或执行【文件】|【新建】命令，弹出如图3.1.1所示的【新建】对话框。在【类型】选项组中选中【草绘】单选按钮，在【名称】文本框输入文件名称，然后单击 确定 按钮，进入草绘环境。这种模式下所创建的二维草图文件扩展名为“.sec”，可在创建三维零件时调用。

图3.1.1　【新建】对话框

2）由零件模块进入草绘模式。将在后续章节学习。

2. 二维草绘模式下的基本术语

Creo软件草绘过程中经常使用一些术语，理解它们对于掌握草绘十分有利。常用术语如下：

◆图元：指二维草图中组成截面几何的元素，如直线、中心线、圆弧、圆、样条曲线、点及坐标系等。

◆参照图元：指创建特征截面或标注时所参照的图元。

◆约束：定义某个单一图元几何位置或多个图元间的位置关系。

3. 设置草绘环境

在Creo系统中创建二维草图时，用户可以根据个人需要设置草绘环境。

1）单击菜单栏【文件】|【选项】命令，弹出【Creo Parametric 选项】对话框，如图3.1.2

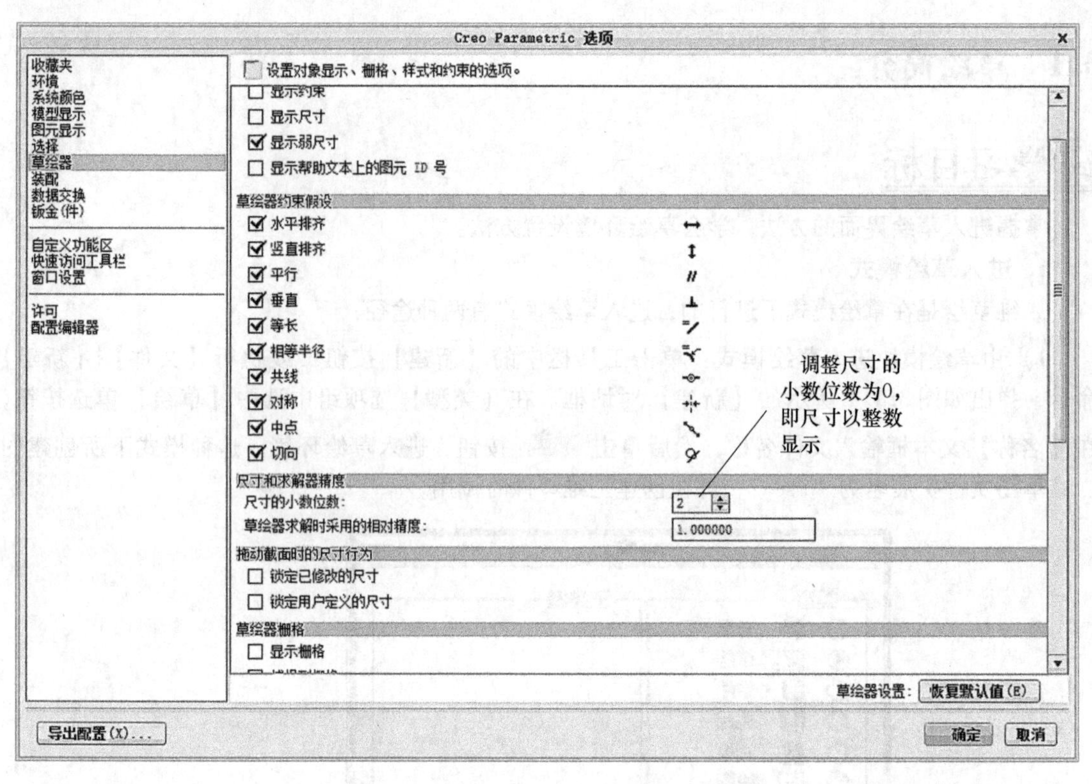

图 3.1.2 【Creo Parametric 选项】对话框

所示。

2）选中【Creo Parametric 选项】对话框中【草绘器】选项卡，可以完成：

◆【对象显示设置】：设置在草绘环境中是否显示尺寸、约束符号、顶点等项目，被选中的选项系统会自动显示。

◆【草绘器约束假设】：可以设置在草绘环境中的优先约束选项。系统会根据该选项的选择，自动创建有关约束。

◆【尺寸和求解器精度】：设置尺寸显示的小数点位数或求解器的精度。

◆【草绘器栅格】：可以设置草绘环境栅格状态，包括栅格类型、栅格间距、栅格方向。

◆【草绘器启动】：选中该选项，进入草绘模式时草绘平面自动定位与屏幕平行。

3）设置完成后，单击 确定 按钮生效。

3.2 二维草绘的基本过程

1）粗略绘制几何图元，即勾勒出图形的大概形状。

2）编辑添加约束。

3）标注尺寸。绘制图元时，系统自动生成的尺寸为弱尺寸，以浅颜色显示；用户所创建的尺寸则以较深的颜色显示。

4）修改尺寸。

5）重新生成。

6）草图诊断。检查草图是否存在几何不封闭、几何重叠等问题。

3.3 草绘界面环境下工具的使用

1. 草绘按钮简介

【草绘】工具栏功能按钮包括操作、基准、草绘、编辑、约束、尺寸、检查七部分。如图 3.3.1 所示

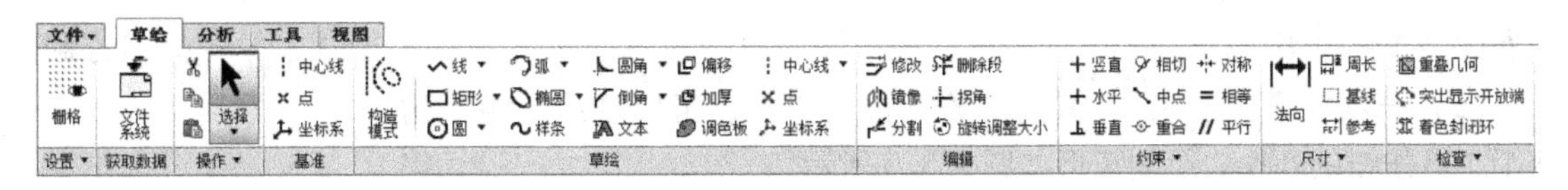

图 3.3.1 【草绘】工具栏

（1）选择工具按钮 位于【操作】区域，按下按钮，切换到选取图元模式。单击鼠标左键，可一次选取一个项目或图元，也可按下〈Ctrl〉键一次选取多个项目或图元。

（2）图元绘制工具按钮 位于【基准】区域和【草绘】区域。具体操作为：

1）第一步，单击鼠标左键，选择对应的各功能按钮，注意信息提示区提示。

2）第二步，根据信息提示区提示在模型区进行相应操作。

3）第三步，按下鼠标中键完成图元创建。

（3）创建几何点、构造点

1）几何点：按下工具栏【基准】区域的【创建几何点】按钮 × 点，信息提示区提示 为此点选择位置。。在绘图区点放置位置单击鼠标左键，即完成了该几何点的创建，用户可连续创建多个点。单击鼠标中键完成特征创建。

2）构造点：单击【创建构造点】按钮 × 点，操作同上。

几何点是草绘截面的几何图元，会保留在由草图创建的三维特征上，而构造点是为了方便图元绘制而创建的一种参照图元，不会保留在由草图创建的三维特征上。

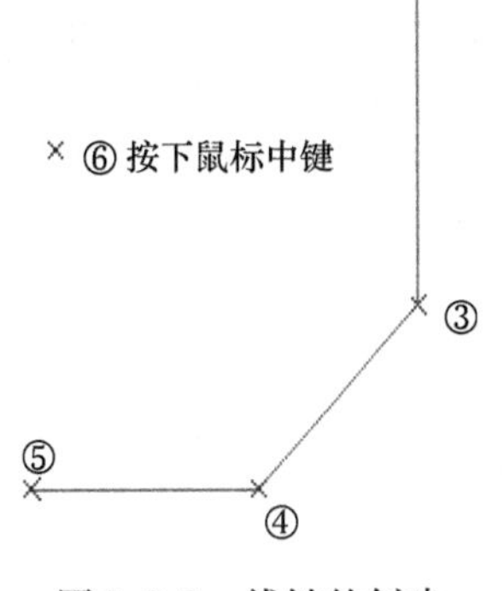

图 3.3.2 线链的创建

（4）绘制直线 使用 线 中的下拉按钮，可实现绘制直线的两个工具按钮的切换。

1）多个直线组成的线链：按下 线 按钮，在草绘区依次单击如图 3.3.2 中所示①～⑤的位置，可创建多个直线组成的线链，在⑥位置单击鼠标中键结束线链命令。线链的创建如图 3.3.2 所示。

2）公切线：按下 直线相切 按钮。单击选择两个圆或圆弧，单击鼠标中键完成创建。注意：根据选择位置不同，可创建内公切线，也可以创建外公切线。相切线的创建如图 3.3.3 所示。

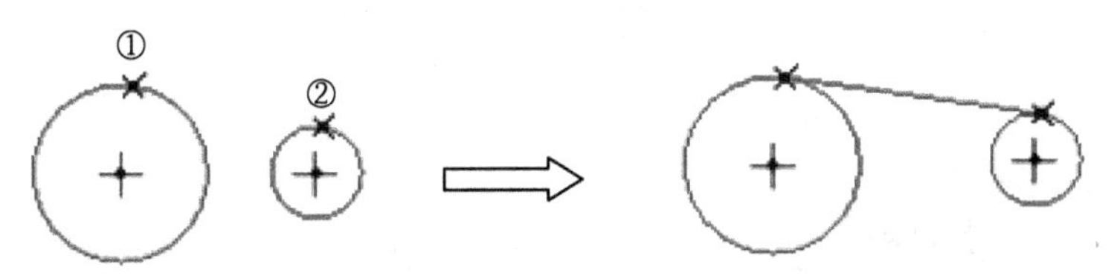

图 3.3.3 相切线的创建

3）绘制中心线：按下【中心线】按钮 ┆中心线 ，鼠标左键单击选择两个点，单击鼠标中键，完成中心线创建。如图 3.3.4 所示。

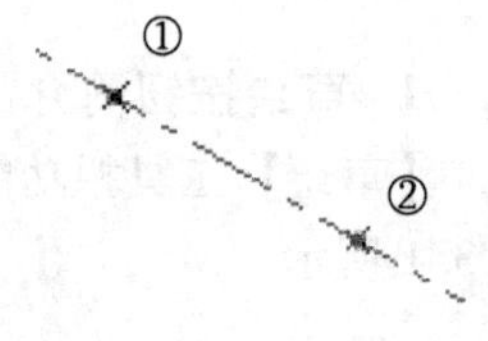

图 3.3.4 中心线绘制

中心线大多用作辅助线，可用来定义旋转特征的中心轴或截面的对称中心线。

中心线有几何中心线和构造中心线两种。几何中心线会显示在由草图创建的三维特征上，而构造中心线不会。区分构造中心线和几何中心线如图 3.3.5 所示。

（5）绘制矩形 使用 矩形 中的下拉按钮，可实现绘制矩形的四个工具按钮的切换。绘制矩形如图 3.3.6 所示。

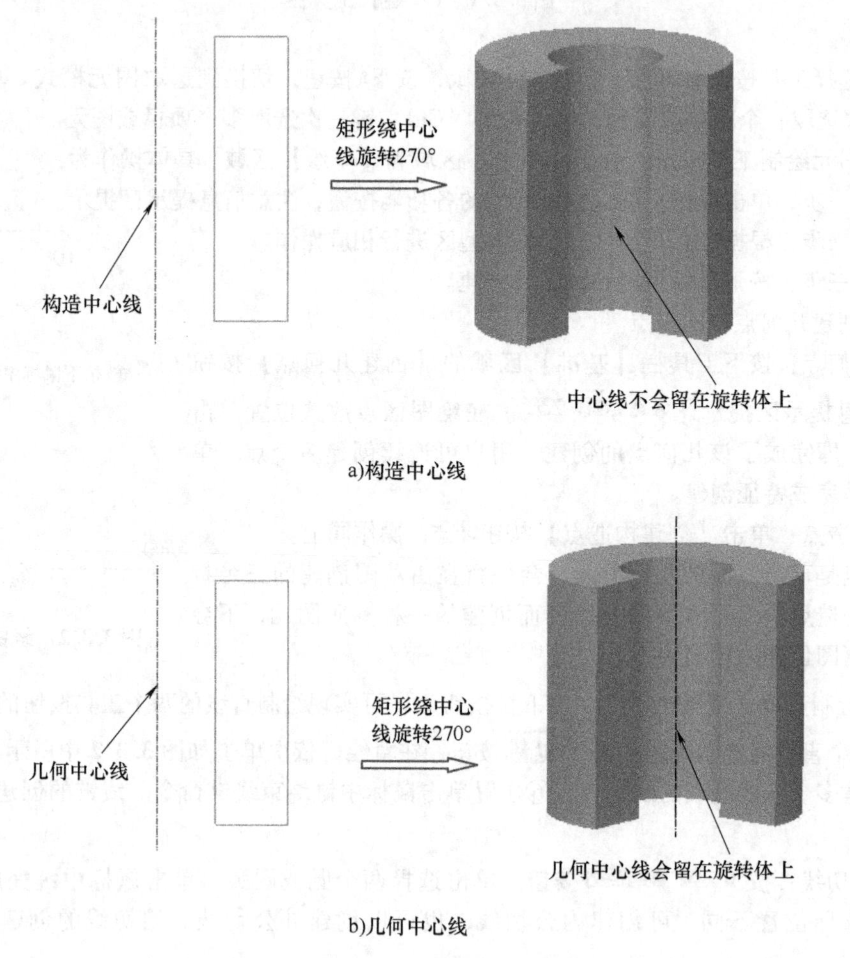

图 3.3.5 区分构造中心线和几何中心线

1）拐角矩形：按下 矩形 按钮，在绘图区选择位置放置矩形两个对角点，单击鼠标中键完成创建。如图 3.3.6a 所示。

2）斜矩形：按下 斜矩形 按钮，在绘图区域单击鼠标左键绘制一条直线作为矩形的一条边。然后，拖动鼠标至矩形所需大小，单击鼠标左键完成矩形绘制。单击鼠标中键完成创建。如图 3.3.6b 所示。

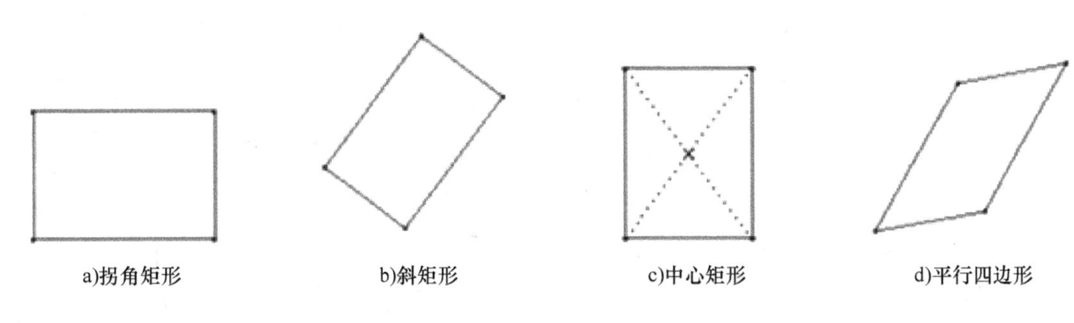

图 3.3.6 绘制矩形

3）中心矩形：按下 中心矩形 按钮，单击鼠标左键，确定矩形中心的位置；移动鼠标将矩形拖至所需大小，单击鼠标左键完成矩形绘制。如图 3.3.6c 所示。

4）平行四边形：按下 平行四边形 按钮，操作步骤参照斜矩形绘制。按鼠标中键完成创建。如图 3.3.6d 所示。

（6）绘制圆　使用 圆 中的下拉按钮，可实现绘制圆的四个工具按钮的切换。

1）通过圆心和圆上一点绘制圆：按下 圆心和点 按钮，在绘图区单击鼠标左键选择圆心①，移动鼠标，单击左键定出圆周上的点②，完成圆的绘制。如图 3.3.7 所示。

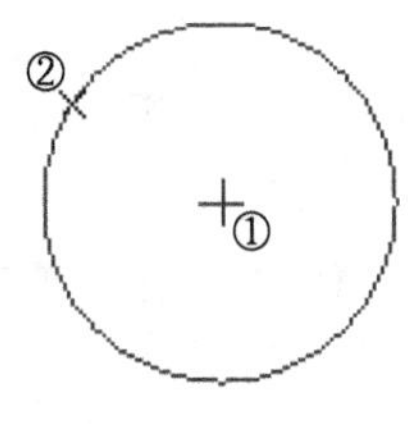

图 3.3.7 圆心和圆上一点创建圆

2）绘制同心圆：按下 同心 按钮，选取一个参照圆或一条圆弧来定义圆心，松开左键，移动鼠标至所需大小，单击鼠标左键完成同心圆的绘制。如图 3.3.8 所示。

3）通过圆上三点来创建圆：按下 3点 按钮，在绘图区单击鼠标左键选择三个点，完成三点圆绘制。单击鼠标中键完成创建。图上三点创建圆如图 3.3.9 所示。

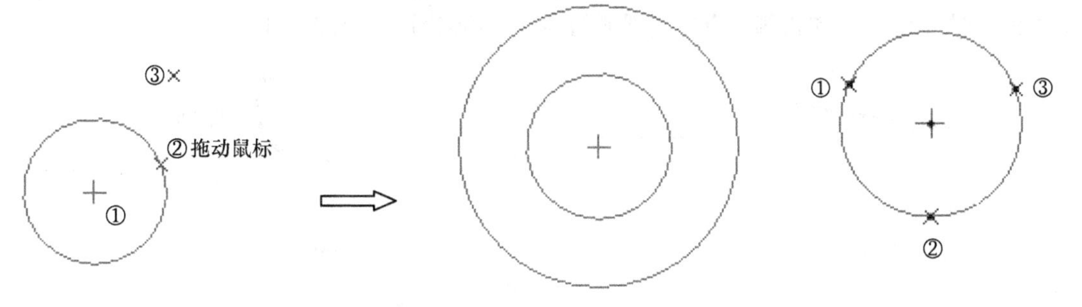

图 3.3.8 创建同心圆　　图 3.3.9 圆上三点创建圆

4）创建与三个图元相切的圆：按下 3 相切 按钮，依次选择三个图元完成圆的绘制。单击鼠标中键完成创建。创建相切圆如图 3.3.10 所示。

（7）绘制椭圆

1）轴端点椭圆：按下 轴端点椭圆 按钮，通过确定椭圆轴的两个端点来绘制椭圆。如图 3.3.11 所示。

2）中心和轴椭圆：按下 中心和轴椭圆 按钮，通过确定椭圆中心以及椭圆轴线来完成椭圆的绘制。中心和轴椭圆如图 3.3.12 所示。

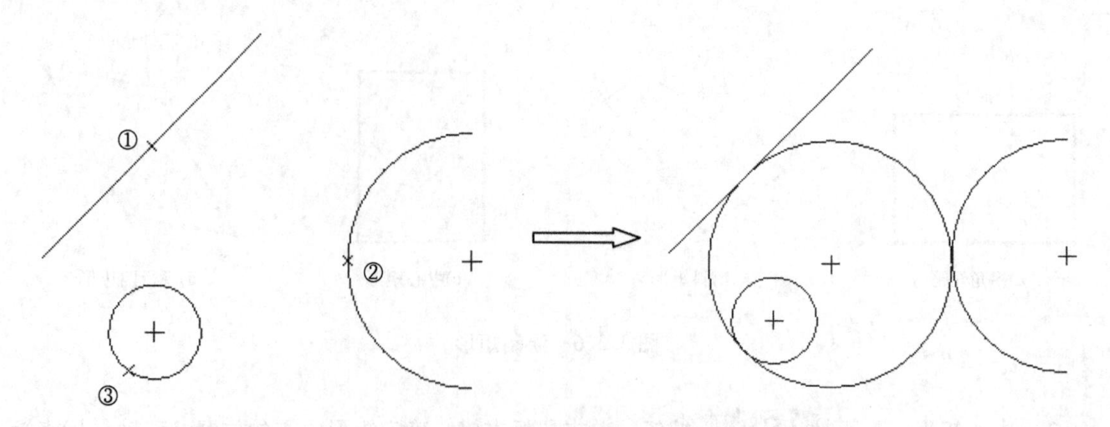

图 3. 3. 10　创建相切圆

（8）绘制圆弧　创建圆弧也有多种不同方法。

1）三点创建圆弧：按下 3点/相切端 按钮，在绘图区单击鼠标左键依次选择圆弧的起点、终点和中点，单击鼠标中键完成创建。三点创建圆弧如图 3. 3. 13 所示。

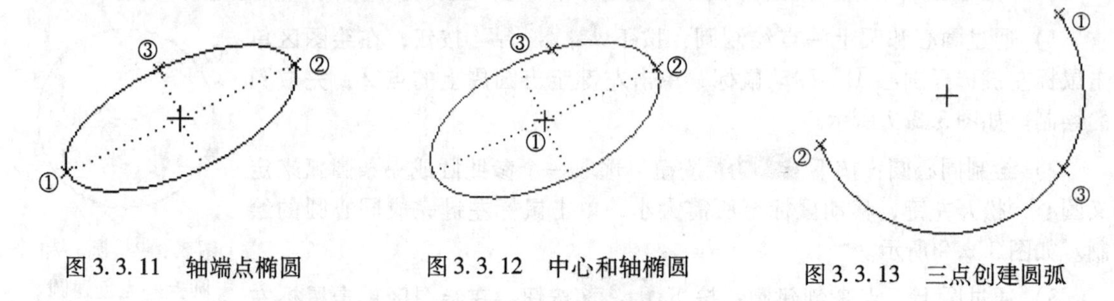

图 3. 3. 11　轴端点椭圆　　图 3. 3. 12　中心和轴椭圆　　图 3. 3. 13　三点创建圆弧

另外，按下 3点/相切端 按钮，可创建与该图元端点相切的圆弧。单击图元端点，当相交处显示“T”标记时，单击第二点确定圆弧的终点。相切圆弧如图 3. 3. 14 所示。

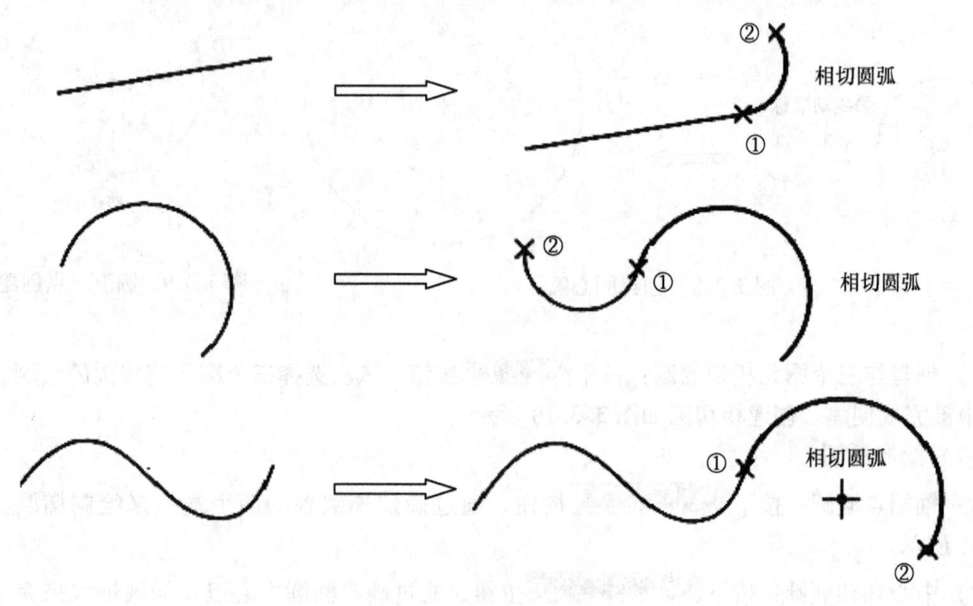

图 3. 3. 14　相切圆弧

2）由圆心和端点创建圆弧：按下圆心和端点按钮，在绘图区内单击鼠标左键依次选择圆心、圆弧的起点和终点。圆心和端点创建圆弧如图 3. 3. 15 所示。

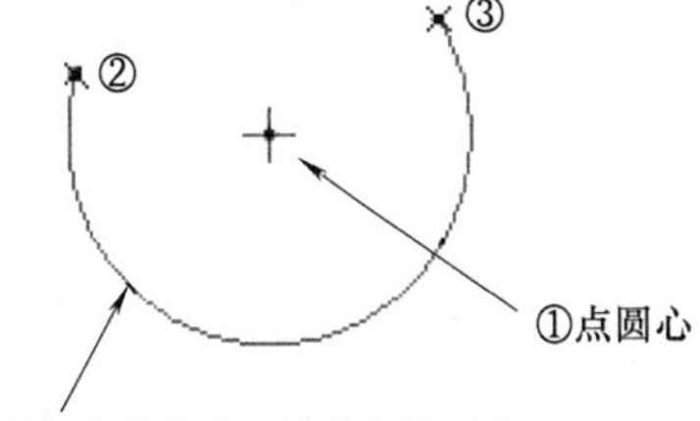

图 3. 3. 15　圆心和端点创建圆弧

3）创建一条与已知三个图元相切的圆弧：按下3相切按钮，分别选取三个图元，系统将自动创建一条与三个图元相切的圆弧。选取三个图元位置的不同，则创建的圆弧也不同。公切圆弧如图 3. 3. 16 所示。

4）绘制同心圆弧：按下同心按钮，选取一个参照圆或一条圆弧来确定圆心，将圆拖动至所需大小，单击两点以确定圆弧的两个端点。同心圆弧如图 3. 3. 17 所示。

5）创建圆锥弧：按下圆锥按钮，绘图区单击鼠标左键选择圆锥的两个端点，拖动橡胶条状圆锥弧到合适的位置，单击鼠标左键，确定弧上一点，单击鼠标中键结束命令。圆锥弧创建如图 3. 3. 18 所示。

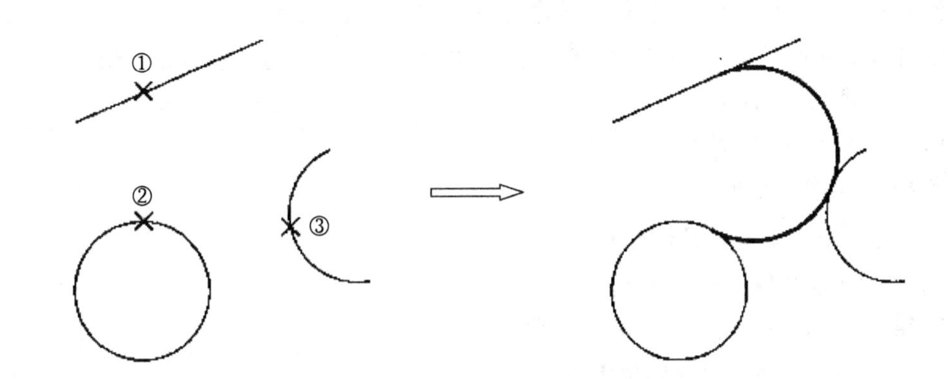

图 3. 3. 16　公切圆弧

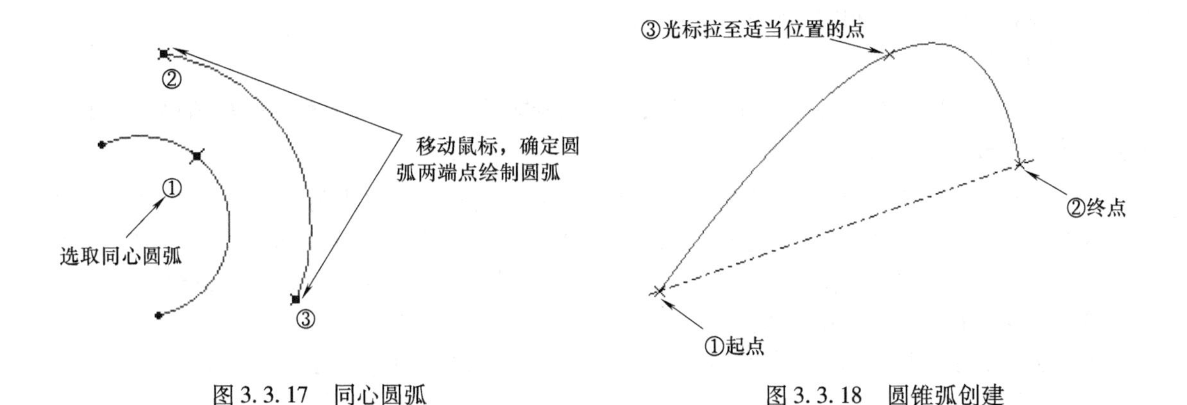

图 3. 3. 17　同心圆弧

图 3. 3. 18　圆锥弧创建

（9）创建样条曲线　样条曲线是由多个中间点得到的平滑曲线。按下按钮，在绘图区单击鼠标左键指定一系列的点，再单击中键，系统将自动生成一条样条曲线。

（10）创建圆角　单击工具栏中圆角的下拉按钮，可以完成四种圆角的切换，如图 3. 3. 19 所示。

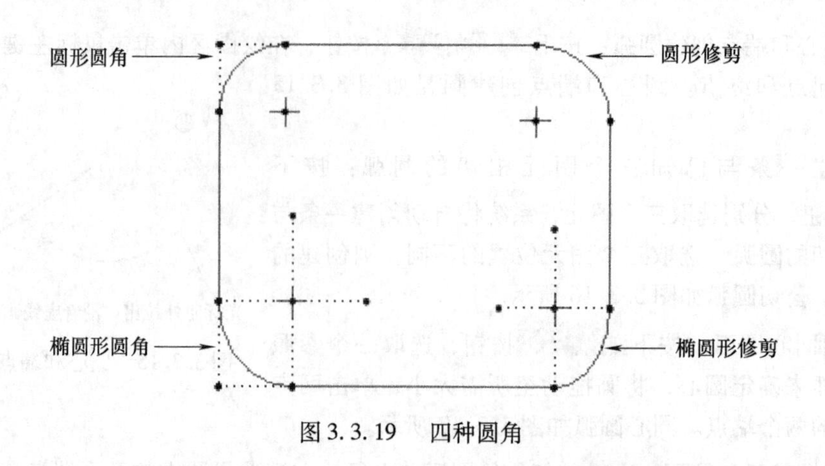

图 3.3.19　四种圆角

1）创建圆形圆角：按下 圆形修剪 按钮，单击鼠标左键选取要相切的两个图元，单击鼠标中键完成创建。

2）创建椭圆形圆角：按下 椭圆形修剪 按钮，操作方法同上。

3）使用构建线创建圆形：按下 圆形 按钮，操作方法同上。创建完成后，切点与原交点之间以虚线连接，即构建线。

4）使用构建线创建椭圆形圆角：按下 椭圆形 按钮，操作方法同上。

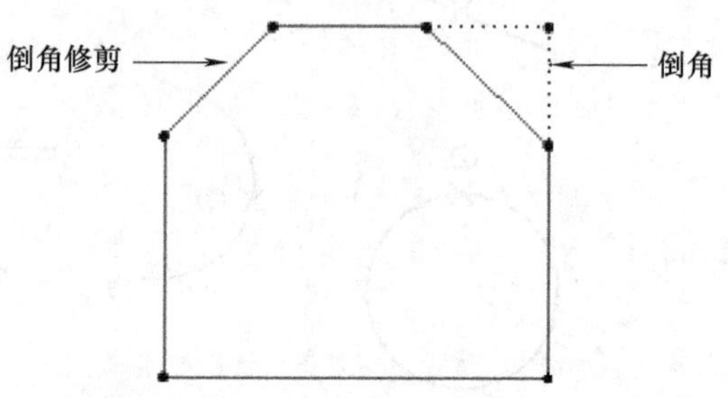

图 3.3.20　两种倒角

（11）创建倒角　单击工具栏中 倒角 ▾ 中的下拉按钮 ▾，实现两种倒角的切换。

1）创建倒角并创建构建线延伸：选择 倒角 按钮，操作步骤与创建圆角相同。

2）创建去边倒角：按下 倒角修剪 按钮，操作步骤与创建圆角相同。两种倒角如图 3.3.20 所示。

（12）创建文本

1）按下工具栏中 文本 按钮，信息提示区显示 选择行的起点，确定文本高度和方向。的提示，单击一点作为文本放置起始点。

2）信息提示区显示 选择行的第二点，确定文本高度和方向。的提示，单击另一点作为文本放置终点。在起点和终点之间创建一条构建线，线的长度决定文本的高度，角度决定文本的方向。同时系统弹出【文本】对话框，如图 3.3.21 所示，在【文本】对话框中可对文本进行设置。

◆在【文本行】文本框中输入文本。

◆单击【文本符号…】，可弹出如图 3.3.22 所示的【文本符号】对话框，用户可从中选择所需符号。

◆【字体】下拉列表框：从系统提供的字体列表中选取字体。

◆【位置】：用户可以分别对文字的水平放置位置和垂直放置位置进行设置。

●【水平】：可以选择文本的水平位置处于图元或实体的【左边】、【右边】或【中心】。

●【垂直】：可以选择文本的垂直位置处于图元或实体的【底部】、【顶部】、【中间】。

◆【长宽比】：拖动滑动条增大或减小文本的长宽比。

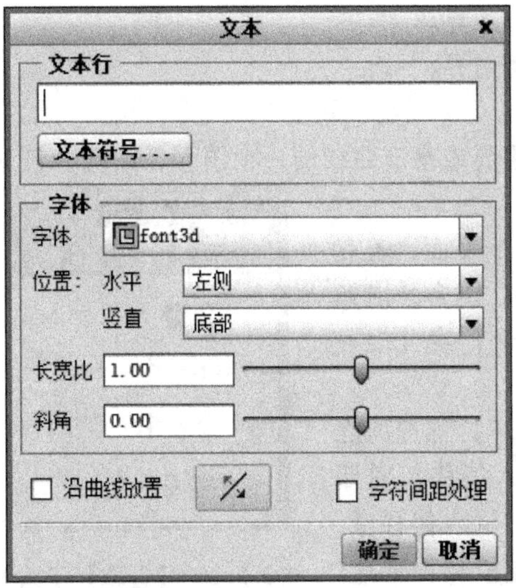

图 3.3.21 【文本】对话框

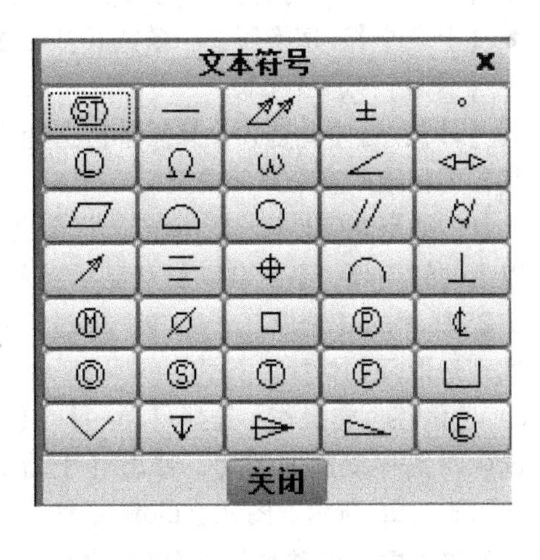

图 3.3.22 【文本符号】对话框

◆【斜角】：拖动滑动条增大或减小文本的倾斜角度。

◆【沿曲线放置】复选框：选中此复选框，可沿着一条曲线放置文本，操作时系统会提示用户选取将要放置文本的曲线，其中按钮，可切换文本沿曲线的方向。沿曲线放置的文本如图 3.3.23 所示。

◆【字符间距处理】：选中此复选框，可控制某些字符对之间的空格，改善文本字符串的外观。

文字输入完毕后单击 确定 按钮，完成文本创建。若想更改文本，可在绘图区双击文本，则又回到【文本】对话框。

（13）通过边投影、边偏移创建图元 绘制特征草图时，可利用或偏移已有模型的边。

1）通过偏移边创建图元：按下 偏移 按钮，系统会自动弹出如图 3.3.24 所示的【类型】对话框，偏移边选择方式有三种：

①【单一】：选此选项，单击鼠标左键一次，只能选中一个图元。

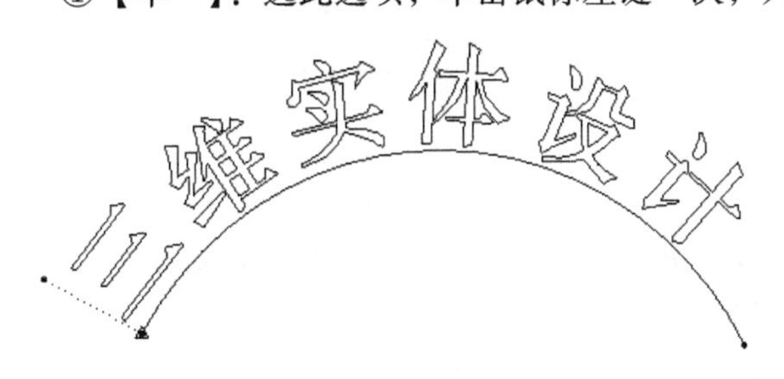

图 3.3.23 沿曲线放置的文本

图 3.3.24 【类型】对话框

②【链】：选此选项，单击选择时必须选取基准曲线或边界的两个图元，两图元之间所有图元形成一链。若存在多个可能的链式边界时，会弹出如图 3.3.25 所示的【选取】子菜单，在此需要确定所期望的模型边界。各选项含义如下：

◆【接受】：接受当前链。

◆【下一个】：切换至下一条链式基准曲线或模型边界。

◆【上一个】：切换回上一条链式基准曲线或模型边界。

◆【退出】：退出选取。

③【环】：选中此选项，只需单击选择现有模型边界或基准曲线的一个图元，系统会自动选取与其首尾相接的整个封闭曲线。

注意：如果在零件模式下单击选择图元所在的特征平面，若有两个以上的封闭环，系统会以加亮显示当前选取的环，也会弹出如图3.3.25所示的【选取】子菜单，通过选择【下一个】或【上一个】实现选取环的切换。

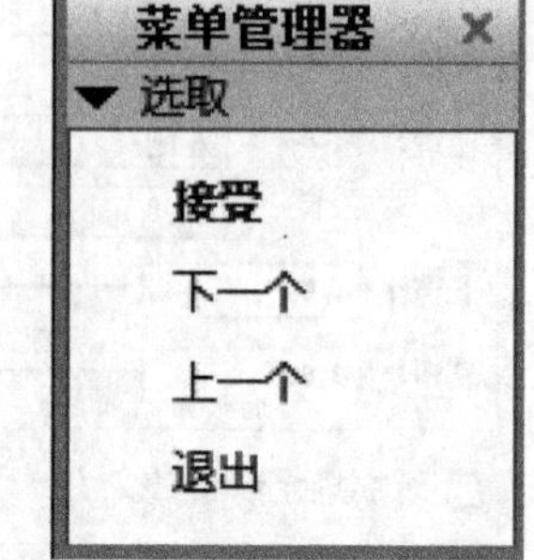

图3.3.25 【选取】子菜单

2）边偏移创建操作：选择【单一】、【链】或【环】三选项之一，选取要偏移复制的图元，弹出【于箭头方向输入偏移】对话框，如图3.3.26所示。图元上的箭头表示偏移方向，输入偏移量，若改变偏移方向，偏移量输入负值。单击✓按钮，完成特征创建。偏移边具体实例如图3.3.27所示。

图3.3.26 【于箭头方向输入偏移】对话框

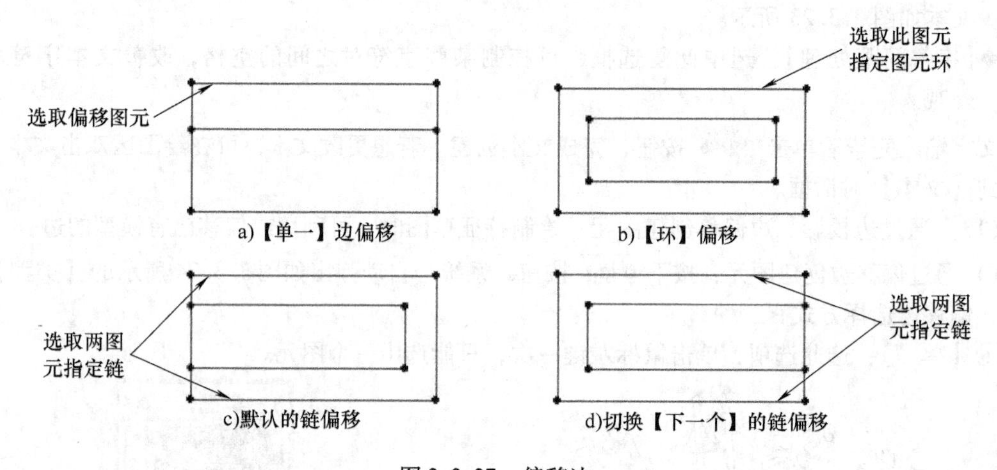

图3.3.27 偏移边

（14）调色板的使用 草绘器调色板相当于一个预定义的形状定制库，用户可将调色板中存储的草图轮廓调用到当前活动对象中作为草绘截面。

1）按下工具栏中【调色板】按钮，弹出【草绘器调色板】对话框，如图3.3.28所示。【草绘器调色板】有四组选项卡，分别是：

◆【多边形】选项卡：包括常规多边形，如五边形、六边形。

◆【轮廓】选项卡：包括常规的轮廓，有C形、L形等截面图形。

◆【形状】选项卡：有各种常用截面形状，如十字形，椭圆形等。

◆【星形】选项卡：有各种星形截面图，如三角星形，五角星形，16角星形等。

2）单击【轮廓】选项卡，鼠标左键双击I形轮廓，在【草绘器调色板】上方预览区出现I形轮廓，此时绘图区内鼠标指针变为。单击绘图区的某一位置，即图元放置位置，弹出【旋转调整大小】操作板，如图3.3.29所示。同时系统用虚线框在绘图区显示一个I形轮廓的图元副本，用户可在【旋转调整大小】的操作板中对这个副本进行缩放、平移和旋转，效果图如图3.1.30所示。

3）确定I形轮廓的缩放比例、位置及旋转方向后，单击✓按钮，完成创建。

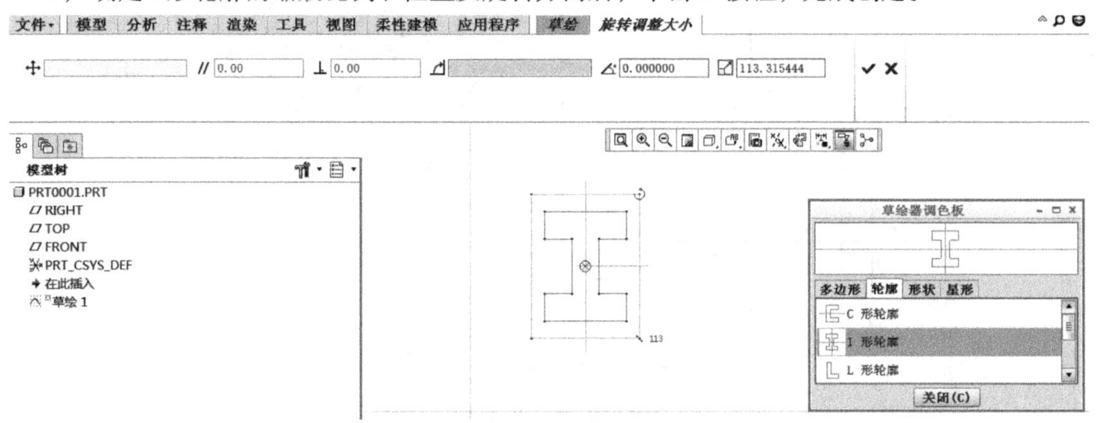

图3.3.28 草绘器调色板的使用

2. 编辑草绘

Creo创建的草图一般通过必要的编辑修改才能满足要求。下面介绍几个常用命令。

（1）移动 左键单击选择图元，被选择的图元会加亮显示。按住鼠标左键可将图元拖拽到合适的位置。图元可以是直线、顶点、尺寸。如果选取的图元拖拽点是多个图元的公共端点，则这多个图元都会随鼠标的移动被拖拽到新位置。

（2）删除 使用鼠标右键快捷菜单中的【删除】命令可以删除所有草绘图元、强尺寸、约束或者草绘参考基准。要删除图元，鼠标先左键单击选择要被删除的图元，然后单击鼠标右键，在弹出的快捷菜单中选择【删除】命令即可；也可以在选择图元后，按〈Delete〉键进行删除。

（3）复制、缩放和旋转图元

◆复制：按下，选取所需复制的图元，单击鼠标右键，选择快捷菜单中的【复制】命令，再次单击鼠标右键，选择【粘贴】命令，此时绘图区内鼠标指针变为。单击绘图区的某一位置即图元放置位置，弹出【旋转调整大小】操作板，如图3.3.29所示。

◆水平方向的尺寸：在操作板中，“//”表示复制图元与原始图元中心间水平方向距离。

◆竖直方向的尺寸：在操作板中，“⊥”表示复制图元与原始图元中心间竖直方向距离。

◆旋转角度：Creo在复制二维图元时，可相对原图元产生一定的旋转角度。

◆缩放因子：Creo在复制二维图元时，还可对其进行一定比例的缩放。

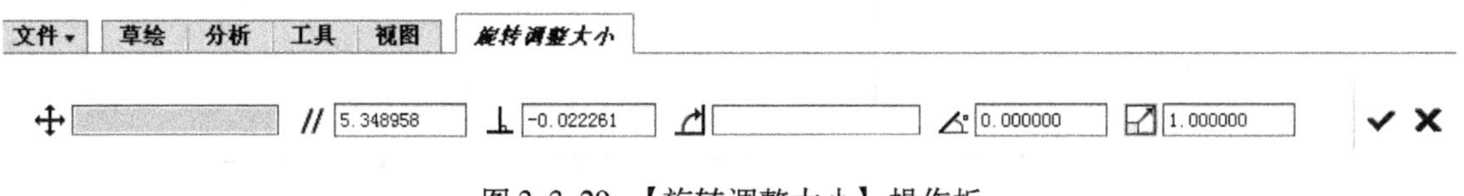

图3.3.29 【旋转调整大小】操作板

将操作板中“//”对应的数值改为“4”，“⊥”对应的数值改为“2”，“∠”对应数值修改为“30”，设置完成单击【确定】按钮，即得到如图3.3.30所示的复制效果（左图为原图元，右图为复制调整后的图元）。

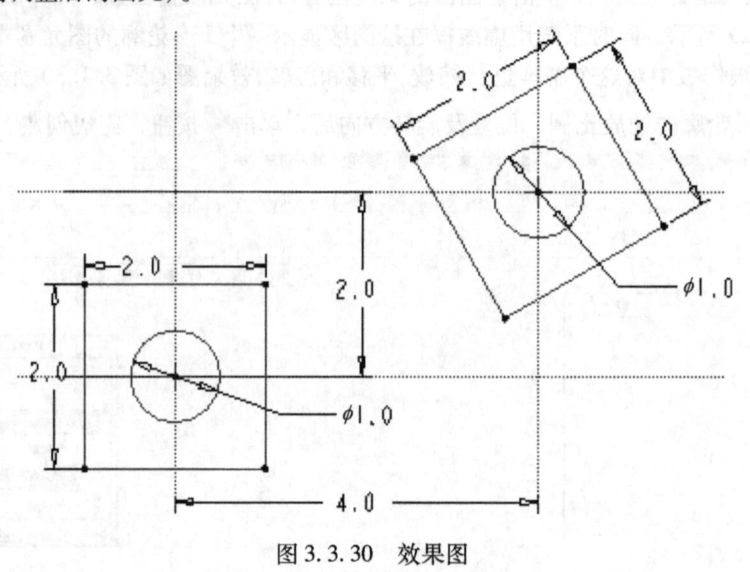

图 3.3.30 效果图

◆缩放和旋转：在绘图区单击或框选要缩放或旋转的图元，选中后可以看到图元变色。单击按钮，系统将弹出如图 3.3.29 所示的【旋转调整大小】操作板，修改相对应的缩放因子和旋转角度，即可得到新的图元。

当然在执行【旋转调整大小】命令时，图元会出现如图 3.3.31 所示的图标，用户也可通过拖拽缩放手柄改变生成矩形框的大小；拖拽旋转手柄使矩形框旋转一定的角度；拖动移动手柄将矩形框移到需要的位置。

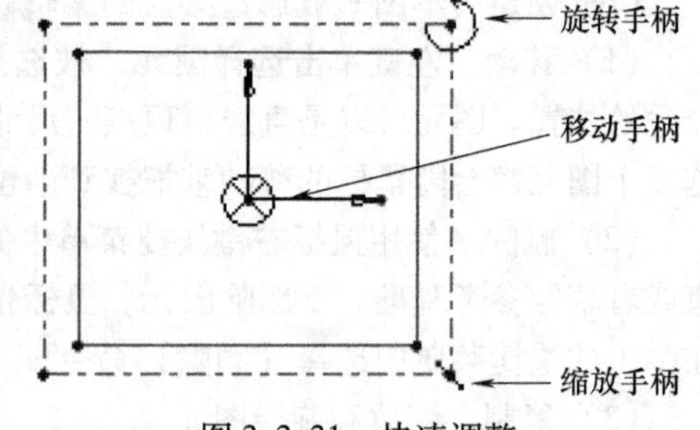

图 3.3.31 快速调整

（4）镜像图元　对称图形常采用镜像图元创建，镜像生成的图元与原图元尺寸一致。镜像图元时，图元上的约束也被镜像。镜像图元的步骤：

首先选择要镜像的图元，单击按钮，选择中心线，即完成图元镜像。

（5）修剪图元　Creo 提供了三种修剪方式：【删除段】、【拐角】、【分割】。

◆【删除段】：按下删除段按钮，单击图元中要去掉的部分，系统完成修剪。或按住鼠标左键并拖动鼠标，绘制一条曲线路径，与此路径相交的部分被剪掉。【删除段】修剪方法如图 3.3.32，图 3.3.33 所示。

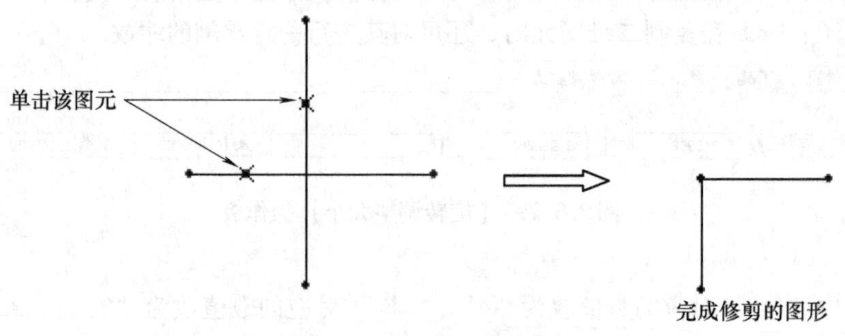

图 3.3.32 【删除段】修剪方法一

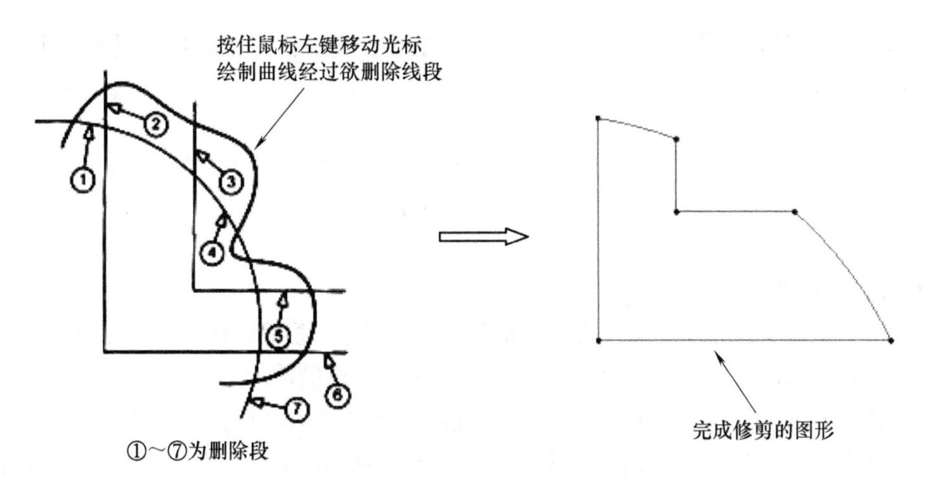

图 3.3.33 【删除段】修剪方法二

◆【拐角】：按下按钮，单击图元中要保留的部分，系统完成修剪。

注意：当两图元没有相交时，该命令具有延伸的功能，鼠标单击选择的部分为需要保留的部分。【拐角】修剪如图 3.3.34 所示。

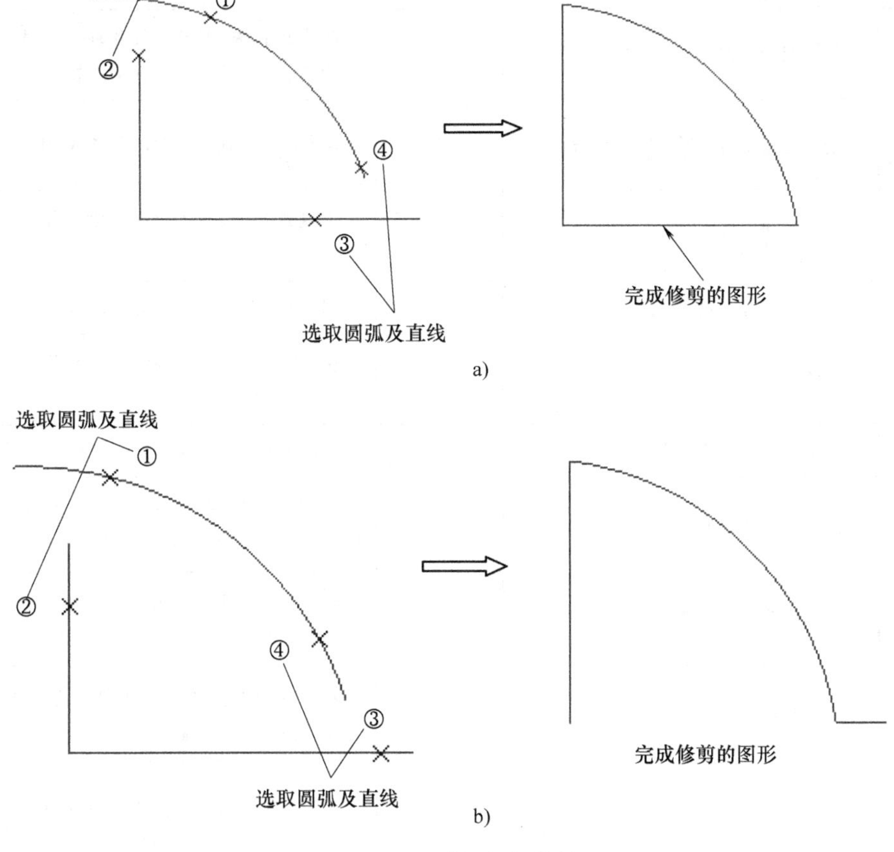

图 3.3.34 【拐角】修剪

◆【分割】：按下 分割 按钮，单击图元的分割处，完成图元的分割。【分割】修剪如图3.3.35所示。

分割后

图3.3.35 【分割】修剪

3. 设置几何约束

在设计时，常需要人为添加图元之间的相对位置关系，以便简化建模。图元绘制时，当鼠标出现在某约束公差范围内或人为约束添加成功后，在被约束的图元旁边会有相应的约束符号出现。例如，约束两直线平行后，平行的两直线旁则分别显示平行的约束符号“//”。

（1）添加约束　约束工具按钮位于【约束】区域。具体的约束项目、对应的约束符号以及含义见表3.3.1。

表3.3.1　Creo中的约束种类

按　钮	约束的含义	约束符号	约束符号的含义
竖直	使直线或两点竖直	' 或 V	线处于竖直状态或两点排列在同一竖直线上
水平	使直线或两点水平	--或 H	线处于水平状态或两点排列在同一水平线上
垂直	使两图元垂直	⊥	两线处于垂直状态，彼此垂直的两条线旁有一个相同的“⊥i”标记（i为序数）
相切	使两图元相切（圆与圆、线与圆）	T	两个图元相切，会在切点旁显示标记“T”
中点	点置中的约束：将点放在线的中间	*	当鼠标指针或图元处在线段中心点时，在中心点旁出现该标记
重合	使一个点落在直线或圆等图元上	-○-	当鼠标指针在图元上某点时，点上显示该标记
	使两点重合（对齐）	— —	两图元对齐，在两图元旁显示“-”或“-○-”标记
	使两直线重合（对齐）	÷	两图元共线，在两图元旁显示“÷”标记
对称	使两点对称于中心线	→←	两部分的图元关于一条中心线对称，相互对称的点有“→”和“←”标记
相等（半径相等）	创建相等半径、相等曲率	Ri	两个圆或圆弧半径相等时，两个圆或圆弧旁有一个相同的“Ri”标记（i为序数）
相等（线段相等）	创建相等线段	Li	具有相同长度的两条线段，两线段旁都标有“Li”标记（i为序数）
// 平行	使两直线平行	//i	两线处于平行状态，彼此平行的两条线旁都有一个相同的“//i”标记（i为序数）

注意：添加约束后，只有按下【约束显示的开/关】按钮 显示约束，约束才会被显示。

添加约束时，单击相应的约束按钮，分别选取所需创建约束的两图元，即完成一个约束的创建。其中，添加【对称】约束时，单击对称中心线及对称两点。如图 3.3.36 所示。

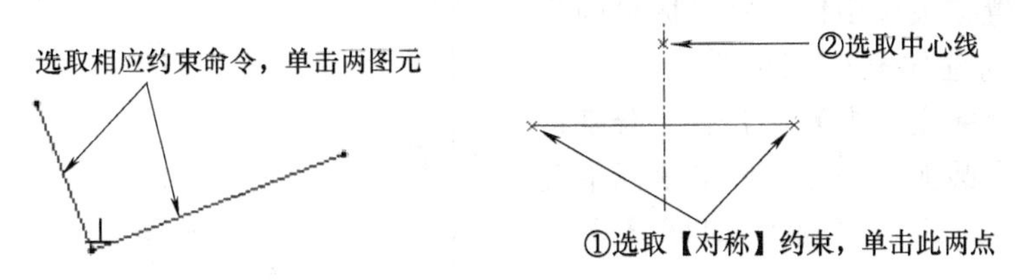

图 3.3.36 【对称】约束添加

（2）删除约束　单击要删除的约束符号，选中后，约束符号变色，再按〈Delete〉键，即删除了所选的约束。注意：为了方便选中要删除的约束，必须采用【选择过滤器】。

4. 尺寸标注

尺寸有弱尺寸和强尺寸。弱尺寸是在草绘过程中系统自动创建的，以较浅颜色出现；由于弱尺寸不可能完全符合设计意图，用户需手动创建尺寸，即强尺寸，强尺寸以较深的颜色出现，系统不能自动将其删除。当增加尺寸后，系统则自动删除多余的弱尺寸。

【尺寸标注】工具按钮位于【尺寸】区域。标注尺寸时应确保【尺寸显示的开/关】按钮为按下状态，即打开尺寸显示。

尺寸标注操作过程：先单击选择对象，在适当位置按鼠标中键，即确定尺寸放置位置。

（1）标注线性尺寸　按下工具栏按钮，单击线段上一点或线段两端点，在适当的位置单击鼠标中键，确定尺寸放置位置。直线的长度尺寸标注如图 3.3.37 所示，单击选择长度为“1600”的直线，在尺寸放置位置按鼠标中键；单击选择长度为“1200”的直线的两个端点，在尺寸放置位置按鼠标中键（一定注意放置位置）；单击选择高度尺寸为“400”的两个端点，在尺寸放置位置按鼠标中键。

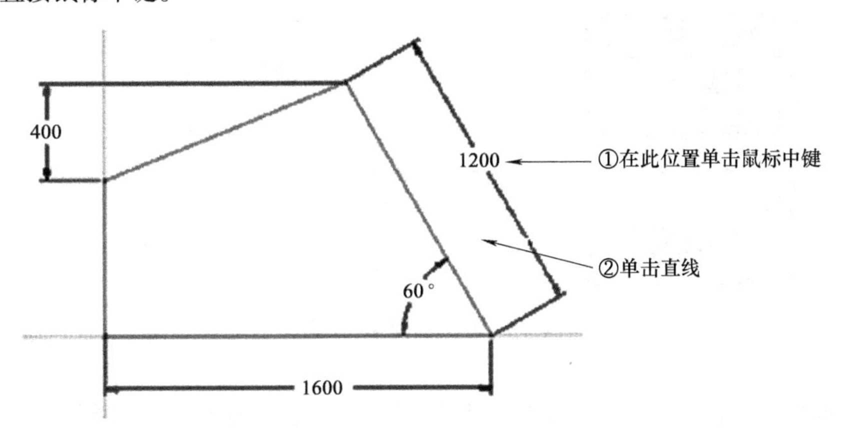

图 3.3.37　直线的长度尺寸标注

（2）标注两直线间的夹角　按下按钮，选择两条直线，鼠标中键单击两直线所夹“60°”锐角区域，确定尺寸放置位置。如图 3.3.37 所示。

（3）标注圆心与切线尺寸　单击选择两个圆弧，在尺寸放置位置按鼠标中键，标出尺寸

“3895”。圆心与切线尺寸标注如图3.3.38所示。

(4) 标注半径/直线尺寸　按下按钮，单击选择圆弧两次，再在尺寸放置位置按鼠标中键，这样标出的是直径；单击选择圆弧一次，再在尺寸放置位置按鼠标中键，这样标出的是半径。半径/直径标注如图3.3.39所示。

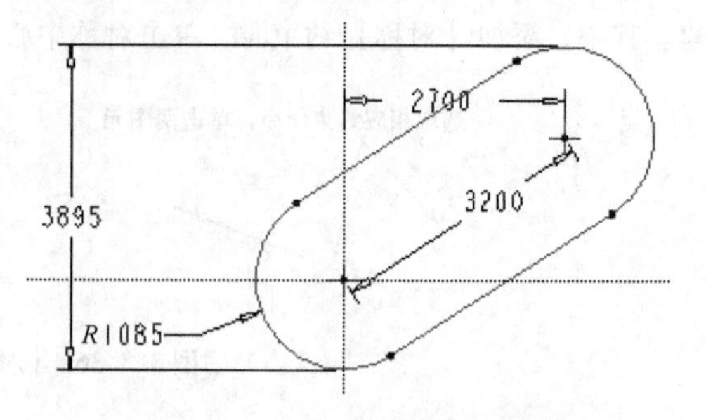

图3.3.38　圆心与切线尺寸标注

(5) 圆弧角度标注　按下按钮，分别选取圆弧的两端点和圆弧上一点，单击鼠标中键确定位置放置。圆弧角度标注如图3.3.40所示。

(6) 标注椭圆半径　按下按钮，单击椭圆上一点，弹出【椭圆半径】对话框，根据用户需求选择标注长轴或短轴半径尺寸，单击【接受】按钮。再单击鼠标中键结束半径标注。椭圆半径标注如图3.3.41所示。

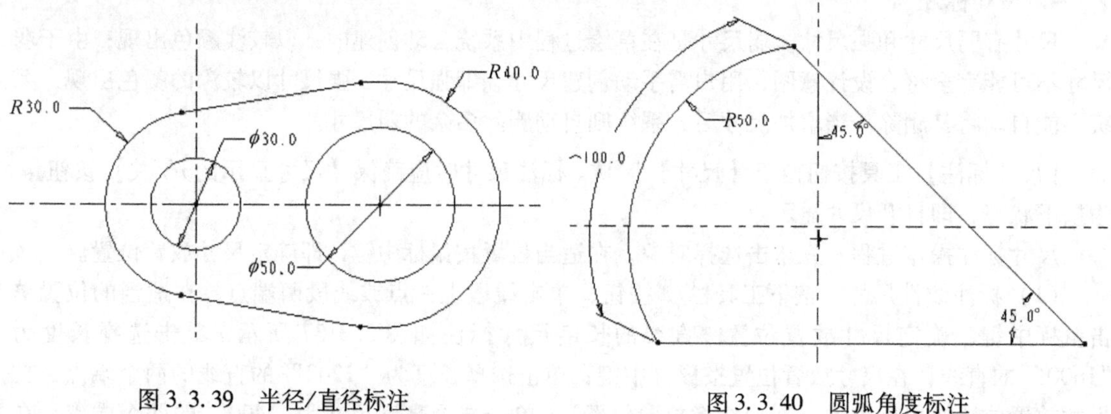

图3.3.39　半径/直径标注

图3.3.40　圆弧角度标注

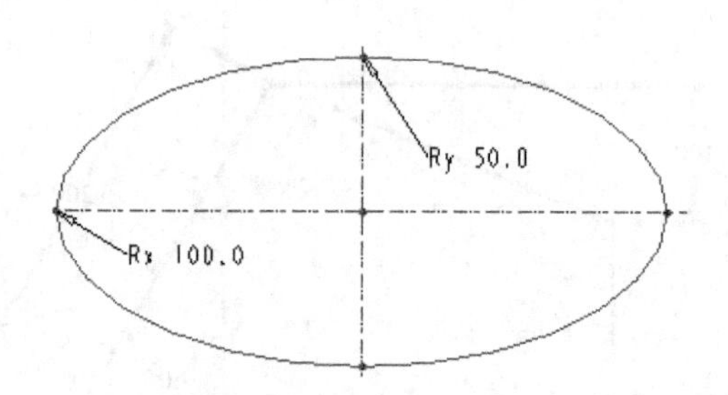

图3.3.41　椭圆半径标注

(7) 创建周长尺寸　通过周长按钮创建周长尺寸。需要注意的是创建周长尺寸时，需要指定一个“变化尺寸”，当周长尺寸变化时，系统会相应的修改该“变化尺寸”。删除“变化尺寸”时，周长尺寸也会同时被删除。

(8) 标注参照尺寸　参照尺寸只在模型或绘图中显示尺寸信息，不足以通过驱动尺寸来修改模型，但对模型进行修改后，参照尺寸的数值将自动更新。按下按钮，选择长度为“2393”的图元，完成参照尺寸创建。参照尺寸的后面带有“参考”字样，如图3.3.42所示。

（9）标注基线尺寸　当绘图区的图形较复杂时，在标注尺寸时往往会造成显示杂乱又不容易辨识，这时候可以利用基线尺寸功能，指定线、弧和圆的端点或圆心为基准线的零坐标，减少尺寸线，使视图清晰。具体操作：

按下基线按钮，首先指定零坐标的图元，单击鼠标中键，系统弹出【尺寸定向】对话框，通过选择【水平】或【竖直】选项，确定基线尺寸方向。单击【接受】按钮，继续使用命令标注所需尺寸。

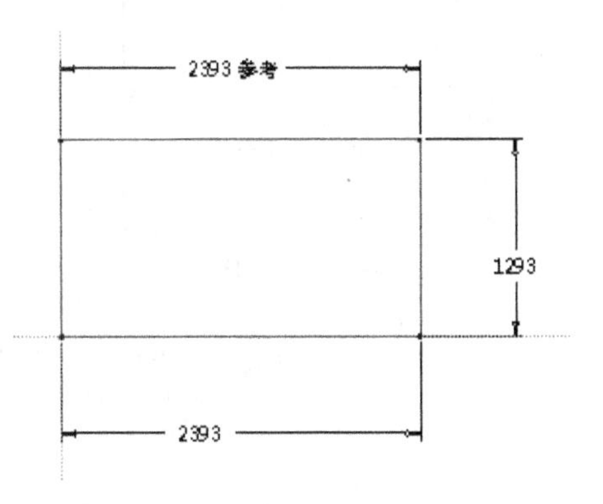

图 3. 3. 42　参考尺寸

5. 尺寸或约束条件过多的解决方式

在绘制草图时，人为加入的尺寸或约束条件与现有的尺寸或约束条件相互抵触时，会出现【解决草绘】对话框，同时相抵触的尺寸及约束条件在草图上也变色突显出来，用户必须删除某些尺寸或约束条件，以使草图具有合理的尺寸及约束条件。例如，如图 3. 3. 43 所示草图实例中，仅需两个水平尺寸、两个竖直尺寸、一个直径尺寸即可，但若多了一个水平尺寸“6. 9”，则会出现【解决草绘】对话框，显示出加亮的两个约束条件和三个相互抵触尺寸。此时，可任选下列方式之一处理即可。

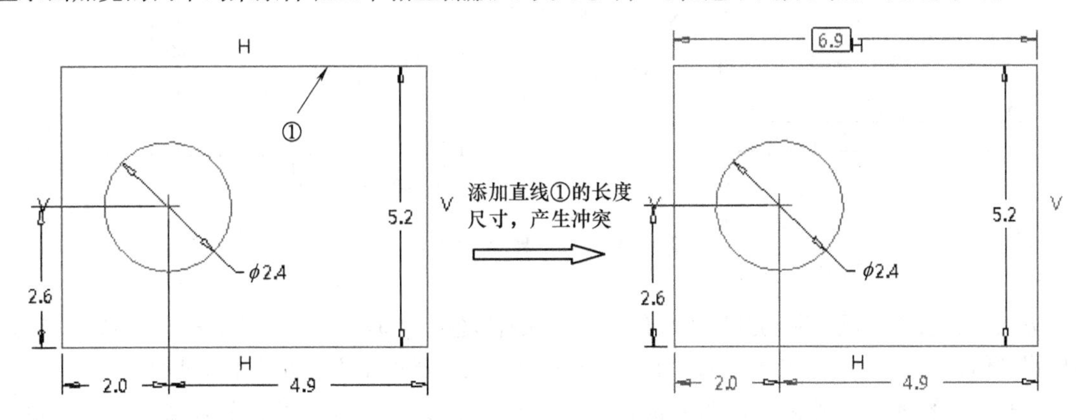

图 3. 3. 43　草图实例

1）将其中一个水平尺寸删除。如图 3. 3. 44 所示，解决方式一：删除尺寸“4. 9”。

2）删除某个约束条件。如图 3. 3. 44 所示，解决方式二：删除约束条件“V”，使矩形右侧的直线不再是竖直线，即拉动右侧直线的端点时，此直线变为歪斜线。

3）单击对话框中的 **尺寸 > 参考(R)**，以使某个水平尺寸设置为参照尺寸。如图 3. 3. 44 所示，解决方式三：设置“6. 9”为参考尺寸。

6. 图元、尺寸编辑修改

尺寸编辑修改工具按钮位于【编辑】区域。

（1）强尺寸　选取系统自动生成的弱尺寸，单击鼠标右键弹出快捷菜单，选择菜单的【强】选项，弱尺寸变成强尺寸。

（2）调整尺寸位置　按下按钮，单击要移动的尺寸数值，按下鼠标左键并移动鼠标，将尺寸拖至适当位置。

（3）尺寸修改工具按钮 修改　尺寸的修改有两种方法。

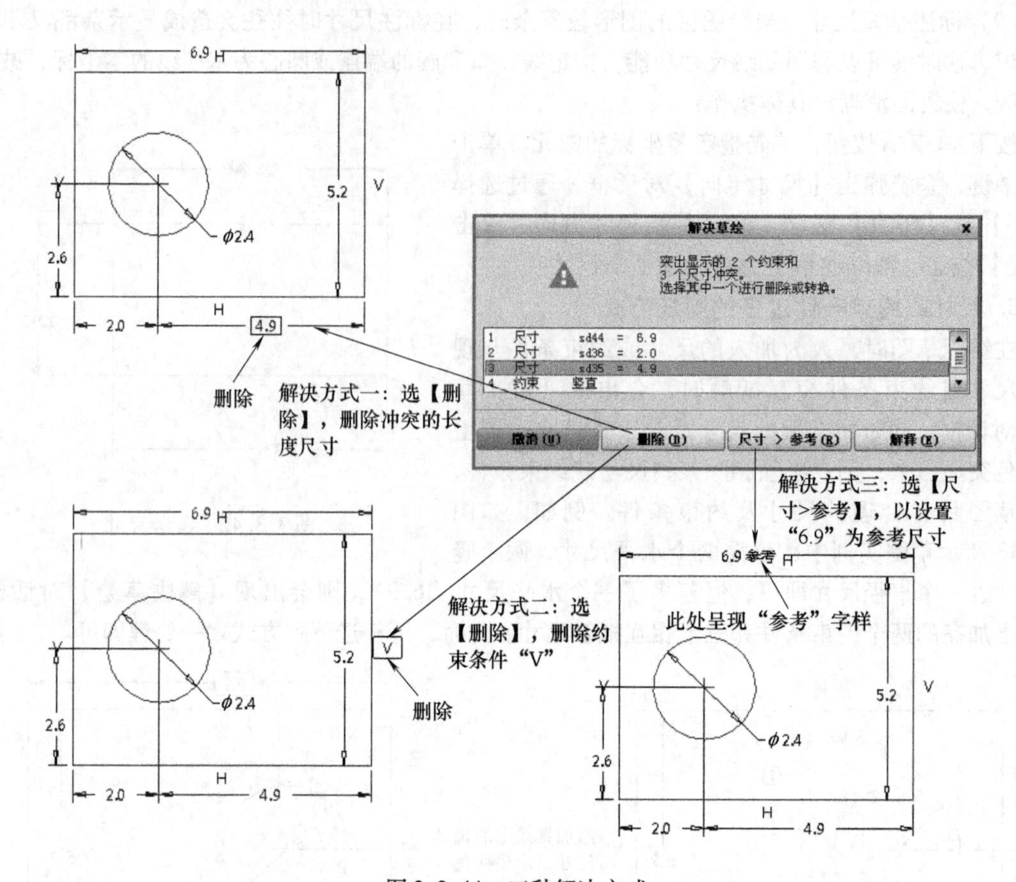

图 3.3.44　三种解决方式

方法一：直接将鼠标移动到尺寸数值位置，双击数值，此时出现尺寸数值输入文本框，输入新的尺寸值，按〈Enter〉键或者鼠标中键完成修改。此方法适用于修改单个尺寸时。

方法二：选取一个或多个所需修改的尺寸，单击工具栏中的【修改】按钮 修改，弹出【尺寸修改】对话框，如图 3.3.45 所示。依次修改各尺寸值。如果选中【重新生成】复选框，则每修改一个尺寸图形就会实时发生一次变化。建议取消【重新生成】复选框，待所有尺寸修改完成之后，再单击 按钮，完成图形再生。

(4) 锁定与解锁尺寸　用户修改过的尺寸，在进行其他操作时，可能会改变。为防止其变化，可以将尺寸锁定。

◆锁定尺寸：选择要锁定的尺寸，单击鼠标右键，在弹出的快捷菜单中选择【锁定】命令，完成尺寸的锁定。

◆解锁尺寸：选择要解除锁定的尺寸，单击鼠标右键，在弹出的快捷菜单中选择【解锁】命令。

7. 草图诊断

检查草图截面是否封闭、几何图元是否重叠等问题。如图 3.3.46 所示，【诊断】按钮均为弹起状态时的草图截面。

(1) 着色的封闭环　按下工具栏中的 着色封闭环 按钮，系统则自动用预定义的颜色将草绘区域图元中封闭的区域进行填充，非封闭的图元无变化。

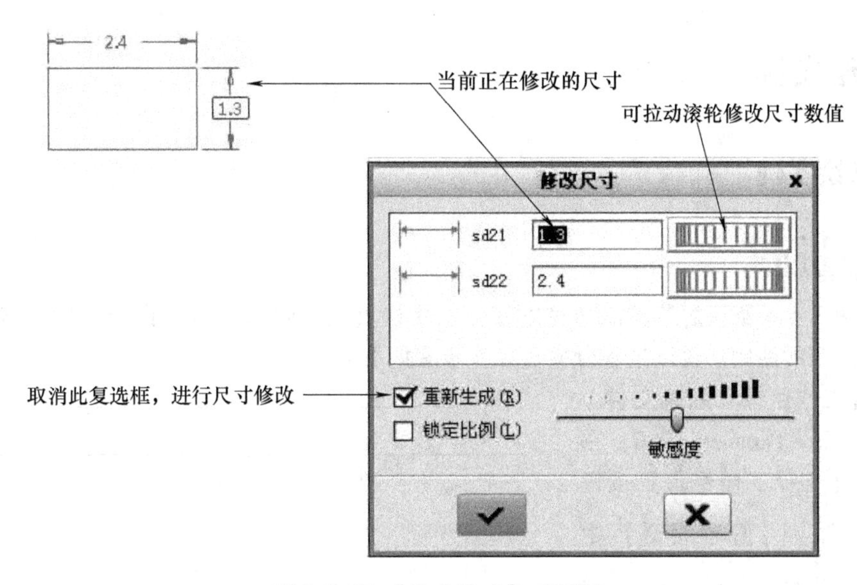

图 3. 3. 45 【修改尺寸】对话框

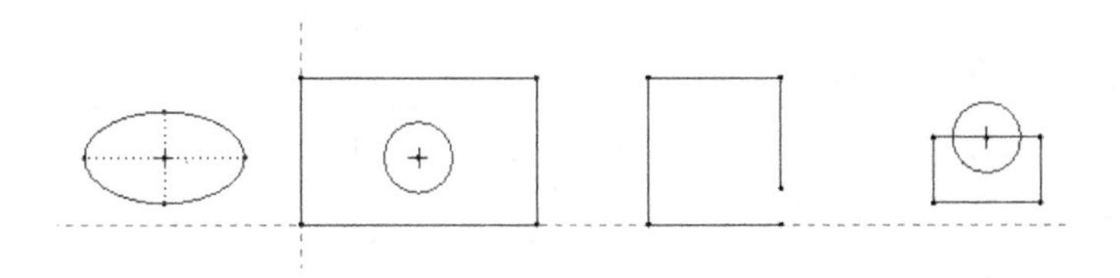

图 3. 3. 46 草图截面

着色处理：如果图元中存在几个彼此包含的封闭环，则最外的封闭环被着色，内部的封闭环不着色。如图 3. 3. 47a、b 所示。

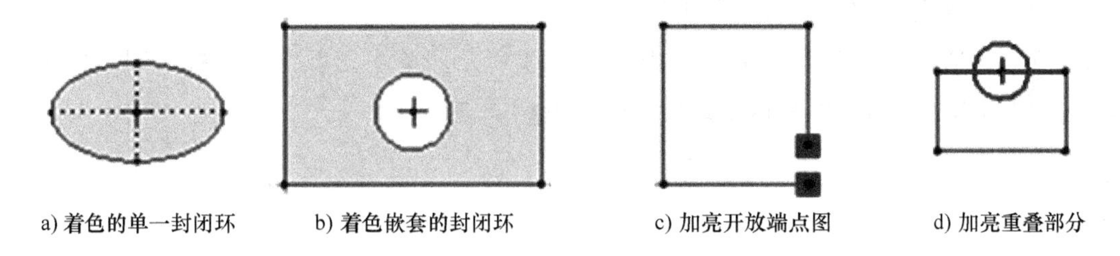

图 3. 3. 47 诊断效果

（2）突出显示开放端 按下按钮，用于检查图元中开放的端点，并将其加亮。操作与着色的封闭环相同。如图 3. 3. 47c 所示。

（3）重叠几何 按下按钮，用于检查图元中所有相互重叠的几何（注意：端点重合的除外），并将其加亮。如图 3. 3. 47d 所示。

（4）特征要求 此命令用于检查图元是否满足当前特征的设计要求。注意：该检查命令只在零件模块的草图环境中使用。

3.4 草绘实例

3.4.1 草绘实例一

学习目标

绘制如图3.4.1所示的草图。通过本实例，掌握直线、圆弧等草绘命令，以及线性尺寸标注、修改等按钮的使用。具体过程分析及操作步骤如下：

1. 设置工作目录和新建文件

1）运行Creo Parametric 2.0，在工具栏单击【选择工作目录】按钮，或【文件】|【管理会话】中选择【选择工作目录】按钮，弹出【选择工作目录】对话框，设置工作目录为“E:\CreoWork\ch1”。

2）单击【文件】|【新建】或直接单击工具栏的【新建】按钮，系统弹出【新建】对话框，选择 草绘 单选按钮；在【名称】文本框输入草图名称；单击 确定 按钮，系统自动进入草绘界面。

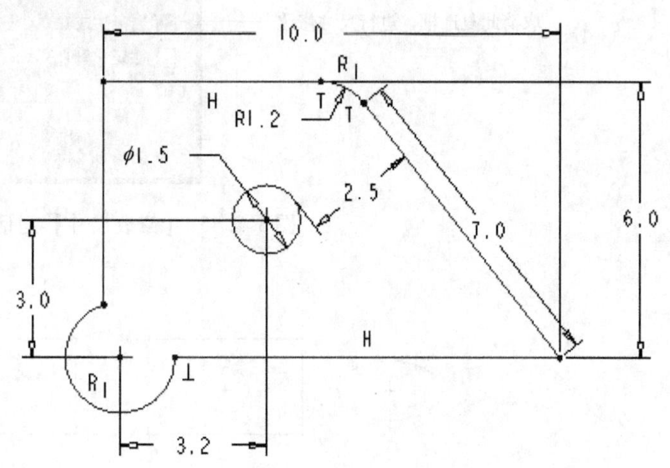

图3.4.1 实例一

2. 创建草图轮廓

1）按下 线链 按钮，绘制封闭的线链，如图3.4.2所示。注意：在绘制线链的过程中，系统会自动显示竖直、水平、相等、对齐等约束。

2）在线链适当的位置绘制圆形，如图3.4.3所示。单击工具栏 圆 下拉列表中的 圆心和点 按钮，通过确定圆心和圆上一点来创建一个圆。

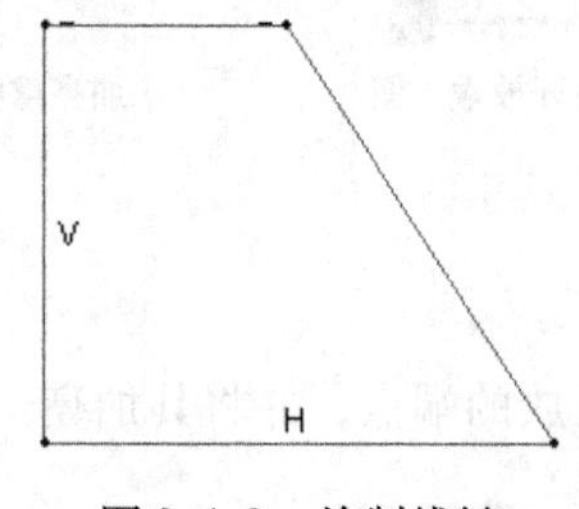

图3.4.2 绘制线链

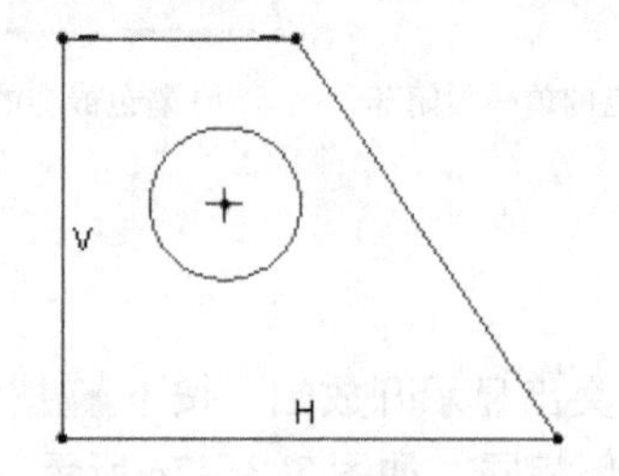

图3.4.3 绘制过程一

3）在线链左下角顶点附近，绘制最终图形所示的圆弧。如图3.4.4所示。

单击工具栏【弧】下拉按钮 弧，选择 3点/相切端。通过圆弧两端和圆弧上一点来创建圆弧，且圆弧两端点分别在线链的左边和底边上。

4）绘制圆角。单击 圆角 下拉按钮，选择 圆形修剪 命令。分别选择所需创建圆角的两条直线以添加圆角。完成后如图 3.4.5 所示。

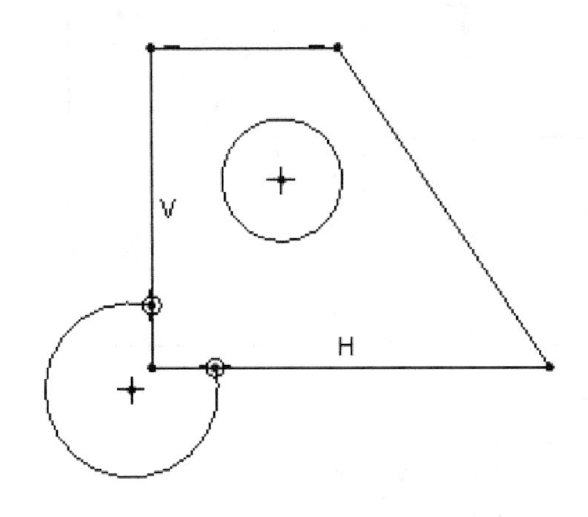

图 3.4.4 绘制过程二

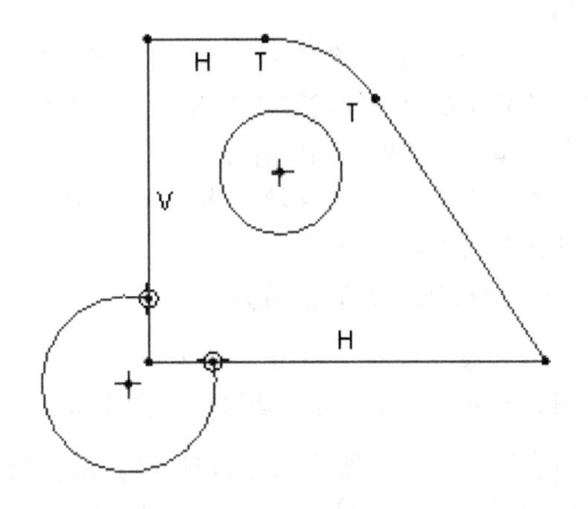

图 3.4.5 绘制过程三

3. 编辑草图

单击工具栏中的修剪按钮，单击选取最终图形中不需要的图元。也可按住鼠标左键并拖动鼠标，绘制一条曲线路径，与此路径相交的部分将被剪掉。修剪多余图元如图 3.4.6 所示。

4. 添加约束

（1）创建【相等】约束　按下【约束】区域【相等】按钮=，再选取草图中的圆角和圆弧。此时，两图元附近出现【相等】约束符号“R_1”。如图 3.4.7 所示。

（2）创建【垂直】约束　按下【约束】区域【垂直】按钮⊥，选择圆弧的一端与直线。此时，在两垂直图元附近产生【垂直】的约束符号“⊥”。如图 3.4.7 所示。

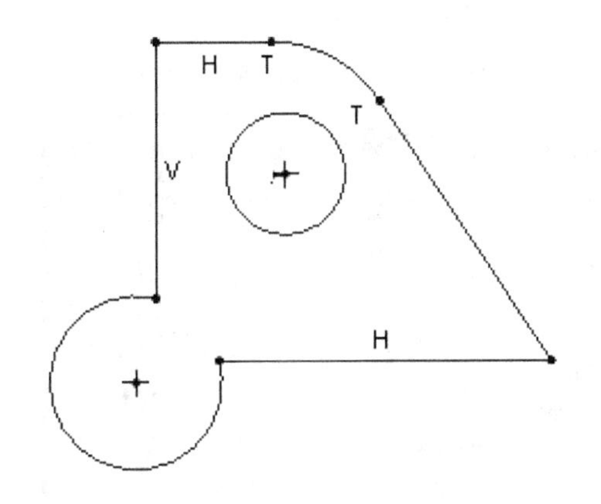

图 3.4.6 修剪多余图元

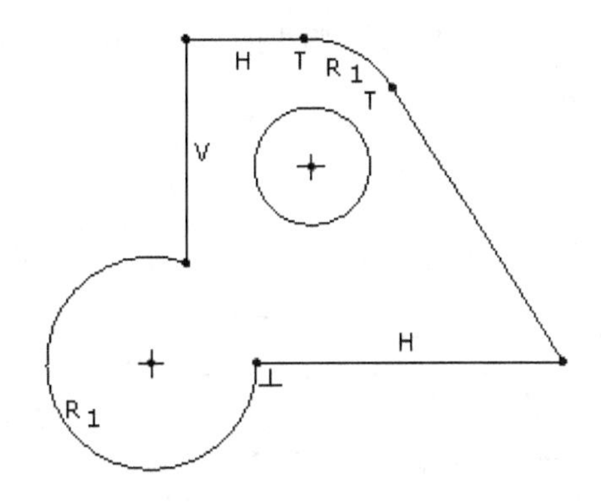

图 3.4.7 添加【相等】、【垂直】约束

5. 创建尺寸

（1）标注两点间的距离　按下【法向】按钮，依次标注如图 3.4.8 所示线性尺寸。

（2）标注圆和斜线间的距离“10” 按下按钮，鼠标左键分别单击圆和斜线，在合适位置单击鼠标中键确定尺寸放置位置。如图3.4.9所示。

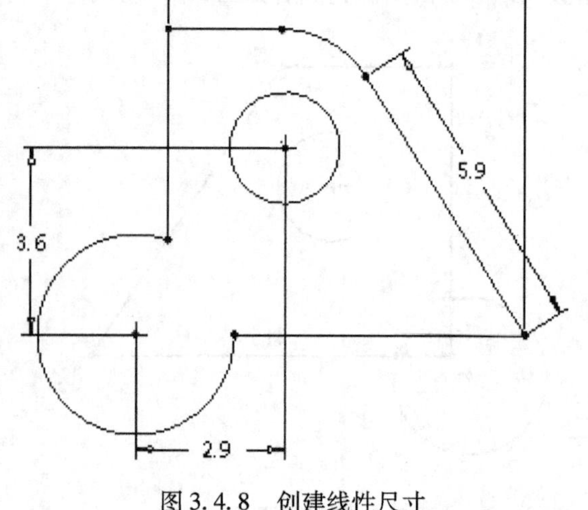

图3.4.8 创建线性尺寸

（3）标注圆、圆弧的尺寸 按下按钮，鼠标左键单击圆或圆弧上两点，在尺寸放置位置单击鼠标中键创建直径尺寸；鼠标左键单击圆或圆弧上一点，再按鼠标中键创建半径尺寸。如图3.4.10所示。

6. 修改尺寸并调整位置

（1）修改尺寸 单击【操作】区域的按钮，按下鼠标左键并拖动鼠标，框选图元中的所有尺寸，单击修改尺寸按钮，系统自动弹出【修改尺寸】对话框，如图3.4.11a所示。

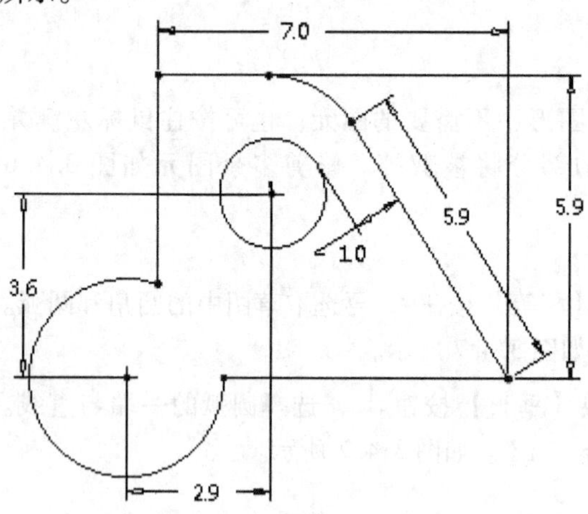

图3.4.9 标注圆和斜线间的距离

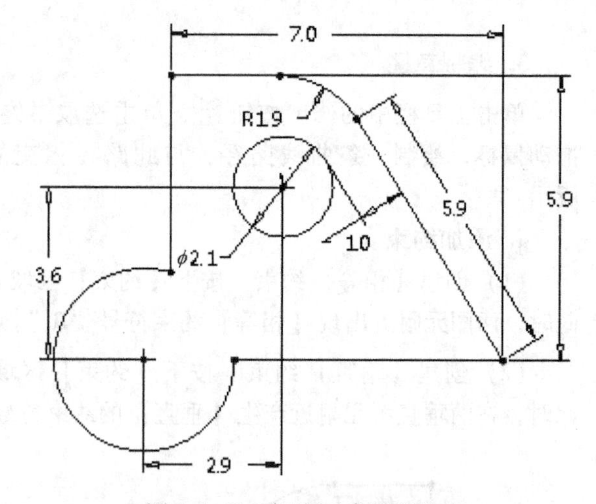

图3.4.10 标注圆或圆弧尺寸

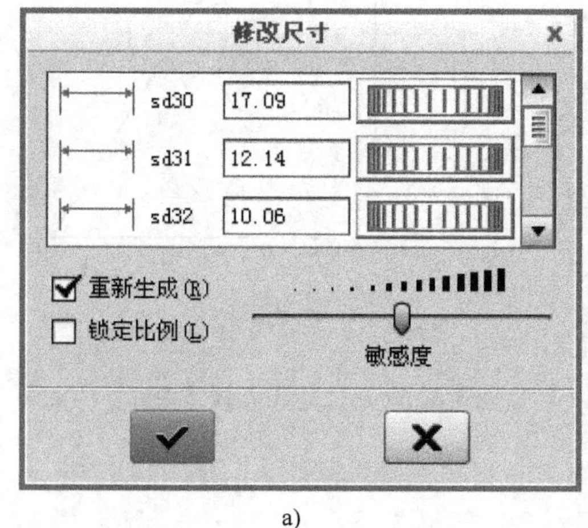

a)

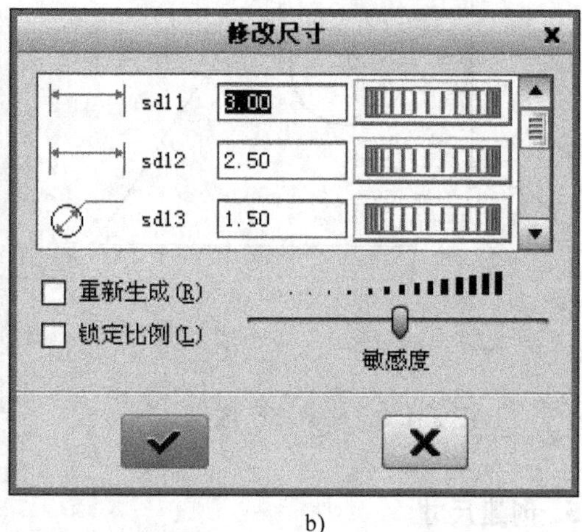

b)

图3.4.11 【修改尺寸】对话框

取消【重新生成】复选框，将对应尺寸修改为用户所需尺寸，如图3.4.11b所示。依次修改选中的尺寸，单击✓，系统自动在新的尺寸约束下，重新生成图形。如图3.4.12所示。

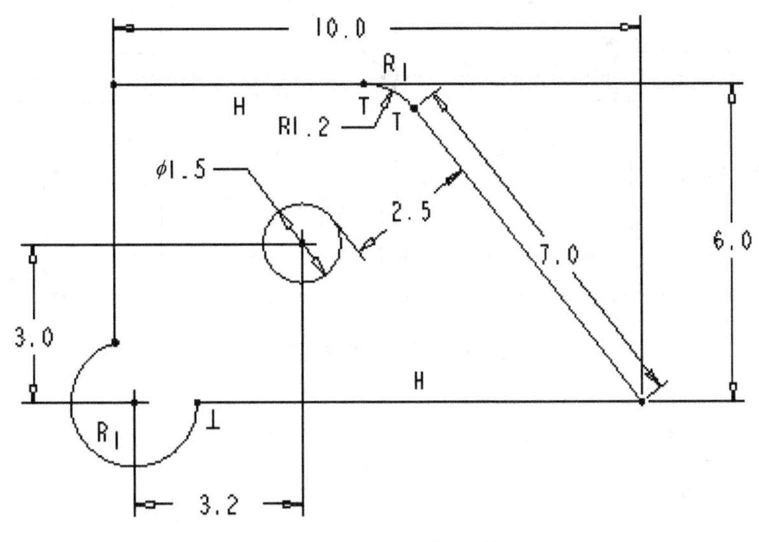

图3.4.12　最终图形

（2）调整尺寸位置　单击【操作】区域的按钮，鼠标移动至尺寸数值要放置的位置，按下鼠标左键并拖动，放置尺寸至合适位置。最终图形如图3.4.12所示。

7. 保存文件

单击标题栏中的保存按钮，或单击【文件】|【保存】，系统弹出【保存文件】对话框，保存路径自动显示为步骤1.中所设置的工作目录文件夹。单击【确定】按钮完成文件保存。

注意：Creo 2.0系统中，在完成草图过程中，用户每单击一次保存，系统自动生成一个文件版本。完成草图，可将绘图过程中生成的文件删除。单击【文件】|【管理文件】|【删除旧版本】，以保留最新版本。

3.4.2　草绘实例二

学习目标

本实例图形如图3.4.13所示。分析可知：图形为对称图形，因此，只需草绘出图形的四分之一结构，通过Creo 2.0中的【镜像】命令，即可完成最终图形。通过本实例，主要熟悉圆、圆弧、相切线等命令格式，以及【修剪】、【镜像】命令。

1. 设置工作目录和新建文件

类同实例一。

2. 创建草图轮廓

1）按下中心线按钮 中心线，绘制水平和竖直中心线。如图3.4.14所示。

2）单击【创建圆】按钮 圆 下拉按钮，选择 圆心和点。创建一个圆，圆心在两条中心线的交点处。如图3.4.15所示。

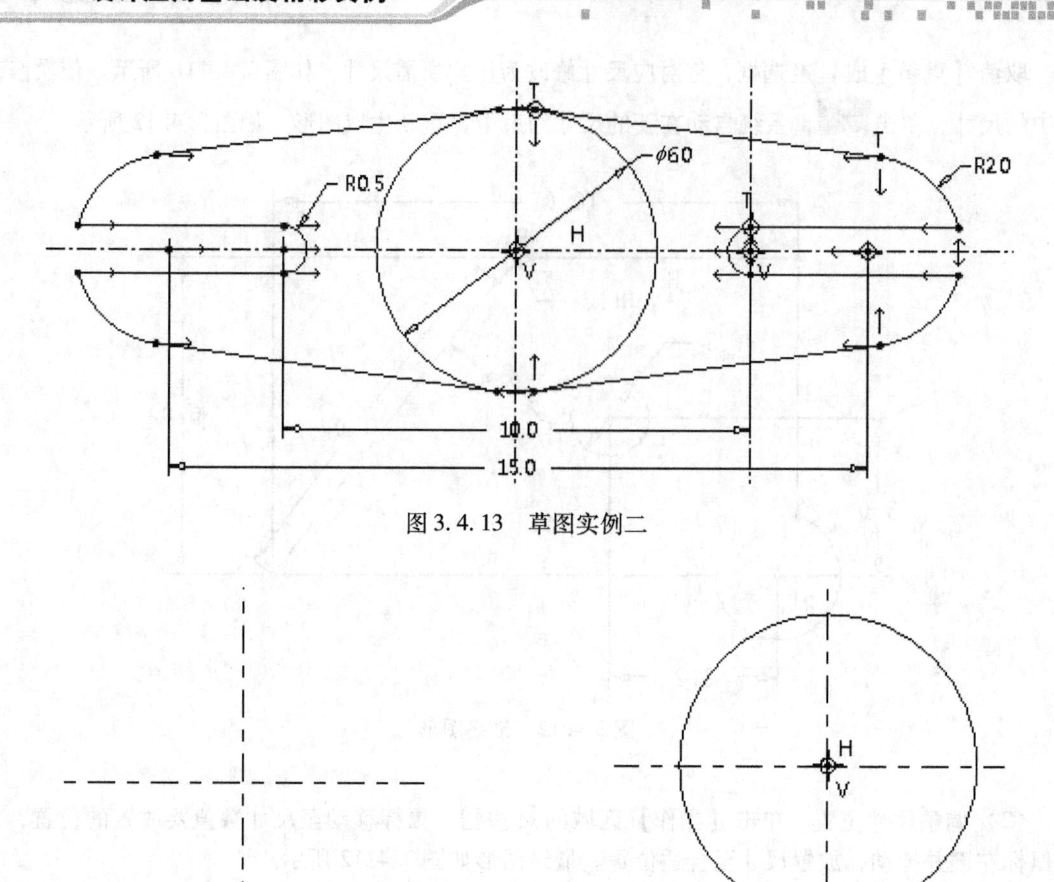

图 3.4.13　草图实例二

图 3.4.14　绘制中心线

图 3.4.15　绘制圆

3）在绘图区右侧的适当位置，绘制一条竖直中心线，方法同步骤 1）。在该竖直中心线与水平中心线的交点处绘制圆，方法同步骤 2），结果如图 3.4.16 所示。

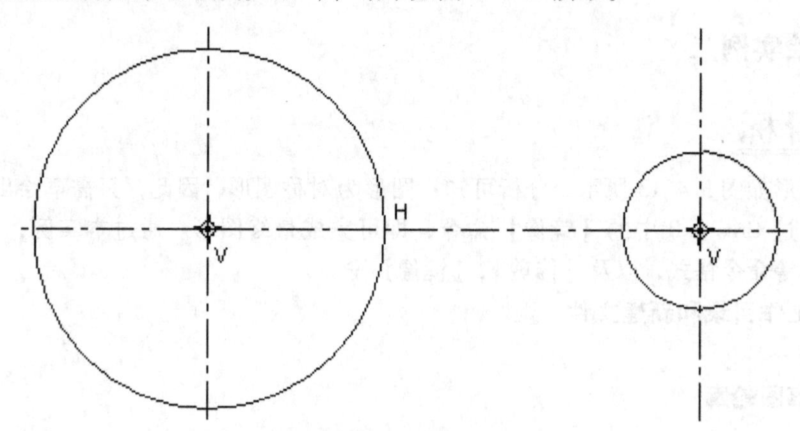

图 3.4.16　绘制过程一

4）绘制小圆最高点的切线。单击【线】按钮[线]下拉菜单[线链]，以圆的最高点为直线起点，绘制一条直线，系统自动提示相切约束，并显示相切约束符号。如图3.4.17所示。

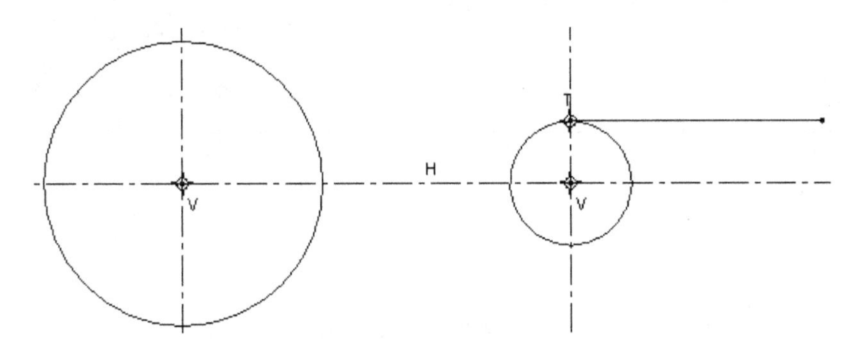

图3.4.17 绘制过程二

5）绘制圆弧。单击工具栏 弧 下拉按钮，选择 圆心和端点 按钮创建圆弧。圆弧的圆心在水平中心线上，如图3.4.18所示。

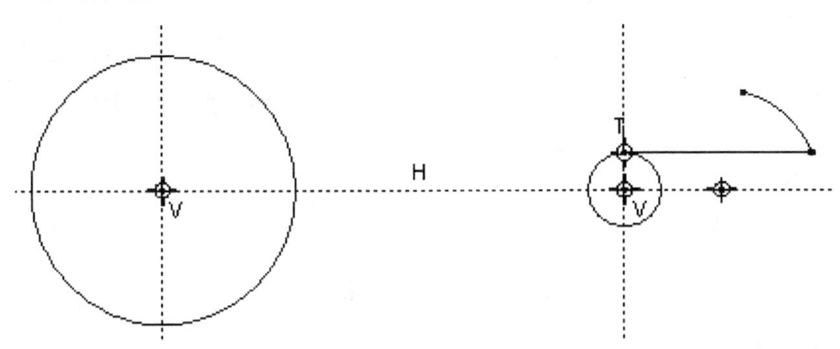

图3.4.18 绘制圆弧

6）绘制圆弧和大圆的公切线。

①单击 线 下拉按钮，选择 线链，以圆弧的端点为直线起点，并与大圆相切。绘制公切线如图3.4.19所示。

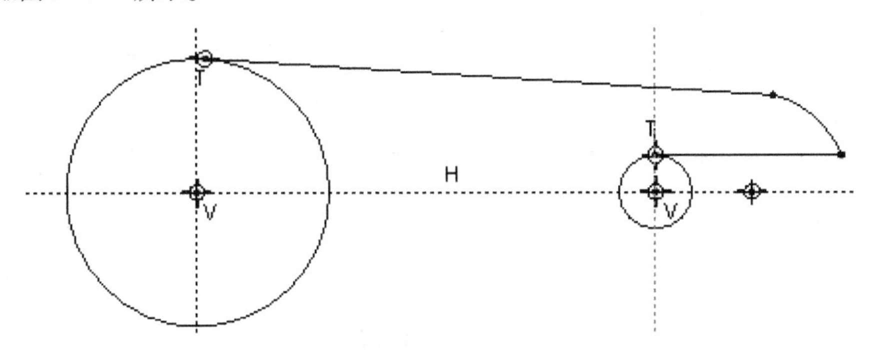

图3.4.19 绘制公切线

②按下按钮，选取刚绘制的直线和圆弧，约束相切如图3.4.20所示。

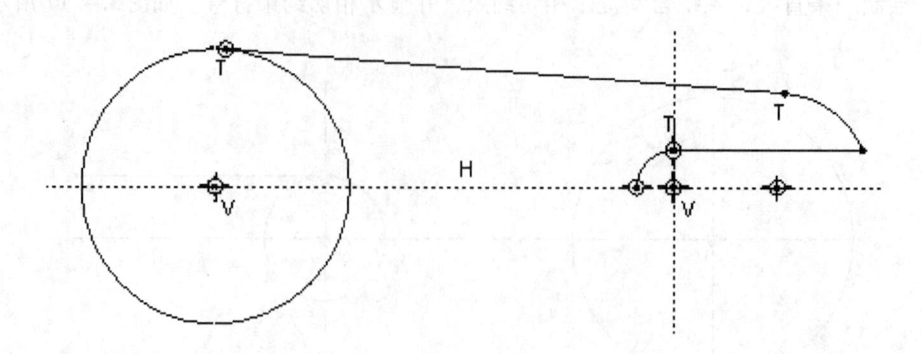

图 3.4.20　约束相切

7）修剪多余图元。按下 删除段 按钮，修剪多余图元，如图 3.4.21 所示。

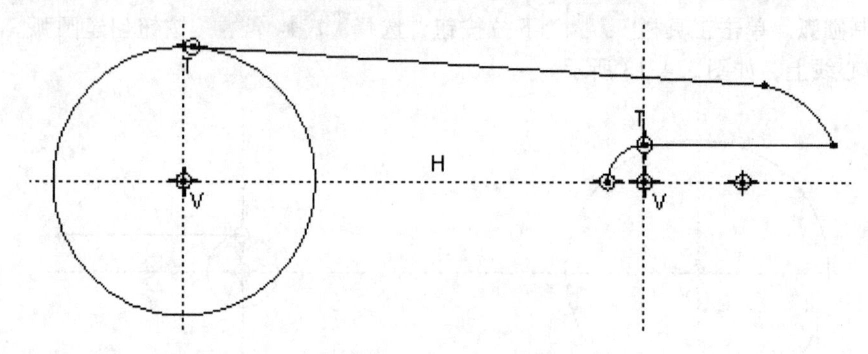

图 3.4.21　修剪多余图元

8）镜像图元。

①单击 按钮，选取所需镜像的图元，按住 Ctrl 键进行多选，或框选除大圆之外的所有图元。

②单击工具栏的 镜像 按钮，选取水平中心线。完成镜像操作一，如图 3.4.22 所示。

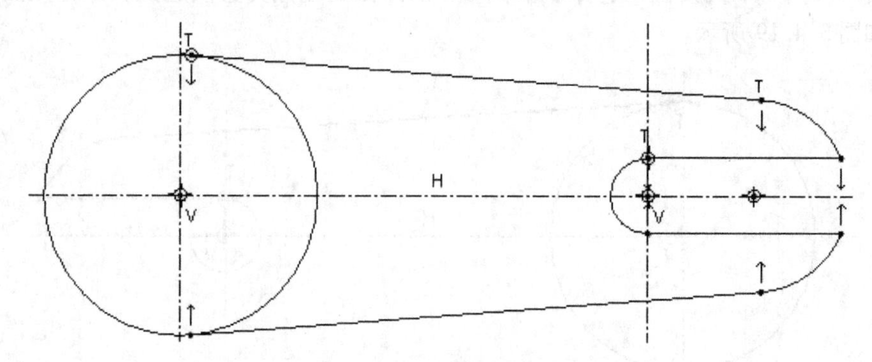

图 3.4.22　镜像操作一

③单击工具栏中的选择按钮 ，框选大圆右侧的所有图元。

④单击工具栏的 镜像 按钮，选取竖直中心线。完成镜像操作二，如图 3.4.23 所示。

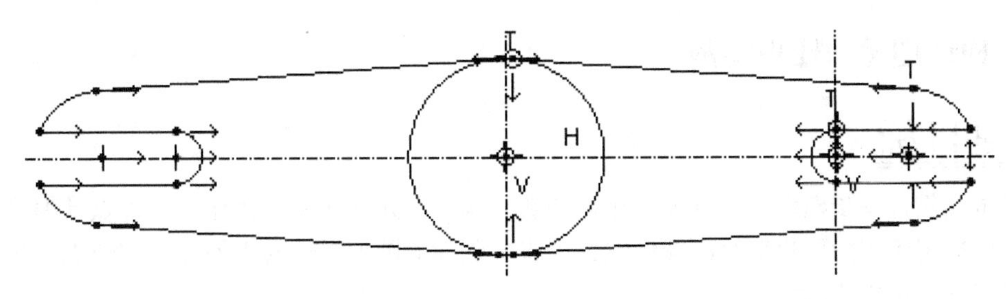

图3.4.23　镜像操作二

3. 标注和修改尺寸

1）单击工具栏上的按钮，对图3.4.23所示图形进行尺寸标注，如图3.4.24所示。

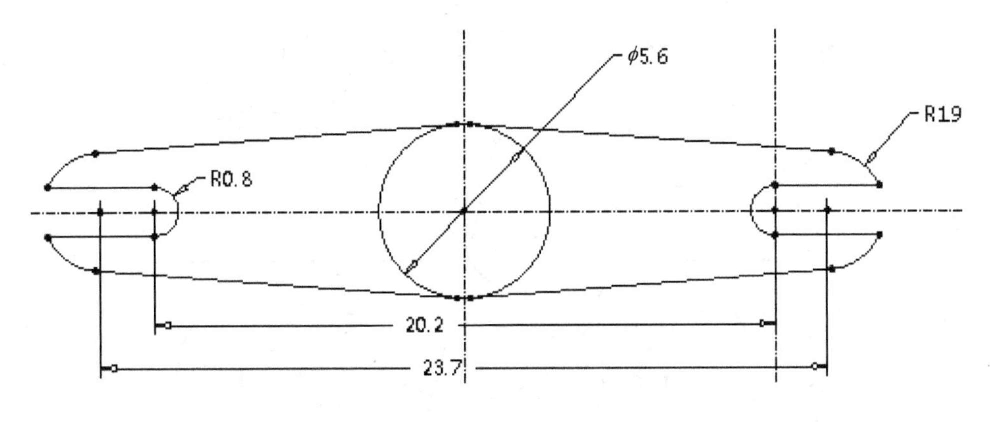

图3.4.24　标注尺寸

2）编辑尺寸并调整尺寸线位置，得到最终图形如图3.4.25所示。

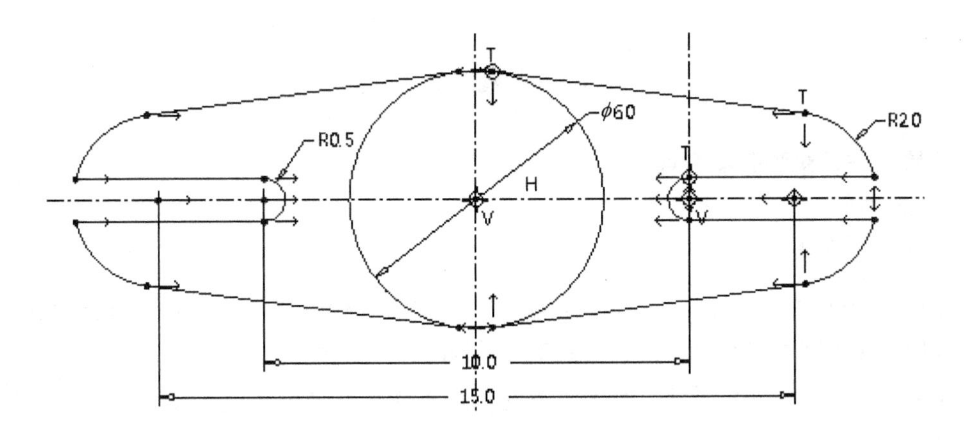

图3.4.25　最终图形

4. 保存文件

类同实例一。

3.4.3 构造图元的使用实例

学习目标

通过本实例进一步熟悉圆、圆弧、相切圆弧、构造图元等命令的操作，并重点掌握构造图元的使用。构造图元作为用户草绘的辅助线，为将要创建的图形提供易于捕捉的定位点。构造图元实例图形如图3.4.26所示。

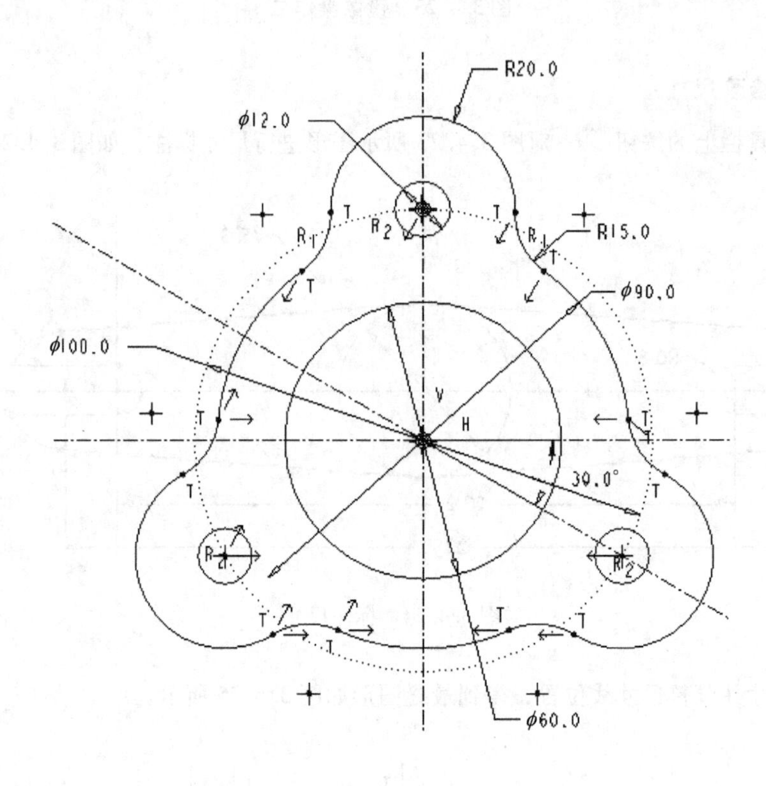

图3.4.26 构造图元实例

1. 设置工作目录和新建文件

操作类同实例一。

2. 创建草图轮廓

1）按下【中心线】按钮 中心线，绘制水平、竖直和倾斜中心线，并通过创建夹角尺寸"30°"，约束倾斜中心线的确切位置。绘制中心线如图3.4.27所示。

2）单击【圆】工具按钮。创建三个圆，圆心均在三条中心线的交点处。绘制圆如图3.4.28所示。

3）设置最大圆为构建圆。按下按钮，选取最大圆并单击鼠标右键弹出快捷菜单，选择【构造】命令。此时，大圆设置为构造圆，并以虚线显示。调用鼠标右键快捷菜单如图3.4.29所示，构造圆显示图3.4.30所示。注意：在Creo 2.0中鼠标右键快捷菜单的调用，需用户单击鼠标右键并停滞片刻，方可调出鼠标右键快捷菜单。

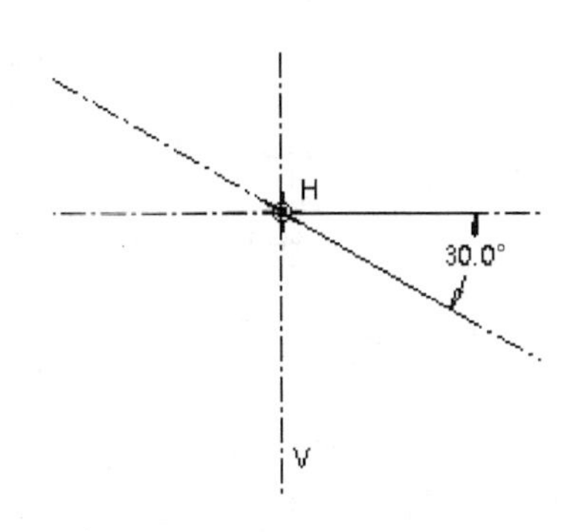

图3.4.27 绘制中心线

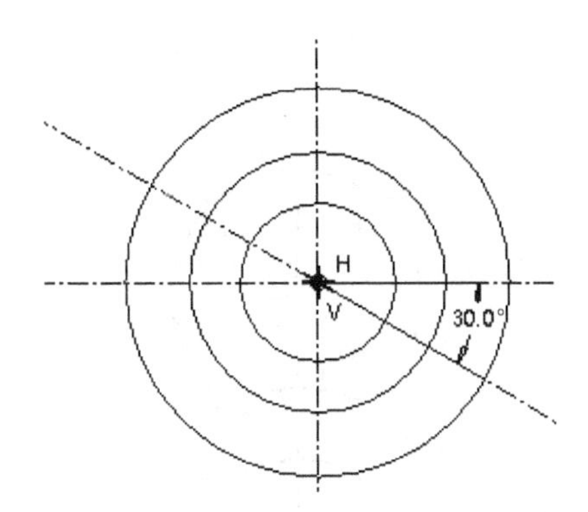

图3.4.28 绘制圆

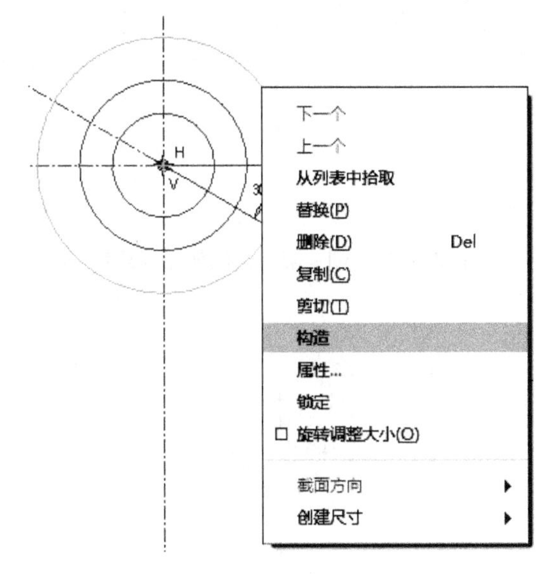

图3.4.29 调用鼠标右键快捷菜单

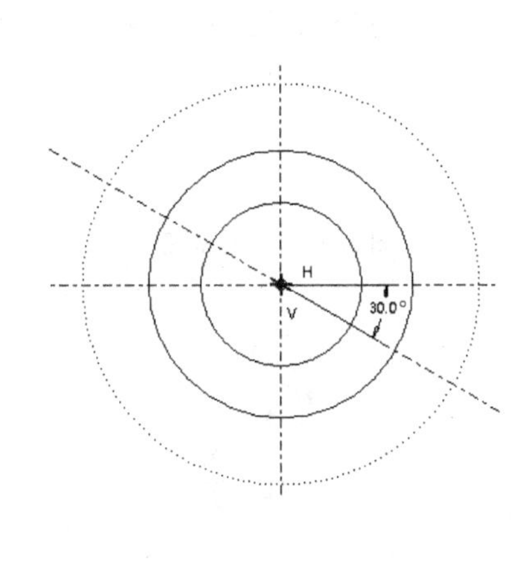

图3.4.30 构造圆显示

4）单击【圆】工具按钮。创建两个圆，圆心在竖直中心线和构造圆的交点处。如图3.4.31所示。

5）创建圆弧并约束两圆弧半径相等。

①单击工具栏 圆角 中的【在两图元间创建圆角】按钮 圆形修剪，分别选取所需创建圆角的两图元。

②单击【约束】命令中的= 相等按钮，选取设置相等约束的两圆角图元。创建圆角并添加相等约束如图3.4.32所示。

6）镜像图元。

①单击工具栏中的选择按钮，按住〈Ctrl〉键进行多选，或框选多个所需镜像的图元。

②单击工具栏的 镜像 按钮，选取相应的中心线，完成镜像。如图3.4.33所示。

7）修剪多余图元。按下修剪按钮，选取最终图形中不需要的图元。修剪图元如图3.4.34所示。

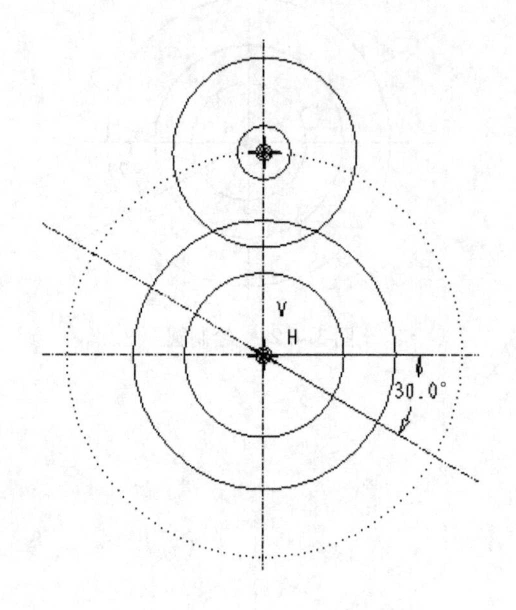

图3.4.31　绘制圆

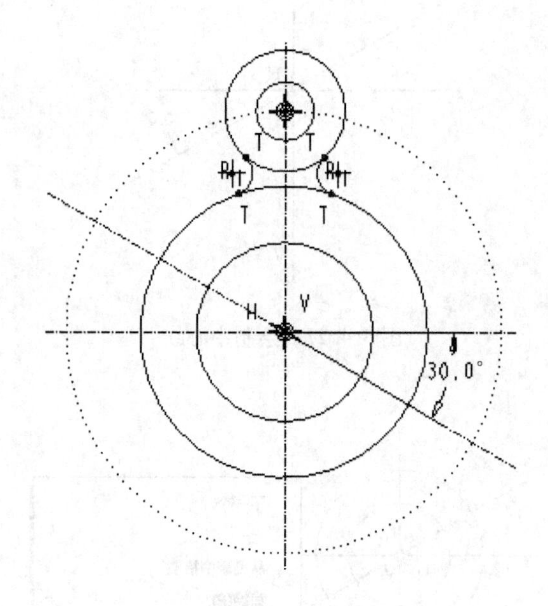

图3.4.32　创建圆角并添加相等约束

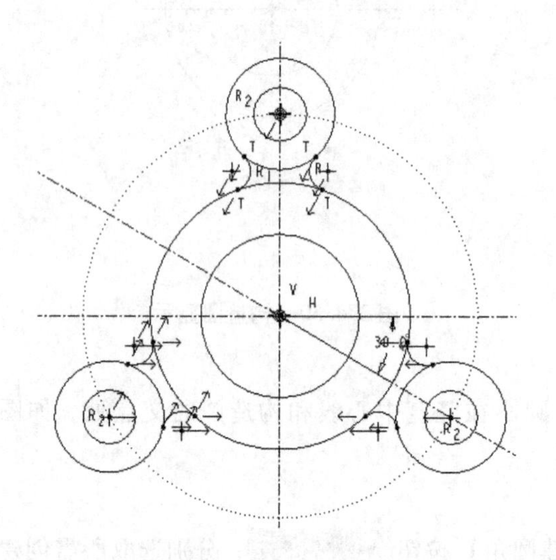

图3.4.33　镜像操作

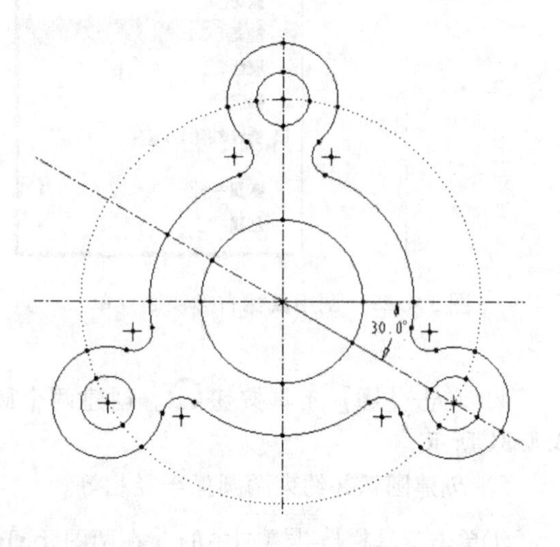

图3.4.34　修剪图元

3. 标注和修改尺寸

1）单击工具栏上的按钮|↔|，对如图3.4.34所示图形进行尺寸标注，结果如图3.4.35所示。

2）编辑尺寸并调整尺寸线位置，得到最终图形，如图3.4.36所示。

4. 保存文件

操作类同实例一。

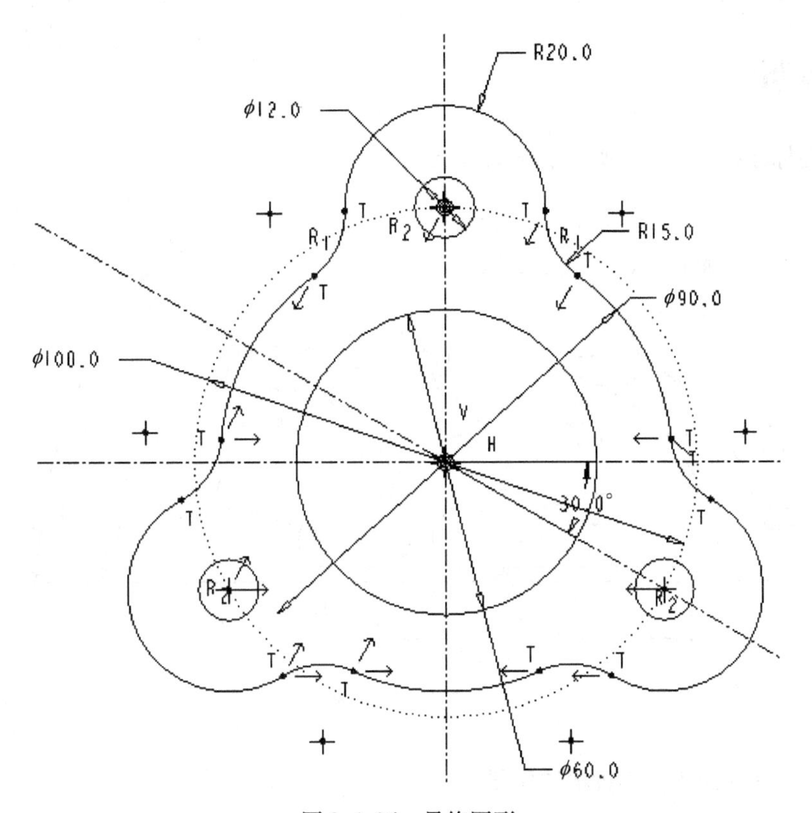

图 3.4.36 最终图形

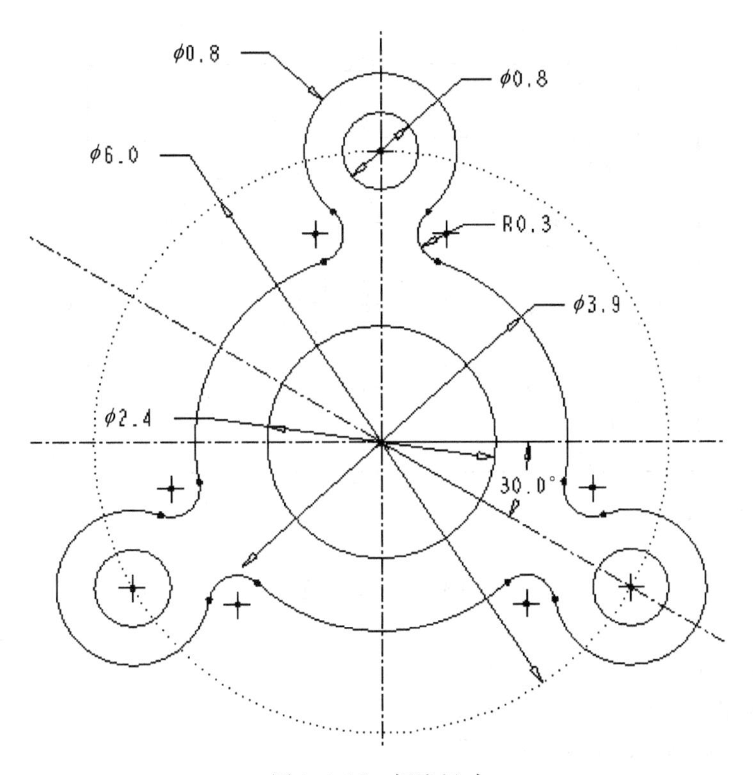

图 3.4.35 标注尺寸

3.5 实训题

1. 绘制并标注如图3.5.1所示的草图。

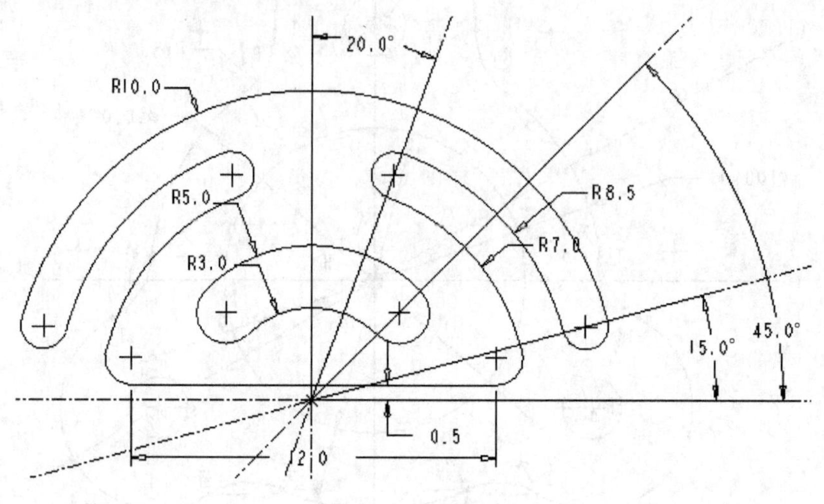

图3.5.1 实训题一

2. 绘制并标注如图3.5.2所示的草图。

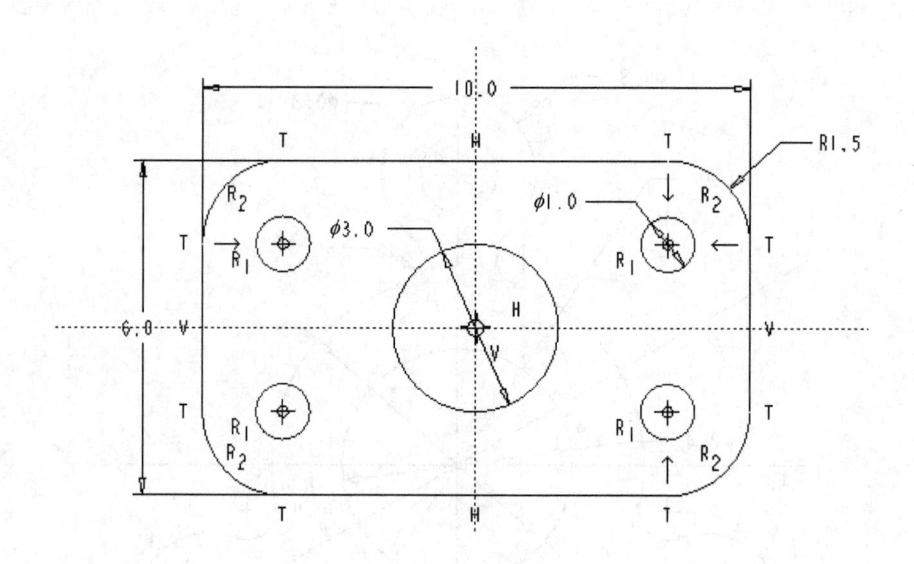

图3.5.2 实训题二

3. 绘制并标注如图3.5.3所示的草图。
4. 绘制并标注如图3.5.4所示的草图。
5. 绘制并标注如图3.5.5所示的草图。

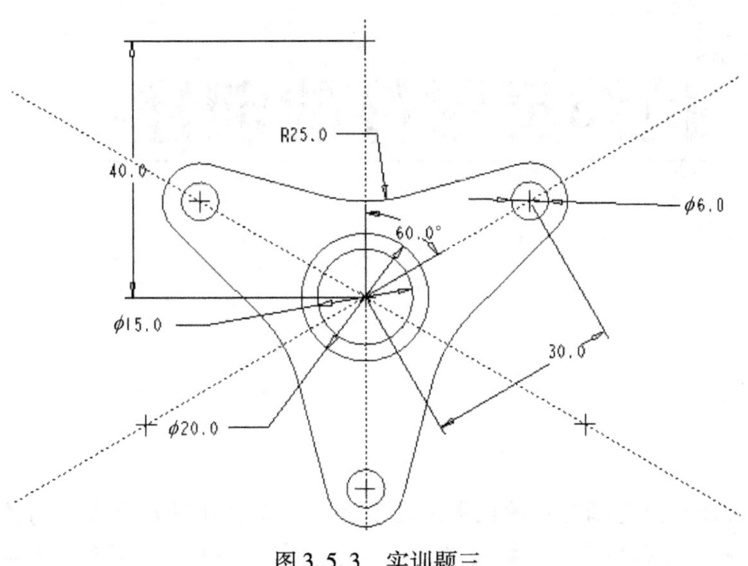

图 3.5.3 实训题三

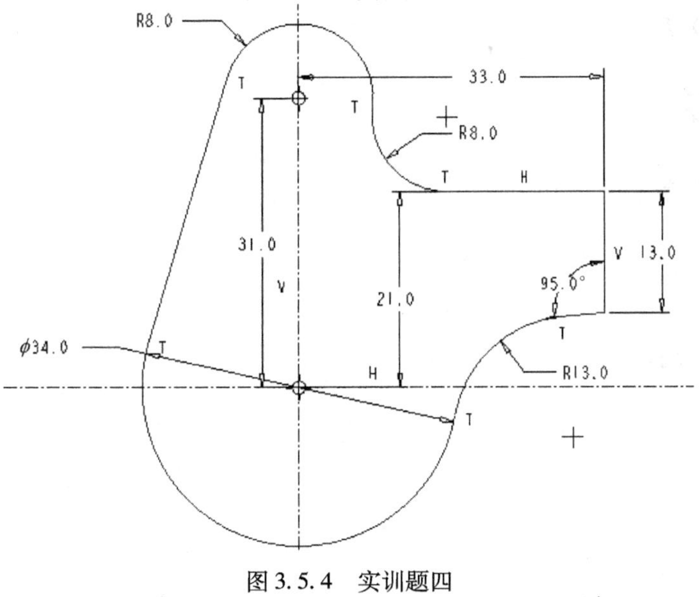

图 3.5.4 实训题四

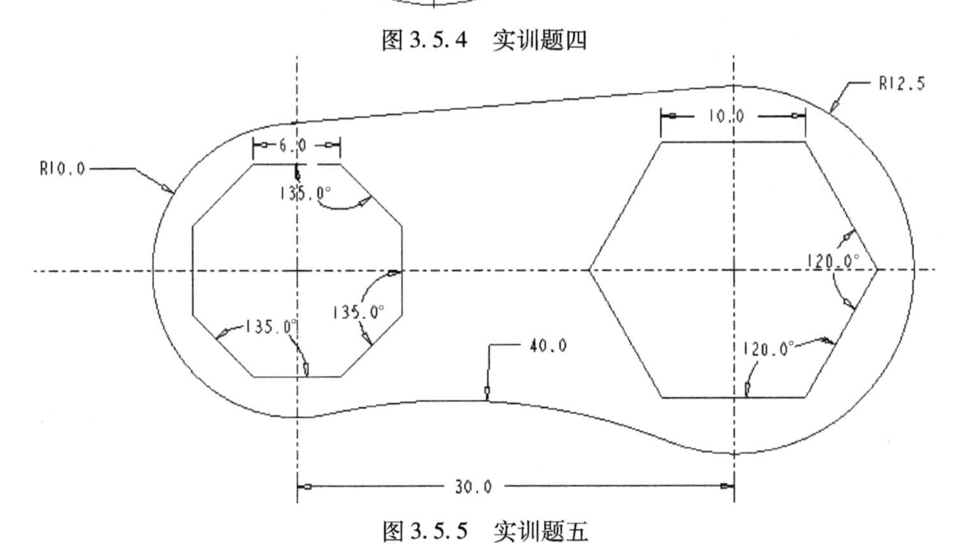

图 3.5.5 实训题五

第4章 拉伸类零件的创建

本章要点

【拉伸】工具是创建基础特征的最常用的方法。本章将通过几个实例向读者介绍利用拉伸创建实体模型基础特征的步骤、技巧与方法，同时介绍倒角、倒圆角、孔等工程特征的创建步骤、技巧与方法。

本章主要内容

❶拉伸命令简介
❷连杆
❸底壳
❹托架
❺直齿圆柱齿轮
❻平面凸轮
❼实训题

4.1　拉伸命令简介

学习目标

熟悉【拉伸】特征面板的使用，深刻了解拉伸创建特征的步骤及方法，掌握拉伸实体、曲面和薄壳时对草绘截面的要求。

命令简介

拉伸是指沿垂直于草绘截面的直线路径投影二维草绘截面的方法。拉伸可以添加材料创建实体，曲面及薄壳特征，也可以去除材料。

1. 【拉伸】特征面板

单击【模型】选项卡中的【拉伸】工具按钮，在窗口顶部显示【拉伸实体】特征面板。如图 4.1.1 所示。

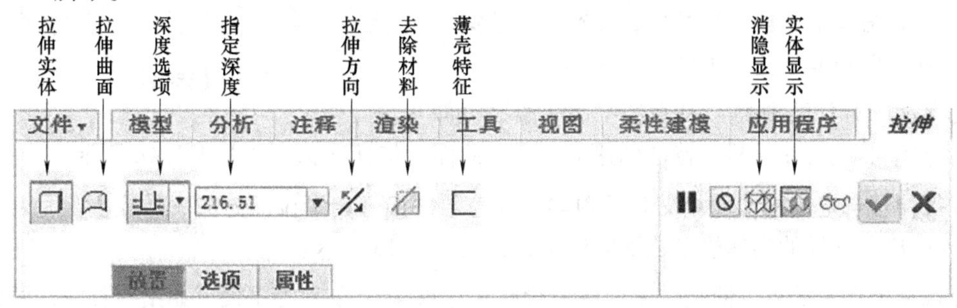

图 4.1.1　【拉伸实体】(添加材料) 特征面板

2. 【拉伸】特征面板主要工具按钮简介

(1) 特征类型选择

◆创建实体：单击特征面板中的实体按钮使其呈按下状态。

◆切减实体材料：将实体按钮和去除实体材料按钮同时按下。

◆创建薄壳特征：将实体按钮和薄壳特征按钮同时按下。【拉伸薄壳】特征面板如图 4.1.2 所示。

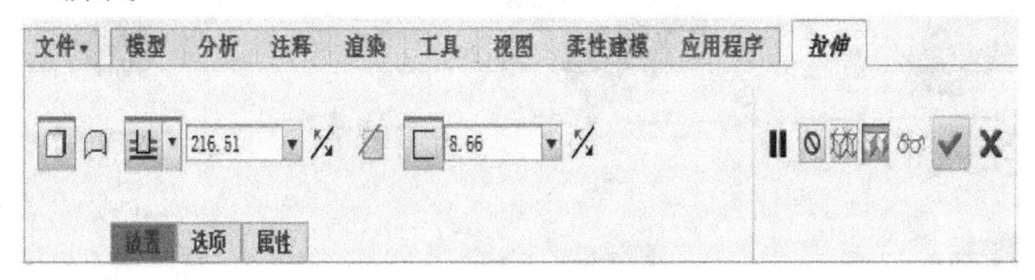

图 4.1.2　【拉伸薄壳】特征面板

◆创建曲面特征：将曲面按钮按下。

(2) 方向控制　在改变拉伸方向时可单击图形区的方向箭头来控制拉伸方向，也可单击特征面板中的拉伸方向按钮来控制拉伸方向。

◆添加材料拉伸实体或曲面：由按钮控制调整特征相对于草绘平面的方向。

◆创建薄壳特征：第一个方向按钮控制特征相对于草绘平面的方向；第二个方向按钮控制材料沿厚度生长方向。

◆切减材料：两个方向按钮分别控制材料切减方向。

（3）拉伸深度控制　拉伸以草绘平面为基准，可以单方向拉伸，也可双方向拉伸。单击【拉伸】特征面板中的【选项】按钮，弹出【选项】下滑面板，如图4.1.3所示。在此面板中完成两个方向的拉伸距离设置。

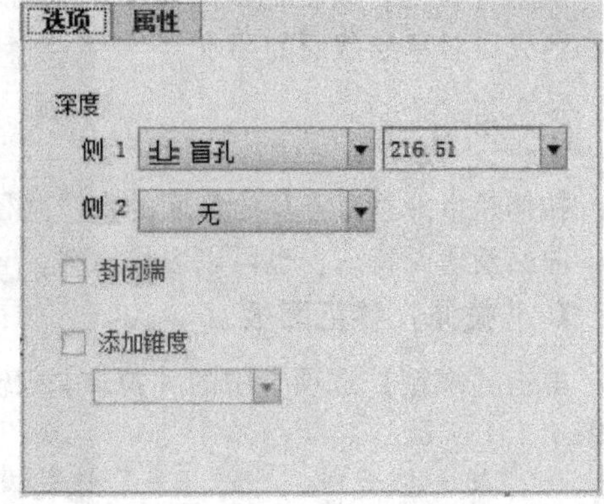

图4.1.3　【选项】下滑面板

【深度】各选项的含义如下：

◆【盲孔】选项：通过尺寸来确定特征的单侧深度，如图4.1.4a所示。

◆【对称】选项：表示以草绘平面为基准沿两个方向创建特征，两侧的特征深度均为总尺寸的一半，如图4.1.4b所示。

◆【拉伸至下一曲面】选项：从草绘平面开始沿拉伸方向添加或去除材料，在特征到达第一个曲面时将其终止，如图4.1.4c所示。

◆【穿过所有】选项：从草绘平面开始沿拉伸方向添加或去除材料，特征到达最后一个曲面时将其终止，如图4.1.4d所示。

◆【拉伸至与选定的曲面相交】选项：从草绘平面开始沿拉伸方向添加或去除材料，当遇到用户所选择的实体模型曲面时停止，如图4.1.4e所示。

◆【拉伸至选定的点、曲线、平面或一般面】选项：从草绘平面开始沿拉伸方向添加或去除材料，当遇到用户所选择的实体上的点、曲线、平面或一般面所在的位置时停止，如图4.1.4f所示。

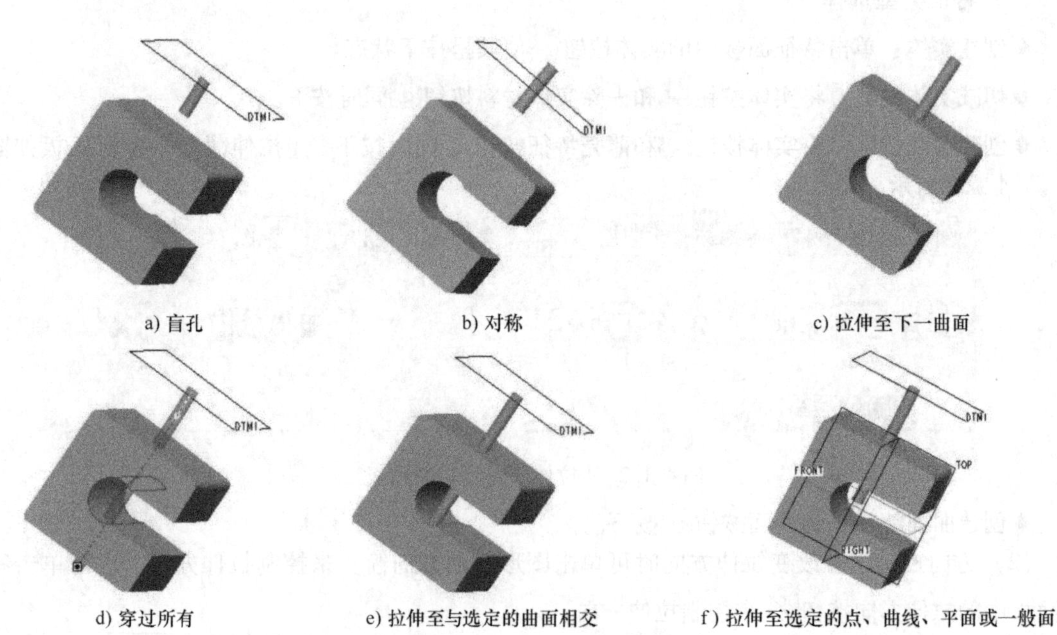

a) 盲孔　b) 对称　c) 拉伸至下一曲面

d) 穿过所有　e) 拉伸至与选定的曲面相交　f) 拉伸至选定的点、曲线、平面或一般面

图4.1.4　【深度】各选项的含义

3. 带锥度拉伸

单击【选项】按钮，弹出【选项】下滑面板，如图4.1.5所示。在下滑面板中选中【添加锥度】，可以直接拉伸出带有锥度的拉伸特征，如图4.1.6所示。

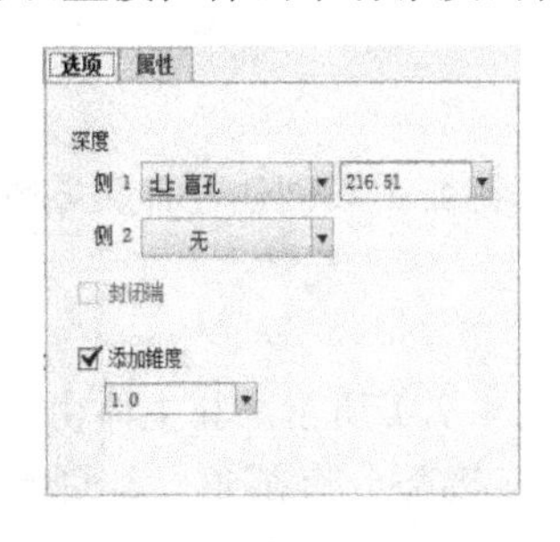

图4.1.5 【选项】下滑面板

图4.1.6　带锥度拉伸

4. 拉伸内部草绘解析

(1) 进入草绘界面　单击【拉伸】特征面板中的【放置】按钮，弹出【草绘】下滑面板，单击其中的【定义】按钮，或在绘图区域内单击鼠标右键，在弹出的快捷菜单中选择【定义内部草绘】。弹出【草绘】对话框如图4.1.7所示。例如，指定基准平面TOP为草绘平面，选取基准平面RIGHT为参照，其他选项使用系统默认值。单击【草绘】对话框的 草绘 按钮，进入草绘界面，即可绘制截面草图。若草绘平面与屏幕不平行，可单击视图控制工具栏中的【草绘设置】按钮。

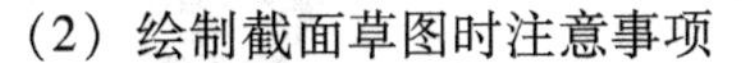

(2) 绘制截面草图时注意事项

◆拉伸实体时二维草图必须为封闭图形；拉伸曲面和薄壳时草图截面可开放也可封闭。

◆草图各图元可并行、嵌套，但不可自我交错。

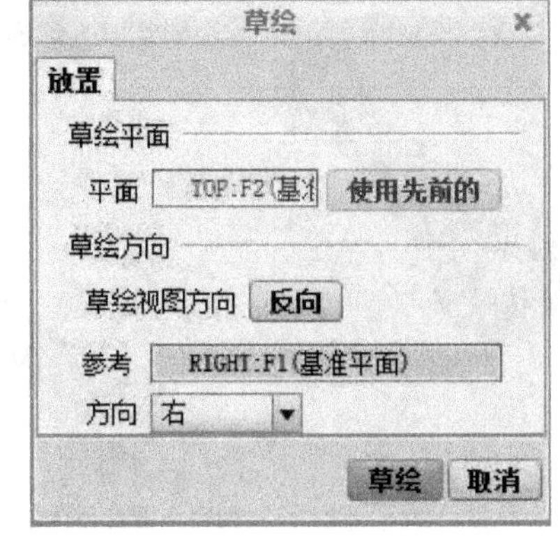

图4.1.7 【草绘】对话框

5. 编辑拉伸特征

从模型树或模型区中选择要修改的拉伸特征，单击鼠标右键，在弹出的如图4.1.8所示快捷菜单中选取【编辑定义】命令，完成拉伸特征的编辑。若只更改模型的几个尺寸，选择【编辑】命令，双击尺寸激活尺寸输入框，完成尺寸修改。然后单击快速访问工具栏中的再生按钮，再生模型，完成模型的修改。模型编辑前后对照如图4.1.9所示。

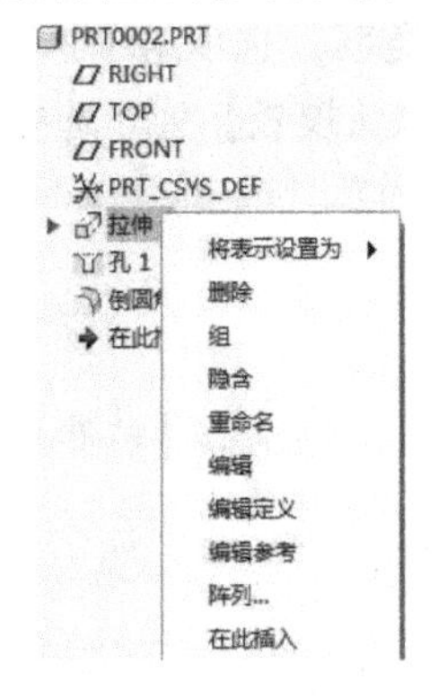

图4.1.8　快捷菜单

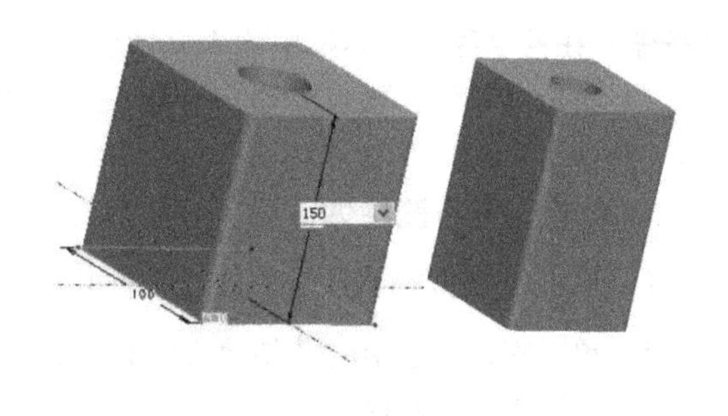

图4.1.9　模型编辑前后对照

4.2 连杆

学习目标

熟悉建立新文件的操作；掌握利用拉伸、倒角、倒圆角等特征工具创建连杆类零件的方法。

实例分析

连杆是平面连杆机构中的重要零件。本例创建的连杆如图4.2.1所示。其主体由大空心圆柱体、小空心圆柱体和连接部分组成。两空心圆柱体有倒角，连接部分有圆角。其创建过程如图4.2.2所示：

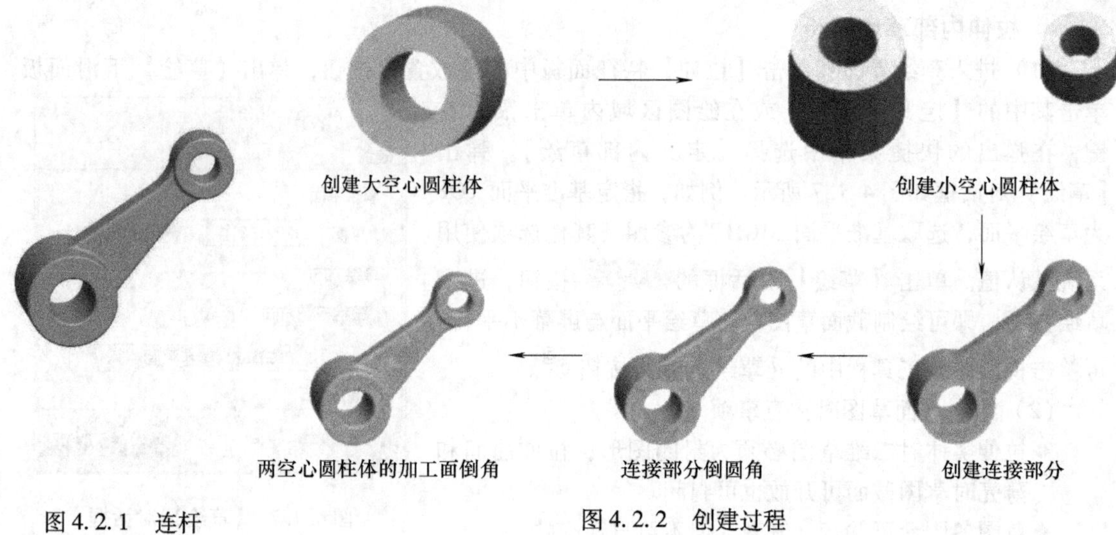

图4.2.1 连杆

图4.2.2 创建过程

建模过程

1. 新建一个文件

1）执行【文件】|【新建】命令，或单击快速访问工具栏中【新建】按钮，弹出【新建】对话框，如图4.2.3所示。

2）在【类型】选项组中选中【零件】单选按钮，在【子类型】选项组中选中【实体】单选按钮，在【名称】文本框中输入文件名称“liangan”，【使用默认模板】为非选中状态。

3）单击【确定】按钮，弹出【新文件选项】对话框，选择“mmns_part_solid”选项，如图4.2.4所示。

2. 创建大空心圆柱体

1）单击【模型】选项卡中的【拉伸】工具按钮，在窗口顶部显示【拉伸】特征面板。

2）单击特征面板中的【创建实体】按钮，创建实体特征。

3）草绘大空心圆柱体截面。

①进入草绘模式：单击【放置】按钮，弹出【草绘】下滑面板，单击其中的【定义】按钮，弹出【草绘】对话框。指定基准平面TOP面为草绘平面，参照面为基准平面RIGHT面，其他选

项使用系统默认值。单击【草绘】对话框的 草绘 按钮，进入草绘模式。

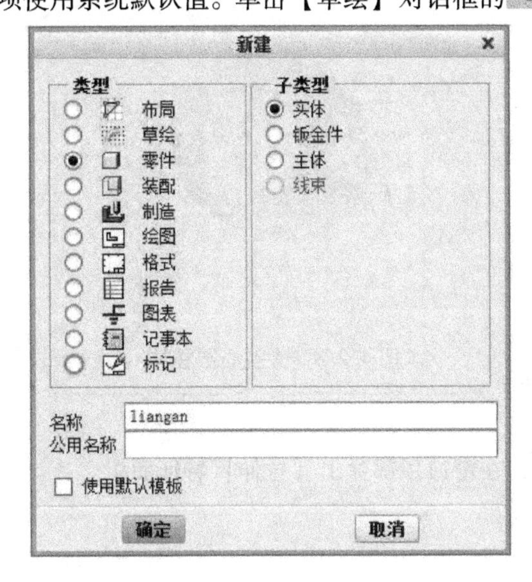

图 4. 2. 3　【新建】对话框

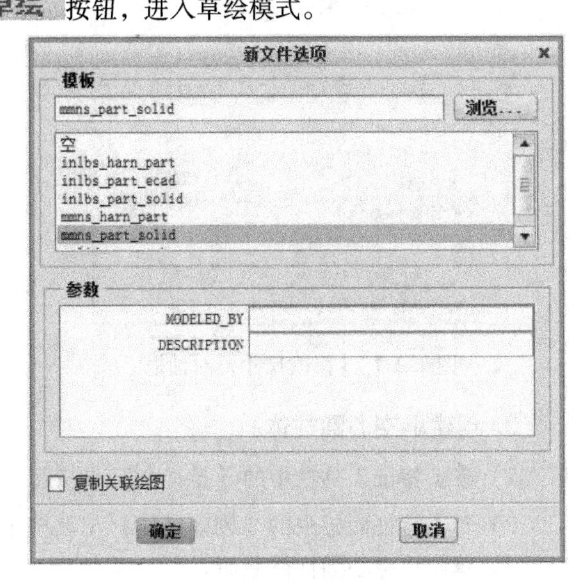

图 4. 2. 4　【新文件选项】对话框

②粗略绘制圆柱体截面：单击特征工具栏中的【创建圆】按钮，通过圆心和点来创建圆。移动光标至参照面的交点处单击，即确定了圆心的位置，拖动鼠标远离圆心，再次单击，即确定了圆的大小，单击鼠标中键确定。重复画另一同心圆，如图 4. 2. 5 所示。

③调整截面尺寸放置位置：单击特征工具栏中的【选择】工具按钮，将鼠标移到大圆直径尺寸之上，该对象会以绿色亮显，按住鼠标左键将该尺寸拖放到一合适的位置，释放鼠标左键，完成该尺寸的移动。移动尺寸后的草图如图 4. 2. 6 所示。

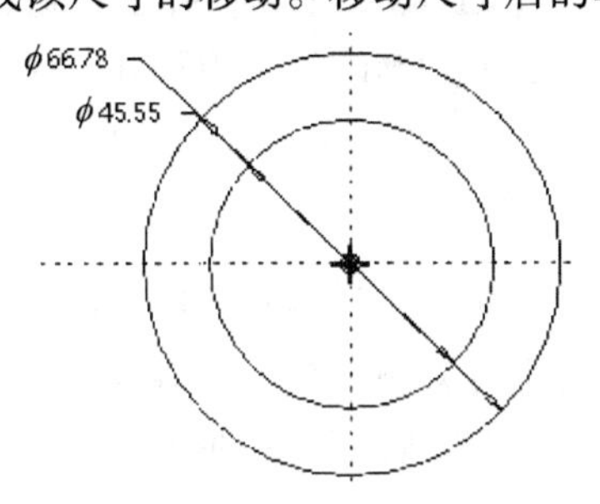

图 4. 2. 5　大空心圆柱体截面

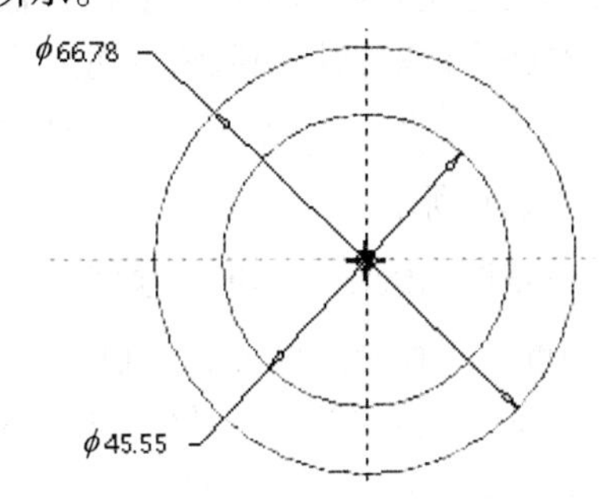

图 4. 2. 6　移动尺寸后的草图

④修改截面尺寸：按下〈Ctrl〉键，选中大圆直径尺寸和小圆直径尺寸，也可使用框选方式选中这两个尺寸。被选中的对象会以绿色亮显，单击特征工具栏中的【修改】工具按钮，弹出【修改尺寸】对话框，如图 4. 2. 7 所示。在弹出的对话框中取消【重新生成】的选择，将直径分别修改为“30”和“60”，然后单击【确定】按钮，完成修改。

⑤完成草图的绘制：单击草绘特征工具栏中的【确定】按钮，完成草图的绘制。

4）深度选项控制。单击【盲孔】工具按钮旁的下拉按钮，弹出一下滑面板，选择下滑面板中【双侧深度】选项，并输入拉伸高度“30”。单击【确定】按钮，原草图便拉伸成为图 4. 2. 8 所示的大空心圆柱体。

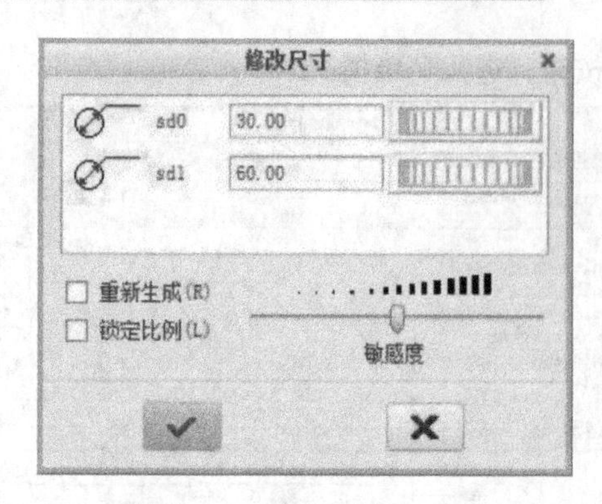

图4.2.7 【修改尺寸】对话框

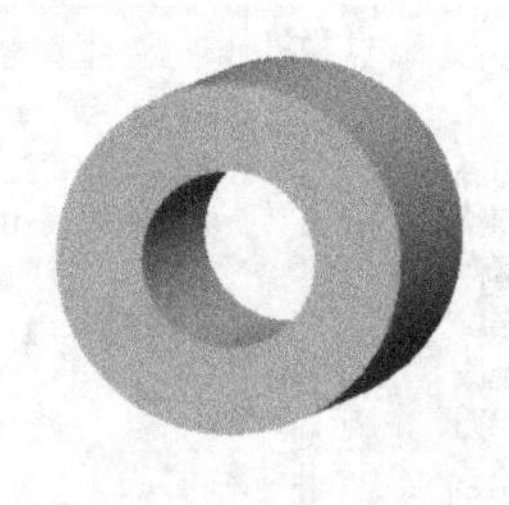

图4.2.8 大空心圆柱体

3. 创建小空心圆柱体

1）单击特征工具栏中的【拉伸】工具按钮，在窗口顶部弹出【拉伸】特征面板。

2）单击特征面板中的【创建实体】工具按钮。

3）草绘小空心圆柱体截面。

①进入草绘模式：单击【放置】按钮，弹出【草绘】下滑面板，单击【定义】按钮，弹出【草绘】对话框。指定基准平面TOP面为草绘平面，参照面为RIGHT基准面。其他选项使用系统默认值。单击【草绘】对话框的 草绘 按钮，进入草绘模式。

②粗略绘制小空心圆柱体截面：单击窗口右侧特征工具栏中的【创建圆】工具按钮，绘制两个同心圆，圆心在水平参考线上。小空心圆柱体截面如图4.2.9所示。

③修改小空心圆柱体截面尺寸：单击特征工具栏中的【选择】工具按钮，使用框选方式选择草图的所有尺寸；单击窗口右侧特征工具栏中的【修改】工具按钮，弹出【修改尺寸】对话框，在弹出的对话框中取消【重新生成】的选择，将直径分别修改为“20”和“40”，修改圆心到竖直参考线的尺寸为“120”，然后单击【确定】按钮，确认完成修改。尺寸修改后的草图如图4.2.9所示。

④完成草图的绘制：单击草绘特征工具栏中的【确定】按钮，完成草图的绘制。

4）深度选项控制。单击窗口顶部的【拉伸】特征面板中【双侧深度】工具按钮，输入拉伸高度“26”，按〈Enter〉键或单击鼠标中间确认。单击窗口底部【拉伸】特征面板中的【确定】按钮，生成小空心圆柱体，如图4.2.10所示。

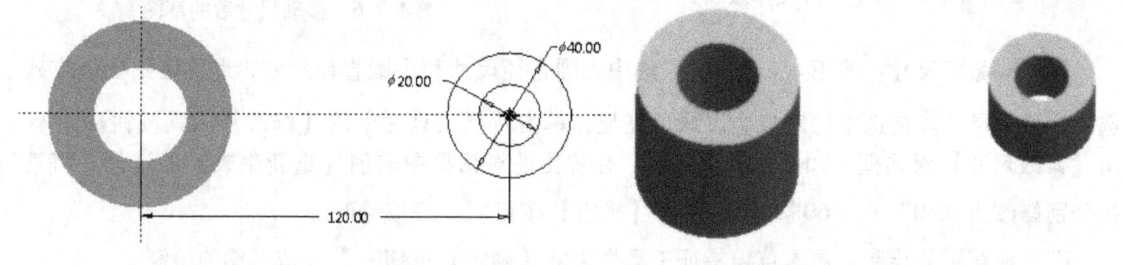

图4.2.9 小空心圆柱体截面

图4.2.10 小空心圆柱体

4. 创建连接部分

1）单击特征工具栏中的【拉伸】工具按钮，在窗口顶部显示【拉伸】特征面板。

2）单击特征面板中的【创建实体】工具按钮，创建实体特征。

3）草绘连接部分草图。

①进入草绘模式：单击【放置】按钮，弹出【草绘】下滑面板，单击【定义】按钮，弹出【草绘】对话框。指定基准平面TOP面为草绘平面，参照面为RIGHT基准面。其他选项使用系统默认值，进入草绘模式。

②粗略绘制连接部分草图：选择【草绘】下滑面板中的【参考】按钮，选取模型区直径为“60”和“40”的圆为参考。单击特征工具栏中的【直线】工具按钮，在直径“60”的圆和直径“40”的圆上方绘制一条直线，单击鼠标中键确定。连接部分草图一如图4.2.11所示。

③绘制过渡圆弧：单击特征工具栏中的【圆角】工具按钮，单击鼠标左键分别选取直径为“60”的圆和直线，使之成为圆弧过渡；再次单击【圆角】工具按钮，分别选取直径“40”的圆和直线，生成过渡圆弧。连接部分草图二如图4.2.12所示。

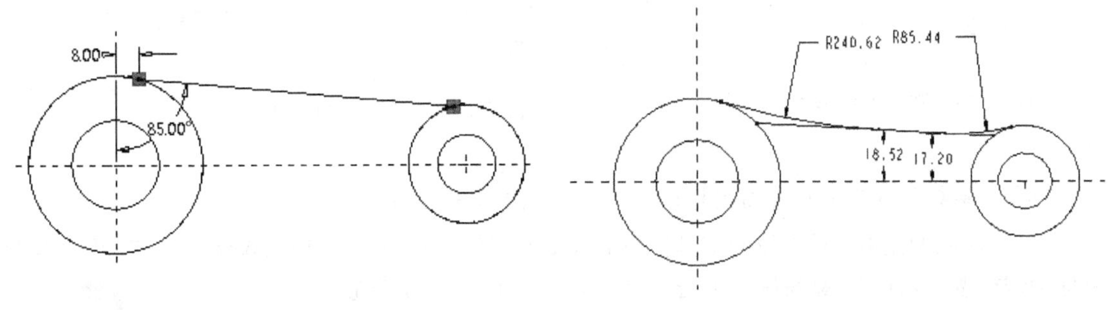

图4.2.11　连接部分草图一　　图4.2.12　连接部分草图二

④修剪草图：单击草绘工具栏中【动态剪裁】工具按钮，选取多余的线段，删除多余的线段。修剪后的草图如图4.2.13所示。

⑤镜像连接部分草图：单击特征工具栏中的【中心线】工具按钮，作一条与水平平面FRONT重合的中心线。按住〈Ctrl〉键选择上面所作的两段过渡圆弧和直线，单击草绘工具栏中按钮，选取刚画的中心线为镜像中心线，完成镜像。镜像后的草图如图4.2.14所示。

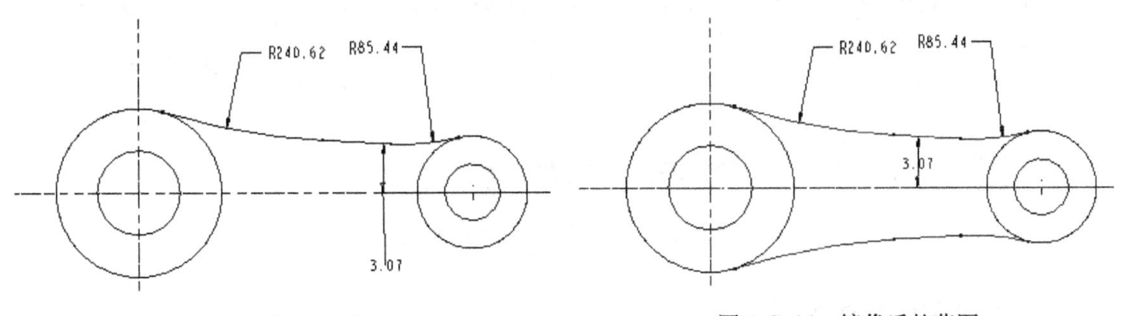

图4.2.13　修剪后的草图　　图4.2.14　镜像后的草图

⑥画两圆弧：单击特征工具栏中【弧】工具按钮右侧的按钮，弹出如图4.2.15所示的圆弧下拉菜单。单击【圆心和端点】工具按钮，选择左侧同心圆的的圆心和直径为“60”的圆上的两个切点作圆弧，选择顺序为先下切点后上切点；选择右侧同心圆的的圆心和直径为

“40”的圆上的两个切点作圆弧，选择顺序为先下切点后上切点，单击鼠标中键确定，完成两段圆弧的草绘。

⑦标注尺寸：单击特征工具栏中的【标注尺寸】按钮，选择两段圆弧与直径为“40”的圆的两个切点，单击鼠标中键，标注两切点之间的距离；选择两段圆弧与直径为“60”的圆的两个切点，标注两切点之间的距离。

⑧修改连接部分草图尺寸：框选系统所标注的尺寸，单击草绘工具栏中的按钮。修改尺寸后的草图如图 4.2.16 所示。

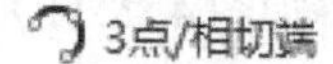

圆心和端点
3 相切
同心
圆锥

图 4.2.15　圆弧下拉菜单

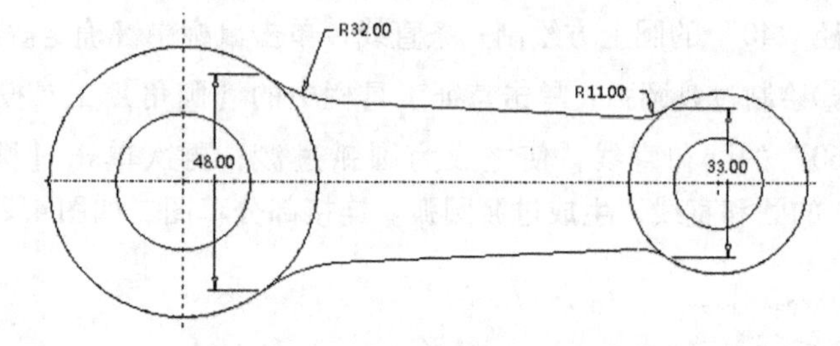

图 4.2.16　修改尺寸后的草图

⑨单击草绘工具栏中的【确定】按钮，完成草图的绘制。

4）拉伸深度控制。单击拉伸工具栏中的【双侧深度】按钮；输入拉伸高度“20”，单击鼠标中键或按〈Enter〉键确认。单击拉伸工具栏中的【确定】按钮，完成连接部分的拉伸，如图 4.2.17 所示。

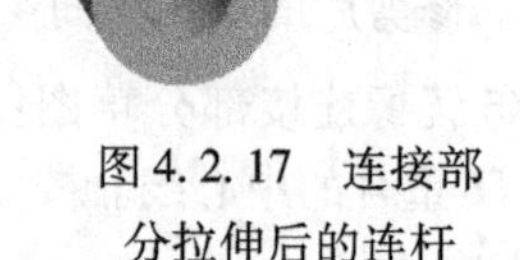

图 4.2.17　连接部分拉伸后的连杆

5. 连接部分倒圆角

1）连接部分的四个棱边倒圆角。单击特征工具栏中的【倒圆角】按钮，在窗口顶部显示【倒圆角】特征面板，如图 4.2.18 所示。

2）输入圆角半径为“2”，选择连接部分的四个棱边，以及连接部分与两空心圆柱体连接处四条交线，单击【确定】按钮，生成圆角特征。连接处倒圆角后连杆如图 4.2.19 所示。

图 4.2.18　【倒圆角】特征面板

6. 两空心圆柱体的加工面倒角

1）单击工具栏中的【倒角】工具按钮，在窗口顶部显示【倒角】特征面板。

2）单击【倒角】特征面板上倒角类型选项框 D x D 的下拉按钮，选择倒角类型为【45 × D】，输入倒角尺寸“1”，选择两空心圆柱体上、下表面的圆边缘。单击【确定】按钮，生成倒角特征。加工面倒角后的连杆如图 4.2.20 所示。

图 4. 2. 19　连接处倒圆角后连杆

图 4. 2. 20　加工面倒角后的连杆

7. 重新定义连杆特征

【编辑定义】命令包含尺寸到特征细节的全部重定义，即重新定义截面的形状、尺寸和深度，以及草绘平面及参考平面。

1）在模型树中选择连接部分的拉伸特征，单击鼠标右键，在弹出的快捷菜单中选择【编辑定义】命令，进入【拉伸】特征面板。

2）选择【放置】命令，重新编辑草绘平面。在连接部分添加如图 4. 2. 21 所示的矩形。

3）单击草绘工具栏中的【确定】按钮✓，完成草图的绘制。

4）选择双向拉伸，拉伸深度为“20”。

5）单击拉伸工具栏中的【确定】按钮✓，完成连接部分的重新定义。重新定义后模型如图 4. 2. 22 所示。

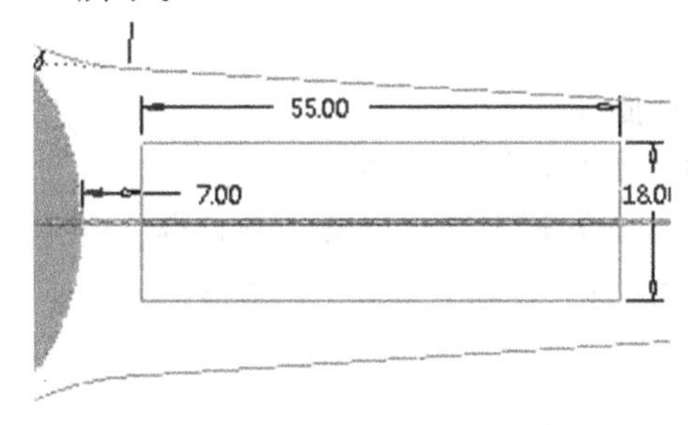

图 4. 2. 21　重新定义连接部分

图 4. 2. 22　重新定义后模型

8. 保存文件

执行【文件】|【保存】命令，或单击快速访问工具栏中的【保存】按钮，然后单击【确定】按钮，保存当前建立的零件模型。

4. 3　底壳

学习目标

熟悉拉伸创建特征的步骤及方法，重点掌握抽壳、复制、镜像等创建实体模型的方法。

实例分析

图 4. 3. 1　底壳

底壳是机械零件中常用的箱体类零部件。本例创建的底壳效果如图 4. 3. 1 所示。创建过程如图 4. 3. 2 所示。

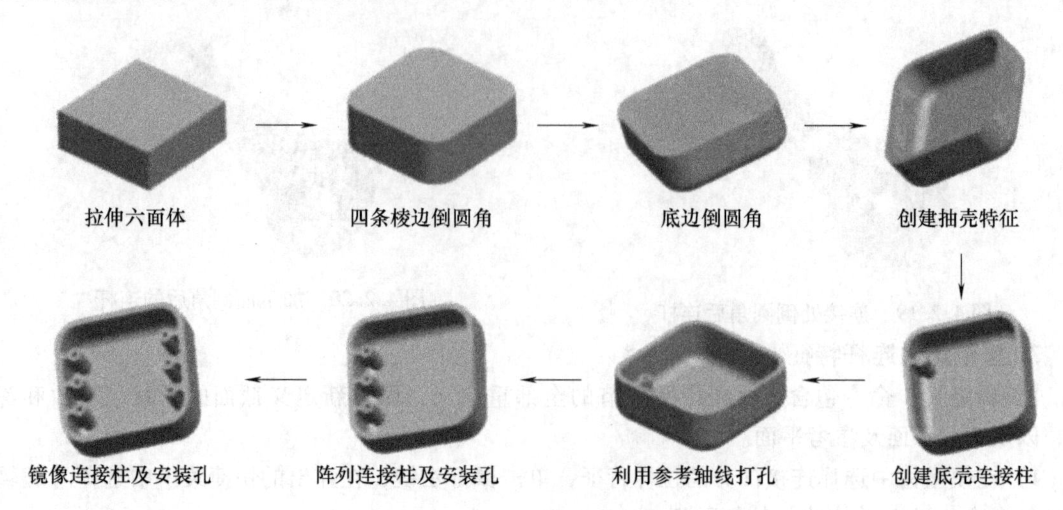

图 4.3.2　底壳创建过程

建模过程

1. 新建一个文件

建立文件名为“dike”的新文件。

2. 拉伸六面体

1）单击【拉伸】工具按钮，打开【拉伸】特征面板。

2）选择实体拉伸方式，使草绘平面双向对称拉伸，拉伸深度为“15”。

3）单击【放置】按钮，弹出【草绘】下滑面板，单击【定义】按钮，弹出【草绘】对话框。选择 TOP 基准面为草绘平面，RIGHT 基准面为参考面。单击 草绘 按钮，进入草绘工作环境。

4）绘制如图 4.3.3 所示的六面体截面。

5）单击工具栏中【确定】按钮，返回【拉伸】特征面板。单击【确定】按钮，完成拉伸特征。六面体如图 4.3.4 所示。

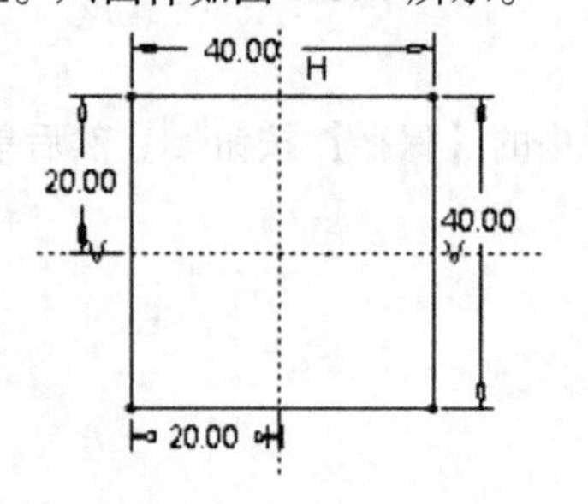

图 4.3.3　六面体截面

图 4.3.4　六面体

3. 倒圆角

1）单击【倒圆角】工具按钮，打开【倒圆角】特征面板。设定圆角半径为“8”。

2）选择六面体的四条竖直方向的棱边，单击【确定】按钮，完成圆角特征的建立。四条棱边倒圆角如图 4.3.5 所示。

3）执行相同操作，将六面体的底边倒半径为“5”的圆角。底边倒圆角如图 4.3.6 所示。

图 4.3.5　四条棱边倒圆角

图 4.3.6　底边倒圆角

4. 创建抽壳特征

1）单击【抽壳】工具按钮，打开【抽壳】特征面板，如图 4.3.7 所示。设定抽壳厚度为“2”。

图 4.3.7　【抽壳】特征面板

2）单击【参考】按钮弹出【参考】下滑面板，如图 4.3.8 所示，单击【确定】按钮，完成抽壳特征。如图 4.3.9 所示。

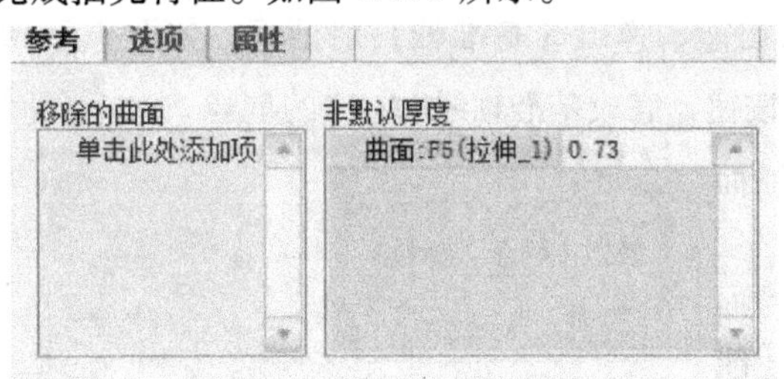

图 4.3.8　【参考】下滑面板

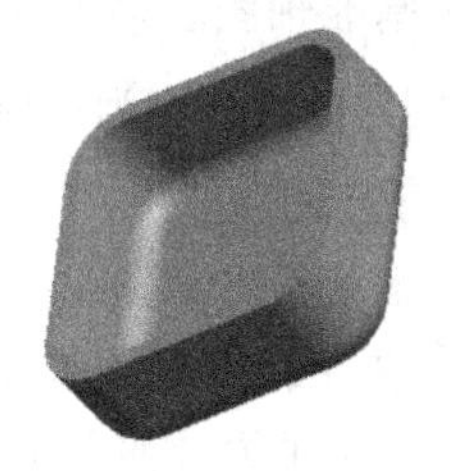

图 4.3.9　完成抽壳特征

5. 创建底壳连接柱

1）单击【拉伸】工具按钮，打开【拉伸】特征面板。

2）选择实体拉伸方式，拉伸深度类型为【盲孔】，拉伸高度为“10”。

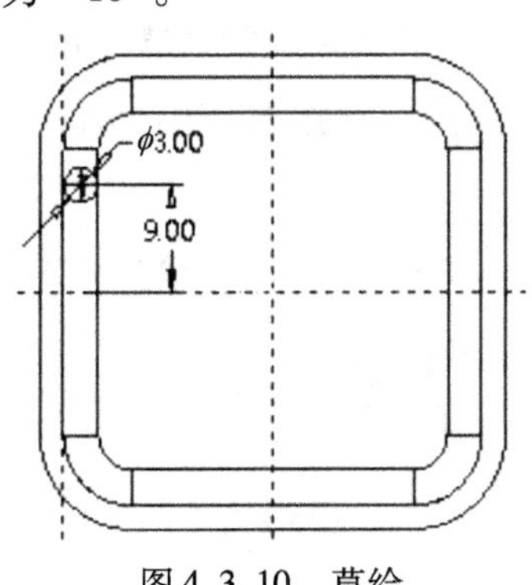

图 4.3.10　草绘

3）单击【放置】按钮，指定顶面为草绘平面，RIGHT 基准面为参考面，其他选项使用系统默认值，进入草绘模式。

4）单击【草绘】下滑面板中【参考】按钮，选取壳体的内边界作为参考线。

5）单击【圆】工具按钮，创建与壳体的内边界相切的圆。草绘如图 4.3.10 所示。

6）单击【圆角】工具按钮，选择圆和与之相切的实体边界，绘制如图 4.3.11 所示的两条过渡圆弧。

7）单击【相等】工具按钮=，选择两条过渡圆弧使之半径相等。

8）圆弧半径修改为“1”。

9）单击【删除段】工具按钮，删除多余的线。

10）单击【直线】工具按钮，画过两切点的直线如图4.3.11所示。然后单击工具栏中的【确定】按钮。

11）单击【方向】按钮选择正确的拉伸方向。再单击【确定】按钮，拉伸出如图4.3.12所示的连接柱。

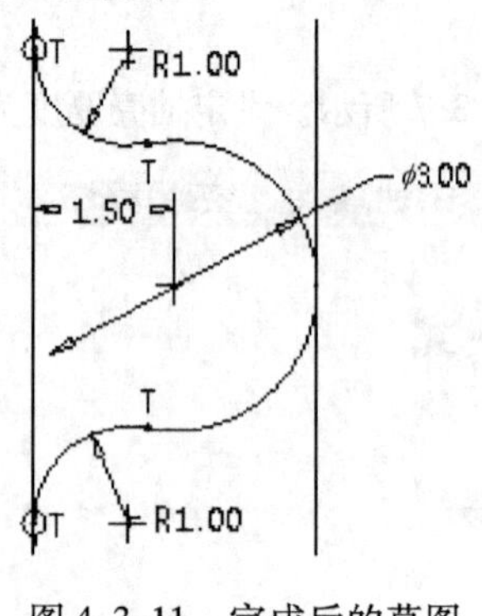

图4.3.11 完成后的草图

图4.3.12 连接柱

6. 利用参考轴线钻孔

1）创建一基准轴线。单击【基准轴】工具按钮，弹出【基准轴】对话框，如图4.3.13所示。选择刚创建的圆柱面为参照面，单击 确定 按钮，完成基准轴线“A_1”的创建。

2）单击【孔】工具按钮，打开【孔】特征面板，【孔】特征面板设置如图4.3.14所示。

3）单击【放置】按钮，弹出孔【放置】下滑面板。选择圆柱的端面为放置平面，【类型】为【线性】，选择基准轴“A_1”和最左侧的“边”作为【偏移参考】，如图4.3.15所示。

4）单击【确定】按钮，完成孔特征的建立。连接柱钻孔如图4.3.16所示。

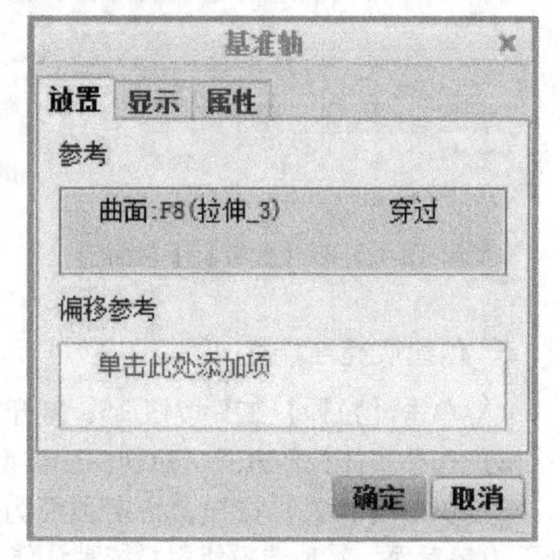

图4.3.13 【基准轴】对话框

7. 阵列连接柱及安装孔

1）在窗口左侧模型树中选择要阵列的特征，单击【阵列】工具按钮，窗口顶部显示【阵列】特征面板。

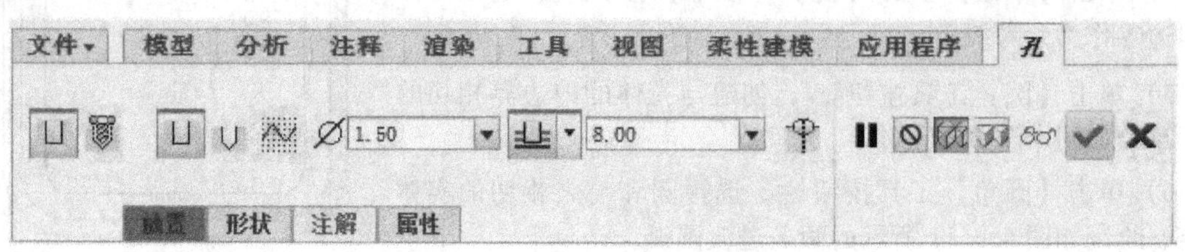

图4.3.14 【孔】特征面板设置

2）选择 FRONT 平面为参考面，设置【阵列】特征面板中的选项如图 4. 3. 17 所示。

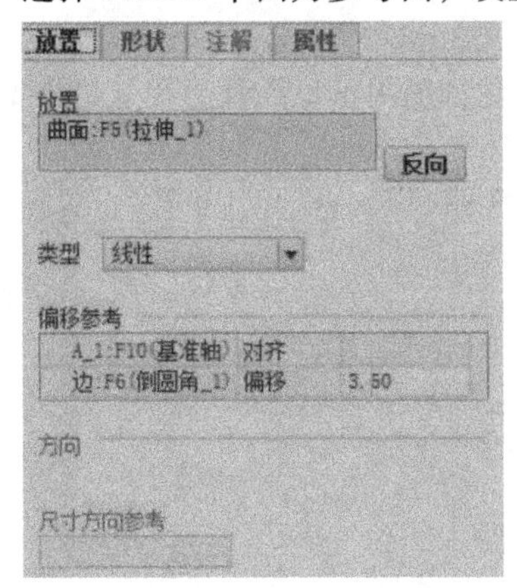

图 4. 3. 15　孔【放置】下滑面板

图 4. 3. 16　连接柱钻孔

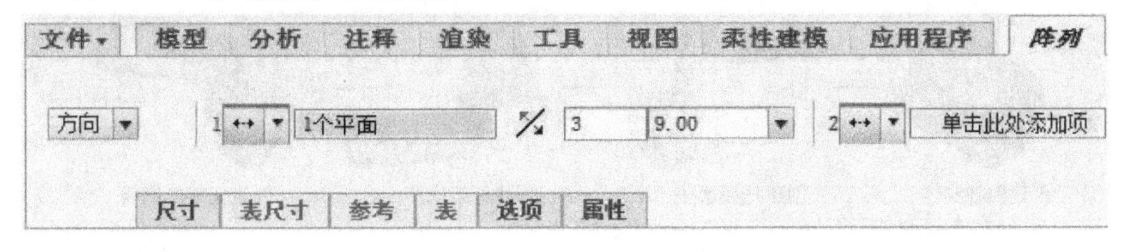

图 4. 3. 17　【阵列】特征面板

3）单击【阵列】特征面板中的【确定】按钮，完成连接柱及安装孔的阵列，如图 4. 3. 18 所示。

8. 镜像连接柱及安装孔

选择已创建的底壳连接柱及孔特征。单击【镜像】按钮，选择 RIGHT 面为镜像平面，单击【确定】按钮，完成了特征的镜像，如图 4. 3. 19 所示。

图 4. 3. 18　完成三个连接柱及孔特征

图 4. 3. 19　镜像连接柱及孔

9. 保存模型

保存当前建立的零件模型。

4.4　托架

学习目标

进一步学习拉伸工具的使用；熟悉镜像操作方法；学习加强筋的创建。

实例分析

本例创建的托架的最终效果如图 4.4.1 所示。创建过程如图 4.4.2 所示。

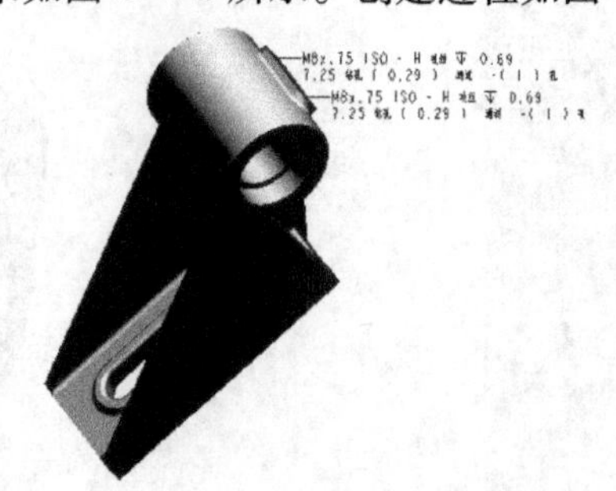

图 4.4.1　托架

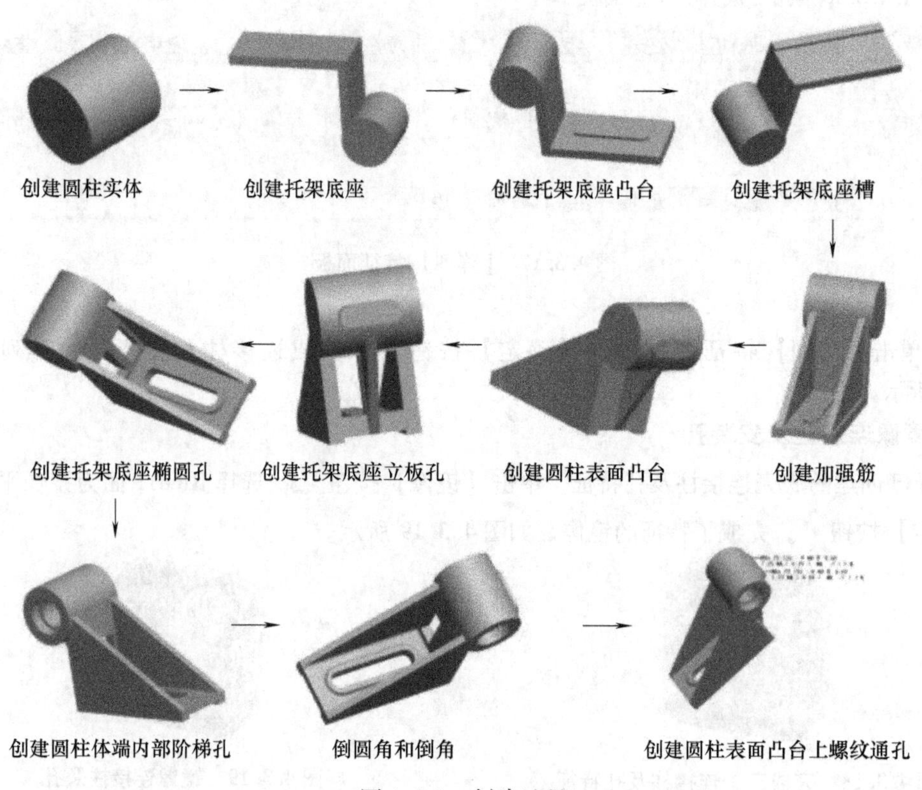

图 4.4.2　创建过程

建模过程

1. 新建一个文件

建立名称为“tuojia”的新文件。

2. 创建圆柱实体

1）单击【拉伸】工具按钮，在窗口顶部显示【拉伸】特征面板。

2）选择实体拉伸方式，使草绘平面双向对称拉伸，拉伸深度为“100”。

3）单击【放置】按钮，选择 TOP 基准面为草绘平面，RIGHT 基准面为参考面。单击 草绘 按钮，进入草绘工作环境。

4）绘制如图 4.4.3 所示的圆柱实体截面。

5）单击特征工具栏中【确定】按钮✓，返回【拉伸】特征面板。

6）单击【确定】按钮✓，完成圆柱实体拉伸特征的建立。如图 4.4.4 所示。

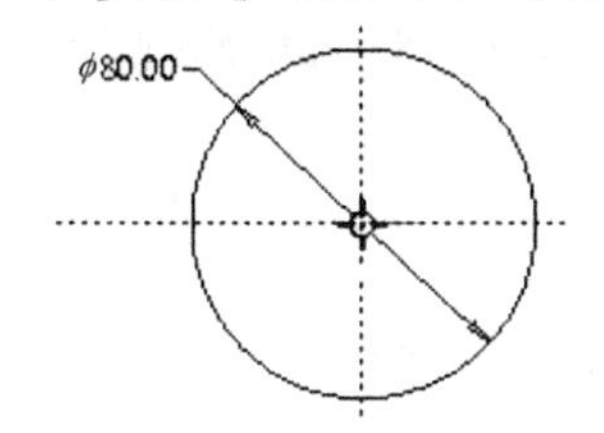

图 4.4.3 圆柱实体截面

图 4.4.4 圆柱实体

3. 创建托架底座

1）单击【拉伸】工具按钮，在窗口顶部显示【拉伸】特征面板。

2）选择实体拉伸方式，使草绘平面双向对称拉伸，拉伸深度为“90”。

3）单击【放置】按钮，选择 TOP 基准面为草绘平面，RIGHT 基准面为参考面。单击 草绘 按钮，进入草绘工作环境。

4）绘制如图 4.4.5 所示的底座截面。

5）单击工具栏中【确定】按钮✓，返回【拉伸】特征面板。

6）单击【确定】按钮✓，完成托架底座拉伸特征的建立，如图 4.4.6 所示。

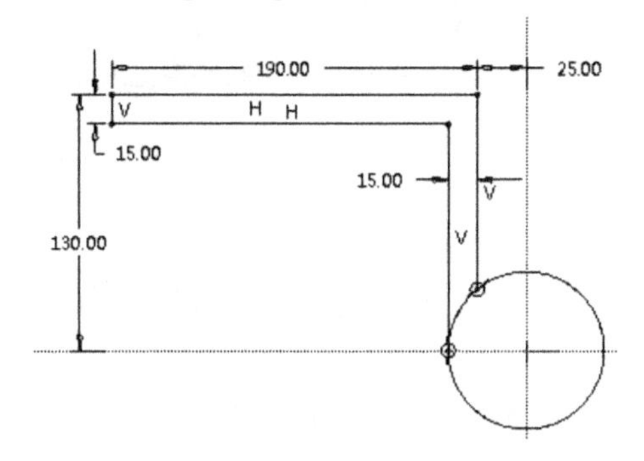

图 4.4.5 底座截面

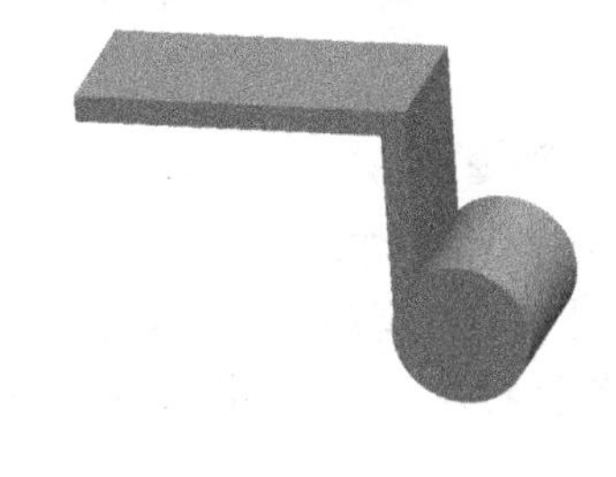

图 4.4.6 托架底座

4. 创建托架底座凸台

1）单击【拉伸】工具按钮，在窗口顶部显示【拉伸】特征面板。

2）选择拉伸为实体，单向给定值拉伸方式，拉伸尺寸设为“5”。

3）单击【放置】按钮，选择底座上表面为草绘平面，参考面及参照方向采用默认值，单击 草绘 按钮，进入草绘工作环境。

4）绘制如图 4.4.7 所示的凸台截面。

5）单击工具栏中【确定】按钮✓，返回【拉伸】特征面板。

6）单击【确定】按钮✓，完成托架底座凸台拉伸特征的建立，如图 4.4.8 所示。

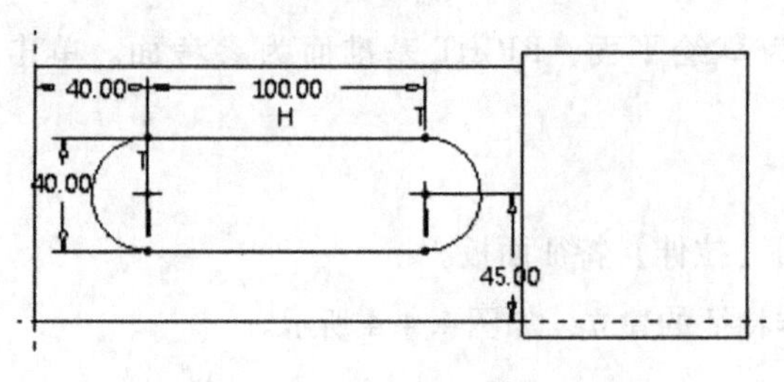

图 4.4.7　凸台截面

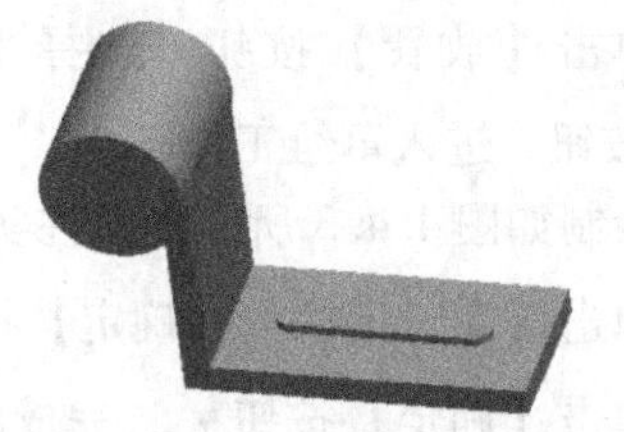

图 4.4.8　托架底座凸台

5. 创建托架底座槽

1）单击【拉伸】工具按钮，在窗口顶部显示【拉伸】特征面板。

2）选择【实体、穿过所有、去除材料】拉伸方式。

3）单击【放置】按钮，选择底座端面为草绘平面，参考面及参照方向采用默认值。单击 草绘 按钮，进入草绘工作环境。

4）绘制如图 4.4.9 所示的槽切削截面。

5）单击工具栏中【确定】按钮✔，返回【拉伸】特征面板。

6）调整材料去除方向，单击【确定】按钮✔，完成底座的切割，如图 4.4.10 所示。

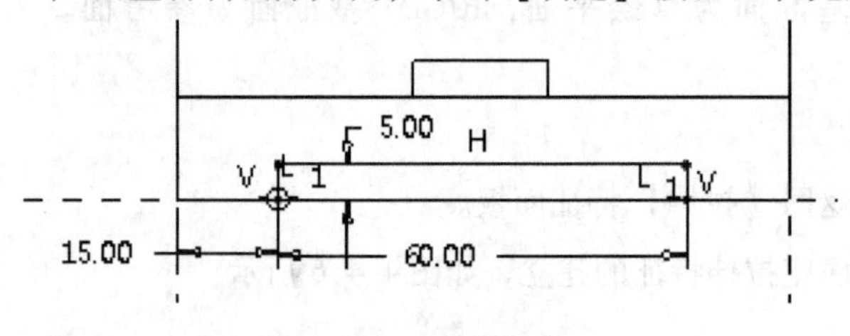

图 4.4.9　槽切削截面

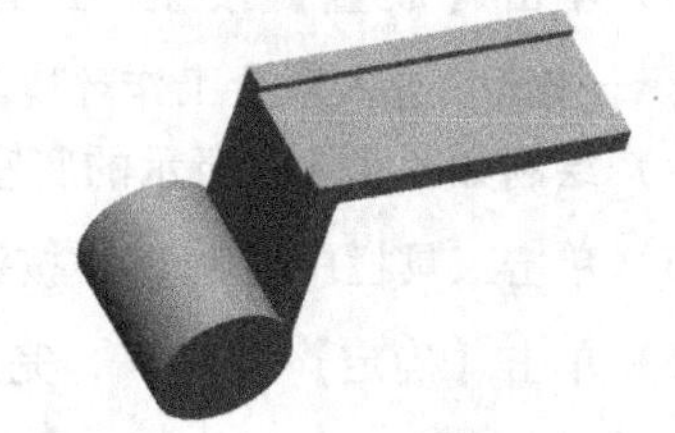

图 4.4.10　托架底座槽完成创建

6. 创建加强筋

（1）创建加强筋一

1）单击特征工具栏中的【筋】工具按钮右侧的下拉箭头，选择【轮廓筋】命令。弹出【轮廓筋】特征面板，如图 4.4.11 所示。

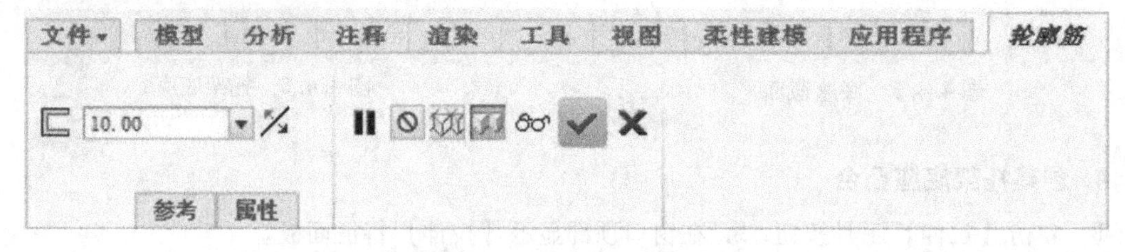

图 4.4.11 【轮廓筋】特征面板

2）单击【参考】按钮，弹出【参考】下滑面板，单击【定义】按钮，弹出【草绘】对话框。

3）选择基准面 TOP 为草绘平面，RIGHT 基准面为参考面。单击【草绘】对话框中的 草绘 按钮，进入草绘工作环境。

4）绘制如图4.4.12所示的一条直线。注意：线段的两端点应与其接触的轮廓线重合。

5）单击【轮廓筋】特征面板中的【确定】按钮✓，完成筋特征的草绘。设定筋的厚度为“10”。

6）单击【轮廓筋】特征面板中的调整方向按钮，或通过单击模型区中的黄色箭头，调整特征生成方向，方向显示如图4.4.13所示。单击【确定】按钮✓，完成筋一特征的建立，如图4.4.14所示。

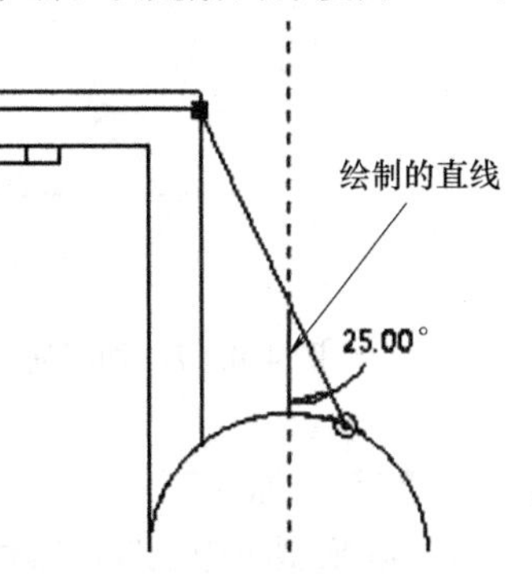

图4.4.12　筋一草图

（2）创建新的基准面

1）单击【基准平面】按钮，弹出【基准平面】对话框。

2）选择TOP基准面作为参考平面，并设置偏移量为“35”，如图4.4.15所示。

3）注意观察偏移方向是否正确，如果正确则单击【确定】按钮，完成基准面DTM1的创建，如图4.4.16所示。

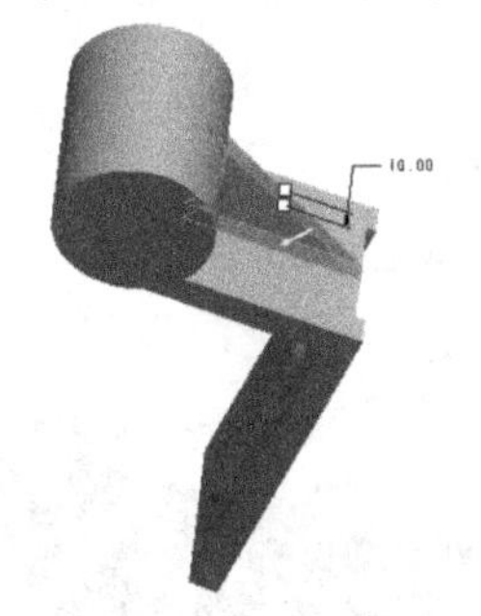

图4.4.13　方向显示

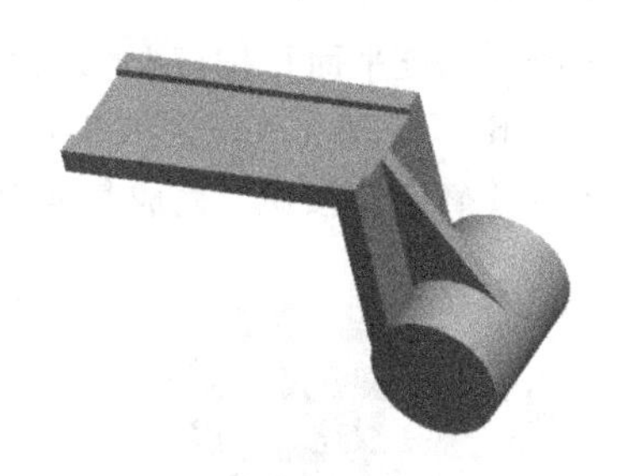

图4.4.14　筋一创建完成

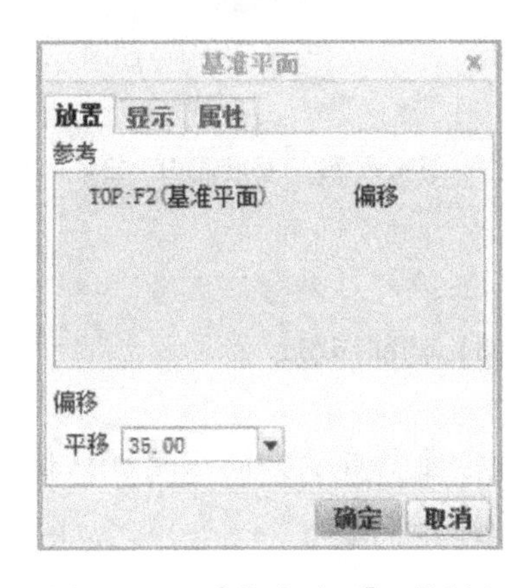

图4.4.15　【基准平面】对话框

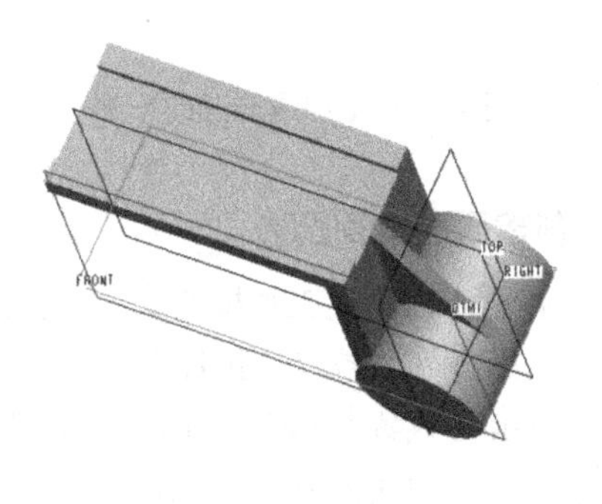

图4.4.16　基准面DTM1显示

（3）创建加强筋二　用加强筋一的创建方法创建加强筋二。

1）选取刚才生成的DTM1基准面作为草绘平面。

2）设置加强筋的厚度为“10”。

3）绘制如图4.4.17所示的加强筋二草图。

4）生成的加强筋二如图4.4.18所示。

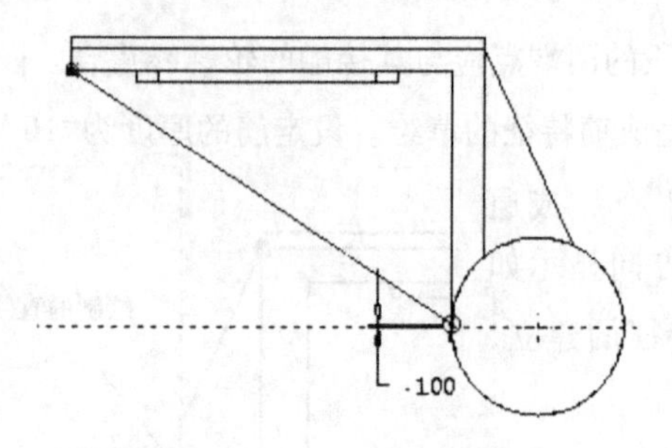

图 4.4.17　加强筋二草绘

图 4.4.18　加强筋二的创建

（4）创建加强筋三

1）在模型树中选取刚刚创建的加强筋二。

2）单击【镜像】工具按钮，选择 TOP 基准面为镜像平面，单击【确定】按钮，完成零件模型的镜像复制。加强筋三的创建如图 4.4.19 所示。

7. 创建新的基准面 DTM2

1）单击【基准平面】按钮，弹出【基准平面】对话框。

2）选择 RIGHT 基准面作为参考平面，并设置偏移量为“45”。

3）单击【确定】按钮，完成基准面 DTM2 的创建，如图 4.4.20 所示。

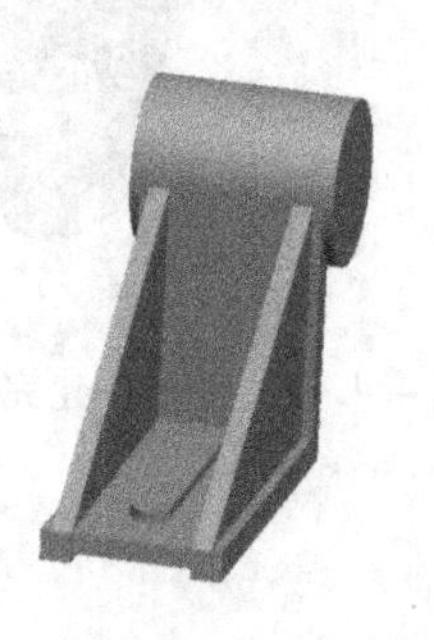

图 4.4.19　加强筋三的创建

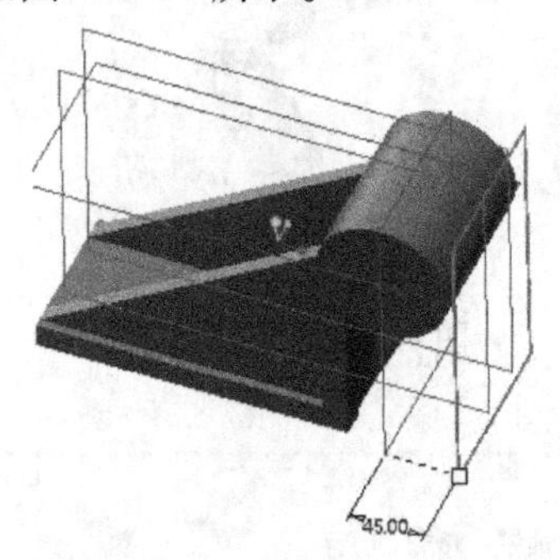

图 4.4.20　基准面 DTM2

8. 创建圆柱表面凸台

1）单击【拉伸】工具按钮，在窗口顶部显示【拉伸】特征面板。

2）选择【实体拉伸、拉伸至下一曲面】拉伸方式。

3）单击【放置】按钮，选择 DTM2 为草绘平面，参考面及参照方向采用默认值。单击 草绘 按钮，进入草绘工作环境。

4）绘制如图 4.4.21 所示的拉伸截面。

5）单击工具栏中【确定】按钮，返回【拉伸】特征面板。

6）单击拉伸方向按钮调整拉伸方向，确保方向箭头指向圆柱面。单击【确定】按钮，完成圆柱表面凸台的建立，如图 4.4.22 所示。

9. 创建托架底座立板孔

1）单击【拉伸】工具按钮，在窗口顶部显示【拉伸】特征面板。

2）选择【实体、穿过所有、切减】拉伸方式。

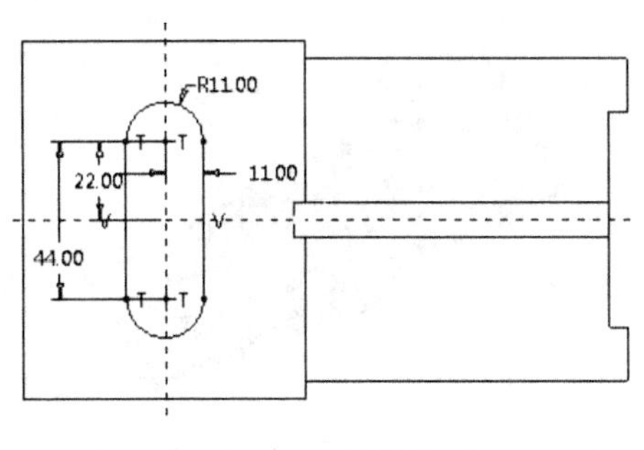

图 4. 4. 21　拉伸截面

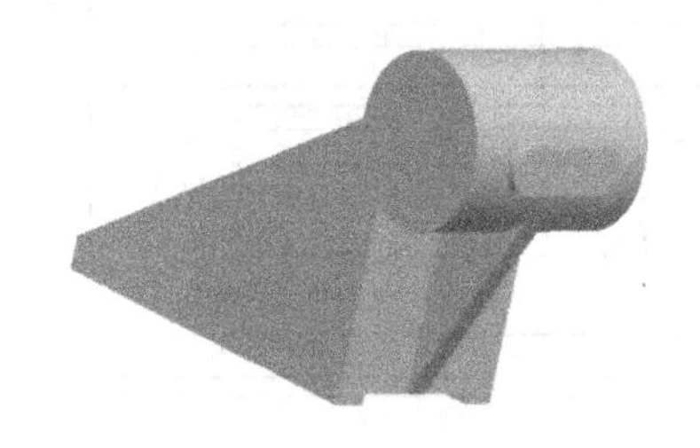

图 4. 4. 22　圆柱表面凸台创建完成

3）单击【放置】按钮，选择底座立板的表面为草绘平面，参考面及方向采用默认值。单击 草绘 按钮，进入草绘工作环境。

4）绘制如图 4. 4. 23 所示的拉伸截面。

5）单击工具栏中的【确定】按钮✔，返回【拉伸】特征面板。

6）单击【确定】按钮✔，完成托架底座立板孔的建立，如图 4. 4. 24 所示。

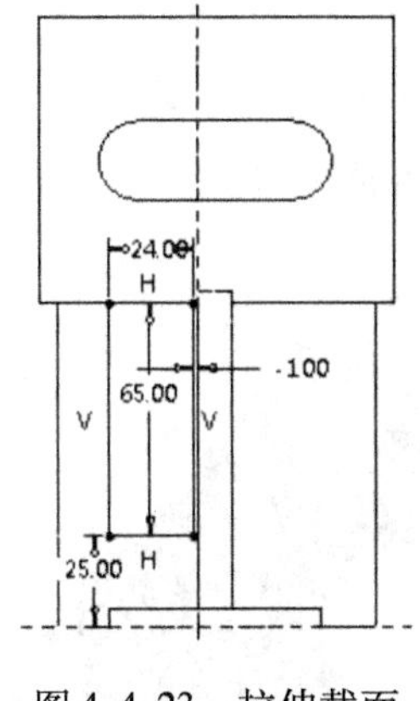

图 4. 4. 23　拉伸截面

图 4. 4. 24　完成托架底座立板孔

7）在模型树中选取刚刚创建的托架底座立板孔，单击【镜像】工具按钮，选择 TOP 基准面为镜像平面，单击【确定】按钮✔，完成立板孔的镜像，如图 4. 4. 25 所示。

10. 创建托架底座椭圆孔

1）单击【拉伸】工具按钮，在窗口顶部显示【拉伸】特征面板。

2）选择【实体、穿过所有、切减】拉伸方式。

3）单击【放置】按钮，选择底座的底面为草绘平面，参考面及方向采用默认值。单击 草绘 按钮，进入草绘工作环境。

4）绘制如图 4. 4. 26 所示的托架底座椭圆孔拉伸截面。

5）单击工具栏中【确定】按钮✔，返回【拉伸】特征面板。

6）单击【确定】按钮✔，完成托架底座椭圆孔的建立，如图 4. 4. 27 所示。

图 4. 4. 25　立板孔镜像

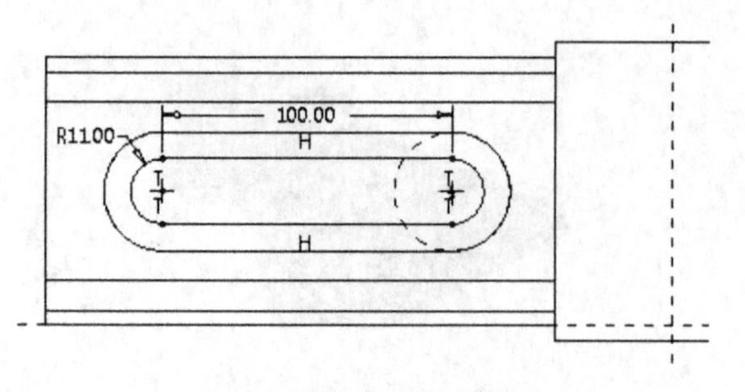

图 4.4.26　托架底座椭圆孔

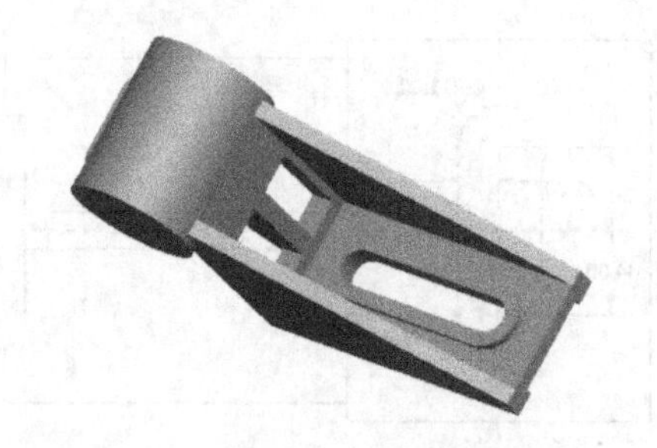

图 4.4.27　托架底座椭圆孔创建完成

11. 创建圆柱体端内部阶梯孔

（1）创建圆柱内孔

1）单击【拉伸】工具按钮，在窗口顶部显示【拉伸】特征面板。

2）选择【实体、穿过所有、切减】拉伸方式。

3）单击【放置】按钮，选择圆柱体的一个端面为草绘平面，参考面及方向采用默认值。单击 **草绘** 按钮，进入草绘工作环境。

4）绘制如图 4.4.28 所示的圆柱内孔拉伸截面。

5）单击工具栏中【确定】按钮，返回【拉伸】特征面板。

6）单击【确定】按钮，完成圆柱内孔的建立，如图 4.4.29 所示。

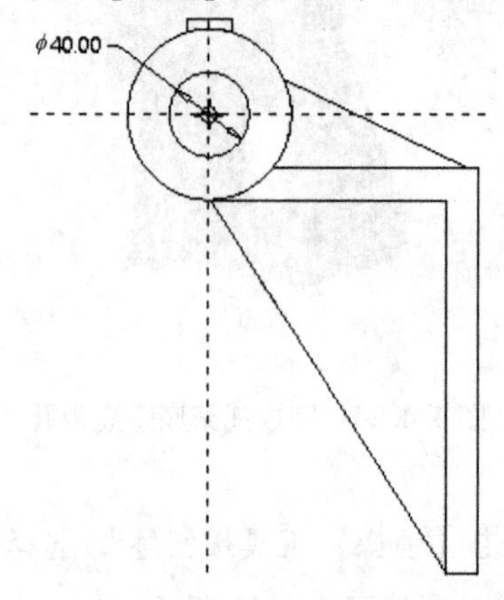

图 4.4.28　圆柱内孔草绘

图 4.4.29　圆柱内孔创建完成

（2）创建圆柱体端部内孔阶梯

1）单击特征工具栏中的【拉伸】工具按钮，在窗口顶部显示【拉伸】特征面板。

2）选择【实体、单向给定值拉伸、切减】拉伸方式。

3）单击【放置】按钮，选择圆柱体的一个端面为草绘平面，参考面及方向采用默认值。单击 **草绘** 按钮，进入草绘工作环境。

4）绘制如图 4.4.30 所示的内孔阶梯拉伸截面。

5）单击工具栏中【确定】按钮，返回【拉伸】特征面板。

6）输入拉伸深度为“15”，调整好切减材料的方向，单击【确定】按钮，完成内孔阶梯特征的建立，如图 4.4.31 所示。

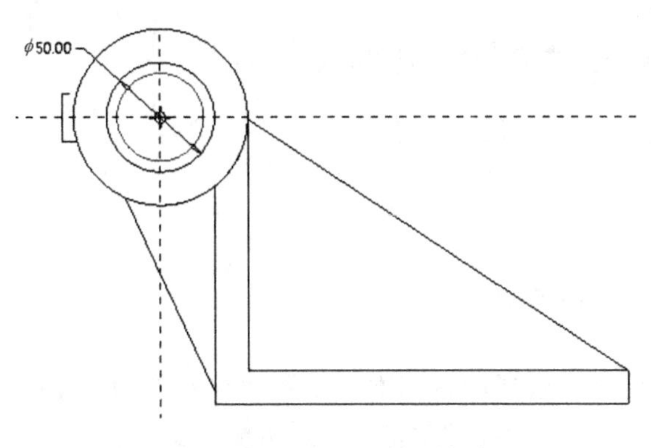

图4.4.30　内孔阶梯的草绘

图4.4.31　内孔阶梯创建完成

7）在模型树中选取刚刚创建的圆柱体端部内孔阶梯。单击【镜像】工具按钮。选择TOP基准面为镜像平面，单击【完成】按钮，完成内孔阶梯的镜像，如图4.4.32所示。

12. 托架倒圆角

1）单击【倒圆角】工具按钮，打开【圆角】特征面板。

2）接受默认设置，设定圆角半径为“3”。

3）选择需要倒圆角的边。

4）单击【确定】按钮，完成圆角特征的建立，如图4.4.33所示。

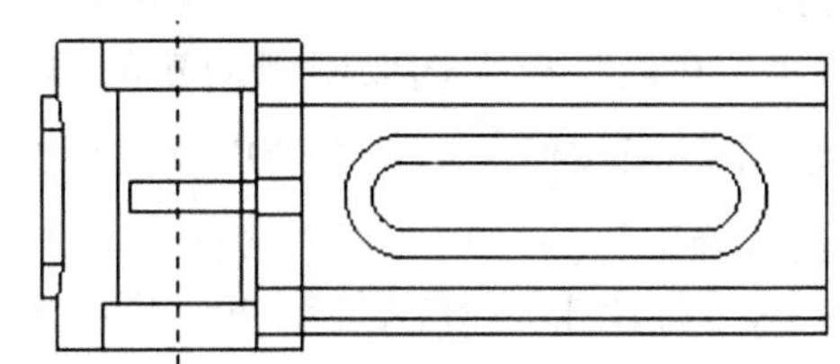

图4.4.32　内孔阶梯镜像完成

13. 托架倒角

1）单击【倒角】工具按钮，打开【倒角】特征面板。

2）选择倒角类型为【D×D】，“D=1”。

3）选择需要倒角的边。

4）单击【确定】按钮，完成倒角特征的创建，如图4.4.34所示。

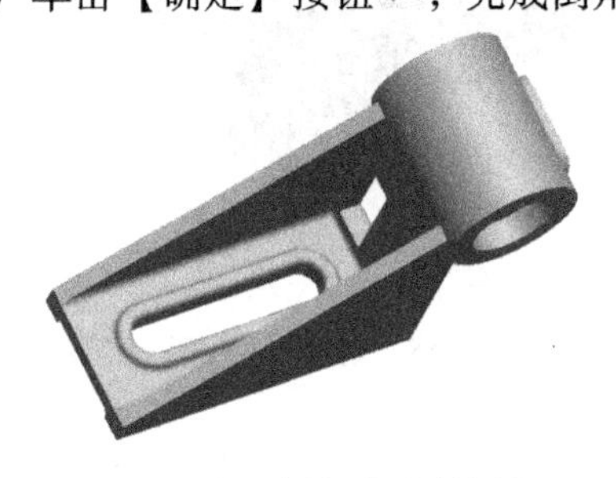

图4.4.33　托架完成倒圆角

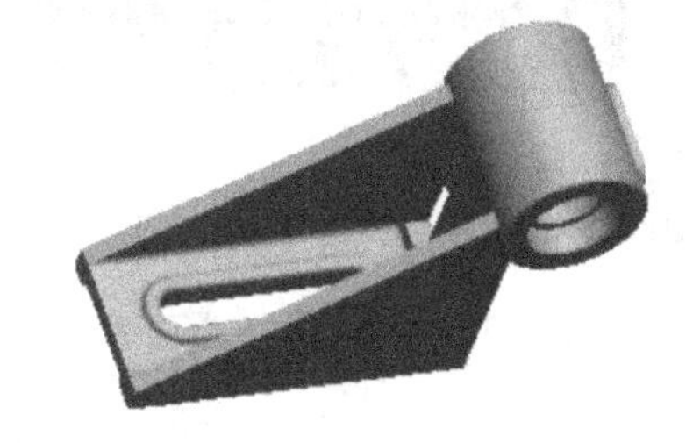

图4.4.34　托架完成倒角

14. 创建圆柱表面凸台上螺纹通孔

1）单击【孔】工具按钮，打开【孔】特征面板。

2）单击【创建标准孔】按钮，以便生成螺纹孔。选择螺纹类型为“ISO”，螺纹尺寸为“M8x.75”，单击【钻孔至下一曲面】按钮，确定钻孔深度类型，【孔】特征面板如图4.4.35所示。

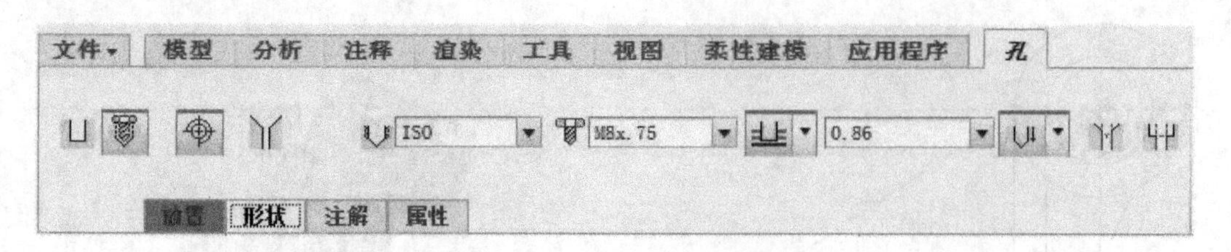

图 4.4.35 【孔】特征面板

3）单击【放置】按钮，弹出【放置】下滑面板，选择凸台表面为放置螺纹孔的面，【放置】方式及【偏移参考】如图 4.4.36 所示。

4）单击【形状】按钮，弹出【形状】下滑面板，设置螺纹孔的形状如图 4.4.37 所示。

5）单击【确定】按钮✔，完成标准螺纹孔的创建。

6）在模型树中选取刚刚创建的螺纹孔。单击【镜像】工具按钮，选择 TOP 基准面为镜像平面，单击【确定】按钮✔或单击鼠标中键，完成螺纹孔的镜像。螺纹孔创建后模型如图 4.4.38 所示。

注意：图中黑色字体是对所创建的螺纹通孔的描述。

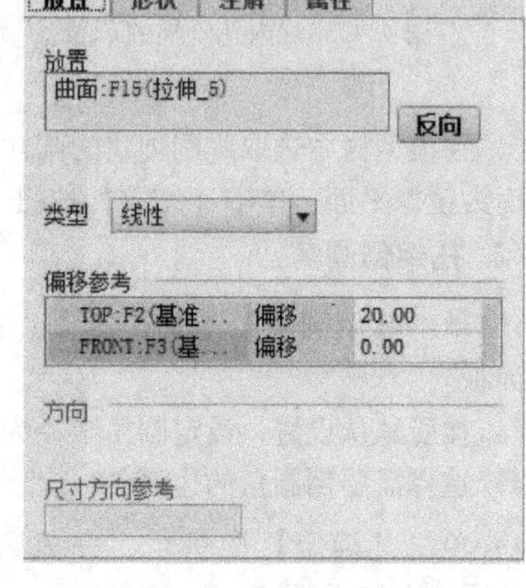

图 4.4.36 【放置】下滑面板

15. 保存模型

保存当前建立的零件模型。

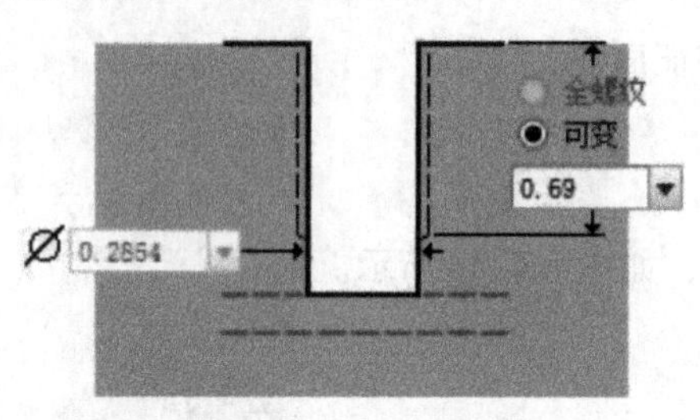

图 4.3.37 【形状】下滑面板

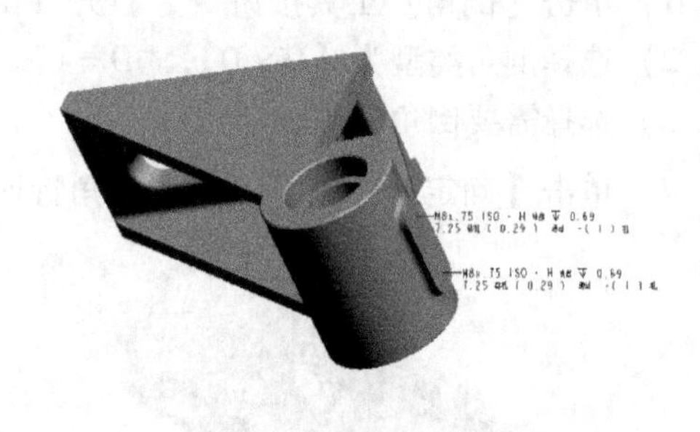

图 4.4.38 螺纹孔创建后模型

4.5 直齿圆柱齿轮

学习目标

进一步熟悉拉伸操作；掌握实现齿轮参数化的步骤和方法；学习渐开线的创建过程；学习旋转阵列特征的操作。

实例分析

齿轮是应用最为广泛的通用机械零件，广泛用于各种传动中，如机床的传动装置、汽车的变速器和后桥、减速器和玩具等。直齿圆柱齿轮是其他各种齿轮的基础，也是最通用的齿轮。对于这些需要经常使用的通用机械零件，如果每次都要设计建立模型，工作量大而且繁琐，属于重复无效劳动。因此，需要建立参数化的通用模型，设计新的齿轮时，输入齿轮的参数，如齿数、模数、压力角、变位系数、齿顶高系数、顶隙系数、齿轮宽度、轴孔直径和键槽的尺寸等数据，自动生成新的齿轮。

1. 渐开线齿轮齿廓曲线

齿轮的齿形是渐开线（Involute Curve），渐开线的齿廓相互啮合能够保证齿的表面保持相切。渐开线曲线的定义是绕在圆上的线展开时，线保持与圆的相切，线的端点形成的轨迹就是渐开线。

渐开线的数学分析如图 4.5.1 所示。根据这个分析，可以列出渐开线的参数方程如下：

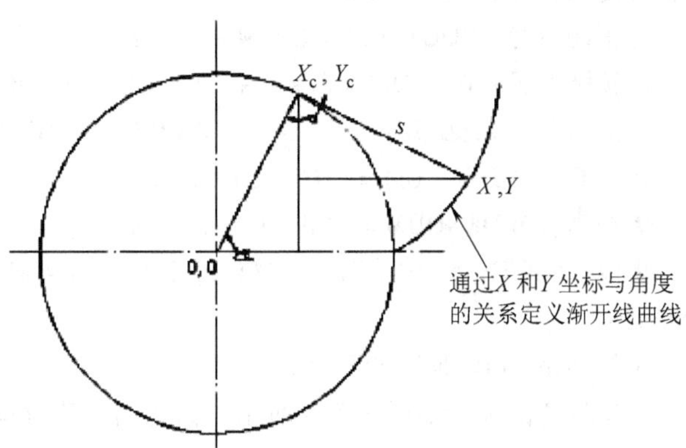

图 4.5.1　渐开线的数字分析

$$\begin{cases} x_c = r_b \cos u \\ y_c = r_b \sin u \end{cases} \qquad \begin{cases} x = x_c + r_b u \sin u \\ y = y_c - r_b u \cos u \end{cases}$$

式中，r_b 为基圆半径。

对于 Creo 中的关系式，要引入一个变量 t，t 的变化范围是 0 ~ 1。PI 表示圆周率，是 Creo 的默认变量。0° ~ 90°范围内的渐开线曲线表达如下：

$$u = t * 90$$
$$r_b = \text{base\_dia}/2$$
$$s = (\text{PI} * r_b * t)/2$$
$$x_c = r_b * \cos(u)$$
$$y_c = r_b * \sin(u)$$
$$x = x_c + (s * \sin(u))$$
$$y = y_c - (s * \cos(u))$$
$$z = 0$$

2. 渐开线齿轮的建模步骤

齿轮的建模步骤如下：

1）以齿根圆为轮廓建立圆柱体，截面草图如图 4.5.2 所示。

2）建立分度圆、基圆、齿根圆曲线。

3）建立齿形的一条渐开线曲线。

4）渐开线曲线镜像，组成完整的齿廓，拉伸出第一个齿。

5）轮齿阵列，并且在齿根形成圆角。

6）完成全部齿形。

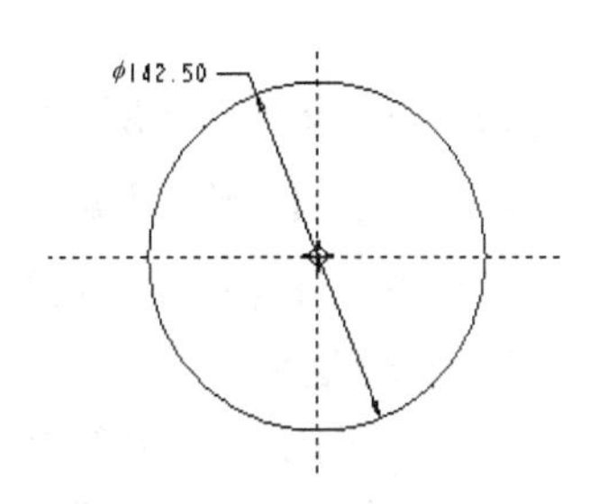

图 4.5.2　截面草图

3. 齿轮建模的参数

1）齿轮建模的主要参数如下：

齿数：Z。

模数：M。

齿轮宽度：Width。

压力角：Pressure_Angle。

变位系数：X。

齿顶高系数：HA。

顶隙系数：C。

2）除了以上主要参数外，齿轮建模的次要参数如下：

分度圆直径：PITCH_DIA = Z * M。

齿根圆直径：ROOT_DIA = Z * M - 2 * (HA + C - X) * M。

齿顶圆直径：TOP_DIA = Z * M + 2 * (HA + X) * M。

基圆直径：BASE_DIA = Z * M * COS(PRESSURE_ANGLE)。

齿顶高：ADDENDUM = (HA + X) * M。

齿根高：DEDENDUM = (HA + C - X) * M。

齿厚：TOOTH_THICKNESS = M * PI/2 + 2 * X * M * TAN(PRESSURE_ANGLE)。

齿根圆角：FILLET_SIZE = 0.2 * M。

图 4.5.3　齿轮

本例创建的齿轮如图 4.5.3 所示。齿轮的创建过程如图 4.5.4 所示：

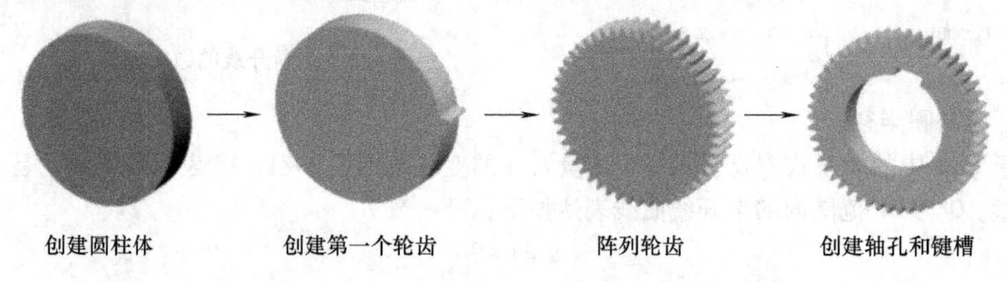

图 4.5.4　齿轮的创建过程

建模过程

1. 新建一个文件

建立文件名为“zhichilun”的新文件。

2. 创建圆柱体

1）单击【拉伸】工具按钮，在窗口顶部弹出【拉伸】特征面板。

2）单击【放置】按钮，选择 FRONT 面作为草绘平面，进入草绘模式。

3）绘制如图 4.5.5 所示的草图，数值可以是任意值。

4）单击工具栏中的【确定】按钮，返回【拉伸】特征面板。

5）设置拉伸深度为任意值，单击【确定】按钮，退出拉伸工具。

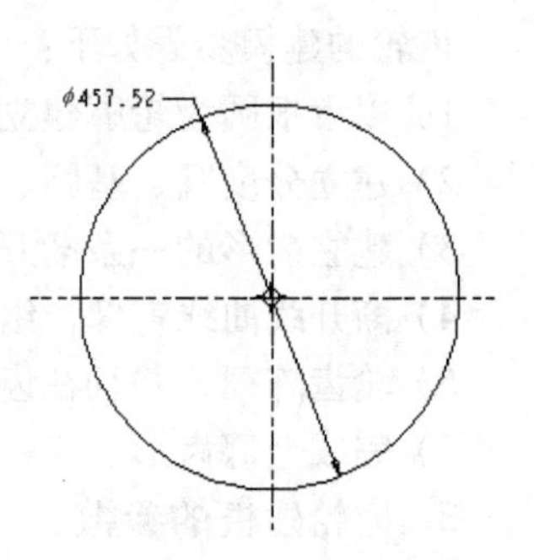

图 4.5.5　草图

3. 修改程序

编辑程序，使齿轮模型重新计算时自动提示输入齿轮的主要参数，并输入齿轮的关系式，建立齿轮次要参数与主要参数之间的关系。

1）执行【工具】|【模型意图】|【程序】命令，弹出【菜单管理器】对话框。

2）单击【编辑设计】命令，打开程序编辑窗口。

3）在 INPUT 与 END INPUT 之间输入如下语句：

Z NUMBER = 50
"请输入齿轮齿数："
M NUMBER = 3
"请输入齿轮模数："
WIDTH NUMBER = 30
"请输入齿轮宽度："
PRESSURE_ANGLE NUMBER = 20
"请输入齿轮压力角："
HA NUMBER = 1
"请输入齿轮齿顶高系数："
C NUMBER = 0.25
"请输入齿轮顶隙系数："
X NUMBER = 0
"请输入齿轮变位系数："

4）在 RELATIONS 和 END RELATIONS 之间输入如下语句：

PITCH_DIA = $Z*M$
ROOT_DIA = $Z*M-2*(HA+C-X)*M$
TOP_DIA = $Z*M+2*(HA+X)*M$
BASE_DIA = $Z*M*$COS(PRESSURE_ANGLE)
ADDENDUM = $(HA+X)*M$
DEDENDUM = $(HA+C-X)*M$
TOOTH_THICK = $M*$[PI/2 + 2 $*X*$ TAN(PRESSURE_ANGLE)]

5）完成程序后，保存文件后退出。

6）信息窗口提示："要将所做的修改体现到模型中?"。单击【是】按钮，将程序合并到模型中。

7）选择【得到输入】菜单下的【当前值】命令。【当前值】是用现有的参数生成模型，【输入】是输入新的参数产生模型，【读取文件】是读取文件获得参数的数值。

8）在模型树中鼠标右键单击圆柱模型特征，在弹出的菜单中执行【编辑】选项，出现特征尺寸。

9）执行【工具】|【模型意图】|【切换符号】命令，使尺寸以符号显示，如图 4.5.6 所示。"$d0$"是齿轮宽度，"$d1$"齿根圆直径。

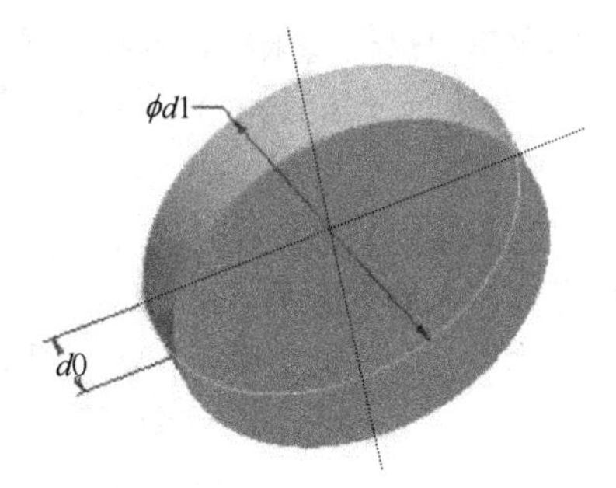

图 4.5.6　尺寸符号

10）执行【工具】|【关系】命令，加入如下关系式，【关系】对话框如图 4.5.7 所示。

$d0$ = WIDTH
$d1$ = ROOT_DIA

11）单击【确定】按钮，此关系式将合并到程序中。

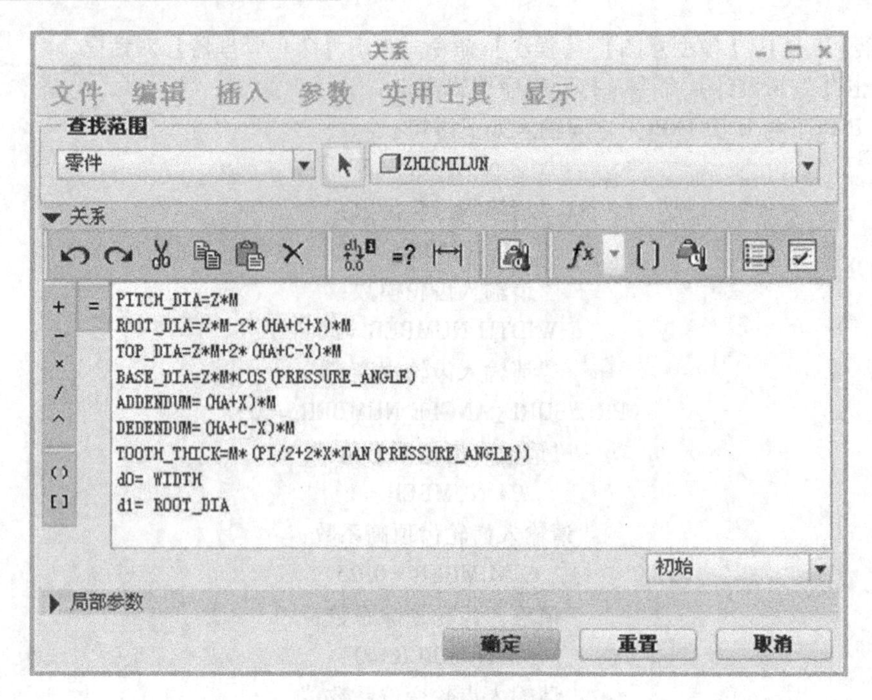

图 4.5.7 【关系】对话框

通过【工具】|【关系】与【工具】|【程序】命令输入关系式是等效的。采用【工具】|【关系】命令方式可以有效地利用 Creo 系统的关系式功能编辑关系式，其最终的关系式也将合并到【程序】的关系式中。

4. 创建分度圆、基圆、齿顶圆曲线

1）单击【草绘】工具按钮。

2）选取 FRONT 面作为绘图面，绘制三个同心圆，圆的直径为任意值。并退出草绘模式，分度圆、基圆、齿顶圆曲线如图 4.5.8 所示。

3）鼠标右键单击模型树中的【草绘】命令，在弹出的菜单中执行【编辑】选项，显示三个直径尺寸。

4）执行【工具】|【切换符号】命令，以符号显示这三个尺寸。

5）执行【工具】|【关系】命令，选择【当前值】命令，加入如下关系式：

$$d2 = BASE\_DIA$$
$$d3 = PITCH\_DIA$$
$$d4 = TOP\_DIA$$

6）单击【确定】按钮，结束关系式的输入。

7）单击【再生】按钮，弹出【菜单管理器】，执行【得到输入】|【当前值】命令，Creo 系统将按照关系式计算这三条曲线。显示直径尺寸如图 4.5.9 所示。

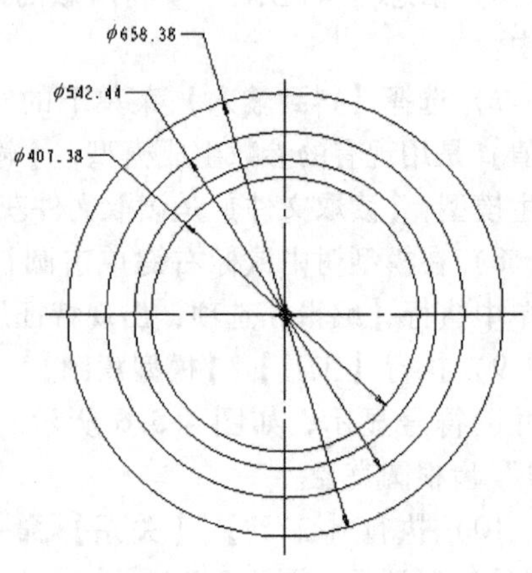

图 4.5.8 分度圆、基圆、齿顶圆曲线

“d4”是齿顶圆的尺寸符号。练习中以实际显示的尺寸符号为准。

5. 生成渐开线曲线

1）执行【基准】|【曲线】|【来自方程的曲线】命令，如图 4.5.10 所示。弹出【曲线：从方程】特征面板，如图 4.5.11 所示。

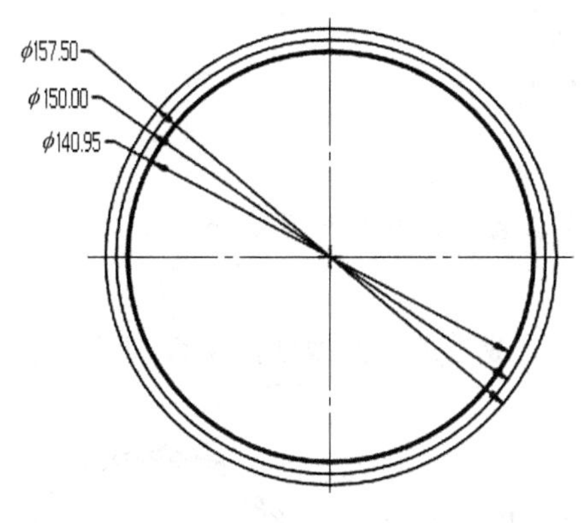

图 4.5.9　显示直径尺寸

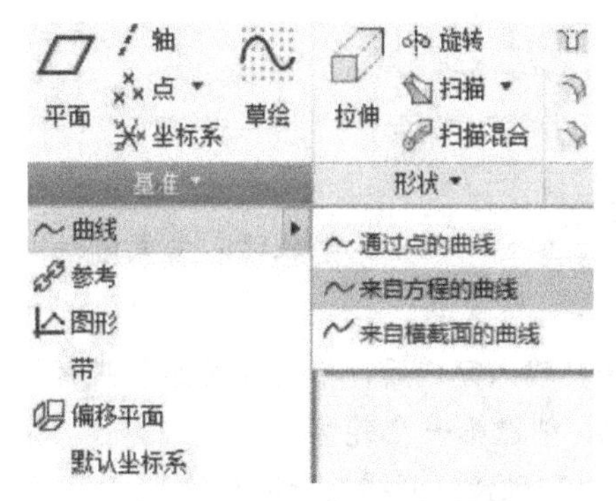

图 4.5.10　【曲线】选项菜单

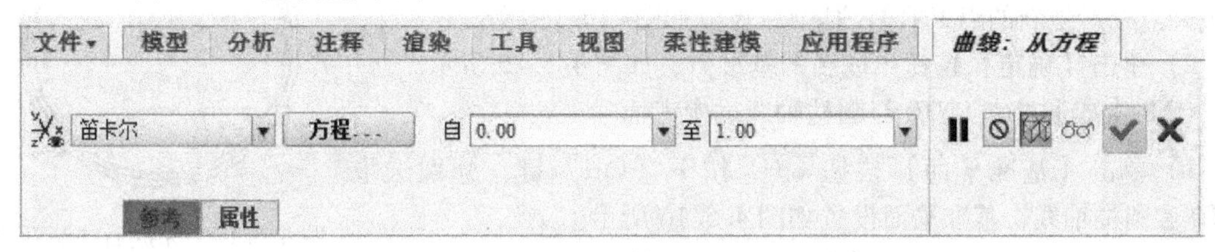

图 4.5.11　【曲线：从方程】特征面板

2）坐标类型选取【笛卡儿】选项。

3）单击【参考】按钮，从模型树中选取系统默认坐标系。

4）单击【方程】命令，弹出【方程】的记事本窗口，如图 4.5.12 所示。

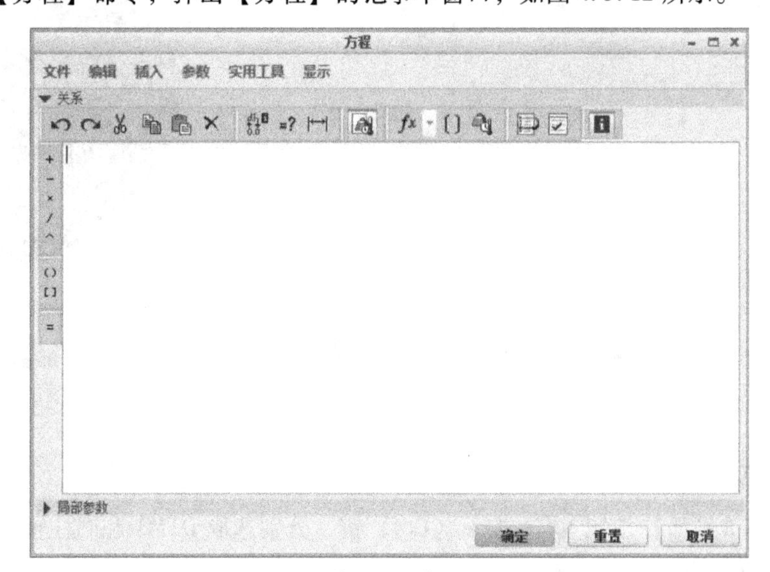

图 4.5.12　【方程的】记事本窗口

5）输入如下关系式以生成渐开线曲线：

$$u = t * 90$$

$$r_b = \text{base\_dia}/2$$

$$s = (PI * r_b * t)/2$$

$$x_c = r_b * \cos(u)$$

$$y_c = r_b * \sin(u)$$

$$x = x_c + [s * \sin(u)]$$

$$y = y_c - [s * \cos(u)]$$

$$z = 0$$

通过数学表达式生成曲线依靠坐标系，要求表达式与坐标系吻合。

6）输入完成后，单击【确定】按钮，关闭该窗口，完成后的渐开线如图4.5.13所示。

6. 创建第一个轮齿

（1）创建渐开线与分度圆的交点

1）单击【基准点工具】按钮，选取渐开线和分度圆。在两曲线交点处产生新的点PNT0，基准点设置如图4.5.14所示。

2）单击【确定】按钮生成新的基准点，如图4.5.15所示。

（2）生成通过点PNT0与圆柱轴线的参考面

1）单击【基准平面】按钮，按下〈Ctrl〉键，分别选取PNT0和圆柱轴线，基准平面设置如图4.5.16所示。

2）单击【确定】按钮生成新的基准面DTM1。

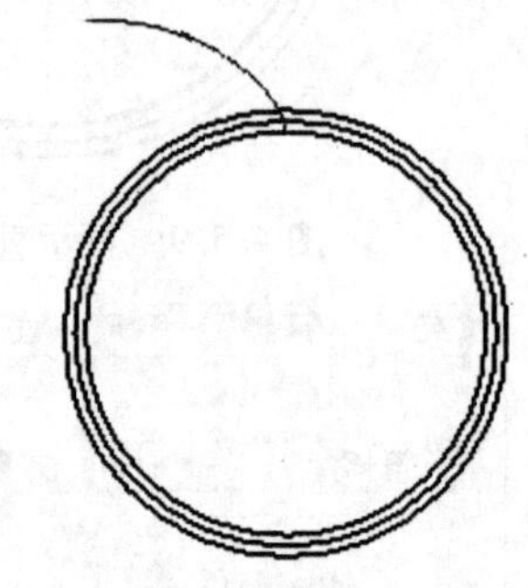

图4.5.13　完成后的渐开线

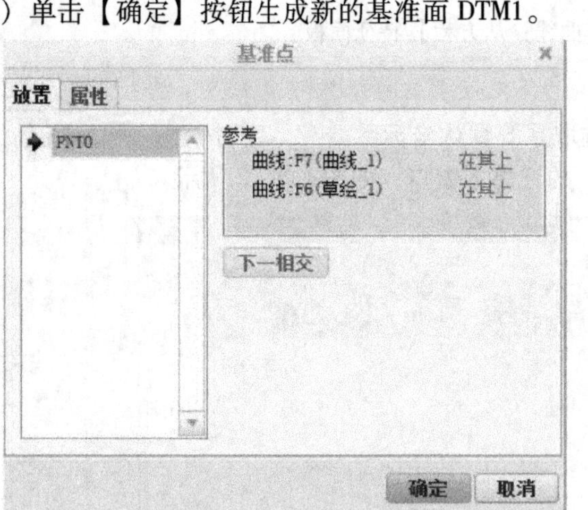

图4.5.14　【基准点】对话框

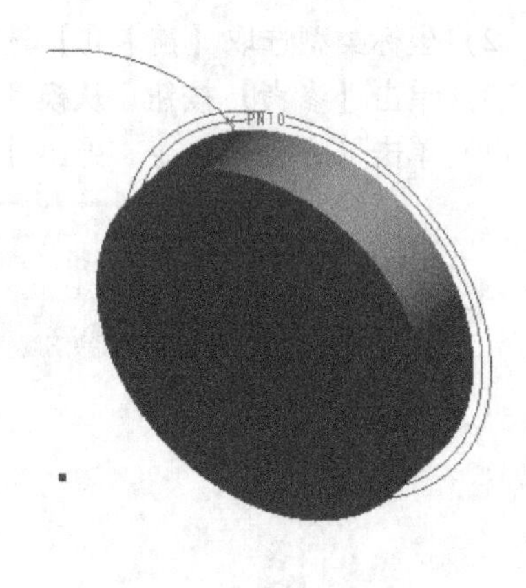

图4.5.15　新的基准点PNT0

（3）生成镜像平面

1）单击【基准平面】按钮，按下〈Ctrl〉键，分别选取DTM1和圆柱轴线，维持默认夹角。基准平面设置如图4.5.17所示。

2）单击【确定】按钮，生成新的基准面 DTM2。

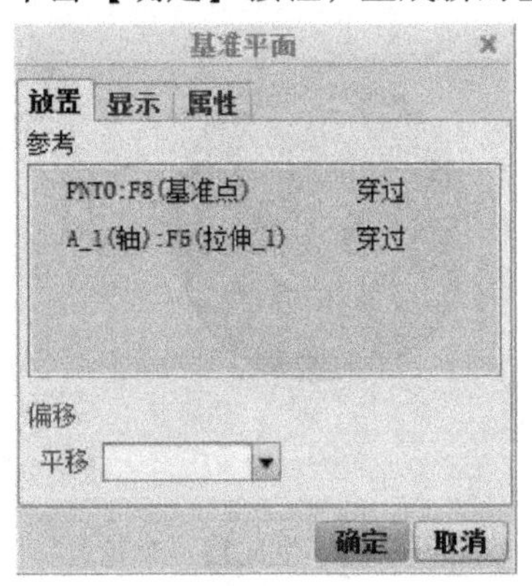

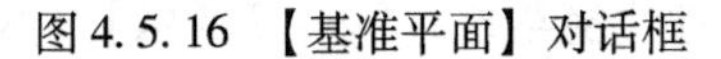
图 4.5.16 【基准平面】对话框

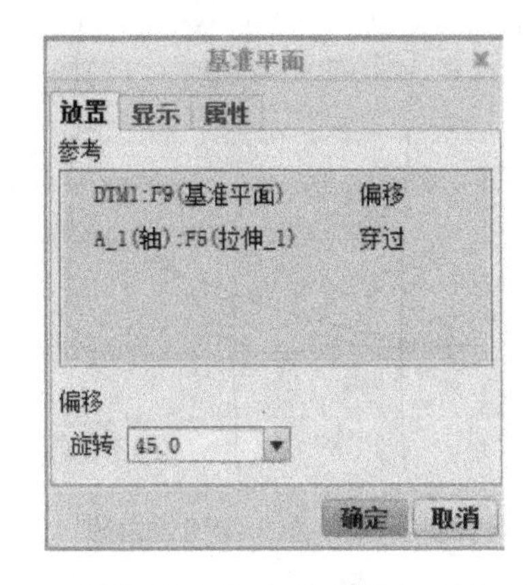

图 4.5.17 【基准平面】对话框

镜像参考面 DTM2 与 DTM1 的夹角与齿轮的齿数和变位系数有关，它们的关系式为：

$$\theta' = \frac{\pi}{2z} \pm \frac{2x\tan\alpha}{z}$$

“+”为外齿轮，“-”为内齿轮。

本例齿轮的变位系数 $x=0$，所以夹角等于360°除以4倍的齿数。

（4）添加镜像参考面的关系式

1）执行【工具】|【关系】命令，单击 DTM2 特征，显示它的尺寸符号，其角度尺寸符号为 $d7$，增加如下的关系式：

$$d7 = 90/Z + 2 * X * \tan(\text{PRESSURE\_ANGLE})/Z$$

2）单击【确定】按钮，结束关系式的输入。

3）单击【再生模型】按钮，选择【得到输入】菜单下的【当前值】命令，重新生成模型。

（5）镜像渐开线曲线

1）选取渐开线，单击【镜像】工具按钮，选取 DTM2 为镜像参考面，完成渐开线的镜像。

2）执行【再生】|【当前值】命令，渐开线镜像完成后如图 4.5.18 所示。

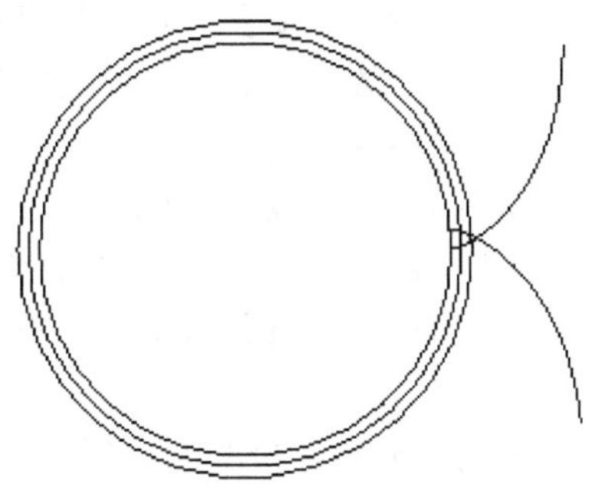
图 4.5.18　渐开线镜像完成

（6）生成第一个轮齿

1）单击【拉伸】工具按钮，在窗口顶部显示【拉伸】特征面板。

2）单击【放置】按钮，选取 FRONT 作为绘图面。

3）单击【投影】工具按钮，弹出【类型】对话框，选择【单个】选项，然后依次选取两渐开线、齿根圆、齿顶圆。

4）画出与曲线相切的齿根处圆角，单击【删除段】工具按钮修剪草图，修剪后的第一个轮齿齿廓如图 4.5.19 所示。指定拉伸深度方式为单方向拉伸，生成的第一个轮齿如图 4.5.20 所示。

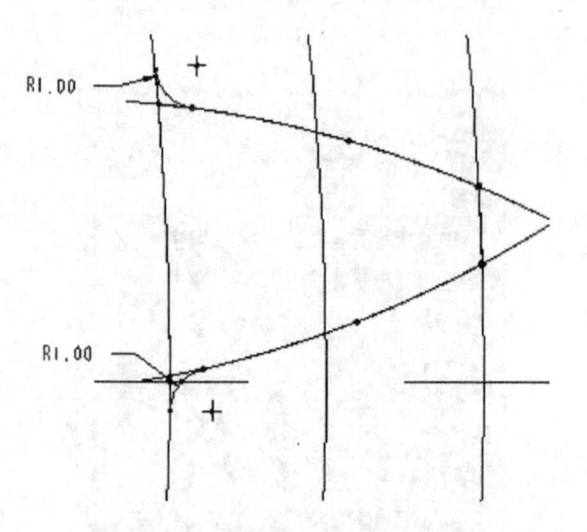

图4.5.19　第一个轮齿齿廓

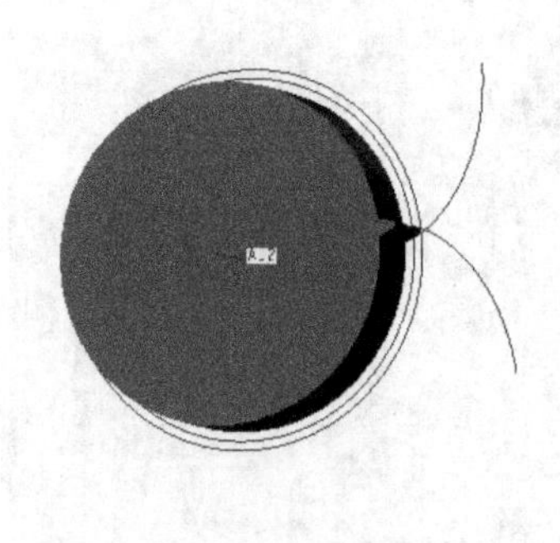

图4.5.20　生成第一个轮齿

从模型树中左键单击选取刚创建的轮齿拉伸特征，右键快捷菜单，单击【编辑】，然后执行菜单【工具】|【切换符号】，观察模型区，两个圆角及齿轮轮齿宽度切换成符号，记下对应符号。特别提醒的是，由于初学者在操作过程中由于发生错误反复修改模型，所以两个圆角及齿轮轮齿宽度的对应符号会和教材中有所区别，即三个符号可能不是 $d8$、$d9$ 和 $d10$。在其它关系式添加中也应该注意此问题。

（7）增加齿根圆角的参数输入和关系式　执行菜单【工具】|【程序】|【编辑设计】命令，在【程序】的 INPUT 与 END INPUT 之间增加如下语句，输入齿根的圆角半径：

FILLET_SIZE NUMBER = 0.5

"请输入齿根的圆角半径："

在 RELATIONS 和 END RELATIONS 之间加入如下关系式约束宽度及圆角半径：

$D8$ = WIDTH

$d9$ = FILLET_SIZE

$d10$ = FILLET_SIZE

7. 阵列轮齿

（1）复制一个轮齿

1）执行【模型】|【操作】|【特征操作】命令。

2）执行【复制】|【移动】命令，单击【完成】命令。

3）选取上述轮齿特征，单击【确定】命令。

4）执行【完成】|【旋转】|【曲线/边/轴】命令。

5）选取圆柱的轴线，作为旋转复制的中心线。

6）单击【确定】命令，输入"360/50"。

7）执行【完成移动】|【完成】|【确定】命令，完成轮齿复制后如图4.5.21所示。

（2）加入关系式约束第二个齿的位置

1）执行【工具】|【关系】命令，打开关系式编辑窗口，输入如下关系式：

$$d11 = 360/Z$$

2）然后执行【编辑】|【再生】|【当前值】命令，第二个轮齿按照关系式生成。

（3）阵列轮齿　在模型树中选取上一步复制生成的轮齿特征，单击【阵列】工具按钮，选取 $d17$ 作为驱动尺寸，增量值为"7.2"，阵列数量栏内输入"49"，完成阵列后的轮齿如图4.5.22所示。

（4）加入关系式约束阵列轮齿的位置　当齿数变化时，阵列的数量、阵列的增量值等都会随着齿数的变化而变化，为了能够通过输入参数生成齿轮，需要约束这些参数。

1）执行【工具】|【关系】命令，打开关系式编辑窗口，输入如下关系式：

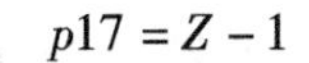

$$p17 = Z - 1$$

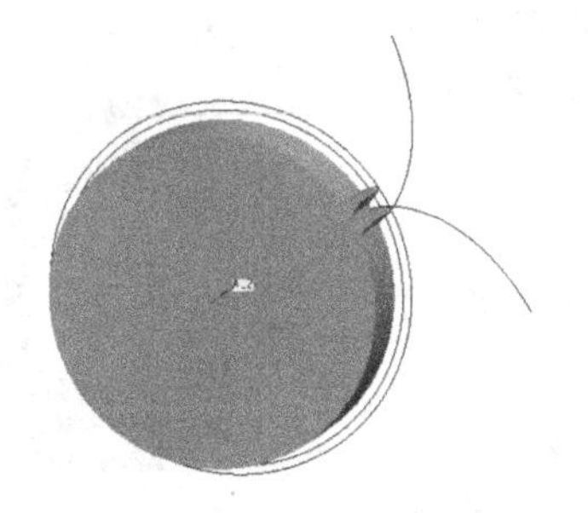

图 4.5.21　轮齿复制

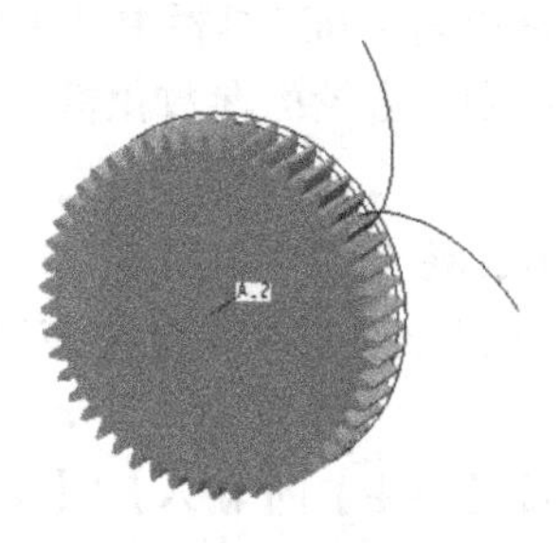

图 4.5.22　轮齿阵列

2）单击【确定】按钮，结束输入关系式。

3）单击【再生】按钮，执行【当前值】选项。

8. 加入轴孔和键槽

（1）创建轴孔和键槽

1）单击【拉伸】工具按钮，在窗口顶部弹出【拉伸】特征面板。

2）单击【放置】按钮，选取 FRONT 作为绘图平面，绘制如图 4.5.23 所示的轴孔和键槽草图，尺寸可以是任意数值。选择【确定】按钮，退出草绘模式。

3）选取【穿过所有】拉伸方式，完成轴孔和键槽的创建。

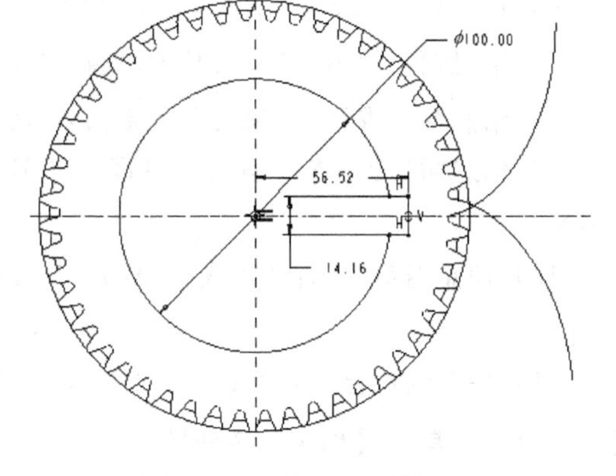

图 4.5.23　轴孔和键槽草图

（2）通过修改【程序】实现参数化。

1）执行【工具】|【程序】命令，弹出【菜单管理器】。

2）单击【编辑设计】命令，打开【程序】编辑窗口。

3）在 INPUT 和 END INPUT 之间输入如下语句：

SHAFT_DIA NUMBER = 88

“请输入轴的直径：”

KEY_WIDTH NUMBER = 24

“请输入键槽的宽度：”

KEY_HEIGHT NUMBER = 10

“请输入键槽的高度：”

4）在 RELATIONS 和 END RELATIONS 之间输入如下关系式：

*D*68 = KEY_HEIGHT

*D*69 = KEY_WIDTH

*R*67 = SHAFT_DIA/2

5）执行【编辑】|【再生】|【当前值】命令，键槽的尺寸按照关系式生成。

（3）关闭所有的参考点、线、面

1）单击【视图】|【层】工具按钮，模型树显示【层】对话框。

2）选取所有的层，单击鼠标右键，在弹出的快捷菜单中选择【隐藏】命令。

3）选择快速访问工具栏中【再生】按钮，重新显示画面，参考点、线、面不显示。

4）直齿圆柱齿轮的参数化模型建立完成，完成后的齿轮如图4.5.24所示。

图4.5.24 齿轮

9. 通用齿轮

采用上面创建的通用齿轮模型，输入齿轮参数，生成新的齿轮。

1）执行【再生】|【输入】|【选取全部】|【全选】命令。

2）信息窗口提示："输入Z的新值：'50.0000'"，输入"60"，单击【确定】按钮。

3）信息窗口提示："输入M的新值：'3.0000'"，输入"5"，单击【确定】按钮。

4）信息窗口提示："输入WIDTH的新值：'30.0000'"，输入"155"，单击【确定】按钮。

5）信息窗口提示："请输入PRESSURE_ ANGLE新值：'20.0000'"，输入"20"，单击【确定】按钮。

6）信息窗口提示："输入HA的新值：'1.0000'"，输入"1"，单击【确定】按钮。

7）信息窗口提示："输入C的新值：'0.2500'"，输入"0.25"，单击【确定】按钮。

8）信息窗口提示："输入X的新值：'0.0000'"，输入"0.1"，单击【确定】按钮。

9）信息窗口提示："输入FILLIT_ SIZE的新值：'0.2000'"，输入"0.3"，单击【确定】按钮。

10）信息窗口提示："输入SHAFT_ DIA的新值：'88.0000'"，输入"130"，单击【确定】按钮。

11）信息窗口提示："输入KEY_ WIDTH的新值：'50.0000'"，输入"15"，单击【确定】按钮。

12）信息窗口提示："KEY_ HEIGHT的新值：'50.0000'"，输入"70"，单击【确定】按钮。

13）开始重新生成齿轮，再生后的齿轮如图4.5.25所示。

图4.5.25 再生齿轮

10. 保存模型

保存当前建立的零件模型。

4.6 平面凸轮

学习目标

学习掌握从方程创建凸轮轮廓曲线的方法。

实例分析

本例创建的凸轮的最终效果如图4.6.1所示。

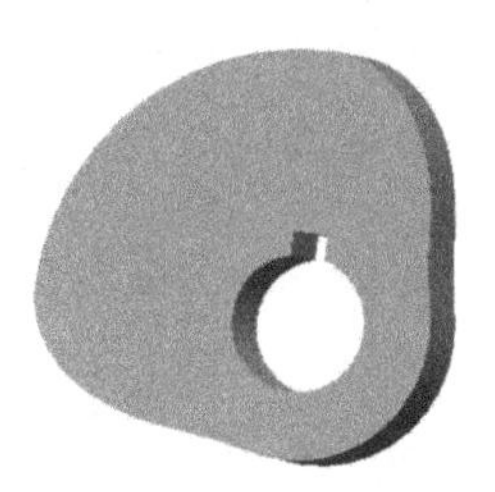

图4.6.1　平面凸轮

建模过程

1. 建立一个新文件

建立文件名为“tulun”新文件。

2. 生成推程曲线

1）单击【基准】|【曲线】|【来自方程的曲线】按钮，弹出【曲线：从方程】对话框。

2）坐标类型选择【柱坐标】，从模型树中选取系统默认坐标系。

3）单击【方程】按钮，弹出【方程】记事本窗口，在窗口中输入如下关系式以生成回程曲线：

$$r=1+0.5*((1-\cos(180*t))-0.25*(1-\cos(360*t)))$$

$$\text{theta}=90*t$$

$$z=0$$

通过数学表达式生成曲线依靠坐标系，要求表达式与坐标系吻合。

4）输入完成后，保存文件并关闭该窗口，单击【曲线：从方程】对话框的【确定】按钮，完成该曲线的创建。推程曲线如图4.6.2所示。

3. 生成回程曲线

1）单击【基准】|【曲线】|【来自方程的曲线】按钮，弹出【曲线：从方程】对话框。

2）坐标类型选择【柱坐标】，从模型树中选取系统默认坐标系。

3）单击【方程】按钮，弹出【方程】记事本窗口，在窗口中输入如下关系式以生成回程曲线：

$$r=1+0.5*((1+\cos(180*t))-0.25*(1-\cos(360*t)))$$

$$\text{theta}=180+90*t$$

$$z=0$$

4）输入完成后，保存文件并关闭该窗口，单击【曲线：从方程】对话框的【确定】按钮，完成该曲线的创建。回程曲线如图4.6.3所示。

4. 生成凸轮轮廓截面

1）单击【草绘】工具按钮，弹出【草绘】对话框。指定基准平面FRONT为草绘平面，其他选项使用系统默认值，进入草绘模式。

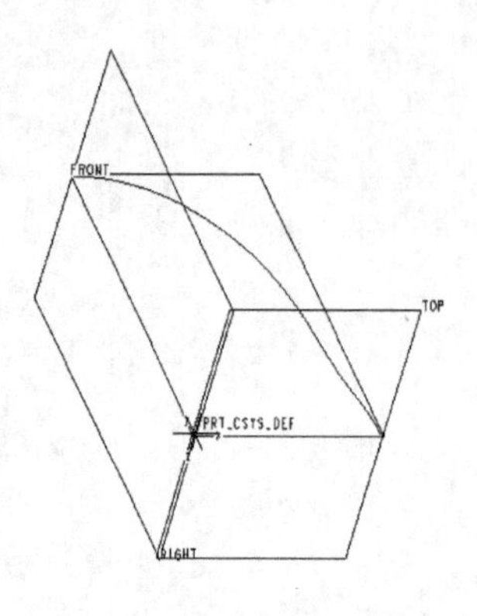

图 4.6.2　推程曲线

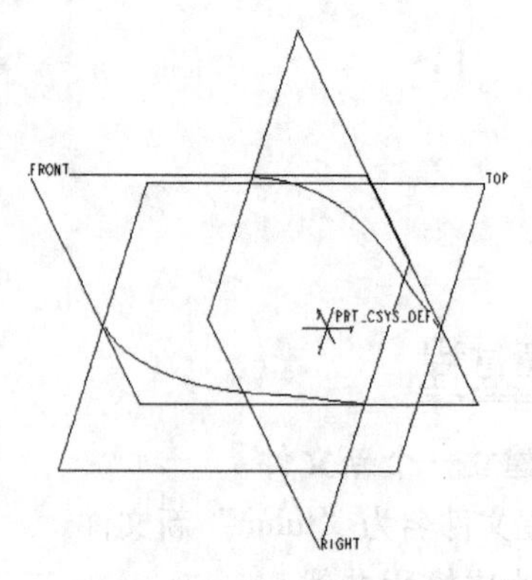

图 4.6.3　回程曲线

2）草绘凸轮截面。单击【投影】工具按钮，弹出【类型】对话框，选择其中的【单个】选项，先后单击推程曲线和回程曲线。

3）绘制如图 4.6.4 所示的两段圆弧、一个圆孔及键槽的凸轮草图。单击工具栏中【确定】按钮，完成草绘。

5. 生成凸轮

1）单击【拉伸】工具按钮，在窗口顶部显示【拉伸】特征面板。

2）选择【实体拉伸，双向对称】方式，拉伸深度为“1”。完成后的凸轮模型如图 4.6.5 所示。

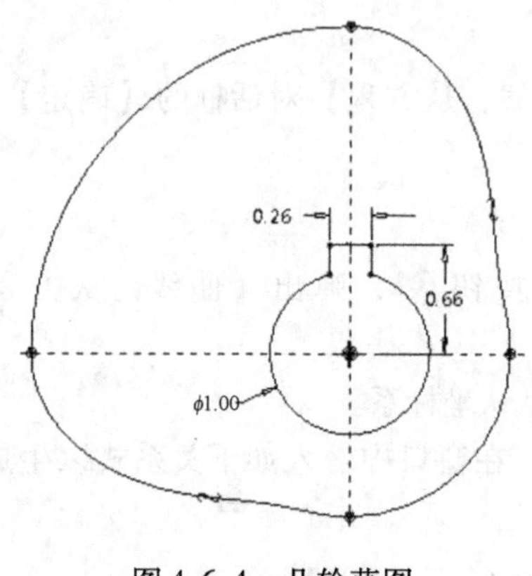

图 4.6.4　凸轮草图

图 4.6.5　凸轮

6. 关闭所有的参考点、线、面

1）单击【视图】|【层】按钮，模型树显示【层】对话框。

2）选取所有的层，单击鼠标右键，在弹出的快捷菜单中单击【隐藏】命令。

3）完成后的凸轮如图 4.6.1 所示。

7. 保存模型

保存当前建立的凸轮模型。

4.7　实训题

1. 利用拉伸特征创建如图 4.7.1 所示汽车转向轮叉（根据个人估计绘制，不要求详细尺寸）。其创建过程如图 4.7.2 所示。

1）利用拉伸实体创建主体。

2）利用拉伸切减创建主体壁。

3）利用拉伸切减修剪侧壁。

4）利用拉伸切减创建圆孔。

图 4.7.1　汽车转向轮叉

2. 创建风机底座，效果如图 4.7.3 所示。操作具体步骤如下：

（1）创建半圆柱体　选择 FRONT 面作为草绘平面。绘制半圆柱体截面，如图 4.7.4 所示。利用拉伸创建半圆柱体如图 4.7.5 所示。深度设置为对称，数值设置为“90”。

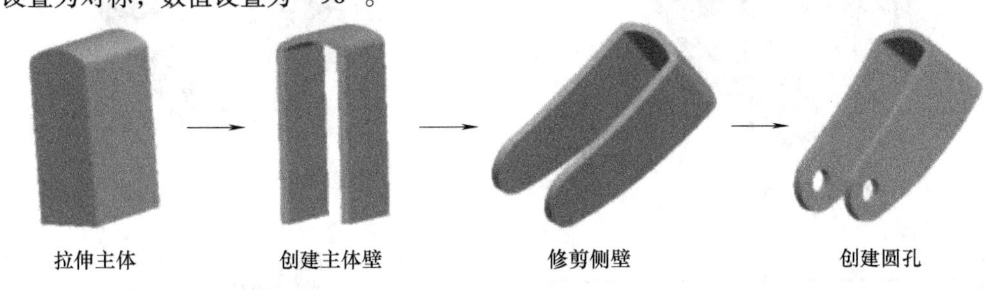

图 4.7.2　创建过程

（2）利用抽壳工具加工壳体　选择半圆柱体的顶面作为移除的曲面，将厚度修改为“3”。抽壳如图 4.7.6 所示。

1）选择半圆柱体的半圆面作为参照，生成基准轴，如图 4.7.7 所示。

2）利用孔工具，在壳体的前表面上以基准轴为轴线创建孔，孔径为“100”，生成孔如图 4.7.8 所示；在壳体的后表面创建孔，孔径为“30”，创建后孔如图 4.7.9 所示。

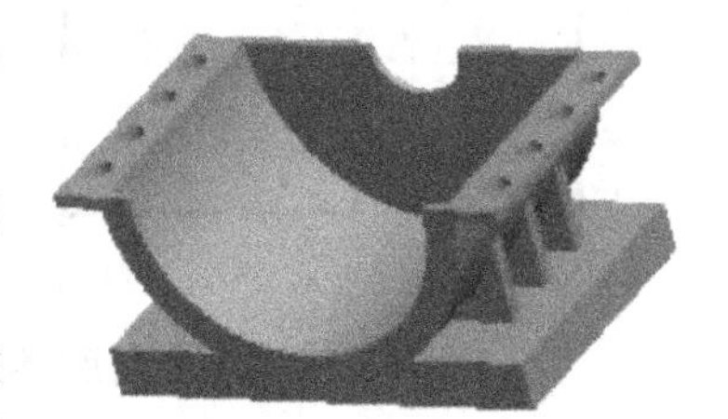

图 4.7.3　风机底座

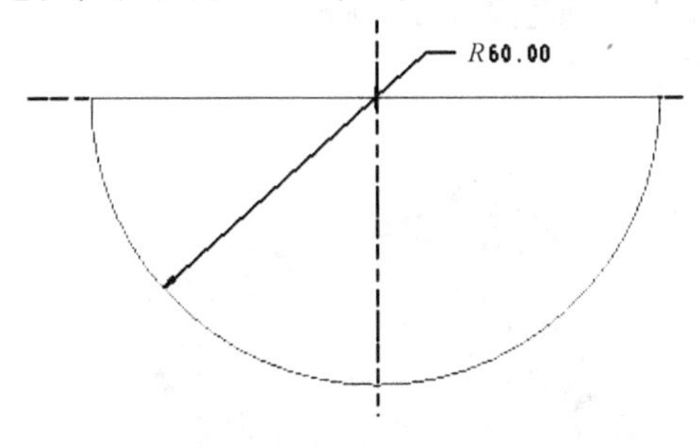

图 4.7.4　半圆柱体草绘图

图 4.7.5　半圆柱体

（3）制作凸缘

1）选择 RIGHT 面，输入偏移距离“75”，创建 DTM1 面。利用【拉伸】工具按钮，选择 DTM1 面作为草绘平面。绘制凸缘截面，如图 4.7.10 所示。深度选择【拉伸至下一曲面】，生成凸缘，如图 4.7.11 所示。

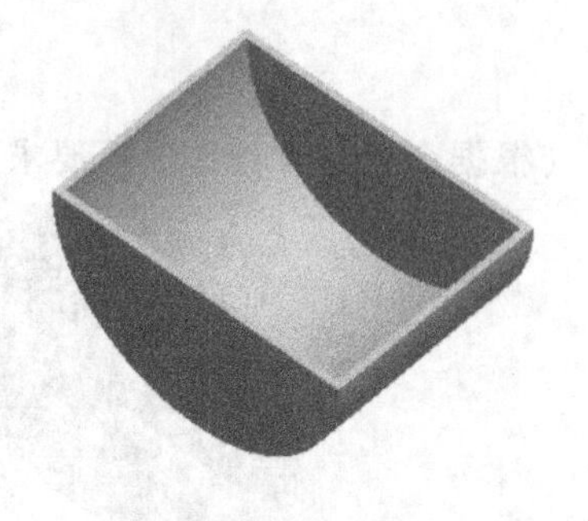

图 4.7.6 抽壳

图 4.7.7 基准轴

图 4.7.8 生成孔

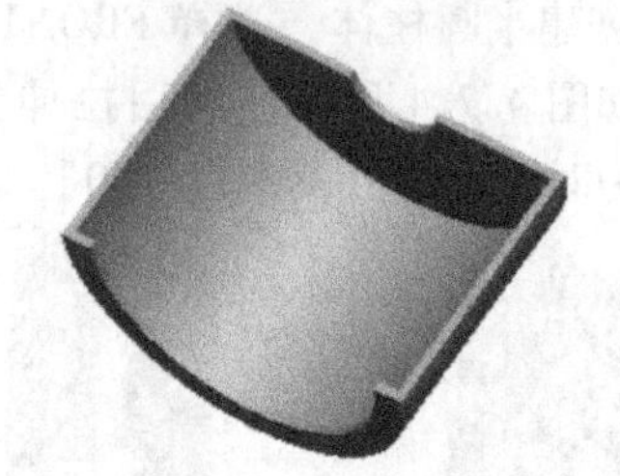

图 4.7.9 创建后孔

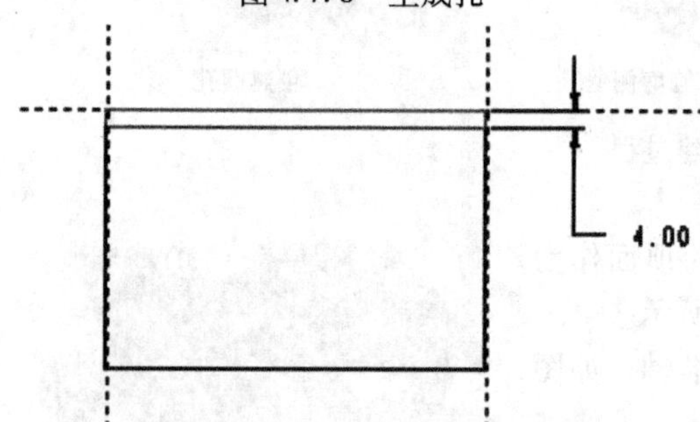

图 4.7.10 凸缘截面草绘

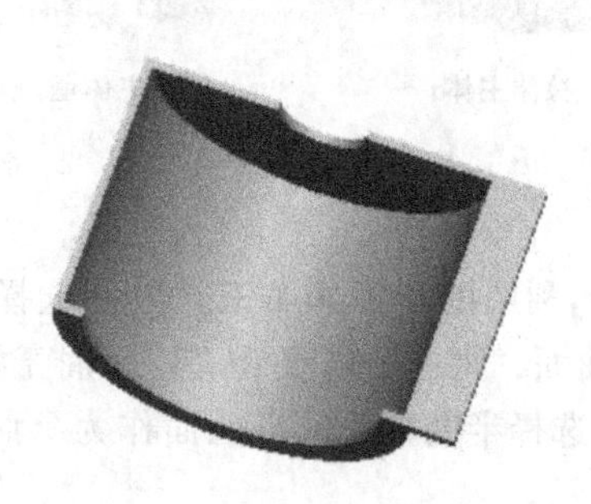

图 4.7.11 生成凸缘

2）利用孔工具创建孔，孔的圆心与 FRONT 面偏移距离为“30”，距离凸缘的一条参照边“7.5”。在【形状】下滑面板中，将孔径修改为“8”。钻孔如图 4.7.12 所示。

3）选择刚刚创建的孔特征，生成阵列特征，如图 4.7.13 所示。

图 4.7.12 钻孔

图 4.7.13 阵列孔

4）镜像刚刚创建的凸缘以及孔特征，如图4.7.14所示。

（4）创建底座　利用拉伸工具，选择FRONT面作为草绘平面，绘制底座截面，如图4.7.15所示。选择【双侧】深度方式，深度数值为“90”。生成底座，如图4.7.16所示。

图4.7.14　镜像

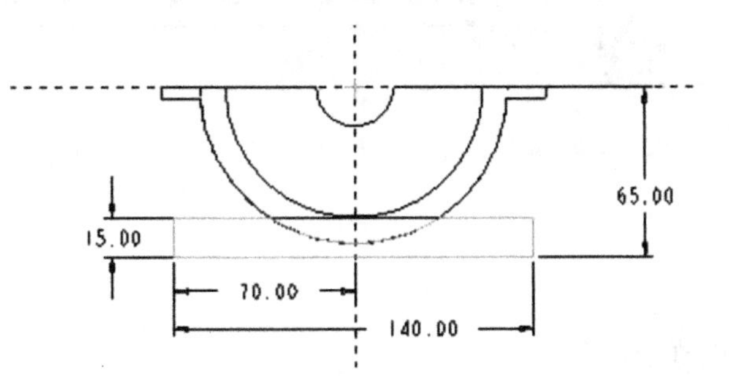

图4.7.15　底座截面草绘

（5）创建加强筋　筋草绘如图4.7.17所示，筋厚度修改为“5”，加强筋如图4.7.18所示。筋复制如图4.7.19所示。

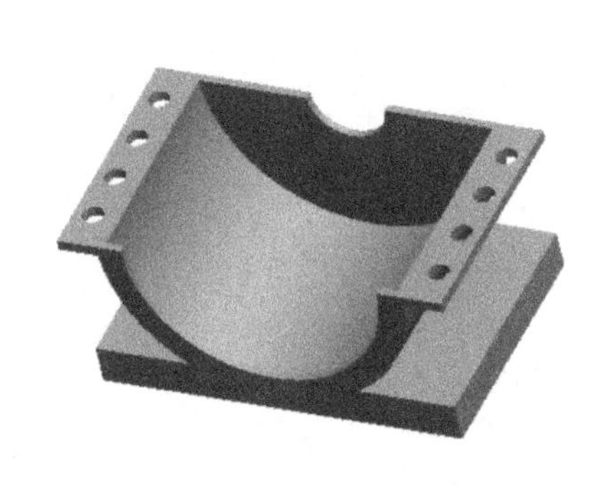

图4.7.16　生成底座

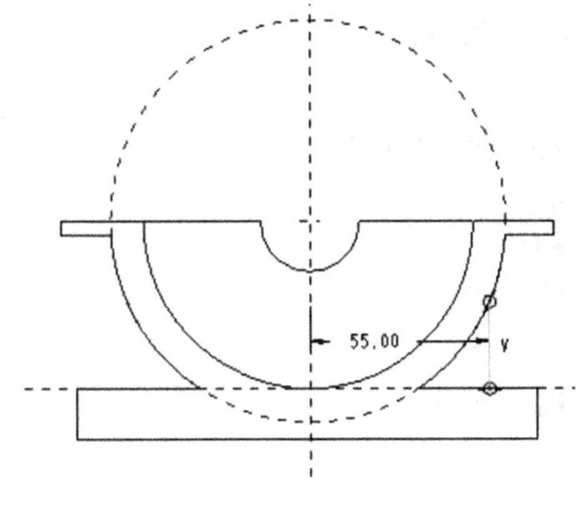

图4.7.17　筋草绘

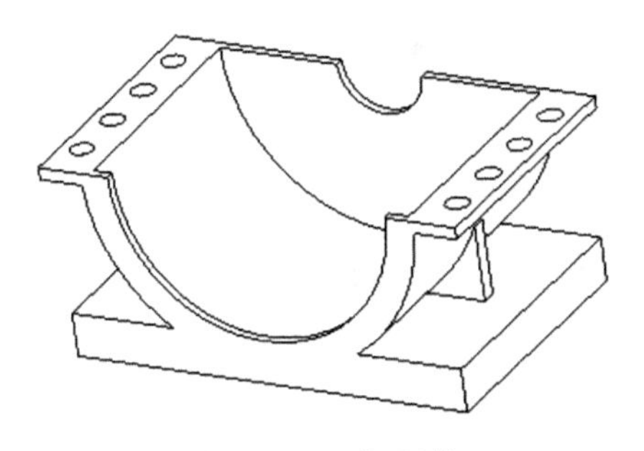

图4.7.18　加强筋

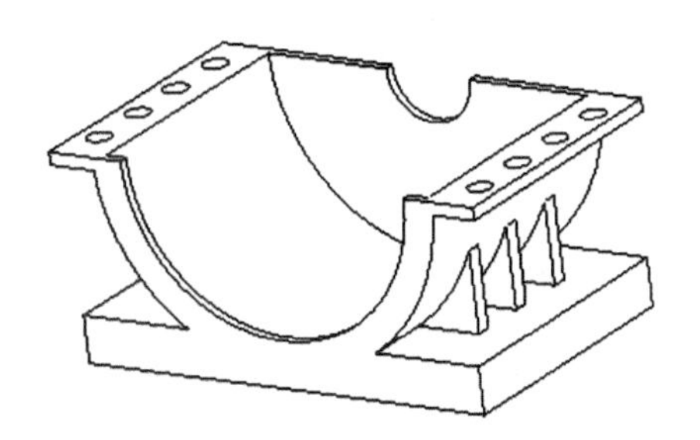

图4.7.19　筋复制

（6）镜像加强筋特征　最终效果如图4.7.3所示。

第5章 旋转类零件的创建

本章要点

【旋转】工具是创建基础特征的方法之一，用于构造回转体零件。本章将通过几个实例向读者介绍利用旋转创建实体模型基础特征的步骤、技巧与方法；同时介绍【阵列】、【复制】命令的操作步骤；以及孔、壳、筋等工程特征的创建方法。

本章主要内容

❶旋转命令简介
❷法兰盘
❸轴
❹带轮
❺普通球轴承
❻实训题

5.1　旋转命令简介

学习目标

熟悉【旋转】特征面板的使用，深刻了解旋转创建特征的步骤及方法，掌握拉伸旋转实体、曲面和薄壳时所要具备的两个要素。

命令简介

旋转是将草绘的二维截面绕某一特定的中心线或轴线旋转一定角度来创建基础特征的一种方法。【旋转】工具可以创建实体、曲面和薄壁特征，也可以从已存在的模型中去除材料。

创建旋转特征时的二维草图必须具备旋转中心线和草绘截面这两个要素，也可以在二维草图中只绘制草绘截面，选择已有实体的边或已经存在的基准轴作为旋转轴。如图 5.1.1 所示立方体是以边“A_ 8”为旋转中心线创建的旋转特征。

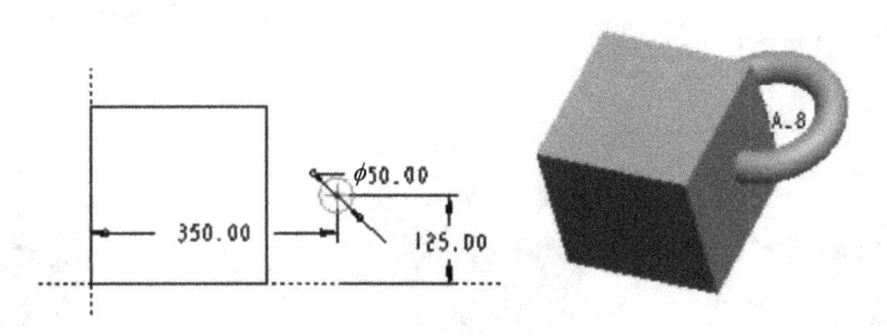

图 5.1.1　以立方体的边“A_8”为旋转中心线创建的旋转特征

1.【旋转】特征面板

单击【模型】选项卡中的【旋转】工具按钮，在窗口顶部显示【旋转】特征面板。如图 5.1.2 所示。

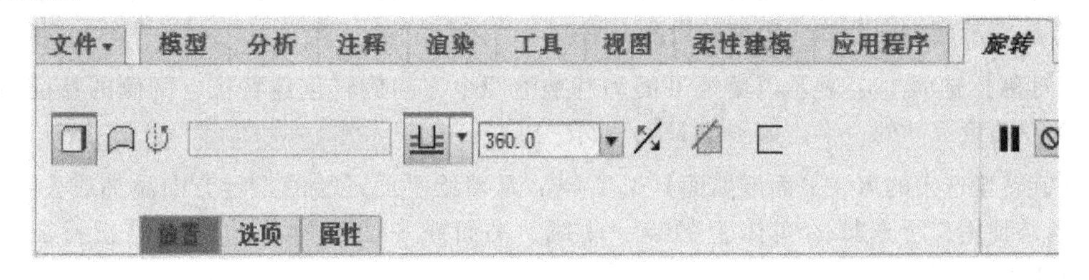

图 5.1.2　【旋转】特征面板

2.【旋转】特征面板主要工具按钮简介

（1）特征类型选择

◆创建实体：单击特征面板中的实体按钮使其呈按下状态。

◆去除实体材料：将实体按钮和去除实体材料按钮同时按下。

◆创建薄壳特征：将实体按钮和薄壳特征按钮同时按下。

◆创建曲面特征：将曲面按钮按下。

（2）方向控制　在改变旋转方向时可单击模型区的方向箭头来控制拉伸方向，也可单击特征面板中的拉伸方向按钮来控制拉伸方向。

◆添加材料拉伸实体或曲面，由按钮控制调整特征相对于草绘平面的方向。

◆创建薄壳特征：第一个方向按钮控制特征相对于草绘平面的方向；第二个方向按钮控制材料沿厚度生长方向。

（3）旋转角度控制　旋转时从草绘平面开始可以单方向旋转草图截面，也可双方向旋转草图截面。单击【选项】按钮，弹出【选项】下滑面板，在此面板上完成两个方向的旋转角度的选项设置，如图5.1.3所示，所创建的双侧不等的旋转特征如图5.1.4所示。

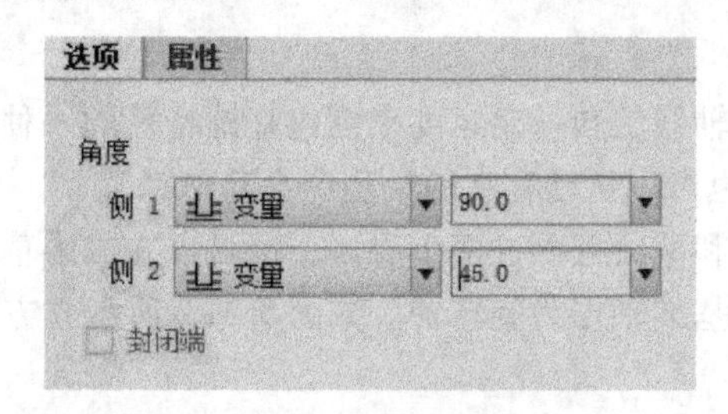

图5.1.3　【选项】下滑面板

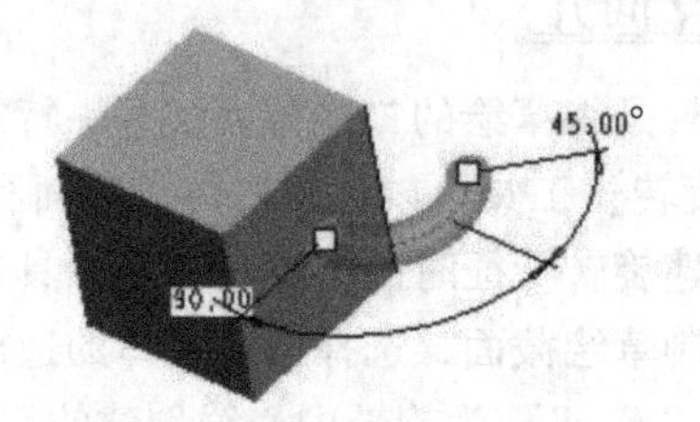

图5.1.4　创建的双侧不等的旋转特征

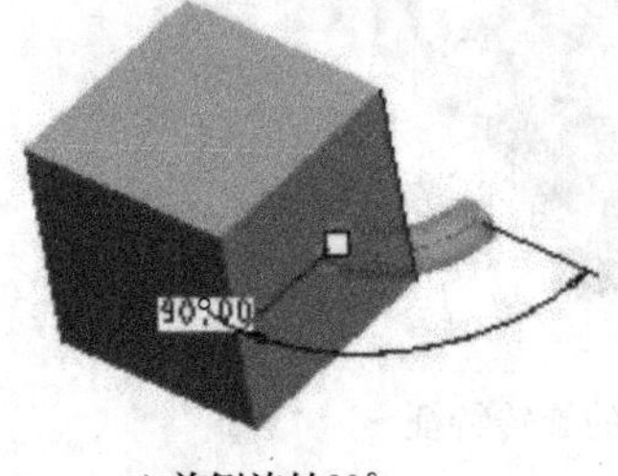

a) 单侧旋转90°

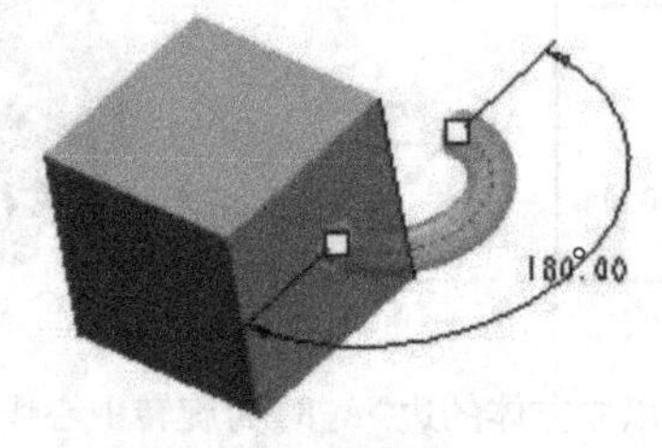

b) 双侧旋转180°

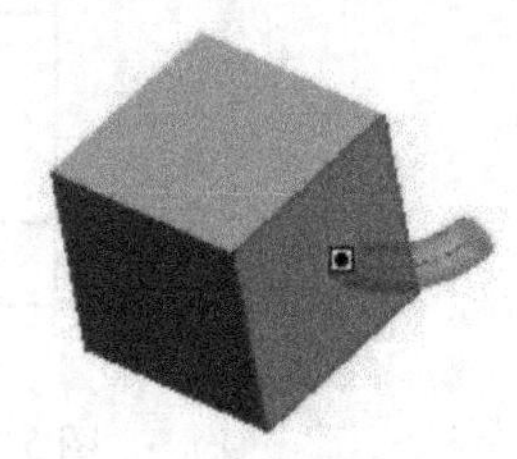

c) 旋转到指定的面

图5.1.5　各深度选项的含义

各深度选项的含义如下：

◆【盲孔】选项：按指定的尺寸从草绘面开始单侧旋转草图创建特征，如图5.1.5a所示。要注意旋转方向和旋转角度的设置。

◆【对称】选项：表示以草绘平面为基准沿两个方向旋转创建特征，两侧的特征角度均为总角度尺寸的一半，如图5.1.5b所示。

◆【旋转至选定的点、平面或曲面】选项：从草绘平面开始沿指定方向添加或去除材料，当遇到用户所选择的实体上的点、曲线、平面或一般面所在的位置停止特征，如图5.1.5c所示。

3. 旋转内部草绘解析

1）单击【放置】按钮，弹出【草绘】下滑面板，可选择一个现有的草绘或重新定义一个草绘。若需定义一个草绘，单击其中的【定义】按钮，弹出【草绘】对话框。指定草绘平面和参考平面，单击【草绘】对话框的 草绘 按钮，进入草绘界面绘制截面草图。上述进入草绘界面的操作思路与拉伸时完全相同。

2）绘制草图的注意事项：

◆创建旋转特征时一定要绘制表示旋转轴的中心线或选择旋转轴。如果草图中有多条中心线（如对称轴），Creo就以所绘的第一条中心线作为旋转轴。

◆创建实体时，旋转截面必须为封闭的几何形状；旋转曲面和薄壳时截面可开放，且旋转截面只能在中心线的一侧。

◆所绘制的草图图元可并行、嵌套，但不可自我交错。

◆ 1条边 为选择旋转轴、选择图标及旋转轴下拉列表框。注意：从已有的基准轴或实体选择旋转轴前，要激活旋转轴下拉列表框。

4. 编辑旋转特征

从模型树或模型区中选择要修改的旋转特征，单击鼠标右键，在弹出的快捷菜单中选取【编辑定义】命令，完成拉伸特征的编辑。若只更改模型的几个尺寸，选择【编辑】命令，双击尺寸激活尺寸文本框，完成尺寸修改。然后单击快速访问工具栏中的再生按钮，再生模型，完成模型的修改。

5.2　法兰盘

学习目标

熟悉【旋转】特征面板的使用，深刻了解旋转创建特征的步骤及方法，掌握孔工具，筋工具，特征镜像等特征工具创建零件的方法。

实例分析

法兰盘是专用于连接管道的连接件，用于管件连接处的固定及密封。当管道出现故障或进行检修时，可方便拆卸。本例创建的法兰盘效果如图 5.2.1 所示。创建过程如图 5.2.2 所示。

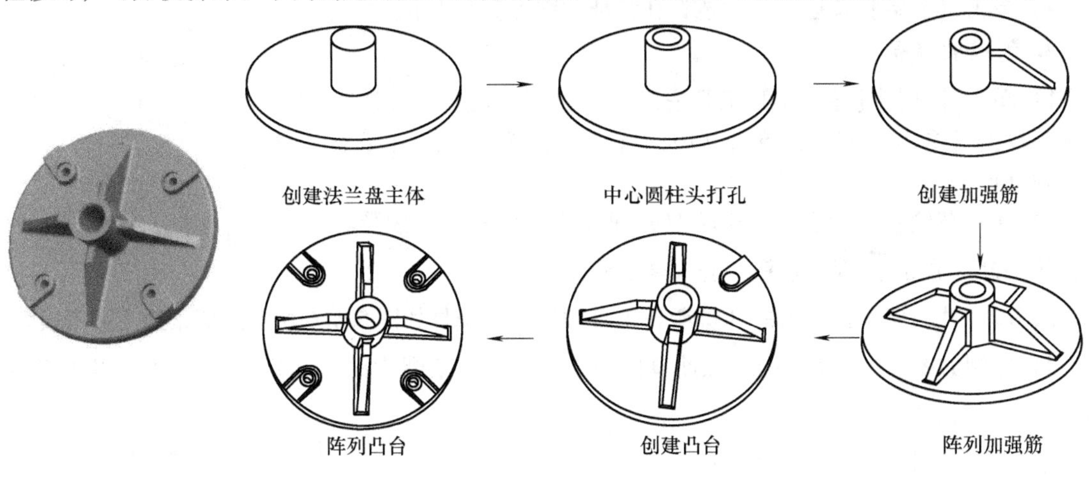

图 5.2.1　法兰盘　　图 5.2.2　创建过程

建模过程

1. 建立一个新文件

建立文件名为“falanpan”的新文件。

2. 创建法兰盘主体

1）单击【旋转】工具按钮，打开【旋转】工具特征面板。在【放置】下滑面板中定义

TOP 面为草绘平面。接受其余默认设置，单击 草绘 按钮，进入草绘模式。

2）绘制如图 5.2.3 所示的旋转截面和旋转中心线。单击【确定】按钮✔，退出草绘模式。

3）在【旋转】工具特征面板中设置旋转角度为“360”。

4）单击【确定】按钮✔，生成法兰盘主体，如图 5.2.4 所示。

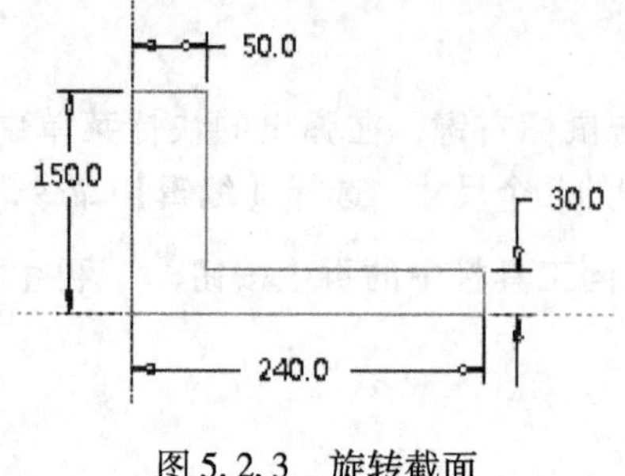

图 5.2.3　旋转截面

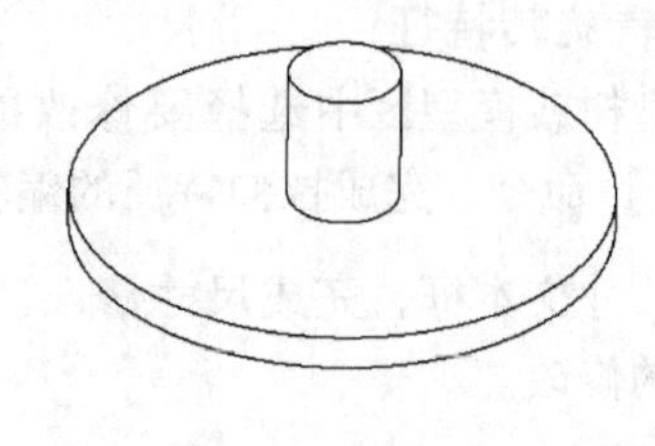

图 5.2.4　法兰盘主体

3. 中心圆柱体钻孔

1）单击【孔】工具按钮，打开【孔】工具特征面板。

2）单击【放置】按钮，在弹出的【放置】下滑面板中选择中心圆柱体的端面作为主参考面，将参考类型修改为【线性】，选择圆柱体的轴线和 RIGHT 基准面作为偏移参考并设定偏移尺寸均为“0”。

3）单击【形状】按钮，在弹出的【形状】下滑面板中将孔径设置为“60”，将盲孔深度设置为“120”。

4）单击【确定】按钮✔，生成钻孔特征如图 5.2.5 所示。

4. 创建加强筋

1）单击【筋】|【轮廓筋】工具按钮，打开【筋】工具特征面板。单击【参考】按钮，单击其中的【定义】按钮，弹出【草绘】对话框。

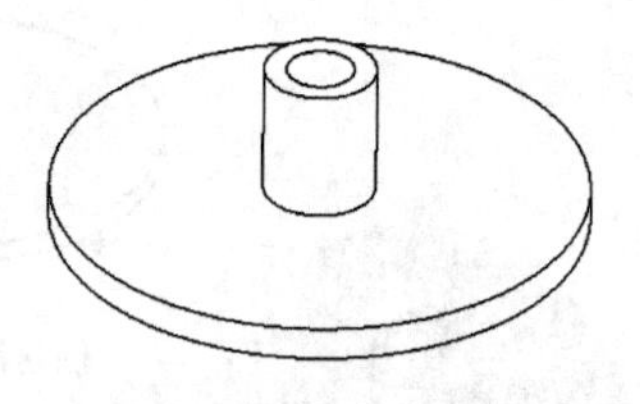

图 5.2.5　钻孔

2）在【草绘】对话框内，选择 TOP 面作为草绘平面。接受其余默认设置，单击 草绘 按钮，进入草绘模式。

3）单击【设置】区域内的【参考】工具按钮，选择如图 5.2.6 所示的两条边为参考线。

4）绘制如图 5.2.7 所示的加强筋草图截面，单击草绘器中的【确定】按钮✔，退出草绘模式。

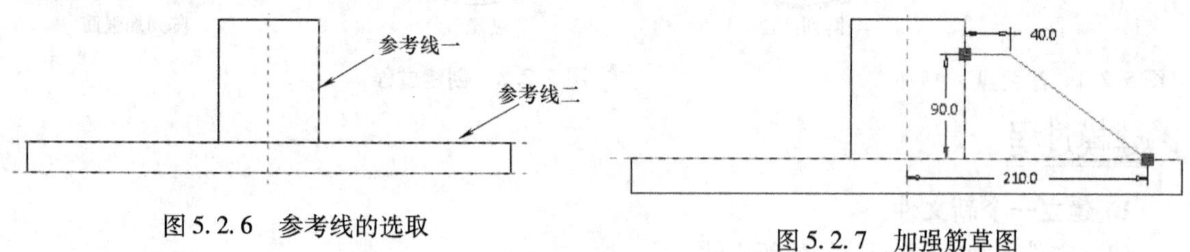

图 5.2.6　参考线的选取

图 5.2.7　加强筋草图

5）在【筋】工具特征面板中，将厚度设为“20”。

6）调整筋的厚度生长方向，单击【确定】按钮✔，生成筋特征，如图 5.2.8 所示。

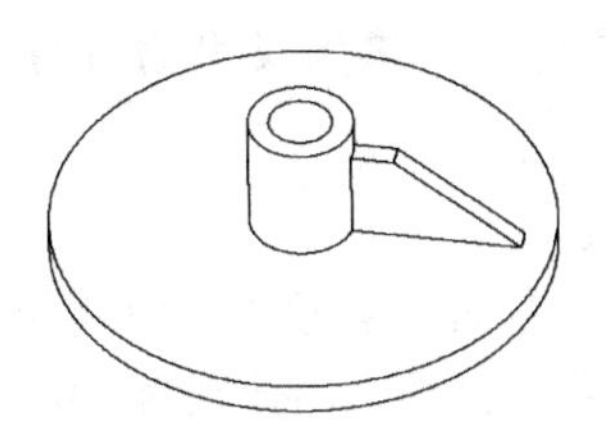

图5.2.8　筋

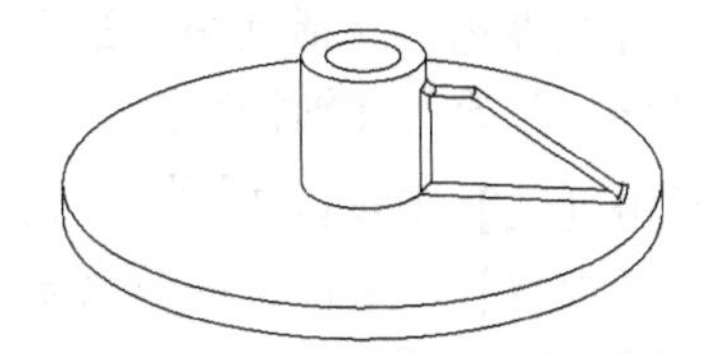

图5.2.9　筋倒圆角

5. 加强筋倒圆角

1）单击【圆角】工具按钮，打开【倒圆角】特征面板。

2）将圆角半径修改为“8”，选择加强筋与主体的所有交线。

3）单击【确定】按钮，生成筋倒圆角特征，如图5.2.9所示。

6. 复制加强筋

1）选取加强筋以及圆角特征作为对象，执行【阵列】|【几何阵列】命令。

2）选择【轴】阵列方式，选择中心圆柱体的轴线为参考线，阵列数量为“4”，角度为“90”，单击【确定】按钮，完成如图5.2.10所示模型。

7. 创建小凸台

图5.2.10　加强筋创建完成

1）单击【拉伸】工具按钮，打开【拉伸】工具特征面板，单击【放置】按钮，弹出【放置】下滑面板，单击其中的【定义】按钮，弹出【草绘】对话框。

2）选择底座上表面作为草绘平面。接受其余默认设置，单击 草绘 按钮，进入草绘模式。

3）绘制如图5.2.11所示小凸台草图截面。单击草绘器中的【确定】按钮，退出草绘模式。

4）在【拉伸】工具特征面板中，设置拉伸深度为“20”。

5）单击【确定】按钮，生成小凸台，如图5.2.12所示。

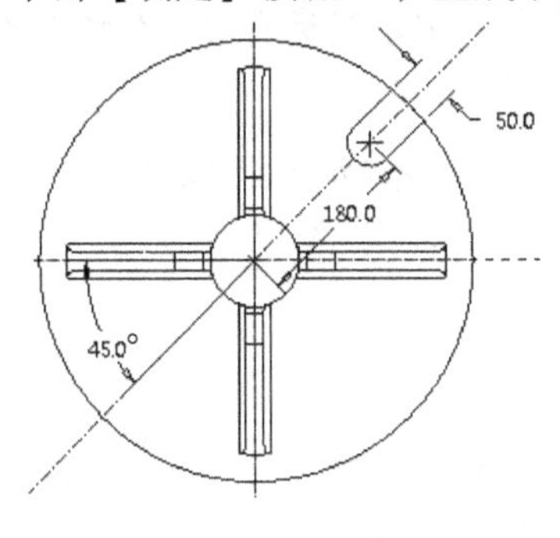

图5.2.11　小凸台草图

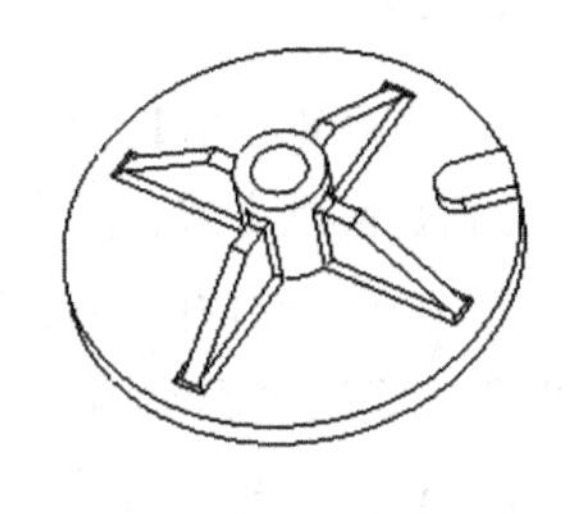

图5.2.12　小凸台

8. 创建沉孔

1）单击【基准轴】工具按钮，打开【基准轴】对话框。

2）在【基准轴】对话框内，选择小凸台的圆弧面为参考面，参考类型为【穿过】，单击【确定】按钮，生成基准轴特征。

3）单击【孔】工具按钮，打开【孔】工具特征面板。

4）在【放置】下滑面板中，选择小凸台的上表面作为参考面，参考类型为【线性】，选择刚刚创建的轴线和小凸台上与圆弧相切的一条边作为偏移参考，偏移距离分别为“0”和“25”。

5）在【形状】下滑面板中，将孔径修改为“40”，将盲孔深度改为“10”。

6）单击【确定】按钮，生成沉孔，如图5.2.13所示。

9. 创建通孔

1）单击【孔】工具按钮，打开【孔】工具特征面板。

2）在【放置】下滑面板中，选择沉孔的下表面作为主参考面，将参考类型修改为【线性】，选择小凸台上与圆弧相切的一条边和中心圆柱的轴线为偏移参考，偏移距离分别为“25”和“180”。

3）在【形状】下滑面板中，将孔径修改为“20”，将深度设置为【穿透】。

4）单击【确定】按钮，生成通孔，如图5.2.14所示。

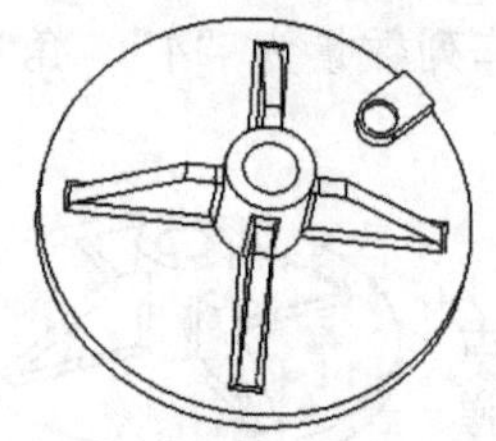

图5.2.13　沉孔

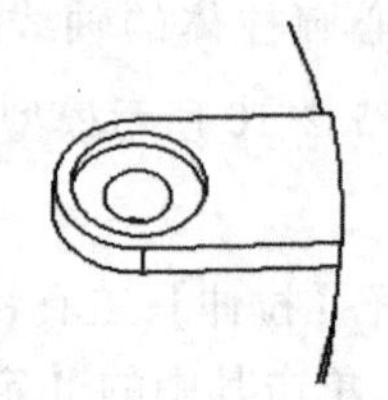

图5.2.14　通孔

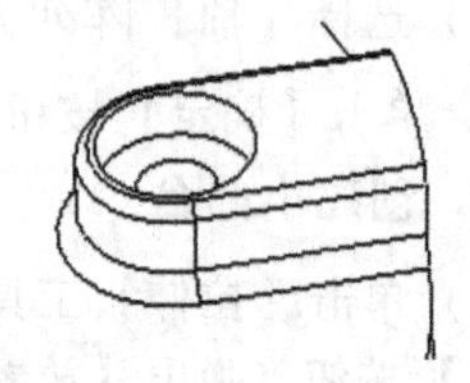

图5.2.15　凸台圆角

10. 创建凸台圆角

1）单击【圆角】工具按钮，打开【倒圆角】特征面板。

2）凸台底部边线圆角半径设为“5”；凸台的顶部边线圆角半径设为“3”。

3）单击【确定】按钮，生成凸台圆角特征，如图5.2.15所示。

11. 阵列台阶孔

1）在模型树中选择小凸台以及台上的两个孔、圆角特征，单击鼠标右键，在弹出的快捷菜单中选择【组】命令。

2）选择刚刚创建的【组】，单击【阵列】工具按钮，弹出阵列特征工具栏。

3）选择【轴】阵列方式，选择中心圆柱轴线为参考线，阵列个数为“4”，角度为“90”。单击【确定】按钮，完成阵列台阶孔。如图5.2.16所示。

12. 中心孔及底座边缘倒角

1）单击【倒角】工具按钮，打开【倒角】工具特征面板。

2）设置中心孔的边缘及底座的顶面边缘倒角尺寸为“5”。

3）单击【确定】按钮，生成倒角特征。

13. 中心圆柱倒圆角

1）单击【倒圆角】工具按钮，打开【倒圆角】工具特征面板。

2）设置中心圆柱顶部的两条圆弧的圆弧半径为“8”。

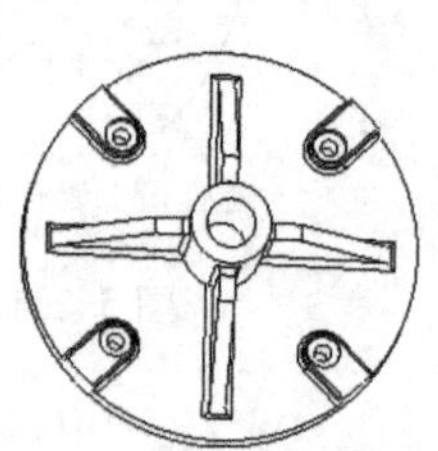

图5.2.16　完成阵列台阶孔

3）单击【确定】按钮✔，生成圆角特征。完成如图5.2.1所示法兰盘模型。

14. 保存模型

保存当前建立的法兰盘模型。

5.3　轴

学习目标

该例主要使用旋转特征、拉伸切减特征、倒角特征和圆角特征等工具来完成模型的构建。

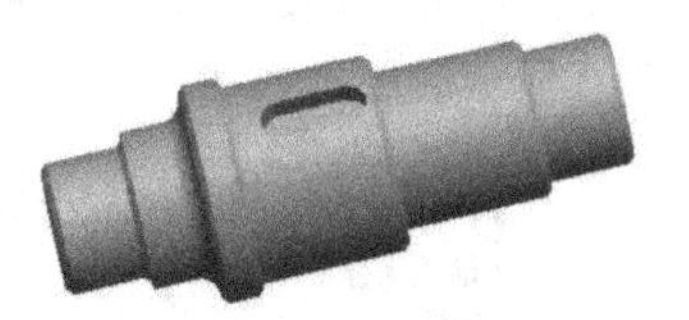

图5.3.1　轴

实例分析

轴类零件是最基本和最重要的机械零件。本节创建的轴效果如图5.3.1所示。其基本创建过程如图5.3.2所示。

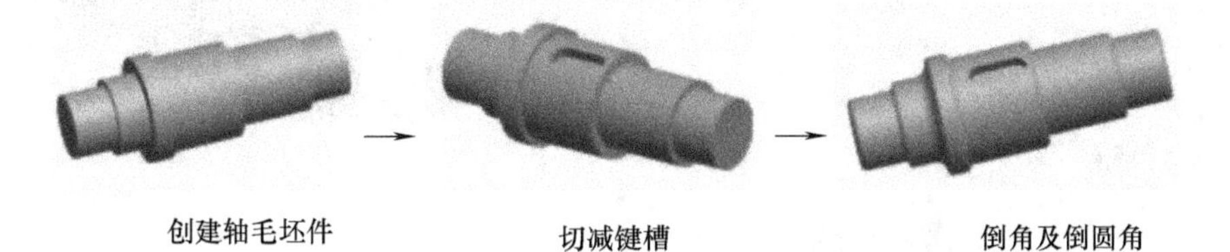

创建轴毛坯件　　切减键槽　　倒角及倒圆角

图5.3.2　创建过程

建模过程

1. 建立一个新文件

建立文件名为“zhou”的新文件。

2. 使用旋转工具创建轴毛坯件

1）单击【旋转】工具按钮，打开【旋转】特征面板。

2）单击特征面板中【基准】|【草绘】工具按钮，打开【草绘】对话框。

3）选择TOP基准面为草绘平面，RIGHT基准面为参考面，单击【草绘】对话框中的草绘按钮，进入草绘模式。

4）绘制截面和旋转中心线，如图5.3.3所示。

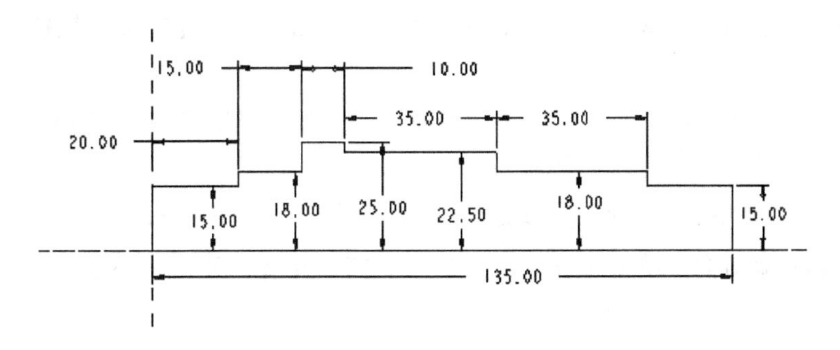

图5.3.3　草绘截面和旋转中心线

5）单击草绘工具栏中的【确定】按钮✓，返回【旋转】特征面板。

6）单击【确定】按钮✓，完成旋转特征的创建。轴毛坯如图5.3.4所示。

3. 创建一基准平面

1）单击【基准平面】工具按钮，打开【基准平面】对话框。

2）选择TOP基准面，在【基准平面】对话框中输入偏移量“22.50”，如图5.3.5所示。

3）单击【确定】按钮，完成基准平面DTM1的建立，如图5.3.6所示。

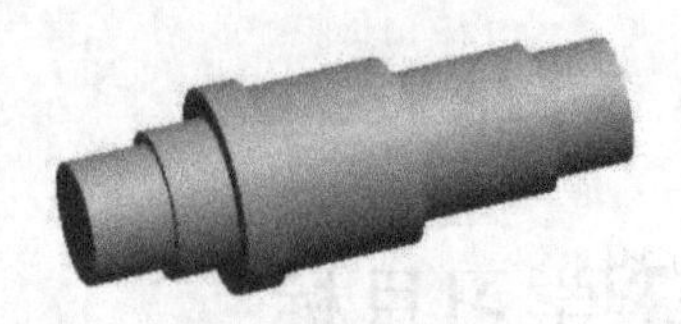

图5.3.4　轴毛坯

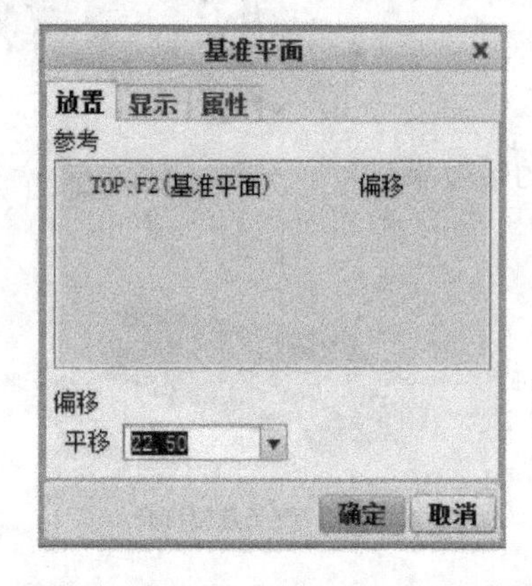

图5.3.5　【基准平面】对话框

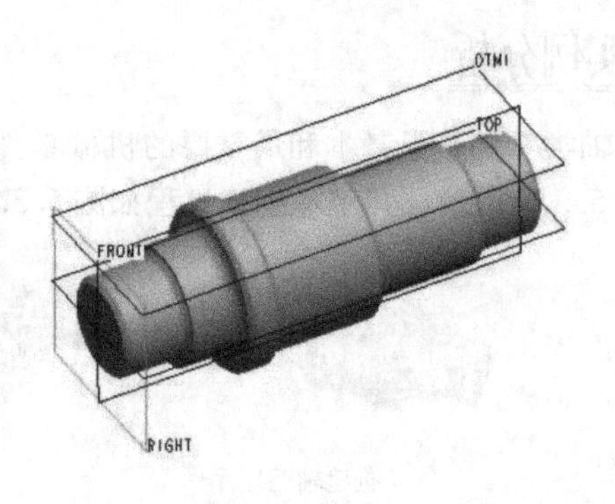

图5.3.6　基准平面DTM1

4. 切减键槽

1）单击【拉伸】工具按钮，打开【拉伸】特征面板。

2）选择【实体、切减材料、盲孔深度】方式，拉伸深度设为“6”，如图5.3.7所示。

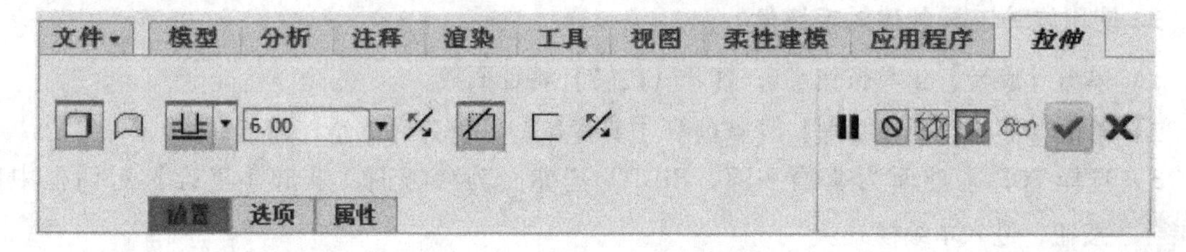

图5.3.7　【拉伸】特征面板

3）单击【放置】按钮，弹出【放置】下滑面板，单击其中的【定义】按钮，弹出【草绘】对话框。

4）选择DTM1面为草绘平面，RIGHT基准面为参考面，单击 草绘 按钮，进入草绘模式。

5）绘制如图5.3.8所示的拉伸截面。

6）单击草绘工具栏中的【确定】按钮✓，返回【拉伸】特征面板。

7）调整材料切减方向，单击【确认】按钮✓，完成键槽的切减，如图5.3.9所示。

5. 倒角

1）单击【倒角】工具按钮，打开【倒角】特征面板。

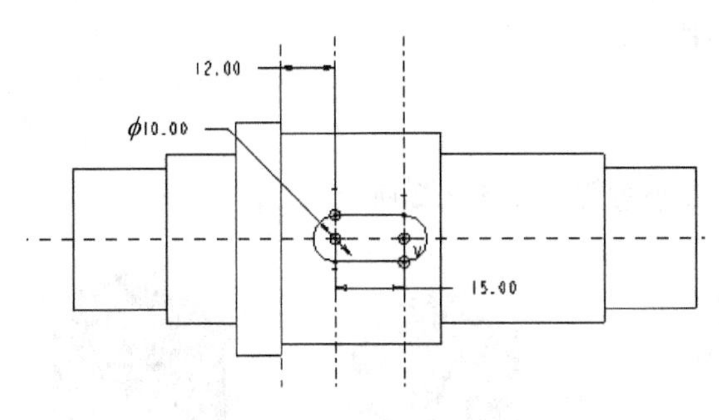

图 5.3.8 拉伸截面

图 5.3.9 键槽完成

2）选择倒角类型为【45 × D】，输入“D = 1.5”，如图 5.3.10 所示。

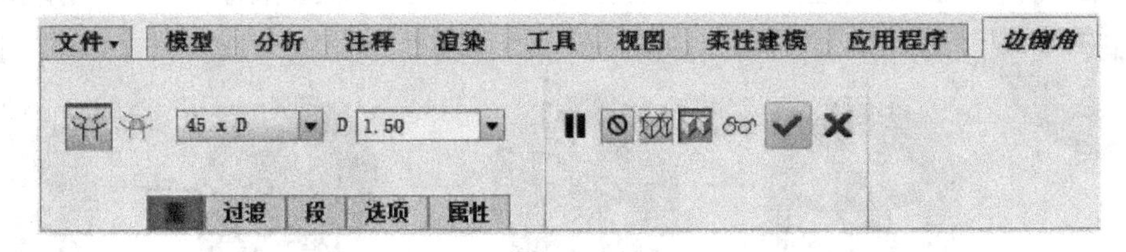

图 5.3.10 【倒角】特征面板

3）依次选中图 5.3.11 所示的七条边线。

图 5.3.11 倒角边线

图 5.3.12 完成倒角

4）单击【确认】按钮，完成倒角特征的建立，如图 5.3.12 所示。

6. 倒圆角

1）单击【倒圆角】工具按钮，打开【倒圆角】特征面板。

2）接受默认设置，设定圆角半径为“5”。

3）选择图 5.3.13 中所示的边线。

4）单击【确认】按钮，完成圆角特征的建立。最终效果如图 5.3.1 所示。

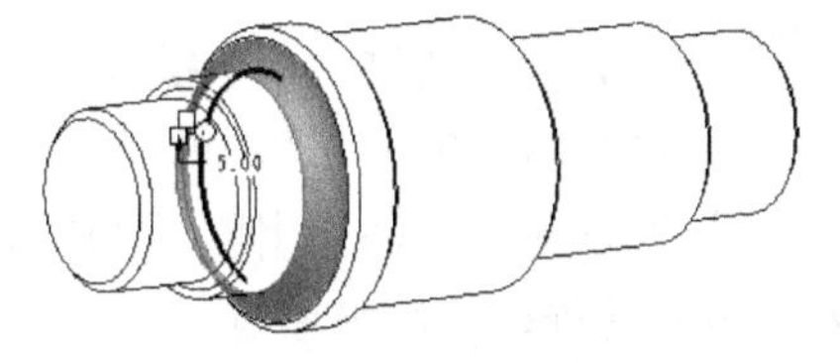

图 5.3.13 边线倒圆角

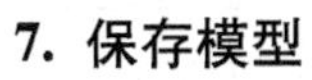

7. 保存模型

保存当前建立的轴模型。

5.4 带轮

学习目标

该例主要学习使用旋转特征、拉伸切减特征、阵列特征、倒角特征等工具来完成模型的创建，并学习在草绘图中使用中心线辅助构造图形的技巧。

实例分析

本节创建的带轮零件模型如图5.4.1所示的。建模过程如图5.4.2所示。

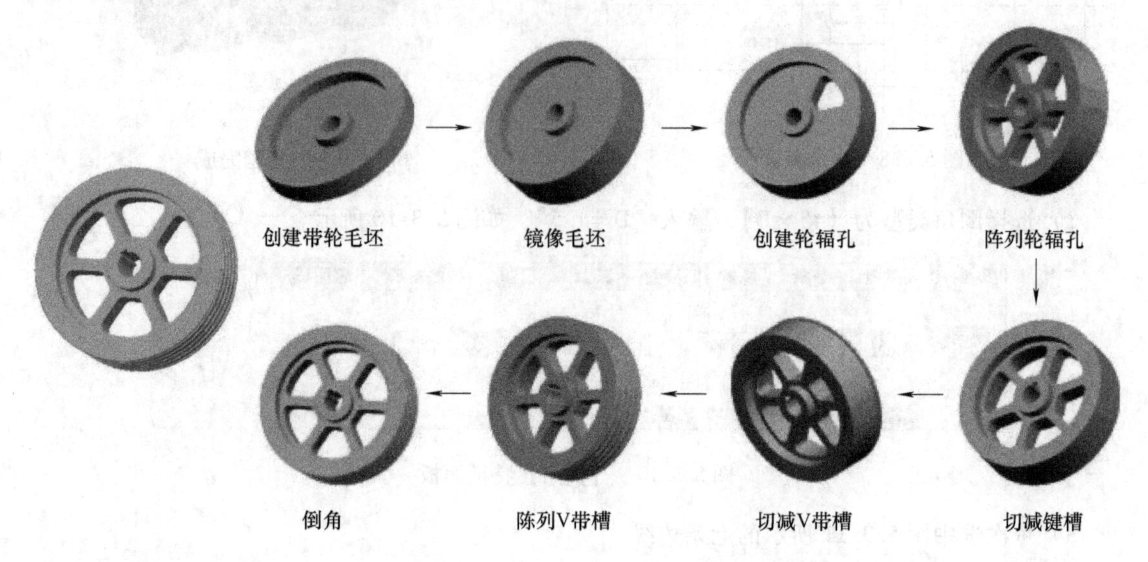

图5.4.1　带轮

图5.4.2　带轮建模过程

建模过程

1. 建立一个新文件

建立文件名为“dailun”的新文件。

2. 使用旋转工具创建带轮毛坯

1）单击【旋转】工具按钮，打开【旋转】特征面板。

2）单击【放置】按钮，弹出【放置】下滑面板，单击【定义】按钮，弹出【草绘】对话框。

3）选择FRONT基准面为草绘平面，RIGHT基准面为参考面，单击【剖面】对话框中的 草绘 按钮，系统进入草绘模式。

4）绘制如图5.4.3所示的中心线和旋转截面。

5）单击草绘工具栏中的【确定】按钮✔，返回【旋转】特征面板。

6）单击【确定】按钮✔，完成旋转特征的建立。带轮毛坯如图5.4.4所示。

7）在模型树中选中整个模型，如图5.4.5所示。单击【镜像】按钮，打开【镜像】特征面板。选择TOP基准面为镜像平面，单击【确定】按钮✔，完成零件模型的镜像复制。镜像复制后模型如图5.4.6所示。

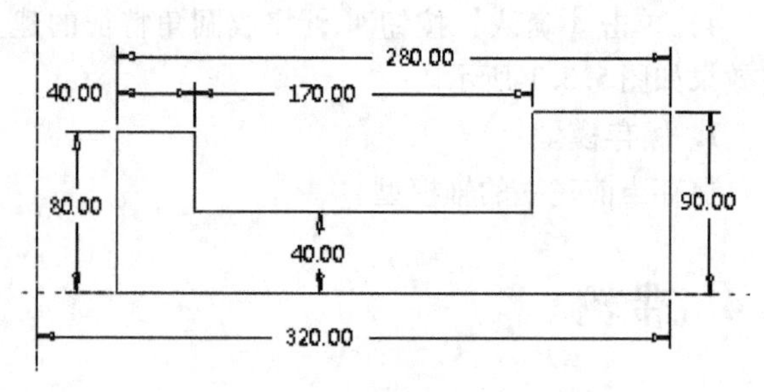

图5.4.3　中心线和旋转断面

3. 使用拉伸工具切减出第一个轮辐孔

1）单击【拉伸】工具按钮，打开【拉伸】特征面板。

2）选择【实体、双侧深度、切减材料】方式，拉伸深度设为“200”，如图5.4.7所示。

图5.4.4　带轮毛坯

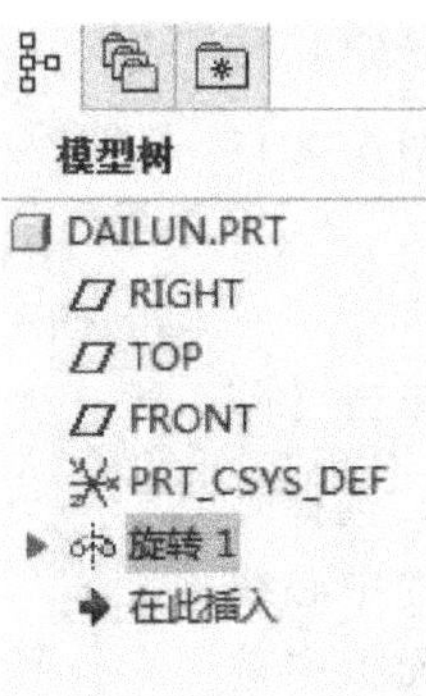

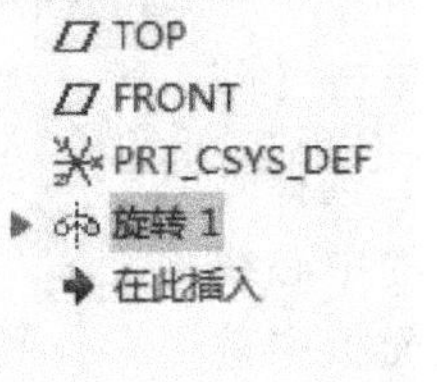

图5.4.5　模型树

图5.4.6　镜像复制后模型

图5.4.7　【拉伸】特征面板

3）单击【放置】按钮，弹出【放置】下滑面板，单击【定义】按钮，弹出【草绘】对话框。

4）选择TOP平面为草绘平面，RIGHT平面为参考平面，单击 草绘 按钮，进入草绘模式。

5）绘制一条与水平线成“30°”角且穿过模型中心的中心线，如图5.4.8所示。

6）绘制两条线段：一条竖直线段，一条与水平成“30°”的直线段，且标注尺寸，如图5.4.9所示。

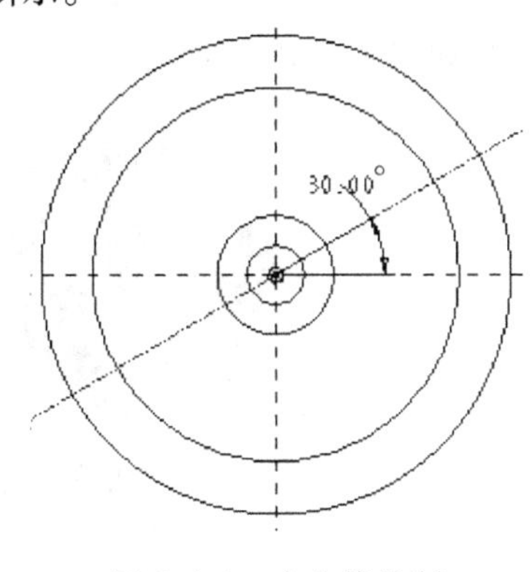

图5.4.8　中心线绘制

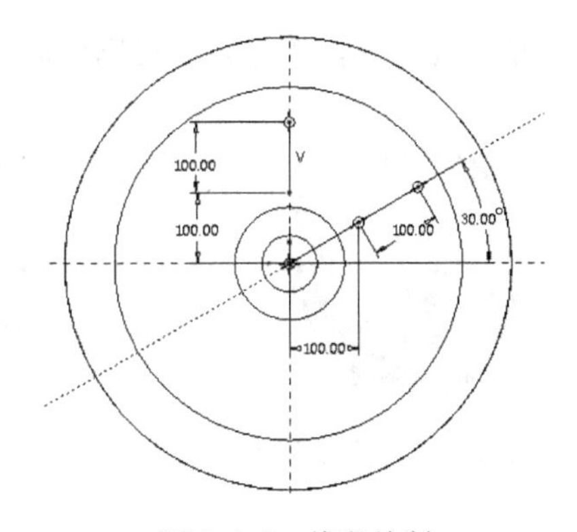

图5.4.9　线段绘制

7）单击【偏移】工具按钮，将如图5.4.9中所示的边线偏移，如图5.4.10所示。

8）单击【相交】工具按钮，将四条线段相交，并使用【删除段】按钮将多余线段剪除，结果如图5.4.11所示。

9）单击【倒圆角】工具按钮，在两相邻线之间建立圆角，圆角尺寸如图5.4.12所示。

10）单击草绘工具栏中的【确定】按钮，返回【拉伸】特征面板。单击【确定】按钮，完成第一个轮辐孔的建立，如图5.4.13所示。

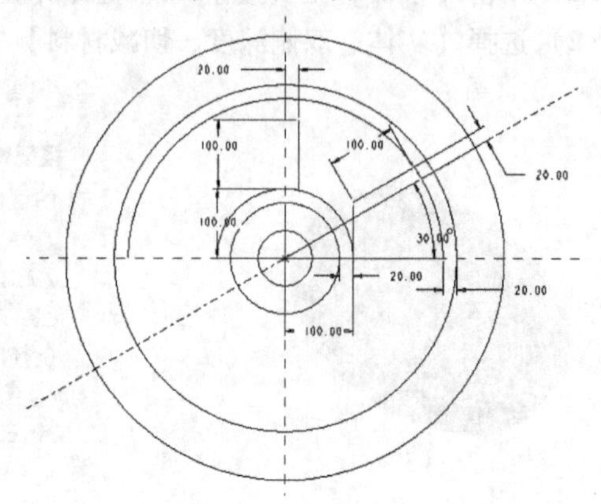

图5.4.10　边线偏移

4. 阵列轮辐孔

1）在模型树中选中轮辐孔特征，单击【阵列】按钮，打开【阵列】特征面板，选择阵列类型为【轴】阵列，选择带轮毛坯的中心线作为轴阵列的轴线，在【阵列】特征面板中输入阵列子特征个数“6”，子特征间的夹角为“60”。模型显示如图5.4.14所示。

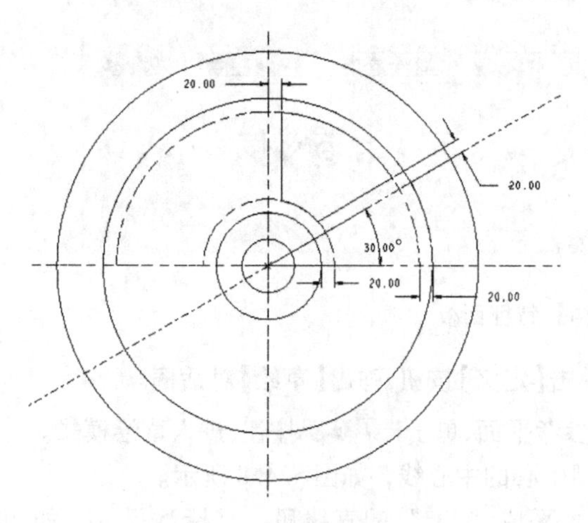

图5.4.11　多余线段剪除后

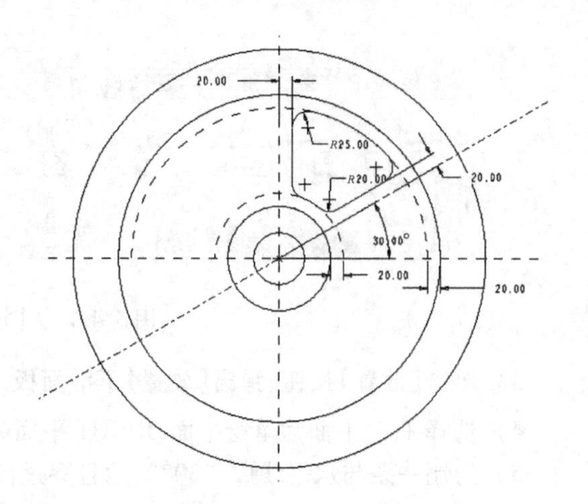

图5.4.12　完成的草绘

2）单击【确定】按钮，完成轮辐孔特征的阵列，结果如图5.4.15所示。

图5.4.13　第一个轮辐孔

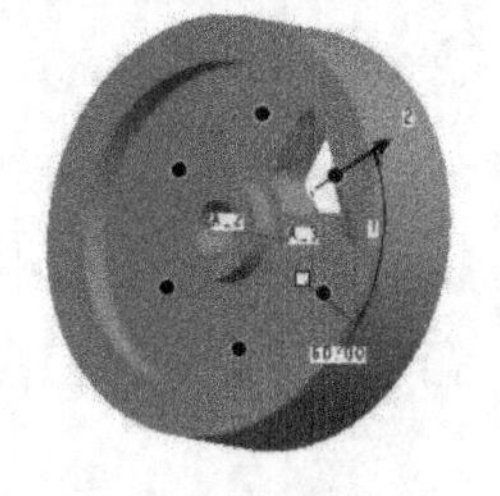
图5.4.14　模型显示

图5.4.15　完成轮辐孔阵列

5. 切减键槽

1）单击【拉伸】工具按钮，打开【拉伸】特征面板。

2）选择【创建实体、双侧拉伸、切减材料】方式，拉伸深度设为“200”，如图5.4.16所示。

图5.4.16 【拉伸】特征面板

3）单击【放置】按钮，弹出【放置】下滑面板，单击【定义】按钮，弹出【草绘】对话框。

4）选择TOP平面为草绘基准面，RIGHT基准面为尺寸参考面。

5）绘制如图5.4.17所示的拉伸截面。

6）单击草绘工具栏中的【确定】按钮✓，返回【拉伸】特征面板。单击【确定】按钮✓，完成键槽的切减，如图5.4.18所示。

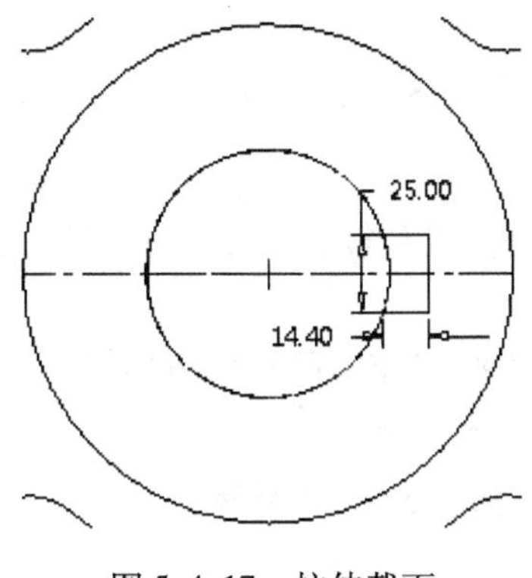

图5.4.17　拉伸截面

图5.4.18　切减键槽

6. 切减V形带槽

1）单击【旋转】工具按钮，打开【旋转】特征面板。

2）选择【创建实体、切减材料】方式，如图5.4.19所示。

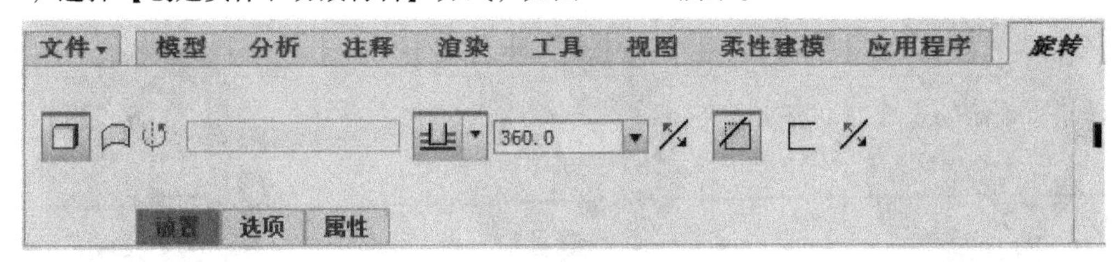

图5.4.19 【旋转】特征面板

3）单击【放置】按钮，弹出【放置】下滑面板，单击【定义】按钮，弹出【草绘】对话框。

4）选择RIGHT基准面为草绘平面，TOP基准面为参考面。单击 草绘 按钮，进入草绘模式。

5）过带轮中心绘制一条旋转中心线，绘制一条竖直中心线用于辅助构造旋转截面，并绘制如图5.4.20所示的旋转截面。

6）单击草绘工具栏中的【确定】按钮✓，返回【旋转】特征面板，调整材料切除方向如图5.4.21所示。

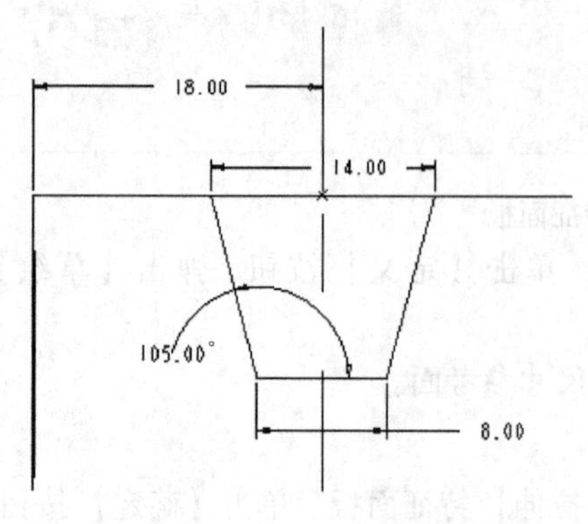

图5.4.20　旋转截面

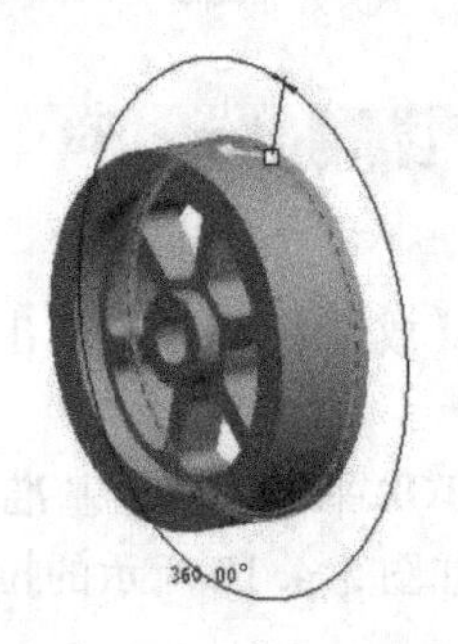

图5.4.21　材料切除方向

7）单击【确定】按钮✓，完成旋转切减特征的建立，如图5.4.22所示。

7. 阵列V形带槽

1）模型树中选择刚创建的V形带槽特征，单击【阵列】工具按钮，打开【阵列】特征面板。

2）选择阵列类型为【方向】阵列，选择带轮毛坯的中心线作为阵列的方向参考，在【阵列】特征面板中输入阵列子特征个数“9”，子特征间的距离为“18”。

3）单击【确定】按钮✓，完成阵列特征的操作，结果如图5.4.23所示。

8. 倒角

1）单击【倒角】工具按钮，打开【倒角】特征面板。

2）选择倒角类型为【45×D】，输入“D=2”。

3）选择图5.4.24中所示的边线，对其建立“45×2”的倒角。

图5.4.22　切减完成

图5.4.23　阵列完成

图5.4.24　倒角边线

4）单击【确定】按钮✓，完成倒角特征的建立。结果如图5.4.1所示。

9. 保存模型

保存当前建立的带轮模型。

5.5 普通球轴承

学习目标

主要学习使用旋转特征、薄壳特征、偏移基准平面、阵列特征等工具来构建模型。

实例分析

本节创建的球轴承模型如图5.5.1所示。该模型的基本创建过程，如图5.5.2所示。

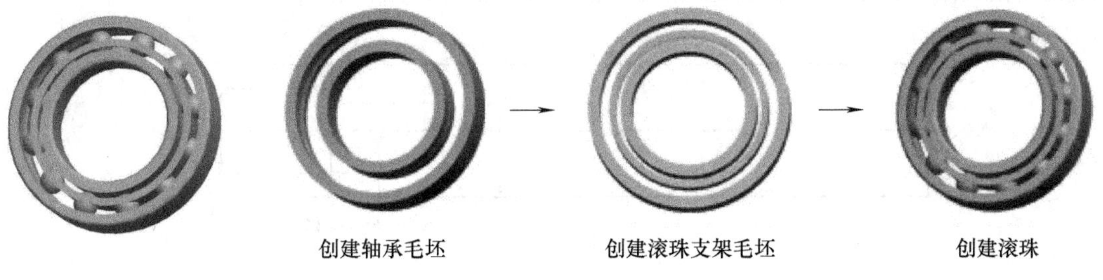

图5.5.1 球轴承　　图5.5.2 创建过程

建模过程

1. 建立一个新文件

建立文件名为“qiuzhoucheng”的新文件。

2. 使用旋转工具创建轴承毛坯

1）单击【旋转】工具按钮，打开【旋转】特征面板。

2）单击【放置】按钮，弹出【放置】下滑面板，单击其中的【定义】按钮，弹出【草绘】对话框。打开【草绘】对话框。

3）选择TOP基准面为草绘平面，RIGHT基准面为参考面，单击【草绘】对话框中的 草绘 按钮，进入草绘模式。

4）绘制如图5.5.3所示的中心线和旋转截面。

5）单击工具栏中的【确定】按钮✔，返回【旋转】特征面板。

6）单击【确定】按钮✔，完成旋转特征建立。轴承毛坯如图5.5.4所示。

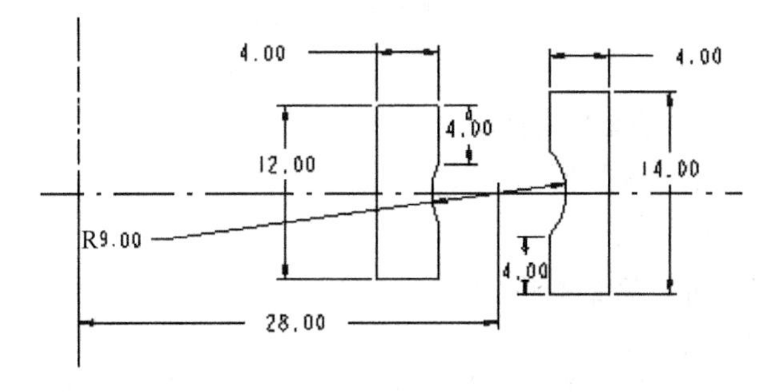

图5.5.3 中心线和旋转截面

图5.5.4 轴承毛坯

3. 创建滚珠支架毛坯

1）单击【旋转】工具按钮，打开【旋转】特征面板。

2）选择【实体、薄壳】旋转方式，薄壳厚度为“1”，其他各项接受系统默认设置。

3）单击【放置】按钮，弹出【放置】下滑面板，单击其中的【定义】按钮，弹出【草绘】对话框。

4）选择TOP基准面为草绘平面，RIGHT基准面为参考面，单击【草绘】对话框中的 草绘 按钮，进入草绘模式。

5）绘制如图5.5.5所示的中心线和旋转截面。

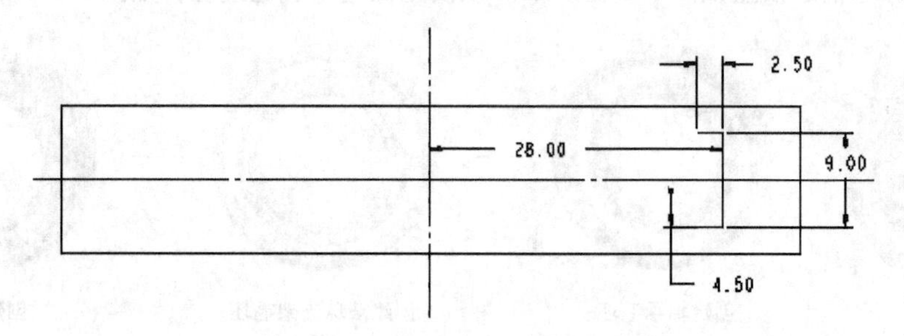

图5.5.5　草绘中心线和旋转截面

6）单击工具栏中的【确定】按钮，返回【旋转】特征面板。

7）单击鼠标中键，完成旋转特征的创建。滚珠支架毛坯如图5.5.6所示。

4. 在滚珠支架上钻孔

1）在模型树中鼠标右键单击轴承主体特征，在弹出的快捷菜单中选择【隐含】命令，如图5.5.7所示，将该特征压缩、隐藏，以便对滚珠支架进行操作。

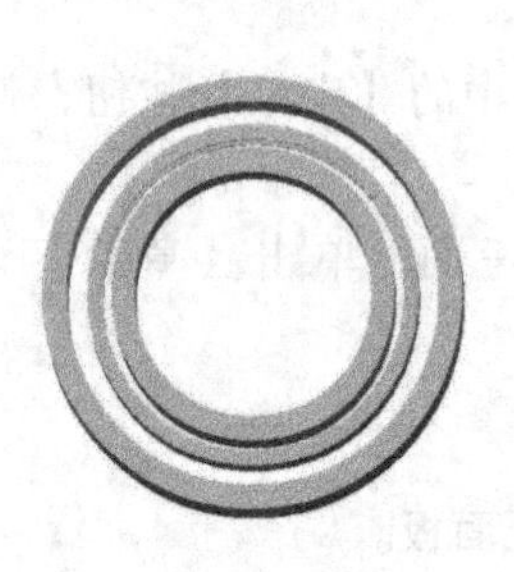

图5.5.6　滚珠支架毛坯

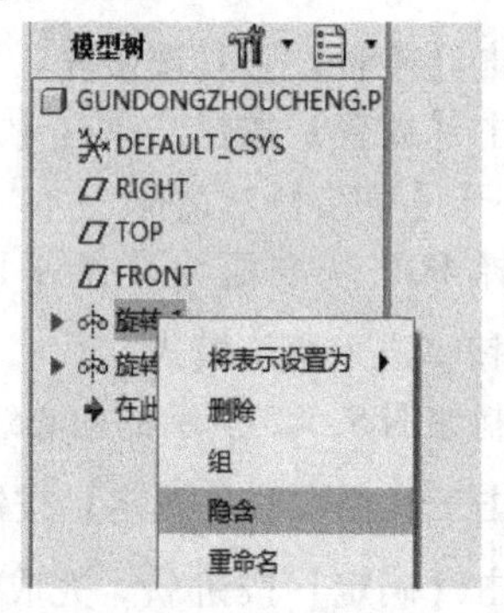

图5.5.7　模型树

2）单击【基准平面】按钮，打开【基准平面】对话框。

3）选择FRONT基准面为参考进行平移，输入偏移值“28”。

4）单击【确定】按钮，完成基准面DTM1的建立。

5）单击【拉伸】工具按钮，打开【拉伸】特征面板。

6）选择【创建实体、双向对称、切减材料】拉伸方式，拉伸深度设为“3”。

7）单击【放置】按钮，弹出【放置】下滑面板，单击其中的【定义】按钮，弹出【草绘】

对话框。

8）选择新建的基准面 DTM1 为草绘平面，RIGHT 基准面为参考面。单击【草绘】对话框中的 草绘 按钮，进入草绘模式。

9）绘制如图 5.5.8 所示的一个圆。

10）单击工具栏中的【确定】按钮，返回【拉伸】特征面板。

11）单击【确定】按钮，完成钻孔特征的建立，结果如图 5.5.9 所示。

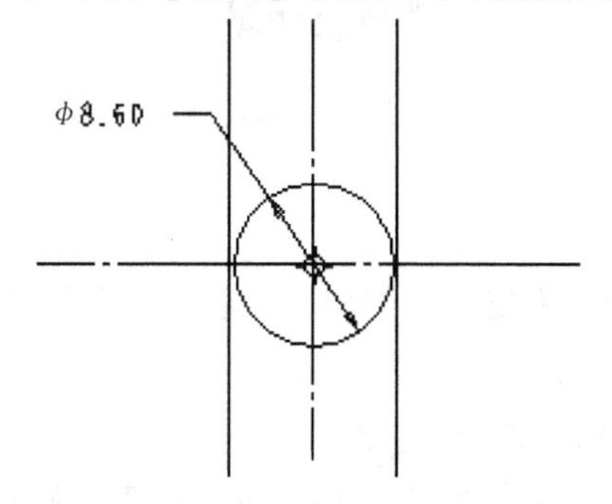

图 5.5.8　滚珠支架孔草图

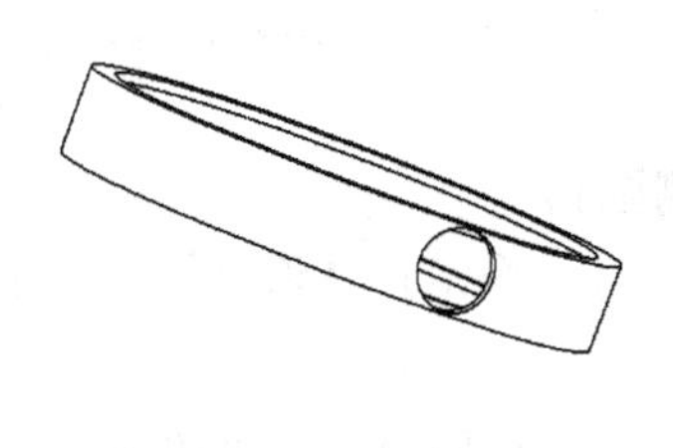

图 5.5.9　钻孔

5. 创建滚珠

1）单击【旋转】工具按钮，打开【旋转】特征面板。

2）单击【放置】按钮，弹出【放置】下滑面板，单击其中的【定义】按钮，弹出【草绘】对话框。

3）选择 DTM1 基准面为草绘平面，RIGHT 基准面为参考面。单击【草绘】对话框中的 草绘 按钮，进入草绘模式。

4）绘制如图 5.5.10 所示的滚珠截面。

5）单击工具栏中的【确定】按钮，返回【旋转】特征面板。

6）单击【确定】按钮，完成旋转特征的建立。生成滚珠如图 5.5.11 所示。

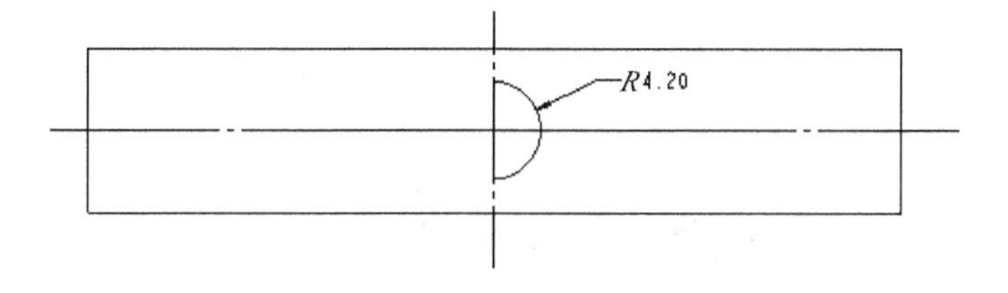

图 5.5.10　草绘滚珠截面

图 5.5.11　生成滚珠

6. 阵列孔特征和滚珠特征

1）在模型树中选择刚刚创建的孔特征与滚珠特征，如图 5.5.12 所示。

2）单击【几何阵列】工具按钮，打开【阵列】特征面板。

3）选择【轴】阵列方式，选择轴承毛坯的中心线为阵列轴线，在面板中输入阵列的子特征个数“12”，角度值为“30”。

4）单击【确定】按钮，完成阵列特征的创建，结果如图 5.5.13 所示。

图 5.5.12　孔与滚珠选择

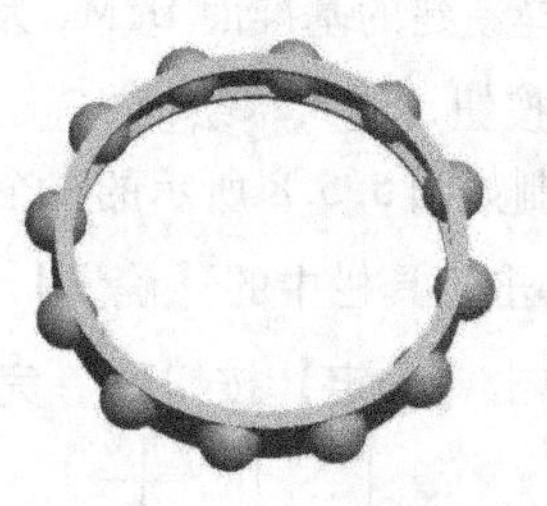

图 5.5.13　阵列完成

7. 倒圆角

1）执行【操作】|【恢复】|【恢复上一个集】命令，恢复被压缩的主体特征，如图 5.5.14 所示。

2）单击【倒圆角】工具按钮，打开【倒圆角】特征面板。

3）设定圆角半径为“1.25”，依次选择各倒角边，如图 5.5.15 所示。按鼠标中键确定，完成球轴承圆角特征的创建。最终效果如图 5.5.1 所示。

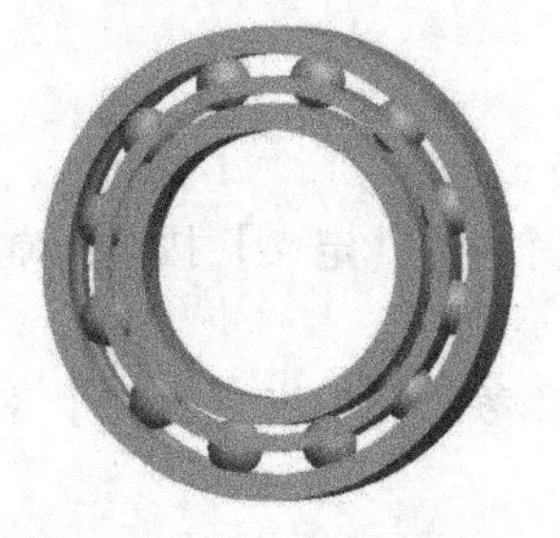

图 5.5.14　主体特征恢复

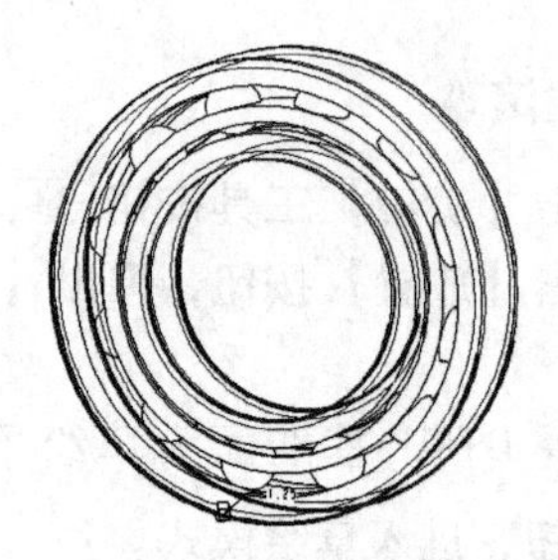

图 5.5.15　倒圆角边

8. 保存模型

保存当前建立的球轴承模型。

5.6　实训题

利用旋转特征创建如图 5.6.1 所示的锥齿轮。其创建过程如图 5.6.2 所示。

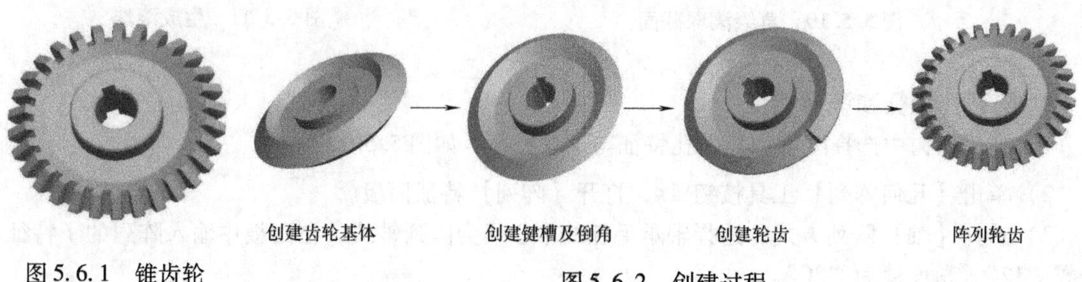

图 5.6.1　锥齿轮

图 5.6.2　创建过程

1）利用旋转工具创建齿轮基体，绘制如图5.6.3所示的旋转中心线和截面草图。

2）利用拉伸切减创建键槽，键槽尺寸如图5.6.4所示。

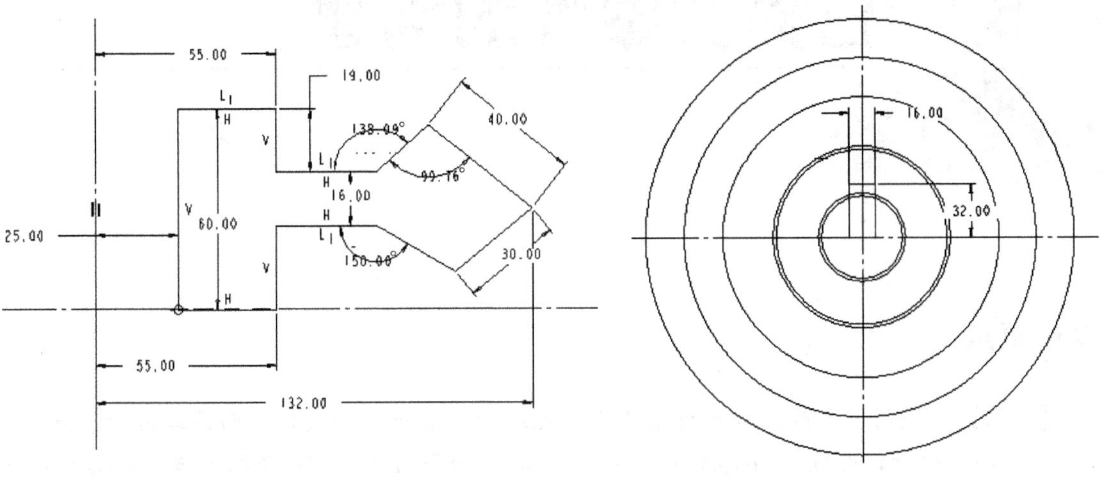

图5.6.3　旋转中心线和截面草图　　　图5.6.4　键槽尺寸

3）利用倒角创建中心圆柱体及键槽的倒角特征，倒角半径为“2”。

4）利用拉伸切减创建第一个轮齿，选择宽度为“40”的圆环为草绘平面，拉伸方式为【穿过所有】，绘制如图5.6.5所示的轮齿。

5）阵列轮齿。

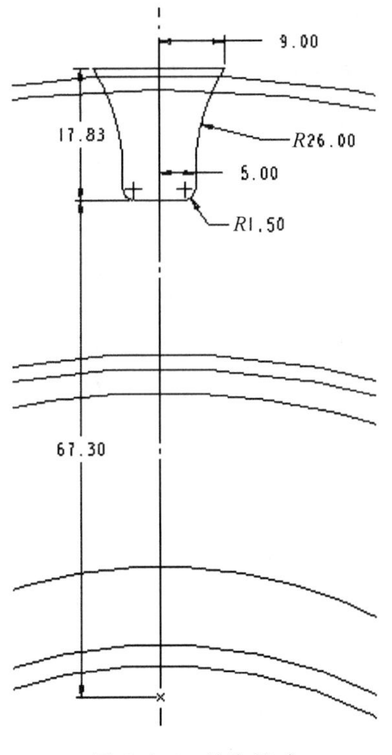

图5.6.5　轮齿尺寸

第6章 扫描类零件的创建

本章要点

【扫描】是使用一个截面沿一条或多条轨迹线扫描出所需的实体、曲面或薄壳的方法；扫描可以添加材料，也可以切减材料。本章将通过几个实例向读者介绍利用扫描创建模型的步骤、技巧与方法。

本章主要内容

❶扫描命令简介
❷恒定截面变轨迹管
❸挡杆建模
❹变截面扫描实体模型（实例一）
❺变截面扫描实体模型（实例二）
❻凸轮设计
❼实训题

6.1　扫描命令简介

学习目标

认识【扫描】特征面板，了解扫描工具创建特征的步骤及方法。

命令简介

扫描是使用一个截面沿一条或多条轨迹线扫描出所需的实体、曲面或薄壳的方法。扫描特征需要创建两个草图：扫描轨迹线和扫描截面。轨迹线可以是多条，扫描截面在扫描过程中可以变化，也可以不变化。

图6.1.1所示为利用一个矩形截面及多条轨迹线创建的一个变截面轨迹特征。扫描时扫描截面垂直于轨迹线0，截面上的点1、点2、点3分别受轨迹线1、轨迹线2、轨迹线3驱动，最后截面缩成一个点，扫描完成后的模型如图6.1.2所示。

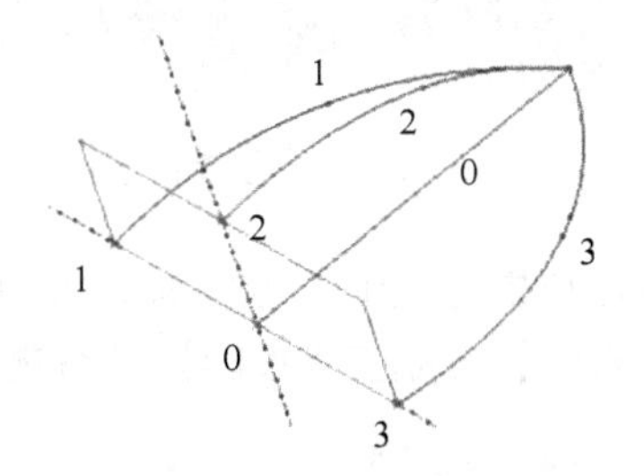

图6.1.1　轨迹特征

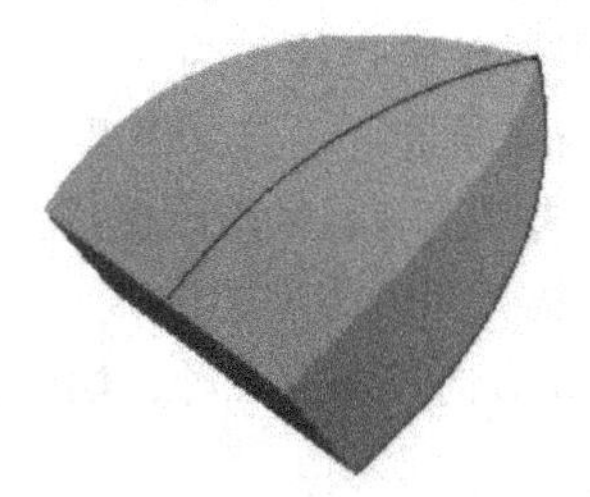

图6.1.2　扫描效果图

1.【扫描】特征面板

单击【模型】选项卡中的扫描工具按钮，在窗口顶部弹出【扫描】特征面板。如图6.1.3所示。

图6.1.3　【扫描】特征面板

2.【扫描】特征面板主要工具按钮

特征类型有：

◆创建实体：单击特征面板中的实体按钮使其呈按下状态。

◆切减实体材料：将实体按钮和去除实体材料按钮同时按下。

◆创建薄壳特征：将实体按钮和薄壳特征按钮同时按下。

◆创建曲面特征：将曲面按钮按下。

◆等截面扫描：按下特征面板中的等截面扫描按钮。

◆变截面扫描：按下特征面板中的变截面扫描按钮。

3. 扫描轨迹及扫描截面的方向控制

单击【参考】按钮，弹出【参考】下滑面板，如图6.1.4所示。在该面板指定扫描轨迹的类型及扫描截面的方向控制。

（1）扫描轨迹

1）扫描轨迹的类型。

◆原点轨迹线：在扫描的过程中，截面的原点永远落在此轨迹线上。创建扫描特征时必须选择一条原点轨迹线。

◆其他轨迹线（用于变截面扫描）：扫描过程中截面顶点参考的轨迹线。可以有多条，其中一条可以是截面X方向控制轨迹线。

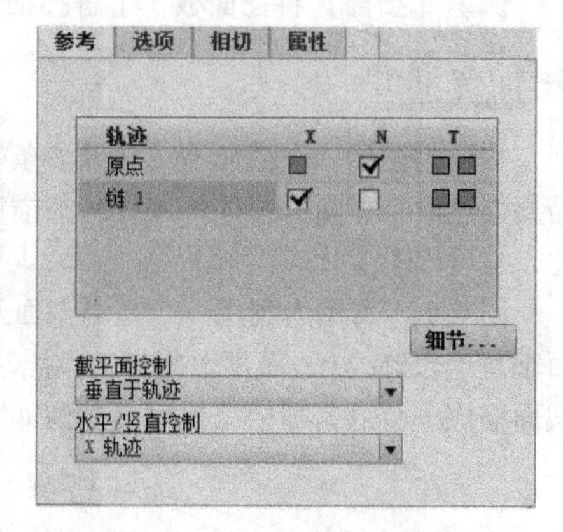

图6.1.4　【参考】下滑面板

2）在【参考】下滑面板中，所选轨迹右侧都会有三个选项【X】（该轨迹线作为X方向控制轨迹线）、【N】（扫描截面与该轨迹线垂直）以及【T】（切向参考），勾选相应的复选框就表明采用该选项，如图6.1.4所示。

（2）扫描截面的方向控制　截面控制就是对扫描截面在扫描过程中X方向和Z方向进行选择和控制。Z方向控制有三种，如图6.1.5所示：【垂直于轨迹】、【垂直于投影】、【恒定法向】。

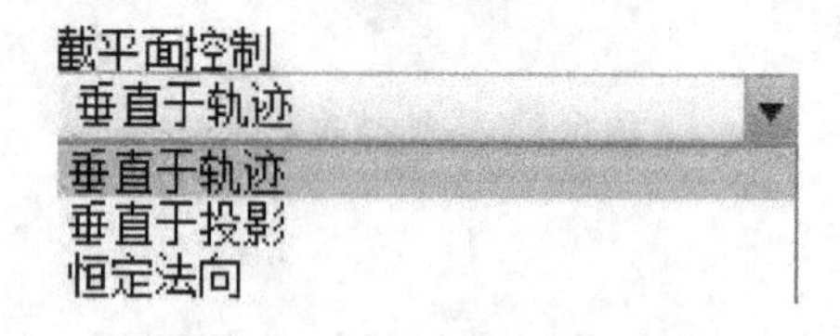

图6.1.5　截面Z向控制选项

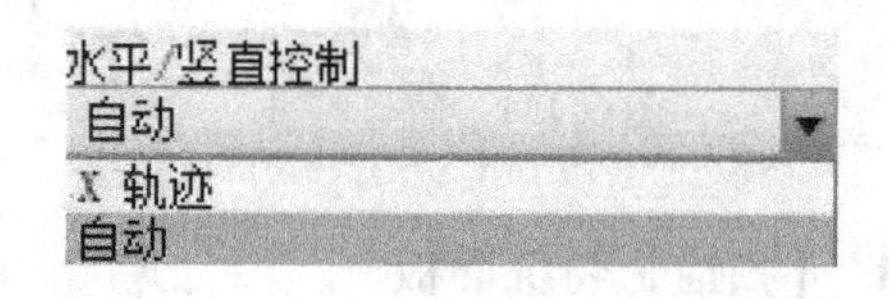

图6.1.6　【水平/竖直控制】选项

1）【垂直于轨迹】：截面扫描过程中，始终垂直于指定的轨迹。系统默认是垂直于原点轨迹。选择方法是：在【截平面控制】下拉列表中，选择【垂直于轨迹】选项，回到【轨迹】选项框中，在对应的轨迹右侧勾选【N】列复选框。

当选择了【垂直于轨迹】后，将出现【水平/竖直控制】选择项，这个选择项用于控制截面的X方向。有两个选择，如图6.1.6所示：

◆【X轨迹】：选择一条轨迹线作为X向轨迹。【X轨迹】的几何意义是：扫描过程中，原点轨迹上的点与X轴轨迹上的对应点的连线作为X轴。X轴确定了，草绘平面的Y轴自然也就确定了，整个草绘平面也就完全控制了。

◆【自动】：系统自动选择X轴方向。

【垂直于轨迹】如图6.1.7所示。原点轨迹线为垂直于实体的直线，X向轨迹线为一条三维曲线，根据上述X轴的定义可知，截面在扫描时，X轴的起点一直在原点轨迹线上，即直线上，而其终点则在三维曲线上，因此X轴在扫描中持续的旋转，造成扭转式的实体体积或曲面。

2）【垂直于投影】：扫描过程中扫描截面始终与轨迹线在某个平面的投影垂直。当选取该选项时，系统要求选取一个平面、轴、坐标系轴或直图元来定义轨迹投影方向，如图6.1.8所示。

3）【恒定法向】：扫描过程中截面的Z方向总是指向某一个方向。选取该选项时，系统要求选取一个平面、轴、坐标轴或直图元来定义法向，且截面的绘图原点落在原点轨迹线上。有三种选项：

◆【平面】：选取一个平面，此平面的垂直方向即为所需法向。

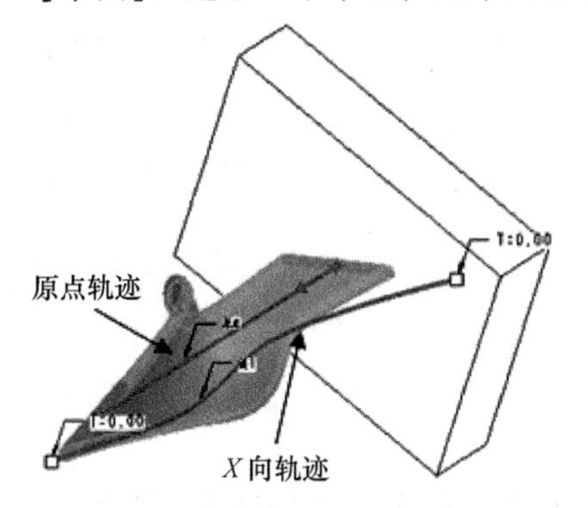

图 6.1.7　【垂直于轨迹】

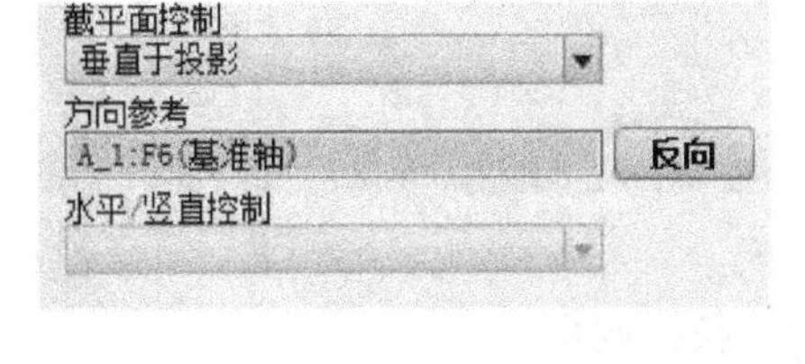

图 6.1.8　【垂直于投影】【参考】下滑面板

◆【曲线/边/轴】：选取一条曲线、面的边界线或中心轴线，此线的指向即为所需法向。

◆【坐标系】：选取一个坐标系的 X 轴、Y 轴或 Z 轴，此轴的指向即为所需法向。

创建基准平面为 DTM1，绘制的截面与基准平面 DTM1 的法向垂直。截面的绘图原点落在原点轨迹线上。以基准平面为方向参考如图 6.1.9 所示。

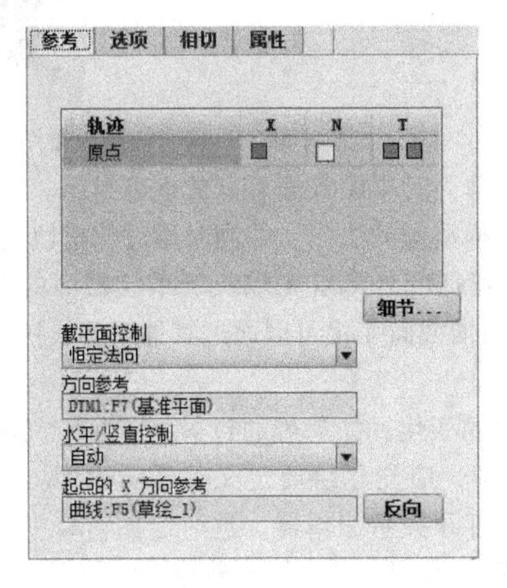

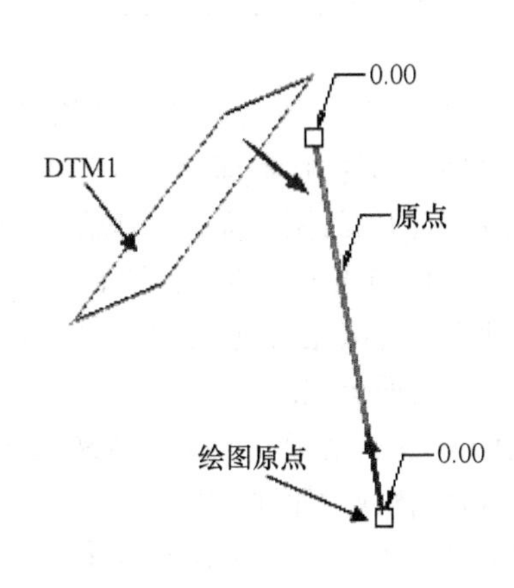

图 6.1.9　以基准平面为方向参考

（3）扫描轨迹草图的属性

1）草图图元可封闭也可开放，但不能有交错情形。

2）扫描轨迹线可以是草绘的直线、圆弧、曲线或者三者的组合，也可选取已存在的基准曲线、模型边界为扫描轨迹。

3）截面草图与轨迹线截面之间的比例要恰当。比例不恰当通常会导致特征创建失败。若扫描轨迹有圆弧线或是以样条定义，其最小的半径值与草图对比不可太小，否则特征截面在扫描时会自我交错，无法计算特征。如图 6.1.10 所示，扫描轨迹的“$R20$”小于草图径向尺寸“21”，无法创建特征。值得注意的是草图的尺寸“41”，不会造成截面交错情形。若将“21”改成

“18”，则可成功创建特征。

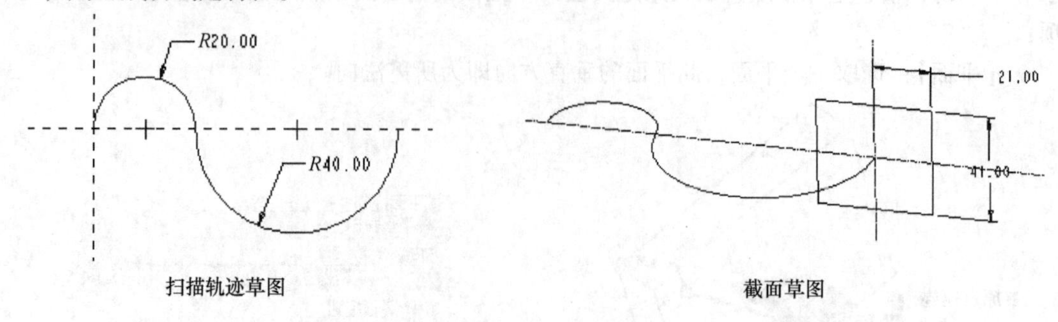

图 6.1.10　草图绘制

4. 扫描截面

（1）扫描截面的要求

1）草图各图元可并行、嵌套，但不可自我交错。多个封闭嵌套草图定义特征如图 6.1.11 所示。扫描效果图如图 6.1.12 所示。

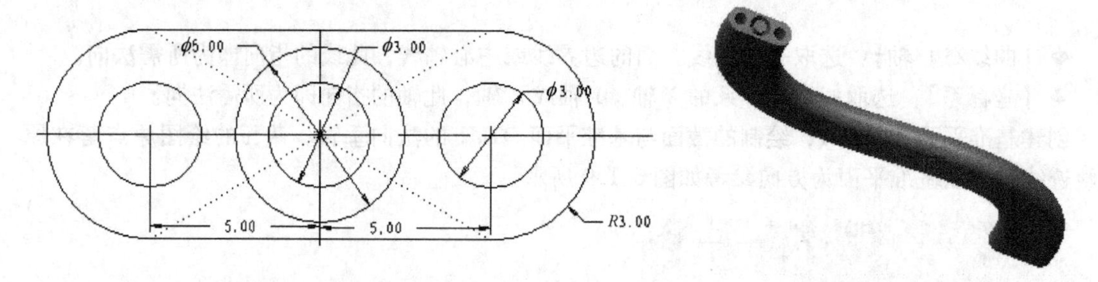

图 6.1.11　多个封闭嵌套草图定义特征

图 6.1.12　扫描效果图

2）扫描实体时扫描截面必须封闭，扫描曲面和薄壳时草图截面可开放也可封闭。

3）截面草图的绘图平面，系统会自动定义为扫描轨迹的法向，并同时通过扫描轨迹起点。

（2）变截面扫描截面的形状控制　变截面扫描特征的外形首先取决于草绘截面的形状，其次是草绘截面中各图元与轨迹之间的约束。变截面扫描截面变化可以通过其他轨迹线控制，也可以采用关系式或图形控制。

1）使用关系式搭配 *trajpar* 参数来控制截面参数的变化：如果想通过关系式来定义草绘截面中各图元与原始轨迹之间的关系，在截面草绘环境中，应先草绘要定义关系的图元。单击【工具】选项卡【模型意图】区域中的【关系】按钮，打开关系编辑器，这时绘图窗口中会将可编写关系的尺寸显示为符号，定义关系式时，用这些符号来定义其与原点轨迹之间的关系。

要灵活地使用可变截面扫描，离不开轨迹参数 *trajpar*。它是可变截面扫描特征的一个特有参数。轨迹参数实际上就是扫描过程中，扫描截面与原点轨迹的交点到扫描起点的距离占整个原点轨迹的比例值，其数值在 0 到 1 之间。用 *trajpar* 可以控制大小渐变、螺旋变化以及循环变化，从而可以得到各种各样的截面形状。关系式搭配 *trajpar* 参数控制方式如图 6.1.13 所示。截面左下角的点落在原点轨迹线上，而右下角的点落在 *X* 轨迹线上。如图 6.1.13a 所示。在扫描时，这两点受到该两条线的拖动。

◆如图 6.1.13b 所示：无关系式控制。

◆如图 6.1.13c 所示：截面的高度受到关系式一：“$sd4 = trajpar + 1$”的控制。在扫描开始时，截面高度为“1”（$trajpar = 0$），在扫描结束时，截面高度为“2”（$trajpar = 1$），而中间的部分则呈线性变化。

◆如图 6.1.13d 所示：截面的高度尺寸受到关系式二：“*sd*4 = sin（*trajpar* * 360） +1.5” 的控制，生成波浪形的曲面。

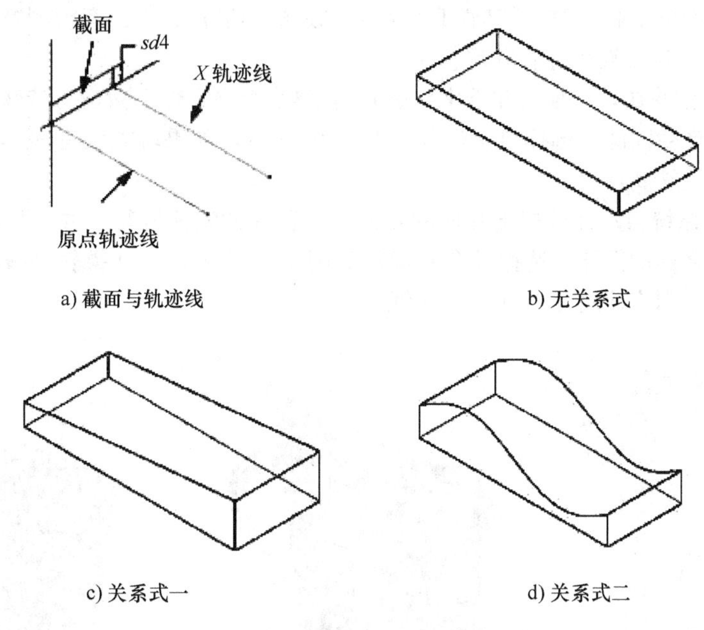

图 6.1.13　关系式搭配 *trajpar* 参数控制方式

2）使用基准图形的方式来控制截面的变化：单击【模型】选项卡【基准】区域中的【图形】按钮，在随后弹出的草绘环境中绘制二维图形，则扫描过程中，*X* 的坐标是变化的（*X* 轴起点代表扫描起始点，而 *X* 轴终点代表扫描结束点），*Y* 值按二维曲线变化，让扫描截面某个尺寸（相当于 *Y* 值）按上述规律变化，可使用下列关系式来控制：

sd# = *evalgraph*(“graph_name”, x_value)

在该关系式中，*sd*#代表欲变化参数的符号，graph_ name 为基准图形的名称，x_ value 代表扫描的行程，而 *evalgraph* 是 Creo 提供的一个用于计算基准图形的横坐标对应纵坐标值的函数。关系式的含义是由基准图形求得对应于 x_value 的 *Y* 值，然后指定给 *sd*#参数。

图 6.1.14 所示为用基准图形控制变截面扫描的范例。如图 6.1.14a 所示，扫描的行程为“16”，截面的高度参数 *sd*4 受到基准图形“height_graph”所控制，因此截面由“0”扫描到“16”时，截面的高度就根据“height_graph”的 *Y* 值而变化，因而创建出顶面为波浪形的实体特征。

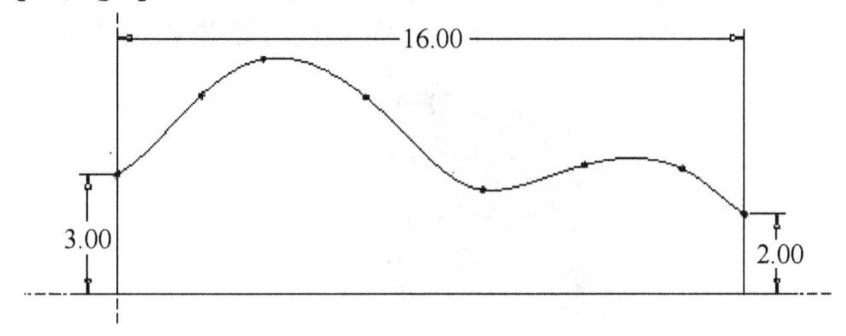

a) 控制截面高度参数*sd*4的基准图形“height_graph”

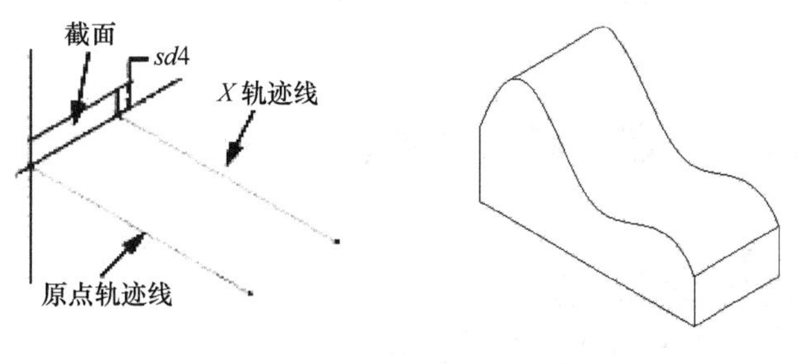

b) 截面与轨迹线　　c) 完成的实体特征

图 6.1.14　用基准图形控制变截面扫描的范例

5. 扫描属性

单击【选项】按钮，弹出【选项】下滑面板，如图6.1.15所示。

1）扫描实体或薄壳时，扫描【属性】说明新创建的扫描特征与已有模型特征是否合并。有两个【属性】选择：自由端和【合并端】。

◆自由端（【合并端】选项为非选中状态）：扫描命令在端部不做任何特殊处理，几何和已有几何之间产生间隙。选择自由端如图6.1.16所示。如果端点没有和其他对象接触，则需要使用自由端属性。

◆【合并端】：系统自动计算扫出几何的延伸并和已有的实体进行合并，从而消除扫出几何和已有几何之间的间隙，选择【合并端】如图6.1.17所示。如果轨迹线的一个或两个端点与面对齐，则应使用【合并端】属性。

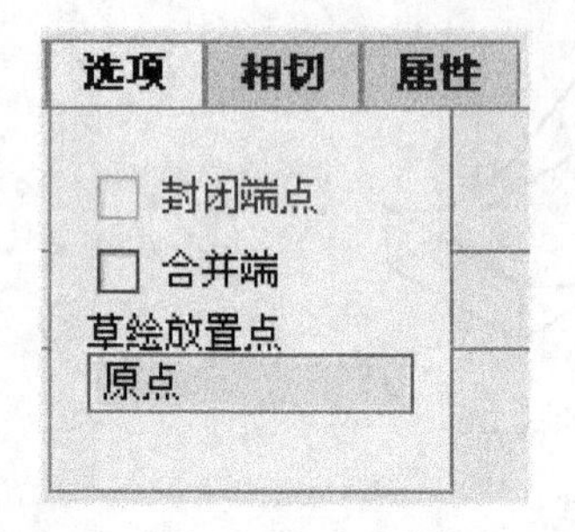

图6.1.15 【选项】下滑面板

图6.1.16 选择【合并端】

图6.1.17 选择自由端

2）扫描曲面时，扫描【属性】说明新创建的扫描特征的端面是否封闭。有两个【属性】选择：开放端点和【封闭端点】。

◆开放端点（即【封闭端点】为非选中状态）：扫描的曲面端点开放。选择开放端点如图6.1.18所示。

◆【封闭端点】：扫描的曲面端点封闭选择【封闭端点】如图6-19所示。

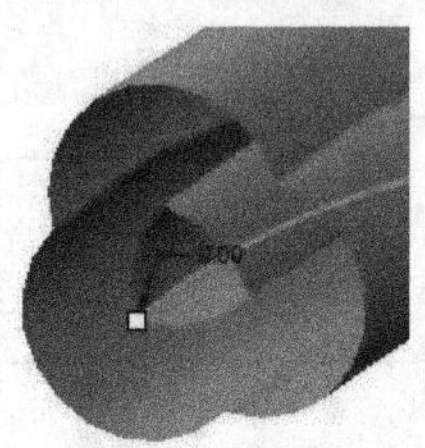

图6.1.18 选择开放端点

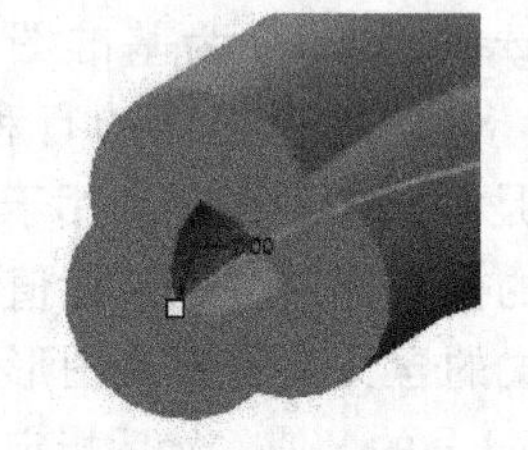

图6.1.19 选择【封闭端点】

6.2 恒定截面变轨迹管

学习目标

学习参考轨迹线扫描功能。

实例分析

恒定截面变轨迹管是管道中拥有复杂轨迹线的一种管道。本例创建的等截面变轨迹管如图 6.2.1 所示。

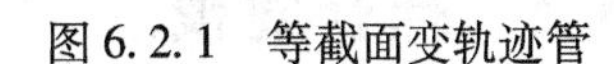
图 6.2.1　等截面变轨迹管

建模过程

1. 建立一个新文件

建立文件名为“bianguijiguan”的新文件。

2. 扫描实体管

1）单击【扫描】工具按钮，窗口顶部弹出【扫描】特征面板，如图 6.2.2 所示。

图 6.2.2　【扫描】特征面板

2）单击【创建实体】工具按钮，创建实体特征。

3）单击【恒定截面】工具按钮，扫描截面保持不变。

4）单击特征面板右侧的【基准】按钮，在弹出的下滑面板中，单击【草绘】工具按钮，弹出【草绘】对话框。选择 TOP 平面为草绘平面，单击 草绘 按钮，进入草绘模式。

5）绘制如图 6.2.3 所示的轨迹草图，单击【确定】按钮，完成草图的绘制。

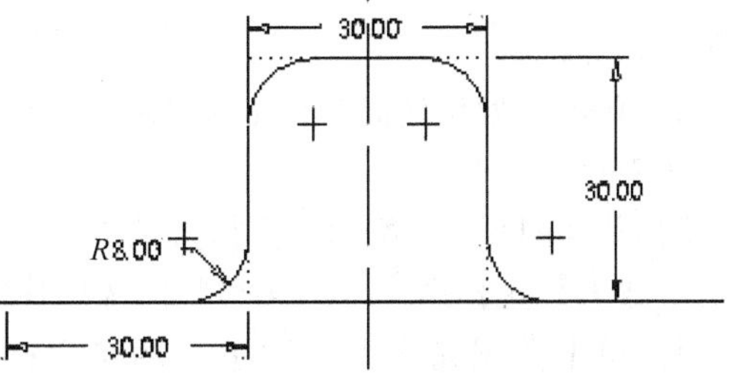

图 6.2.3　草绘轨迹

6）单击【继续使用此工具】工具按钮，继续扫描特征的创建。这时刚刚绘制完成的曲线被自动选取为扫描特征的轨迹，如图 6.2.4 所示。

7）单击【创建或编辑扫描截面】按钮，进入草绘模式。

8）绘制如图 6.2.5 所示的截面草图，圆心落在扫描轨迹的起点上。

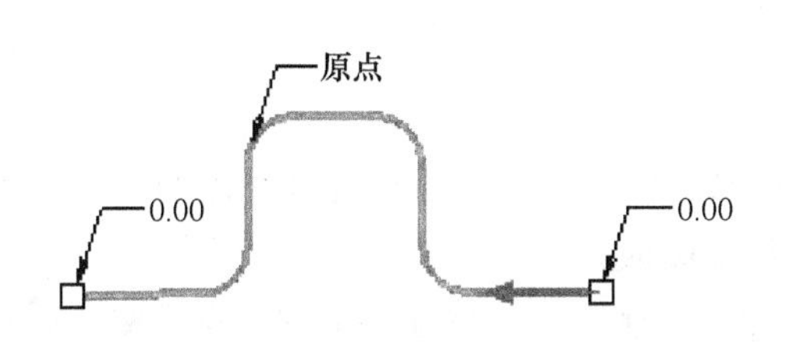

图 6.2.4　扫描轨迹

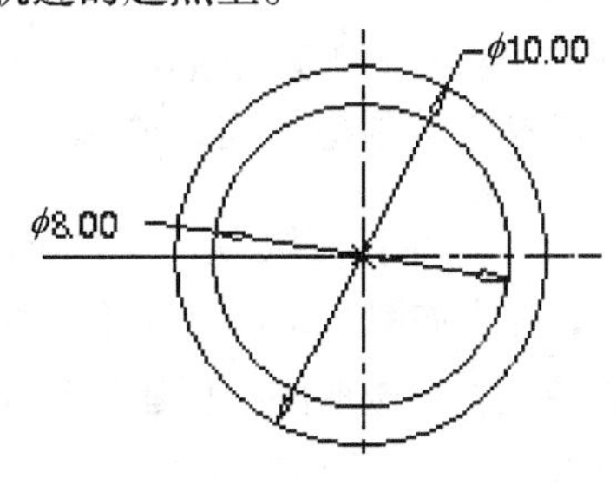

图 6.2.5　草绘截面

9）单击【确定】按钮，完成草图的绘制。

10）单击【扫描】特征面板中的【确定】按钮，完成等截面变轨迹管的创建，如图6.2.1所示。

3. 保存模型

保存当前建立的变轨迹管模型。

6.3　挡杆建模

学习目标

掌握利用坐标绘制参考点的方法；掌握利用参考点绘制参考线及利用参考线扫描挡杆的方法。

实例分析

车前挡杆是吉普车上的常见零件，本例创建的挡杆是一圆截面沿一参考线扫描而成的。其效果如图6.3.1所示。

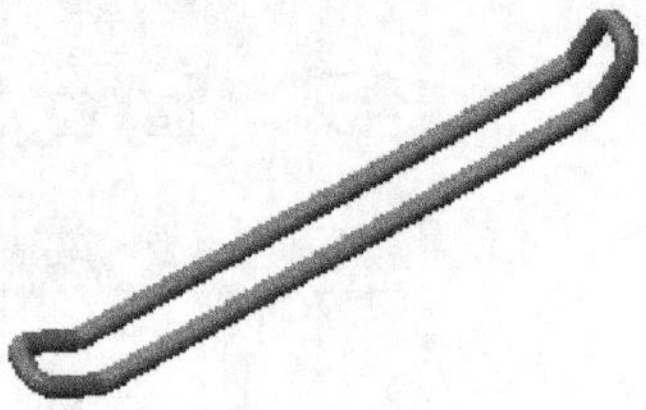

图6.3.1　挡杆

建模过程

1. 建立一个新文件

建立文件名为“danggan”的新文件。

2. 根据坐标创建参考点

1）单击【基准点】工具按钮右侧的下拉按钮，弹出如图6.3.2所示【基准点】下拉菜单。

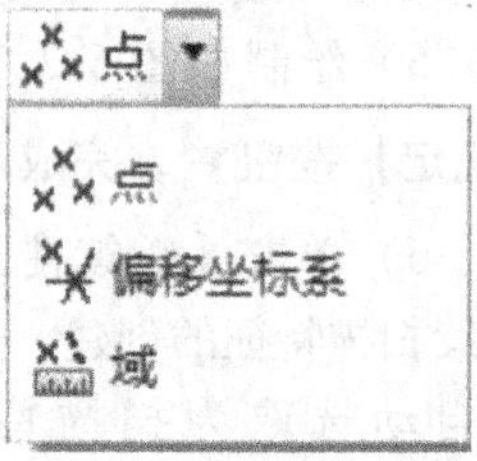

2）单击【偏移坐标系】工具按钮，弹出【基准点】对话框，如图6.3.3所示。

3）从如图6.3.4所示模型树选项卡中用鼠标左键选取系统坐标系作为【参考】坐标系，坐标【类型】选择【笛卡尔】。

4）单击数据输入框名称下部的单元格，依次输入九个参考点：“50、0、0”；“60、10、0”；“60、10、10”；“50、0、10”；“-50、0、10”；“-60、10、10”；“-60、10、0”；“-50、0、0”；“50、0、0”。输入完成后单击对话框中【确定】按钮。

点
点
偏移坐标系
域

图6.3.2　【基准点】下拉菜单

5）单击图形窗口顶部视图控制工具栏中的【基准点开/关】按钮，图形窗口基准点显示如图6.3.5所示。

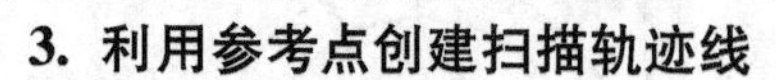

3. 利用参考点创建扫描轨迹线

1）单击【基准】区域内的【曲线】按钮右侧的下拉按钮，选取【通过点的曲线】工具按钮，弹出如图6.3.6所示【曲线：通过点】特征面板。

2）在模型树中选取刚刚创建的基准点，单击【曲线：通过点】特征面板中的直线按钮，表示连接到上一点的方式为直线。

3）单击【曲线：通过点】特征面板中的倒圆角按钮，设置圆角半径为“4”，如图6.3.7所示。

图 6.3.3　【基准点】对话框

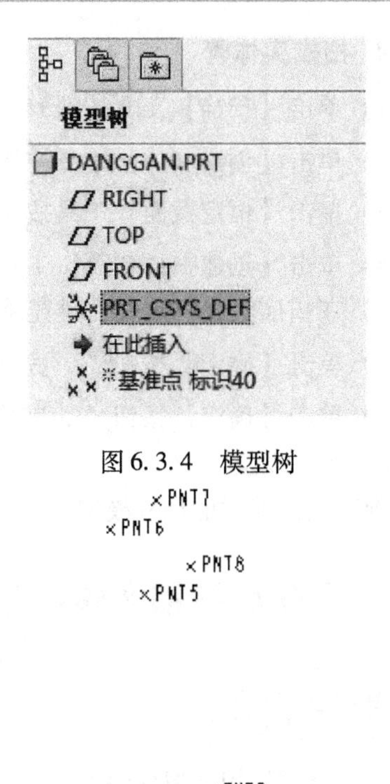

图 6.3.4　模型树

PNT2 PNT1 PNT3 PNT4

图 6.3.5　基准点显示

图 6.3.6　【曲线：通过点】特征面板

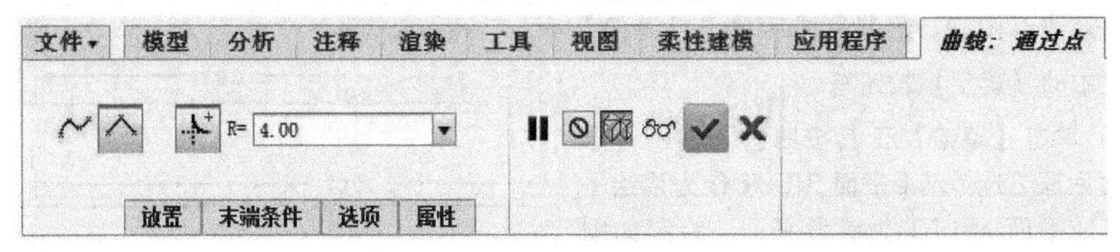

图 6.3.7　【曲线：通过点】特征面板设置

4）单击【确定】按钮✓，完成曲线的创建。扫描轨迹线如图 6.3.8 所示。

图 6.3.8　扫描轨迹线

4. 扫描实体管

1）单击【扫描】工具按钮，在窗口顶部弹出【扫描】特征面板。

2）单击【创建实体】工具按钮，创建实体特征。

3）单击【恒定截面】工具按钮，扫描截面保持不变。

4）单击【创建扫描截面】工具按钮，进入草绘模式。

5）在扫描轨迹起始点绘制直径为“4”的圆。

6）单击【确定】按钮，完成草图的绘制。

7）单击【确定】按钮，完成了挡杆零件的创建。如图6.3.1所示。

5. 保存模型

保存当前建立的挡杆模型。

6.4 变截面扫描实体模型（实例一）

学习目标

学习掌握使用变截面扫描方式创建实体模型。

实例分析

本例创建的实体效果如图6.4.1所示。

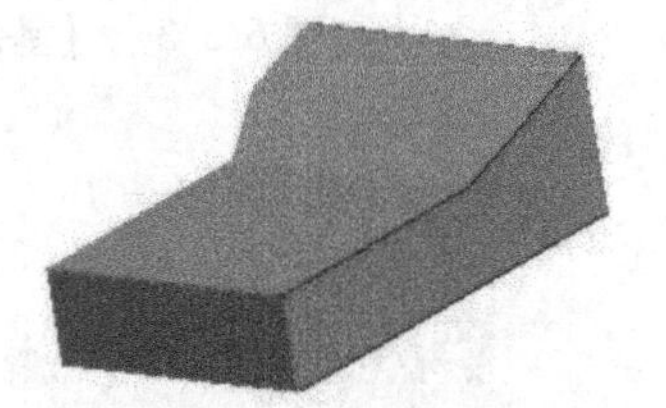

图6.4.1 变截面扫描实体模型

建模过程

1. 建立一个新文件

建立文件文件名“shiti1”的新文件。

2. 草绘轨迹线

1）单击【草绘】工具按钮，弹出【草绘】对话框。选择基准平面FRONT作为草绘平面，基准平面TOP为参考平面，绘制如图6.4.2所示的轨迹线草图㊀。绘制完成后单击【草绘】工具栏中的【确定】按钮。

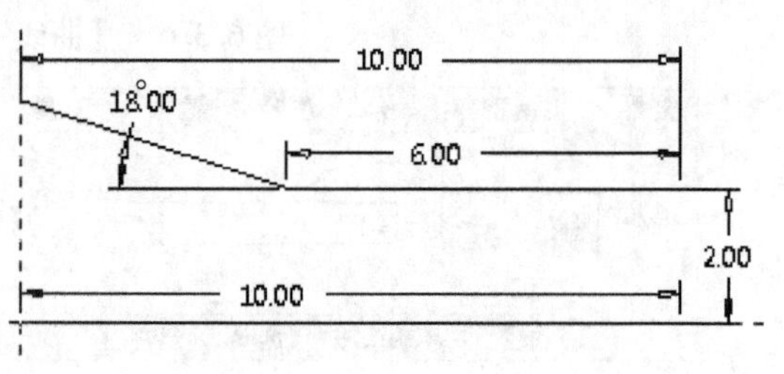

图6.4.2 轨迹线草图㊀

2）单击【草绘】工具按钮，弹出【草绘】对话框。选择基准平面RIGHT作为草绘平面，基准平面FRONT为参考平面，绘制如图6.4.3所示的轨迹线草图㊁。绘制完成后单击【草绘】工具栏中的【确定】按钮。

3）完成如图6.4.4所示的三条轨迹线。

3. 扫描实体模型

1）单击【扫描】工具按钮，在窗口顶部弹出【扫描】特征面板。

2）单击【参考】按钮，选择【轨迹】|【选择项】，按住<Ctrl>键，依次选取如图6.4.5所示的三条轨迹线，分别为“原点”“链1”“链2”。【截平面控制】为【垂直于轨迹】，如图

6.4.6 所示。

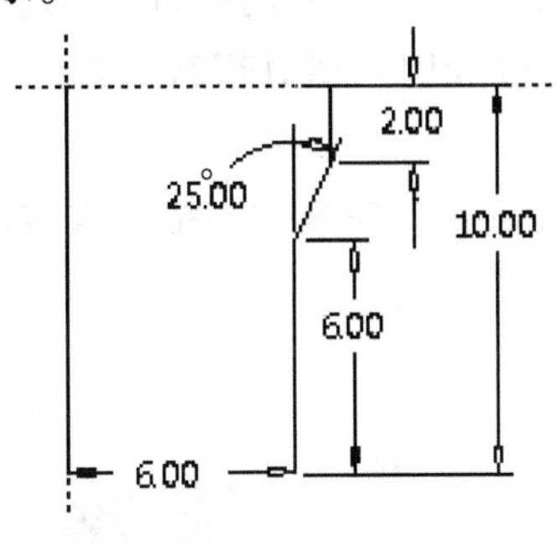

图 6.4.3　轨迹线草图㊂

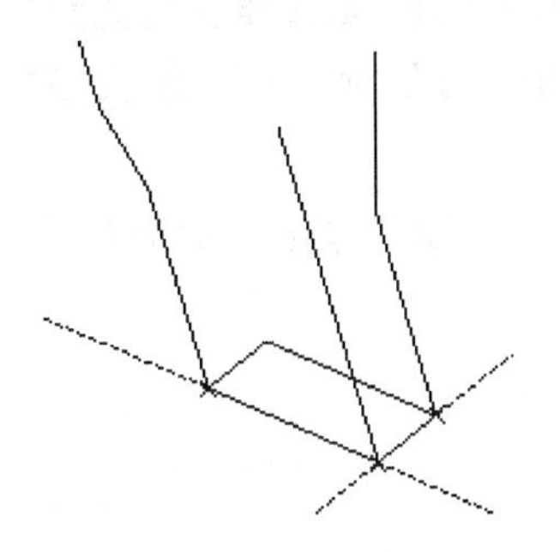

图 6.4.4　三条轨迹线效果图

3）单击【参考】下滑面板中的 细节... 按钮，弹出【链】对话框，如图 6.4.7 所示。通过【反向】按钮 反向 （或直接单击图中箭头）来调节扫描方向，保证扫描实体过程中不出现问题。

4）单击【变截面扫描】工具按钮，允许截面可以根据参数化关系或沿扫描的轨迹进行变化。

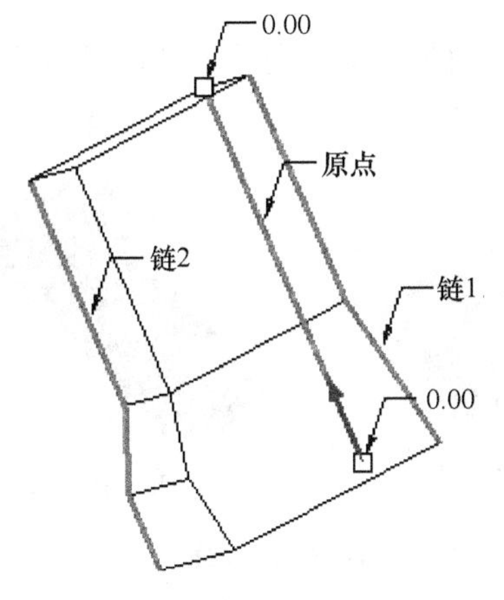

图 6.4.5　扫描轨迹线

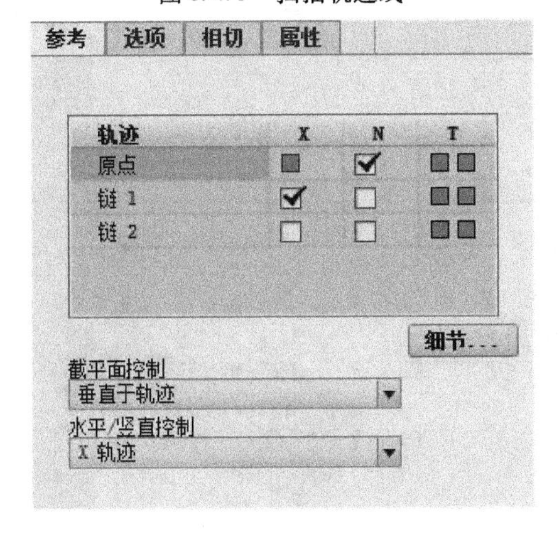

图 6.4.6 【参考】下滑面板的设置

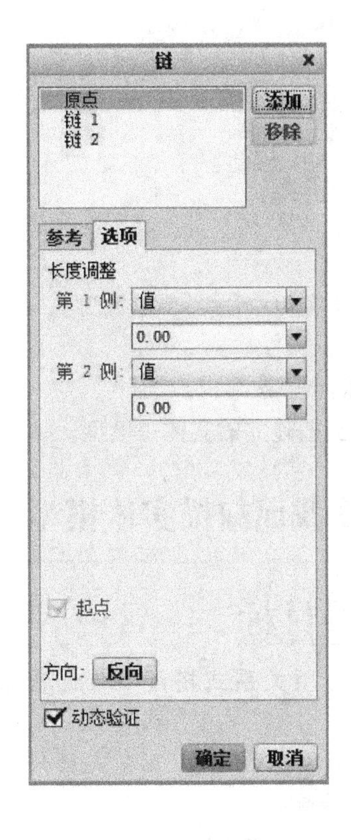

图 6.4.7 【链】对话框

5）单击【创建或编辑扫描截面】工具按钮，绘制如图6.4.8所示的起始端扫描截面。矩形的三个顶点分别锁定在三条轨迹线上，使得截面在扫描过程中，顶点按扫描轨迹的变化而变化。

6）绘制完成后单击【扫描】特征面板中的【确定】按钮。完成【扫描】实体模型如图6.4.9所示。

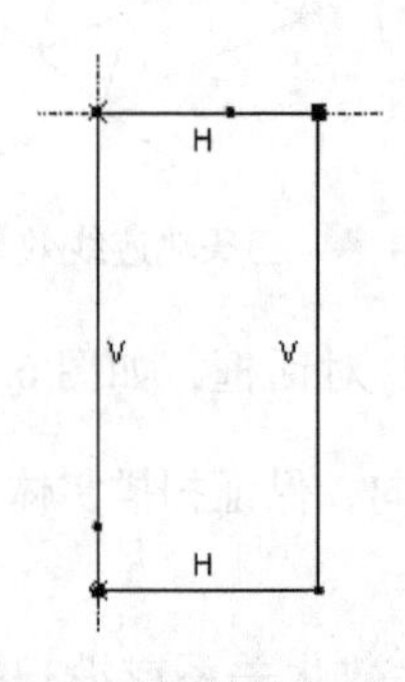

图6.4.8　起始端扫描截面

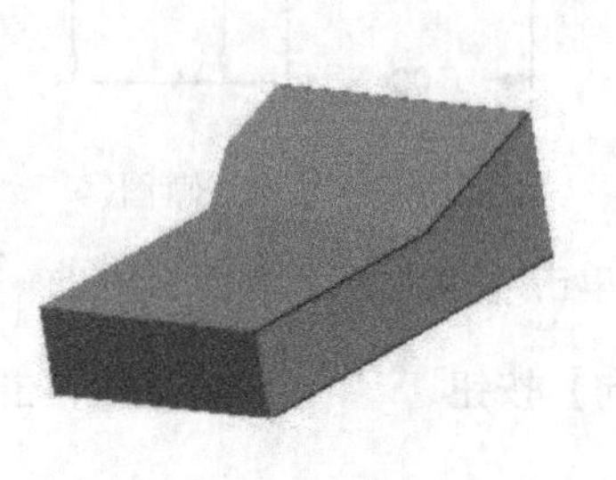

图6.4.9　实体模型

7）若扫描曲面，选择【选项】|【封闭端点】选项，如图6.4.10所示，则创建两端封闭曲面，否则为两端开放的曲面。曲面端点设置如图6.4.11所示。

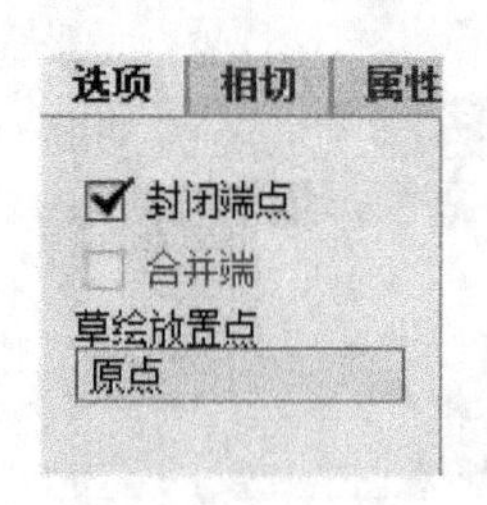

图6.4.10　端点设置选项

a) 开放端点

b) 封闭端点

图6.4.11　曲面端点设置

4. 保存模型

保存当前建立的实体一模型。

6.5　变截面扫描实体模型（实例二）

学习目标

熟悉使用关系式搭配 *trajpar* 参数来控制截面参数的变化。

实例分析

本例创建的实体效果如图6.5.1所示。

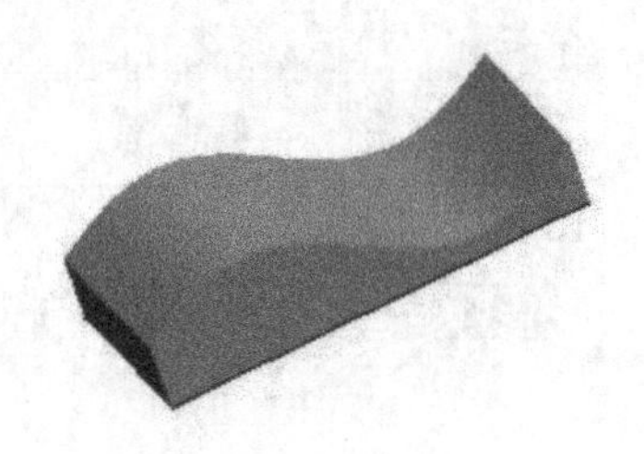

图6.5.1　变截面扫描实体模型

建模过程

1. 建立一个新文件

建立文件名为“shiti2”的新文件。

2. 草绘轨迹线

1）单击【草绘】工具按钮，弹出【草绘】对话框。

2）选择基准平面 TOP 作为草绘平面，基准平面 FRONT 为参考平面，绘制如图 6.5.2 所示的轨迹线草图。

3）绘制完成后单击【草绘】工具栏中的【确定】按钮。完成如图 6.5.3 所示的扫描轨迹线。

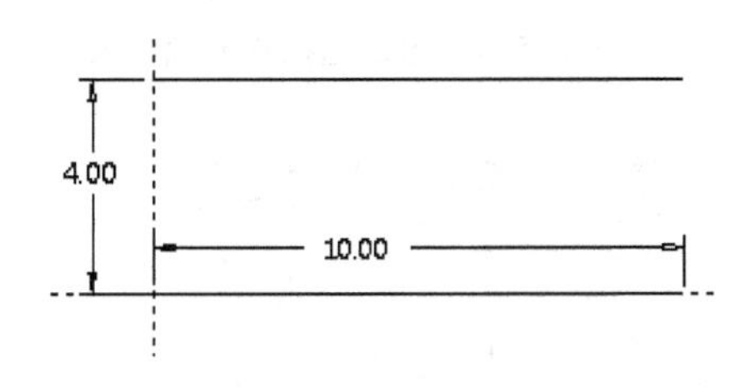

图 6.5.2　轨迹线草图

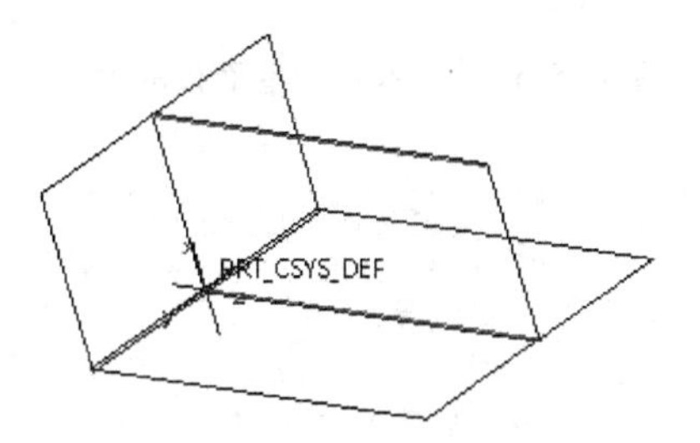

图 6.5.3　草绘扫描轨迹线

3. 扫描建实体模型

1）单击【扫描】工具按钮，在窗口顶部弹出【扫描】特征面板。

2）单击【参考】按钮，选择【轨迹】|【选择项】，按住 <Ctrl> 键，依次选取如图 6.5.4 中所示的两条轨迹线，分别为“原点”“链 1”。选择【截平面控制】为【垂直于轨迹】，如图 6.5.5 所示。

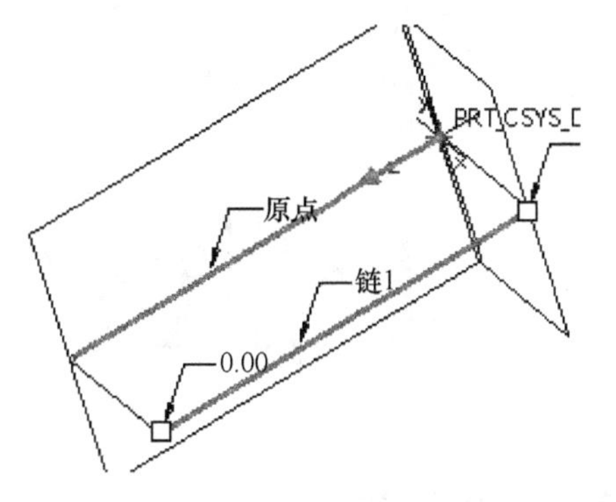

图 6.5.4　扫描轨迹线

3）单击【变截面扫描】工具按钮。

4）单击【创建或编辑扫描截面】按钮，绘制如图 6.5.6 所示的起始端扫描截面（此时的高度尺寸可为任意数值）。矩形的两个顶点分别锁定在两条轨迹线上。

5）单击【工具】选项卡中的【关系】命令，弹出【关系】对话框，输入关系式：“sd4 = sin（trajpar * 360）+1.5”，以控制截面的高度，如图 6.5.7 所示。值得注意的是，关系式中的“sd4”要与图中的字母一致。

6）单击草绘工具栏中的【确定】按钮，退出草绘模式。

7）单击【扫描】特征工具栏中的【确定】按钮，完成变截面扫描实体模型。如图 6.5.1 所示。

4. 保存模型

保存当前建立的实体二模型。

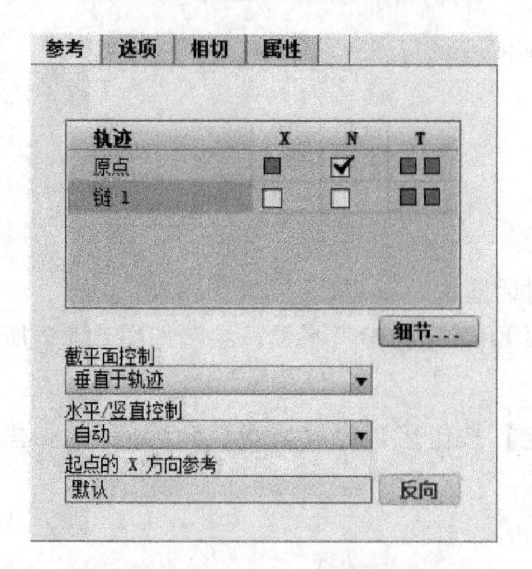

图 6.5.5 【参考】下滑面板的设置

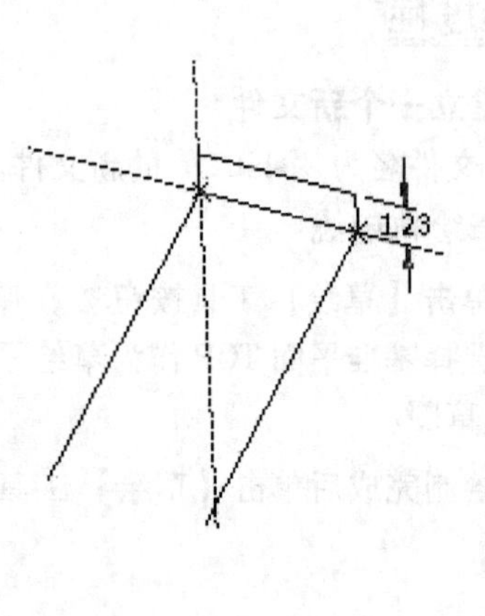

图 6.5.6 起始端扫描截面

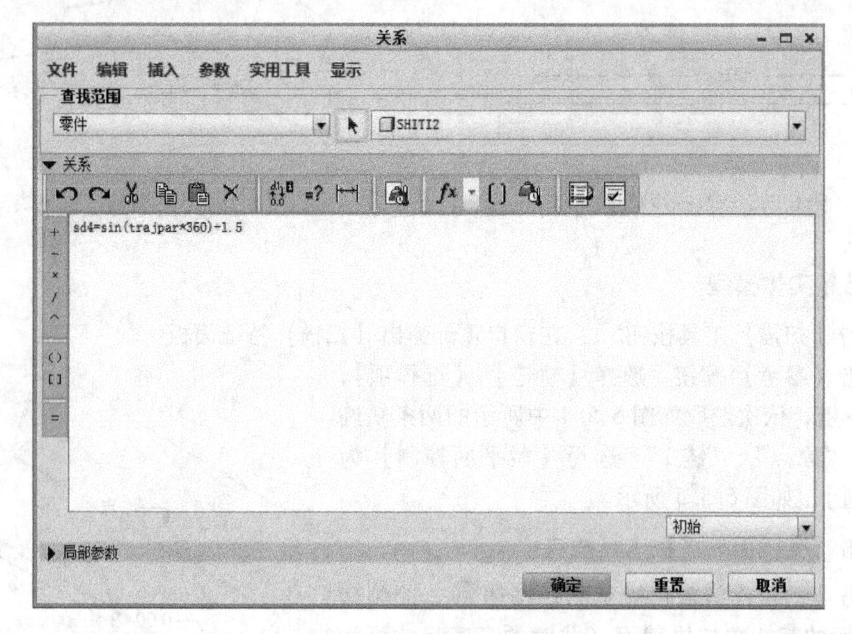

图 6.5.7 【关系】对话框

6.6 凸轮设计

学习目标

掌握用旋转方法创建凸轮主体；熟悉使用关系式搭配基准面及 *trajpar* 参数来控制截面参数的变化。

实例分析

本例设计完成的凸轮如图 6.6.1 所示。

图 6.6.1 凸轮

建模过程

1. 建立一个新文件

建立文件名为“tulun”的新文件。

2. 创建凸轮主体

1）单击【旋转】工具按钮，打开【旋转】特征面板。

2）单击【放置】按钮，弹出【草绘】下滑面板，单击【定义】按钮，弹出【草绘】对话框。选择基准平面 FRONT 作为草绘平面，绘制如图 6.6.2 所示的截面草图。设置旋转角度为“360”，最后生成如图 6.6.3 所示的凸轮主体。

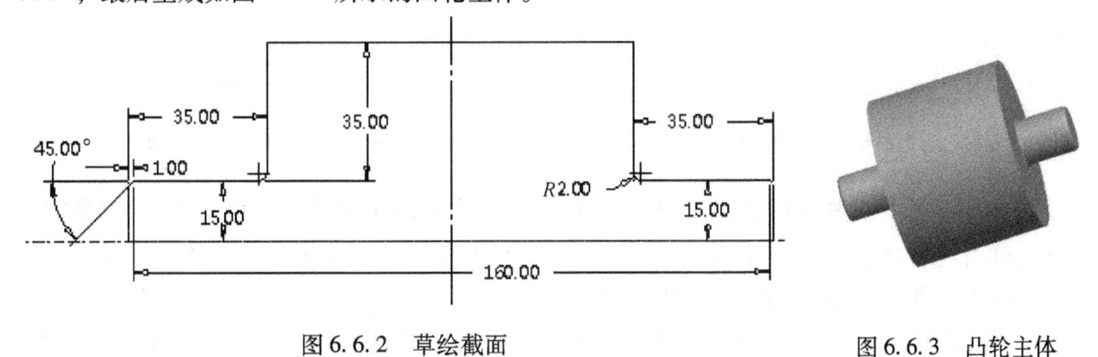

图 6.6.2　草绘截面　　　　图 6.6.3　凸轮主体

3. 创建曲线图形

1）单击【基准】|【图形】工具按钮，在消息文本框中输入图形名称“CURVES”后按 <Enter> 键。

2）单击【创建坐标系】按钮，在二维草绘模式中绘制如图 6.6.4 所示坐标系。

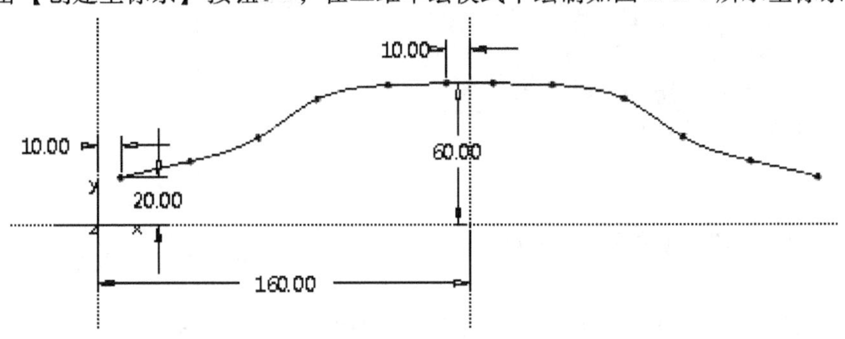

图 6.6.4　图形和坐标系

3）单击【样条】工具按钮，绘制如图 6.6.4 所示的曲线草图。

4）单击工具栏中的【确定】按钮，退出草绘器。

4. 创建凸轮槽

1）单击【扫描】工具按钮，打开【扫描】特征面板。

2）单击【参考】按钮，单击轨迹下拉列表框中的【选取项】，在图形区中选取如图 6.6.5 中所示的曲线作为扫描轨迹线。

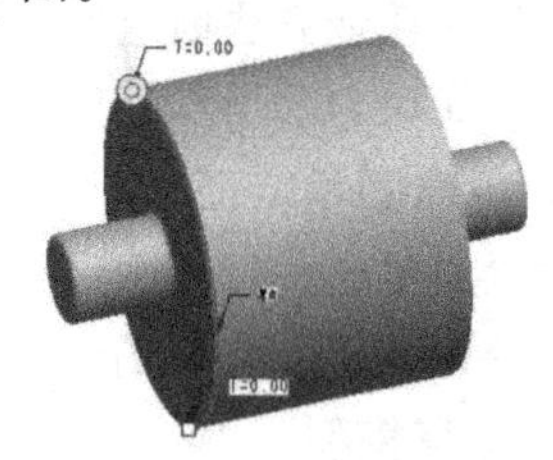

图 6.6.5　选取扫描轨迹线

3）单击【创建或编辑扫描截面】工具按钮，进入草绘模式。

4）在草绘模式下绘制如图 6.6.6 所示的二维图形。

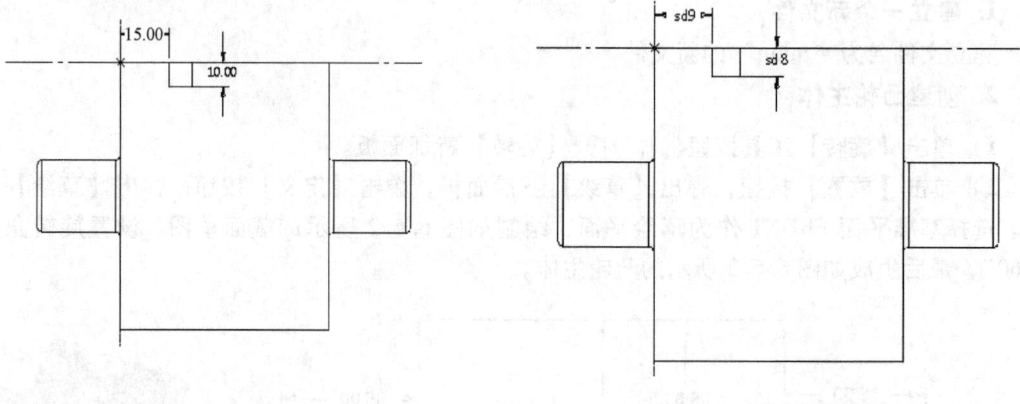

图 6.6.6　二维图形　　　　图 6.6.7　尺寸以符号显示

5）单击【工具】|【切换符号】工具按钮，图 6.6.6 中的尺寸将以符号显示，如图 6.6.7 所示。

6）单击【工具】|【关系】工具按钮 d=，弹出【关系】对话框。在工作区中单击尺寸“sd5”，则其自动被添加到【关系】对话框中。

7）在【关系】对话框中输入以下关系“=evalgraph（“CURVES”，trajpar＊360）”，添加完毕后的【关系】对话框如图 6.6.8 所示。

8）单击对话框的【确定】按钮，这时可看到图中的尺寸已发生改变，如图 6.6.9 所示。

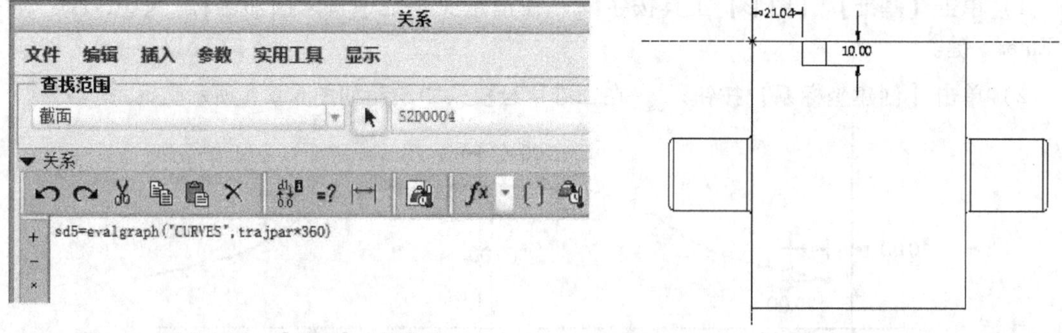

图 6.6.8　【关系】对话框　　　　图 6.6.9　尺寸改变后的截面草图

9）单击工具栏中的【确定】按钮，完成草图的绘制，退出二维草绘模式。

10）单击【切减材料】按钮和【变截面扫描】按钮，调整好材料切除方向，最后生成如图 6.6.10 所示的凸轮槽。

11）用镜像方法创建另一半凸轮槽，镜像平面为基准平面 FRONT 平面，镜像完成后的圆柱凸轮如图 6.6.11 所示。

5. 创建圆角特征

设置如图 6.6.12 中所示的两曲线处圆角半径为“5”，设置如图 6.6.13 所示的槽的两曲线处圆角半径为“1”。完成的凸轮如图 6.6.1 所示。

6. 保存模型

保存当前建立的凸轮模型。

图6.6.10　凸轮槽

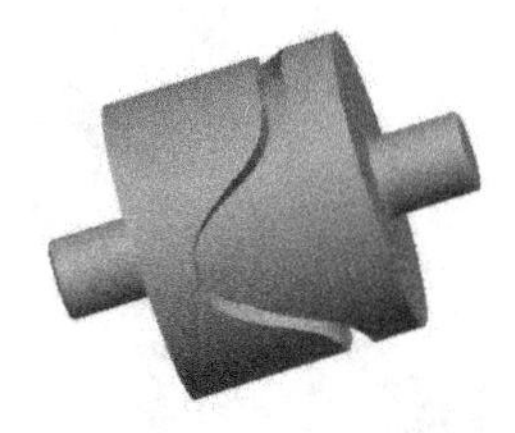

图6.6.11　镜像完成后的圆柱凸轮

图6.6.12　边倒圆角

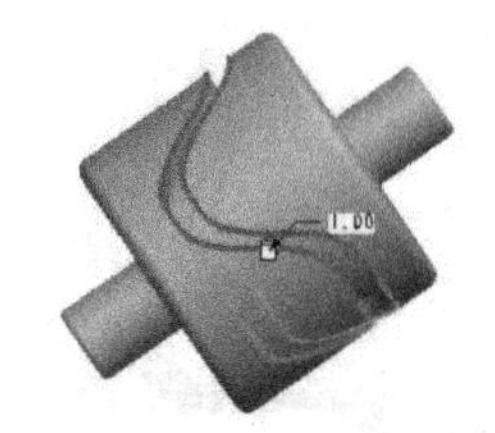

图6.6.13　槽边倒圆角

6.7　实训题

利用扫描特征创建如图6.7.1所示模型。创建过程如下：

1）首先利用扫描工具创建如图6.7.2所示的弯管。扫描轨迹如图6.7.3所示。扫描截面如图6.7.4所示。

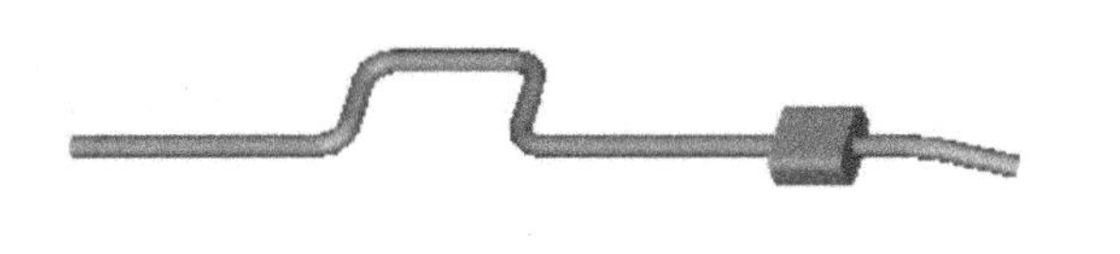

图6.7.1　模型

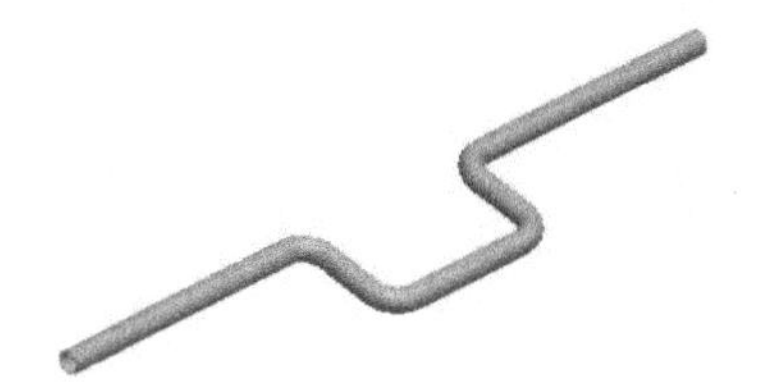

图6.7.2　弯管

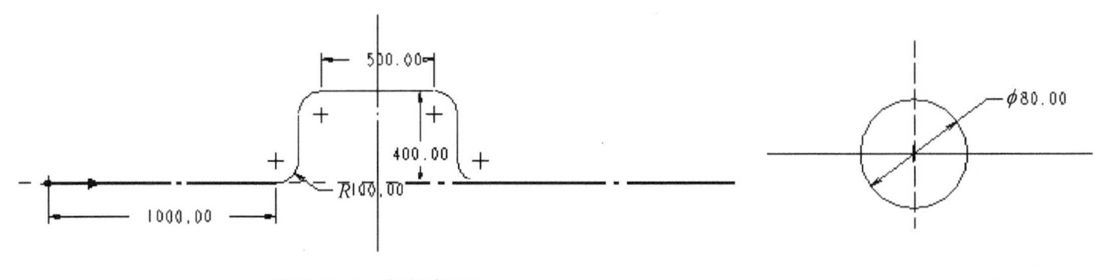

图6.7.3　扫描轨迹

图6.7.4　扫描截面

2）利用拉伸工具创建如图6.7.5所示的弯管拉伸特征，拉伸高度为“50”，拉伸截面如图6.7.6所示。

3）创建如图6.7.7所示的基准平面，然后钻孔，如图6.7.8所示。

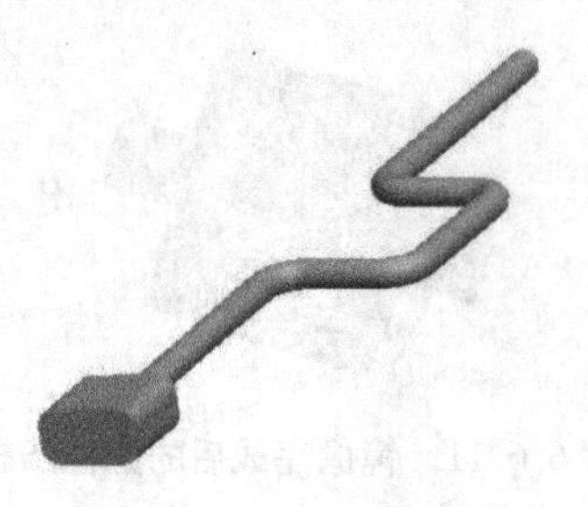

图6.7.5　弯管拉伸特征

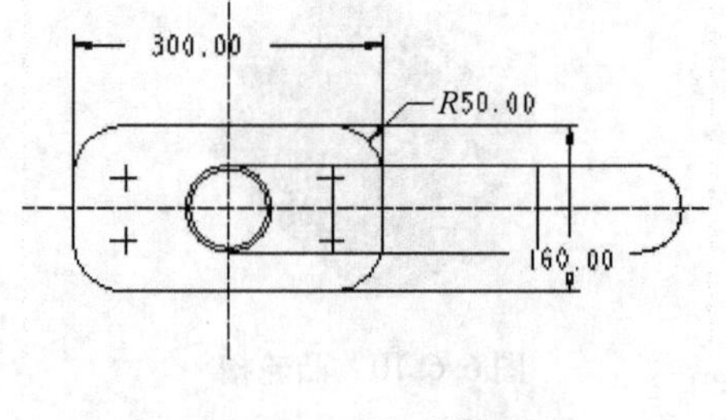

图6.7.6　拉伸截面

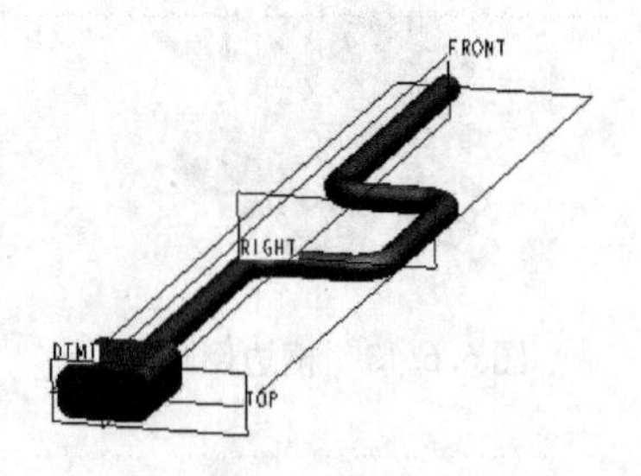

图6.7.7　基准平面

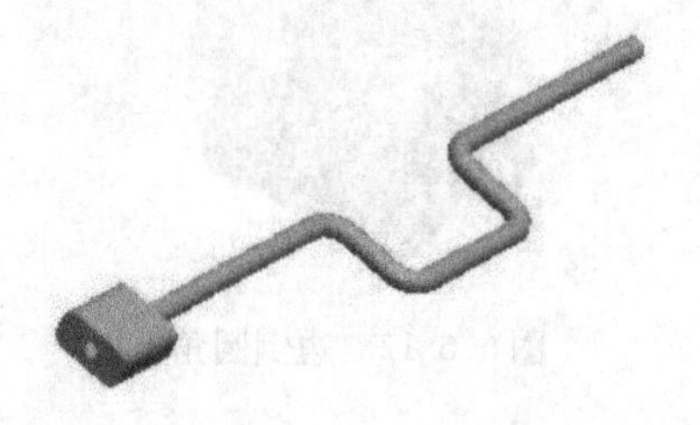

图6.7.8　钻孔

第7章 螺旋扫描类零件的创建

本章要点

【螺旋扫描】是将一个截面沿螺旋轨迹线扫描而形成的一个连续特征，可创建实体、曲面或薄壳特征。本章将通过几个实例向读者介绍利用螺旋扫描创建模型的步骤、技巧与方法。

本章主要内容

❶螺旋扫描命令简介
❷六角头螺栓的创建
❸螺母的创建
❹拉伸弹簧的创建
❺变节距螺旋弹簧的创建
❻实训题

7.1 螺旋扫描命令简介

学习目标

掌握螺旋扫描特征的创建方法。

命令简介

螺旋扫描特征是将一个截面沿着旋转轨迹线进行扫描。如图7.1.1所示。

1.【螺旋扫描】特征面板

单击【模型】选项卡中的拉伸工具按钮，在窗口顶部弹出【螺旋扫描】特征面板。如图7.1.2所示。

2. 螺旋扫描特征控制

（1）螺旋扫描类型

◆创建实体：单击特征面板中的实体按钮使其呈按下状态。

◆去除实体材料：将实体按钮和去除实体材料按钮同时按下。

◆创建薄壳特征：将实体按钮和薄壳特征按钮同时按下。

◆创建曲面特征：将曲面按钮按下。

（2）螺旋扫描轮廓

1）单击【参考】选项，弹出【参考】下滑面板如图7.1.3所示。在此面板中设置螺旋扫描轮廓。

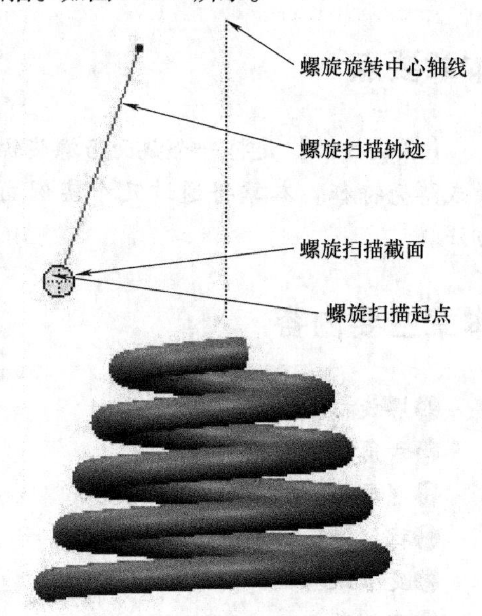

图7.1.1 螺旋扫描特征

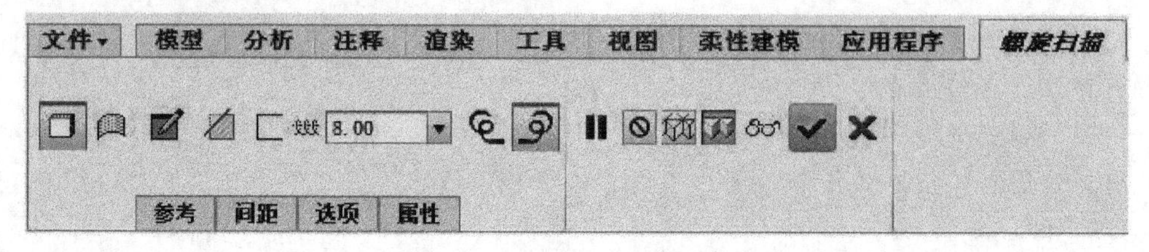

图7.1.2 【螺旋扫描】特征面板

2）绘制扫描轮廓：单击【定义】按钮，选择草绘平面，进入草绘模式。绘制扫描轮廓截面。扫描轮廓的截面中必须有一条旋转中心线。旋转中心线可以在草绘中绘制，也可以选择已有的基准轴或模型的某条边线。

3）螺旋扫描轮廓起点的调整：系统有一个默认的螺旋扫描起点，如果想改变此起点，只需将鼠标指向轮廓线起点，单击鼠标右键，在弹出的快捷菜单中选择【反向】命令；或直接单击模型区的箭头，改变轮廓线的起点。

（3）螺旋扫描截面

1）单击【创建或编辑扫描截面】工具按钮，进入草绘模式，绘制螺旋线扫描截面。

2）设置截面方向。单击【参考】选项，在【参考】下滑面板中选择【截面方向】：

◆【垂直于轨迹】，螺旋扫描截面方向垂直于轨迹。

◆【穿过旋转轴】，螺旋扫描截面位于穿过旋转轴的平面内。

（4）螺旋扫描方向控制

◆创建薄壳特征：由方向按钮控制材料沿厚度生长方向。

◆切减材料：由方向按钮控制材料切减方向。

（5）轨迹的螺旋方向　定义轨迹绕螺旋线缠绕的方向。

◆按下特征面板中的【使用左手定则】工具按钮，创建特征为左旋。

◆按下特征面板中的【使用右手定则】工具按钮，创建特征为右旋。

（6）螺距控制　单击【间距】选项，弹出【间距】下滑面板如图7.1.4所示。通过添加【间距】来改变螺距的值。

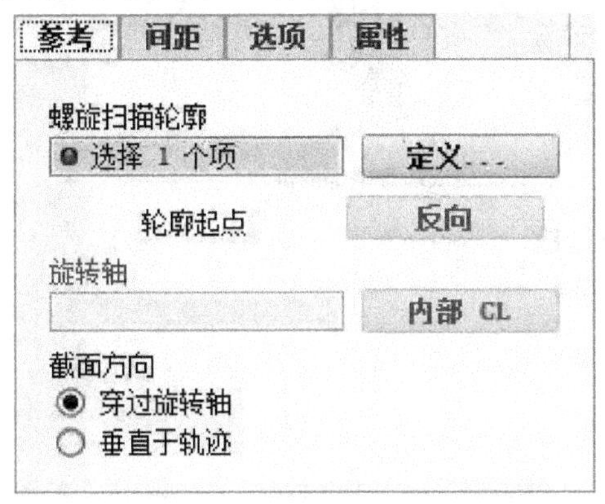

图7.1.3　【参考】下滑面板

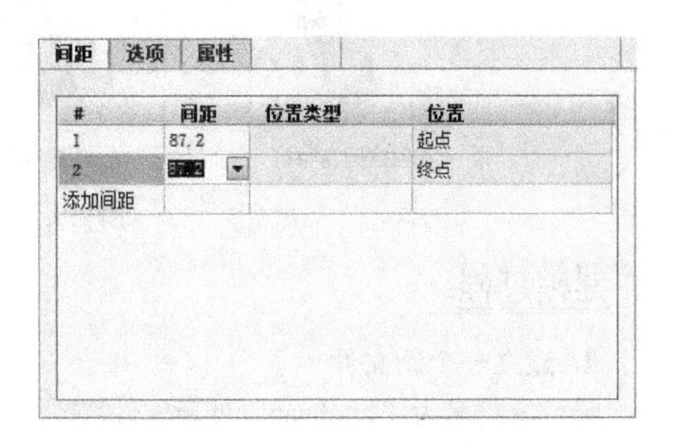

图7.1.4　【间距】下滑面板

7.2　六角头螺栓的创建

学习目标

进一步熟悉拉伸特征，倒角特征，圆角特征和混合特征的操作步骤。学习掌握螺旋扫描特征的操作。

实例分析

本实例的最终效果如图7.2.1所示。创建过程如图7.2.2所示：

图7.2.1　六角头螺栓

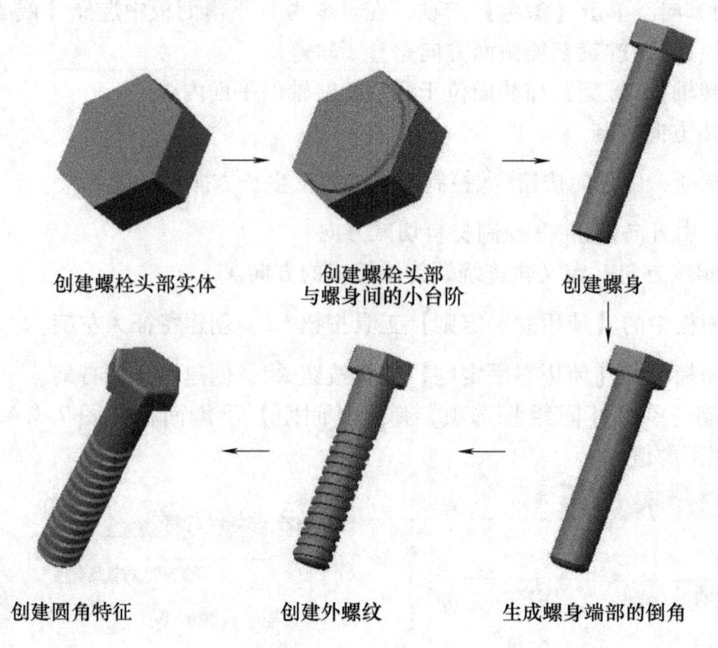

图 7.2.2 创建过程

建模过程

1. 建立一个新文件

建立文件名为“luoshuan”的新文件。

2. 创建螺栓头部实体

1）单击【拉伸】工具按钮，在窗口顶部弹出【拉伸】特征面板。

2）单击【放置】按钮，弹出【放置】下滑面板，单击其中的【定义】按钮，弹出【草绘】对话框。选取 TOP 平面作为草绘平面，参考平面及参考方向采用默认设置。接受默认的尺寸标注参考，进入草绘模式。

3）在草绘平面中绘制如图 7.2.3 所示的截面。

4）单击【草绘】特征面板中的【确定】按钮，退出草绘模式。

5）选择【创建实体】按钮，生成实体。单击【盲孔】按钮确定深度类型，设置拉伸深度为“11.8”。

6）单击【拉伸】特征面板中的【确定】按钮，生成六角头螺栓头部，如图 7.2.4 所示。

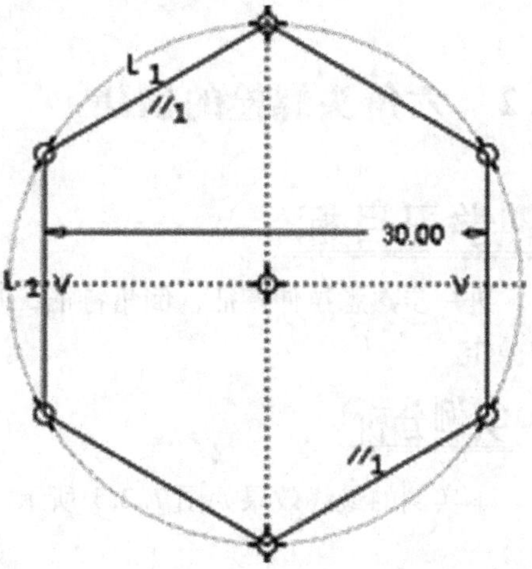

图 7.2.3　截面图

3. 创建螺栓头部与螺身间的小台阶

1）单击【混合】工具按钮，在窗口顶部弹出【混合】特征面板如图 7.2.5 所示。

2）单击【截面】按钮，在弹出的下滑面板中选择【草绘截面】单选按钮，如图 7.2.6 所示，单击【定义】按钮，选取 TOP 为草绘平面，进入草绘模式。

3）绘制直径为“28.5”的圆。单击【确定】按钮✓，退出草绘模式。

4）单击【截面】按钮，继续草绘截面2。草绘平面位置定义方式为【偏移尺寸】。单击 草绘... 按钮，进入草绘模式。

5）绘制直径为“27.7”的圆。单击【确定】按钮✓，退出草绘模式。

6）单击【选项】按钮，在弹出的【选项】下滑面板中定义【混合曲面】类型为【直】，如图7.2.7所示。

7）在【混合】特征面板中添加截面深度值为“0.8” 0.80，调整拉伸方向后选择【完成】选项，完成此特征的创建，生成如图7.2.8所示的螺栓头部上的小台阶。

图7.2.4　六角头螺栓头部

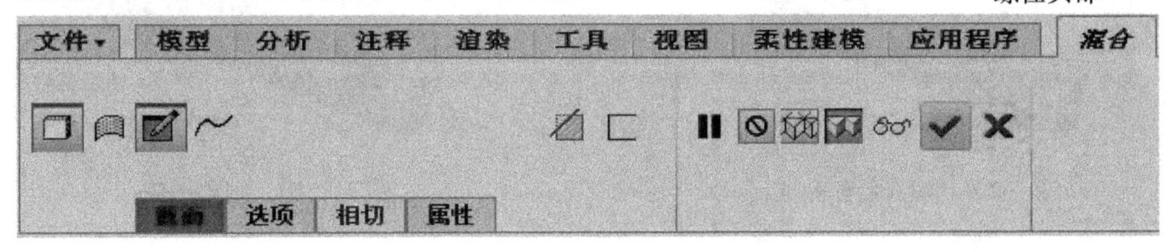

图7.2.5　【混合】特征面板

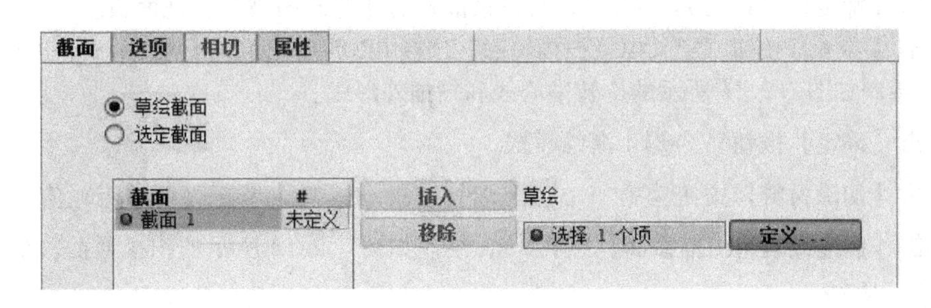

图7.2.6　【截面】下滑面板

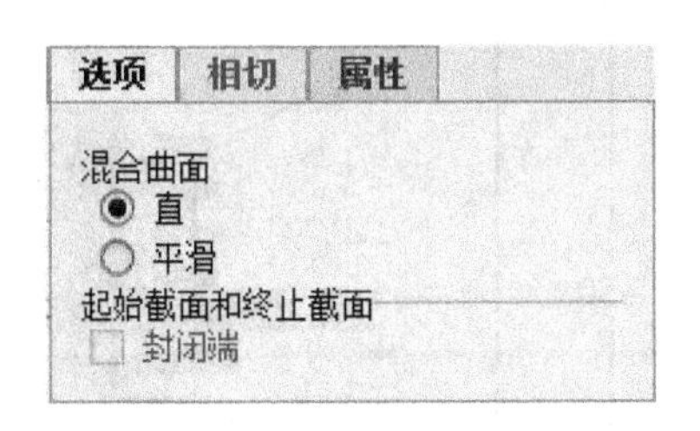

图7.2.7　【选项】下滑面板

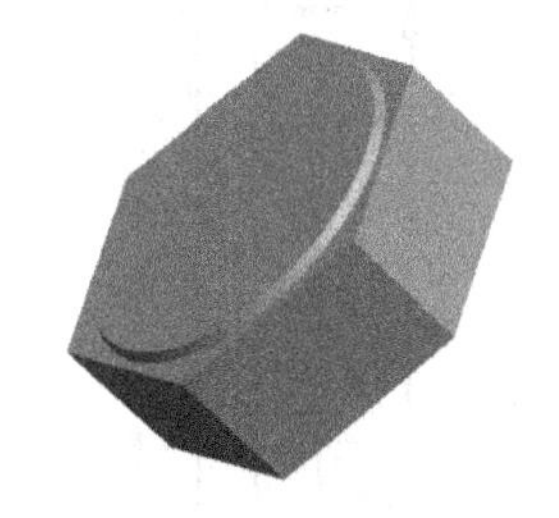

图7.2.8　螺栓头部上的小台阶

4. 创建螺身

1）单击【拉伸】工具按钮，窗口顶部弹出【拉伸】特征面板。

2）单击【放置】按钮，弹出【放置】下滑面板，单击其中的【定义】按钮，弹出【草绘】对话框。选择小台阶的上端面作为草绘平面，基准平面FRONT为参考平面。其他选项使用系统默认值，单击【草绘】对话框的 草绘 按钮，进入草绘模式。

3）绘制一直径为“20”的圆截面，单击【确定】按钮✔，完成草图的绘制。

4）单击特征面板中的【创建实体】按钮，生成实体；单击【盲孔】按钮，输入拉伸深度“100”。

5）调整实体拉伸方向，单击【确定】按钮✔，完成螺身特征创建，如图7.2.9所示。

5. 生成螺身端部的倒角

1）单击【倒角】工具按钮，弹出【倒角】特征面板。

2）选取倒角类型为【45×D】，“D”值为“2”，选取螺身端部的圆边作为倒角边，然后单击特征面板的【确定】按钮✔，完成倒角的创建，如图7.2.10所示。

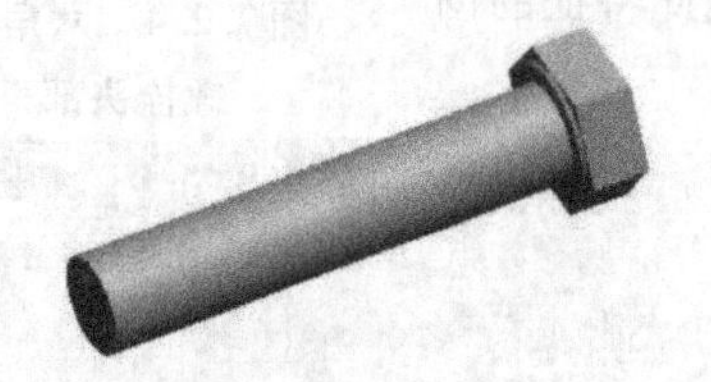

图7.2.9　螺身创建完成

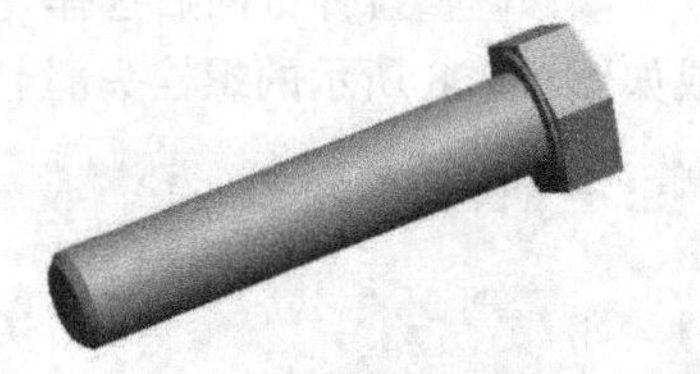

图7.2.10　倒角创建

6. 创建外螺纹

1）单击【螺旋扫描】工具按钮，窗口顶部弹出【螺旋扫描】特征面板。

2）单击【参考】按钮，定义螺旋扫描轮廓，选择FRONT平面作为草绘平面，进入草绘界面，绘制如图7.2.11所示的旋转中心线和扫描外形线。

3）单击【确定】按钮✔，退出草绘模式。

4）单击【切除材料】按钮和【右手定则】按钮，输入节距（即螺距）值为“3”。

5）单击【创建或编辑扫描截面】按钮，绘制如图7.2.12所示的扫描截面。绘制完成后单击【确定】按钮✔。

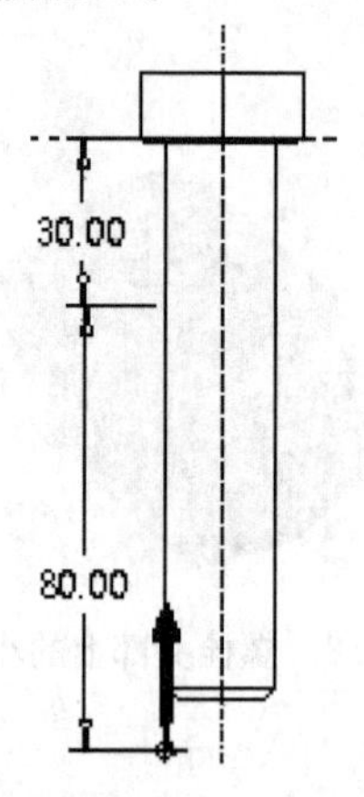

图7.2.11　旋转中心线和扫描外形线

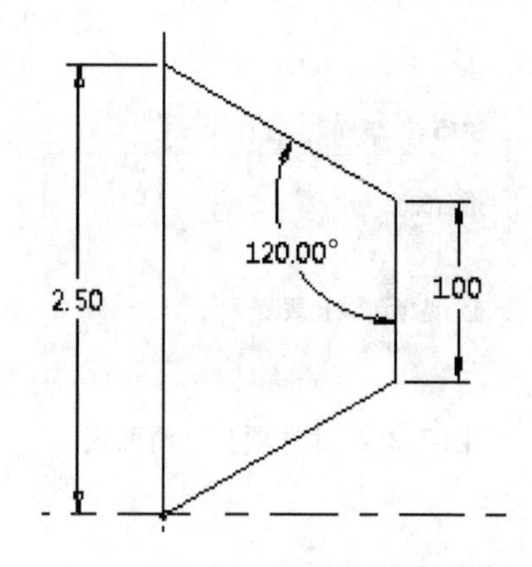

图7.2.12　草绘扫描截面

6）调整图中箭头方向，保证正确切除材料。单击【确定】按钮✔，完成螺纹的创建。生成的螺纹如图7.2.13所示。

7. 创建圆角特征

单击【倒圆角】工具按钮，打开【倒圆角】特征面板。在螺身根部生成半径为“0.8”的圆角，螺栓头部的各条边生成半径为“2”的圆角。最终生成的六角头螺栓如图7.2.1所示。

图7.2.13　生成的螺纹

8. 保存模型

保存当前建立的螺栓模型。

7.3　螺母的创建

学习目标

熟练掌握常用特征创建、螺旋扫描操作。

实例分析

本例创建的螺母如图7.3.1所示。创建过程如图7.3.2所示：

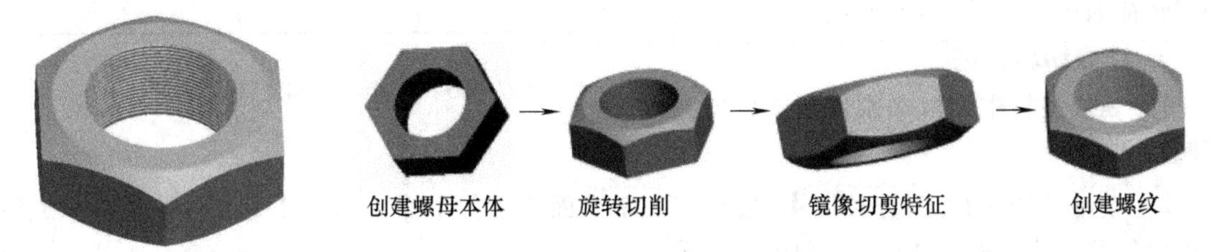

图7.3.1　螺母　　　　图7.3.2　创建过程

建模过程

1. 建立一个新文件

建立文件名为“luomu”的新文件。

2. 创建螺母本体

1）单击【拉伸】工具按钮，弹出【拉伸】特征面板。

2）单击【放置】按钮，弹出【放置】下滑面板，单击其中的【定义】按钮，弹出【草绘】对话框，选取TOP平面作为草绘平面，其他选项使用系统默认值，单击【草绘】对话框的 草绘 按钮，进入草绘模式。

3）绘制如图7.3.3所示的截面。绘制完成后，单击【确定】按钮，退出草绘模式。

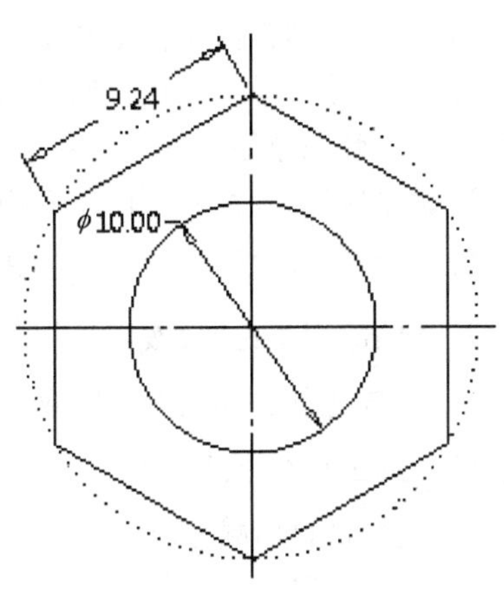

图7.3.3　草绘截面

4）单击【创建实体】按钮，创建实体特征。单击【双侧深度】按钮，输入拉伸深度“6”。

5）单击【确定】按钮，完成特征创建。

3. 旋转切削

1）单击【旋转】工具按钮，弹出【旋转】特征面板。如图 7.3.4 所示。

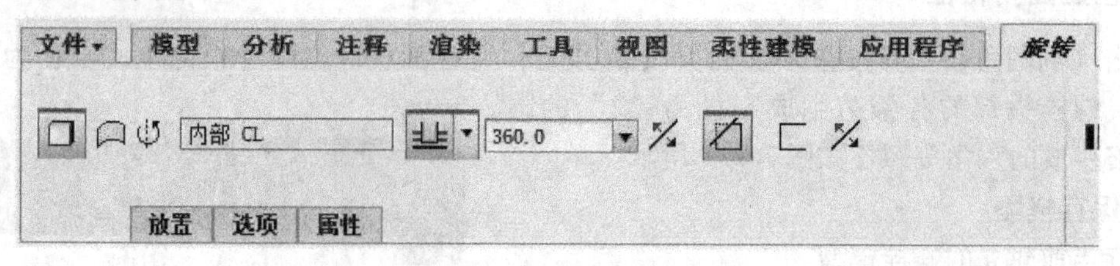

图 7.3.4 【旋转】特征面板

2）单击【放置】按钮，弹出【放置】下滑面板，单击其中的【定义】按钮，弹出【草绘】对话框，选择 RIGHT 面作为草绘平面，其余接受默认设置。绘制草绘截面和旋转中心线，如图 7.3.5 所示。

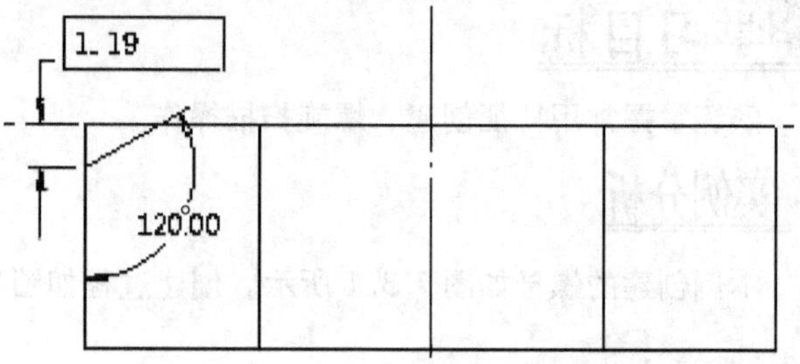

3）单击【确定】按钮，完成草图的绘制。

4）特征面板其他各项设置如图 7.3.4 所示。单击【确定】按钮，完成切减特征创建，如图 7.3.6 所示。

图 7.3.5 草绘截面和旋转中心线

4. 镜像切减特征

1）在模型树中选取刚刚创建的旋转切减特征。

2）单击【镜像】工具按钮，选择 TOP 基准面为镜像平面，单击【完成】按钮，完成零件模型的切减特征镜像复制，如图 7.3.7 所示。

图 7.3.6 切减完成

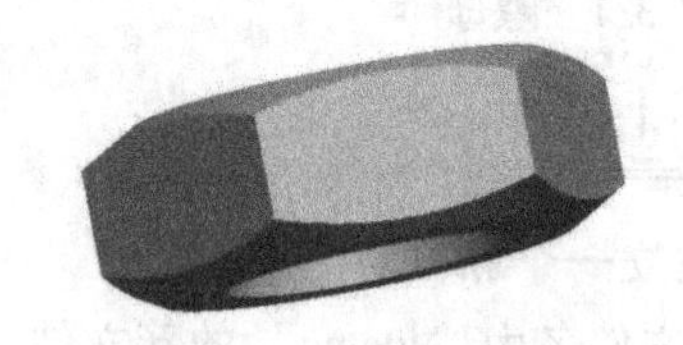

图 7.3.7 切减特征镜像复制

5. 创建螺纹

1）单击【螺旋扫描】工具按钮，弹出【螺旋扫描】特征面板。

2）单击【参考】按钮，选择截面方向为【穿过旋转轴】。然后编辑螺旋扫描轮廓。选择 FRONT 平面作为草绘平面，进入草绘模式。

3）绘制如图 7.3.8 所示的旋转中心线和扫描外形线。

4）单击【确定】按钮，退出草绘模式。

5）单击【切减材料】按钮和【右手定则】按钮，文本框内输入节距(即螺距)“0.3”。

6）单击【创建或编辑扫描截面】按钮，绘制如图 7.3.9 所示的扫描截面，单击【确定】按钮，退出草绘模式。

7）调整材料切减方向，单击【确定】按钮，生成的螺母如图 7.3.1 所示。

6. 保存模型

保存当前建立的螺母模型。

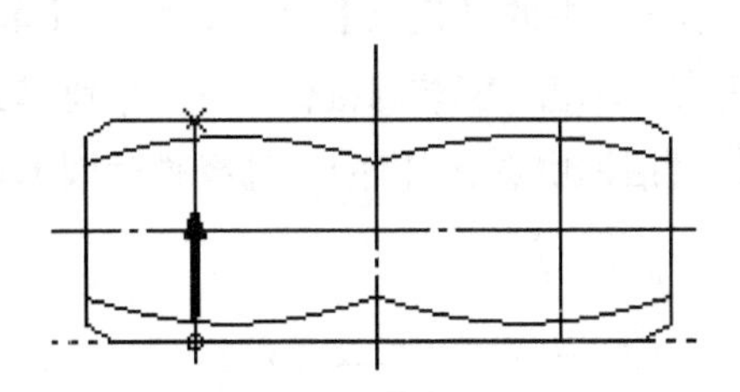

图 7.3.8 旋转中心线和扫描外形线

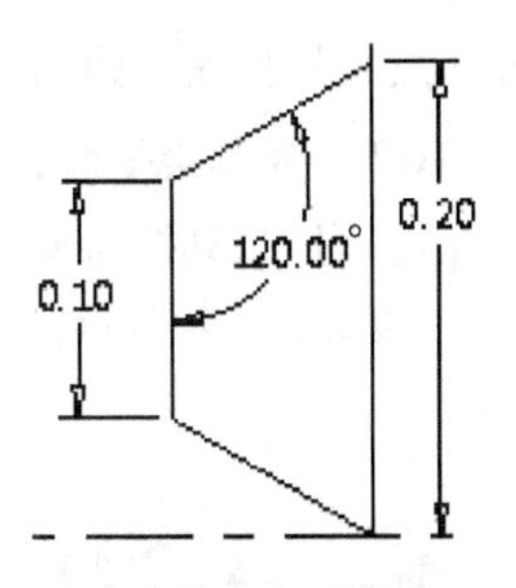

图 7.3.9 扫描截面

7.4 拉伸弹簧的创建

学习目标

实现简单的螺旋扫描、任意角度旋转拉伸等功能。

实例分析

拉伸弹簧是机械设计中重要弹性零件，本例创建的拉伸弹簧如图7.4.1所示。

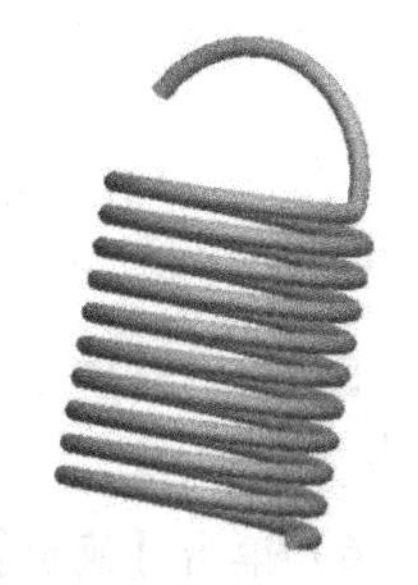

图 7.4.1 拉伸弹簧

建模过程

1. 建立一个新文件

建立文件名为“lashentanhuang”的新文件。

2. 创建弹簧

1）单击【螺旋扫描】工具按钮，窗口顶部弹出【螺旋扫描】特征面板。

2）单击【参考】按钮，截面方向为【穿过旋转轴】，单击【定义】按钮。选择TOP面作为草绘平面，进入草绘模式。

3）绘制如图7.4.2所示的扫描中心线和扫描外形线，单击【确定】按钮，退出草绘模式。

4）单击【创建或编辑扫描截面】按钮，进入草绘模式。

5）绘制直径为“3”的圆。单击【确定】按钮，退出草绘模式。

6）在【螺旋扫描】特征面板中输入节距为“5”，螺纹旋向选择【使用右手定则】。

7）单击【选项】按钮，选择【保持恒定截面】。

8）单击【螺旋扫描】特征面板中的【确定】按钮，生成弹簧主体，如图7.4.3所示。

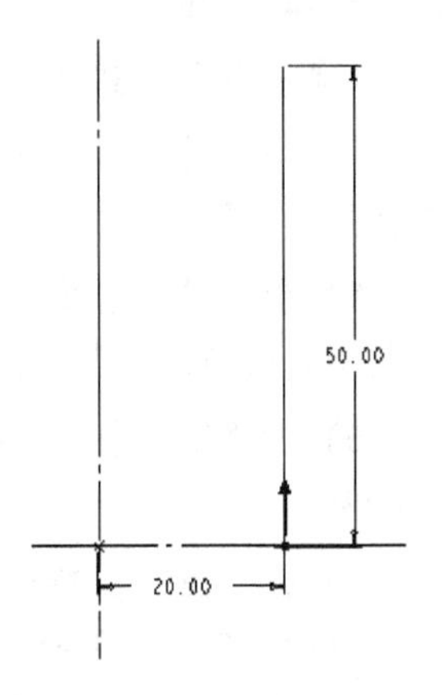

图 7.4.2 扫描中心线和外形线

3. 创建过渡环

1）单击【旋转】工具按钮，打开【旋转】特征面板。

2）单击【创建实体】按钮，生成实体。

3）单击【放置】按钮，弹出【放置】下滑面板，单击其中的【定义】按钮，弹出【草绘】对话框。选择TOP面为草绘平面，其余接受系统默认设置，单击 草绘 按钮，进入草绘模式。

4）单击【投影】工具按钮，在弹出的【类型】对话框中选择【环】。选择弹簧圆形截面作为草绘截面，如图7.4.4所示。

图7.4.3　弹簧主体

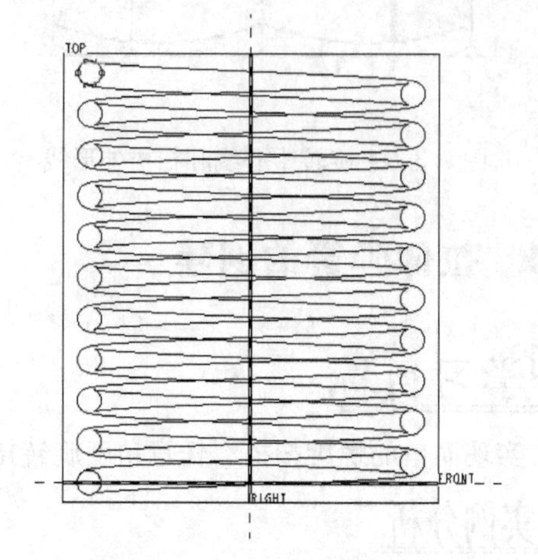

图7.4.4　草绘截面

5）单击【中心线】工具按钮，在圆的上侧绘制一条中心线，中心线与草绘截面的圆心距离为“2”。

6）单击【确定】按钮，退出草绘模式。

7）确认【旋转】工具特征面板中的旋转角度是“90”。单击【确定】按钮，生成过渡环，如图7.4.5所示。

4. 创建半圆钩

1）单击【旋转】工具按钮，打开【旋转】特征面板。

2）单击【创建实体】按钮，生成实体。

3）单击【放置】按钮，弹出【放置】下滑面板，单击【定义】按钮，弹出【草绘】对话框。选择圆钩的过渡截面（上表面）为草绘平面，选取TOP作为参考面，方向选择“底部”。单击 草绘 按钮，进入草绘模式。

4）单击【投影】工具按钮，在弹出的【类型】对话框中选择【环】。选择圆钩的过渡截面作为草绘截面。

5）单击【中心线】工具按钮，绘制一条中心线通过原点和圆钩过渡截面圆心后，绘制另一条中心线通过原点，且与第一条中心线垂直，如图7.4.6所示。

6）选择第一条中心线，按<Delete>键删除第一条中心线，单击【确定】按钮，完成草图绘制。

7）在【旋转】特征面板中输入旋转角度“150”，单击【确定】按钮，生成半圆钩。最终效果如图7.4.1所示。

5. 保存模型

保存当前建立的弹簧模型。

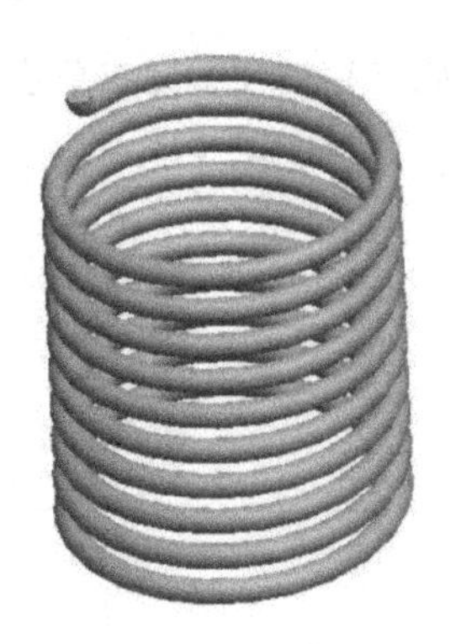

图7.4.5　过渡环生成

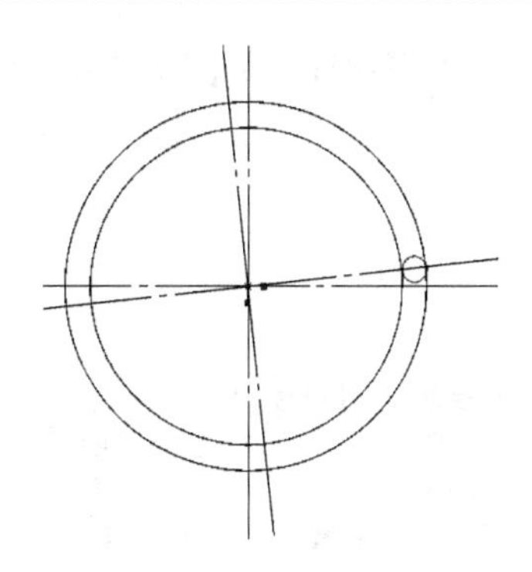

图7.4.6　中心线绘制

7.5　变节距螺旋弹簧的创建

学习目标

学习螺旋扫描实体。

实例分析

变节距螺旋弹簧是一种常见的弹簧，其效果图如图7.5.1所示。

图7.5.1　变节距螺旋弹簧

建模过程

1. 建立一个新文件

建立文件名称为“bianjiejuluoxuantanhuang”的新文件。

2. 创建螺旋扫描实体

1）单击【螺旋扫描】工具按钮，窗口顶部弹出【螺旋扫描】特征面板。

2）单击【选项】按钮，选择【改变截面】。

3）单击【参考】按钮，截面方向选择为【穿过旋转轴】；单击【定义】按钮，选择FRONT面作为草绘平面，进入草绘模式。

4）绘制如图7.5.2所示的扫描中心线和扫描轨迹线。

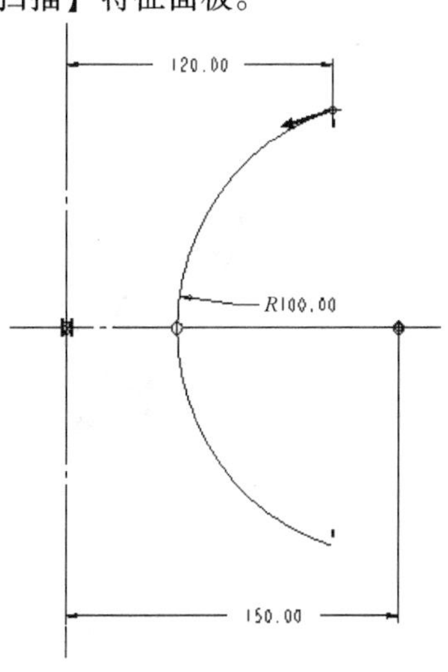

图7.5.2　绘制扫描中心线和轨迹线

5）单击【分割】工具按钮，在圆弧中点将圆弧断开。

6）单击【确定】按钮，退出草绘模式。

7）单击【间距】，在弹出的【间距】下滑面板中添加三个间距值。起点间距为“10”，终点间距为“10”，在模型窗口内选择圆弧中点，间距值为“50”，如图7.5.3所示。

8）单击【使用右手定则】按钮。

9）单击【创建或编辑扫描截面】按钮，绘制一个直径为“5”的圆形截面，如图7.5.4所示，单击草绘器中的【确定】按钮，完成草绘。

#	间距	位置类型	位置
1	10.00		起点
2	10.00		终点
3	50.00	按值	95.41
添加间距			

图7.5.3 【间距】下滑面板

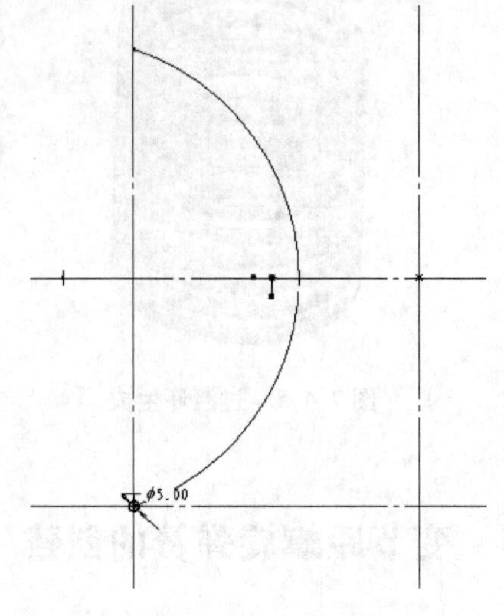

图7.5.4 草绘截面

10）单击【螺旋扫描】特征面板中的【确定】按钮✔，生成变节距螺旋弹簧实体，如图7.5.1所示。

3. 保存模型

保存当前建立的变节距螺旋弹簧模型。

7.6 实训题

创建如图7.6.1所示的蝶形螺母。蝶形螺母是重要的紧固零件。

（1）利用旋转工具创建空心锥 旋转截面和中心线如图7.6.2所示。旋转后空心锥形圆柱体如图7.6.3所示。

图7.6.1 蝶形螺母

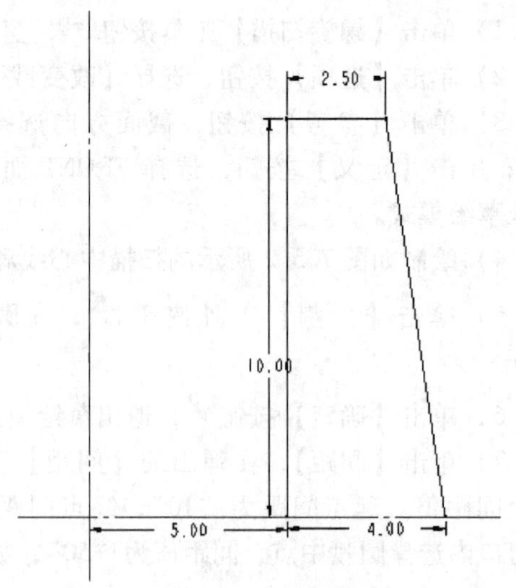

图7.6.2 旋转截面和中心线

（2）利用轮廓筋工具创建蝶片　蝶片尺寸如图图 7.6.4 所示。蝶片厚度值设为“4”。创建完成的蝶片如图 7.6.5 所示。

图 7.6.3　空心锥形圆柱体

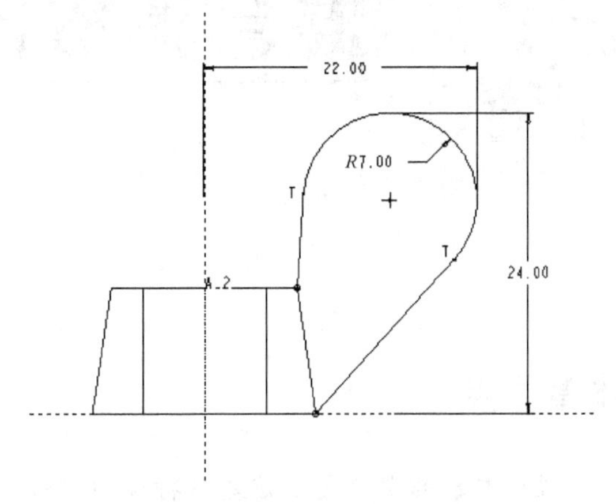

图 7.6.4　蝶片尺寸

（3）利用镜像工具复制蝶片　蝶片镜像复制如图 7.6.6 所示。

（4）利用倒圆角工具倒圆角　将蝶片与圆台体连接部分的四个棱边倒圆角。如图 7.6.7 所示。

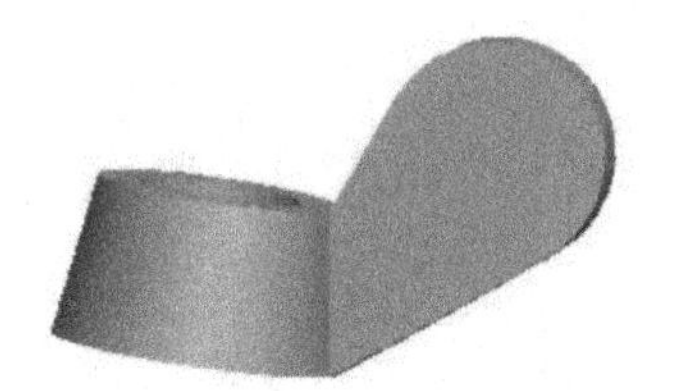

图 7.6.5　完成蝶片的创建

图 7.6.6　蝶片镜像复制

图 7.6.7　倒圆角

（5）利用螺旋扫描工具创建螺纹

1）执行【恒定截面】|【穿过旋转轴】|【使用右手定则】命令 。

2）扫描截面尺寸如图 7.6.8 所示，扫描轨迹及螺距自定。

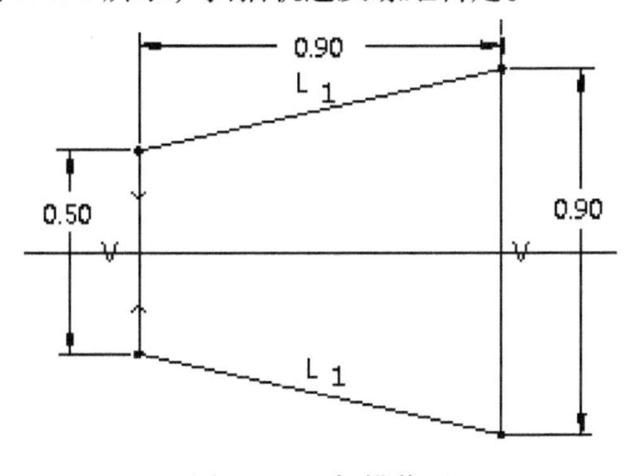

图 7.6.8　扫描截面

第8章 混合类零件的创建

本章要点

混合与旋转混合是创建基础特征的方法。本章将通过几个实例向读者介绍利用混合与旋转混合创建实体模型的步骤、技巧与方法。

本章主要内容

❶混合命令简介
❷旋转混合命令简介
❸变径进气直管
❹通风管道
❺变径进气弯管
❻铣刀
❼实训题

8.1　混合命令简介

学习目标

熟悉【混合】特征面板的使用，深刻了解混合创建特征的步骤及方法，掌握混合特征对草绘截面的要求。

命令简介

混合特征就是将一组截面沿其边线用过渡曲面连接形成一个连续的特征。混合特征至少由两个截面组成。如图8.1.1所示。

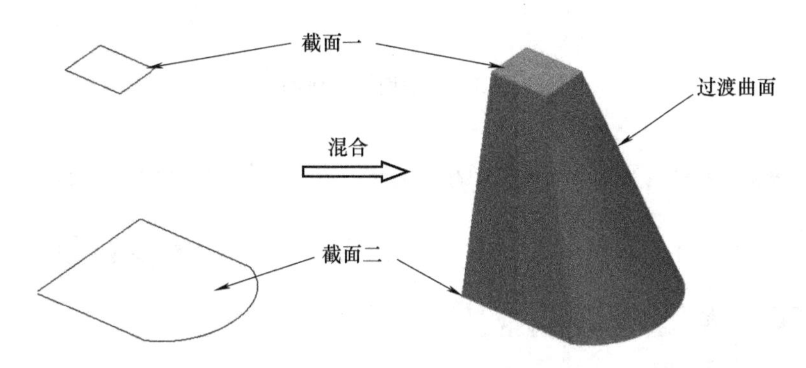

图8.1.1　混合特征

1. 特征面板

（1）混合特征面板　执行【模型】|【形状】|【混合】命令，打开【混合】特征面板，如图8.1.2所示。

（2）截面下滑面板　混合特征的截面可以草绘也可以选取已有截面。单击【混合】特征面板【截面】，打开【截面】下滑面板如图8.1.3所示。若需草绘截面，则选中【草绘截面】，若选取已有截面，则选中【选定截面】。

（3）【选项】下滑面板　【选项】下滑面板用于控制过渡曲面的属性。单击【混合】特征面板【选项】，打开【选项】下滑面板，如图8.1.4所示。

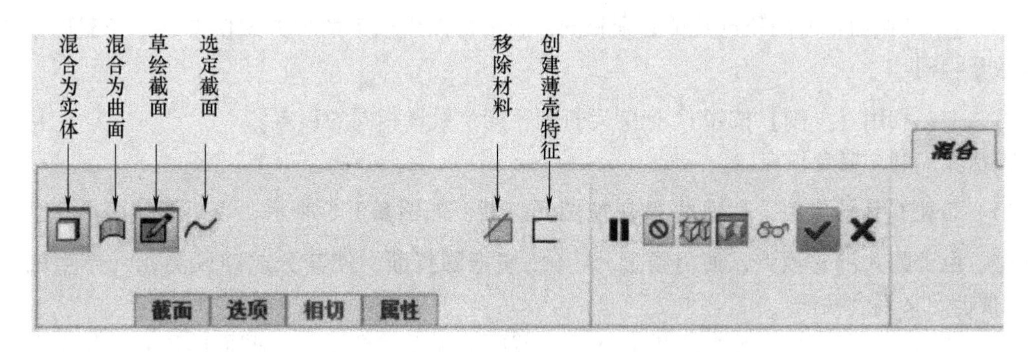

图8.1.2　【混合】特征面板

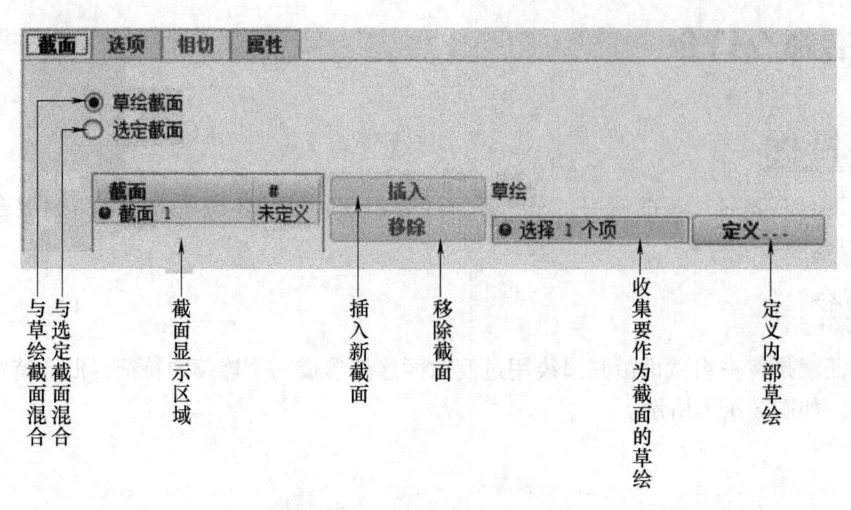

图 8.1.3 【截面】下滑面板

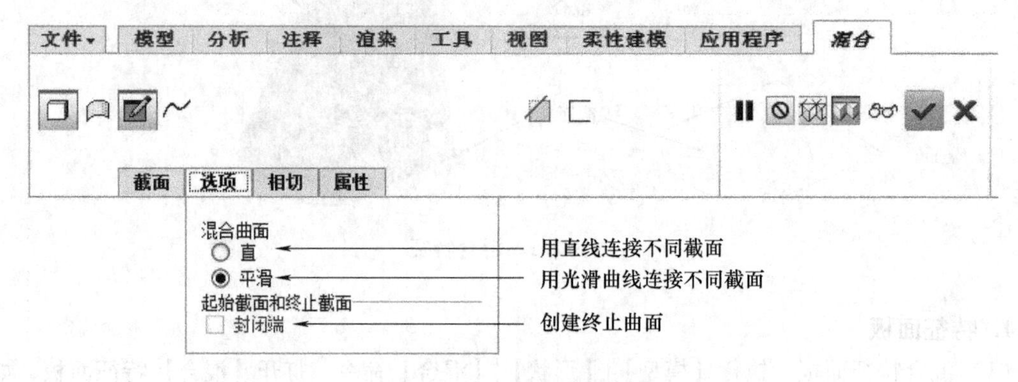

图 8.1.4 【选项】下滑面板

2. 混合特征截面解析

混合特征各截面必须满足以下要求：

1）可使用多个子截面定义混合特征，至少要有两个子截面。

2）混合为实体时每个子截面草图必须封闭。

3）每个子截面只允许有一个环。

4）每个子截面草图的顶点数量必须相同，否则可以用以下两种方式使得每个子截面草图的顶点数量相同：

方法一：利用【分割】按钮把图元打断，产生数量相同的顶点。

方法二：利用混合顶点。

（1）分割按钮的应用　利用按钮把图元打断：如图 8.1.5 所示，当矩形截面混合至圆形截面时，由于圆并没有顶点，便需要通过按钮把圆打断，使其分成四段图元（产生四个顶点），便能定义混合特征。

（2）混合顶点的应用　混合边界会从一个截面的顶点混合至另一截面的顶点，每个顶点只允许一条边界通过。若鼠标单击顶点并按鼠标右键，在弹出的快捷菜单中选取【混合顶点】，便会在顶点显示小圆圈符号，它将允许增加多条边界通过，混合顶点的应用如图8.1.6所示。在同一个截面中可加设多个【混合顶点】，在同一个顶点，也可加设多个【混合顶点】。值得注意的是各个子截面草图的顶点数量加混合顶点的数量必须相等。

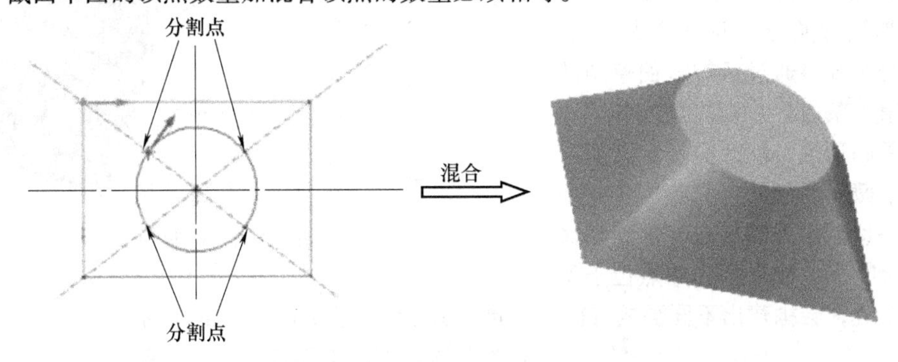

图8.1.5　分割按钮的应用

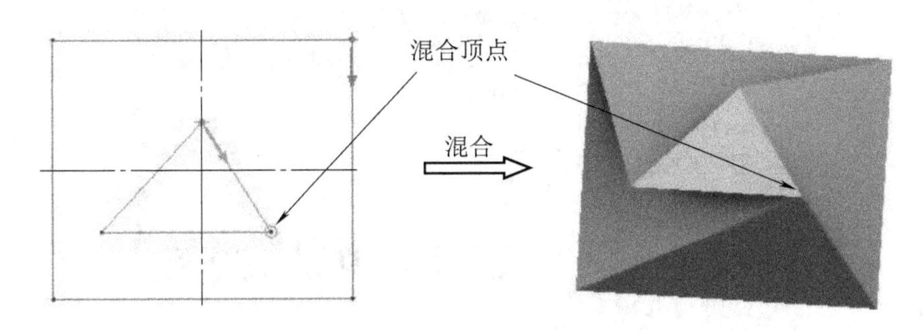

图8.1.6　混合顶点的应用

在同一顶点加设多个混合顶点，在该点会有多个小圆圈符号显示，若有三个混合顶点，便有三个小圆圈符号显示。多个混合顶点的应用如图8.1.7所示，在同一顶点加设两个混合顶点，便有两个小圆圈符号显示。在三角形草图中，共有顶点与混合顶点数量为“5”，与五边形草图的顶点数量相同。

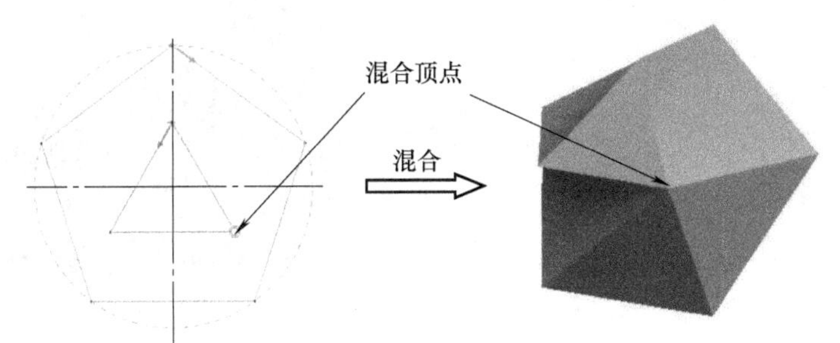

图8.1.7　多个混合顶点的应用

特别强调，草绘截面也可以是绘制点。若草图中只有一个绘制点存在，并没有额外的绘制性图元，如直线或圆，它将被视为有效的草图截面，其他截面的顶点都会与它连接，定义混合边界。绘制点如图8.1.8所示，模型以三个子截面定义，第三个截面是只有一个绘制点的图元，它将被视为顶点，成型后所有边界都会通过它。

（3）删除混合顶点　鼠标单击混合顶点使之显示，按鼠标右键从快捷菜单中选取【从列表中拾取】，单击如图8.1.9中所示的【混合顶点】选项，单击【确定】按钮，再按<Delete>键便能删除混合顶点。如图8.1.9所示。

（4）起始点　每个截面草图，系统都会自动加设起始点，并以箭头显示。第一条混合边界将通过所有截面草图的起始点，第二条边界，则连接与各截面起始点相邻的顶点，以此类推定义所有边界。各个截面的起始点只要同步，不管选择哪一顶点作为起始点，都能定义相同的混合特征。如果两起始点位于不同的顶点位置，会构建出不同混成特征。不同起始点的混合如图8.1.10所示。

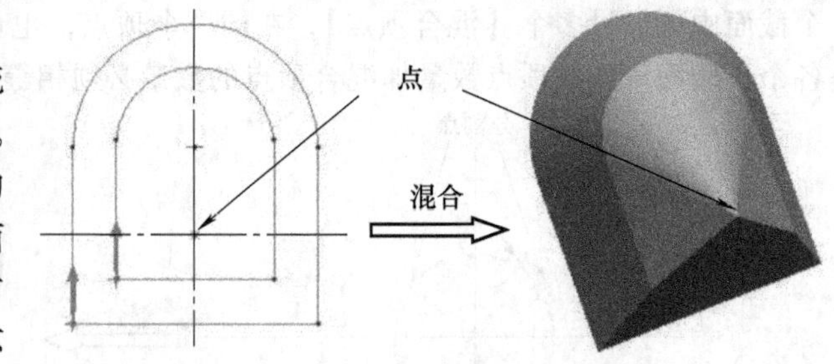

图8.1.8　绘制点

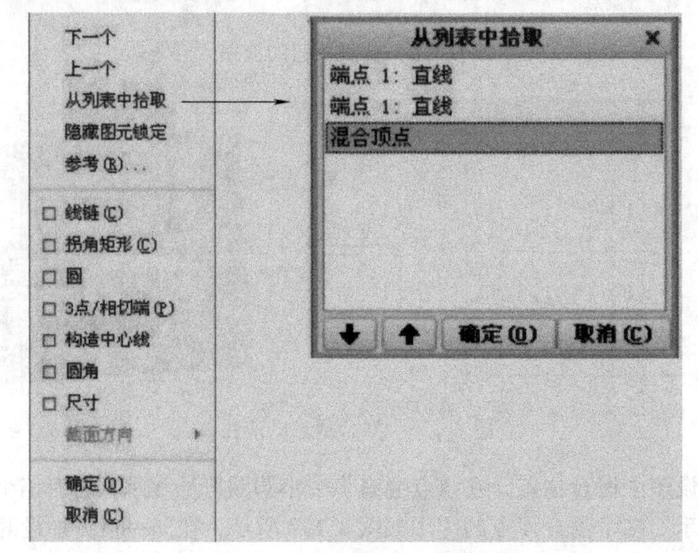

图8.1.9　删除混合顶点

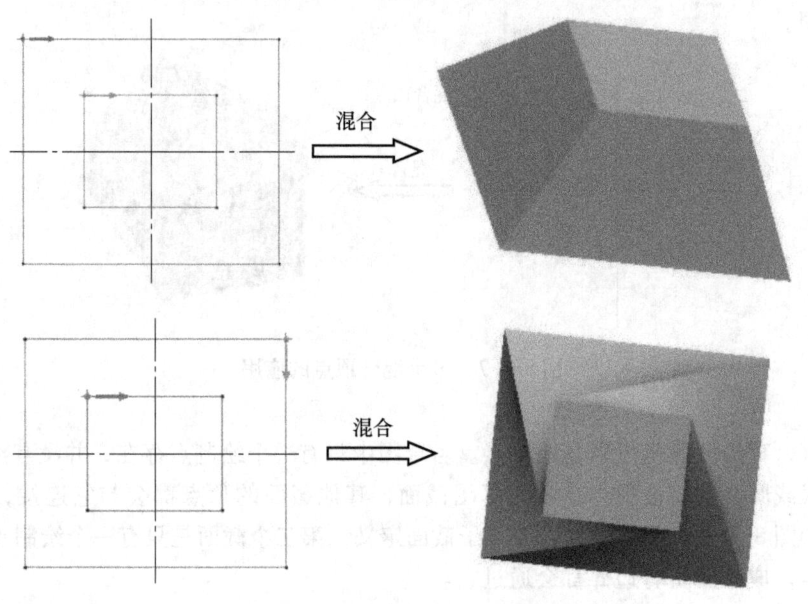

图8.1.10　不同起始点的混合

注意：鼠标单击起始点并按鼠标右键，在弹出的快捷菜单中再次选取【起点】，便能改变箭头的方向。鼠标单击下一点，在快捷菜单中再次选取【起点】，便将起始点移到该点。

3. 切换截面

1）绘制一个子截面草图后，单击草绘器中的【确定】按钮✔，退出草绘模式。执行【混合选项】|【截面】|【插入】命令，输入两子截面之间的深度数值。单击【草绘】进入草绘模式，绘制第二个子截面。

如果重新编辑特征草图，作用的草图会以黄色显示，【编辑】命令（如）只对作用的草图有效，新增的图元也被视为该草图的一部分。若要新增截面，可重复切换截面，当所有草图都以灰色显示时，代表进入新的截面，绘制的草图将定义新的混合截面。

2）删除指定的截面。单击【混合选项】|【截面】，选中需要删除的截面，单击【移除】按钮便能删除截面。

8.2 旋转混合命令简介

学习目标

熟悉【旋转混合】特征面板的使用，深刻了解旋转混合创建特征的步骤及方法，掌握旋转混合特征对草绘截面的要求。

命令简介

旋转混合特征就是将一组沿轴线旋转的截面沿其边线用过渡曲面连接形成一个连续的特征。旋转混合特征至少由两个截面组成，如图 8.2.1 所示。

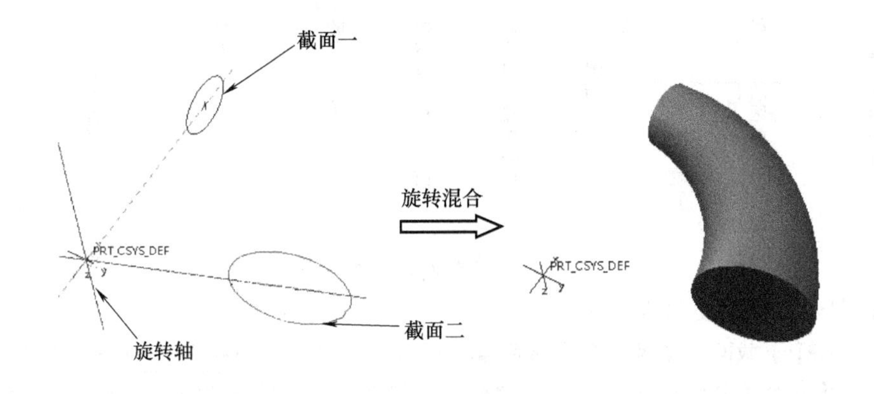

图 8.2.1 旋转混合

1. 特征面板

1）【旋转混合】特征面板。执行【模型】|【形状】|【旋转混合】命令，弹出【旋转混合】特征面板，如图 8.2.2 所示。

2）单击【旋转混合】特征面板【截面】，打开【截面】下滑面板如图 8.2.3 所示。

3）单击【旋转混合】特征面板【选项】，打开【选项】下滑面板如图 8.2.4 所示。

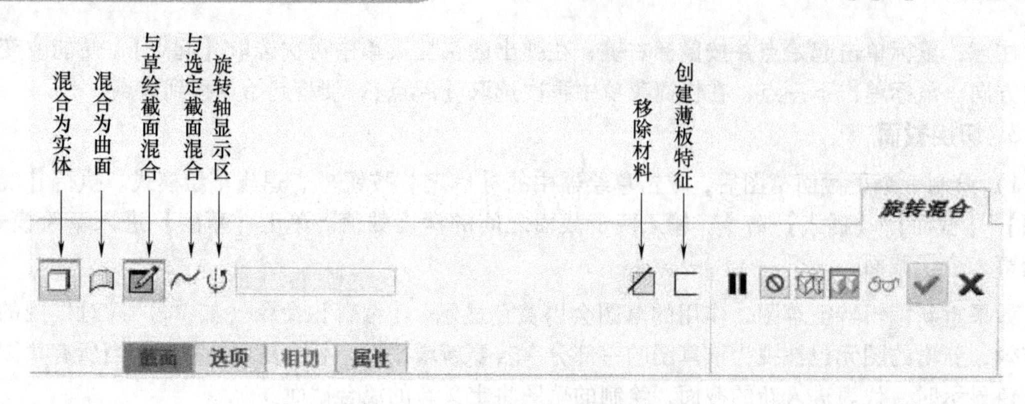

图 8.2.2 【旋转混合】特征面板

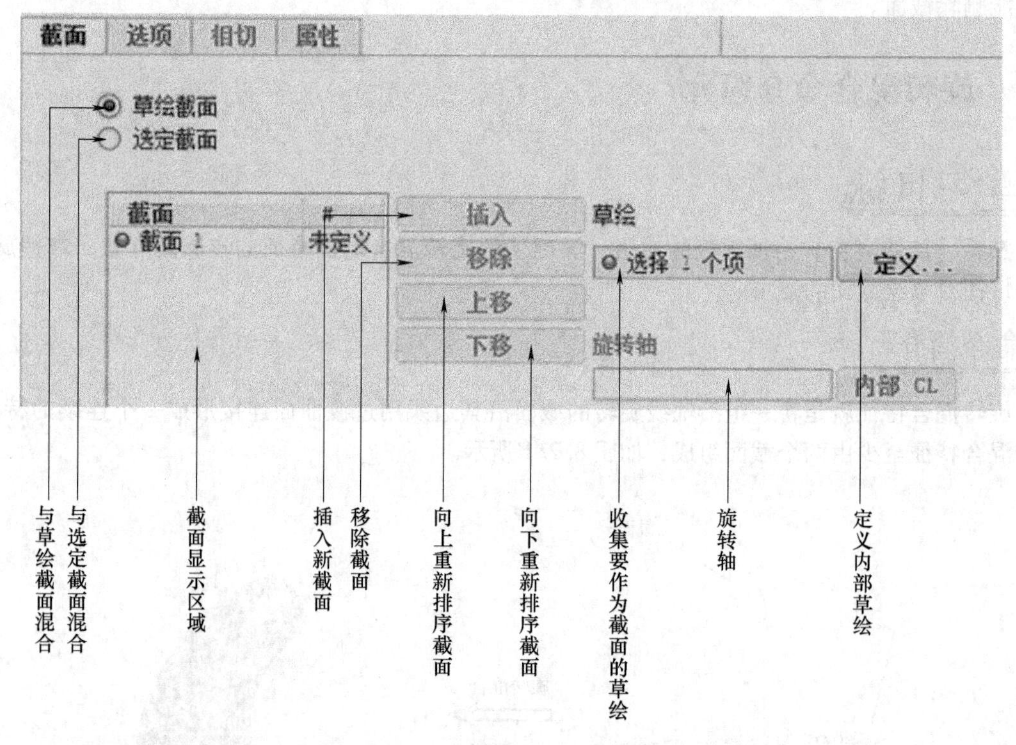

图 8.2.3 【截面】下滑面板

2. 旋转混合特征截面解析

旋转混合各个子截面必须遵守混合截面草图的规定，如起始点位置、截面顶点数量相同等。旋转混合完成第一个子截面草图，需要选取合适的旋转轴。值得注意的是，使用【草绘截面】，两个子截面的旋转角度不得大于120°，而使用【选定截面】，可选取大于限制角度120°的两个子截面作为旋转构建特征。

3. 切换截面

1）绘制一个截面草图后，单击草绘器中的【确定】按钮✔，退出草绘模式。执行【混合选项】|【截面】|【插入】命令，输入两个子截面之间的旋转角度。单击草绘进入草绘模式，绘制第二个子截面。

2）删除指定的截面。单击【混合选项】|【截面】，选中需要删除的截面，单击【移除】按

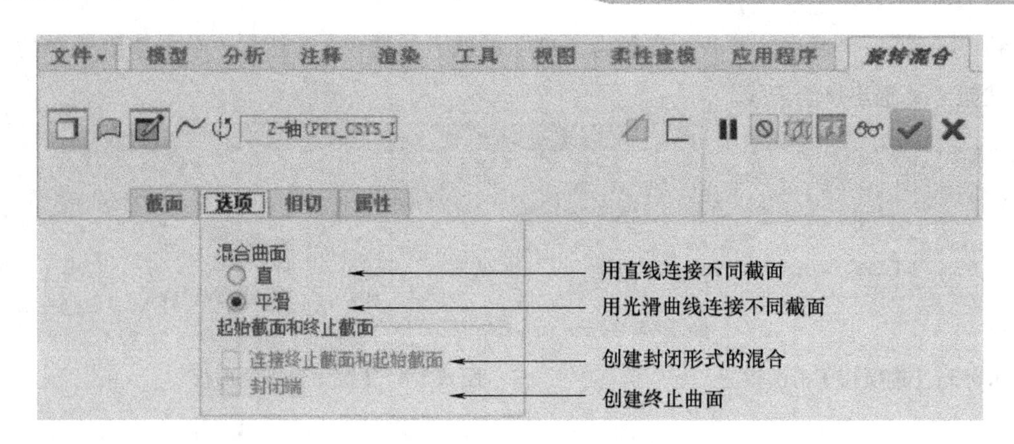

图 8.2.4　【选项】下滑面板

钮便能删除截面。

8.3　变径进气直管

学习目标

混合特征，抽壳特征。

实例分析

变径进气直管如图 8.3.1 所示。

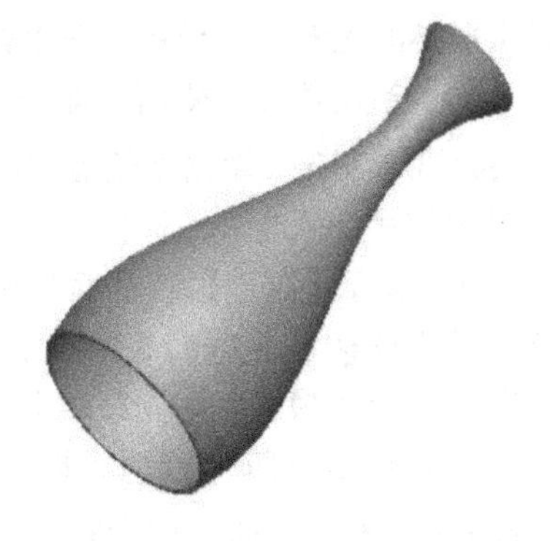

图 8.3.1　变径进气直管

建模过程

1. 建立一个新文件

新建一个名称“bianjingjinqizhiguan”的实体文件。

2. 创建实体管道

1）执行【模型】|【形状】|【混合】命令，弹出【混合】特征面板，如图 8.3.2 所示。

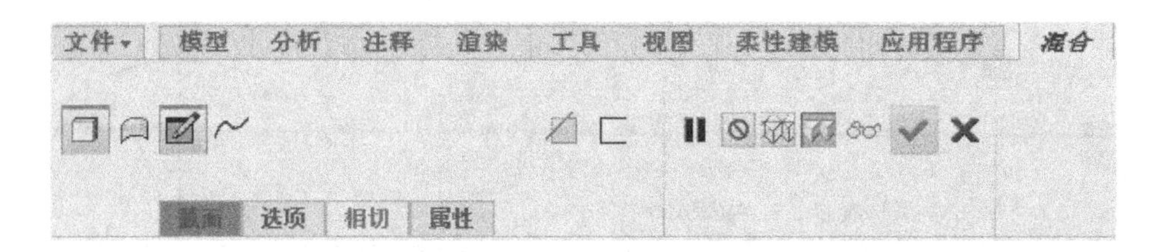

图 8.3.2　【混合】特征面板

2）执行【混合】特征面板中【选项】|【平滑】命令，弹出【选项】下滑面板，如图 8.3.3 所示。

3）执行【混合】特征面板中【截面】|【定义】命令，弹出【截面】下滑面板，如图 8.3.4 所示，选择 TOP 面作为草绘平面，单击【草绘】，进入草绘模式。

4）绘制第一个截面，即一个直径为“11”的圆，如图8.3.5所示。单击草绘器中的【确定】按钮✔，退出草绘模式。

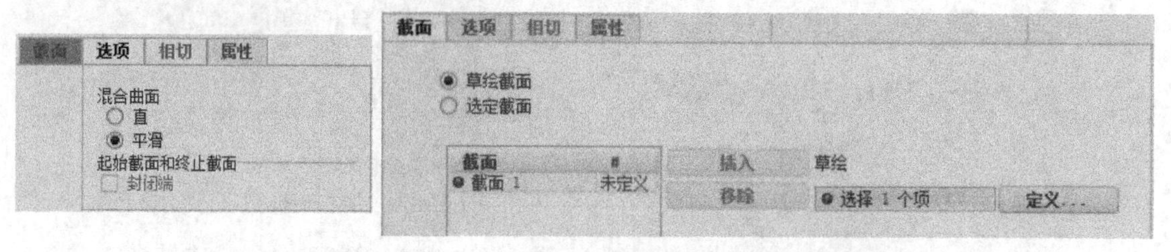

图8.3.3 【选项】下滑面板　　　　图8.3.4 【截面】下滑面板

5）执行【混合】特征面板中【截面】|【插入】命令，输入偏移自【截面1】的距离为“10”，如图8.3.6所示。单击【草绘】进入草绘模式，绘制第二个截面。

6）绘制第二个截面，即一个直径为“4.5”的圆，如图8.3.7所示。单击草绘器中的【确定】按钮✔，退出草绘模式。

7）执行【混合】特征面板中【截面】|【插入】命令，输入偏移自【截面2】的距离为“20”。单击【草绘】进入草绘模式，绘制第三个截面。

8）绘制第三个截面，即一个直径为“15”的圆，如图8.3.8所示。单击草绘器中的【确定】按钮✔，退出草绘模式。

9）执行【混合】特征面板中【截面】|【插入】命令，输入偏移自【截面3】的距离为“20”。单击【草绘】进入草绘模式，绘制第四个截面。

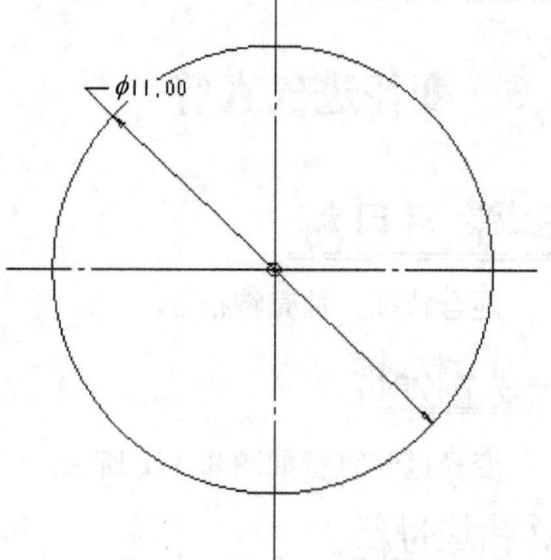

图8.3.5 第一个截面

10）绘制第四个截面，即一个直径为“20”的圆，如图8.3.9所示。单击草绘器中的【确定】按钮✔，退出草绘模式。执行【混合】特征面板中【确定】命令✔，完成特征的创建。

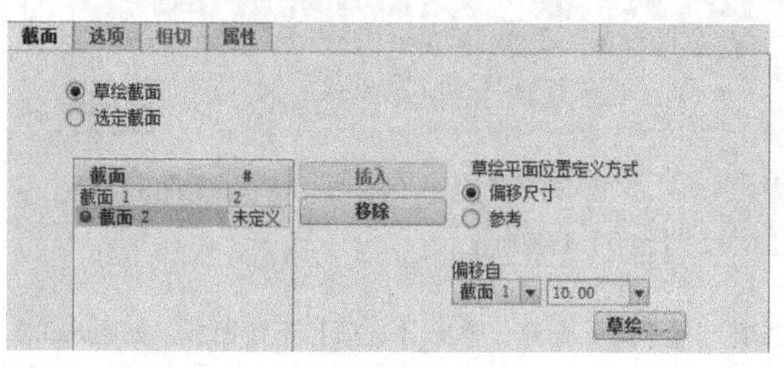

图8.3.6 【截面】下滑面板

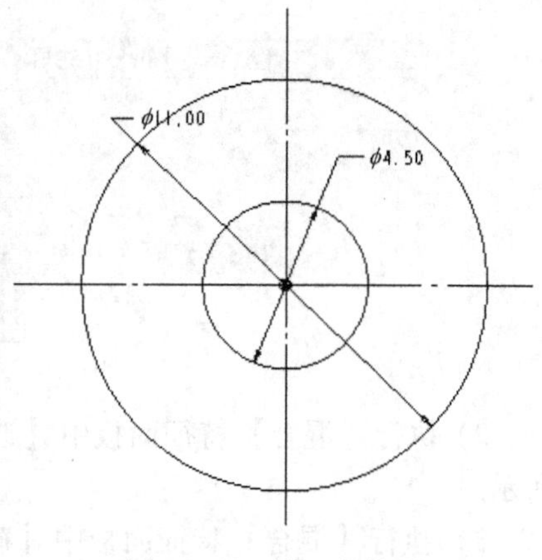

图8.3.7 第二个截面

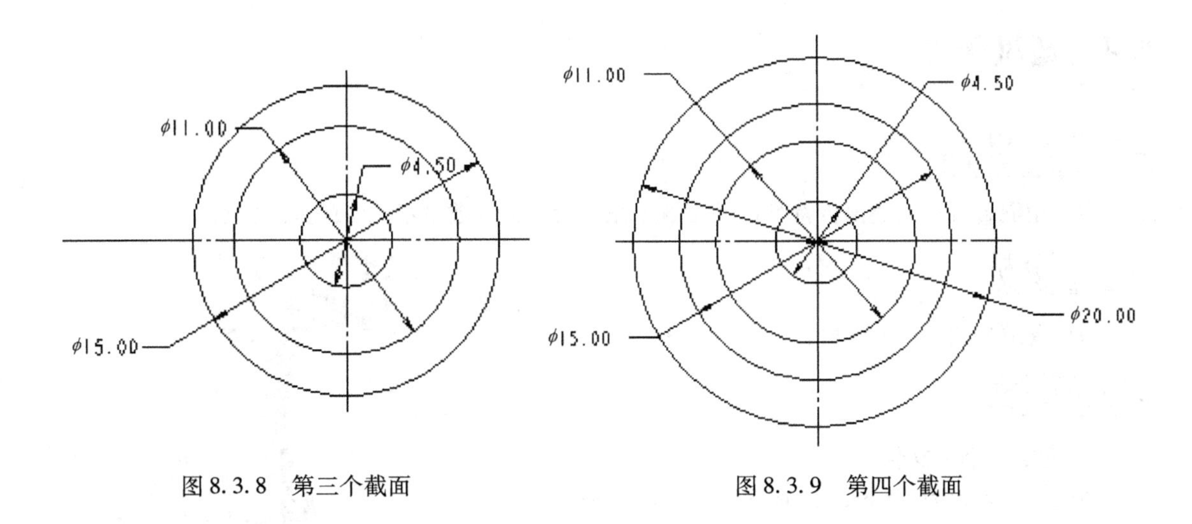

图 8.3.8　第三个截面　　　　图 8.3.9　第四个截面

3. 壳

1）单击【工程】区域中的【壳】工具按钮，打开【壳】特征面板，如图 8.3.10 所示。

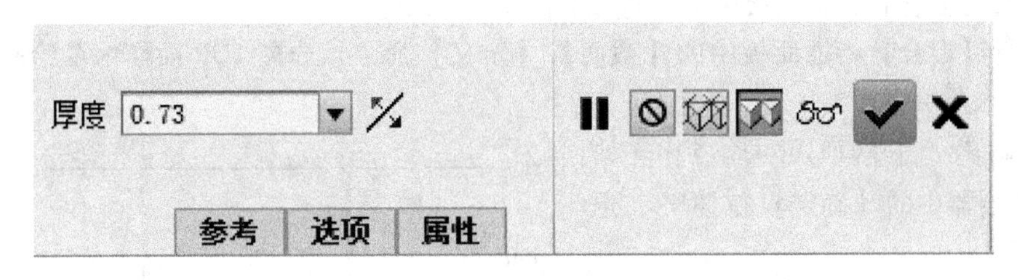

图 8.3.10　【壳】特征面板

2）单击【参考】按钮弹出【参考】下滑面板，如图 8.3.11 所示。选择图形窗口中要移除的管道两头的圆面，设定抽壳厚度为“0.5”，单击【确定】按钮，完成抽壳特征的创建。结果如图 8.3.1 所示。

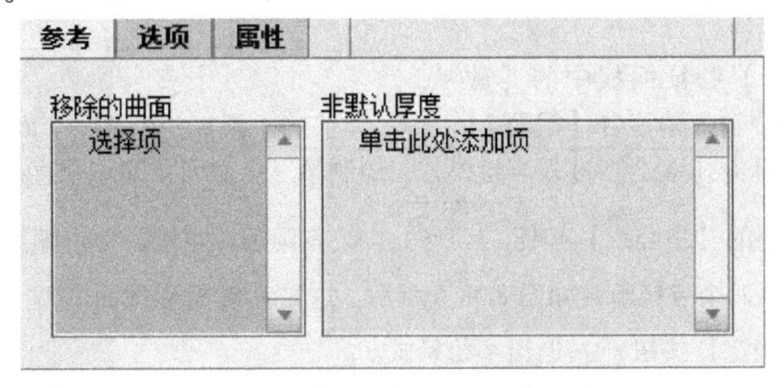

图 8.3.11　【参考】下滑面板

4. 保存模型

保存当前建立的变径进气直管模型。

8.4 通风管道

学习目标

掌握用混合特征创建薄板特征以及当各子截面所含顶点数量不同时的处理方法。

实例分析

通风管道如图 8.4.1 所示。

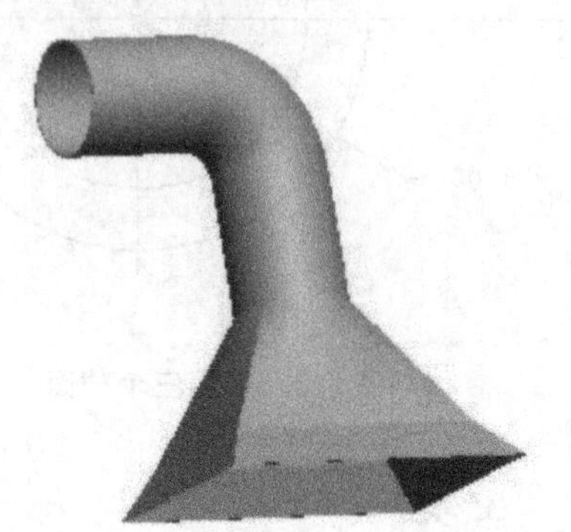

图 8.4.1 通风管道

建模过程

1. 建立一个新文件

新建一个名称为"tongfengguandao"的实体文件。

2. 混合操作

1）执行【模型】|【形状】|【混合】命令，弹出【混合】特征面板，单击【创建薄壳特征】按钮，在【薄壳】按钮右侧的文本框内输入薄板厚度"4"，然后按 <Enter> 键。

2）执行【混合】特征面板中的【选项】|【直】命令。

3）执行【混合】特征面板中的【截面】|【定义】命令，选择 TOP 面作为草绘平面，单击【草绘】，进入草绘模式。

4）绘制第一个截面，如图 8.4.2 所示。单击草绘器中的【确定】按钮，退出草绘模式。

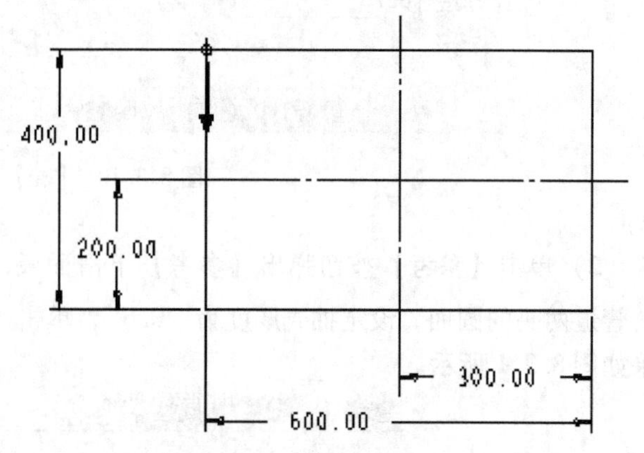

图 8.4.2 第一个截面

5）执行【混合】特征面板中的【截面】|【插入】命令，输入偏移自【截面 1】的距离为"80"。单击【草绘】进入草绘模式，绘制第二个截面，如图 8.4.3 所示。单击草绘器中的【确定】按钮，退出草绘模式。

6）执行【混合】特征面板中的【截面】|【插入】命令，输入偏移自【截面 2】的距离为"250"。单击【草绘】进入草绘模式，绘制第三个截面，即一个直径为"200"圆。然后再单击草绘区域中的【中心线】按钮 中心线，绘制两条对角线。单击编辑区域下的【分割】按钮 分割，将圆用四个点打断，如图 8.4.4 所示。这是针对矩形截面的四个顶点而进行分割。单击草绘器中的【确定】按钮，退出草绘模式。

7）执行【混合】特征面板中的【截面】|【插入】命令，输入偏移自【截面 3】的距离为"100"。单击【草绘】进入草绘模式，绘制第四个截面，第四个截面与第三个截面完全相同。单击草绘器中的【确定】按钮，退出草绘模式。单击【混合选项】中【确定】按钮，完成特征的创建。混合薄板如图 8.4.5 所示。

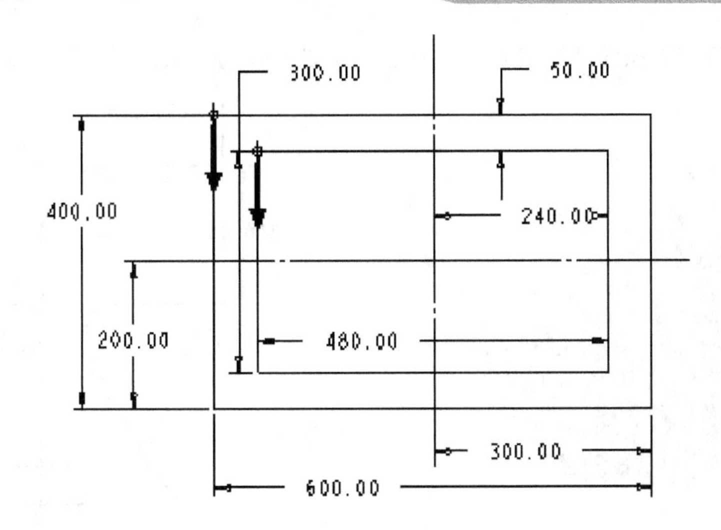

图 8.4.3　第二个截面

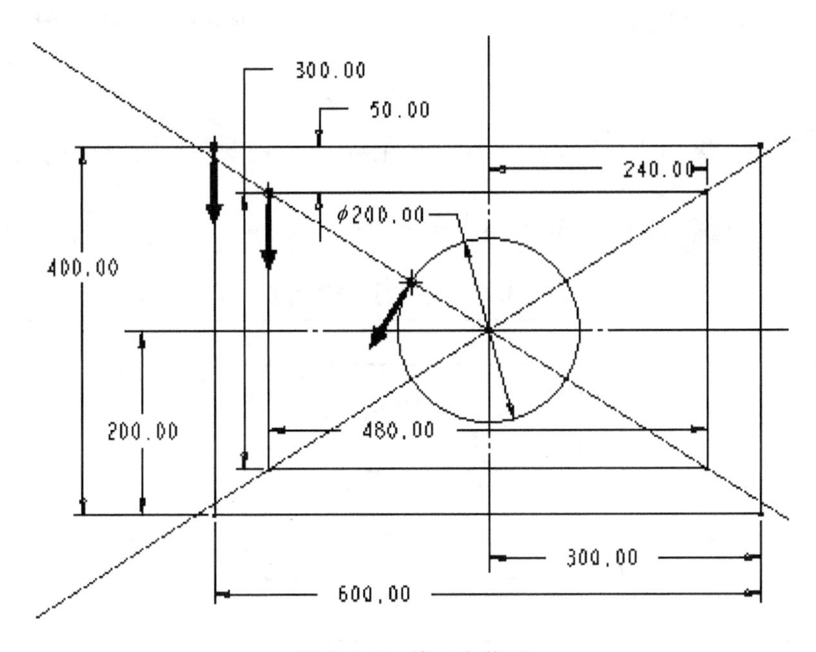

图 8.4.4　第三个截面

3. 扫描操作

1）单击【基准】区域中的【草绘】按钮，选择 FRONT 面作为草绘平面，进入草绘模式绘制扫描轨迹线，如图 8.4.6 所示。单击草绘器中的【确定】按扭，完成轨迹线的绘制。

2）单击【形状】区域中的【扫描】按钮 扫描，弹出【扫描】特征面板，如图 8.4.7 所示。单击【创建薄壳特征】按钮，在【薄壳】按钮右侧的文本框内输入薄板厚度“4”，然后按 <Enter> 键。

3）单击【扫描】特征面板中的【草绘】按钮，进入草绘模式，绘制扫描截面如图 8.4.8 所示。该截面为一个与风管外圆重合的圆。单击【确定】按钮，退出草绘模式。单击【扫描】

特征面板中的【确定】按钮✔，完成通风管道，如图8.4.1所示。

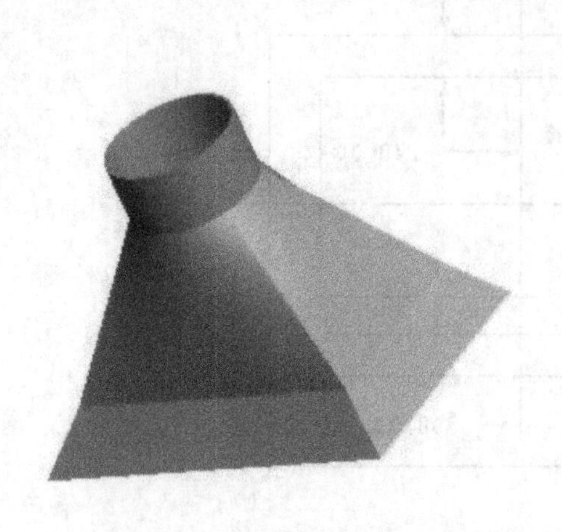

图8.4.5　混合薄板

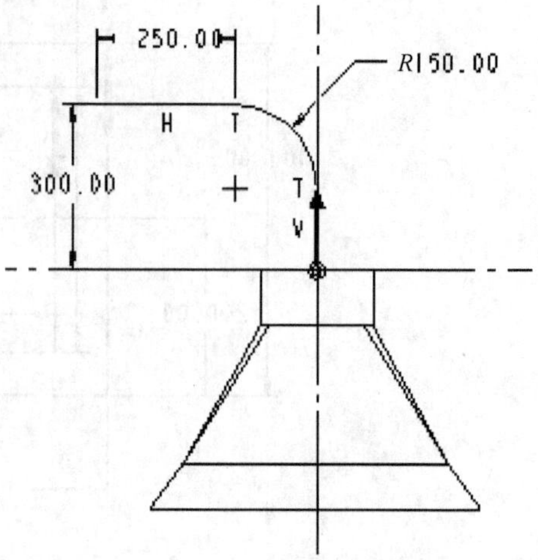

图8.4.6　扫描轨迹线

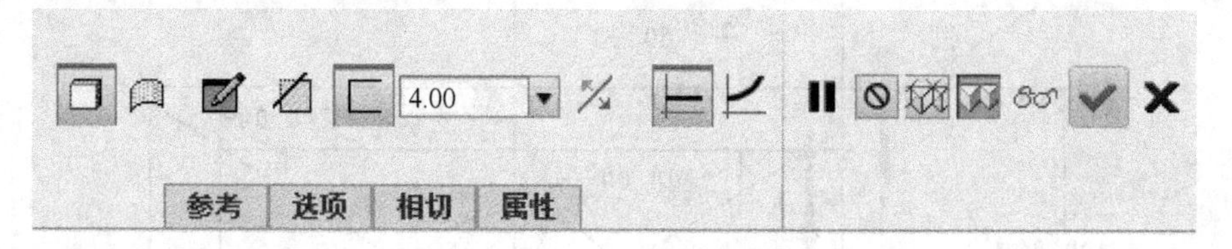

图8.4.7　【扫描】特征面板

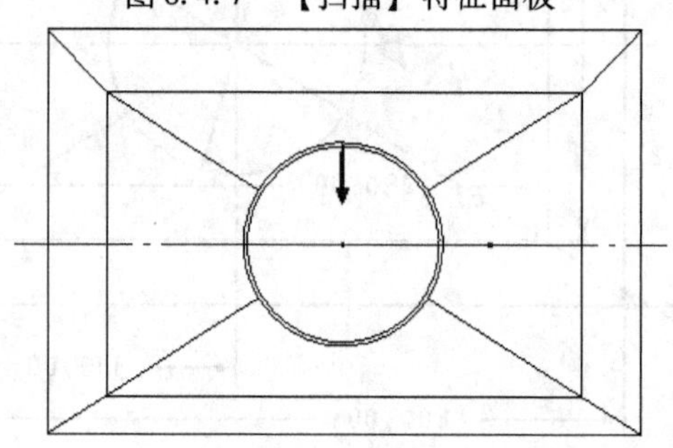

图8.4.8　扫描截面

4. 保存模型

保存当前建立的通风管道模型。

8.5　变径进气弯管

学习目标

掌握用旋转混合创建特征以及壳特征的方法。

实例分析

变径进气弯管如图8.5.1所示。

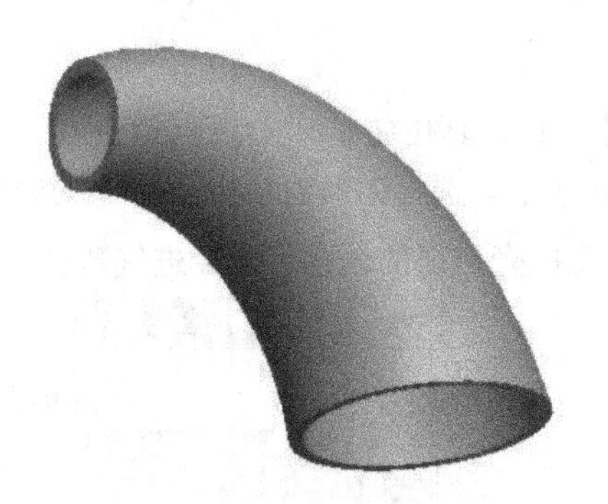

图8.5.1　变径进气弯管

建模过程

1. 建立一个新文件

新建一个名称为“bianjingjinqiwanguan”实体文件。

2. 创建弯管实体

1）执行【模型】|【形状】|【旋转混合】命令，弹出【旋转混合】特征面板，如图8.5.2所示。执行【混合选项】|【选项】|【平滑】命令。

图8.5.2　【旋转混合】特征面板

2）执行【截面】|【定义】命令，选取RIGHT面为草绘平面，单击【草绘】，进入草绘模式。绘制第一个圆截面如图8.5.3所示。单击草绘器中的【确定】按钮✔，退出草绘模式。

3）选中Z轴作为旋转轴。执行【旋转混合】特征面板中的【截面】|【插入】命令，输入偏移自【截面1】角度为“90”。单击【草绘】，进入草绘模式。绘制第二个圆截面，如图8.5.4所示。单击草绘器中的【确定】按钮✔，退出草绘模式。单击【旋转混合】特征面板中的【确定】按钮✔，创建光滑过渡的变径实体管，如图8.5.5所示。

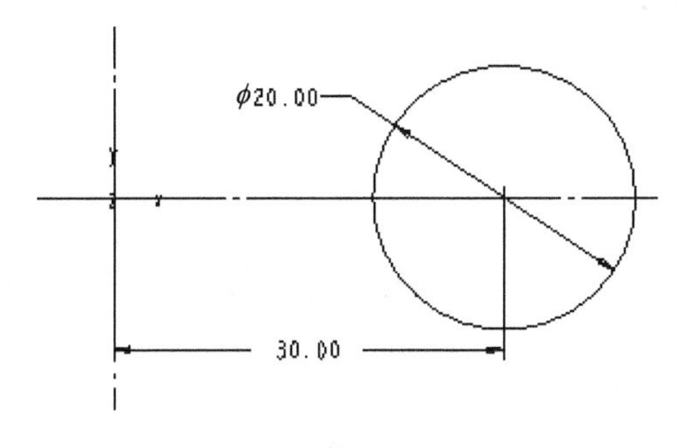

图8.5.3　第一个圆截面

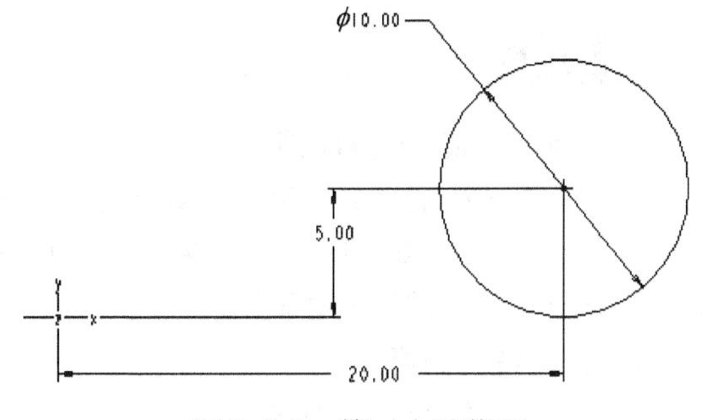

图8.5.4　第二个圆截面

3. 壳

单击【工程】区域中的【壳】工具按钮，打开【壳】特征面板。单击【参考】按钮弹出【参考】下滑面板，如图8.5.6所示。选择图形窗口中要移除的管道两头圆面，设定抽壳厚度为"1"，单击【确定】按钮，完成壳特征的创建。变径进气弯管如图8.5.1所示。

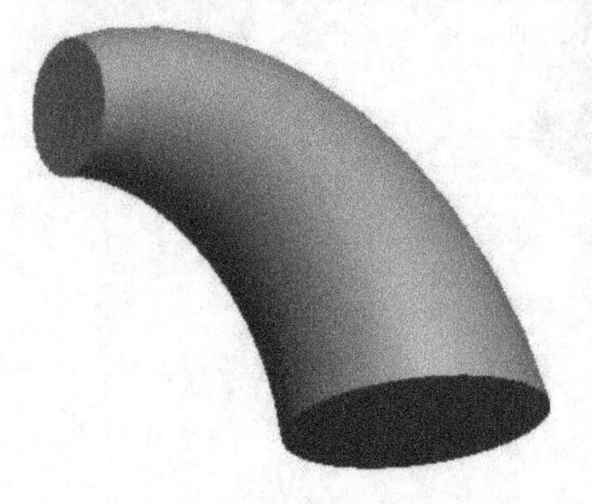

图8.5.5　实体管

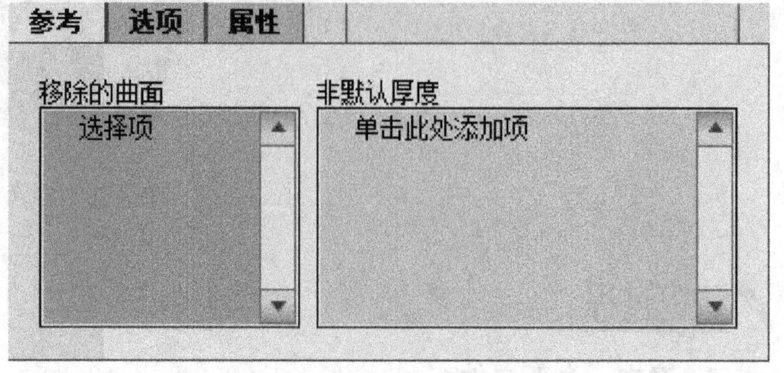

图8.5.6　【参考】下滑面板

4. 保存模型

保存当前建立的变径进气弯管模型。

8.6　铣刀

学习目标

掌握利用选取截面创建混合特征的方法。

实例分析

本例创建的铣刀如图8.6.1所示。

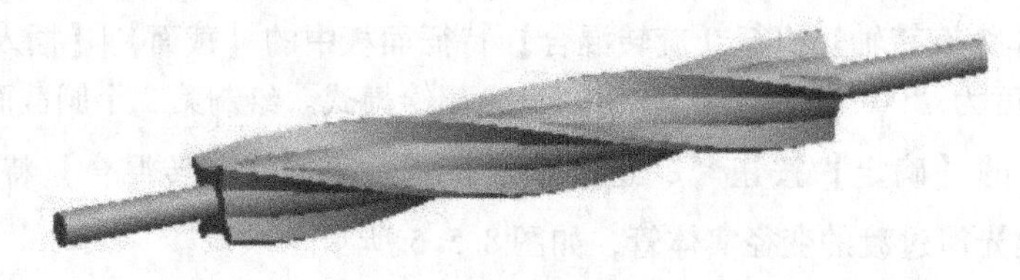

图8.6.1　铣刀

建模过程

1. 绘制二维铣刀截面图形

1）新建一个名称为"xidao"草绘文件。

2）绘制如图8.6.2所示的二维草绘截面，保存文件。注意：应保存此截面图形到合适的路径，以便于以后生成铣刀时调用。

2. 创建铣刀刀杆

1）新建一个名称为"xidao"实体文件。

2）单击【形状】区域中的【拉伸】工具按钮，打开【拉伸】特征面板。

3）单击【拉伸】特征面板中的【创建实体】按钮，以生成实体。

4）单击【放置】按钮，弹出【草绘】下滑面板，单击其中的【定义】按钮，弹出【草绘】对话框。指定基准平面 RIGHT 面为草绘平面，其他选项使用系统默认值。

5）单击【草绘】对话框的【草绘】按钮，弹出【参照】对话框，接受系统默认视角为参照，单击其【关闭】按钮，关闭对话框，进入草绘模式。

6）绘制一个直径为“5”的圆。

7）单击草绘工具栏中的【确定】按钮，完成草图的绘制。单击【拉伸】特征面板中【单向给定值】拉伸按钮，表示从草绘平面来指定深度拉伸，并输入拉伸高度“150”。再单击【确定】按钮，最后生成如图 8.6.3 所示的刀杆。

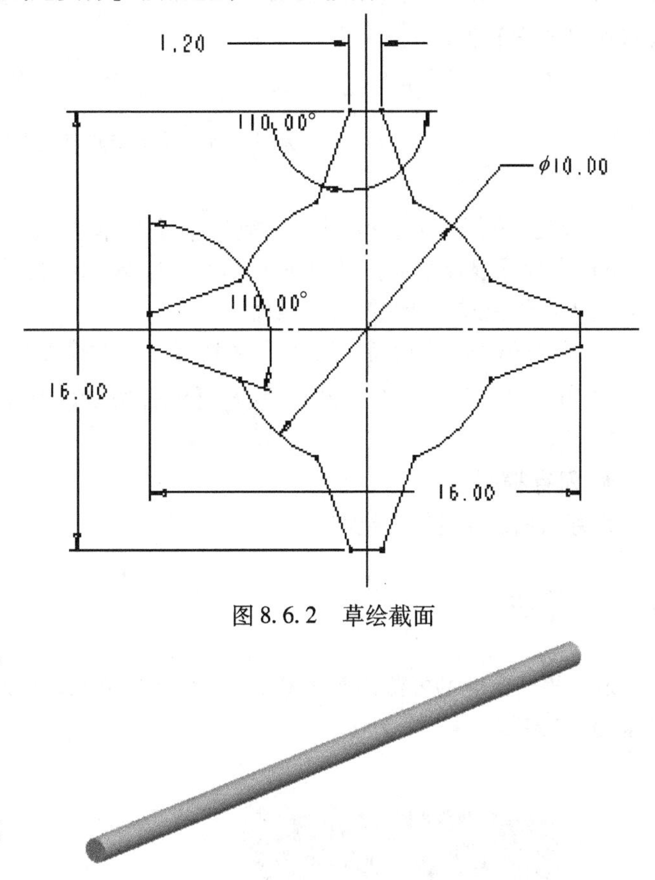

图 8.6.2　草绘截面

图 8.6.3　刀杆

3. 创建铣刀

1）单击模型模块【基准】区域中【创建基准平面命令】按钮。选取 RIGHT 面为参考平面，偏距的方向如图 8.6.4 所示，输入偏距距离“25”。得到 DTM1 基准平面。

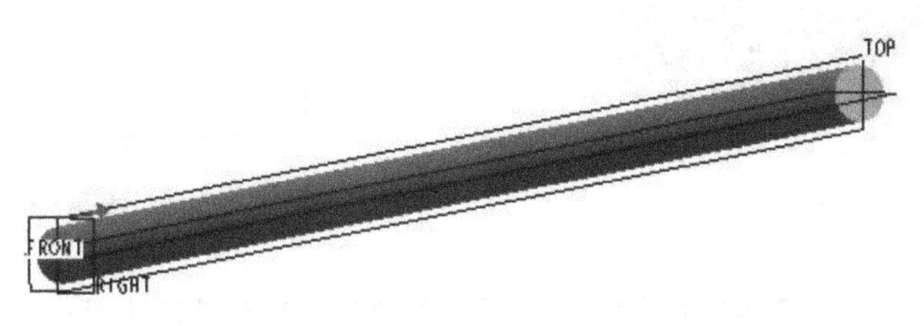

图 8.6.4　偏距的方向

2）执行【模型】选项卡中的【形状】|【混合】命令，弹出【混合选项】选项菜单。执行【混合选项】|【选项】|【平滑】命令。

3）执行【混合选项】|【截面】|【定义】命令，选择 DTM1 面作为草绘平面，单击【草绘】，进入草绘模式。

4）执行草绘模块【获取数据】区域中的【文件系统】命令，在弹出的【打开】对话框中选择前面保存的名为“xidao”的铣刀截面图形文件，单击绘图区域任一点，弹出【旋转调节大小】面板，如图 8.6.5 所示。随后在如图 8.6.5 所示的【旋转调节大小】面板中【缩放因子】

文本框中输入比例“1”，并将打开的截面的中心点移至圆柱的中心。单击【旋转调节大小】面板中【确定】按钮。

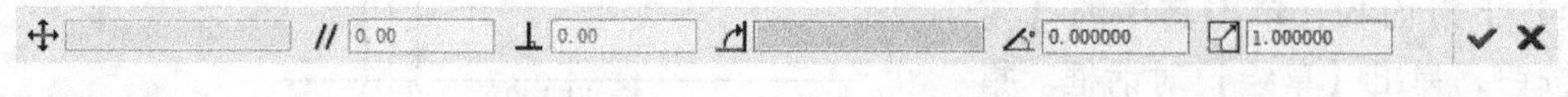

图 8.6.5 【旋转调节大小】面板

5）单击草绘器中的【确定】按钮，退出草绘模式。

6）执行【混合选项】|【截面】命令，输入偏移自【截面1】的距离为“20”。单击【草绘】进入草绘模式，绘制第二个截面。

7）重复第4）、5）、6）三个步骤直至完成六个截面的创建。每个截面的旋转角度依次为“45”“90”“135”“180”“225”。执行【混合选项】中【确定】命令，最后生成的铣刀如图8.6.1所示。

4. 保存模型

保存当前建立的铣刀模型。

8.7 实训题

利用平行混合的方法创建如图8.7.1所示模型图。底面尺寸如图8.7.2所示，底面到尖顶的高度为“100”。

图 8.7.1 模型图

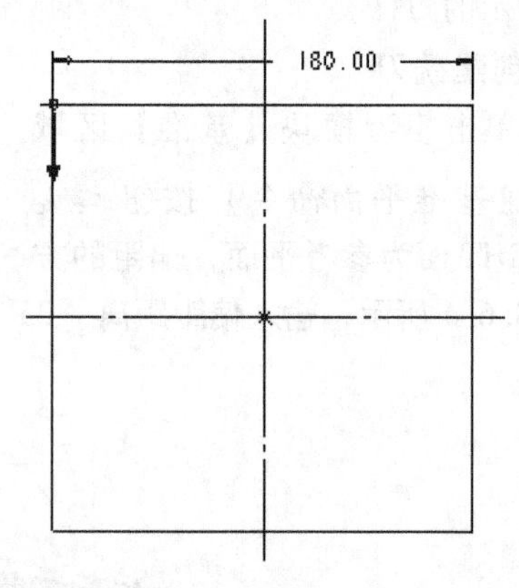

图 8.7.2 第一个截面

创建过程如下：

1）执行【模型】选项卡中的【形状】|【混合】命令，弹出【混合】特征面板。

2）执行【混合】特征面板中的【选项】|【平滑】命令。

3）执行【混合】特征面板中的【截面】|【定义】命令，选择TOP面作为草绘平面，进入草绘模式。

4）绘制如图8.7.2所示第一个截面。单击草绘器中的【确定】按钮，退出草绘模式。

5）输入【截面2】与的【截面1】距离深度为“100”，进入草绘模式，绘制下一个截面。单击草绘器中的【确定】按钮，退出草绘模式。

6）执行【混合】特征面板中的【确定】命令，完成创建。

7）保存模型。

第9章

扫描混合类零件的创建

本章要点

扫描混合需要单个轨迹和多个截面。要定义扫描轨迹，可草绘一个曲线，或选取一个基准曲线或边、链。本章将通过几个实例向读者介绍利用扫描混合创建实体模型的步骤、技巧与方法。

本章主要内容

❶扫描混合命令简介
❷吊钩
❸方向盘
❹斜齿圆柱齿轮
❺实训题

9.1　扫描混合命令简介

学习目标

熟悉【扫描混合】特征面板的使用，深刻了解扫描混合工具创建特征的步骤和方法。

命令简介

将多个截面用过渡曲面沿某一条轨迹线进行连接，就形成了扫描混合特征。扫描混合可创建实体、薄壳、曲面，也可以切减材料。它同时具有扫描和混合的效果。如图9.1.1所示的扫描混合特征是由三个截面和一条轨迹线扫描混合而成的。

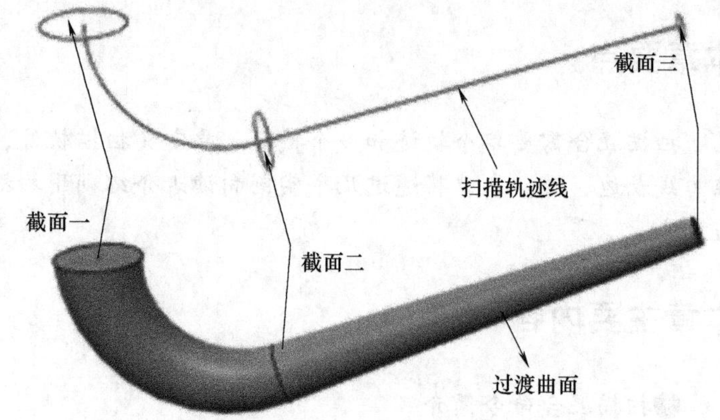

图9.1.1　扫描混合特征

1.【扫描混合】特征面板

单击【模型】|【扫描混合】按钮即可打开【扫描混合】特征面板，如图9.1.2所示。

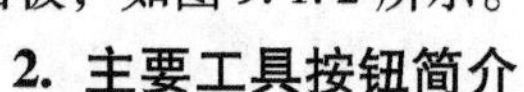

2. 主要工具按钮简介

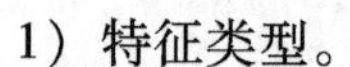

1）特征类型。

◆创建实体：单击特征面板中的实体按钮使其呈按下状态。

图9.1.2　【扫描混合】特征面板

◆创建薄壳：将实体按钮和薄壳特征按钮同时按下。

◆创建曲面：将曲面按钮按下。

◆切除材料：将实体按钮和去除实体材料按钮同时按下。

2）【参考】下滑面板：如图9.1.3所示，用来指定扫描轨迹和确定截面的方向。扫描轨迹可以是草绘的曲线或基准曲线，也可以是已有模型的边或链。

确定截面的方向：

◆【垂直于轨迹】：扫描混合过程中，扫描混合截面在轨迹的整个长度上始终保持与原点轨迹垂直。

◆【垂直于投影】：扫描混合界面在扫描混合过程中始终与原点轨迹在平面内的投影垂直。

◆【恒定法向】：扫描混合截面的法线方向总是指向某指定方向。

3）【截面】下滑面板：如图9.1.4所示，用来确定截面的大小、形状、位置。

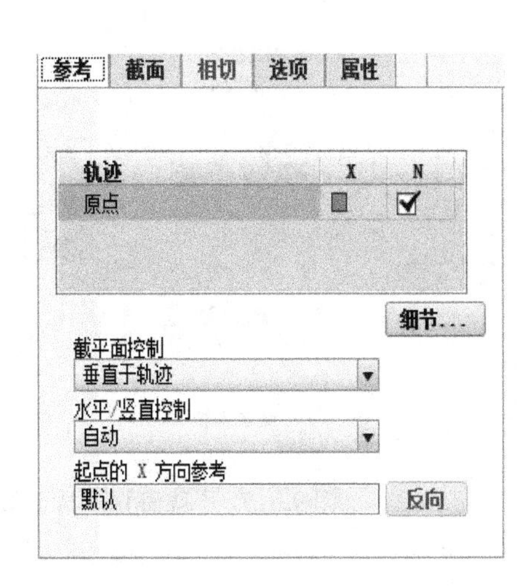

图 9.1.3　【参考】下滑面板

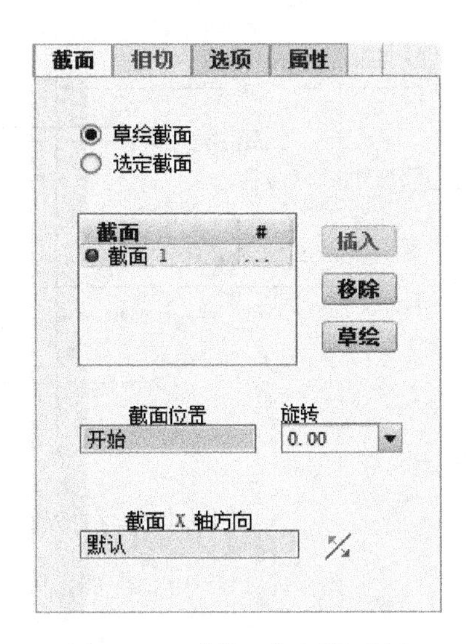

图 9.1.4　【截面】下滑面板

◆截面扫描混合需要多个截面，截面可以是已有模型的截面，也可以是草绘截面。

◆扫描混合截面插入位置：插入位置默认开放轨迹起始点和终止点以及图元之间的切点。为了更精确地控制扫描混合特征，也可以在其他位置插入截面，但前提是必须将轨迹上放置截面的位置打断。

◆【截面位置】下拉列表框：可指定关于 Z 轴的旋转角度。

4）【选项】下滑面板：可使用面积或截面的周长来控制扫描混合截面。但是必须在原始轨迹上指定控制点的位置。

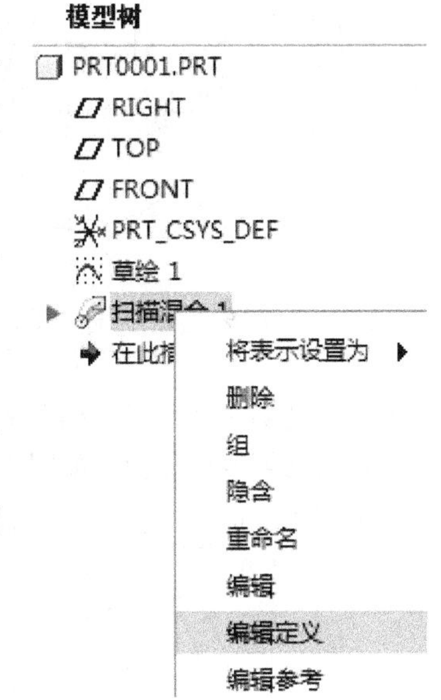

图 9.1.5　快捷菜单

3. 编辑修改

选中模型树中要修改的混合扫描特征，单击鼠标右键，系统弹出一快捷菜单如图 9.1.5 所示。选择【编辑定义】命令，可以修改扫描混合特征的尺寸或重新定义此特征。选择【删除】命令，可将扫描混合实体直接删除。

4. 操作步骤

下面以茶壶嘴为实例来介绍扫描混合的操作步骤。

1）打开：E/CreoWork/ch9，选择【草绘】选项，单击【使用先前的】按钮 使用先前的，绘制如图 9.1.6 所示的扫描轨迹，单击【确定】。

2）选择【模型】|【扫描混合】按钮，出现【扫描混合】特征面板，单击【参考】按钮，选择已绘制的扫描轨迹，并选择【截平面控制】中的【垂直于轨迹】，再单击【截面】按钮，草绘截面图元。

3）绘制第一个截面。【截面】下滑面板如图 9.1.7 所示，单击【草绘】按钮，进入草绘环境，绘制第一个截面。完成后单击【确定】按钮。单击【插入】按钮，进行下一截面的绘制。

4）绘制第一个截面，如图 9.1.8 所示。

5）绘制第二个截面，如图 9.1.9 所示。

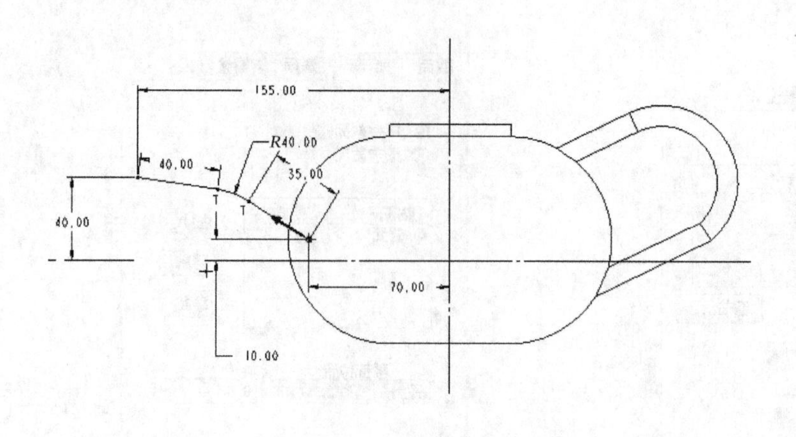

图 9.1.6　扫描轨迹

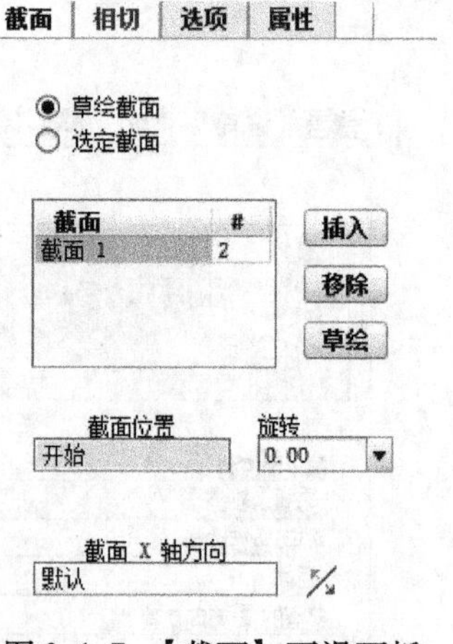

图 9.1.7　【截面】下滑面板

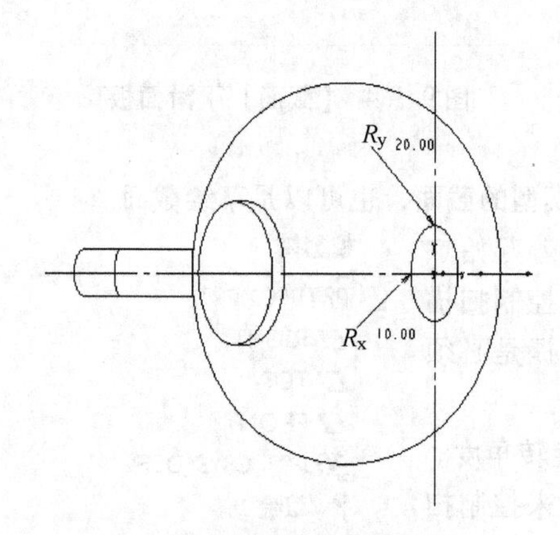

图 9.1.8　第一个截面

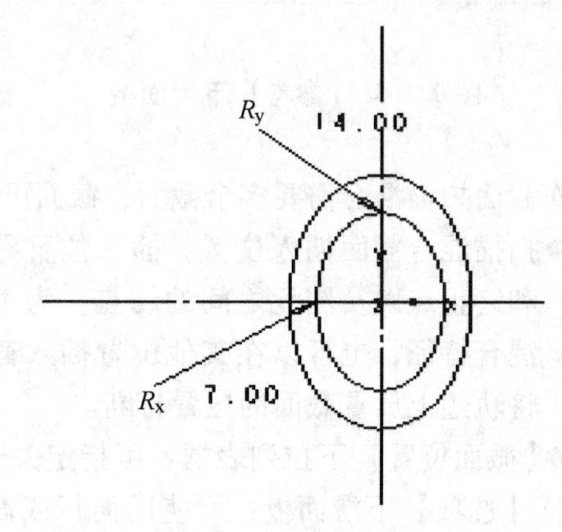

图 9.1.9　第二个截面

6）绘制第三个截面，如图 9.1.10 所示。

7）绘制第四个截面，如图 9.1.11 所示。

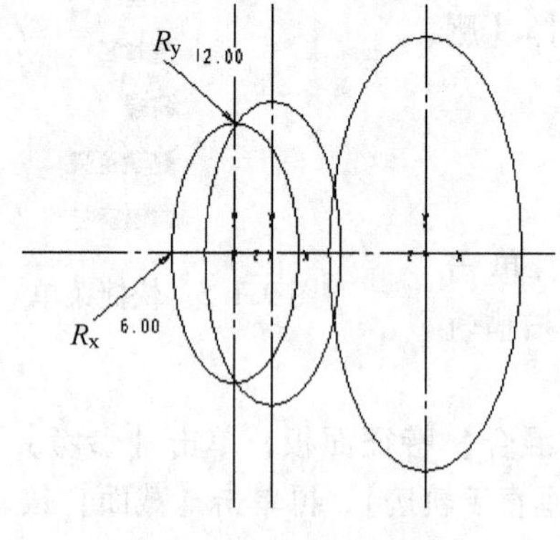

图 9.1.10　第三个截面

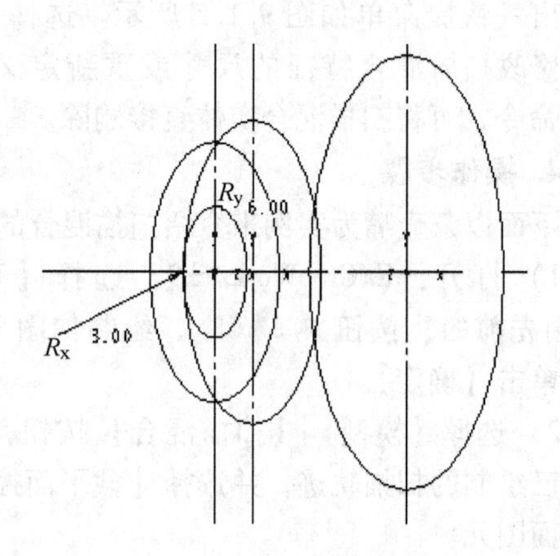

图 9.1.11　第四个截面

8）完成效果图，如图 9.1.12 所示。

9）抽壳，壳厚“1”。创建的茶壶如图 9.1.13 所示。

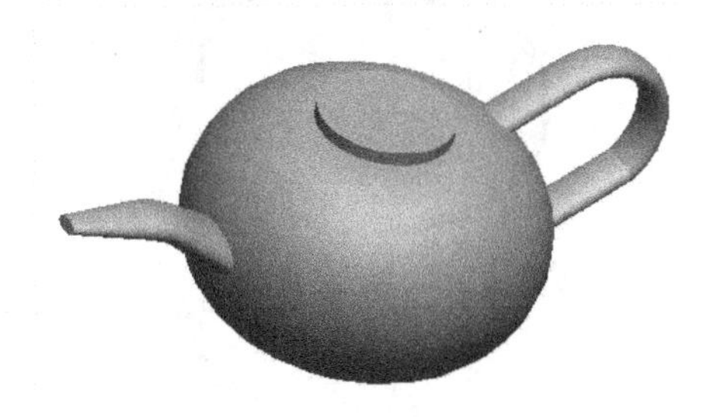

图9.1.12　完成效果图

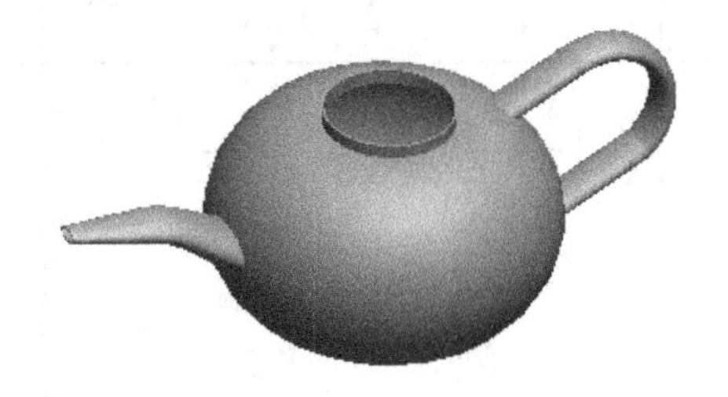

图9.1.13　茶壶

9.2　吊钩

学习目标

熟悉扫描混合特征的使用方法。

实例分析

吊钩如图9.2.1所示。

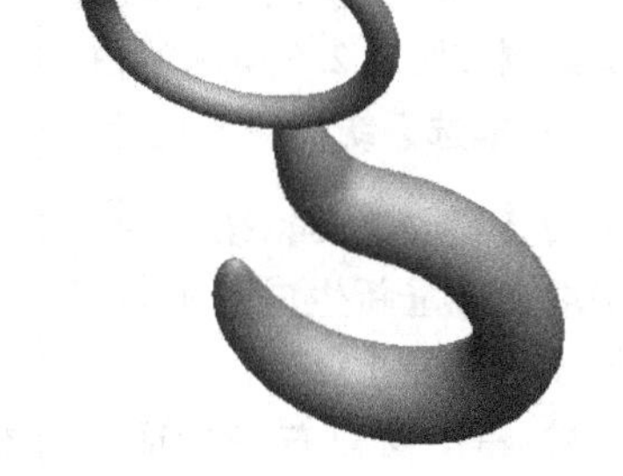

图9.2.1　起重吊钩

建模过程

1. 建立新文件

建立文件名为“diaogou”的新文件。

2. 用旋转工具创建圆环

1）单击【旋转】工具按钮，打开【旋转】特征面板。

2）单击特征面板中的【创建实体】按钮生成实体。

3）单击【放置】按钮，弹出【草绘】下滑面板，单击【定义】按钮，弹出【草绘】对话框。

4）在【草绘】对话框内，选择TOP面为草绘平面，其他选项使用系统默认值，单击【草绘】按钮进入草绘模式。

5）绘制截面。单击窗口特征工具栏中的【创建圆】按钮，确定圆心的位置在水平参照线上，草绘截面如图9.2.2所示。

6）单击窗口右侧特征工具栏中的【修改】工具按钮，弹出【修改尺寸】对话框，在弹出的对话框中取消【重新生成】的选择，随后逐一修改尺寸，然后单击该对话框【确定】按钮完成修改。

7）绘制中心线。单击【基准】|【中心线】按钮，作一条与水平平面RIGHT重合的中心线。

8）确认旋转工具特征面板中的旋转角度是“360”，单击【确定】按钮，生成圆环，如图9.2.3所示。

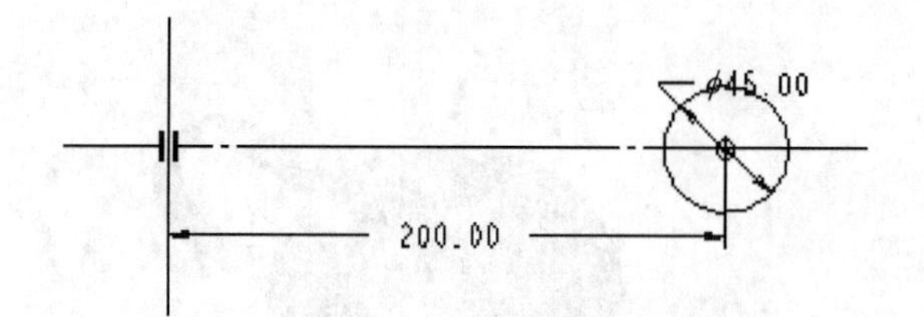

图9.2.2　草绘截面

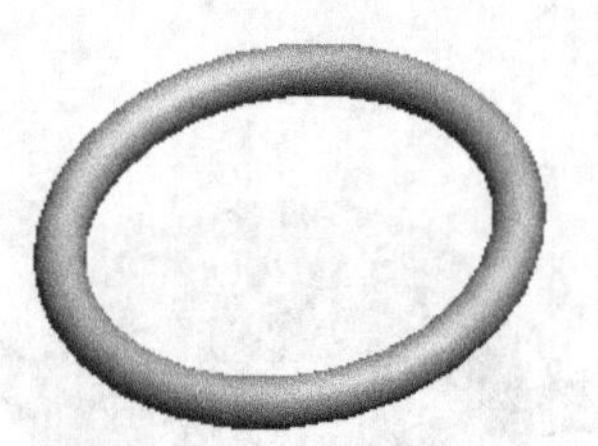

图9.2.3　生成圆环

3. 用混合扫描方法创建吊钩

1）执行【形状】|【扫描混合】命令。弹出【扫描混合】特征面板，如图9.2.4所示。

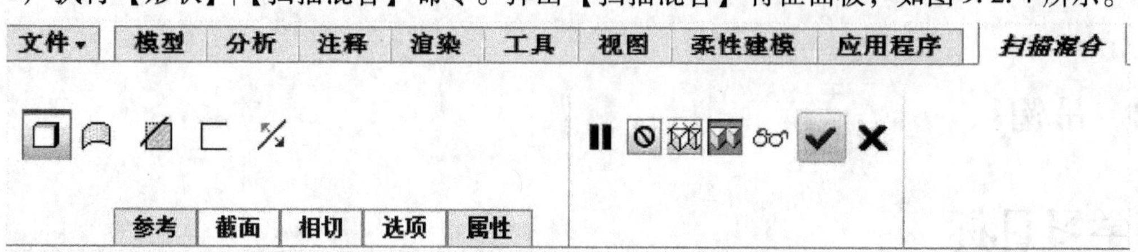

图9.2.4　【扫描混合】特征面板

2）单击【基准】|【草绘】按钮，选择FRONT面作为草绘平面，进入草绘模式。利用草绘工具绘制如图9.2.5所示的扫描轨迹线。

3）框选系统标注的尺寸，单击特征工具栏中的【修改工具】按钮，在弹出的对话框中取消【重新生成】的选择，随后逐一修改尺寸，单击【确定】。

4）单击窗口右侧特征工具栏中的【确定】按钮，退出草绘模式。

5）选择【参考】|【垂直于轨迹】命令。

6）选择【截面】|【草绘截面】，绘制第一个截面，如图9.2.6所示。单击草绘器中的【确定】按钮。

7）选择【草绘截面】|【插入】，在草绘轨迹上选择第二个截面位置点，绘制第二个截面，如图9.2.7所示。单击草绘器中的【确定】按钮。

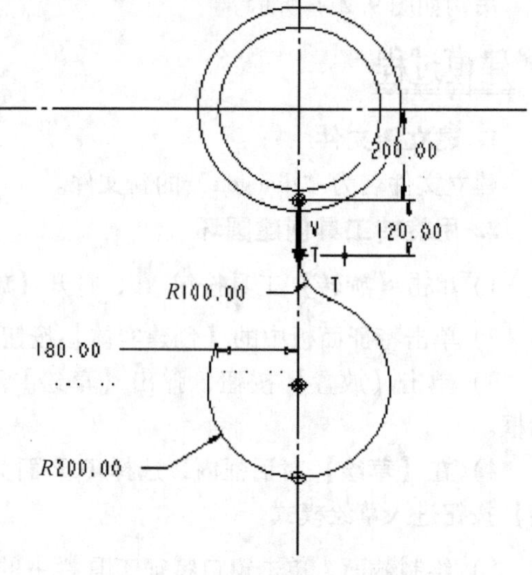

图9.2.5　扫描轨迹线

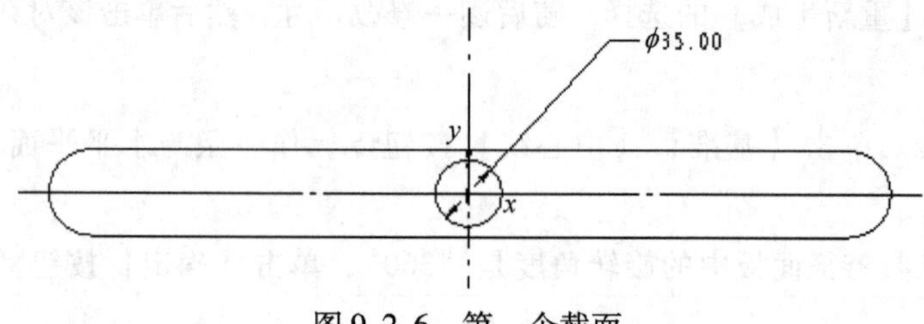

图9.2.6　第一个截面

8）选择【草绘截面】|【插入】，绘制第三个截面，如图9.2.8所示。单击草绘器中的【确定】按钮✓。

9）选择【草绘截面】|【插入】，绘制第四个截面，如图9.2.9所示。单击草绘器中的【确定】按钮✓。

10）选择【草绘截面】|【插入】，绘制第五个截面。单击【创建点】按钮×，在亮显的坐标系原点处创建一个点。第五个截面就是该点。

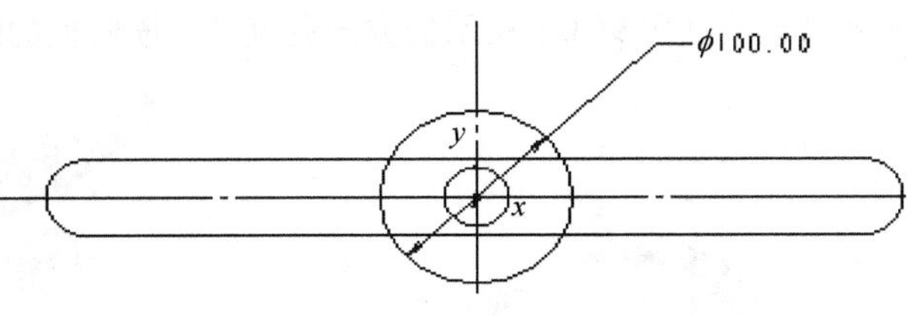

图9.2.7　第二个截面

11）单击草绘器中的【确定】按钮✓，选择【相切】|【平滑】，如图9.2.10所示。

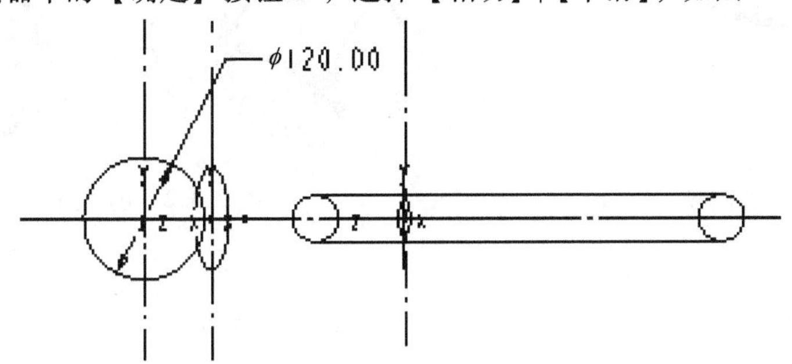

图9.2.8　第三个截面

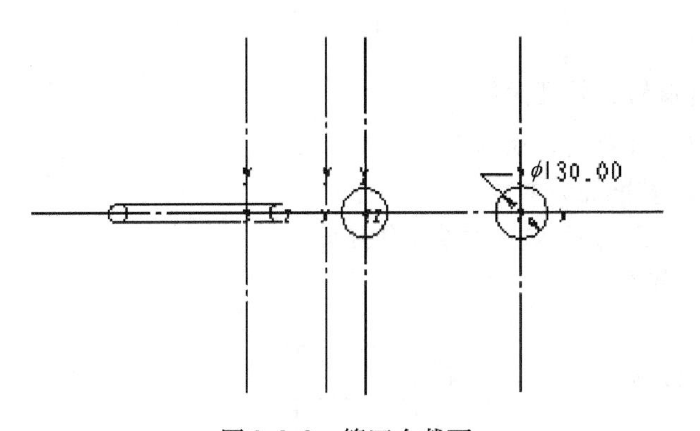

图9.2.9　第四个截面

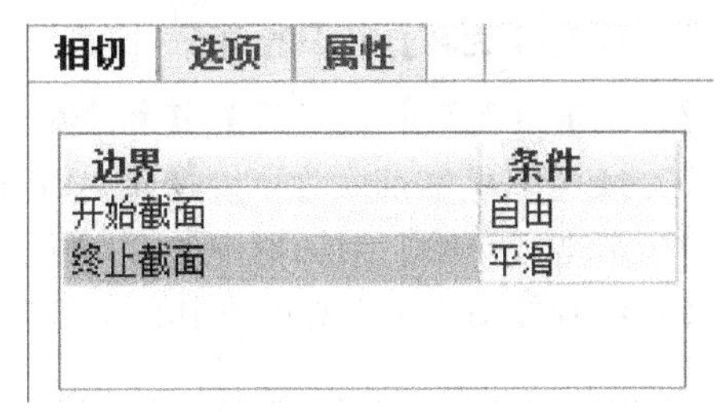

图9.2.10　【端点类型】选项菜单

12）单击【扫描混合】对话框内的【确定】按钮，生成起重吊钩，如图9.2.1所示。

4. 保存文件

保存当前建立的起重吊钩模型。

9.3　方向盘

学习目标

使用旋转特征、扫描混和特征、拉伸特征、阵列等工具来完成模型的构建。

实例分析

本节创建如图 9.3.1 所示的方向盘模型。该模型的基本创建过程如图 9.3.2 所示。

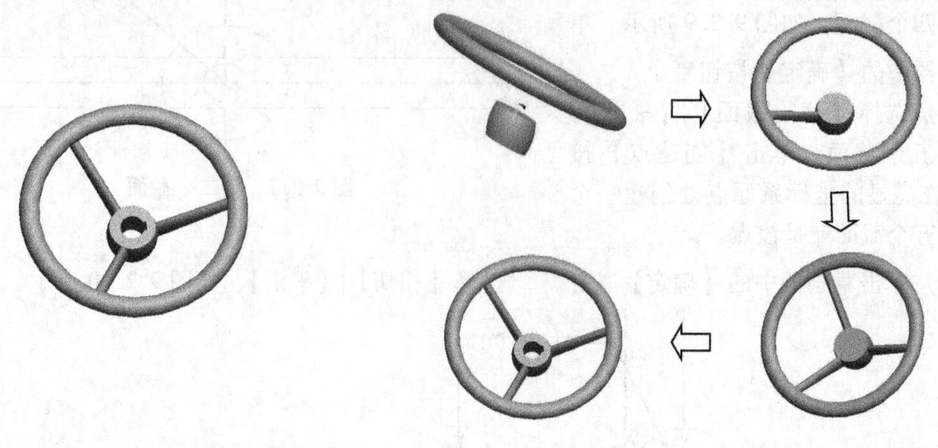

图 9.3.1　方向盘　　　　图 9.3.2　创建过程

建模过程

1. 建立新文件

建立文件名为“fangxiangpan”的新文件。

2. 使用旋转工具初步建立模型主体

1）单击【旋转】工具按钮，打开【旋转】特征面板。

2）单击【基准】|【草绘】按钮，打开【草绘】对话框。

3）选择 TOP 基准面为草绘平面，RIGHT 基准面为参考面。

4）单击【草绘】对话框中的【草绘】按钮，系统进入草绘工作环境。

5）绘制如图 9.3.3 所示的中心线和旋转截面。

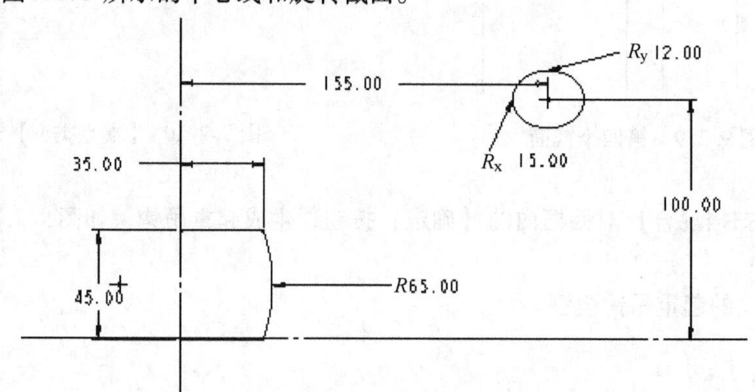

图 9.3.3　中心线和旋转截面

6）单击【确定】按钮，返回【旋转】特征面板。

7）单击【确定】按钮，完成旋转特征的创建。方向盘主体如图 9.3.4 所示。

3. 使用扫描混合工具创建轮辐

1）执行【形状】区域中的【扫描混合】命令，打开【扫描混合】特征面板。

2）选择TOP基准面为草绘平面，选择RIGHT平面为参考平面，进入草绘工作环境。

3）绘制如图9.3.5所示的一条线段作为扫描路径。单击【草绘】工具栏的【确定】按钮✓，完成轨迹线的创建。

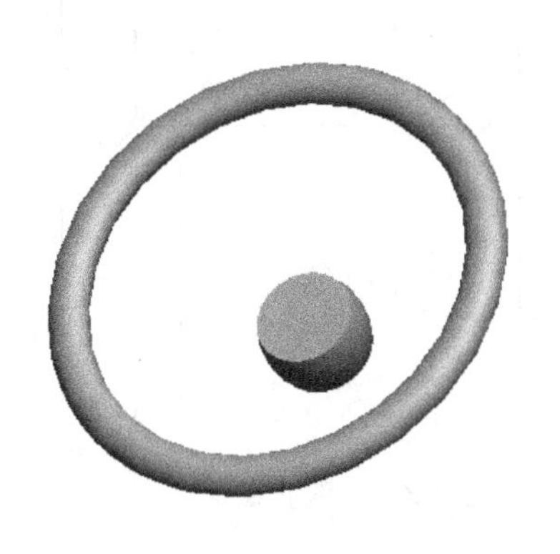

图9.3.4　方向盘主体

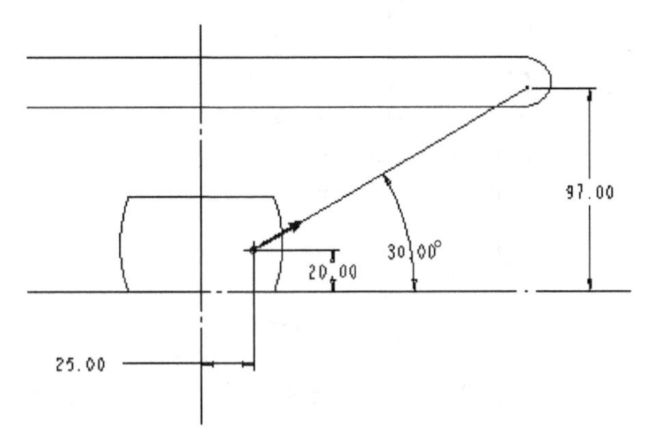

图9.3.5　扫描路径

4）执行【参照】|【恒定法线】命令，【参考】下滑面板如图9.3.6所示。选择RIGHT基准面为方向参照，如图9.3.7所示。

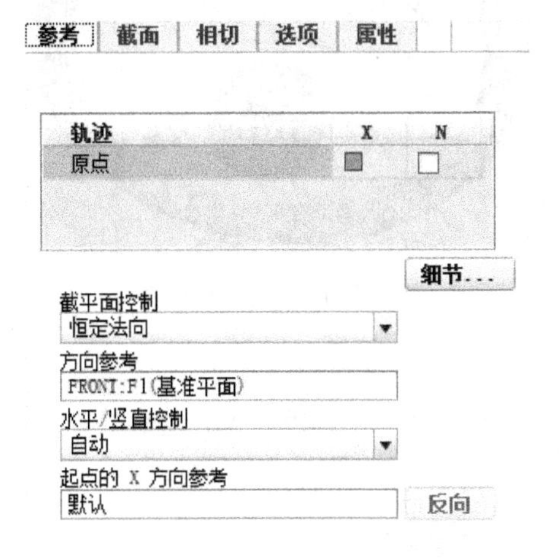

图9.3.6　【参考下滑面板】

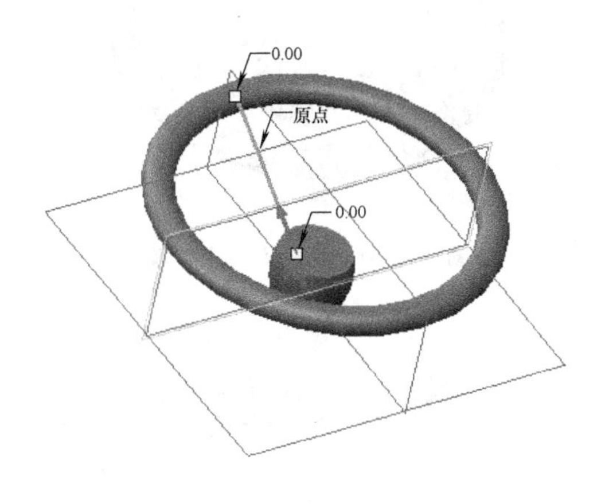

图9.3.7　方向参照

5）选择【截面】|【草绘截面】，输入旋转角度“0”，表示不旋转截面一，绘制如图9.3.8所示的一个椭圆作为起始截面。完成后单击【确定】按钮✓。

6）选择【插入】，不旋转第二个截面，绘制如图9.3.9所示的一个椭圆作为终止截面。

7）上述操作完成以后，单击鼠标中键，再单击【扫描混合】对话框中的【确定】命令，完成第一个轮辐的创建，如图9.3.10所示。

4. 阵列轮辐

1）选中轮辐，执行【编辑】|【阵列】命令，选择要成为阵列中心的基准轴，如图9.3.11

所示。输入阵列成员数为“3”，角度值“120”，如图 9.3.12 所示。

2）单击【确定】按钮，完成阵列。结果如图 9.3.13 所示。

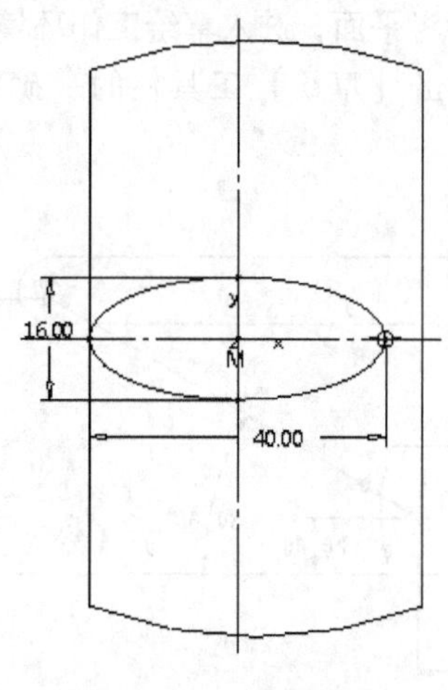

图 9.3.8 起始截面

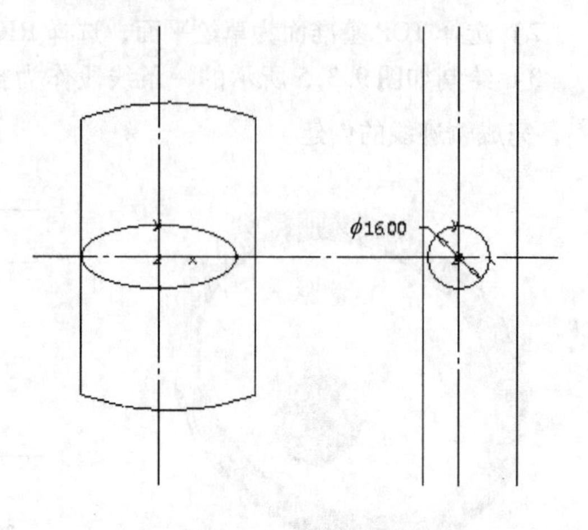

图 9.3.9 终止截面

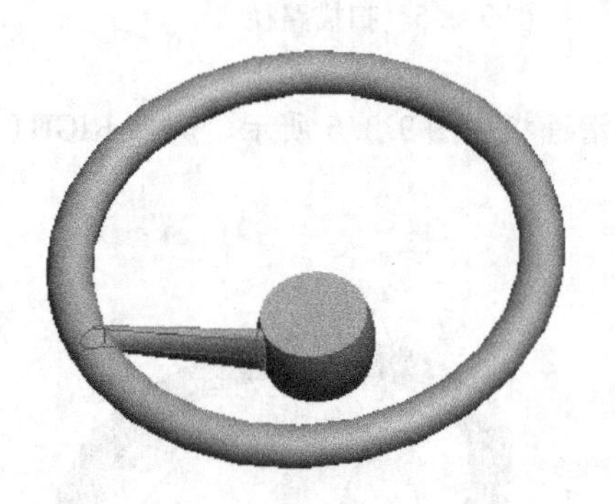

图 9.3.10 完成第一个轮辐

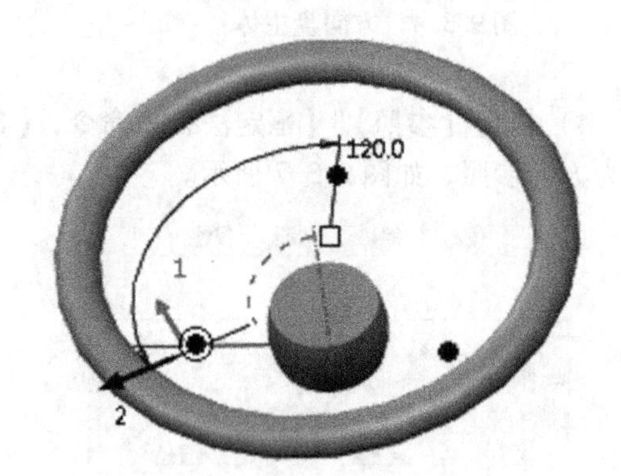

图 9.3.11 旋转轴选择

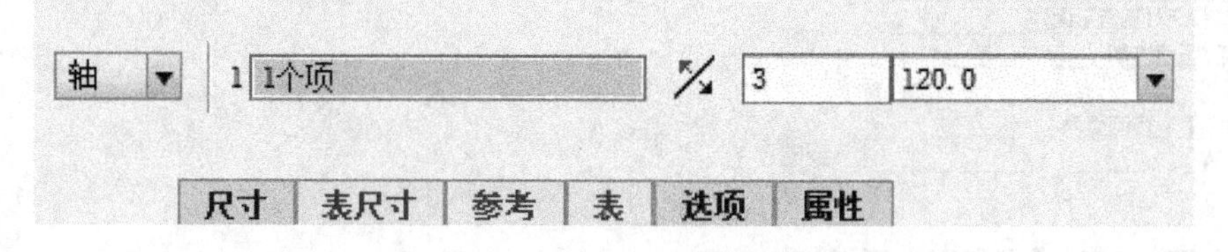

图 9.3.12 【阵列】特征面板

5. 切割安装孔

1）单击【拉伸】工具按钮，打开【拉伸】特征面板。

2）选择【创建实体、盲孔、去除材料】方式，拉伸深度设为“60”，如图 9.3.14 所示。

3）单击【基准】|【草绘】按钮，打开【草绘】对话框。

4）选择如图 9.3.15 所示的平面为草绘平面。

5）单击【草绘】按钮，进入草绘工作环境。

6）绘制如图 9.3.16 所示的拉伸截面。

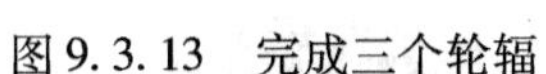

图9.3.13　完成三个轮辐

图9.3.14　【拉伸】特征面板

图9.3.15　选择草绘平面

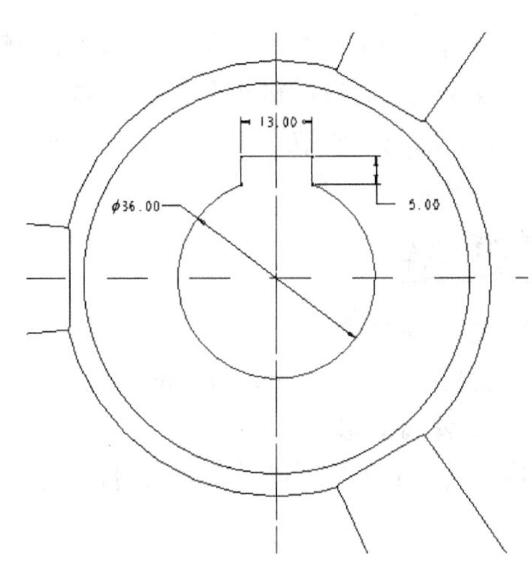

图9.3.16　拉伸截面

7）单击【确定】按钮✓，返回【拉伸】特征面板，材料切除方向调整如图9.3.17所示。

8）单击【确定】按钮✓，完成方向盘安装孔的切割。最终结果如图9.3.1所示。

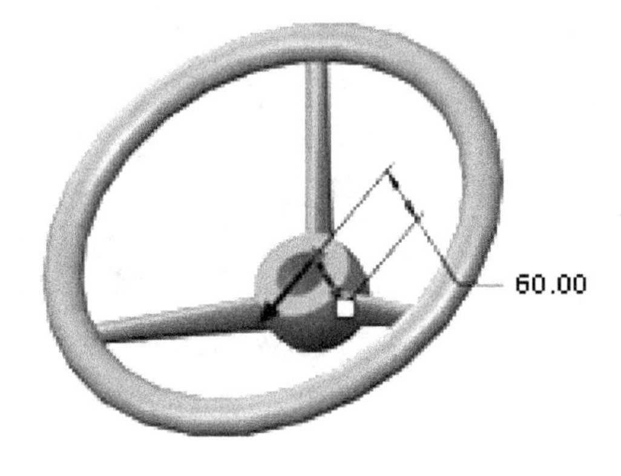

图9.3.17　材料切除方向

6. 保存模型

保存当前建立的方向盘模型。

9.4 斜齿圆柱齿轮

学习目标

进一步熟悉扫描混合操作，学习实现斜齿圆柱齿轮参数化的步骤和方法，掌握曲线复制、阵列、实体拉伸、实体切割等特征的操作。

实例分析

本节创建如图9.4.1所示的斜齿圆柱齿轮模型。

在齿轮创建时应严格按照相应计算公式确定齿形的尺寸。在本节中假定齿轮的模数 $m=6$，齿数 $Z=30$，螺旋角 $\beta=16°$，压力角为 $\alpha=20°$。

图9.4.1 斜齿圆柱齿轮

建模过程

1. 建立新文件

建立文件名为“xiechilun”的新文件。

2. 设置齿轮参数

执行【工具】|【参数】命令，打开【参数】对话框。如图9.4.2所示依次添加齿轮参数。

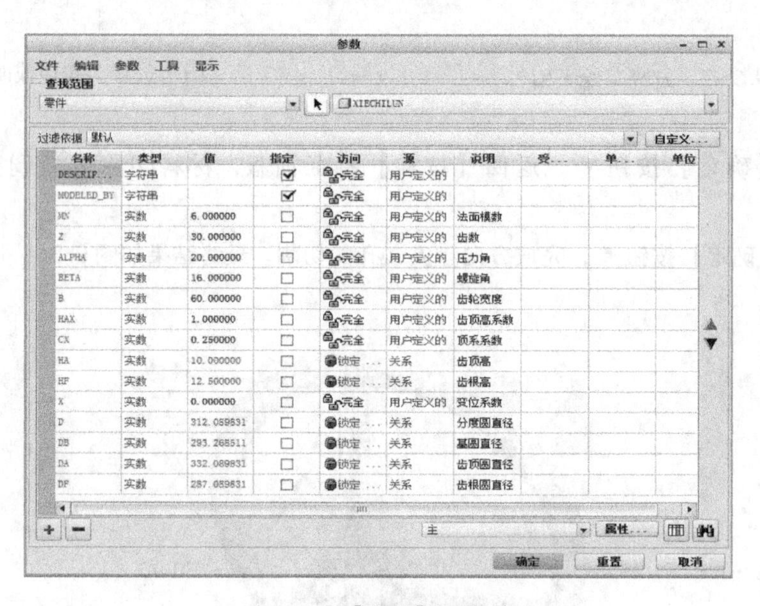

名称	类型	值	指定	访问	源	说明	受...	单...	单位
DESCRIP...	字符串		☑	完全	用户定义的				
MODELED_BY	字符串		☑	完全	用户定义的				
MN	实数	6.000000	☐	完全	用户定义的	法面模数			
Z	实数	30.000000	☐	完全	用户定义的	齿数			
ALPHA	实数	20.000000	☐	完全	用户定义的	压力角			
BETA	实数	16.000000	☐	完全	用户定义的	螺旋角			
B	实数	60.000000	☐	完全	用户定义的	齿轮宽度			
HAX	实数	1.000000	☐	完全	用户定义的	齿顶高系数			
CX	实数	0.250000	☐	完全	用户定义的	顶系系数			
HA	实数	10.000000	☐	锁定...	关系	齿顶高			
HF	实数	12.500000	☐	锁定...	关系	齿根高			
X	实数	0.000000	☐	完全	用户定义的	变位系数			
D	实数	312.089831	☐	锁定...	关系	分度圆直径			
DB	实数	293.268511	☐	锁定...	关系	基圆直径			
DA	实数	332.089831	☐	锁定...	关系	齿顶圆直径			
DF	实数	287.089831	☐	锁定...	关系	齿根圆直径			

图9.4.2 【参数】对话框

3. 绘制齿轮基本圆

1）单击工具栏中的【草绘工具】按钮，打开【草绘】对话框。

2）选择FRONT基准面为草绘平面，单击【草绘】按钮，进入草绘工作环境。

3）以任意尺寸，绘制四个同心圆，如图9.4.3所示。单击【确定】。

4. 设置齿轮关系式，确定其尺寸参数

1）如图9.4.4所示，在【关系】对话框中分别添加确定齿轮的分度圆直径、基圆直径、齿根圆直径、齿顶圆直径的关系式。

2）鼠标右键单击模型树中刚创建的【特征】，在弹出的快捷菜单中选择【编辑】选项，显示尺寸，然后执行【工具】|【切换符号】命令，以符号显示特征尺寸。

3）在【关系】对话框中为参数“D0”、“D1”、“D2”和“D3”（分别代表分度圆、基圆、齿根圆、齿顶圆）添加关系，如图9.4.5所示。

4）执行【重新生成】命令，再生齿轮基本圆的尺寸，最后生成如图9.4.6所示的标准齿轮基本圆。

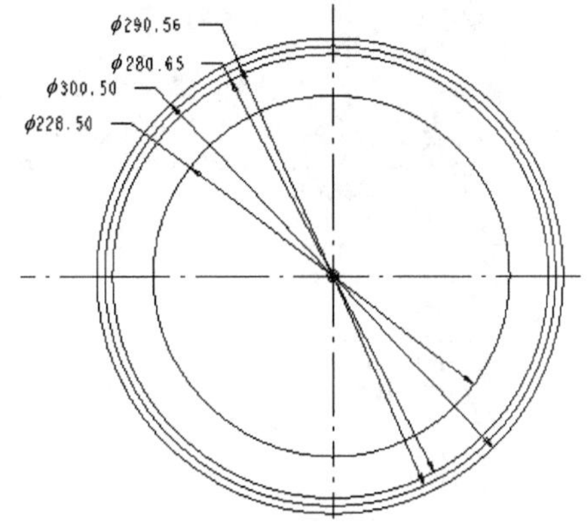

图9.4.3　齿轮基本圆

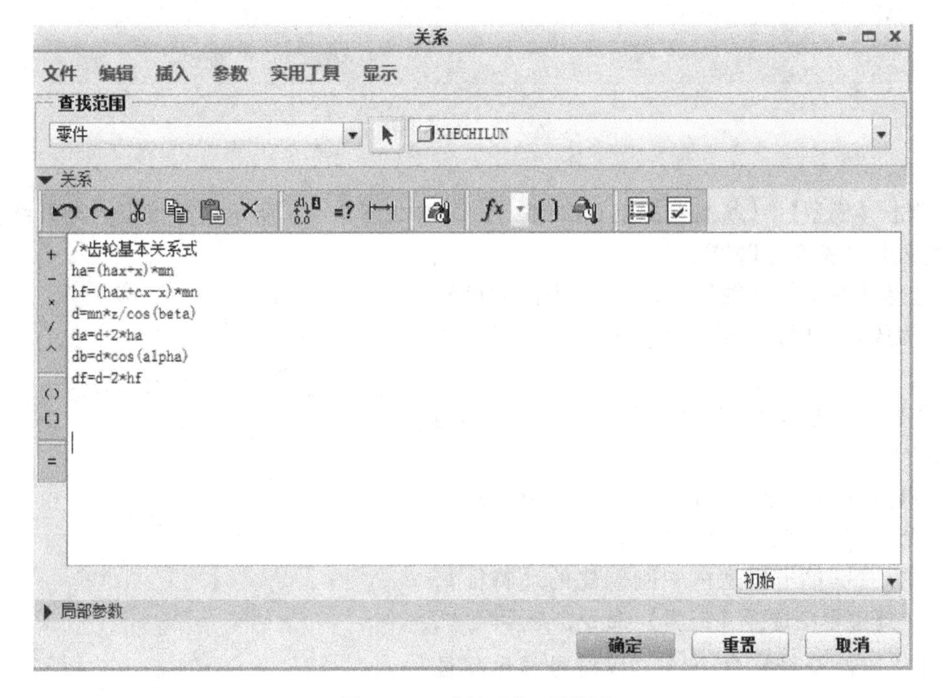

图9.4.4　【关系】对话框

5. 创建齿轮齿廓曲线

1）单击【模型】|【基准】|【曲线】|【来自方程的曲线】命令。【曲线：从方程】特征面板如图9.4.7所示。

2）在模型树窗口中选择坐标系作为曲线方程参照坐标系，然后单击对话框中的【笛卡尔】命令。

3）单击对话框中的 方程... 按钮在记事本窗口中添加渐开线方程，如图9.4.8所示。然后单击【确定】按钮，保存设置，生成如图9.4.9所示的渐开线齿廓曲线。

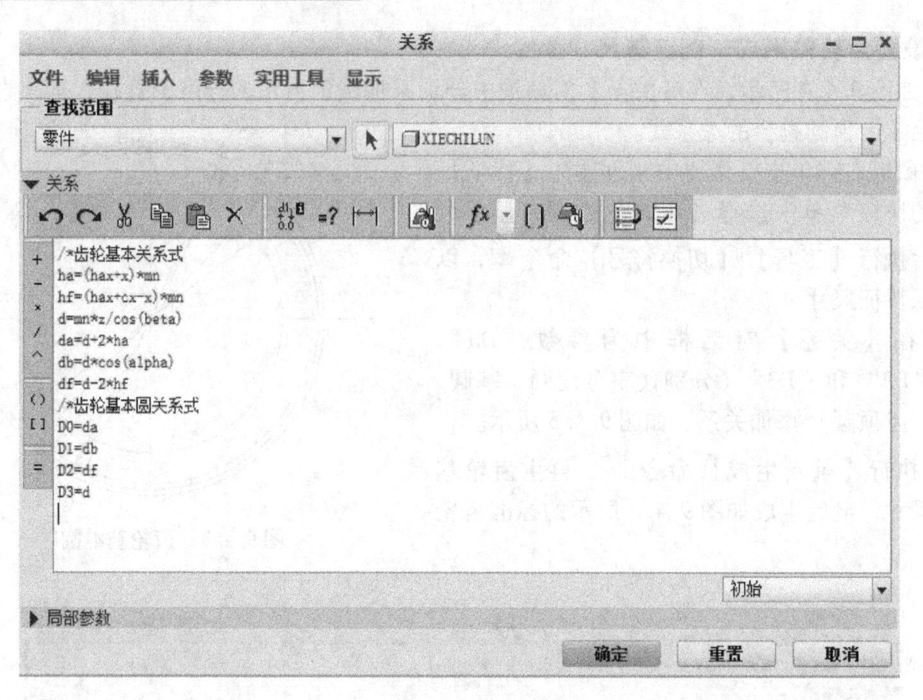

图9.4.5　关系添加

4）单击【模型】|【基准点】工具按钮，选取如图9.4.9所示的分度圆、渐开线，创建过两曲线交点的基准点PNT0。

5）选择【模型】|【轴】，选取基准平面TOP和RIGHT作为放置参照，创建过两平面交线的基准轴A_ 1。

6）创建经过基准点PNT0和基准轴A_ 1的基准平面DTM1。

7）创建经过基准轴A_ 1，并由基准平面DTM1转过“-45°”角的基准平面DTM2。

8）鼠标右键单击模型树中刚创建的【特征】，在弹出的快捷菜单中选择【编辑】命令，显示尺寸，然后执行【切换符号】命令，以符号显示特征尺寸。

9）将基准平面DTM1与基准平面DTM2的夹角参数添加到【关系】对话框中，然后输入关系式“=360/（4＊Z）”。

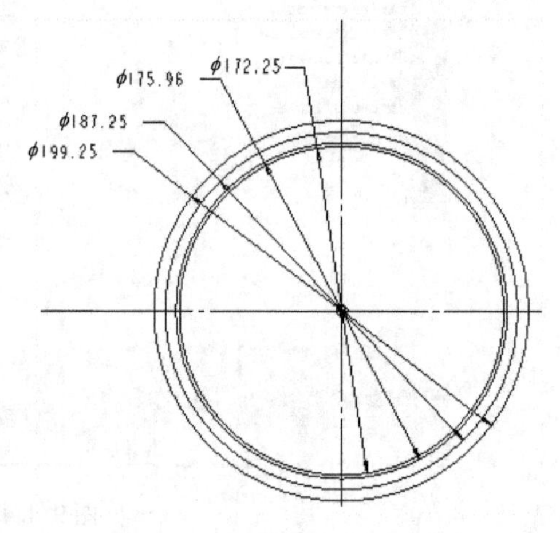

图9.4.6　标准齿轮基本圆

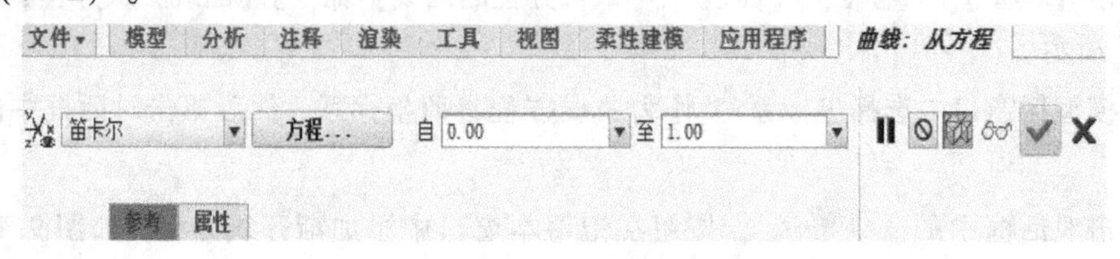

图9.4.7　【曲线：从方程】特征面板

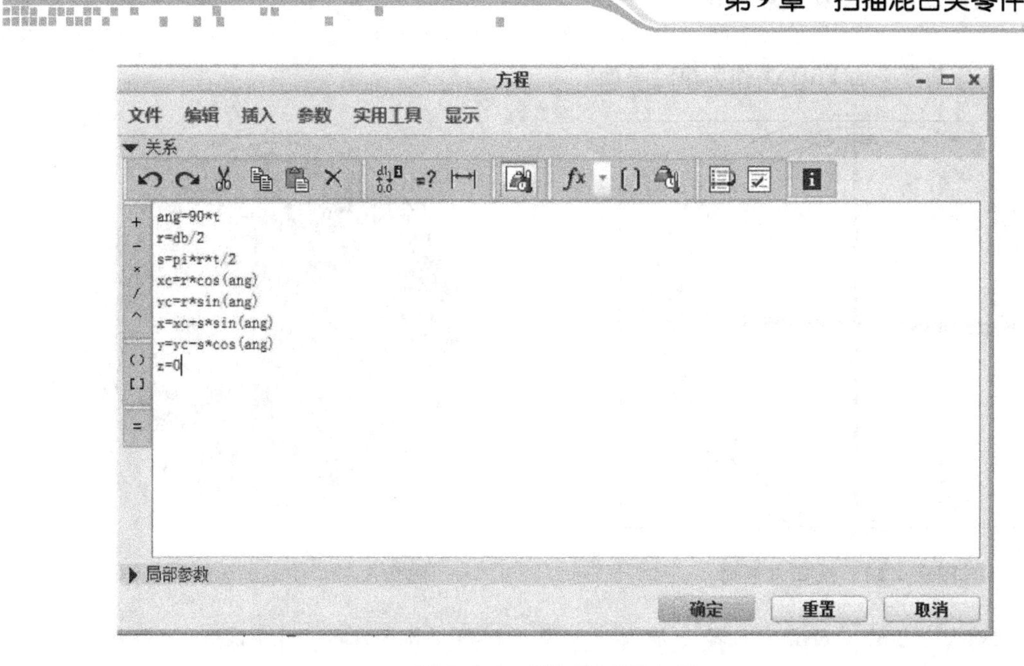

图 9.4.8　添加渐开线方程

10）镜像渐开线。使用基准平面 DTM2 作为镜像平面，镜像已完成的渐开线，结果如图 9.4.10 所示。

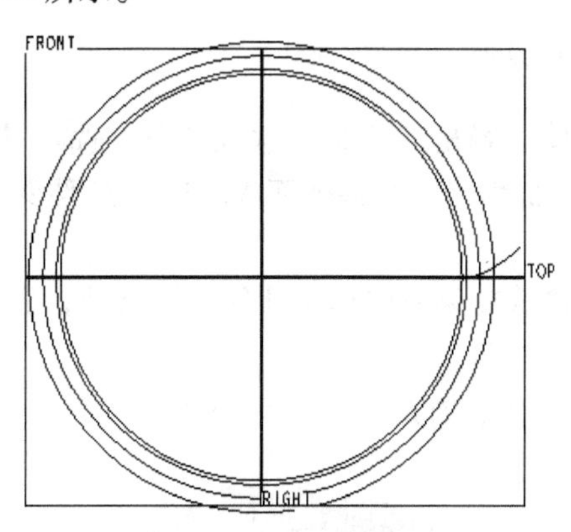

图 9.4.9　生成渐开线齿廓曲线

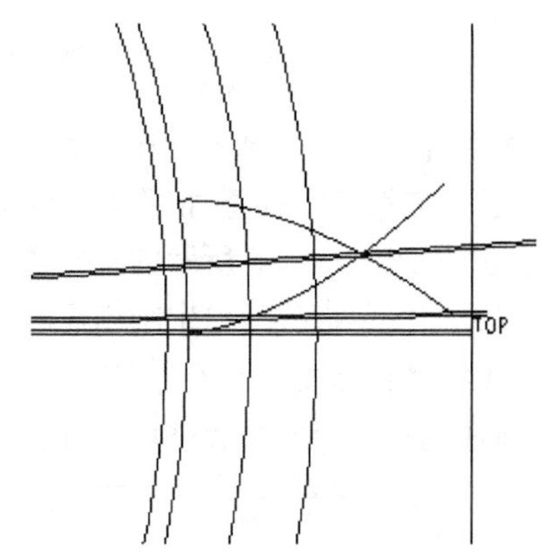

图 9.4.10　镜像后的渐开线

6. 创建齿根圆实体特征

1）单击【拉伸】工具按钮 打开【拉伸】特征面板，选择基准平面 FRONT 作为草绘平面，其他选项使用系统默认值，进入草绘环境。

2）单击【草绘】功能选项卡中的【投影】按钮，弹出【类型】选项菜单，选择【环】选项，然后在工作区中选择如图 9.4.11 所示的齿根圆作为草绘截面。在特征面板中输入拉伸深度为“b”，完成齿根圆柱实体的创建，创建后的结果如图 9.4.12 所示。

3）将特征的拉伸深度参数添加到【关系】对话框，然后输入关系式“ = b”。

7. 创建拉伸曲面特征

1）单击【拉伸】工具按钮，打开【拉伸】特征面板，在特征面板上设置如图 9.4.13 所示参数。选择基准平面FRONT作为草绘平面。

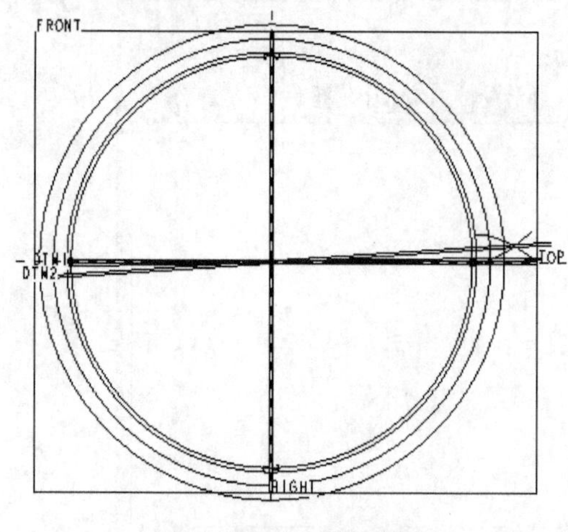

图9.4.11　选择齿根圆

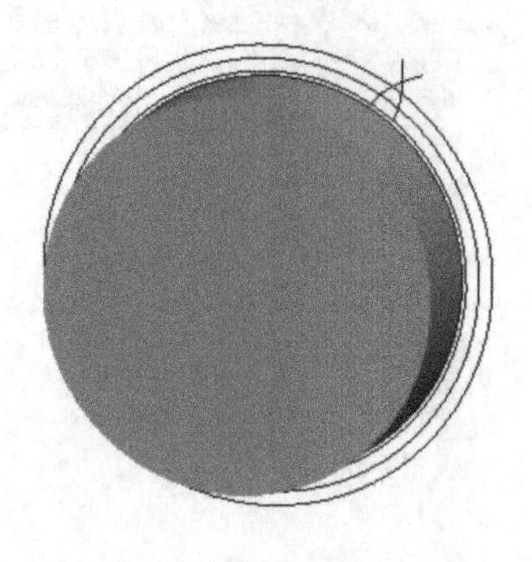

图9.4.12　生成的齿根圆实体

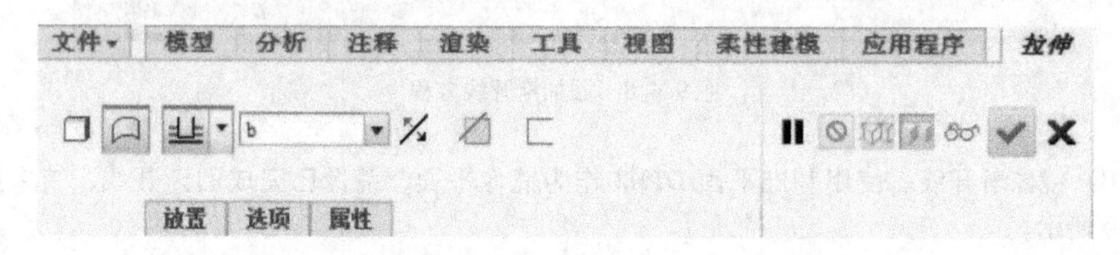

图9.4.13　特征面板的设置

2）单击【草绘】功能选项卡中的【投影】按钮，弹出【类型】选项菜单，选择【环】选项，然后在工作区中选择如图9.4.14所示的分度圆曲线图。在特征面板中输入拉伸深度为"b"后，生成如图9.4.15所示的拉伸曲面。

3）鼠标右键单击模型树中刚创建的曲面，在弹出的快捷菜单中选择【编辑】选项，显示尺寸，然后执行【切换符号】命令，以符号显示特征尺寸。

4）将曲面拉伸深度参数添加到【关系】对话框中，然后输入关系式" = b"。

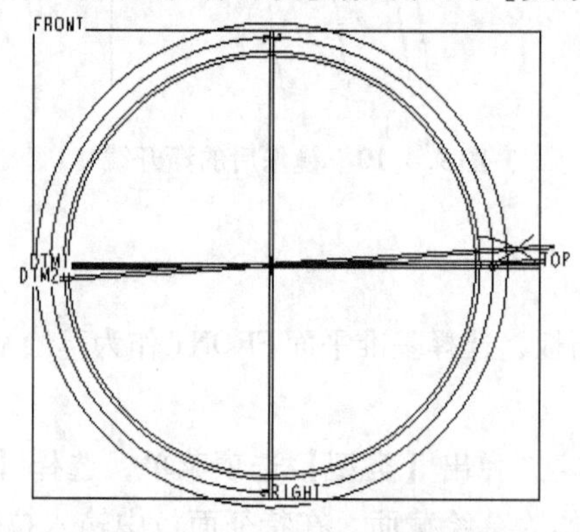

图9.4.14　选择分度圆曲线图

图9.4.15　创建的拉伸曲面

8. 创建基准曲线

1）在工具栏中单击【草绘】工具按钮，打开【草绘】对话框。选取基准平面RIGHT作为草绘平面，绘制如图 9.4.16 所示的曲线。

2）鼠标右键单击模型树中刚创建的【特征】，在弹出的快捷菜单中选择【编辑】选项，显示尺寸，然后执行【切换符号】命令，以符号显示特征尺寸。

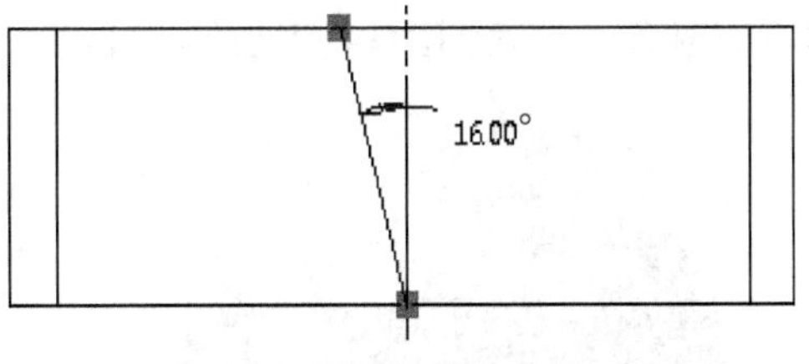

图 9.4.16　草绘曲线

3）将如图 9.4.16 所示的角度参数添加到【关系】对话框中，然后输入关系“ = beta”。添加新关系后的【关系】对话框如图 9.4.17 所示。

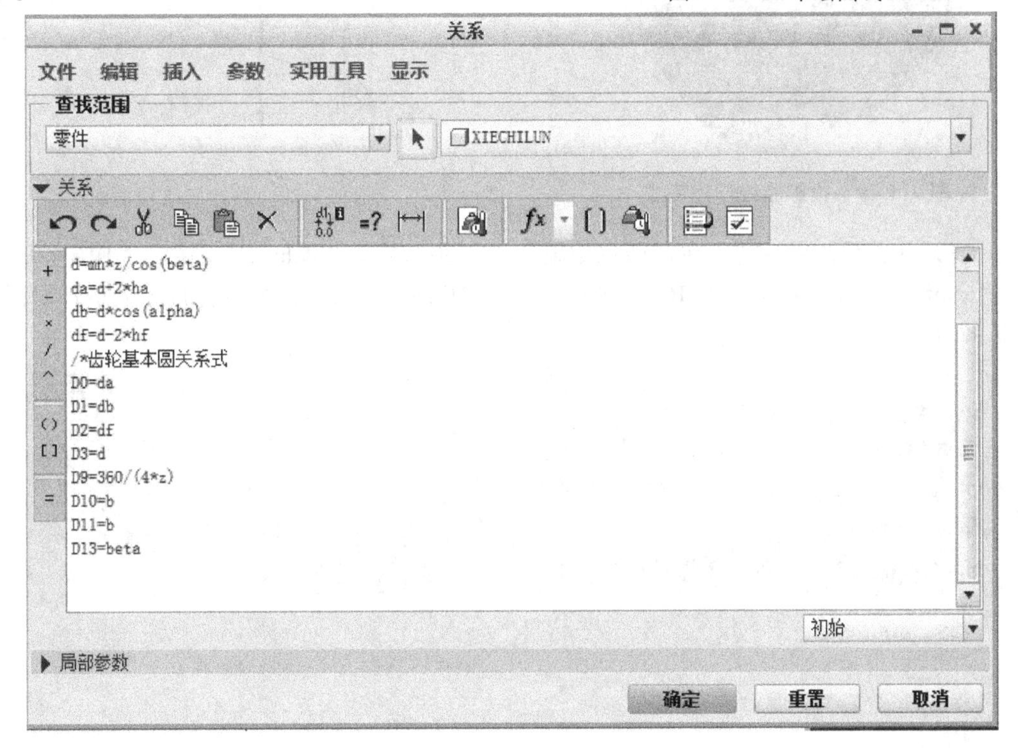

图 9.4.17　【关系】对话框

9. 创建投影曲线

1）执行【模型】|【投影】命令，在特征面板上单击 参照 按钮，在弹出的窗口中选择投影类型为【投影链】，在工作区中选择刚刚创建的曲线并将其添加到【链】选项中。

2）选择如图 9.4.18 所示的曲面并将其添加到【曲面】选项中，在【方向参照】中选择 RIGHT 基准平面作为投影方向参照，最后生成如图 9.4.19 所示的投影曲线。

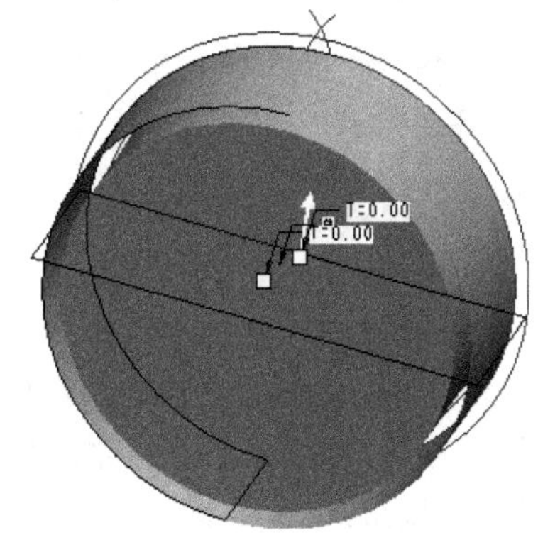

图 9.4.18　选择曲面

10. 创建一端齿廓曲线

1）在工具栏中单击【草绘】工具按钮，系统弹出【草绘】对话框。选取基准平面 FRONT 作为草绘平面后进入二维草绘界面。

2）单击【草绘】功能选项卡中的【投影】按钮，弹出【类型】对话框，选择【单一】选项按钮，然后依次选取两渐开线、齿根圆、齿顶圆。利用【圆角】按钮画出与曲线相切的齿根处圆角，使用【删除段】按钮修剪如图9.4.20所示的二维截面图形（在两个圆角处添加等半径约束）。

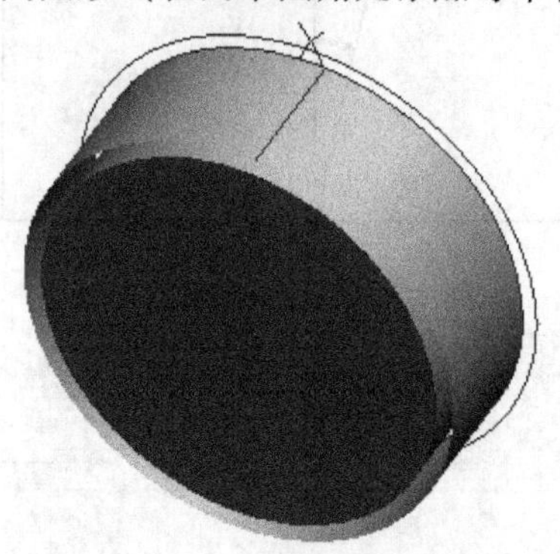

图9.4.19 投影曲线创建完成

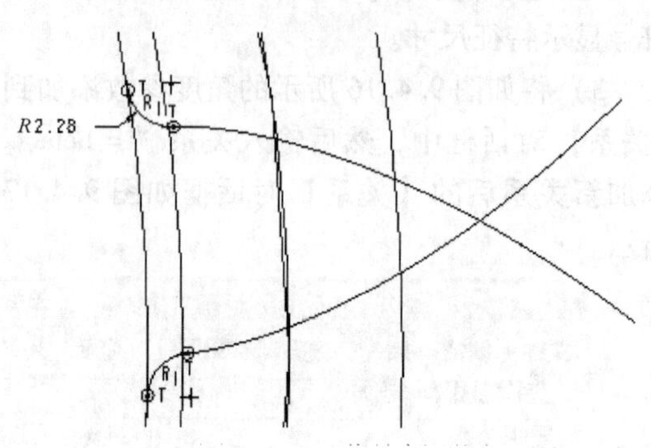

图9.4.20 草绘二维截面图

3）打开【关系】对话框，在对话框中输入以下关系式。“if hax > = 1”，“D16 = 0.38 * mn”，“endif”，“if hax < 1”，“D16 = 0.46 * mn”，“Endif”。添加新关系后的【关系】对话框，如图9.4.21所示。

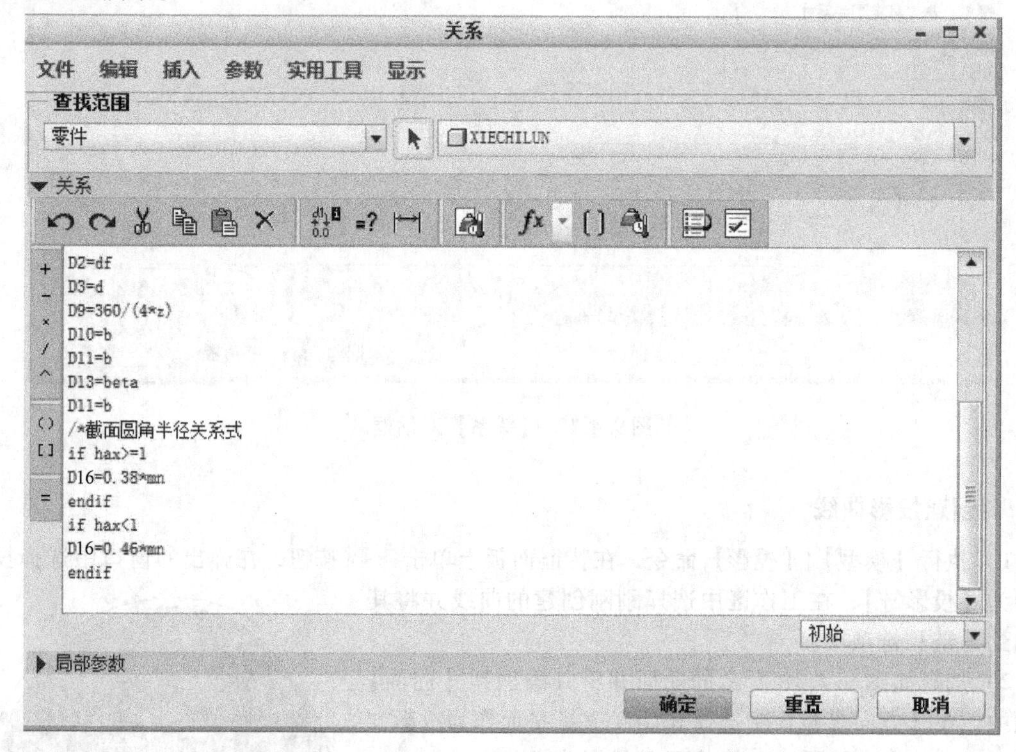

图9.4.21 【关系】对话框

11. 创建另一端齿廓曲线

1）执行【模型】|【操作】|【特征操作】命令，打开【菜单管理器】。选择【复制】选项，执行【移动，选择，独立，完成】命令，选取上一步刚创建的齿廓曲线作为复制对象，单击【确定】按钮。

2）选择【平移】方式，并选取基准平面FRONT作为平移参照，单击【确定】。设置平移距离为“b”，单击【确定】按钮✓。选择【完成移动】。将曲线平移到齿坯的另一侧。

3）再执行【移动特征】|【旋转】命令，并选取轴 A_ 1 作为旋转复制参照，设置旋转角度为“asin（2 * b * tan（beta/d））”，将前一步平移复制的齿廓曲线旋转相应角度，最后生成如图 9.4.22 所示的另一端齿廓曲线。

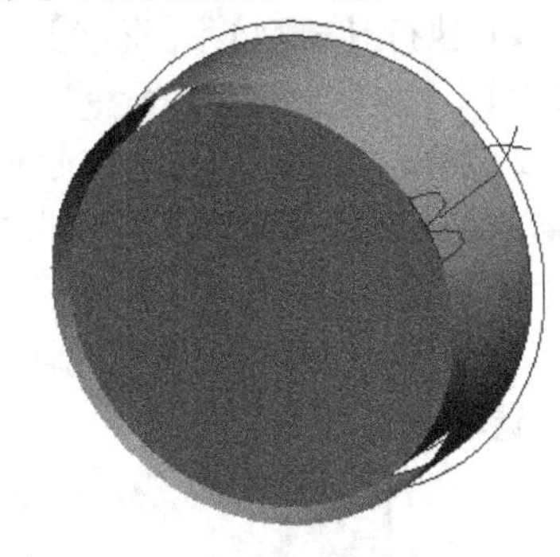

图 9.4.22　创建另一端齿廓曲线

4）鼠标右键单击模型树中刚创建的【特征】，在弹出的快捷菜单中选择【编辑】选项，显示尺寸，然后执行【切换符号】命令，以符号显示特征尺寸。

5）将图 9.4.23 中鼠标指示的旋转角度参数添加到【关系】对话框中，然后输入关系式“ = asin（2 * b * tan（beta/d））”。

6）将图 9.4.24 中鼠标指示的深度参数添加到【关系】对话框中，然后输入关系式“ = B”。添加新关系后的【关系】对话框如图 9.4.25 所示。

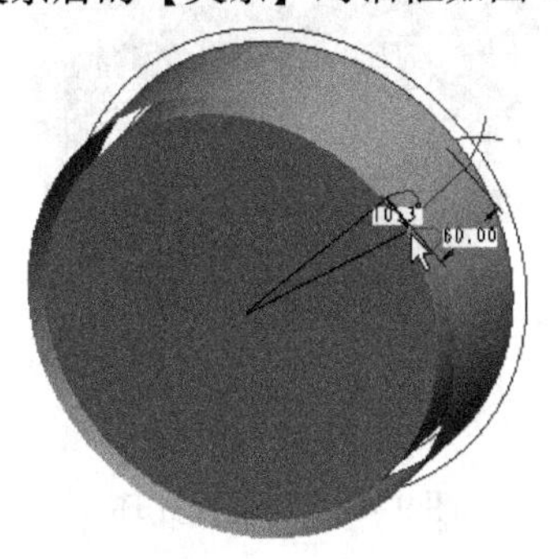

图 9.4.23　选择旋转尺寸

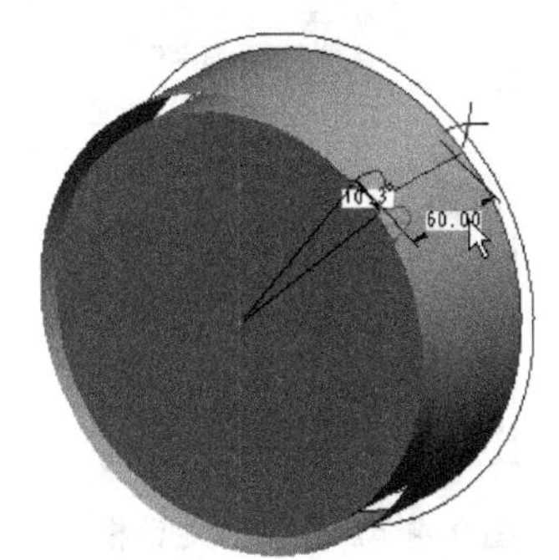

图 9.4.24　选择平移尺寸

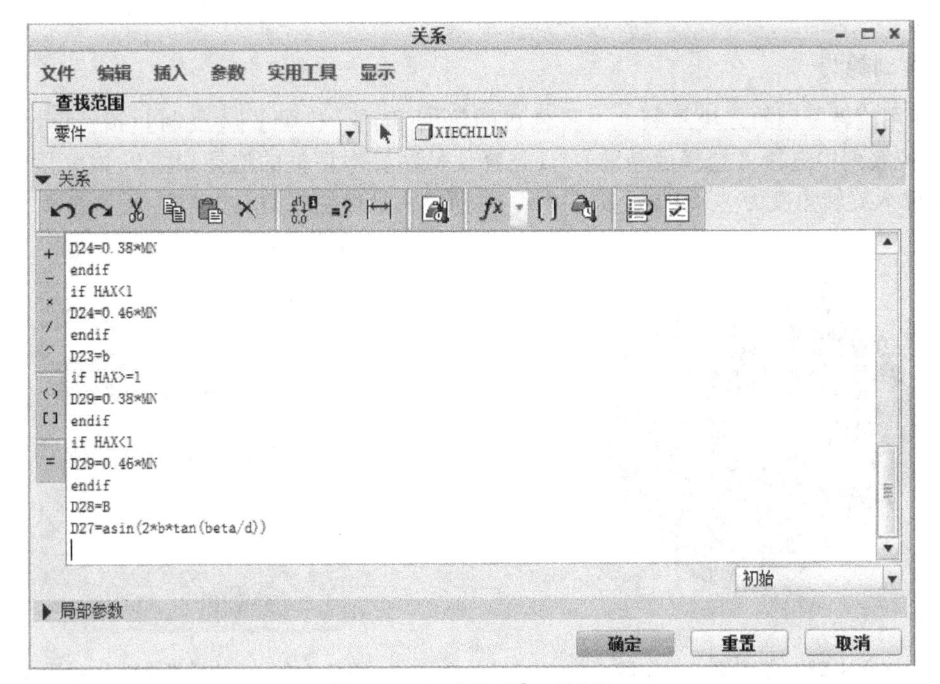

图 9.4.25　【关系】对话框

12. 创建第一个轮齿

1）执行【模型】|【形状】|【扫描混合】命令。在弹出的【扫描混合】特征面板中选择【参考】|【垂直于轨迹】命令，轨迹选择投影所得曲线。

2）单击【截面】|【选定截面】命令，然后从工作区中选择上一步骤中使用复制方法创建的齿廓曲线。选择【细节】|【参考】|【基于规则】|【完整环】，如图 9.4.26 所示。在【链】对话框中单击【确定】按钮，则第一个混合截面选取完成。

3）单击【插入】，使用同样方法在工作区中选择如图 9.4.27 所示的环，完成第二个混合截面的选取。

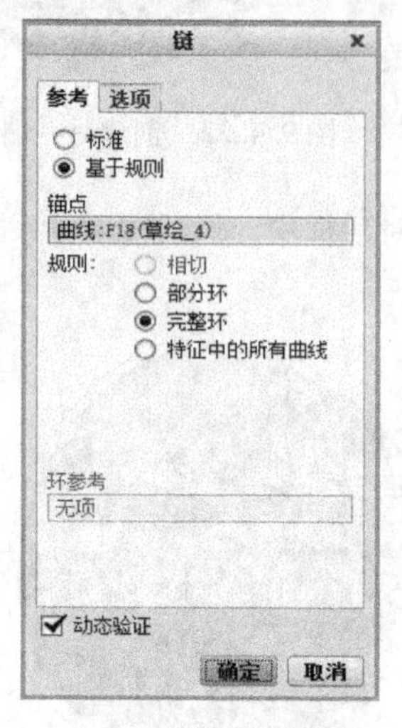

图 9.4.26 【链】对话框

图 9.4.27 选择此环

4）单击【扫描混合】特征面板的【确定】按钮，完成第一个轮齿的创建，结果如图 9.4.28 所示。

13. 复制轮齿

1）使用旋转复制的方法复制上一步创建的轮齿，选择【模型】|【复制】按钮，在【粘贴】的下拉表列中选择【选择性粘贴】。【选择性粘贴】对话框的选择如图 9.4.29 所示。选择 A_ 1 轴，输入旋转角度为“360/z”，如图 9.4.30 所示。最后生成如图 9.4.31 所示的第二个轮齿。

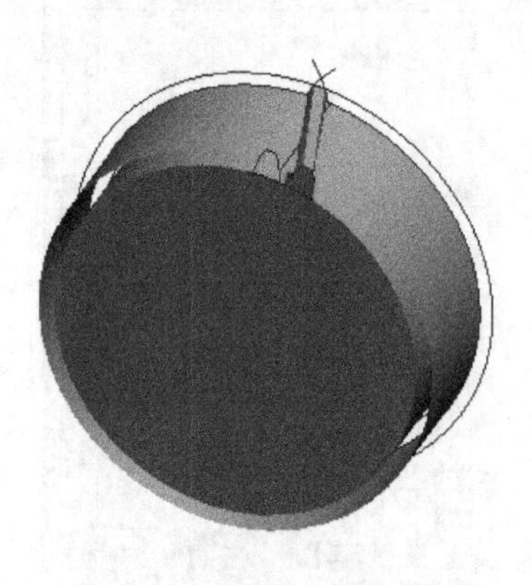

图 9.4.28 创建第一个轮齿

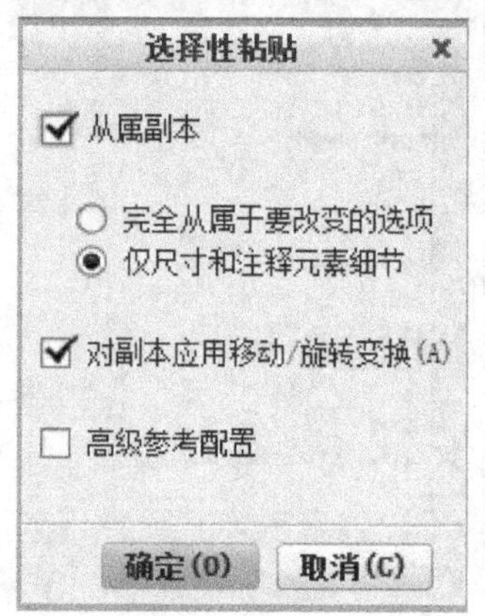

图 9.4.29 【选择性粘贴】对话框

图 9.4.30 【移动（复制）】特征面板

2）鼠标右键单击模型树中刚创建的【特征】，在弹出的快捷菜单中选择【编辑】选项，显示尺寸，然后执行【切换符号】命令，以符号显示特征尺寸。

3）将复制时的旋转角度参数添加到【关系】对话框中，然后输入关系式“=360/z”。添加新关系后的【关系】对话框如图 9.4.32 所示。

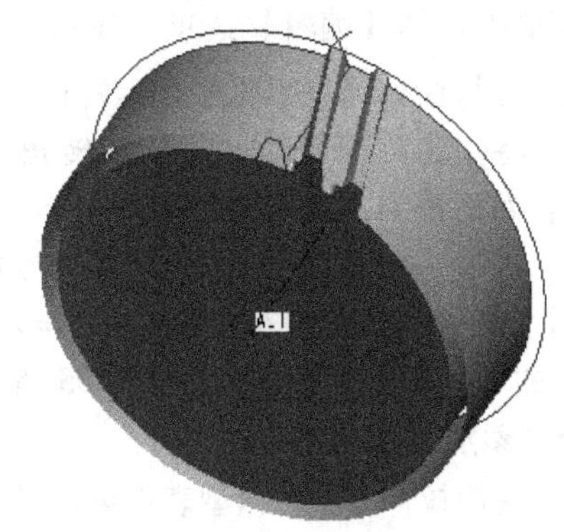

图 9.4.31　复制生成的第二个轮齿

14. 使用特征阵列方法创建其他轮齿

1）选中复制特征时的旋转角度参数作为阵列驱动尺寸，按照如图 9.4.33 所示设置阵列驱动尺寸增量“360/z”。在特征面板上输入第一个方向上要阵列的特征总数“29”。最后生成如图 9.4.34 所示的齿轮模型。

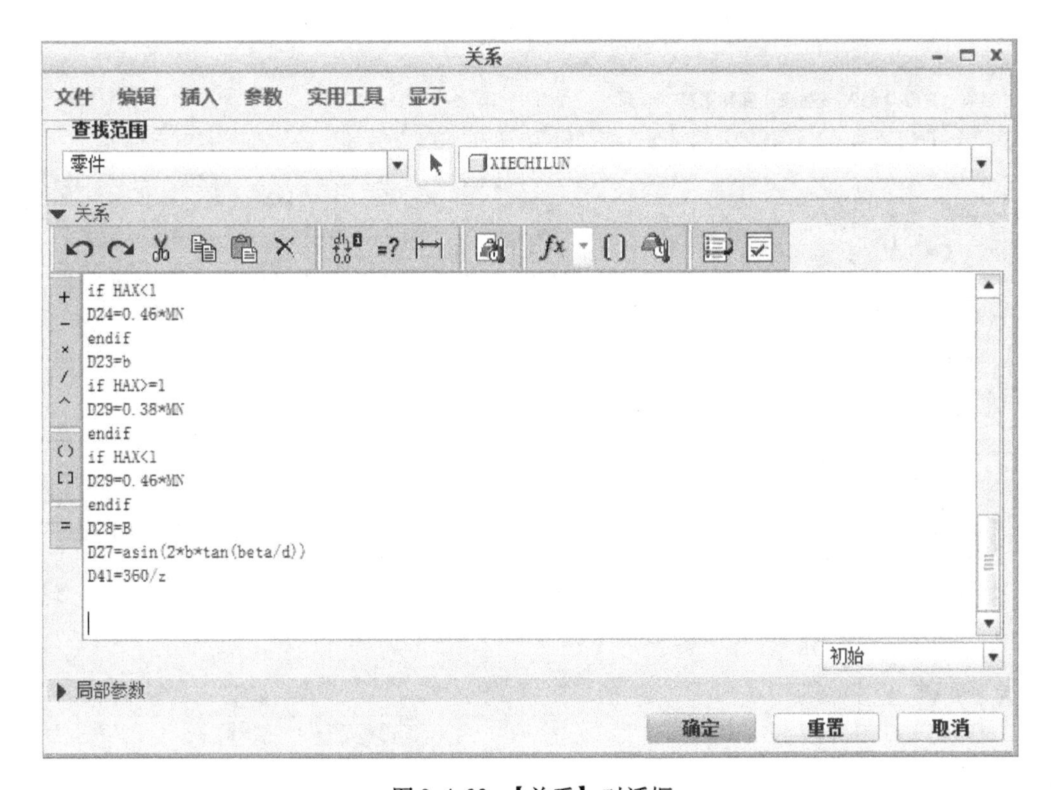

图 9.4.32 【关系】对话框

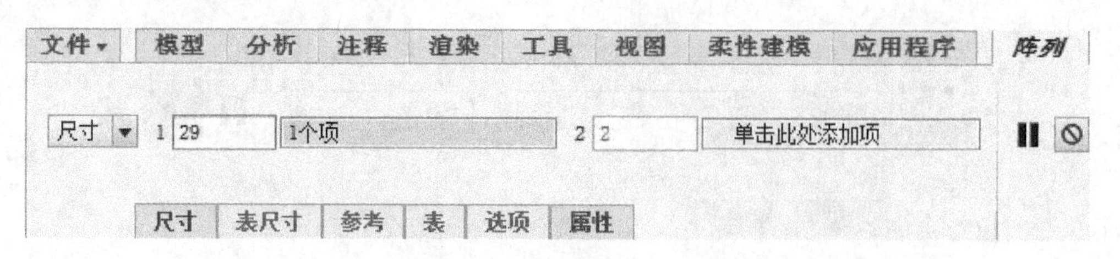

图 9.4.33 阵列驱动尺寸设置

2）鼠标右键单击模型树中的【特征】，在弹出的快捷菜单中选择【编辑】选项，显示尺寸，然后执行【切换符号】命令，以符号显示特征尺寸。

3）将作为阵列驱动尺寸的旋转角度参数添加到【关系】对话框中，输入关系式“ =360/z”。

4）将第一个齿到第三个齿的距离参数添加到【关系】对话框中，然后输入关系式：“ = z - 1”。添加新关系后的【关系】对话框如图 9.4.35 所示。

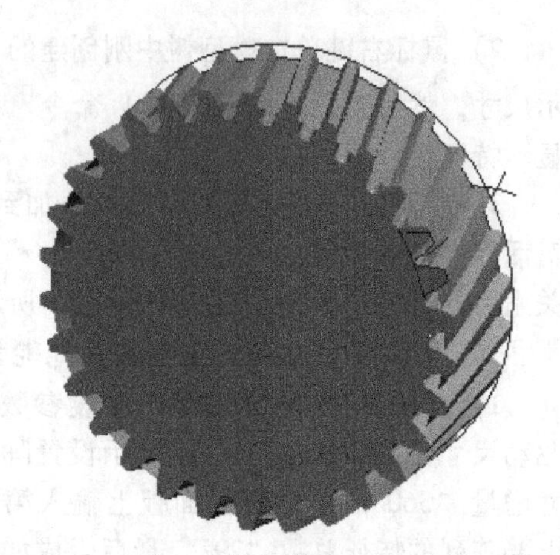

图 9.4.34 阵列后的齿轮

15. 添加修饰特征

1）使用拉伸方法在模型表面创建【移除材料】特征，切去直径为“145”，高为“20”的实体材料，结果如图 9.4.36 所示。

2）创建过齿宽中点，平行于 FRONT 面的基准平面 DTM3，如图 9.4.37 所示。

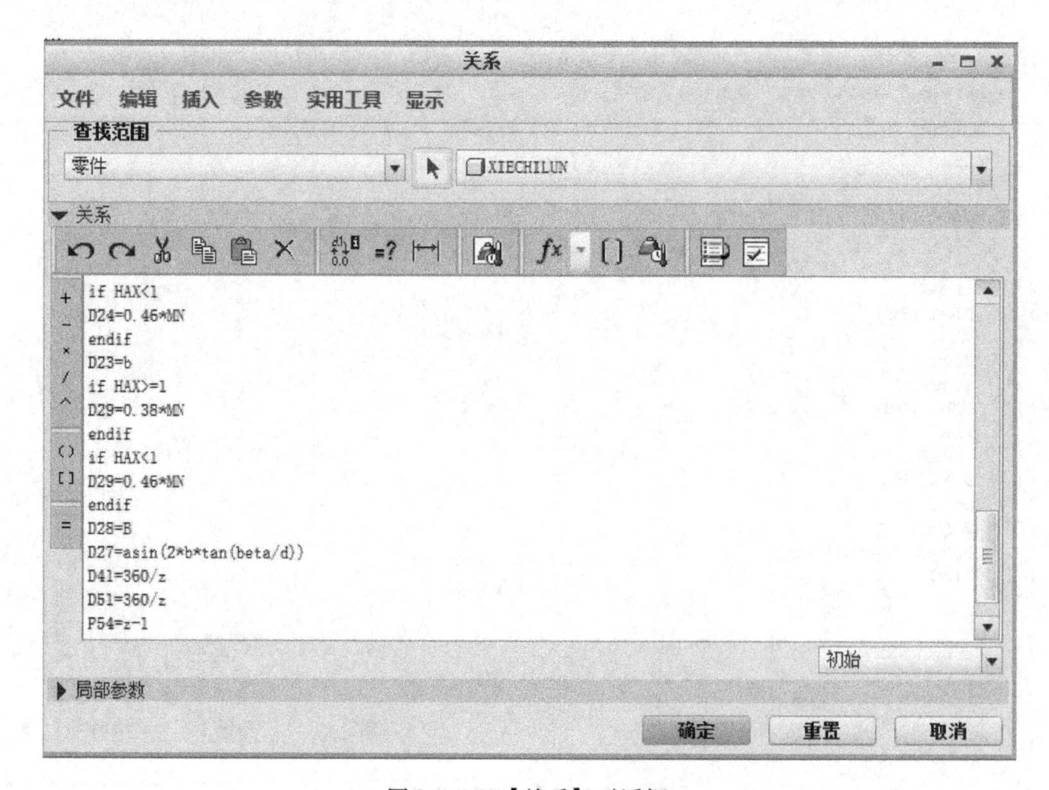

图 9.4.35 【关系】对话框

图 9.4.36　切减材料完成

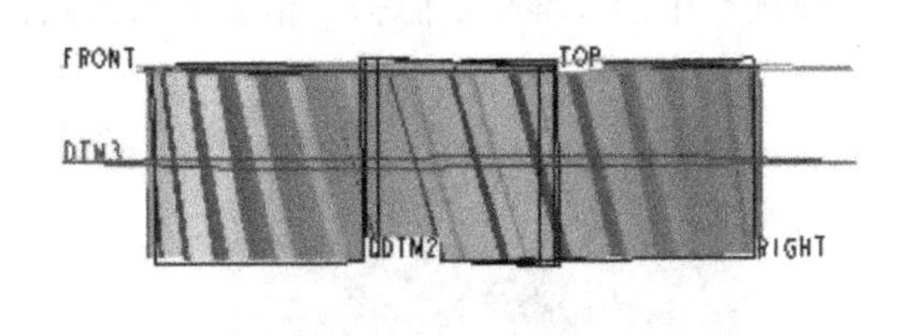

图 9.4.37　基准平面 DTM3

3）使用镜像方法在模型另一侧创建完全对称的移除材料特征。

4）选择 DTM3 面作为草绘平面，使用拉伸方法创建实体特征，单击【创建实体】按钮，再单击【双侧深度】按钮，拉伸深度为“50”。绘制如图 9.4.38 所示的草绘截面，拉伸后的模型如图 9.4.39 所示。

5）选择 DTM3 面作为草绘平面，绘制如图 9.4.40 所示的截面图，创建切透模型的切减实体特征，最后生成如图 9.4.41 所示的齿轮键槽和边孔结构。

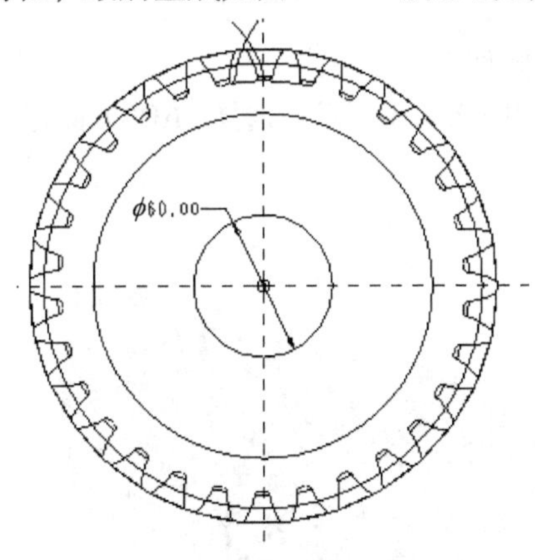

图 9.4.38　草绘截面

图 9.4.39　添加拉伸特征

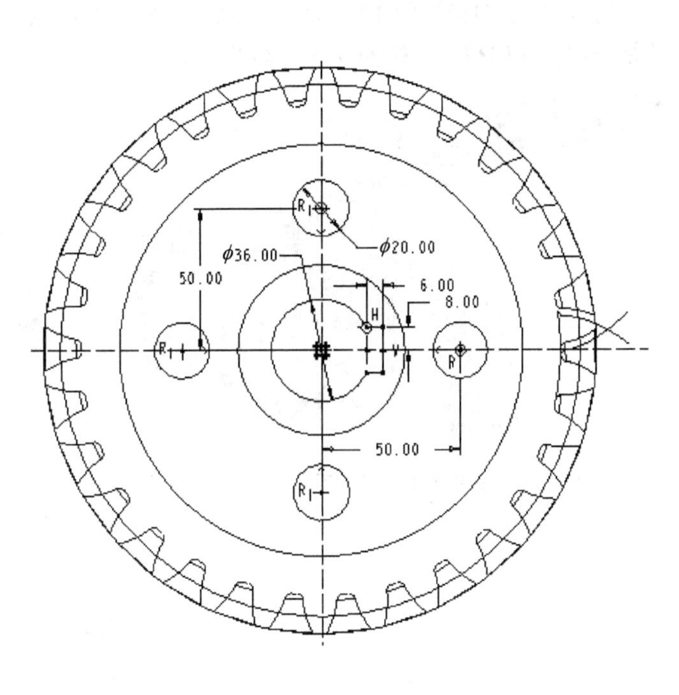

图 9.4.40　草绘截面图

6）在齿轮上添加圆角特征，圆角半径大小可以自行设置，倒圆角后的齿轮如图9.4.42所示。

16. 隐藏基准特征

将设计中的基准特征隐去，最后的斜齿圆柱齿轮模型如图9.4.1所示。

图9.4.41　生成齿轮键槽和边孔

图9.4.42　倒圆角后的齿轮

17. 保存文件

保存当前建立的斜齿轮模型。

9.5　实训题

利用扫描混合特征创建如图9.5.1所示门扳手。操作步骤如下：

1）利用拉伸特征创建如图9.5.2所示底座。底座截面如图9.5.3所示。选择FRONT面作为草绘平面，双向拉伸，拉伸高度“200”。

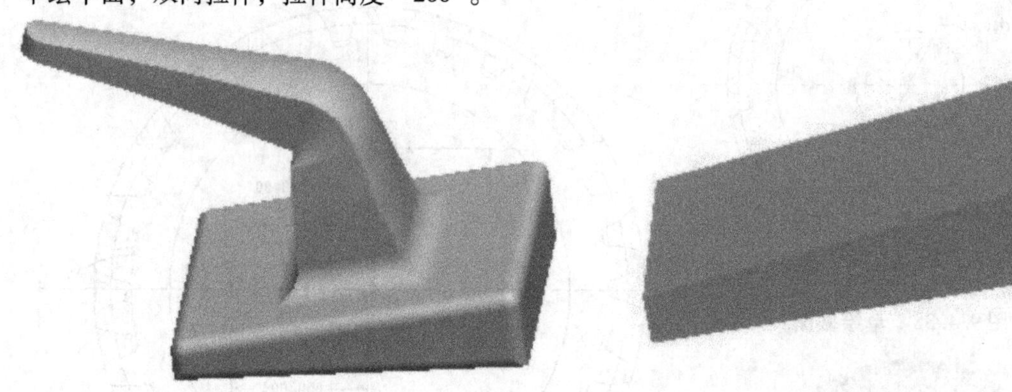

图9.5.1　门扳手

图9.5.2　底座

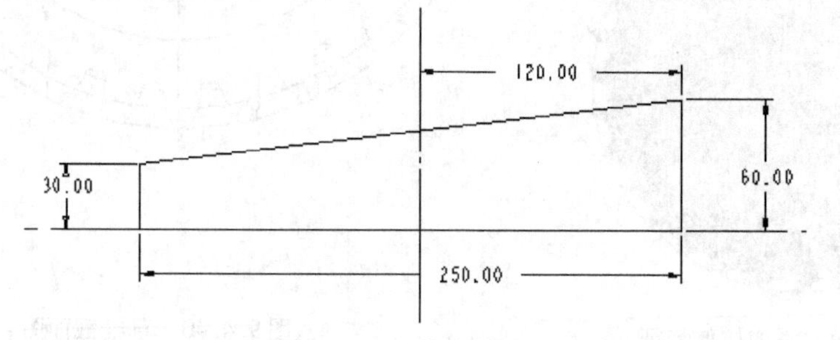

图9.5.3　底座截面

2）利用扫描混合工具创建如图9.5.4所示门扳手。轨迹如图9.5.5所示，各截面如图9.5.6～图9.5.9所示。各截面位置如图9.5.10所示。

图9.5.4　扳手

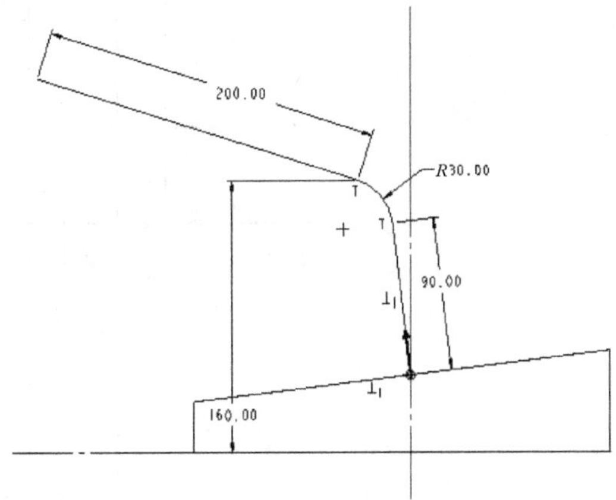

图9.5.5　轨迹

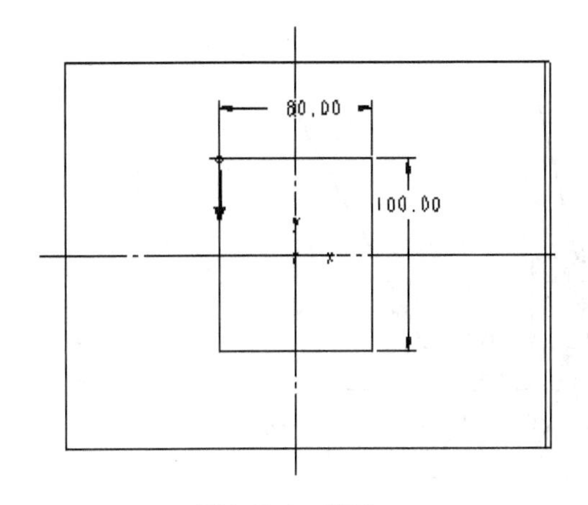

图9.5.6　截面一

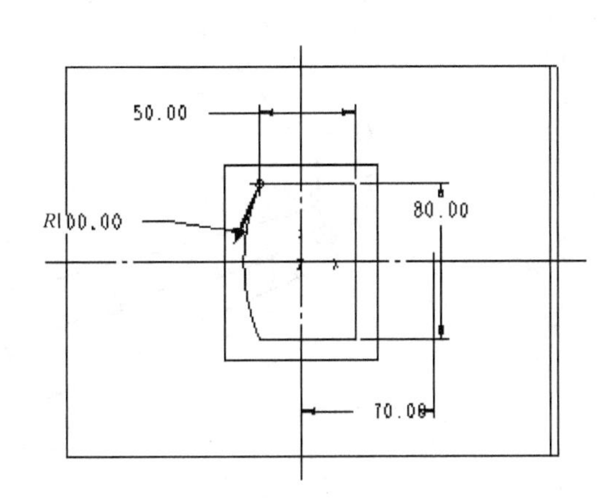

图9.5.7　截面二

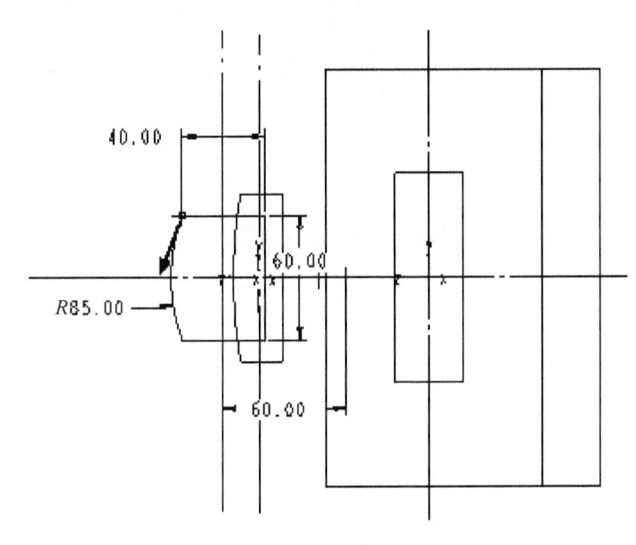

图9.5.8　截面三

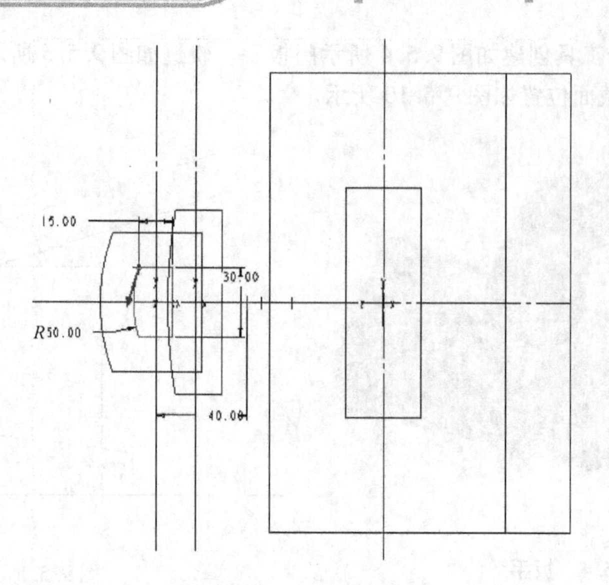

图 9.5.9　截面四

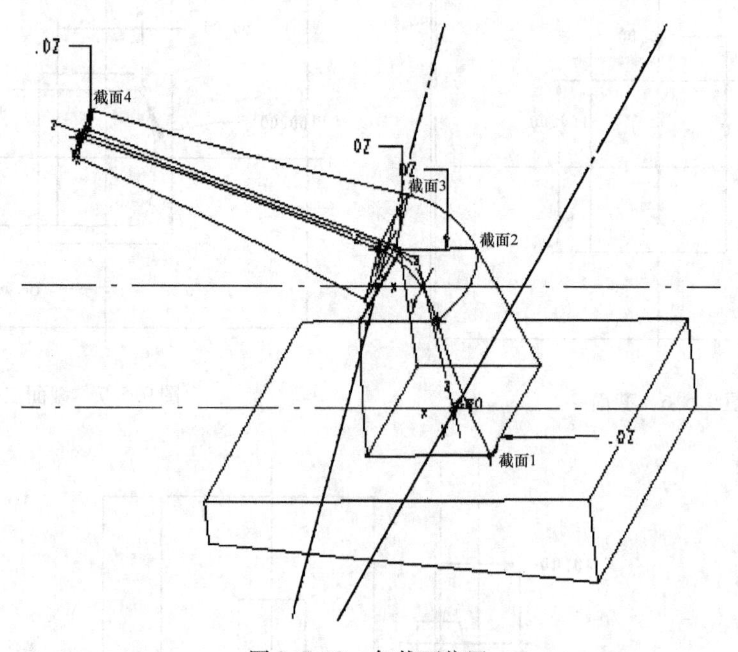

图 9.5.10　各截面位置

3）倒圆角。

第10章 曲面类零件的创建

本章要点

对结构比较复杂的零件进行设计，可采用曲面特征创建方式。首先建立单一的曲面，然后将众多单一的曲面特征集合成为完整封闭的曲面特征，最后通过实体化命令将其转化为实体模型。本章将通过几个实例向读者介绍创建曲面特征的步骤、技巧与方法。

本章主要内容

❶曲面命令简介
❷车轮端面盖
❸斜支撑座
❹风扇
❺凸起花纹轮胎
❻实训题

10.1 曲面命令简介

学习目标

本节主要介绍曲面的一般创建方法，并对曲面创建及编辑命令进行简单介绍。

命令简介

Creo 系统在模型控制面板中提供了许多曲面功能按钮来进行几何的编辑，如平移、旋转、修剪、镜像、合并、延伸、加厚、偏移、实体化等。下面对曲面的创建方法和一些常用的编辑命令进行简单介绍。

用曲面创建复杂零件的主要过程：

1）创建数个单独的曲面。

2）对曲面进行修剪、合并、偏移等操作。

3）将单独的各个曲面合并为一个整体的面组。

4）将曲面（面组）变成实体零件。

1. 一般曲面的创建

在 Creo 中，有两种创建曲面特征的方法：直接创建和间接创建。直接创建是用拉伸、旋转、扫描等方法创建曲面特征，这种方法很难得到复杂的曲面。间接创建是从曲线开始创建曲面，而曲线可以由基准点来创建，因此具有很大的灵活性，可创建非常复杂的曲面特征。

（1）创建旋转曲面　旋转曲面是将二维截面绕着一条中心线旋转，作出一个曲面，其操作过程如图 10.1.1 所示。

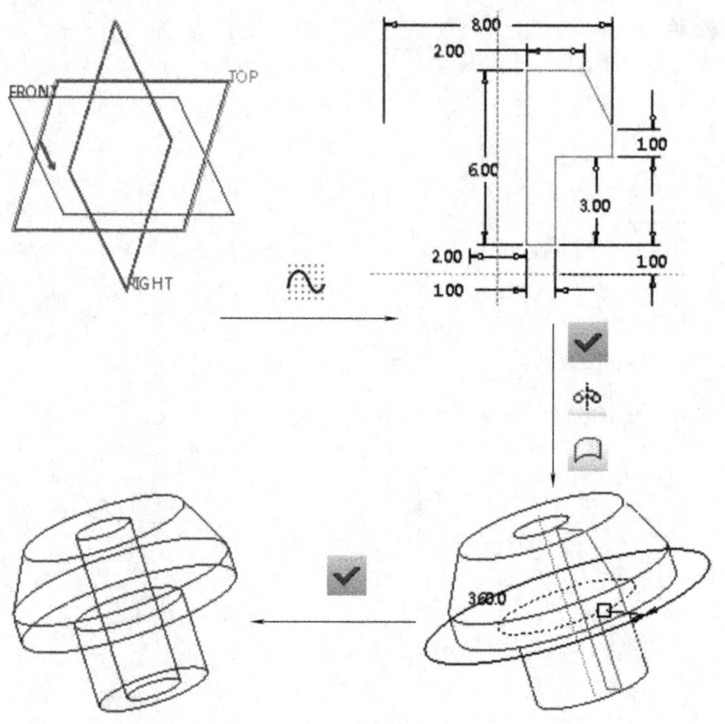

图 10.1.1　旋转曲面创建

1）单击【模型】选项卡中的【草绘】按钮，选取一个平面，如TOP面作为草绘平面来完成草图的创建。

2）单击【模型】选项卡【形状】区域内的【旋转】按钮。

3）按下创建曲面按钮，输入曲面的旋转角度。

4）单击【确定】按钮，完成旋转曲面的创建。

（2）创建拉伸曲面　拉伸曲面是在完成二维截面的草图绘制后，垂直此截面“长出”曲面，其操作过程如图10.1.2所示。

1）单击【模型】选项卡中的【草绘】按钮，选取一个平面，如TOP面作为草绘平面来完成草图的创建。

2）单击【模型】选项卡【形状】区域内的【拉伸】按钮。

3）按下创建曲面按钮，输入曲面的深度。

4）单击【确定】按钮，完成拉伸曲面的创建。

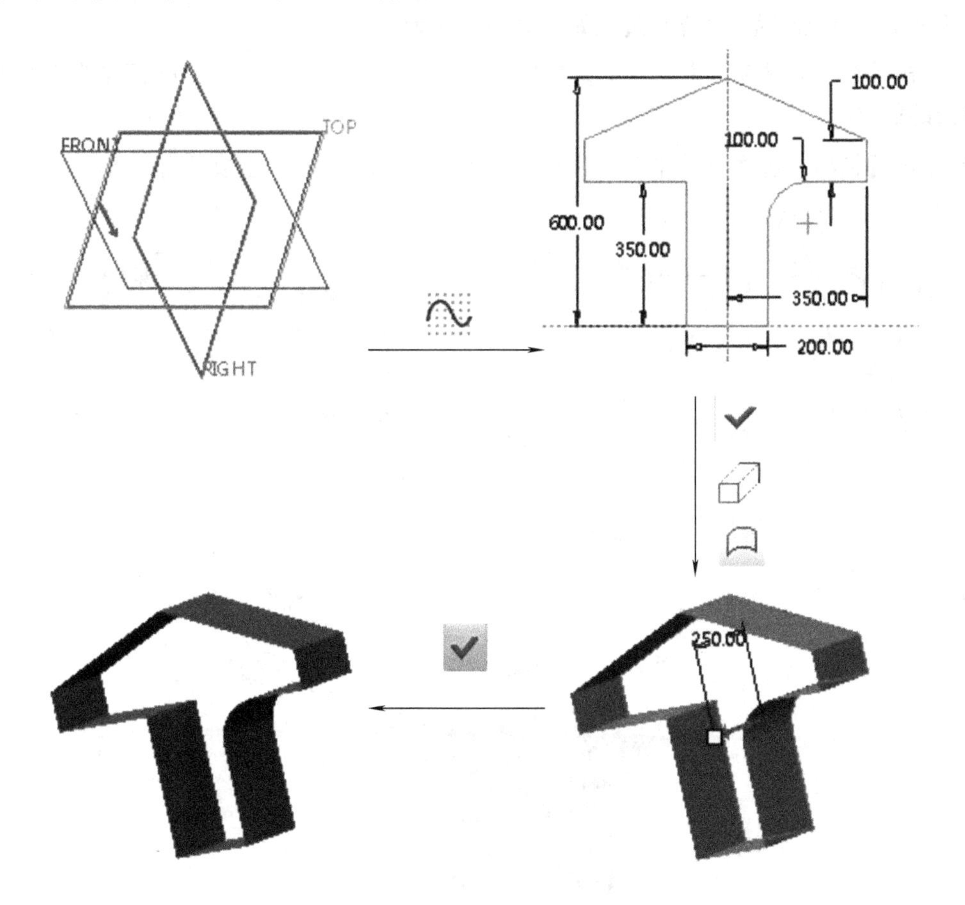

图10.1.2　拉伸曲面创建

在创建拉伸曲面第3）步后单击【拉伸】特征面板中的【选项】，弹出【选项】下滑面板，如图10.1.3所示。

勾选【封闭端】，则可以创建封闭的曲面。拉伸为封闭曲面如图10.1.4所示。

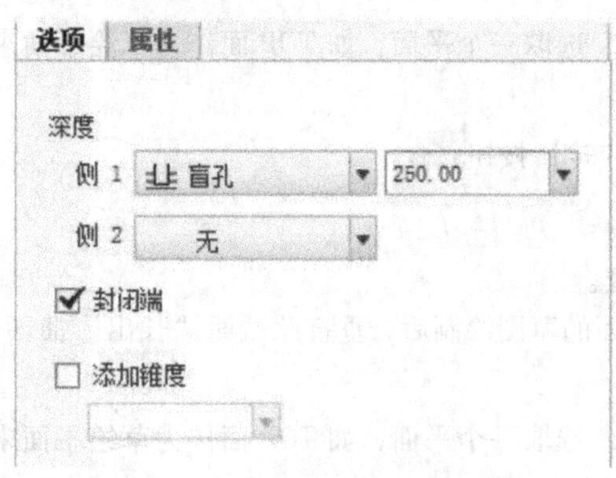

图 10.1.3 【选项】下滑面板

图 10.1.4 拉伸为封闭曲面

（3）创建平整曲面 用【填充】命令来创建平整曲面。曲面的填充是以一个基准平面或零件上的平面作为草绘平面，绘制封闭的线条后，再使用填充命令将封闭线条的内部填入材料，产生一个平面形的填充曲面。其操作过程如图 10.1.5 所示。

1）单击【模型】选项卡中的【草绘】按钮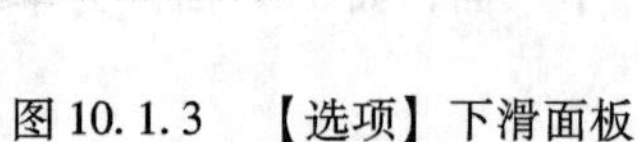，选取一个平面，如 TOP 面作为草绘平面来完成草图的创建。

2）单击【模型】选项卡【曲面】区域内的【填充】按钮，生成平面曲面。

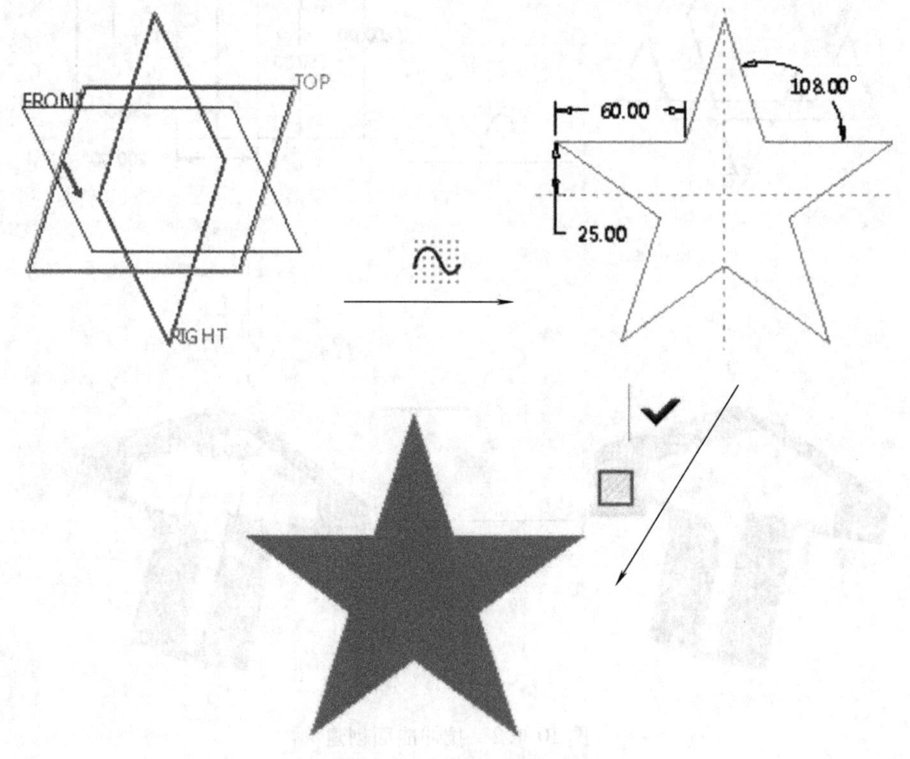

图 10.1.5 平面曲面创建

（4）创建混合曲面 所谓边界混合就是参考若干曲线或点（它们在一个或两个方向上定义曲面）来创建混合曲面。在每个方向上选定第一个和最后一个图元来定义曲面的边界。若添加更多的参考图元，如控制点和边界，则能更精确地定义曲面形状。选取参考图元的规则如下：

◆模型边、基准点、曲线或边的端点可作为参考图元使用。

◆在每个方向上，都必须按连续的顺序选择参考图元。

◆对于在两个方向上定义的混合曲面来说，其外部边界必须形成一个封闭的环，这意味着外部边界必须相交。

下面通过创建手机盖的实例来介绍边界混合的操作过程。

1）创建基准曲线。

①创建如图 10.1.6 所示的基准曲线一。

②单击【确定】按钮✔。

③创建基准平面 DTM1，使其平行于 RIGHT 平面并且通过基准曲线一的顶点，如图 10.1.7 所示。

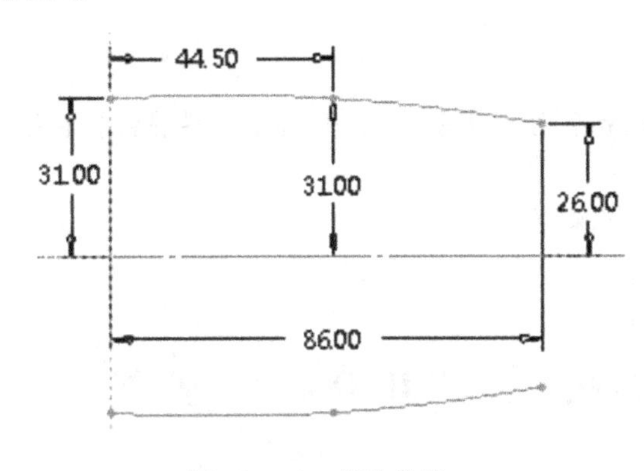

图 10.1.6　基准曲线一

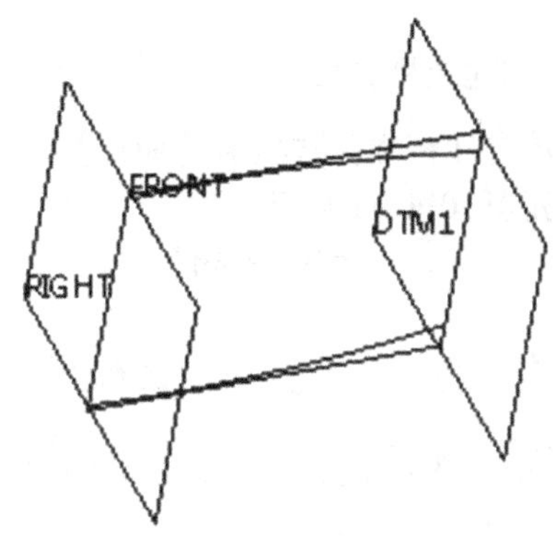

图 10.1.7　创建基准平面

④单击【模型】选项卡中的【草绘】按钮，选取 DTM1 作为草绘平面，单击【草绘】按钮，进入二维草绘模式。

⑤绘制如图 10.1.8 所示的基准曲线二。草绘过程中可以先在基准线上添加一个构造点 点，注意：这里用的是构造点而不是几何点 点，然后以这个点为圆心作圆，最后绘制水平相切直线。单击【确定】按钮✔。

⑥在 FRONT 面上绘制如图 10.1.9 所示的基准曲线三。草绘过程中可以选第①步所创建的曲线一作为参考，然后用样条曲线和直线来绘制基准曲线，为了美观，需要添加相切约束。单击【确定】按钮✔。

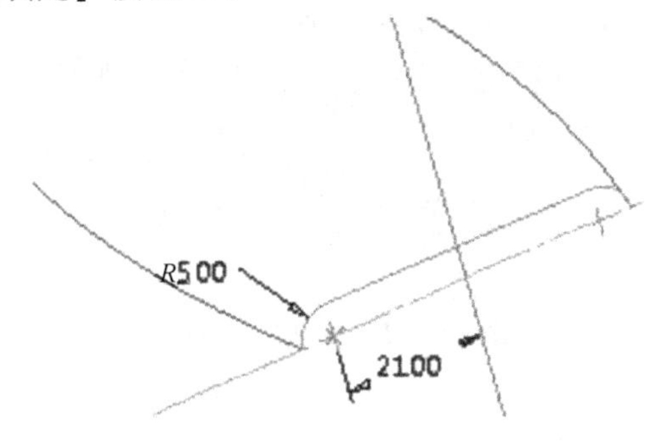

图 10.1.8　绘制基准曲线二

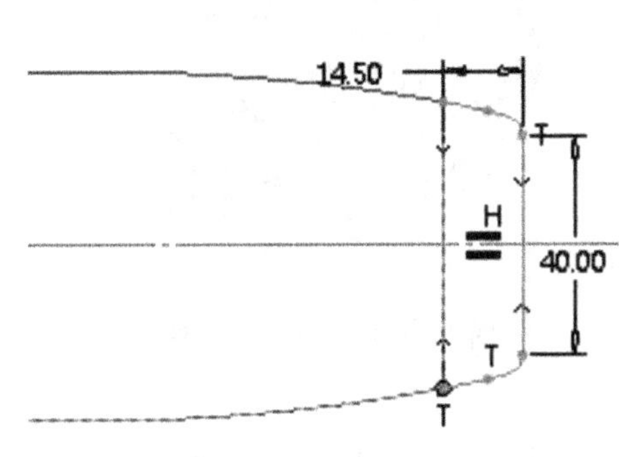

图 10.1.9　绘制基准曲线三

⑦在 RIGHT 面上绘制如图 10.1.10 所示的基准曲线四。可参考第⑤步作法。

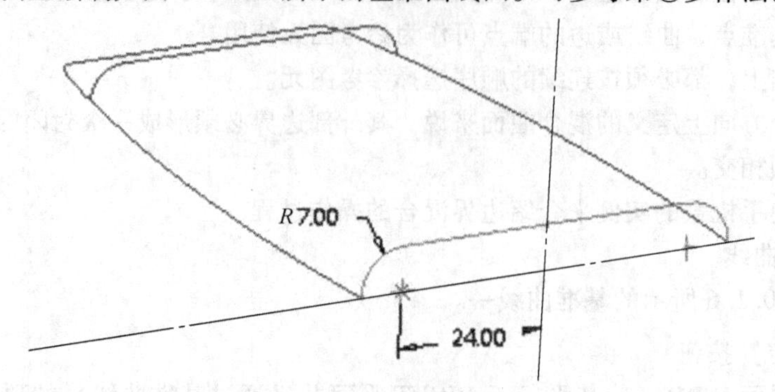

图 10.1.10　绘制基准曲线四

2）创建边界曲面一。

①单击【模型】选项卡【曲面】区域中的【边界混合】按钮，弹出【边界混合】特征面板，如图 10.1.11 所示。

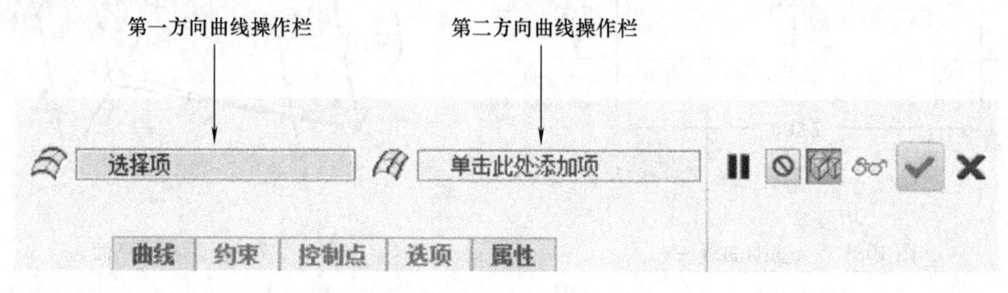

图 10.1.11　【边界混合】特征面板

②单击第一方向操作栏，按住〈Ctrl〉键选择第一方向的两条曲线。选取边界线如图 10.1.12 所示。

③单击特征面板中【第二方向】区域中的【单击此处添加项】，按住〈Ctrl〉键，选择第二方向的两条曲线。选取边界线如图 10.1.13 所示。

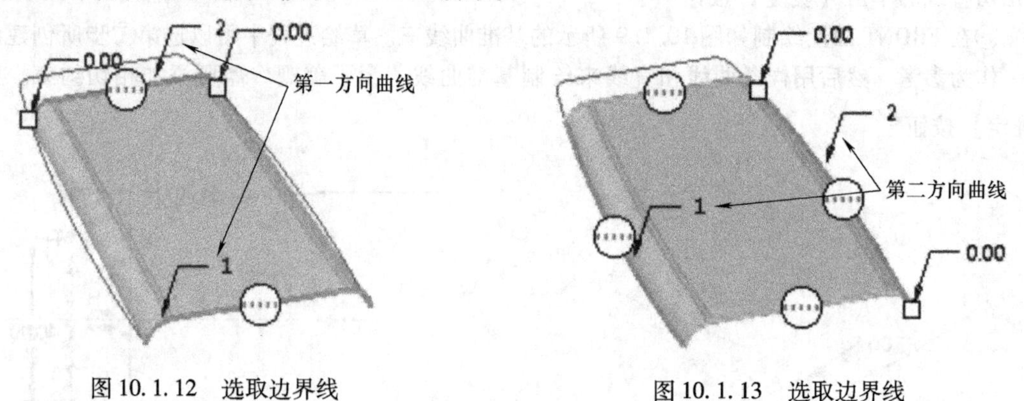

图 10.1.12　选取边界线　　　　图 10.1.13　选取边界线

④单击【确定】按钮，完成边界曲面一的创建，如图 10.1.14 所示。

3）创建边界曲面二

①参照边界曲面一的创建方法选择如图 10. 1. 15 所示的两条曲线。

图 10. 1. 14　边界曲面一

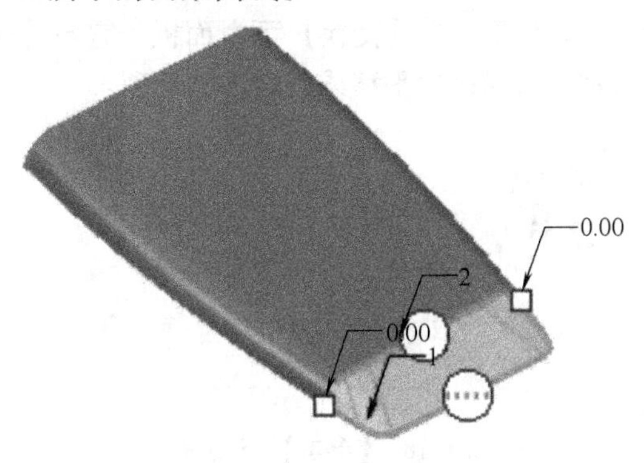

图 10. 1. 15　选择两条曲线

②单击【确定】按钮✔，完成边界曲面二的创建，如图 10. 1. 16 所示。

混合曲面、扫描混合曲面、扫描曲面的创建方法与其对应所创建实体的方法相同，这里只需注意在各自特征面板中把生成实体按钮□改为生成曲面按钮即可，详细过程请参考第 6 章 ~第 9 章。

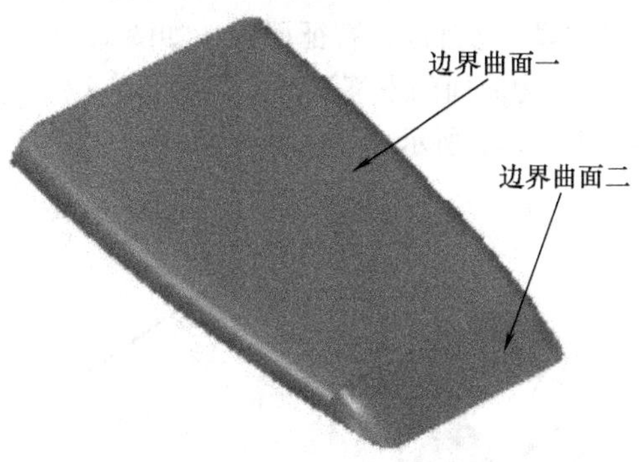

图 10. 1. 16　完成边界曲面二创建

2. 曲面的编辑

（1）曲面的平移或旋转　曲面是用【复制】（）及【选择性粘贴】（）命令进行平移或旋转的，其操作过程如下：

1）选取曲面。选取曲面特征，然后稍微移动一下鼠标，再单击选择曲面，则曲面以绿色呈现在画面上。

2）单击【复制】按钮，再在【粘贴】下拉菜单中选择【选择性粘贴】命令。

3）设置平移或旋转的方向：平移曲面时，必须指定平移方向，而旋转曲面时，必须指定旋转参考轴。平移或旋转的方向为沿着或绕着基准平面或零件上平面的法线方向；直的曲线、边或轴线；坐标系的轴线等。

4）在活动窗口或特征面板中设置平移的距离或旋转的角度。

5）单击【确定】按钮，即完成曲面的平移或旋转。

【移动（复制）】特征面板如图 10. 1. 17 所示。

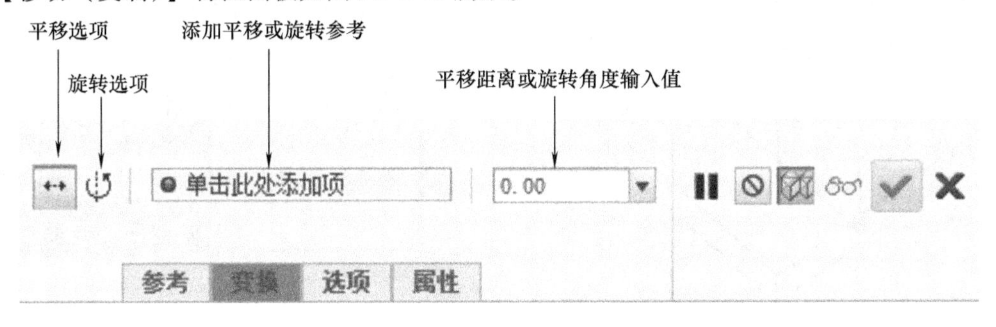

图 10. 1. 17　【移动（复制）】特征面板

图 10.1.18 所示为【参考】下滑面板中的【移动项】，它用来收集需要移动或旋转的面组。图 10.1.19 所示为【变换】下滑面板，它与【移动（复制）】特征面板的基本功能相同，只是这里添加了可供多次平移或旋转的移动项。

图 10.1.18 【参考】下滑面板

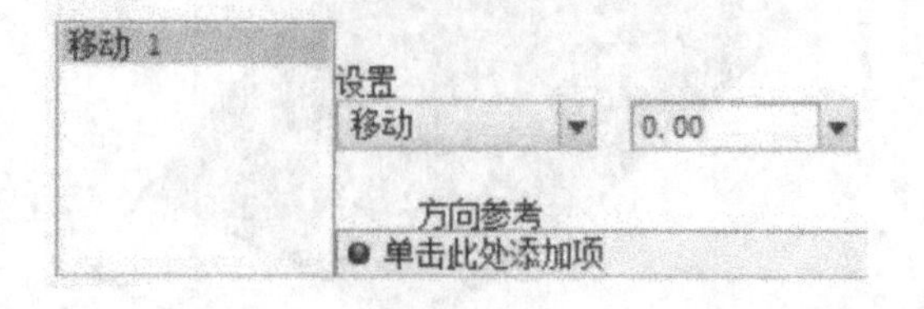

图 10.1.19 【变换】下滑面板

（2）曲面的平移

1）如图 10.1.20 所示，单击选择曲面。单击【复制】按钮，再选择【选择性粘贴】，弹出【移动（复制）】特征面板，如图 10.1.17 所示。

2）为曲面的平移选择方向参考。以坐标系的选择为例，选择坐标系的 Y 轴作为参考方向，如图 10.1.21 所示。

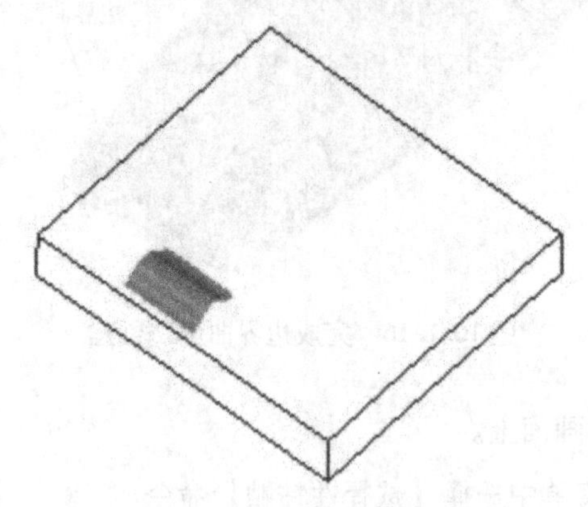

图 10.1.20 单击选择曲面

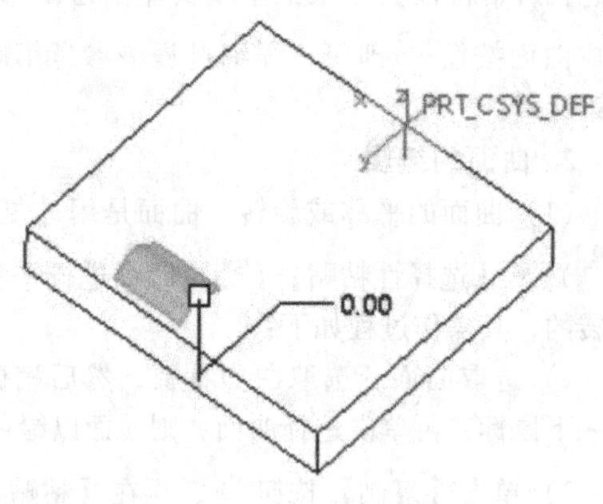

图 10.1.21 选择 Y 轴

3）在画面上或特征面板中将平移距离设为“100”，曲面移动如图 10.1.22 所示。

4）将曲面继续往 X 方向移动，单击【变换】，弹出【变换】下滑面板，选择【移动 2】如图 10.1.23 所示。

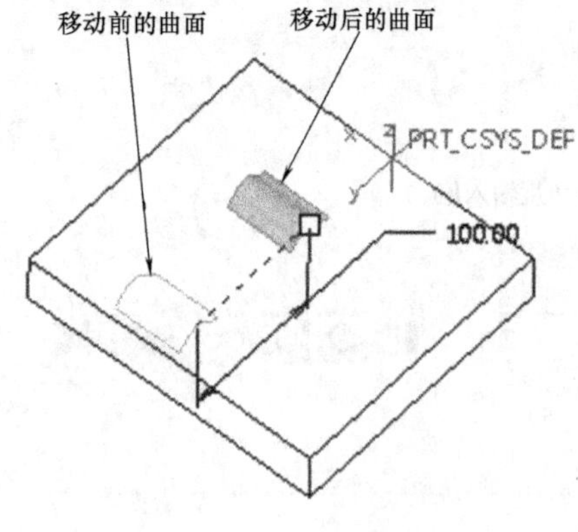

图 10.1.22 曲面移动

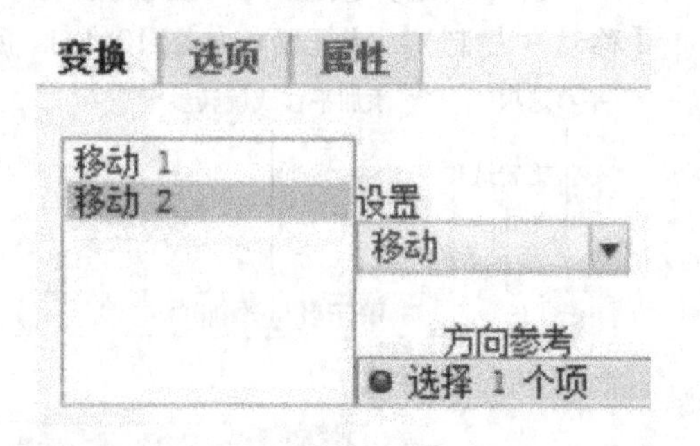

图 10.1.23 【变换】下滑面板

5）选择 X 轴作为移动参考方向，输入移动距离“80”，如图10.1.24所示。

6）单击【确定】按钮，完成曲面的移动，也可以继续在 Z 方向上移动。

（3）曲面的旋转　曲面的旋转与曲面平移操作步骤类似，只需单击特征面板中的【旋转】按钮，添加旋转轴即可，也可进行多次旋转。在【选项】下滑面板中，还可以选择是否隐藏平移或旋转的原始几何。

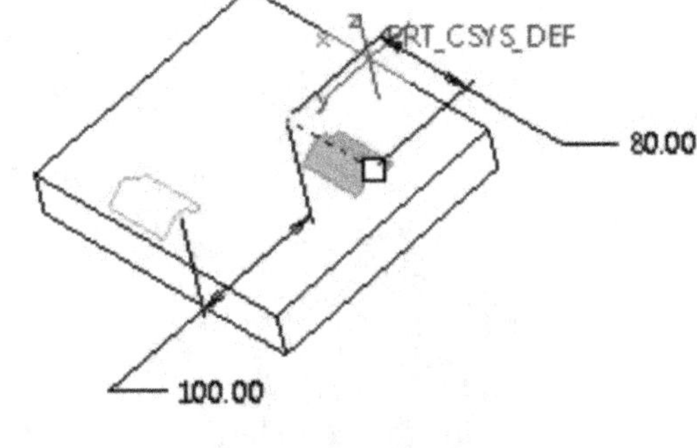

图10.1.24　X 方向平移

（4）曲面的镜像　【镜像】命令的功能是将现有的曲面或曲线以一个平面作为镜像平面，镜像至另一侧。其操作过程如图10.1.25所示。

1）选取曲面。

2）单击【镜像】按钮。

3）选取一个基准平面或零件上的平面作为镜像平面。

4）单击【确定】按钮，即产生镜像曲面。

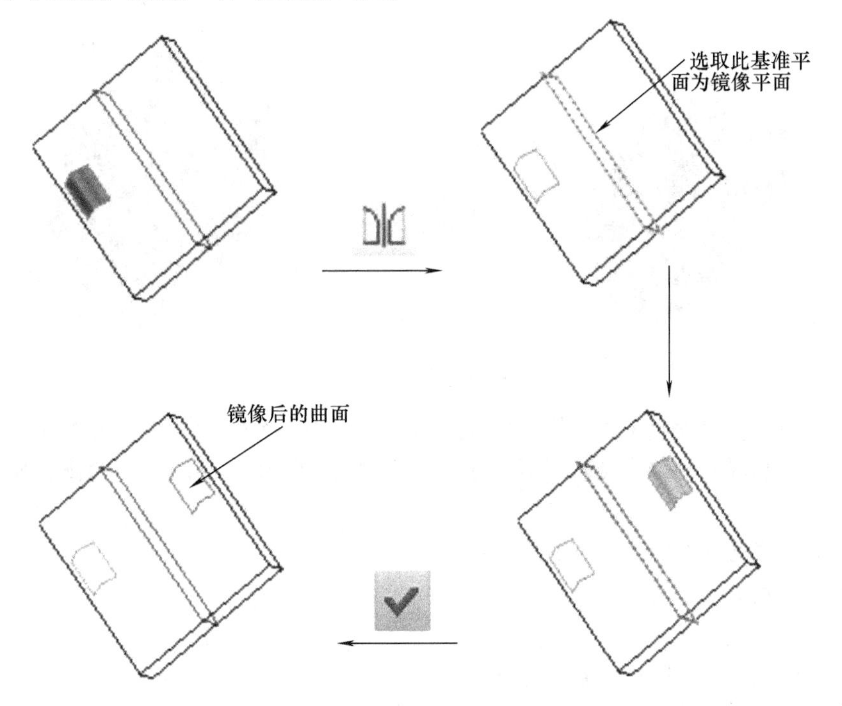

图10.1.25　曲面镜像

（5）曲面的合并　【合并】命令用以将两个曲面合并，并移除多余部分。【合并】特征面板如图10.1.26所示。半圆曲面和圆柱曲面相交，现将其合并，操作过程如图10.1.27所示。

1）选取需要合并的曲面。

2）单击【合并】按钮。

3）调整箭头方向，以保留需要留下的曲面（箭头指向保留侧）。

4）单击【确定】按钮，即产生合并曲面。

图 10.1.26 【合并】特征面板

图 10.1.27 合并曲面

（6）曲面的修剪 【修剪】 修剪命令的功能是利用一个修剪工具（可为曲线、平面或曲面）来修剪一个现有的曲面或曲线。【修剪】特征面板如图 10.1.28。曲面的修剪操作过程，如图 10.1.29 所示。

1）选取欲被修剪的曲面（曲线）。

2）单击【修剪】工具按钮。

3）选取曲线、平面或曲面作为修剪工具。

4）确认曲面欲留下的区域（箭头指向保留侧）。

5）单击【确定】按钮，即完成曲面或曲线的修剪。

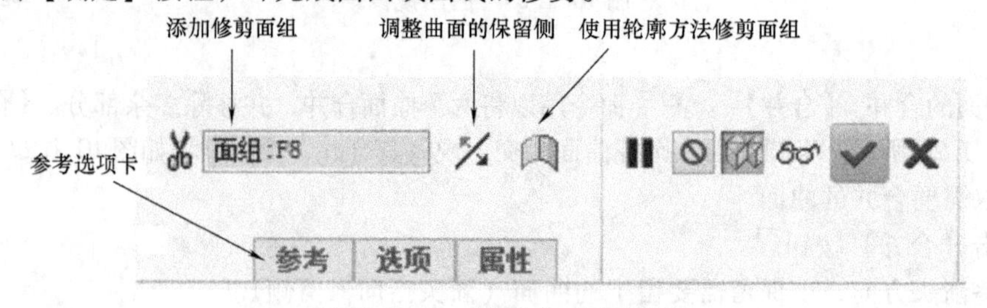

图 10.1.28 【修剪】特征面板

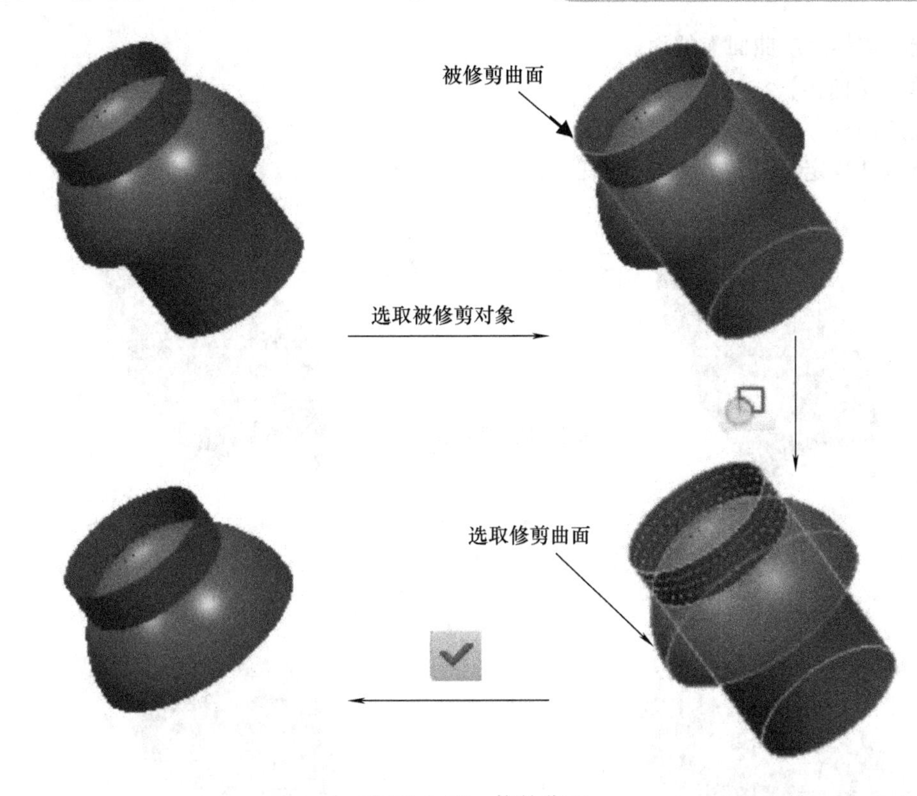

图 10. 1. 29　修剪曲面

（7）曲面的延伸　【延伸】 延伸 命令的功能是将曲面沿着边界线做延伸。【延伸】特征面板如图 10. 1. 30 所示，曲面延伸的操作过程如图 10. 1. 31 所示。

1）在曲面上选取要延伸的边界线。

2）单击【延伸】按钮。

3）决定延伸的类型。

4）在画面上设置延伸的距离，或选取延伸的终止面。

5）单击【确定】按钮，完成曲面的延伸。

沿原始曲面延伸　延伸距离　延伸至参考平面　选择参考平面

30. 00　选择项

参考　测量　选项　属性　　参考　测量　选项　属性

图 10. 1. 30　【延伸】特征面板

（8）曲面的偏移　【偏移】 偏移 命令的功能是将曲面或线条偏移某个距离，以产生一个新的曲面或一条新型的曲线，其选项包括：【曲面偏移】、【曲面延展】、【曲面延展并拔模】、【沿着参照曲面偏移线条】、【垂直参照曲面偏移曲线】。【偏移】特征面板如图 10. 1. 32 所示。曲面偏移操作过程如图 10. 1. 33 所示。

1）选取实体上或曲面上的面。

2）单击【偏移】按钮。

3）设定偏移方向，输入偏移的距离。

4）单击【确定】按钮，即产生新曲面。

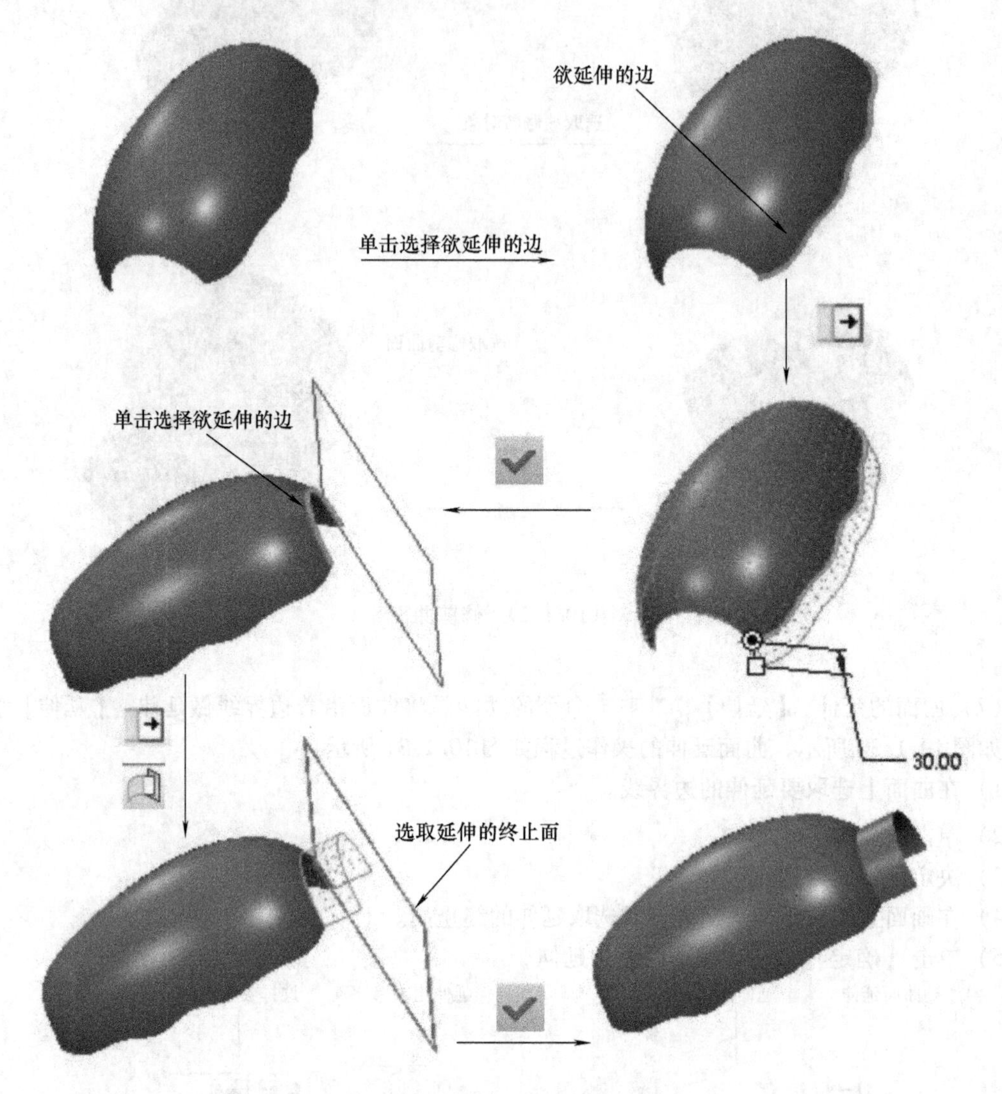

图 10.1.31　延伸曲面

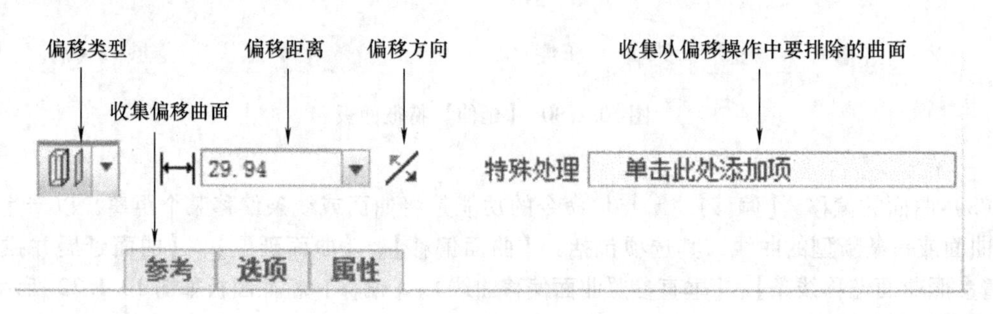

图 10.1.32　【偏移】特征面板

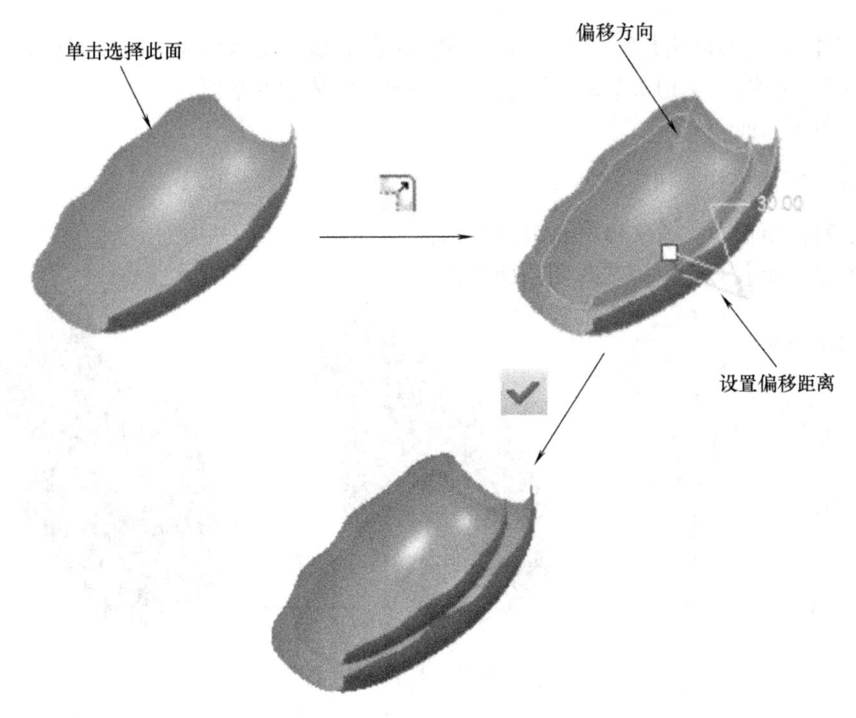

图 10.1.33　偏移曲面

（9）曲面加厚　【加厚】加厚命令用以将一个曲面偏移某个厚度，生成薄壳实体。图 10.1.34 所示是由曲面生成薄壳的案例。

1）选取曲面。

2）单击【加厚】按钮。

3）调整加厚方向，输入厚度。

4）单击【确定】按钮，完成薄壳实体。

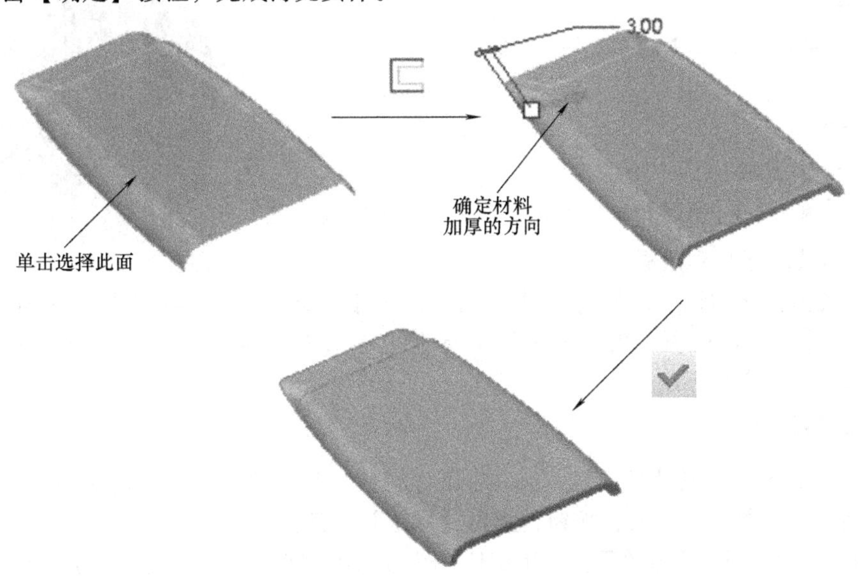

图 10.1.34　曲面加厚

（10）实体化 【实体化】实体化命令用以将曲面填入实体材料，用曲面切削部分实体或用曲面取代部分实体面。图10.1.35所示是将封闭曲面实体化的案例。

1）选取封闭曲面。

2）单击【实体化】按钮。

3）单击特征面板中的【实体材料填充】按钮。

4）单击【确定】按钮，完成封闭曲面实体化。

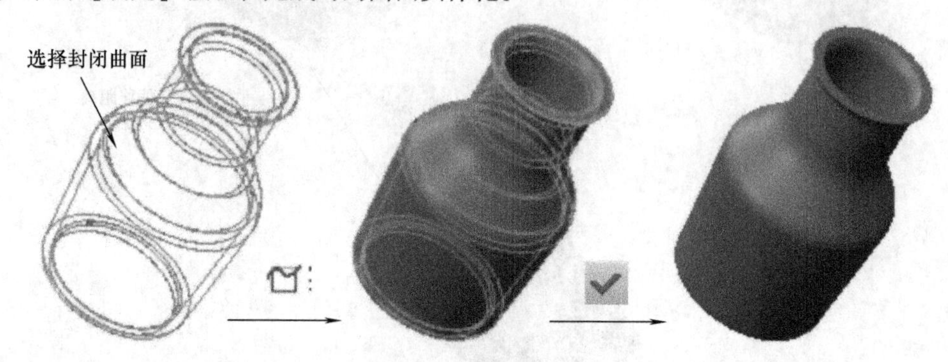

图10.1.35 曲面实体化

10.2 车轮端面盖

学习目标

掌握特征曲线的创建方法，掌握【尺寸】阵列和【轴】阵列的使用，进一步熟悉旋转、扫描操作以及孔、旋转复制、倒圆角等的创建。

实例分析

车轮端面盖如图10.2.1所示。

图10.2.1 车轮端面盖

建模过程

1. 新建一个文件

1）执行【文件】|【新建】命令，或单击工具栏中的【新建】按钮，弹出【新建】对话框。

2）在【类型】选项组中选择【零件】选项，在【子类型】选项组中选择【实体】选项，在【名称】文本框中输入文件名称“chelunduanmiangai”，单击【确定】按钮，进入草绘系统。

2. 创建旋转实体

1）单击【旋转】工具按钮旋转，打开【旋转】特征面板。单击【放置】按钮，弹出【草绘】下滑面板，单击【定义】按钮，弹出【草绘】对话框。

2）选择FRONT面作为草绘平面，RIGHT面为投影参照平面，方向为【右】，接受其余默认设置，单击【草绘】按钮，进入草绘模式。

3）单击【草绘视图】按钮，定向草绘平面使其与屏幕平行。绘制旋转截面和旋转中心线，如图 10.2.2 所示。单击草绘编辑器中的【确定】按钮，退出草绘模式。

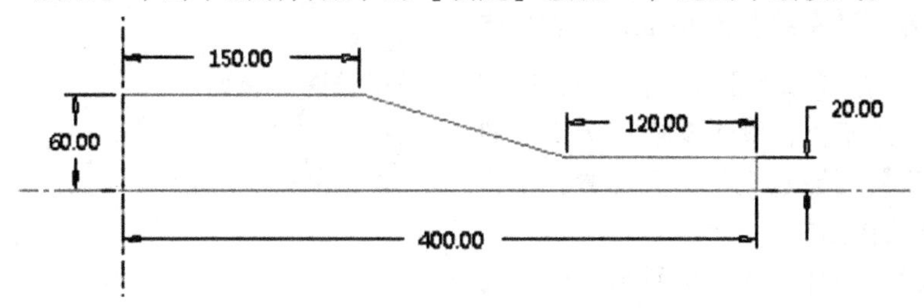

图 10.2.2　旋转截面和旋转中心线

4）在【旋转】特征面板中输入旋转角度“360”，单击【确定】按钮，生成旋转实体，如图 10.2.3 所示。

图 10.2.3　旋转实体

3. 倒圆角

1）单击【倒圆角】工具按钮，打开【倒圆角】工具特征面板。

2）按住〈Ctrl〉键，选择凸起的顶边以及底边以倒圆角，将圆角半径修改为“200”。

3）单击【确定】按钮，生成圆角特征，如图 10.2.4 所示。

4. 创建薄壳特征

1）单击【抽壳】工具按钮，打开【壳】工具特征面板。选择实体的底面作为移除材料面，将壳厚度修改为“5”。

2）单击【确定】按钮，生成抽壳特征，如图 10.2.5 所示。

图 10.2.4　生成圆角

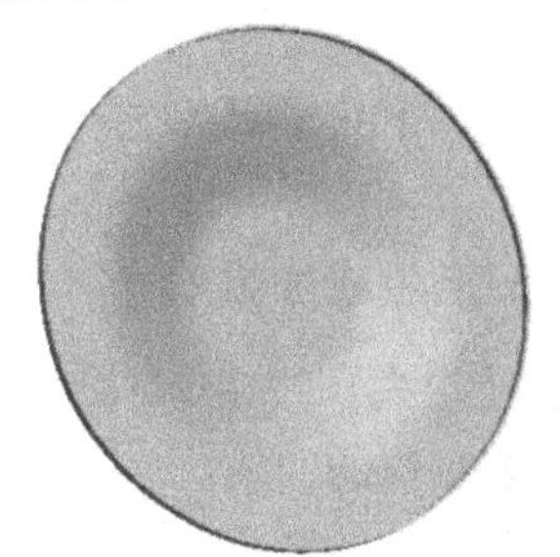

图 10.2.5　抽壳

5. 通过投影创建扫描轨迹线

1）单击【投影】工具按钮，打开【投影】工具特征面板，如图 10.2.6 所示。单击【参考】，弹出【参考】下滑面板，如图 10.2.7 所示。

图 10.2.6　【投影】工具特征面板

2）在【参考】下滑面板中，选择【投影草绘】选项，如图 10.2.7 所示。

3）单击特征面板右侧工具栏中的【草绘工具】按钮，弹出【草绘】对话框，或者单击定义...按钮。在【草绘】对话框内，选择 FRONT 面作为草绘平面，投影参照面为 RIGHT 面，方向为【顶】。接受其余默认设置，单击【草绘】，进入草绘模式。

4）绘制截面，如图 10.2.8 所示。单击特征面板右侧工具栏中的【确定】按钮，退出草绘模式。

5）选择要投影到的曲面。按住〈Ctrl〉键以便选择各个投影曲面，方向选择【沿方向】，单击【单击此处添加项】，选择旋转曲面的旋转中心轴线。然后单击【确定】按钮，生成基准曲线，如图 10.2.9 所示。这里介绍的是利用投影命令的做法，也可以在草绘编辑器里选择如图 10.2.8 中所示的轮廓曲线作为参考曲线来草绘基准曲线。

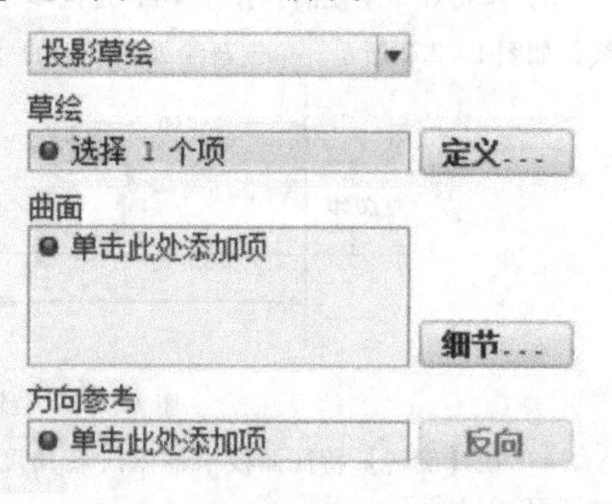

图 10.2.7 【参考】下滑面板

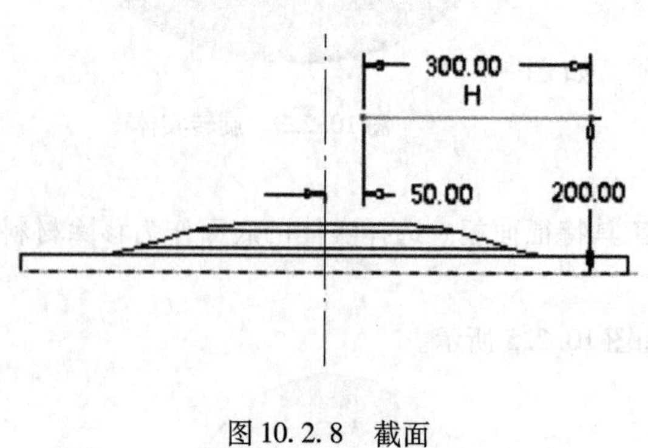

图 10.2.8 截面

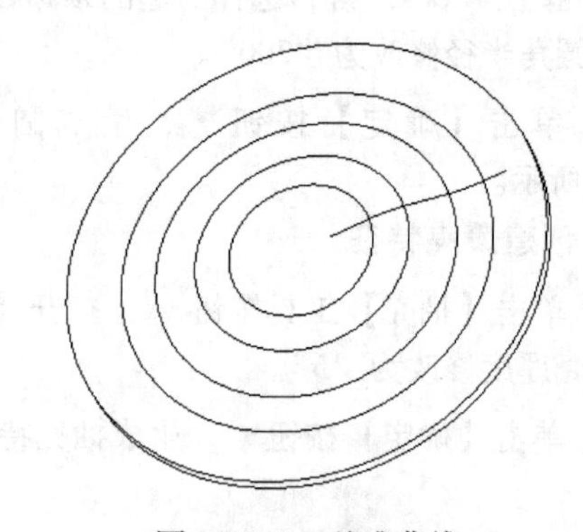

图 10.2.9 基准曲线

6. 利用扫描生成加强筋

1）单击【扫描】按钮扫描。

2）选择要扫描的曲线。

3）单击曲线上的箭头可以改变扫描方向。

4）单击【草绘】按钮进入草绘模式，绘制加强筋截面，如图 10.2.10 所示。单击草绘器中的【确定】按钮，退出草绘模式。

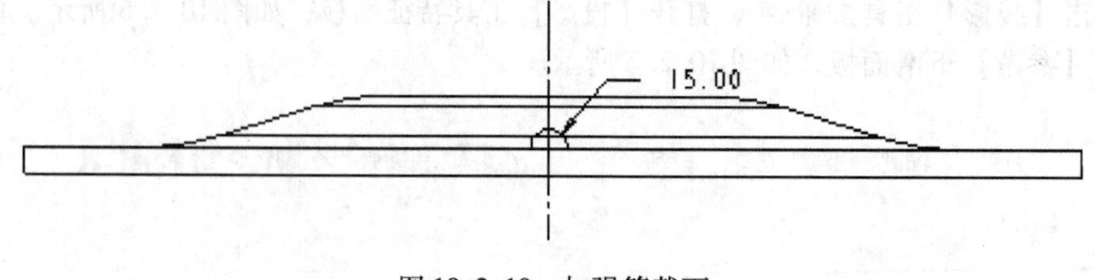

图 10.2.10 加强筋截面

5）单击【扫描】特征面板中的【确定】按钮✔，生成加强筋特征，如图10.2.11所示。

7. 筋倒圆角

1）单击【倒圆角】工具按钮，打开【倒圆角】工具特征面板。

2）按住〈Ctrl〉键，选择筋的表面与圆盘曲面，或者选择筋与圆盘曲面的交线，将圆角半径修改为“5”。

3）单击【确定】按钮✔，生成圆角特征，如图10.2.12所示。

图10.2.11　加强筋

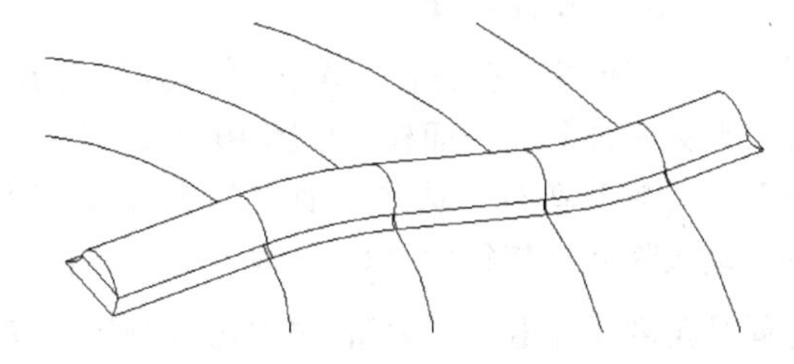

图10.2.12　倒圆角

8. 阵列筋

1）选取加强筋特征以及圆角特征。

2）在模型树选项卡中单击鼠标右键，在弹出的快捷菜单中选择【组】。单击【阵列】按钮下的箭头，选择【几何阵列】。

3）在【阵列】选项卡中把【方向】改为【轴】，单击【选择一个项】，然后选择回转中心轴，【数量】文本框内输入“6”,【角度】文本框内输入“60”，按下〈Enter〉键。

4）单击【确定】按钮✔，完成阵列。如图10.2.13所示。

注意：读者也可以不选择【组】，同时选取加强筋特征和圆角特征，然后进行复制，选择性粘贴，勾选【对应副本应用移动/旋转变化】进行复制，然后对复制后的特征进行普通阵列即可，这里不再详述，读者可自行尝试。

图10.2.13　阵列完成

9. 钻中心孔

1）单击【孔】工具按钮，打开【孔】工具特征面板。

2）在曲面中心位置附近单击鼠标左键放置孔，打开【放置】选项卡，【类型】选项为【线性】，单击【单击此处添加项】添加偏移参照，按住〈Ctrl〉键,选择两个正交平面RIGHT、FRONT面作为参考面,将偏移数值改为“0”。

3）在【孔】特征面板中，将孔径修改为“60”，将深度设置为【穿透】。

4）单击【确定】按钮✔，生成孔特征，如图10.2.14所示。

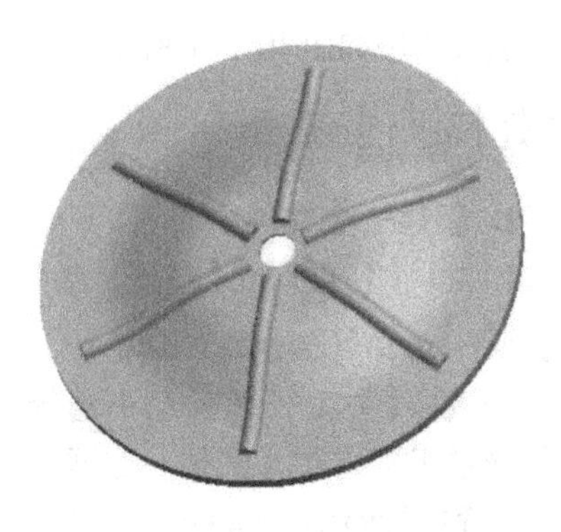

图10.2.14　钻孔

10. 钻侧孔

1）单击【孔】工具按钮，打开【孔】工具特征面板。

2）放置孔，将参照类型修改为【径向】，按住〈Ctrl〉键选择 FRONT 面和中心轴作为次参照，将角度修改为“30”，将半径修改为“350”。

3）在【形状】下滑面板中，将孔径修改为“40”，深度设置为【穿透】。

4）单击【确定】按钮，生成侧孔特征，如图 10.2.15 所示。

11. 阵列侧孔特征

选择刚创建的孔特征，单击【阵列】工具按钮，打开【阵列特征】特征面板，如图 10.2.16 所示。将阵列类型设置为【轴】阵列，选取端面盖的中心线为轴阵列的中心轴，输入阵列子特征数“6”，输入尺寸方向的两个子特征之间的角度尺寸增量“60”，再单击【确定】按钮，完成侧孔特征的阵列。最终结果如图 10.2.1 所示。

图 10.2.15　钻侧孔

12. 保存模型

保存当前建立的车轮端面盖模型。

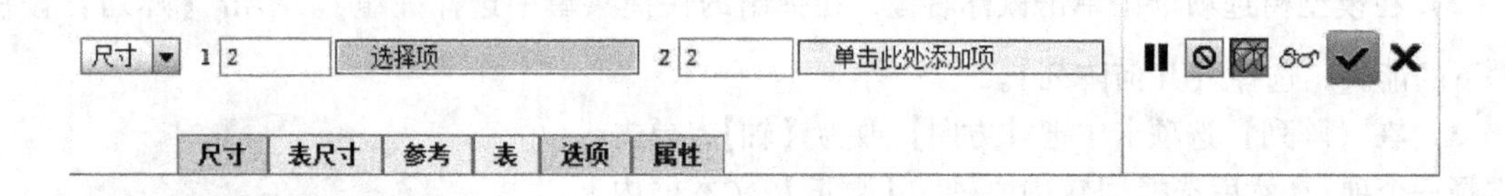

图 10.2.16　【阵列特征】特征面板

10.3　斜支撑座

学习目标

掌握拉伸曲面的创建过程，掌握曲面合并、曲面修剪的方法及曲面实体化的操作。

实例分析

斜支撑座如图 10.3.1 所示。创建过程如图 10.3.2 所示。

建模过程

1. 新建一个文件

1）执行【文件】|【新建】命令，或单击工具栏中【新建】按钮，弹出【新建】对话框。

2）在【类型】选项组中选择【零件】选项，在【子类型】选项组中选择【实体】选项，在【名称】文本框中输入文件名称“xiezhichengzuo”，单击【确定】按钮，进入草绘系统。

图 10.3.1　斜支撑座

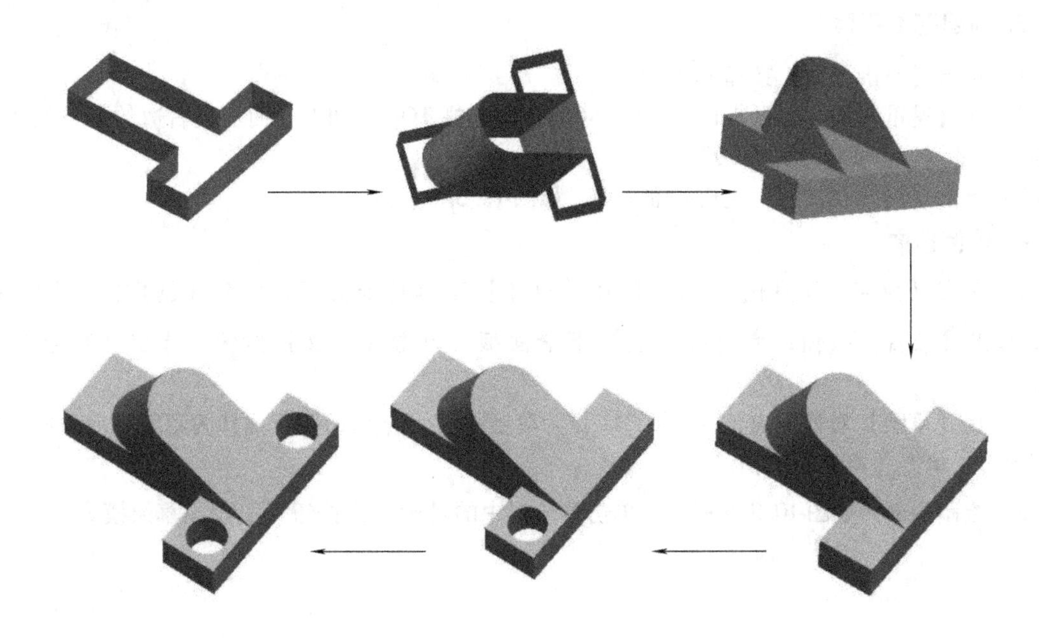

图 10.3.2　创建过程

2. 用拉伸工具创建曲面

1）单击【拉伸】工具按钮，打开【拉伸】工具特征面板。单击特征面板上的【创建曲面】按钮，以生成曲面；单击【放置】按钮，弹出【草绘】下滑面板，单击【定义】按钮，弹出【草绘】对话框。当然也可以先进行草绘然后再拉伸。

2）在【草绘】对话框内，选择 TOP 面作为草绘平面，接受其余默认设置，单击【草绘】按钮，进入草绘模式。

3）绘制拉伸截面，如图 10.3.3 所示。单击草绘器中的【确定】按钮，退出草绘模式。

4）在【拉伸】工具特征面板中，单击【盲孔】按钮，确定拉伸深度方式，拉伸深度修改为“20”，单击【换向】按钮，将拉伸的深度方向改为草绘的另一侧。

5）单击【确定】按钮，生成拉伸曲面，如图 10.3.4 所示。

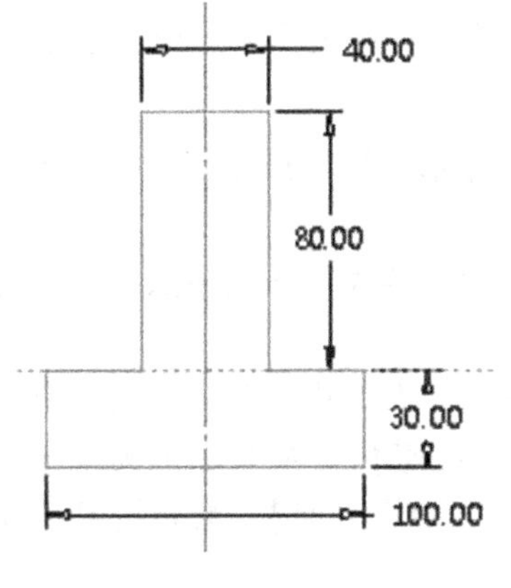

图 10.3.3　拉伸截面

图 10.3.4　拉伸曲面

3. 创建基准平面

1）单击【基准平面】按钮。

2）在【基准平面】对话框内，按住〈Ctrl〉键选择TOP面和上表面上最右边的那条长边作为参照，将偏移角度修改为“30”。

3）单击【确定】按钮，生成基准平面，如图10.3.5所示。

4. 拉伸曲面

1）单击【拉伸】工具按钮，打开【拉伸】工具特征面板。单击【创建曲面】按钮，单击【放置】按钮，弹出【草绘】下滑面板，单击【定义】按钮，弹出【草绘】对话框。

2）在【草绘】对话框内，选择DTM1作为草绘平面。选择RIGHT面作为草绘方向参照，并使其朝右，单击【草绘】按钮。

3）绘制截面，如图10.3.6所示。单击草绘器中的【确定】按钮，退出草绘模式。

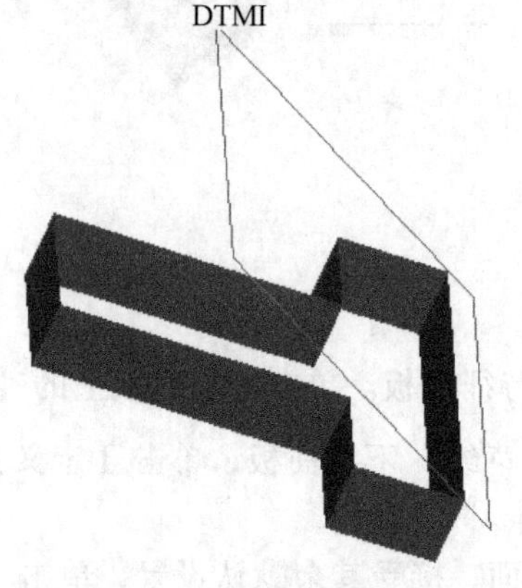

图10.3.5　生成基准平面

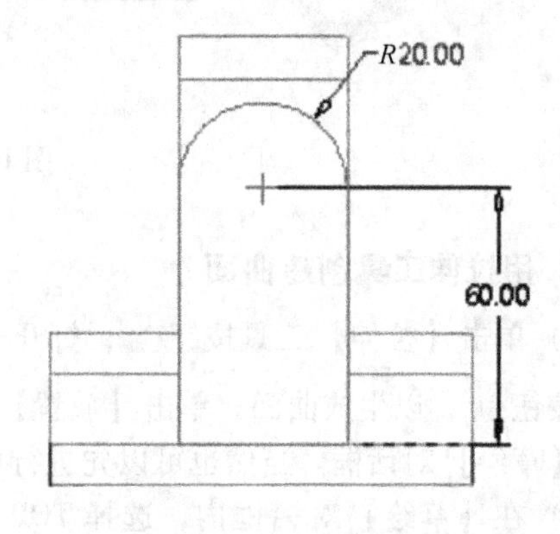

图10.3.6　草绘截面

4）在【拉伸】工具特征面板中，单向给定值拉伸，将深度修改为“60”。用【反向】按钮调整曲面拉伸方向，使其朝向第一个曲面。

5）单击【确定】按钮，生成拉伸曲面，如图10.3.7所示。

5. 创建平面曲面

1）单击【基准平面】按钮，选择底座上表面的任意两条边作为参照，创建一个基准平面。

2）单击【填充】按钮。单击【参照】按钮，弹出【草绘】下滑面板，单击【定义】按钮，弹出【草绘】对话框。

3）选择创建的基准平面作为草绘平面，选择FRONT面作为草绘方向参照，并使其朝向底部，单击【草绘】按钮。

4）在草绘模式下，选择底座上表面的所有边作为平面曲面的边。在草绘过程中，可以用【参考】命令选择要绘制的边，然后进行绘制；也可单击【投影】按钮，因为轮廓线是封闭的，所以可直接选择【链】，选取两个边后，单击【接受】，单击【是】，然后关闭【投影】命令。单击草绘器中的【确定】按钮，退出草绘模式。

5）单击【确定】按钮，生成平面曲面，如图10.3.8所示。

图 10.3.7　拉伸曲面

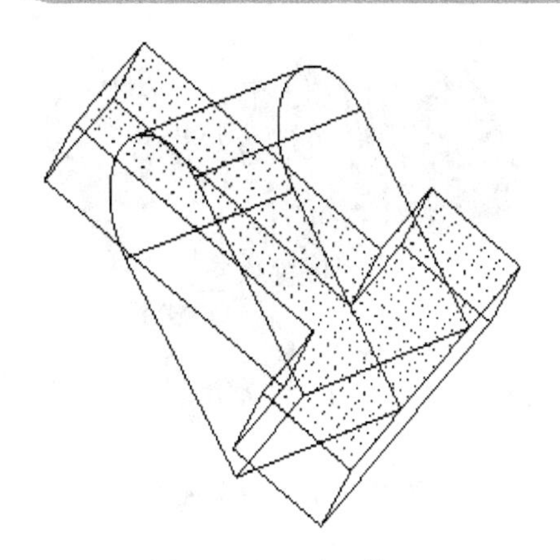

图 10.3.8　平面曲面

6. 修剪曲面

1）选择带有圆柱面的拉伸曲面，单击【修剪】按钮，打开【修剪】工具特征面板，如图 10.3.9 所示。

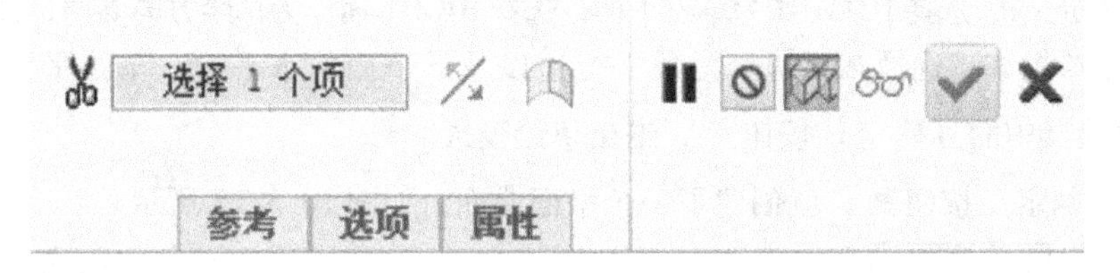

图 10.3.9　【修剪】工具特征面板

2）单击【参考】，选择半圆柱表面作为修剪的面组，选择上一步创建的平面曲面作为修剪对象，如图 10.3.10 所示。用模型上方向箭头或单击调整方向按钮调整保留方向，使箭头指向底座之上的部分。

3）在【选项】下滑面板中，单击【保留修剪曲面】，如图 10.3.11 所示。

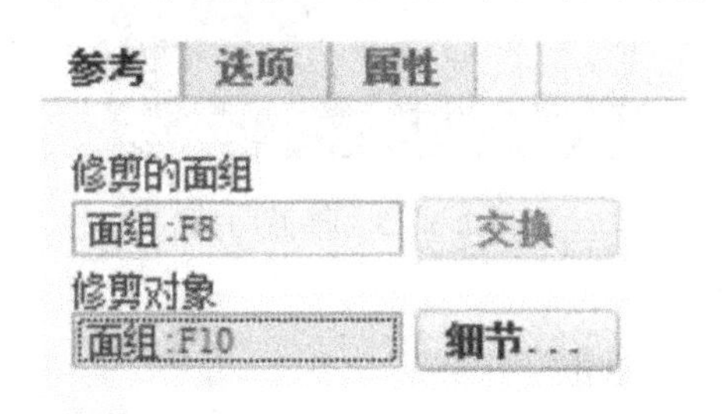

图 10.3.10　【参考】下滑面板

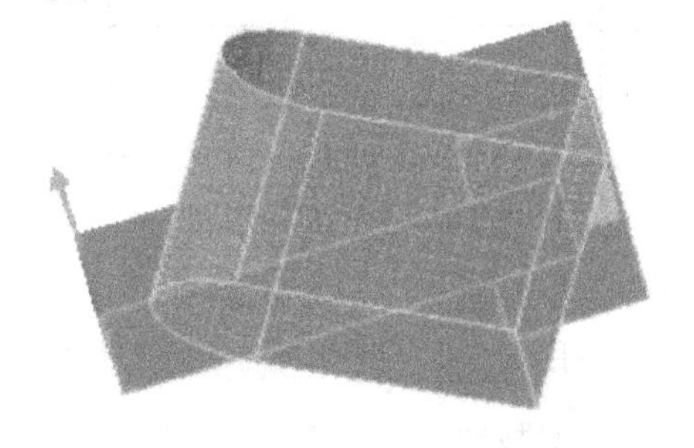

图 10.3.11　曲面修剪

4）单击【确定】按钮，完成修剪，修剪曲面如图 10.3.12 所示。

5）选择 TOP 平面作为参考平面，用类似于第 5 步的方法创建梯形上表面。

6）用类似于第 6 步的方法把立体梯形曲面内部的半圆柱面修剪掉。

7. 合并曲面

1）按住〈Ctrl〉键选择如图 10.3.13 所示有网格的两个曲面，单击【合并】工具按钮。打开【合并】工具特征面板。

图 10.3.12　修剪曲面

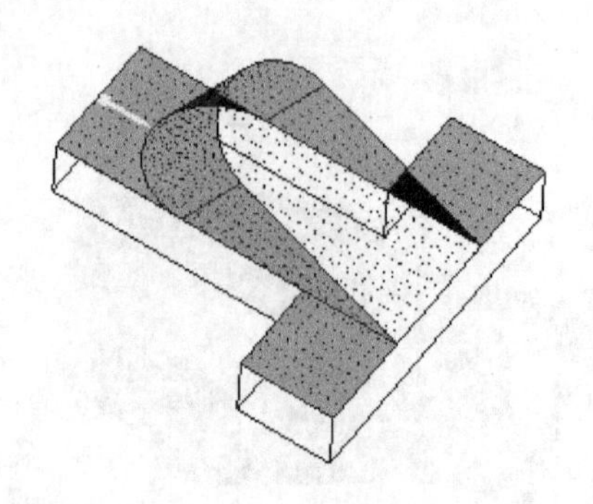

图 10.3.13　合并曲面

2）用调整方向按钮调整平面曲面的保留侧，使其保留向外的一侧。

3）单击【确定】按钮，生成合并曲面。

8. 封闭曲面

1）单击【填充】按钮，打开【填充】工具特征面板，单击特征面板中的【参考】按钮。

2）单击【定义】，选择 DTM1 作为草绘平面，选择 RIGHT 面作为草绘方向参照，并使其朝向右。

3）进入草绘模式，选择圆弧边、两条平行边以及最下面的水平边，草绘平面如图 10.3.14 所示。单击草绘器中的【确定】按钮，退出草绘模式。

4）单击【确定】按钮，就创建了一个平面曲面，如图 10.3.15 所示。

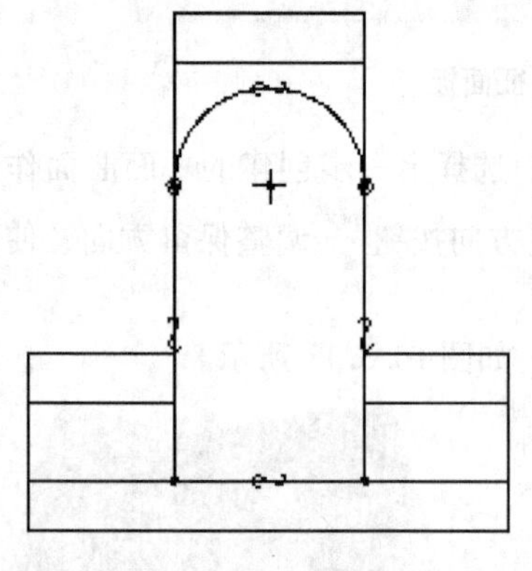

图 10.3.14　草绘平面

图 10.3.15　平面曲面

9. 合并曲面

1）按住〈Ctrl〉键选择如图 10.3.16 所示的曲面，单击【合并】工具按钮。

2）单击【确定】按钮，完成合并。

3）按住〈Ctrl〉键选择底面和底座侧面，单击【合并】工具按钮，单击【确定】按钮，完成合并。如图 10.3.17 所示。

4）选择刚刚合并的曲面以及如图 10.3.16 所示合并的平面曲面，单击【合并】工具按钮。单击【确定】按钮，完成合并，生成一个封闭的曲面组，如图 10.3.18 所示。

图 10.3.16　合并的平面曲面

图 10.3.17　完成合并

图 10.3.18　封闭曲面组

10. 实体化

选择刚刚生成的封闭曲面组，单击【实体化】按钮。单击【确定】按钮，生成实体，如图 10.3.19 所示。

11. 钻孔

1）单击【孔】工具按钮，打开【孔】工具特征面板。

2）在【放置】下滑面板内，将参照类型修改为【线性】，选择如图 10.3.19 中所示的上表面上靠近读者的两条直角边作为次参照，将偏移量都修改为“14”。

3）将孔径修改为“20”，深度设置为【穿透】。单击【确定】按钮，生成孔特征，如图 10.3.20 所示。

4）利用 RIGHT 面作为镜像平面，镜像孔特征，如图 10.3.21 所示。

图 10.3.19　实体

图 10.3.20　生成孔

图 10.3.21　镜像孔

12. 保存模型

保存当前建立的斜支撑座模型。

10.4　风扇

学习目标

在本例中主要使用拉伸、抽壳、筋、镜像复制、孔、混合、阵列等工具来完成特征的创建。

实例分析

本节创建如图 10.4.1 所示的风扇模型。该模型的基本创建过程如图 10.4.2 所示。

图 10.4.1　风扇

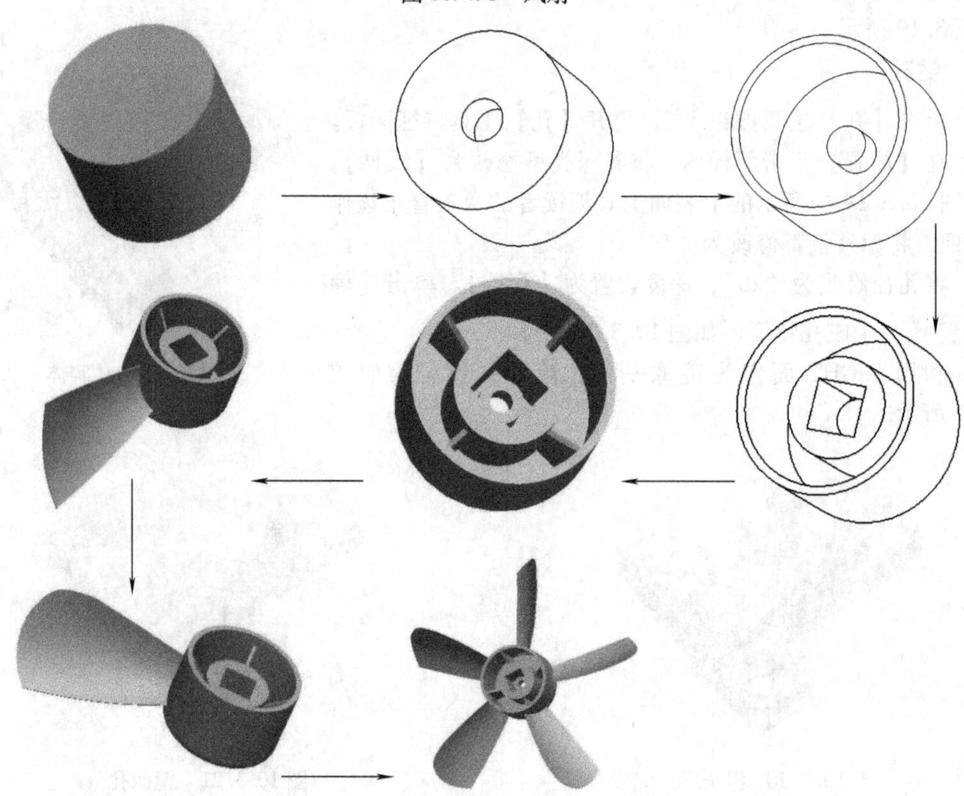

图 10.4.2　创建过程

建模过程

1. 建立新文件

1）执行【文件】|【新建】命令，或单击【新建】按钮，打开【新建】对话框。

2）在【类型】选项组中选择【零件】选项，在【子类型】选项组中选择【实体】选项，在【名称】文本框中输入新建文件名称“fengshan”。

3）单击【确定】按钮，进入零件设计工作环境。

2. 使用拉伸工具创建一圆柱体

1）单击【拉伸】工具按钮，打开【拉伸】特征面板。

2）选择实体、单向拉伸方式，设置拉伸深度为“35”。

3）单击【放置】按钮，弹出【草绘】下滑面板，单击其中的【定义】按钮，弹出【草绘】对话框。

4）选择TOP基准面为草绘平面，RIGHT基准面为参考面。

5）单击【草绘】对话框中的【草绘】按钮，系统进入草绘工作环境。

6）绘制如图10.4.3所示的一个圆。

7）单击工具栏中的【确定】按钮，返回【拉伸】特征面板。单击【确定】按钮，完成拉伸特征的创建。圆柱体如图10.4.4所示。

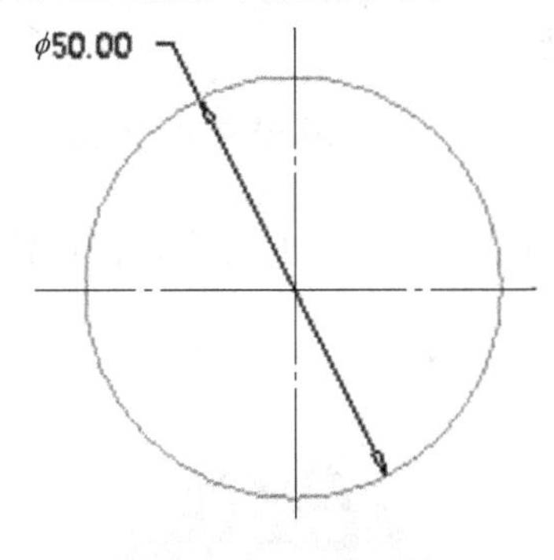

图10.4.3　草绘圆

图10.4.4　圆柱体

3. 使用拉伸工具创建一孔

1）单击【拉伸】工具按钮，打开【拉伸】特征面板。

2）选择实体、切割、单向拉伸方式，设置拉伸深度为“10”。

3）单击【放置】按钮，弹出【草绘】下滑面板，单击【定义】按钮，弹出【草绘】对话框。

4）选择圆柱体的上端面为草绘平面，RIGHT基准面为参考面。

5）单击【草绘】对话框中的【草绘】按钮，系统进入草绘工作环境。

6）绘制如图10.4.5所示的小圆拉伸截面。

7）单击工具栏中的【确定】按钮，返回【拉伸】特征面板。单击【确定】按钮，完成孔特征的创建，如图10.4.6所示。

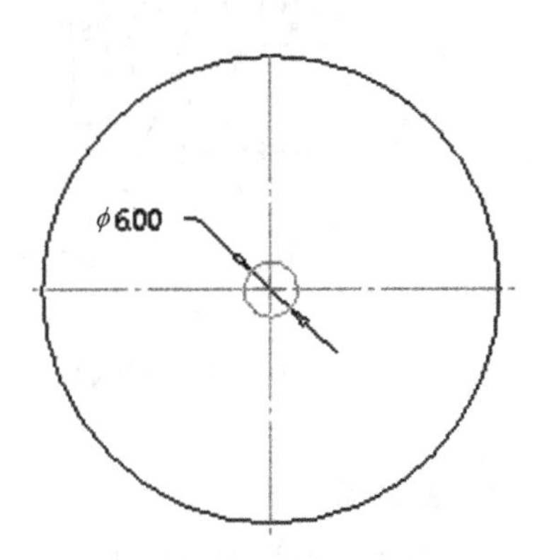

图10.4.5　草绘小圆

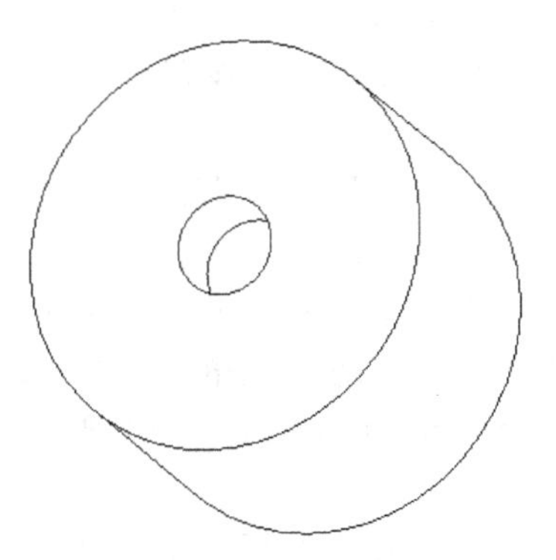

图10.4.6　生成孔

4. 创建抽壳特征

1）单击【抽壳】工具按钮，打开【抽壳】特征面板。

2）选择圆柱体的底面为移除面，设定抽壳厚度为

“2.5”。

3）单击【确定】按钮✔，完成抽壳特征的建立，如图10.4.7所示。

5. 使用拉伸工具创建风扇安装孔

1）单击【拉伸】工具按钮，打开【拉伸】特征面板。

2）选择实体、单向拉伸方式，设置拉伸深度为“26”。

3）单击【放置】按钮，弹出【草绘】下滑面板，单击【定义】按钮，弹出【草绘】对话框。

4）选择壳体模型的内底面为草绘平面，RIGHT基准面为参考面。

5）单击【草绘】对话框中的【草绘】按钮，系统进入草绘工作环境。

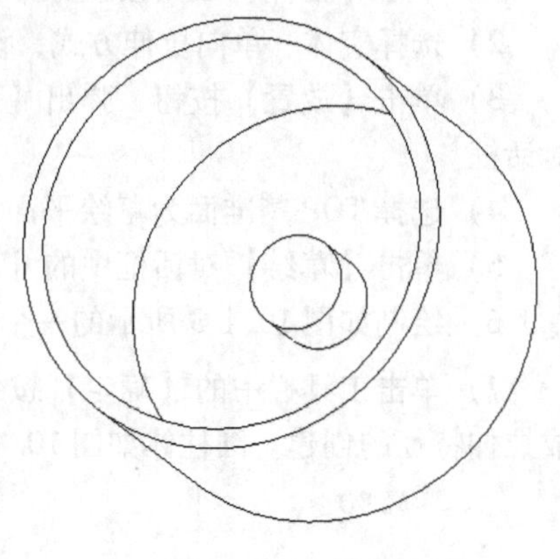

图10.4.7　抽壳

6）绘制如图10.4.8所示的拉伸截面。

7）单击工具栏中的【确定】按钮✔，返回【拉伸】特征面板。单击【确定】按钮✔，完成特征的创建。风扇安装孔如图10.4.9所示。

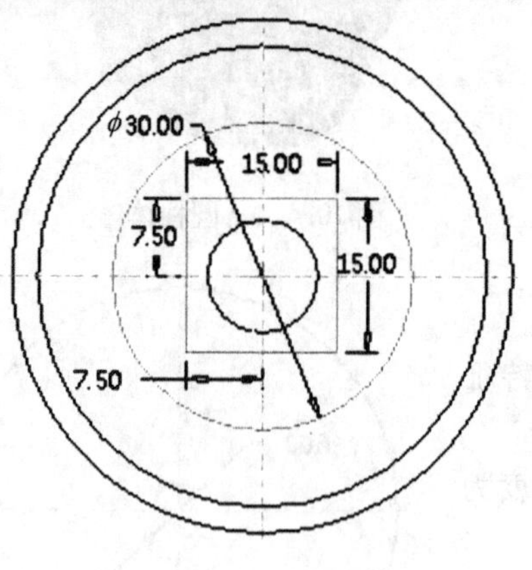

图10.4.8　拉伸截面

图10.4.9　风扇安装孔

6. 创建加强筋

1）单击【筋】工具按钮，打开【筋】特征面板。

2）单击【参考】按钮，弹出【参考】，单击【定义】按钮，弹出【草绘】对话框。

3）选择FRONT基准面为草绘平面，RIGHT基准面为参考平面。

4）单击【草绘】对话框中的【草绘】按钮，系统进入草绘工作环境。

5）绘制如图10.4.10所示的一条线段。

6）单击工具栏中的【确定】按钮✔，返回【筋】特征面板。设定筋厚度

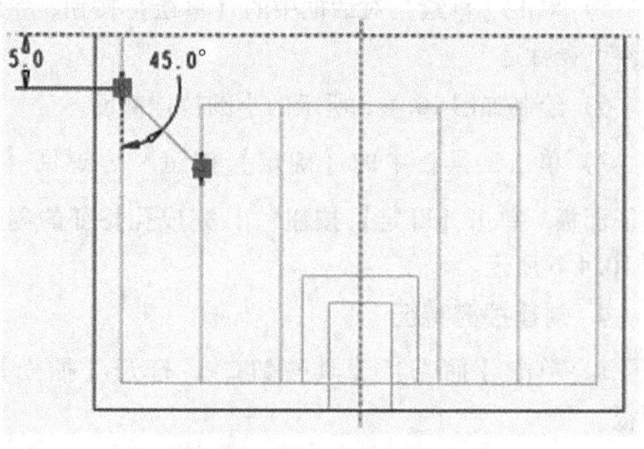

图10.4.10　草绘筋截面

为“1.5”，调整筋的位置及材料生成方向。

7）单击【确定】按钮✓，完成筋特征的创建，结果如图 10.4.11 所示。

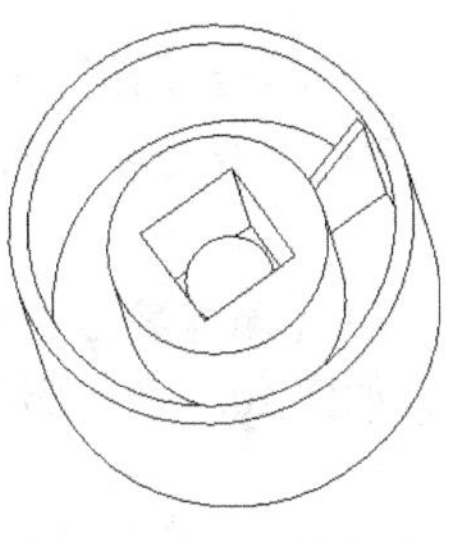

图 10.4.11　筋完成

7. 阵列筋特征

1）在模型树中选择步骤 6 创建的筋特征，单击【阵列】工具按钮▦，打开【阵列】特征面板，如图 10.4.12 所示。单击阵列【类型】选项框中的下拉按钮▾，如图 10.4.13 所示。选择阵列【类型】为【轴】阵列，此时【阵列】特征面板变化如图 10.4.14 所示。

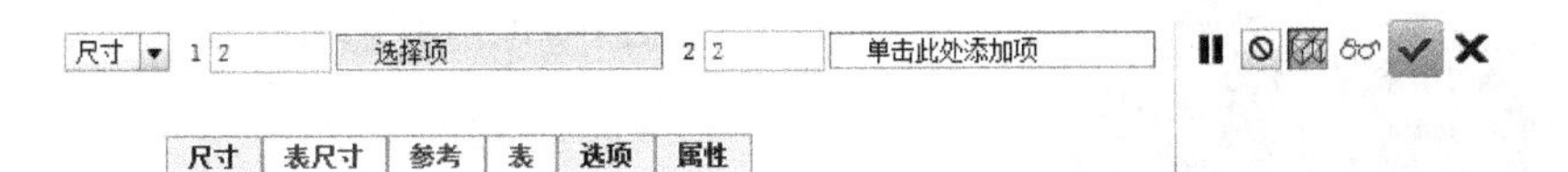

图 10.4.12　【阵列】特征面板

2）单击风扇的中心线，作为轴阵列的轴线，在【阵列】特征面板中输入阵列子特征个数“4”，子特征间的夹角“90”，如图 10.4.15 所示。

3）单击【确定】按钮✓，完成筋特征的阵列，结果如图 10.4.16 所示。

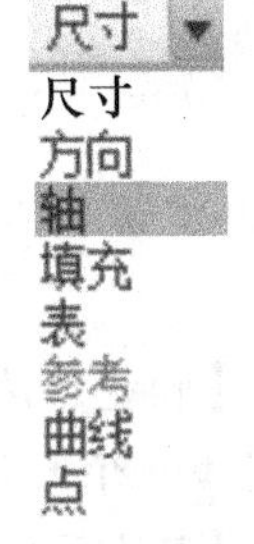

图 10.4.13　阵列【类型】选项框

8. 创建圆角特征

1）单击【倒圆角】工具按钮，打开【倒圆角】特征面板。

2）创建如图 10.4.17 所示的圆角特征，设定圆角半径为“2”和“5”。

图 10.4.14　变化的【阵列】特征面板

图 10.4.15　完成选择的【阵列】特征面板

图 10.4.16　筋特征的阵列

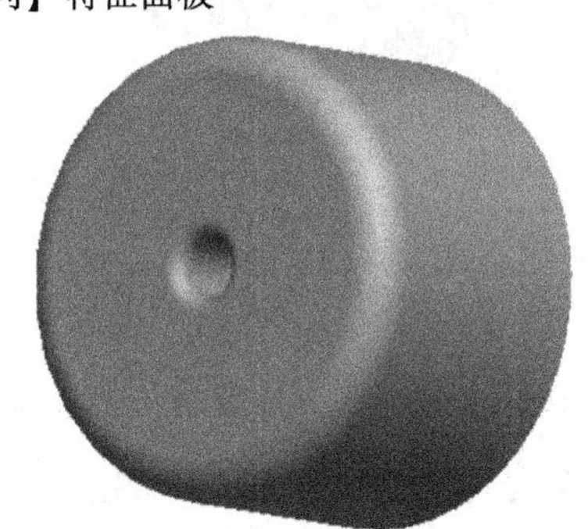

图 10.4.17　倒圆角

9. 创建孔

1）单击【孔】工具按钮，打开【孔】特征面板。

2）单击【参考】，选择如图 10.4.18 所示圆孔底面为孔的放置平面，选择【线性】方式放置孔。

3）【偏移参考】选择 FRONT 和 RIGHT 面作为参考面，偏移量为“0”，设置孔径和拉伸深度，如图 10.4.19 所示。

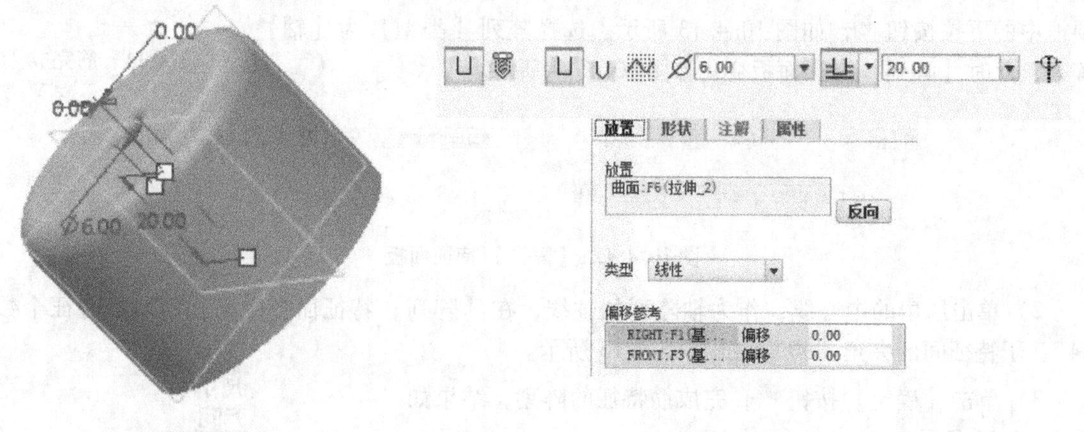

图 10.4.18　草绘孔　　　　图 10.4.19　设置

4）单击【确定】按钮，完成孔特征的创建，结果如图 10.4.20 所示。

10. 创建第一个叶片

1）单击【基准平面】按钮，打开【基准平面】对话框。选择 FRONT 基准面，以【偏移】方式创建基准平面 DTM1，偏移量为“100”，如图 10.4.21 所示。

图 10.4.20　生成孔

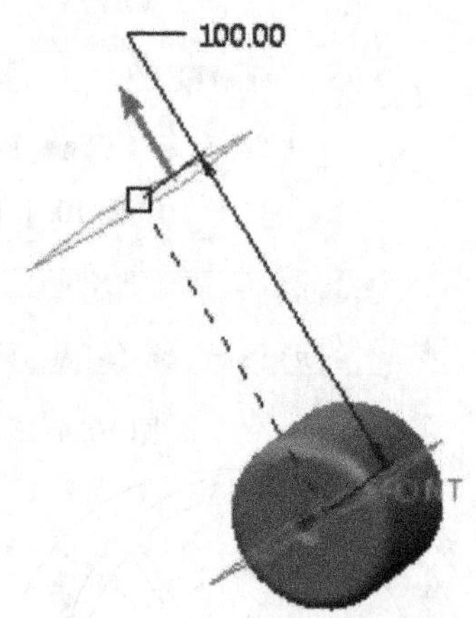

图 10.4.21　基准平面

2）单击【形状】下拉菜单，选择【混合】。

3）单击【创建薄板特征】按钮，并把薄板厚度改为“0.5”。

4）选择【截面】选项卡，打开【截面】下滑面板，选择【草绘截面】，单击【定义】按钮，如图 10.4.22 所示。

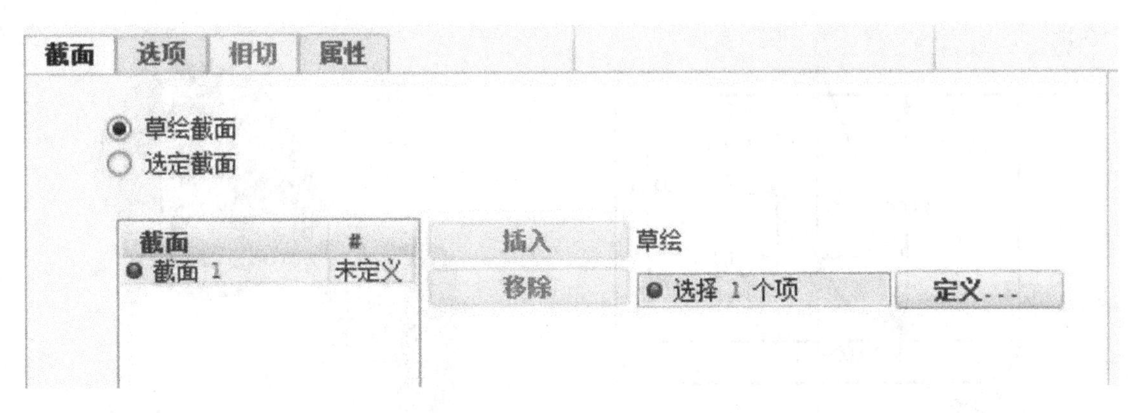

图 10.4.22 【截面】下滑面板

5）选择基准平面 DTM1 为草绘平面，改变特征生成方向，如图 10.4.23 所示。选择 TOP 为参考平面，方向选为底部，进行草绘。

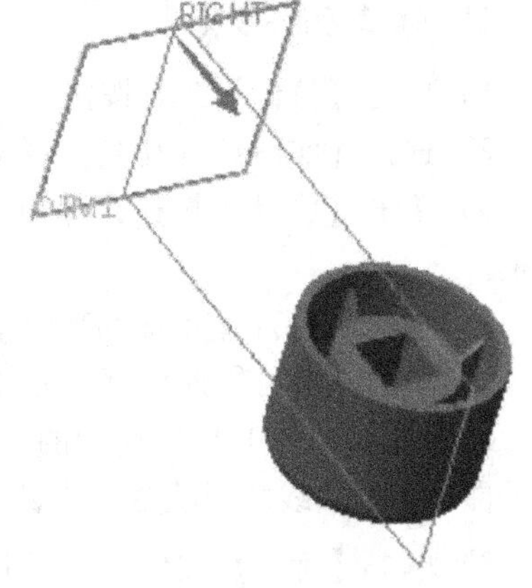

图 10.4.23　生成方向

6）单击【创建样条曲线】按钮，绘制如图 10.4.24 所示的第一条样条曲线。

7）单击【确定】按钮。

8）再次打开【截面】选项卡，单击【插入】，选择【偏移尺寸】，参照【截面 1】的偏移量设为“35”，若特征方向创建相反，则手动拖动尺寸手柄至相反方向或将偏移尺寸设为“－35”，然后单击【草绘】。

9）绘制如图 10.4.25 所示的第二条样条曲线。

10）单击【确定】按钮。

11）再次打开【截面】选项卡，单击【插入】，选择【偏移尺寸】，参照【截面 2】的偏移量设为“42”，同样调整平面位置，然后单击【草绘】。

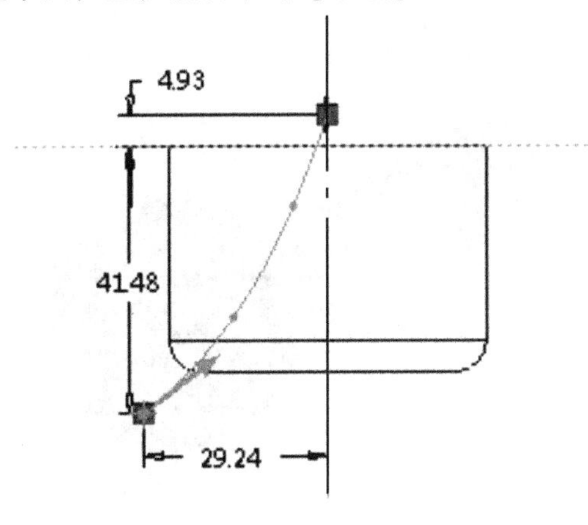

图 10.4.24　第一条样条曲线

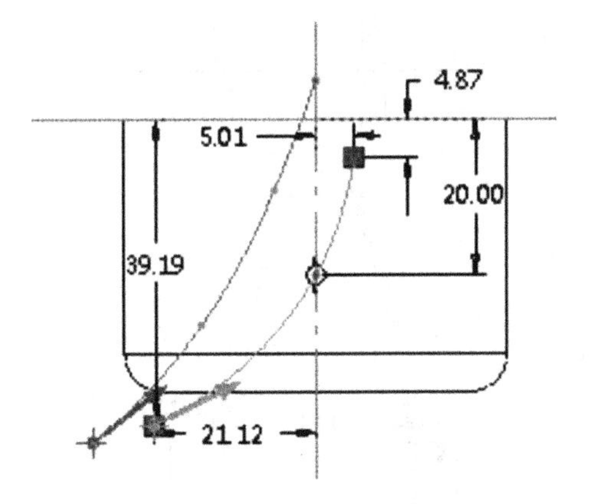

图 10.4.25　第二条样条曲线

12）绘制如图 10.4.26 所示的第三条样条曲线。

13）然后单击【确定】按钮，生成扇叶，如图 10.4.27 所示。

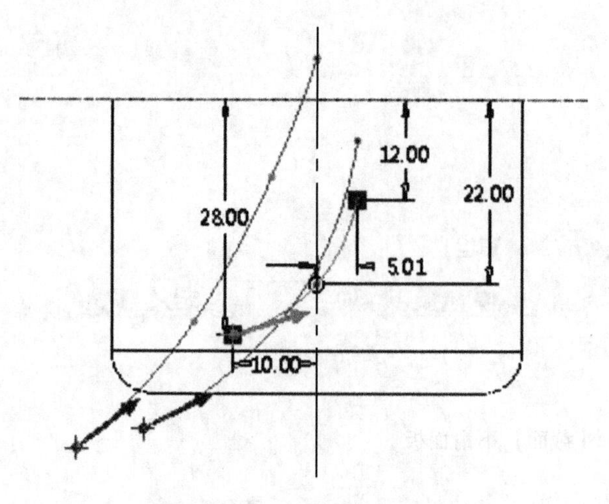

图 10.4.26 第三条样条曲线

图 10.4.27 生成扇叶

11. 修剪扇叶形状

1）单击【拉伸】工具按钮，打开【拉伸】特征面板。

2）选择【实体】、【切割】、【双向对称】拉伸，设置拉伸深度为"80"。

3）单击【放置】按钮，弹出【草绘】下滑面板，单击【定义】按钮，弹出【草绘】对话框。

4）选择 RIGHT 基准面为草绘平面，TOP 基准面为参考平面。

5）单击【草绘】对话框中的【草绘】按钮，系统进入草绘工作环境。

6）绘制如图 10.4.28 所示的一条修剪样条线，可以拖动曲线的节点来改变样条曲线各个部分的曲率，使曲线的形状更加美观。

7）单击【确定】按钮，返回【拉伸】特征面板。调整材料移除方向，单击【确定】按钮，完成扇叶形状的修剪，成型扇叶如图 10.4.29 所示。

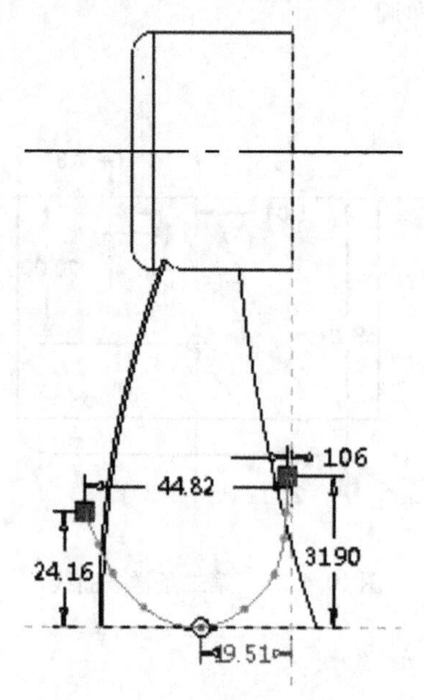

图 10.4.28 修剪样条线

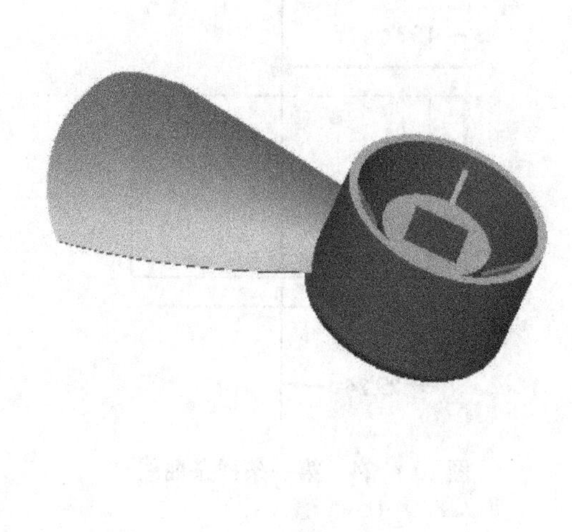

图 10.4.29 成型扇叶

创建风扇叶片，可以用上述方法，也可以使用【边界混合】命令来完成，新建若干平面，来绘制样条曲线。为了更加精准地控制最后一条曲线的位置，可以采用投影的方法来创建此曲线，然后使用【边界混合】命令，依次选择各条曲线来生成曲面，然后进行修剪，最后使用【加厚】命令把曲面转变为实体。如不需要修剪，也可以创建两个方向上的曲线来进行边界混合，此时要注意新平面的创建方向，读者可以自己尝试。

12. 阵列叶片

1）在模型树中选择步骤11中创建扇叶的混合和拉伸特征，单击【阵列】工具按钮下的箭头，选择几何阵列，打开【阵列】特征面板，如图10.4.30所示。单击阵列【类型】选项框中的下拉按钮，如图10.4.31所示。选择阵列类型为【轴】阵列，此时【阵列】特征面板变化如图10.4.32所示。

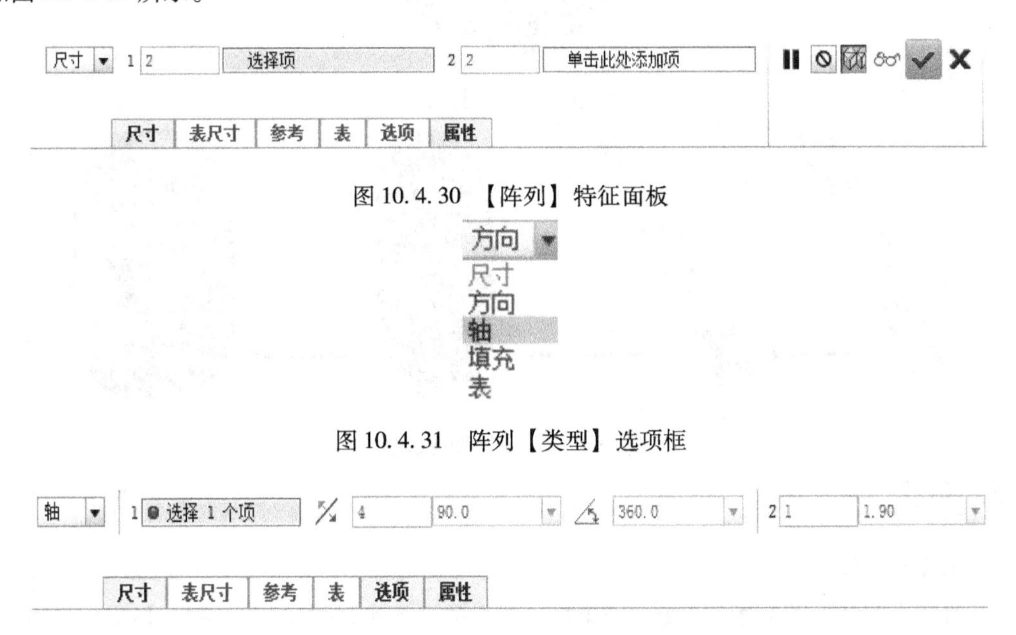

图10.4.30 【阵列】特征面板

图10.4.31 阵列【类型】选项框

图10.4.32 变化的【阵列】特征面板

2）单击【基准轴开关】按钮，使各中心线显示，然后单击风扇的中心线，作为轴阵列的轴线，在【阵列】特征面板中输入阵列子特征个数“5”，子特征间的夹角“72”。

3）单击【确定】按钮，完成扇叶的阵列复制。最终结果如图10.4.1所示。

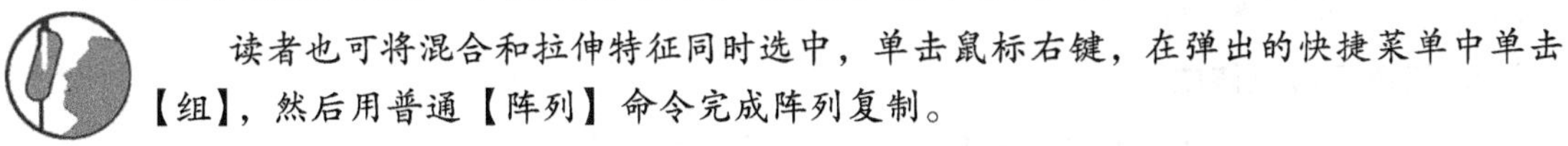

读者也可将混合和拉伸特征同时选中，单击鼠标右键，在弹出的快捷菜单中单击【组】，然后用普通【阵列】命令完成阵列复制。

13. 保存文件

保存当前建立的风扇模型。

10.5 凸起花纹轮胎

学习目标

掌握采用【环形折弯】来创建模型的方法。掌握简单曲面拉伸、复制样本特征、曲面合成、曲面镜像、曲面旋转、曲面合成实体等功能。

实例分析

凸起花纹轮胎是运输机械中常用的轮胎零部件。本例创建的凸起花纹轮胎，效果如图10.5.1所示。创建过程如图10.5.2所示。

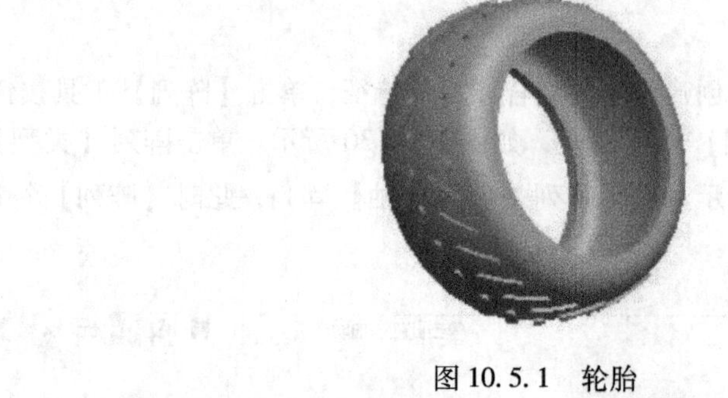

图10.5.1　轮胎

图10.5.2　轮胎创建过程

建模过程

1. 新建一个文件

1）执行【文件】|【新建】命令，或单击工具栏中【新建】按钮，弹出【新建】对话框。

2）在【类型】选项组中选择【零件】选项，在【子类型】选项组中选择【实体】选项，在【名称】文本框中输入文件名称“luntai”，取消【使用默认模板】的选择，单击【确定】按钮，弹出【新文件选项】对话框。

3）在【新文件选项】对话框的模板列表中选择“mmns _ part _ solid”，单击【确定】按钮。即使用公制模板创建零件。

2. 创建矩形拉伸曲面

1）单击特征工具栏中的【拉伸】工具按钮，弹出【拉伸】特征面板。

2）单击【拉伸】特征面板中【创建曲面】按钮，以生成曲面。

3）单击【放置】按钮，弹出【草绘】下滑面板，单击【定义】按钮，弹出【草绘】对话框。指定基准平面TOP为草绘平面，选取RIGHT面为参照面，其他选项使用系统默认值。

4）单击【草绘】对话框的【草绘】按钮，进入草绘模式。

5）绘制如图10.5.3所示的矩形

图10.5.3　草绘矩形截面

截面。

6）单击特征工具栏中的【确定】按钮✓，完成草图的绘制。单击【拉伸】特征面板中【双侧深度】按钮，表示从草绘平面以指定深度的一半向两个方向拉伸，单击选项按钮，弹出【选项】下滑面板，选择【封闭端】选项，并输入拉伸高度“1728”，如图10.5.4所示。再单击【确定】按钮✓确认，便生成一个矩形拉伸曲面，如图10.5.5所示。

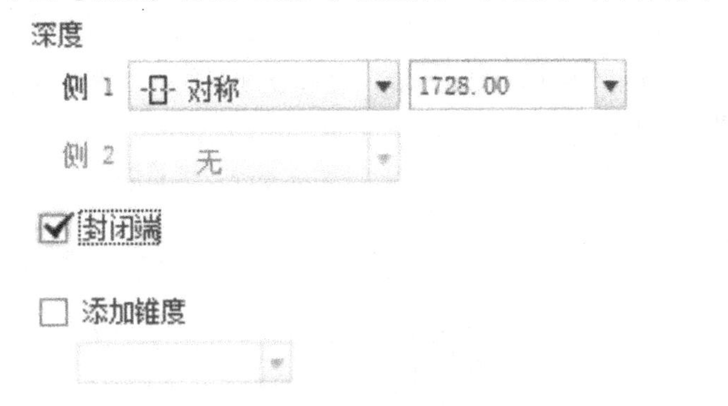

图10.5.4　拉伸参数

图10.5.5　矩形拉伸曲面

3. 创建单个花纹拉伸曲面

1）单击特征工具栏中的【拉伸】工具按钮，弹出【拉伸】特征面板。

2）单击特征面板中【创建曲面】按钮，以生成曲面。

3）单击【放置】按钮，弹出【草绘】下滑面板，单击【定义】按钮，弹出【草绘】对话框，指定曲面的顶面为草绘平面。

4）单击【草绘】对话框的【草绘】按钮，进入草绘模式。

5）绘制如图10.5.6所示的单个花纹截面。

6）单击特征工具栏中的【确定】按钮✓，完成草图的绘制。单击【拉伸】特征面板中【盲孔】按钮，表示从草绘平面以指定深度向一个方向拉伸，单击选项按钮，弹出【选项】下滑面板，选择【封闭端】选项，并输入拉伸高度“8”，单击【确定】按钮✓确认，便生成单个花纹拉伸曲面，如图10.5.7所示。

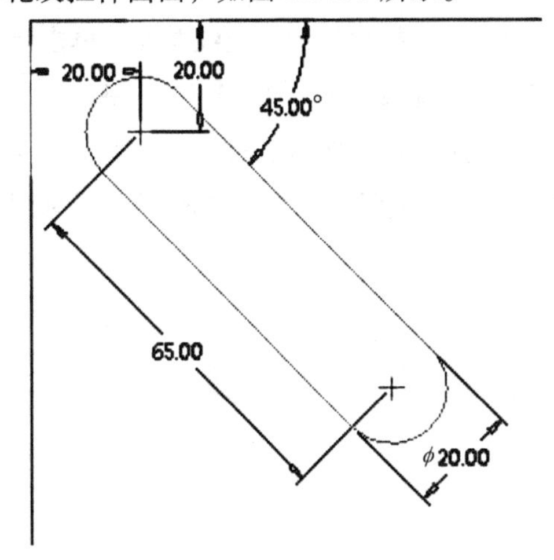

图10.5.6　单个花纹截面

图10.5.7　单个花纹拉伸曲面

4. 阵列样本特征

选择上一步生成的花纹特征，单击【阵列】工具按钮，弹出【阵列】特征面板。选择【尺寸】阵列方式，单击【尺寸】按钮 尺寸，打开【阵列】操作下滑面板，如图 10.5.8 所示，选择花纹圆弧中心距边界的尺寸“20”为阵列【方向 1】，双击尺寸数字或在【尺寸】选项的【增量】中输入间距“65”，同时输入副本数“26”。单击【确定】按钮确认，将生成多个花纹，阵列花纹如图 10.5.9 所示。

本次阵列操作也可以使用【方向】阵列方式，然后选取曲面的一条长边作为参考方向，然后输入阵列数量和间距，单击确认。

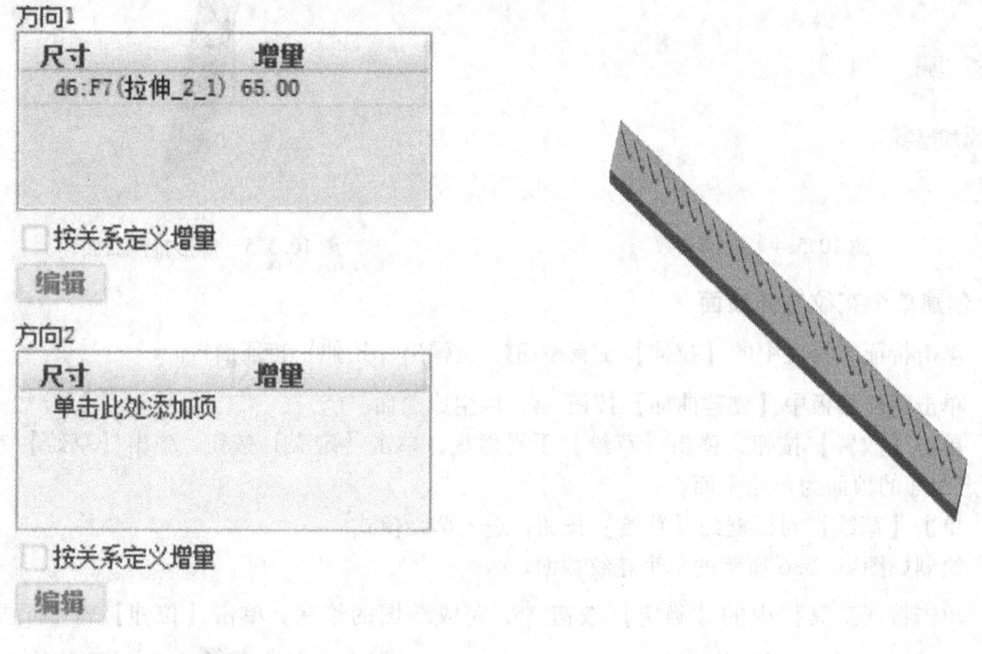

图 10.5.8 【阵列】操作下滑面板

图 10.5.9 阵列花纹

5. 合成曲面

先选择板上与花纹接触的平曲面后，按住〈Ctrl〉键，再选择原始的小花纹曲面，单击特征工具栏中的【合并】工具按钮，弹出【合并】特征面板，如图 10.5.10 所示。单击，以调整保留合成后的曲面，然后单击【确定】按钮，完成合并（视图上箭头方向为保留曲面方向）。然后在过滤器中选择【智能】选项，再选中合成后的小曲面，单击【阵列】工具按钮，系统自动完成样本合成曲面。

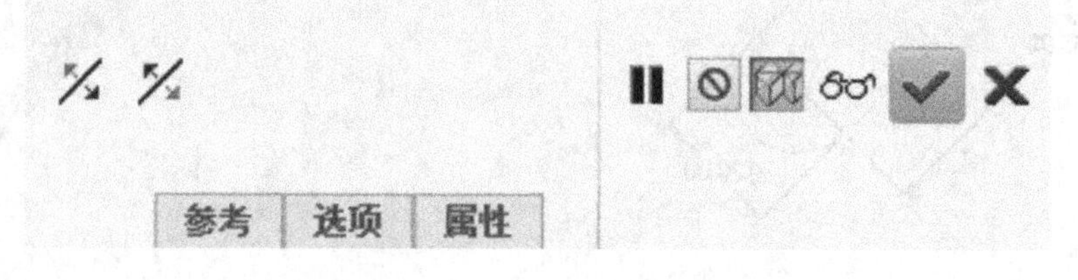

图 10.5.10 【合并】特征面板

6. 轮胎成型（环形折弯特征）

1）单击【工程】，弹出下拉菜单，选择【环形折弯】，弹出【环形折弯】特征面板。

2）单击【参考】，弹出【参考】下滑面板，如图 10.5.11 所示。

3）单击【轮廓截面】右边的【定义】按钮来绘制折弯曲线。

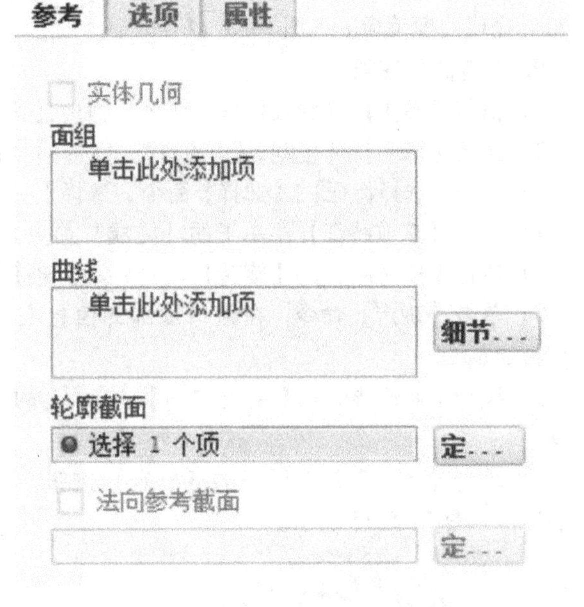

图 10.5.11 【参考】下滑面板

4）选择轮胎体的短侧面作为草绘平面，RIGHT 面作为参考平面，方向为左，单击【草绘】，进入草绘模式。

5）单击【参考】按钮 参考，选择当前视图状态下曲面左边的一条边作为参照，然后关闭【参考】对话框。

6）创建几何坐标系 坐标系，设在曲面的左下角。

7）单击工具栏中的【圆心方式创建圆弧】按钮，绘制如图 10.5.12 所示大圆弧，且圆心在垂直参考线上，圆弧起点为原点。单击工具栏中的【三点方式创建圆弧】按钮，绘制一段圆弧与大圆弧内切，单击工具栏中的【直线】按钮，绘制竖直直线与圆弧相切。单击工具栏中的【修改工具】按钮，按图 10.5.12 所示修改尺寸。单击工具栏中的【确定】按钮，返回到【环形折弯】特征面板，单击【折弯半径】右边的下拉按钮，选择【360 度折弯】，选择轮胎前后两个需要贴合的侧面，然后再次单击【参考】|【面组】，选择要折弯的曲面，单击【确定】按钮，完成环形折弯特征的操作。如图 10.5.13 所示。

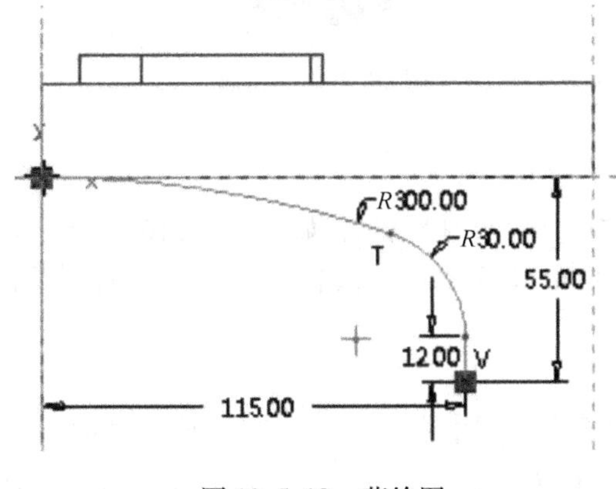

图 10.5.12　草绘图

图 10.5.13　环形折弯完成

7. 创建基准轴 A _ 1

单击【基准轴】按钮，弹出【基准轴】对话框，选择过滤器中的【曲面】选项，选择半轮胎的内圆柱面，注意：此时内圆柱面应变成浅红色，单击【基准轴】对话框中的【确定】按钮，完成基准轴 A _ 1 的创建。

8. 镜像复制曲面

选择过滤器中的【面组】选项，选中前面创建的曲面，单击工具栏中的【镜像】按钮，弹出【镜像】特征面板，选中半轮胎端面作为镜像面，单击【镜像】特征面板中的【确定】按钮，完成曲面镜像。如图10.5.14所示。

9. 旋转曲面花纹

1）执行【操作】|【特征操作】命令，弹出【菜单管理器】。

2）执行【特征】|【复制】|【移动】|【选择】|【独立】|【完成】命令。

3）执行【选择特征】|【选择】命令，选择上一步骤镜像的曲面。

4）执行【选取特征】菜单下的【完成】命令。

5）执行【移动特征】|【旋转】|【曲线/边/轴】命令，选择A_1轴。

6）单击【确定】命令，在窗口顶部的信息文本框中输入旋转角度“90”，然后单击【确定】按钮。

7）执行【移动特征】|【完成移动】命令，弹出【组可变尺寸】选项菜单，单击【完成】命令。

8）单击【组元素】对话框的【确定】按钮，再单击【特征】下的【完成】命令，完成旋转平移，如图10.5.15所示。

图10.5.14　完成镜像

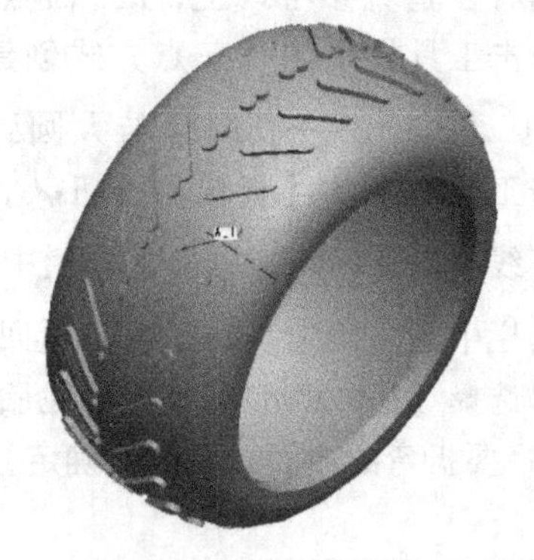

图10.5.15　旋转平移

10. 删除面组

在刚生成的模型树中的【组】处单击鼠标右键，弹出快捷菜单，如图10.5.16所示。选择【取消分组】命令。然后在模型树中的【镜像1】单击鼠标右键，弹出快捷菜单，选择【删除】命令，弹出消息框，单击【确定】按钮，删除面组。

11. 合成曲面

按住〈Ctrl〉键，选择两个对称曲面，单击【合并工具】按钮，弹出合成曲面的特征面板，单击方向控制按钮，以保留合成后的曲面，单击【确定】按钮，完成曲面合成。合成图如图10.5.17所示。

12. 曲面实体化

选择过滤器中的【面组】选项，选中整个曲面，单击工具栏中的【实体化】工具按钮，在窗口的下侧弹出【实体化】特征面板，如图10.5.18所示。单击【确定】按钮，曲面组生成轮胎实体。如图10.5.1所示。

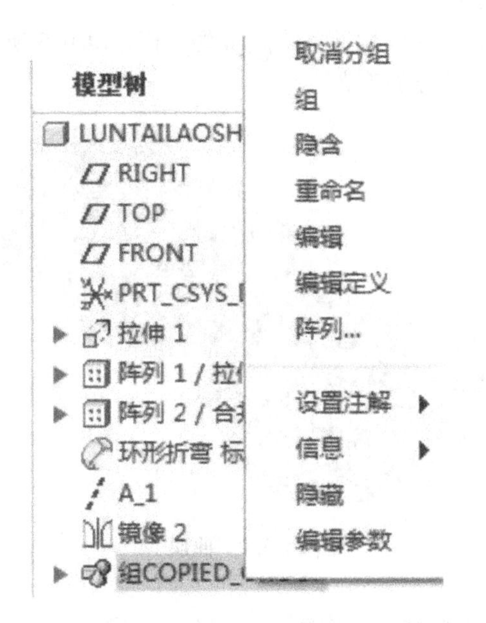

图 10.5.16　快捷菜单

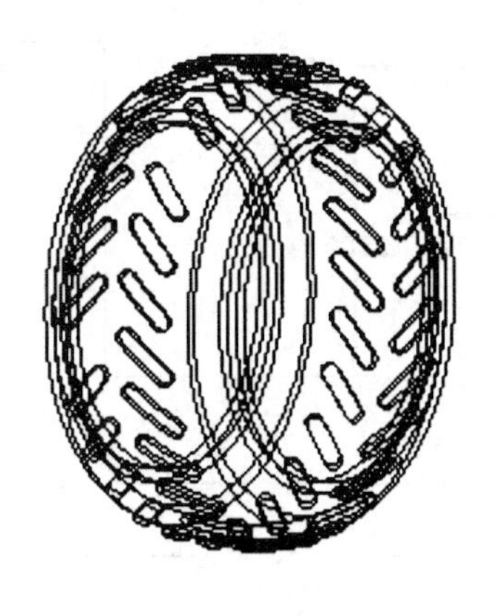

图 10.5.17　合成图

图 10.5.18 【实体化】特征面板

13. 保存文件

保存当前建立的轮胎模型。

10.6　实训题

创建如图 10.6.1 所示的风扇叶轮。具体创建过程如下：

1）利用【旋转】工具创建如图 10.6.2 所示的圆柱实体，草绘旋转截面如图 10.6.3 所示。

图 10.6.1　风扇叶轮

图 10.6.2　圆柱实体

2）利用【拉伸】工具创建如图10.6.4所示的曲面一，拉伸草绘截面类似于图10.6.5所示。绘制草绘轮廓过程中，可以拖拽曲线节点来使叶片轮廓更加美观。

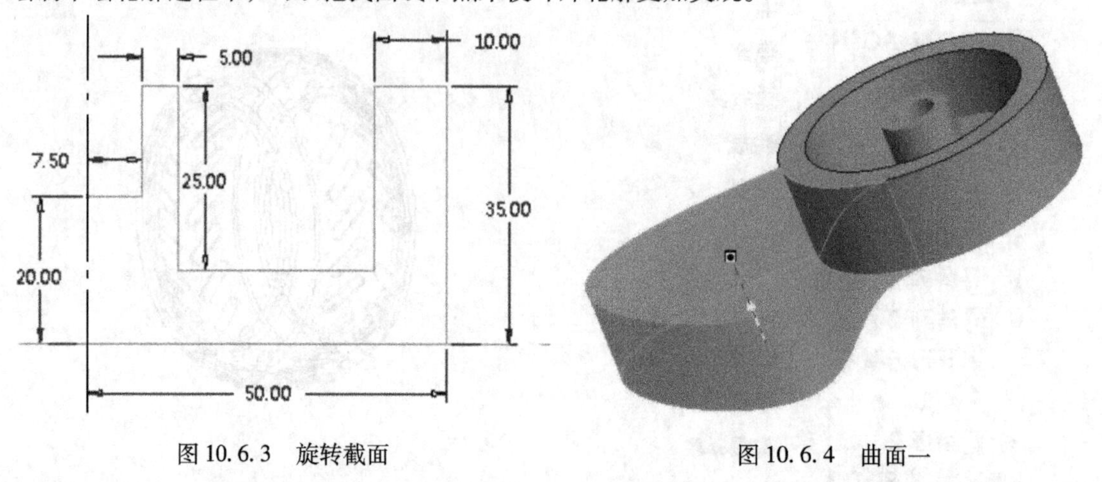

图10.6.3　旋转截面　　　　图10.6.4　曲面一

3）在RIGHT面草绘类似于图10.6.6所示的基准曲线。绘制完一条曲线后，第二条曲线用偏移命令来完成比较准确、方便。

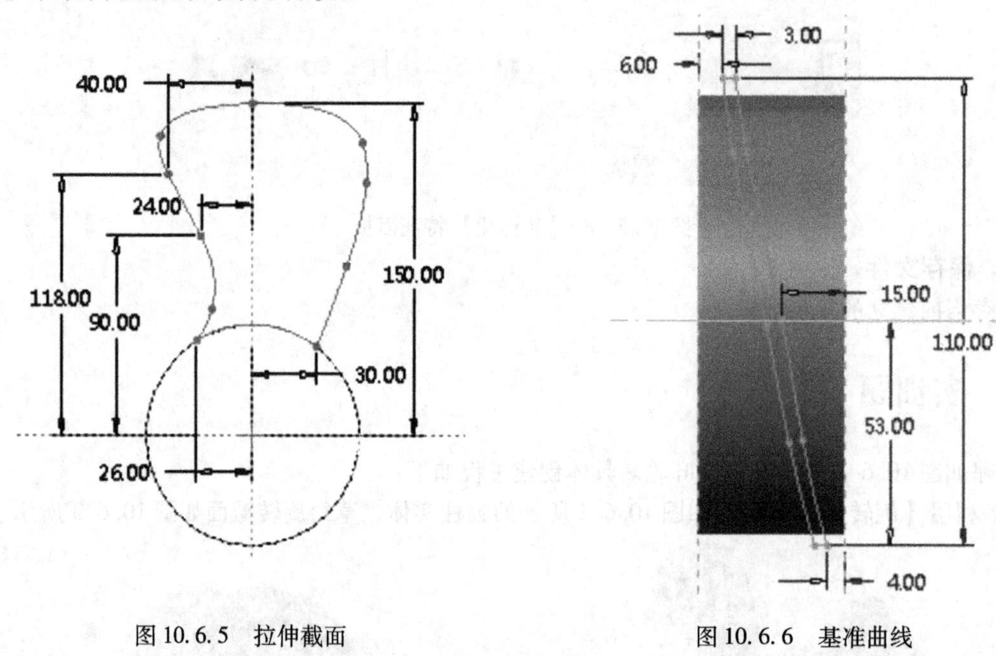

图10.6.5　拉伸截面　　　　图10.6.6　基准曲线

4）利用【拉伸】工具创建如图10.6.7所示的曲面二。注意：曲面应封闭。

5）曲面一与曲面二合并，两曲面的保留材料方向如图10.6.8所示，合并完成后如图10.6.9所示。

6）叶片实体化。

7）阵列叶片，如图10.6.10所示。阵列时需要把模型树中的拉伸1、拉伸2，合并、实体化都选中，并采用几何阵列，或者单击选择两次叶片采用几何阵列。

8）叶片及圆柱倒圆角，圆角半径为“1.0”，如图10.6.11所示。

9）叶片倒圆角，圆角半径为“1.0”，如图10.6.12所示。

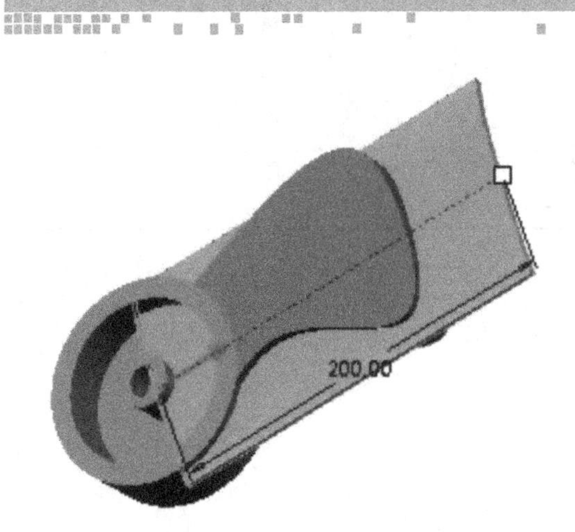

图 10.6.7　曲面二

图 10.6.8　曲面合并

图 10.6.9　合并完成

图 10.6.10　阵列叶片

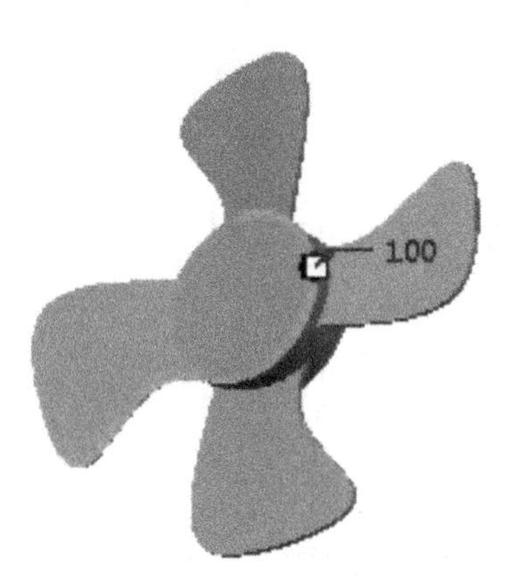

图 10.6.11　叶片及圆柱倒圆角

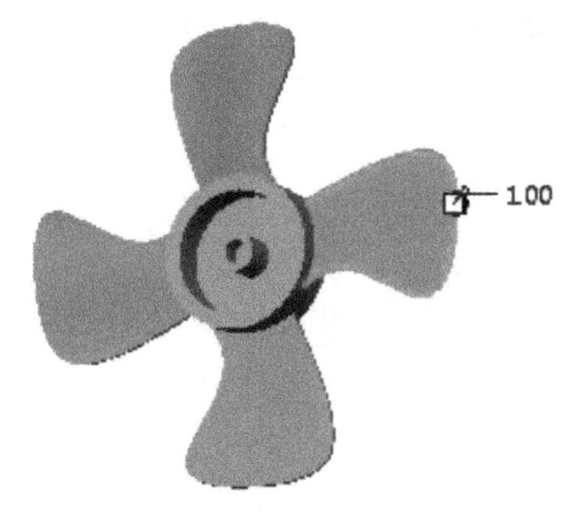

图 10.6.12　叶片倒圆角

第11章 零件装配

本章要点

零件设计完成后，需将零件按设计要求的约束类型或连接方式装配在一起，才能形成一个完整的产品或机构装置。如何定义零件之间的装配约束关系是零件装配的关键。本章将通过几个实例向读者介绍零件装配的步骤、技巧与方法。

本章主要内容

❶装配模块简介
❷减速器装配
❸四足步行机器人装配
❹装配体中图层及隐藏的使用
❺实训题

11.1 装配模块简介

学习目标

掌握元件的装配约束类型。

命令简介

在 Creo 2.0 软件系统中配置了具有强大零件装配功能的基本设计模块——装配（ASSEMBLY）模块。利用该模块提供的基本装配工具和其他工具，能够将设计好的零件按照指定的装配关系放置在一起形成装配体，可以在装配的模式下添加和设计新的零件，可以阵列元件、镜像装配、替换元件等。在装配模式下，产品的全部或部分结构一目了然，有助于检查各零件之间的关系和干涉问题，从而能够更好地把握产品细节结构的优化设计。

1. 创建装配体的方法

1）单击【文件】|【新建】命令，弹出【新建】对话框，在【类型】选项组中选中【装配】单选按钮，在【子类型】选项组中选中【设计】单选按钮，在【名称】文本框中采用默认的组建，输入组件名称为“asm0001”，如图 11.1.1 所示。

2）取消【使用默认模板】选项，最后单击【确定】按钮，弹出【新文件选项】对话框。【模板】选项中选择“mmns _ asm _ design”，如图 11.1.2 所示。然后单击【确定】按钮，进入装配模块的工作界面。

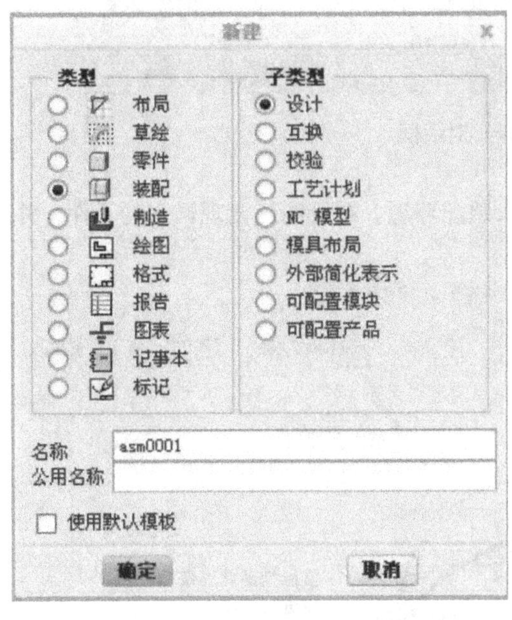

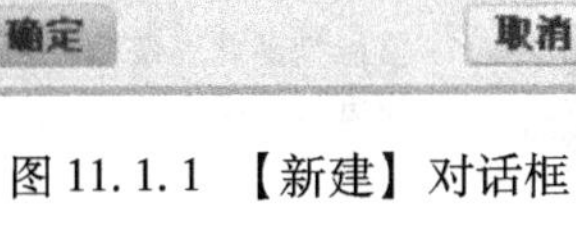

图 11.1.1 【新建】对话框

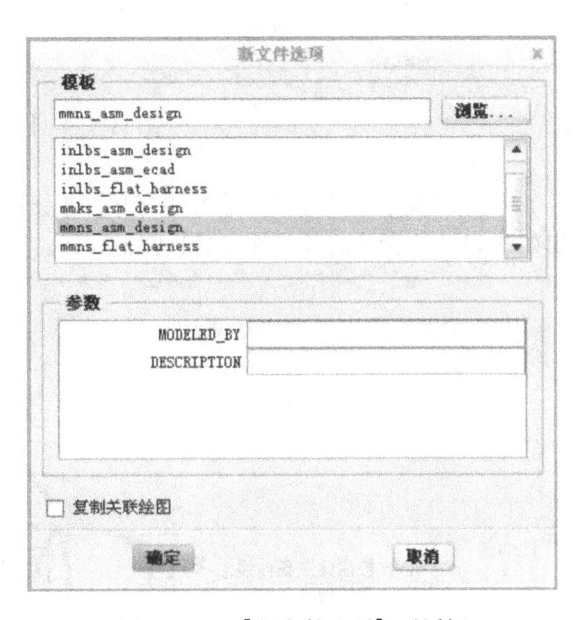

图 11.1.2 【新文件选项】对话框

装配模块的工作界面和零件模块相似，不同的是在【模型】选项卡中增加了【元件】区域，如图 11.1.3 所示。

3）单击【模型】选项卡中【元件】区域的【组装】按钮，弹出图 11.1.4 所示【打开】对话框。

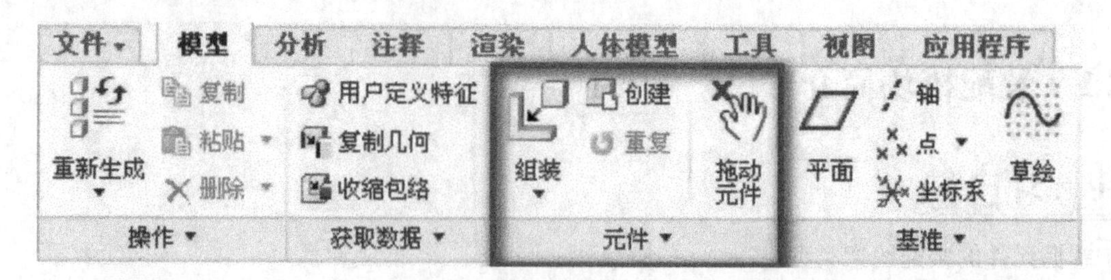

图 11.1.3 【元件】区域

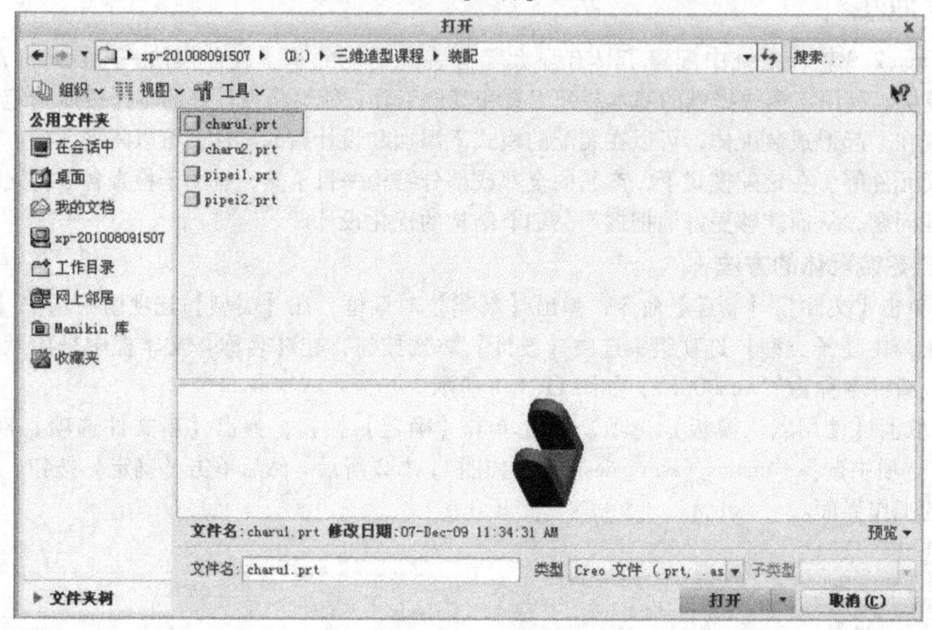

图 11.1.4 【打开】对话框

4）选择要装入的元件，单击【打开】按钮进入装配环境。在绘图区出现调入的元件，并弹出如图 11.1.5 所示的【元件放置】特征面板。

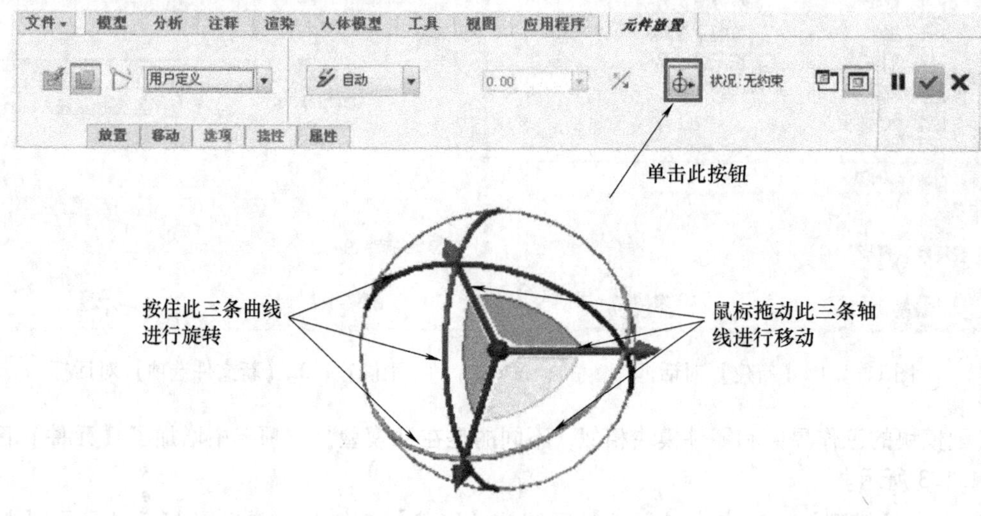

图 11.1.5 【元件放置】特征面板

5）单击【元件放置】特征面板中的【放置】按钮，弹出【放置】下滑面板，如图11.1.6所示。

6）在【放置】下滑面板中选择相应的约束类型，然后选择元件（后调入零件或组件）和装配（模型区已有的装配）的参照，建立零件之间的约束关系，如图11.1.6所示。通常情况下一个约束并不足以把两个零件的相对位置完全确定。

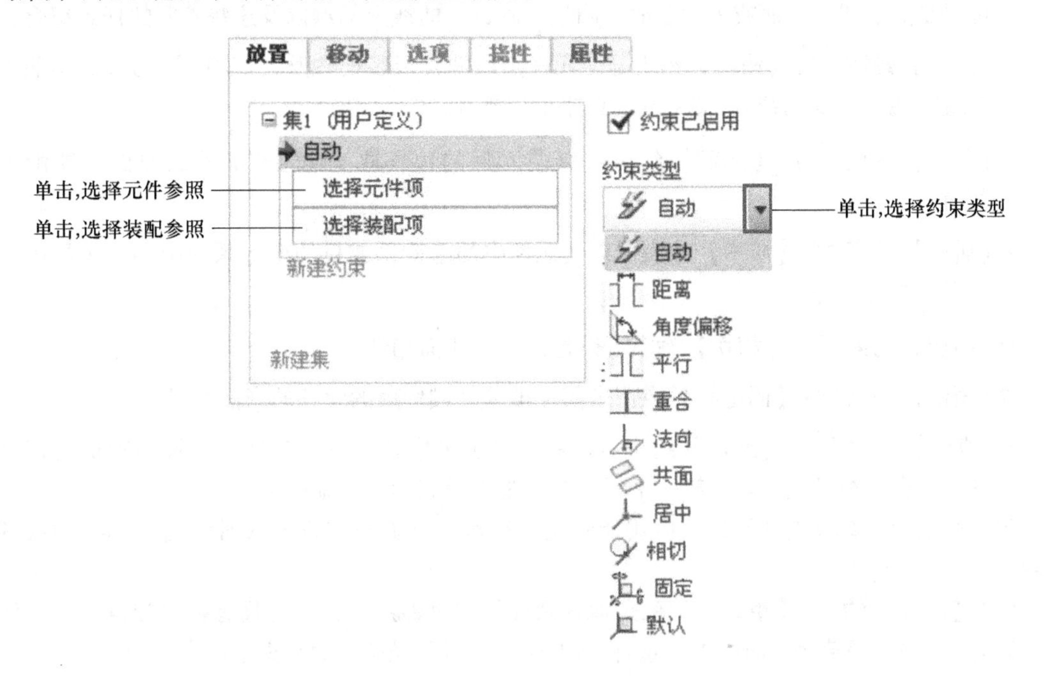

图11.1.6 【放置】下滑面板

7）根据零件之间的位置关系，单击【新建约束】，重复步骤6）的操作，直到完全约束，单击【确定】按钮✓，完成本次零件的装配。

8）重复步骤3）~7），完成下一个零件的装配。

提醒：在装配过程中有时元件或装配的参照不容易选择，此时可单击【拖动】按钮，【拖动】按钮位于模型区，如图11.1.5所示。

2. 约束类型

零件的装配过程是对零件（元件）约束限位的过程。一个零件要完全定位，可能需要同时满足多个约束类型。Creo提供的约束类型有：【自动】、【距离】、【角度偏移】、【平行】、【重合】、【法向】、【共面】、【居中】、【相切】、【固定】、【默认】，如图11.1.6所示。各项类型的意义如下：

◆【自动】约束：【自动】约束是默认的约束类型，系统会依照所选择的参照特征，自动选择合适的约束类型。

◆【距离】约束：【距离】约束可以设定元件参照与装配参照的线性偏距。【距离】约束的参照可以是点对点、点对线、线对线、平面对平面、平面曲面对平面曲面。

◆【角度偏移】：【角度偏移】约束可以设定元件参照与装配参照的角度偏距。【角度偏移】约束的参照可以是线对线（共面的线）、线对平面或平面对平面。

◆【平行】约束：【平行】约束是使元件参照平行于装配参照。【平行】约束的参照可以是线对线、线对平面或平面对平面。

◆【重合】约束：【重合】约束是使元件参照与装配参照彼此重合。【重合】约束的参照可以是点、线、平面或平面曲面、圆柱、圆锥、曲线上的点以及这些参照的任意组合。

◆【法向】约束：【法向】约束是使元件参照垂直于装配参照。【法向】约束的参照可以是线对线（共面的线）、线对平面或平面对平面。

◆【共面】约束：【共面】约束可以使元件的边、轴、目的基准轴或曲面与装配参照共面。

◆【居中】约束：【居中】约束可以使元件中的坐标系或目的坐标系的中心与装配中的坐标系的中心对齐。

◆【相切】约束：【相切】约束可以控制两个曲面相切。

◆【固定】约束：【固定】约束用来固定被移动或约束的元件的当前位置。

◆【默认】约束：【默认】约束可以将元件上的默认坐标系与装配环境的默认坐标系对齐。当在装配环境中装入第一个元件时，常常对该元件实施这种约束。

为了使读者对约束类型的具体应用能够透彻理解，下面以图例方式对常用的几类约束进行说明。

（1）【距离】约束　【距离】约束是指两元件的约束参照平行，且具有指定的偏距值。偏距值可以为0，当偏距值为0时两参照重合。图11.1.7所示是两平面距离偏距为“20”。

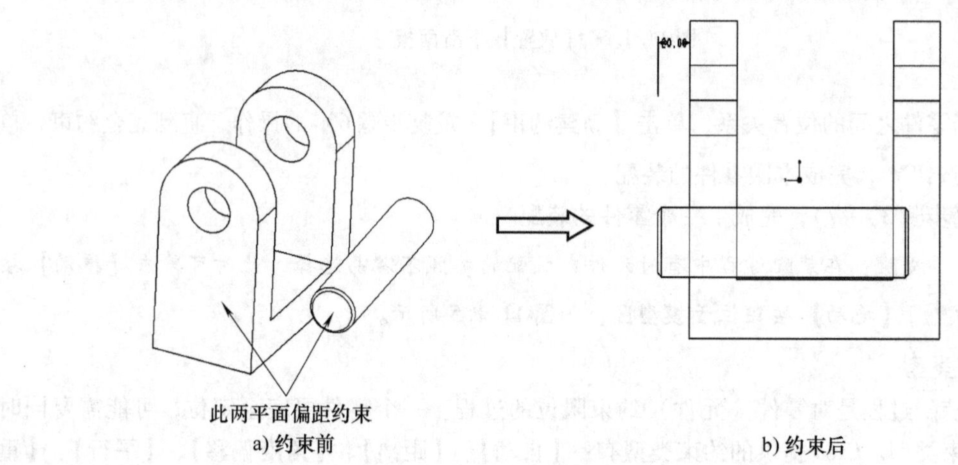

图11.1.7　使用【距离】约束的例子

（2）【角度偏移】　【角度偏移】是指两元件的约束参照具有指定的角度偏距值。偏距值可以为0，当偏距值为0时两参照重合。图11.1.8所示是两平面角度偏移为“60°”。

（3）【重合】约束　【重合】约束的使用比较灵活，所使用的参照组合形式也比较多。主要分为以下几类：

◆面与面重合：当约束的参照为两平面或基准面时，约束的意义为两面重合。此时两面的朝向可以通过【反向】按钮来进行切换，如图11.1.9所示。

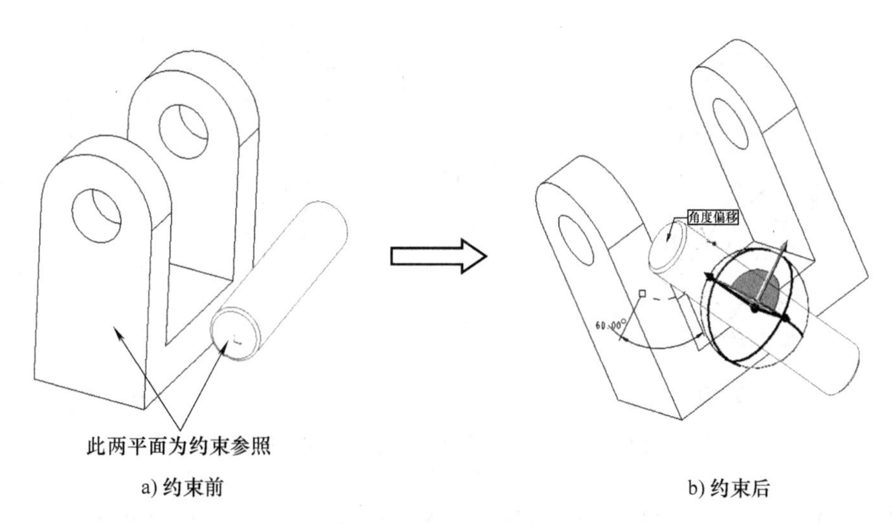

图 11.1.8 使用【角度偏移】约束的例子

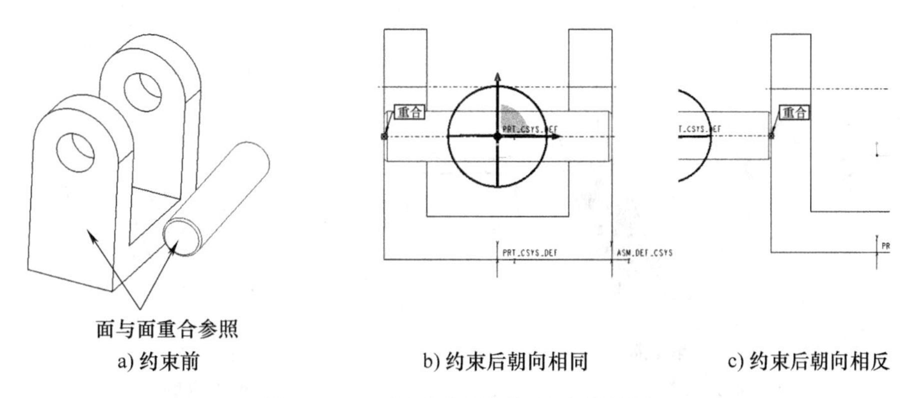

图 11.1.9 平面【重合】约束的例子

◆柱面与柱面重合：当约束参照为具有中心轴的圆柱面时，圆柱面的中心轴线重合，如图 11.1.10 所示。

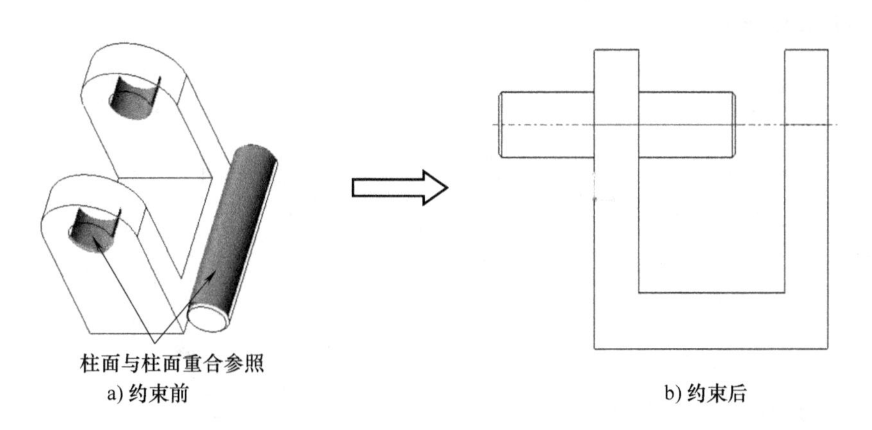

图 11.1.10 柱面【重合】约束的例子

◆线与线重合：当约束参照是直线或基准轴线时，直线或基准轴重合，如图 11.1.11 所示。

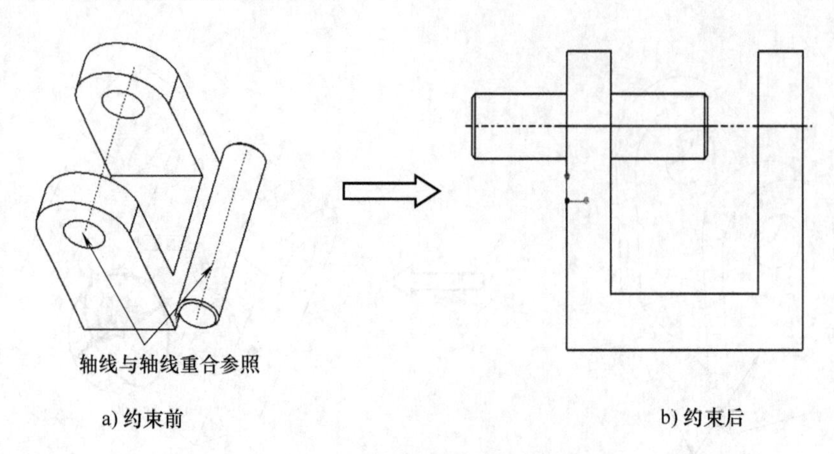

图 11.1.11　线与线【重合】约束的例子

（4）【相切】约束　【相切】约束是指两元件的约束参照相切，如图 11.1.12 所示。

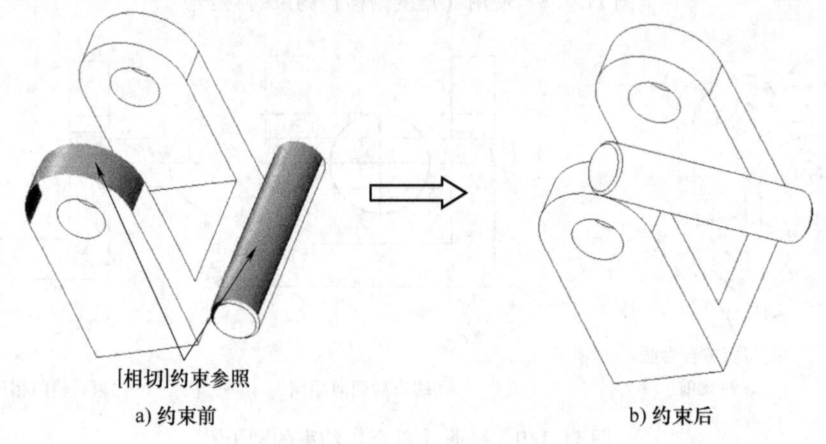

图 11.1.12　【相切】约束的例子

（5）【居中】约束　【居中】约束可以将两个元件的坐标系对齐，或将元件的坐标系与装配中的坐标系对齐，即一个坐标系中的 X 轴、Y 轴、Z 轴与另一个坐标系的 X 轴、Y 轴、Z 轴分别对齐。如图 11.1.13 所示。

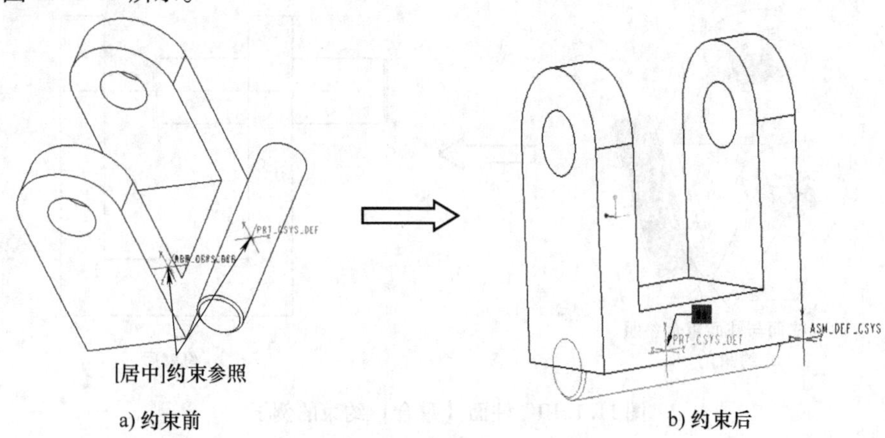

图 11.1.13　【居中】约束的例子

3. 元件编辑

一个装配体完成以后，可以对装配体中的任何元件，包括零件和次组件进行打开、编辑定义等操作。

从模型树或模型显示区选择要打开、修改或删除的零件，单击鼠标右键，弹出快捷菜单，选择【打开】，即打开零件模型，进入零件的创建界面，在此界面可完成对零件的编辑修改；选择【编辑定义】，打开【元件放置】特征面板，在此特征面板可修改元件的约束类型及其参照，从而达到修改元件位置的目的。

11.2 减速器装配

实例分析

本实例将如图 11.2.1 所示的零件装配在一起。

装配过程

1. 新建文件

单击【新建】按钮，新建一个文件，在【新建】对话框【类型】选项组中选择【装配】选项，在【子类型】选项组中选择【设计】选项。在【名称】文本框中输入新建文件名称“jiansuqizhuangpei”。然后单击【确定】按钮，进入装配模块的工作界面。

2. 调入减速器轴

单击【元件】区域【组装】按钮，弹出【文件打开】对话框，选择“jiansuqizhou. prt”，单击【打开】按钮，调入减速器轴，在【元件放置】特征面板中，选择【约束类型】为【固定】，再单击【确定】按钮减速器轴如图 11.2.2 所示。

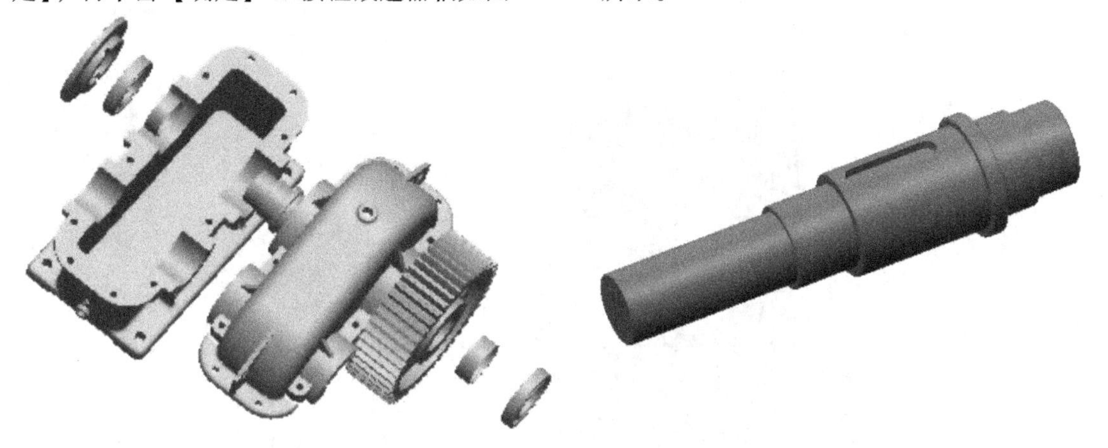

图 11.2.1　组装零件　　图 11.2.2　减速器轴

3. 装配轴与键

调入键，名称为“jian. prt”。在【元件放置】特征面板中，选择【约束类型】为【重合】，分别选取键与键槽的两个平接触表面为约束参照；单击【元件放置】特征面板中的【放置】选项，选择【新建约束】选项，选择【约束类型】为【重合】，如图 11.2.3 所示。分别选取键与键槽的半圆柱接触表面为约束参照。轴与键装配如图 11.2.4 所示。单击【确定】按钮✔，完成装配。

4. 装配齿轮

调入减速器齿轮，名称为“chilun.prt”。在【元件放置】特征面板中，选择【约束类型】为【重合】，分别选取轴和齿轮的中心轴线为约束参照；单击【元件放置】特征面板的【放置】选项，选择【新建约束】选项，选择【约束类型】为【重合】，再分别选取轴键和齿轮键槽的侧面为约束参照；再次选择【新建约束】，选择【约束类型】为【重合】，分别选取最大轴段轴肩的侧面和齿轮的侧面为约束参照。齿轮与轴装配如图 11.2.5 所示。单击【确定】按钮✔完成装配。

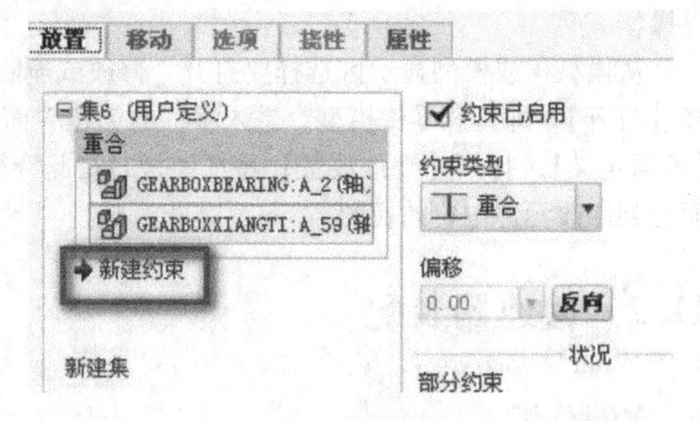

图 11.2.3　新建约束

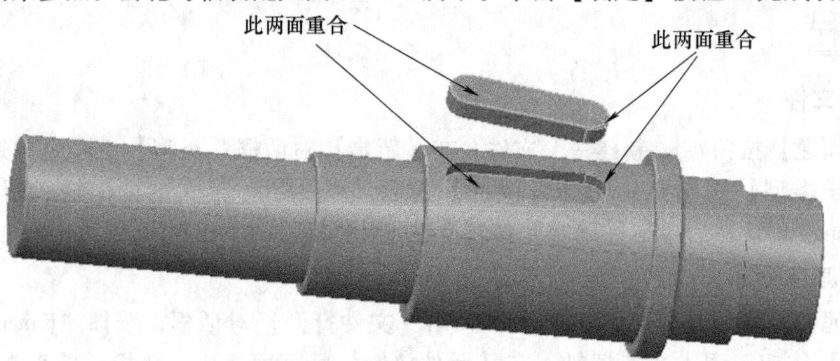

图 11.2.4　轴与键装配

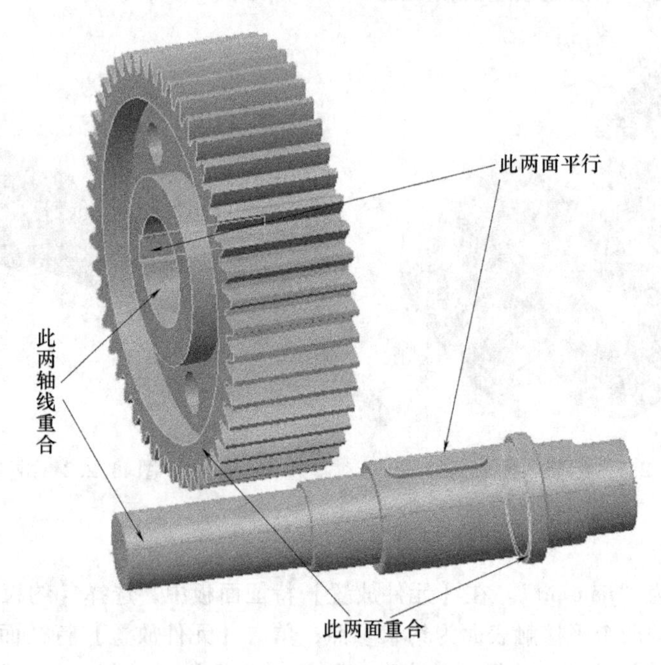

图 11.2.5　齿轮与轴装配

5. 装配套筒

1）调入减速器套筒一，名称为“taotong. prt”。在【元件放置】特征面板中，选择【约束类型】为【重合】，分别选取轴和套筒的中心轴线为约束参照；单击【元件放置】特征面板中【放置】选项，选择【新建约束】选项，选择【约束类型】为【重合】，分别选取齿轮和套筒的接触端面为约束参照。装配套筒一如图 11. 2. 6 所示。单击【确定】按钮✓完成装配。

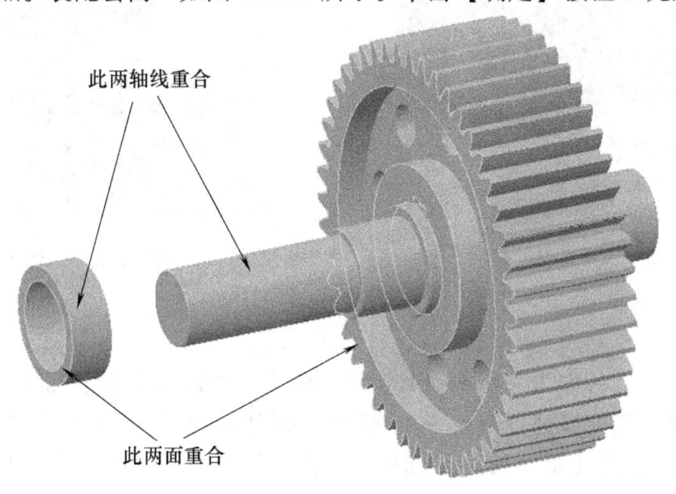

图 11. 2. 6 装配套筒一

2）调入减速器套筒二，操作同上。

6. 装配轴承

1）调入减速器左轴承，名称为“zhoucheng. prt”。在【元件放置】特征面板中，选择【约束类型】为【重合】，分别选取轴和轴承的中心轴线为约束参照；单击【元件放置】特征面板的【放置】选项，选择【新建约束】选项，选择【约束类型】为【重合】，分别选取套筒一和轴承的接触面为约束参照。装配轴承如图 11. 2. 7 所示。单击【确定】按钮✓。

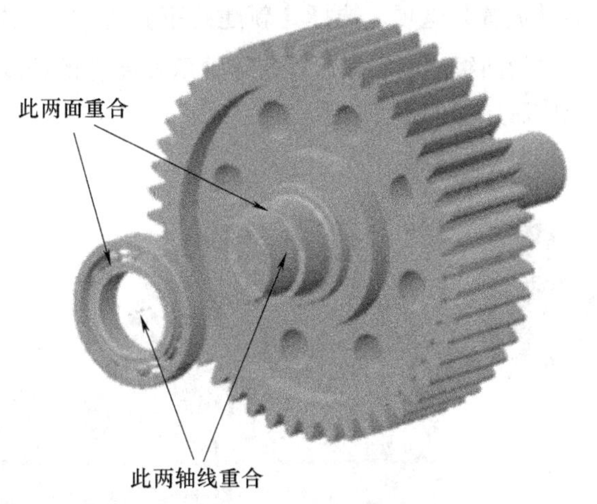

图 11. 2. 7 装配轴承

2）调入减速器右轴承，操作同上。

7. 调入减速器箱体

调入减速器箱体，名称为“jiansuqixiangti. prt”。在【元件放置】特征面板中，选择【约束类型】为【固定】。单击【确定】按钮✓。箱体如图 11. 2. 8 所示。

8. 调入轴系

调入轴系组件，名称为“zhuzhouzhuangpei”。在【元件放置】特征面板中，选择【约束类型】为【重合】，分别选取轴和减速器箱体轴承安装孔的中心轴线为约束参照；单击【元件放置】特征面板的【放置】选项，选择【新建约束】选项，选择【约束类型】为【距离】，输入距离“16. 5”，分别选取轴端面和减速器箱体轴承安装孔的端面为约束参照。调入轴系如图 11. 2. 9 所示。单击【确定】按钮✓。

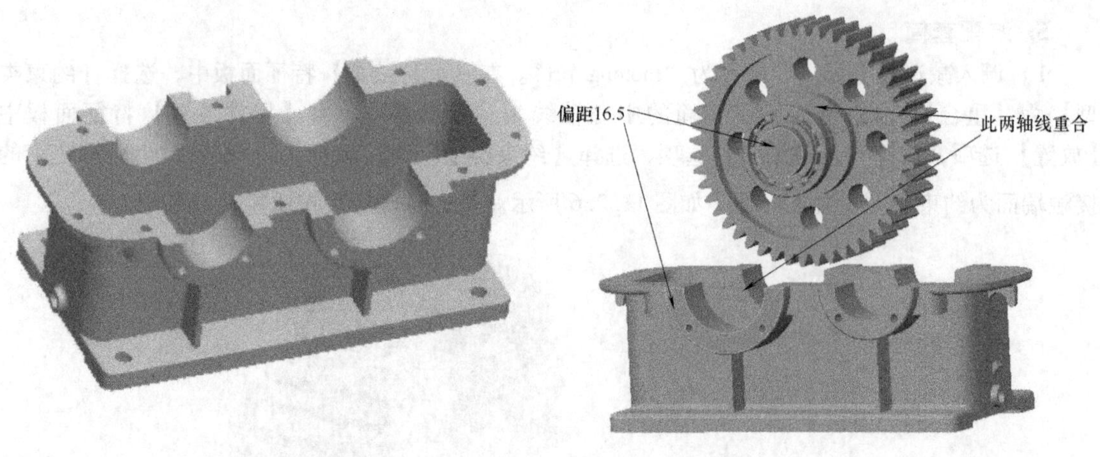

图 11.2.8　箱体　　　　图 11.2.9　调入轴系

9. 装配端盖

1）减速器端盖一，名称为“duangai1. prt”。在【元件放置】特征面板中，选择【约束类型】为【重合】，分别选取减速器端盖一和轴的中心轴线为约束参照；单击【元件放置】特征面板的【放置】选项，选择【新建约束】选项，选择【约束类型】为【重合】，分别选取减速器端盖一的凸缘侧面和减速器箱体轴承安装孔的凸缘侧面为约束参照。装配端盖如图 11.2.10 所示。单击【确定】按钮✓。

2）减速器端盖二，名称为“duangai2. prt”。在【元件放置】特征面板中，选择【约束类型】为【重合】，分别选取减速器端盖二和轴的中心轴线为约束参照；单击【元件放置】特征面板的【放置】选项，选择【新建约束】选项，选择【约束类型】为【重合】，分别选取减速器端盖二的凸缘侧面和减速器箱体轴承安装孔的凸缘侧面为约束参照。单击【确定】按钮✓。装配完成后如图 11.2.11 所示。

图 11.2.10　装配端盖　　　　图 11.2.11　装配另一侧端盖

10. 装配减速器箱盖

选取操作界面左侧模型树下名称为“zhuzhouzhuangpei”、“duangai1. prt”、“duangai2. prt”的文件，单击鼠标右键弹出快捷菜单，单击【隐藏】。此时图形显示区域只显示减速器的箱体。

调入减速器箱盖，名称为“jiansuqishanggai. prt”。在【元件放置】特征面板中，选择【约束类型】为【重合】，分别选取减速器箱体轴承安装孔的中心轴线和减速器箱盖轴承安装孔的中心轴线为约束参照；单击【元件放置】特征面板的【放置】选项，选择【新建约束】选项，选择【约束类型】为【重合】，分别选取减速器箱盖轴承孔和减速器箱体轴承孔的端面为约束参照；单击【元件放置】特征面板的【放置】选项，选择【新建约束】选项，选择【约束类型】为【重合】，分别选取减速器箱盖的下表面和减速器箱体的上表面为约束参照。装配箱盖如图11.2.12所示。单击【确定】按钮✔。

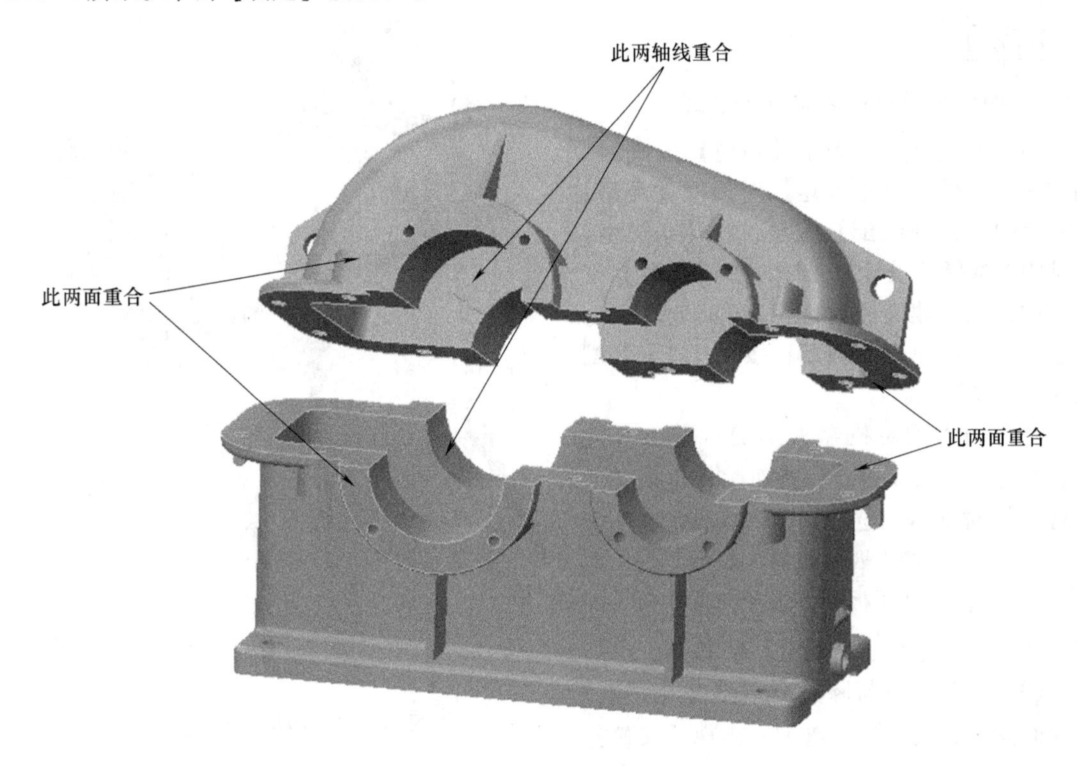

图11.2.12　装配箱盖

再次选取操作界面左侧模型树下名称为“zhuzhouzhuangpei”、“duangai1.prt”、“duangai2.prt”的文件，单击鼠标右键弹出快捷菜单，单击【取消隐藏】。减速器装配完成如图11.2.13所示。

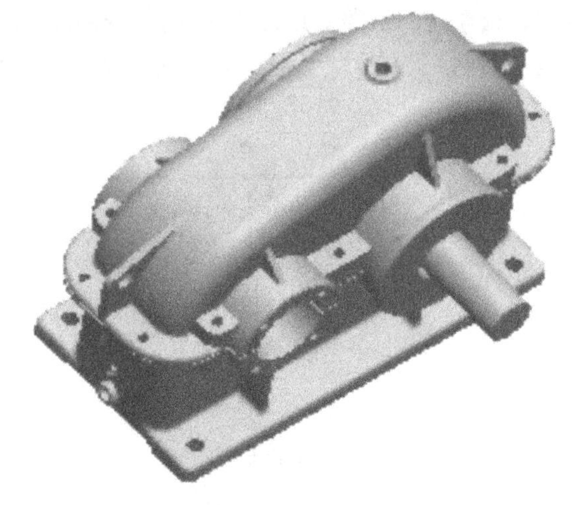

图11.2.13　减速器

11. 分解减速器

执行【视图】|【模型显示】区域的【分解图】命令 分解图，分解图如图11.2.1所示。单击编辑元件位置按钮 编辑位置，弹出【分解工具】特征面板，在模型区选择要调整的元件以及移动参考，拖动元件调整到合适的位置。

12. 保存文件

保存当前建立的装配模型。

11.3 四足步行机器人装配

实例分析

本实例将完成如图 11.3.1 所示的四足步行机器人的装配。

装配过程

1. 四足步行机器人腿部一装配

（1）新建文件　单击【新建】按钮，新建一个文件，在【新建】对话框【类型】选项组中选择【装配】选项，在【子类型】选项组中选择【设计】选项。在【名称】文本框中输入新建文件名称“sizubuxingRobot_tui_1”。然后单击【确定】按钮，进入装配模块的工作界面。

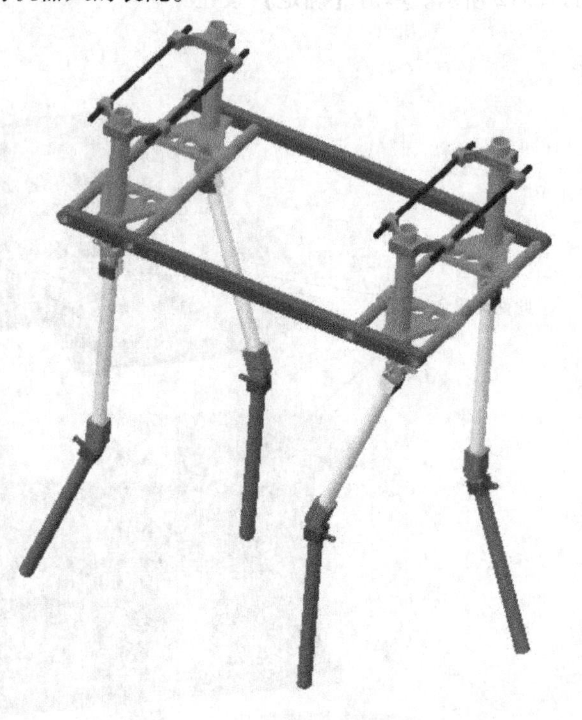

图 11.3.1　四足步行机器人

（2）调入四足机器人小腿　单击【元件】特征面板的【组装】按钮，出现【文件打开】对话框，选择“xiaotui.prt”，单击【打开】按钮，调入四足机器人小腿零件，在【元件放置】特征面板中，选择约束类型【固定】按钮，再单击【确定】按钮。

（3）装配小腿与膝关节　单击【元件】特征面板的【组装】按钮，出现【文件打开】对话框，选择“xiguanjie.prt”，单击【打开】按钮，调入膝关节零件。在【元件放置】特征面板中，选择【约束类型】为【重合】，分别选取小腿与膝关节的两个平接触表面为约束参照。如图 11.3.2a 所示；打开【元件放置】特征面板中的【放置】选项卡，选择【新建约束】选项，选择【约束类型】为【重合】，分别选取小腿与膝关节的圆柱接触表面为约束参照，如图 11.3.2b 所示。单击【确定】按钮完成装配。小腿与膝关节装配完成后如图 11.3.3 所示。

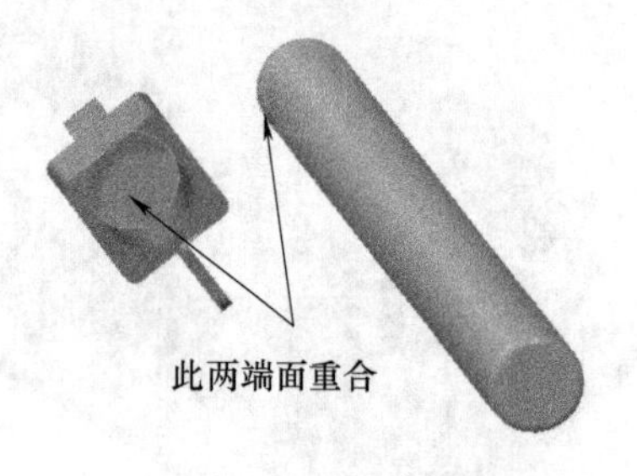

a) 约束类型一

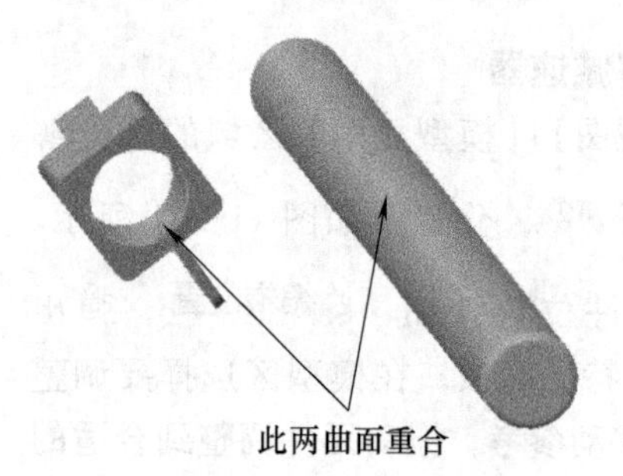

b) 约束类型二

图 11.3.2　小腿与膝关节装配约束类型

（4）装配膝上节　单击【组装】按钮，出现【文件打开】对话框，选择“xishangjie. prt”，单击【打开】按钮，调入膝上节零件。在【元件放置】特征面板中，选择【约束类型】为【重合】，分别选取膝上节与膝关节的两个平接触表面为约束参照。如图 11. 3. 4a 所示；打开【元件放置】面板中的【放置】选项卡，选择【新建约束】选项，选择【约束类型】为【重合】，再分别选取膝上节与膝关节的孔侧面为约束参照，如图 11. 3. 4b 所示；再次选择【新建约束】，选择【约束类型】为【角度偏移】，分别选取膝上节与膝关节的上表面为约束参照，如图 11. 3. 4c 所示，输入角度值“200”，单击【确定】按钮完成装配。膝上节装配完成后如图 11. 3. 5 所示。

图 11. 3. 3　小腿与膝关节装配

（5）装配大腿　选取模型树中的“xiaotui. prt”，单击鼠标右键，在弹出的子菜单中选择【隐藏】，将三个零件暂时隐藏。单击【元件】特征面板的【组装】按钮，出现【文件打开】对话框，选择“datui. prt”，单击【打开】按钮，调入大腿零件。在【元件放置】面板中，选择【约束类型】为【重合】，分别选取大腿与膝上关节的两个平接触表面为约束参照。如图 11. 3. 6a 所示；打开【元件放置】面板中的【放置】选项卡，选择【新建约束】选项，选择

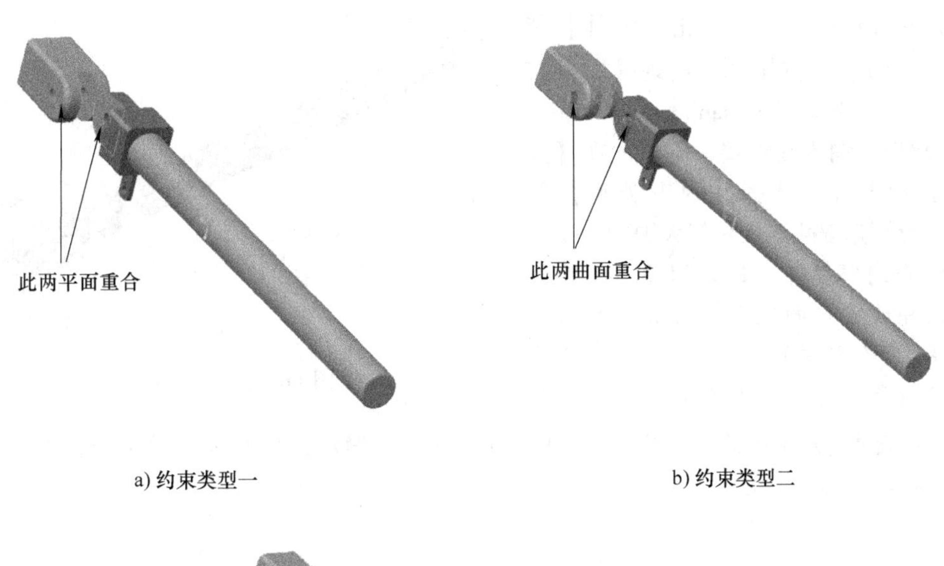

a) 约束类型一　　b) 约束类型二

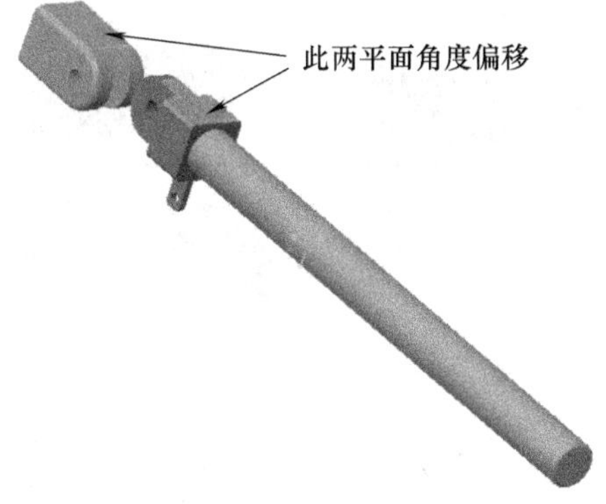

c) 约束类型三

图 11. 3. 4　膝上节装配约束类型

【约束类型】为【重合】，分别选取大腿与膝上关节的圆柱接触表面为约束参照，如图 11.3.6b 所示。单击【确定】✔按钮完成装配。大腿装配完成后如图 11.3.7 所示。

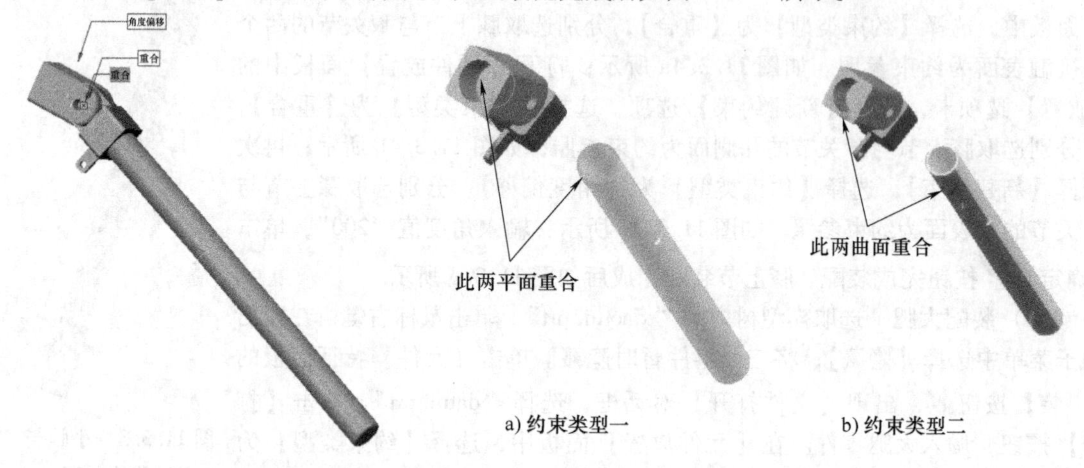

a) 约束类型一　　b) 约束类型二

图 11.3.5　膝上节装配　　图 11.3.6　大腿装配约束类型

（6）装配腿连接一　单击【元件】特征面板的【组装】按钮，出现【文件打开】对话框，选择“tuilianjie. prt”，单击【打开】按钮，调入腿连接一零件。在【元件放置】面板中，选择【约束类型】为【重合】，分别选取腿连接一与大腿的两个平接触表面为约束参照。如图 11.3.8a 所示；打开【元件放置】面板中的【放置】选项卡，选择【新建约束】选项，选择【约束类型】为【重合】，分别选取腿连接一与大腿的圆柱接触表面为约束参照，如图 11.3.8b 所示。单击【确定】✔按钮完成装配。腿连接一装配完成后如图 11.3.9 所示。

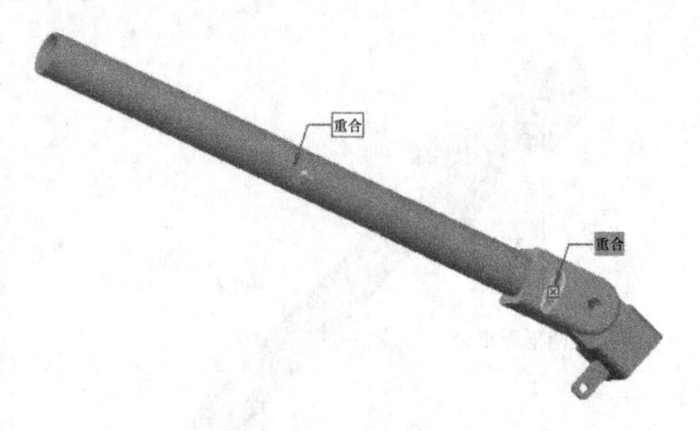

图 11.3.7　大腿装配

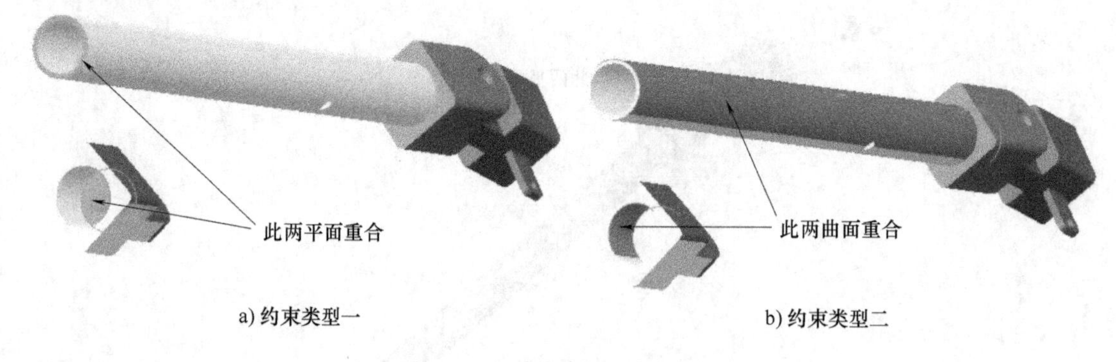

a) 约束类型一　　b) 约束类型二

图 11.3.8　腿连接一约束类型

（7）装配腿连接二　用上述方法隐藏“xiguanjie. prt”，“xishangjie. prt”，“datui. prt”。单击【组装】按钮，出现【文件打开】对话框，选择“tuilianjie2. prt”，单击【打开】按钮，调入

腿连接二零件。在【元件放置】特征面板中，选择【约束类型】为【重合】，分别选取腿连接二与腿连接一的两个平接触表面为约束参照。如图 11.3.10a 所示；打开【元件放置】面板中的【放置】选项卡，选择【新建约束】选项，选择【约束类型】为【重合】，再分别选取腿连接二与腿连接一的连接孔内侧面为约束参照，如图 11.3.10b 所示；再次选择【新建约束】，选择【约束类型】为【角度偏移】。分别选取腿连接二与腿连接一的上表面为约束参照，如图 11.3.10c 所示。输入角度值“180”，单击【确定】✓按钮完成装配。腿连接二装配完成后如图 11.3.11 所示。

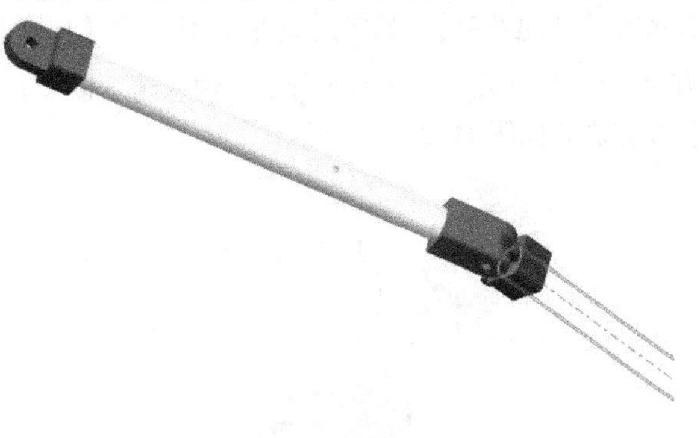

图 11.3.9　腿连接一装配

a) 约束类型一

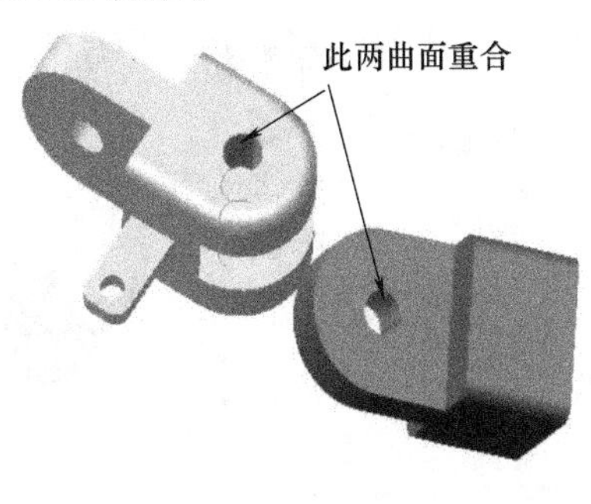

b) 约束类型二

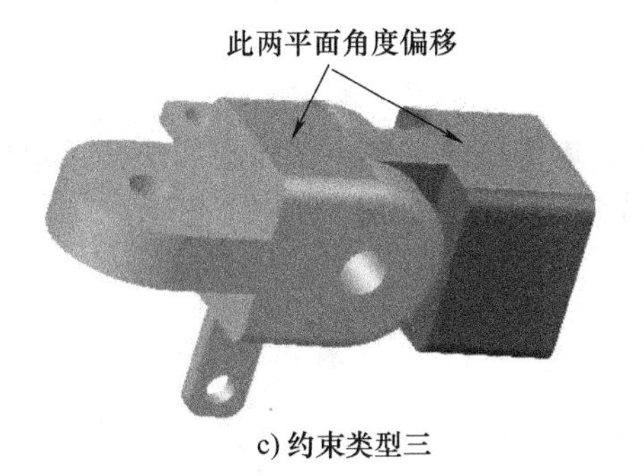

c) 约束类型三

图 11.3.10　腿连接二约束类型

（8）装配腿关节　单击【组装】按钮，出现【文件打开】对话框，选择“tuiguanjie. prt”，单击【打开】按钮，调入腿关节零件。在【元件放置】特征面板中，选择【约束类型】为【重合】，分别选取腿关节与腿连接二的两个平接触表面为约束参照。如图 11.3.12a 所示；打开【元件放置】面板中的【放置】选项卡，选择【新建约束】选项，选择【约束类型】

图 11.3.11　腿连接二装配

为【重合】，再分别选取腿关节与腿连接二的连接孔内侧面为约束参照，如图11.3.12b所示；再次选择【新建约束】，选择【约束类型】为【角度偏移】。分别选取腿关节与腿连接二的上表面为约束参照，如图11.3.12c所示，输入角度值“180”。单击【确定】✔按钮完成装配。腿关节装配完成后如图11.3.13所示。

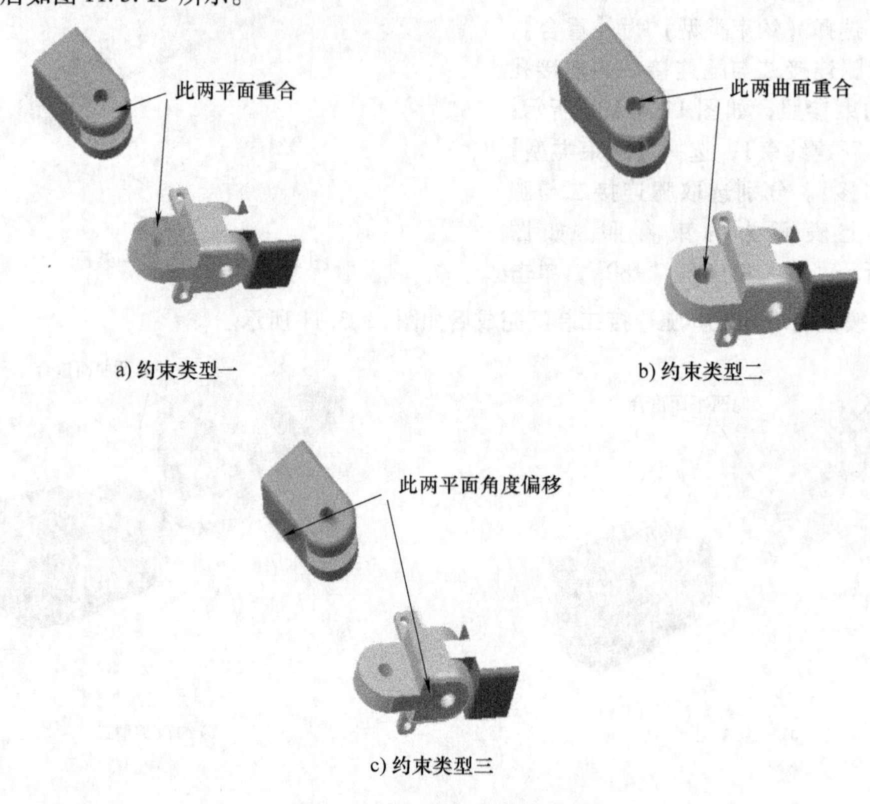

a) 约束类型一

b) 约束类型二

c) 约束类型三

图11.3.12　腿关节约束类型

（9）完成总装配

1）选择模型树中隐藏的零件，单击鼠标右键，在弹出的快捷菜单中选择【取消隐藏】，完成此组件的装配。机器人腿部总成装配完成后如图11.3.14所示。

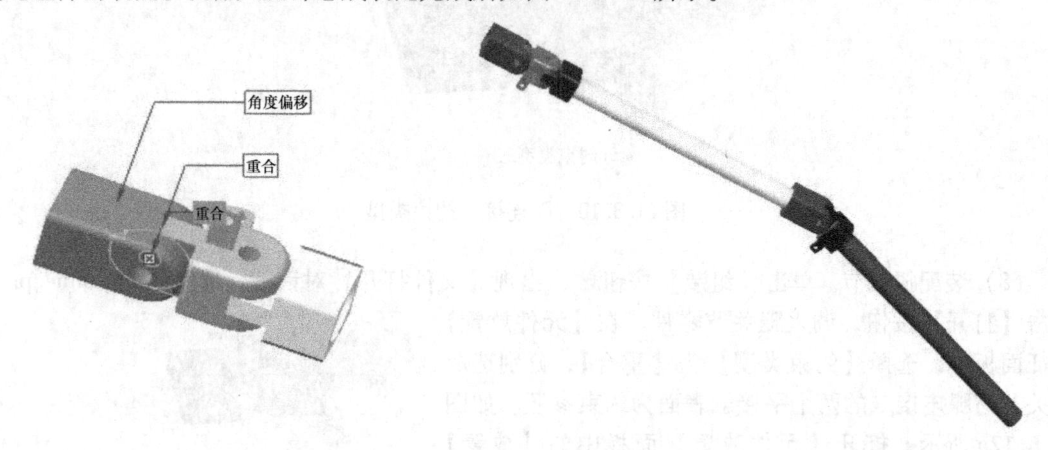

图11.3.13　腿关节装配

图11.3.14　机器人腿部总成装配

2）单击【保存】按钮，保存该文件。

请读者参考腿部一装配步骤，完成机器人腿部二组件的装配。保存为：“sizubuxingRobot _ tui _2. asm”。

2. 四足步行机器人上部总成装配

（1）新建文件　单击【新建】按钮，新建一个文件，在【新建】对话框【类型】选项组中选择【装配】单选按钮，在【子类型】选项组中选择【设计】单选按钮。在【名称】文本框中输入新建文件名称“sizubuxingRobot _ shangbu. asm”。然后单击【确定】按钮，进入装配模块的工作界面。

（2）调入支撑板　单击【元件】特征面板的【组装】按钮，出现【文件打开】对话框，选择“zhiban. prt”，单击【打开】按钮，调入四足机器人上部支撑板零件，在【元件放置】面板中，选择【约束类型】为【固定】，再单击【确定】按钮。支撑板如图11.3.15所示。

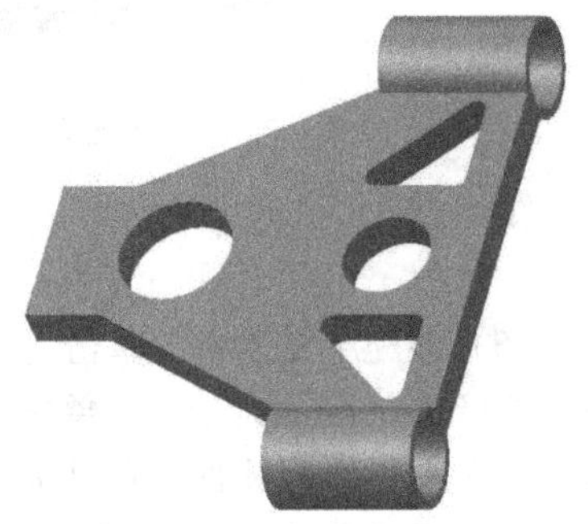

图11.3.15　支撑板

（3）装配支撑杆　单击【元件】面板的【组装】按钮，出现【文件打开】对话框，选择“zhigan. prt”，单击【打开】按钮，调入支撑杆零件。在【元件放置】面板中，选择【约束类型】为【重合】，分别选取支撑板的圆孔与支撑杆的圆柱接触表面为约束参照。如图11.3.16a所示；打开【元件放置】面板中的【放置】选项卡，选择【新建约束】选项，选择【约束类型】为【偏距】，分别选取支撑板圆孔的端面和支撑杆的端面为约束参照，如图11.3.16b所示，输入偏距值“100”。单击【确定】按钮完成装配。支撑杆装配完成后如图11.3.17所示。

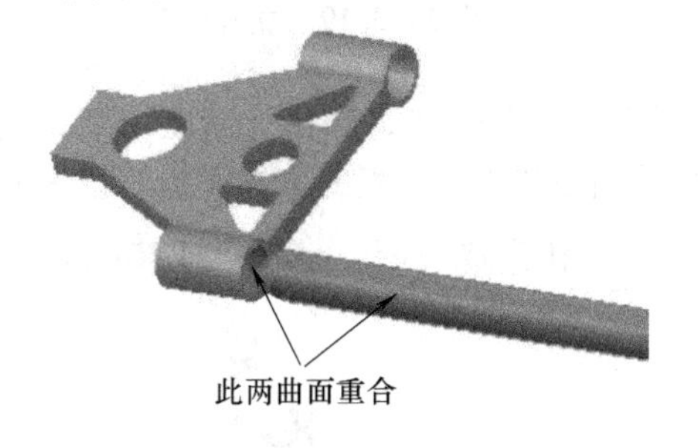

a）约束类型一

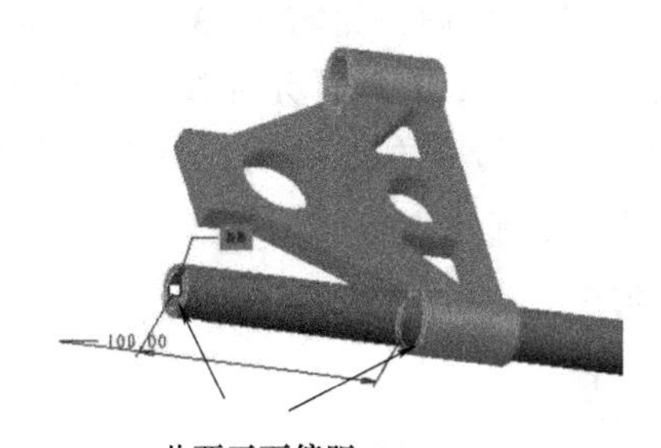

b）约束类型二

图11.3.16　支撑杆装配约束类型

（4）装配立杆　单击【元件】特征面板的【组装】按钮，出现【文件打开】对话框，选择“ligan. prt”，单击【打开】按钮，调入立杆零件。在【元件放置】面板中，选择【约束类型】为【重合】，分别选取立杆与支撑板的圆柱、圆孔接触表面为约束参照。如图11.3.18a所示；打开【元件放置】面板中的【放置】选项卡，选择【新建约束】选项，选择【约束类型】为【重合】，分别选取支撑板平面

图11.3.17　支撑杆装配

与立杆的端面为约束参照，如图11.3.18b所示。单击【确定】✔按钮完成装配。立杆装配完成后如图11.3.19所示。

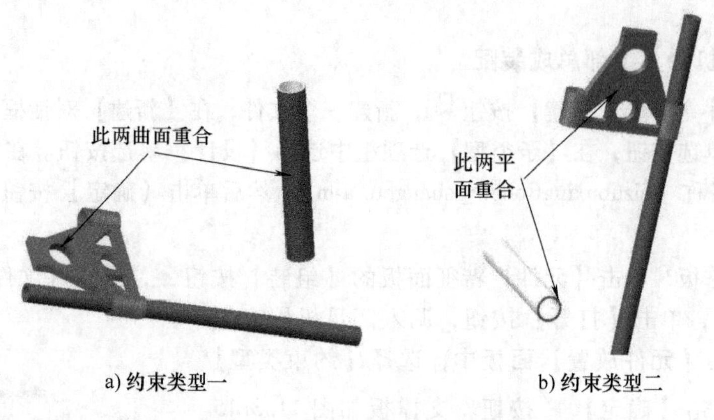

a) 约束类型一　　b) 约束类型二

图11.3.18　立杆装配约束类型

（5）装配小支撑板　单击【元件】特征面板的【组装】按钮，出现【文件打开】对话框，选择“xiaozhiban. prt”，单击【打开】按钮，调入小支撑板零件。在【元件放置】面板中，选择【约束类型】为【重合】，分别选取立杆与小支撑板的圆柱、圆孔接触表面为约束参照。如图11.3.20a所示；打开【元件放置】面板中的【放置】选项卡，选择【新建约束】选项，选择【约束类型】为【偏距】，分别选取支撑板上表面与小支撑板的下表面为约束参照，如图11.3.20b所示，输入偏距值“150”；打开【元件放置】面板中的【放置】选项卡，选择【新建约束】选项，选择【约束类型】为【角度偏移】，分别选取支撑板前端面与小支撑板的前端面为约束参照，如图11.3.20c所示，输入偏距值“0”。单击【确定】✔按钮完成装配。小支撑板装配完成后如图11.3.21所示。

图11.3.19　立杆装配

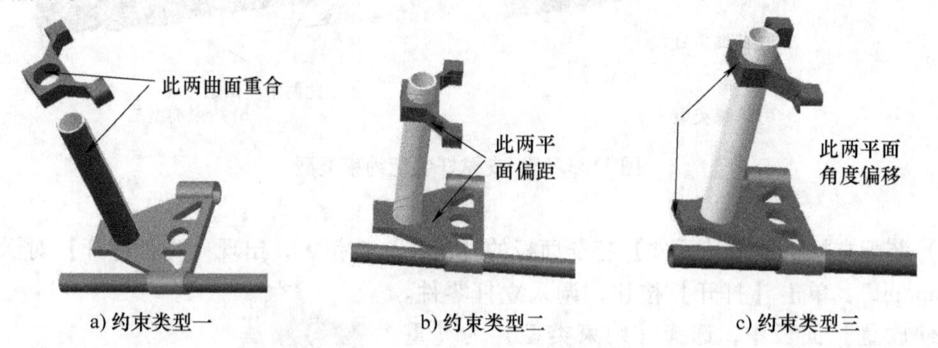

a) 约束类型一　　b) 约束类型二　　c) 约束类型三

图11.3.20　小支撑板装配约束类型

（6）装配小支撑杆　单击【元件】面板的【组装】按钮，出现【文件打开】对话框，选择“xiaozhigan. prt”，单击【打开】按钮，调入小支撑杆零件。在【元件放置】面板中，选择

【约束类型】为【重合】，分别选取小支撑板的圆孔与小支撑杆的圆柱接触表面为约束参照。如图11.3.22a所示；打开【元件放置】面板中的【放置】选项卡，选择【新建约束】选项，选择【约束类型】为【偏距】，分别选取小支撑板圆孔的端面与小支撑杆的端面为约束参照，如图11.3.22b所示，输入偏距值“35”。单击【确定】✓按钮完成装配。小支撑杆装配完成后如图11.3.23所示。

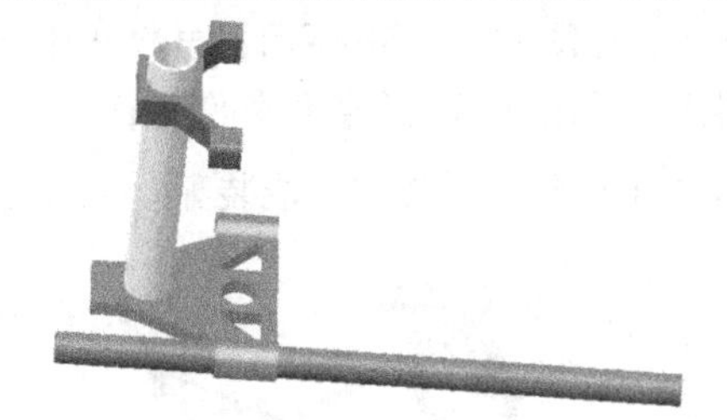

图11.3.21 小支撑板装配

(7) 上部总成 参照以上步骤，完成上部总成其余部分的装配。上部总成装配完成后如图11.3.24所示。单击【保存】按钮，保存该文件。

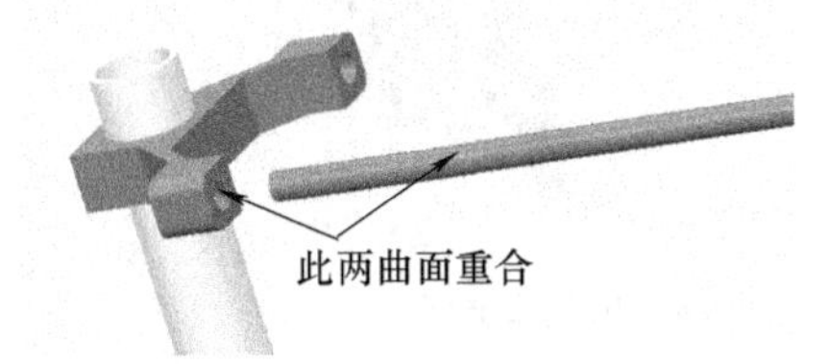

a) 约束类型一

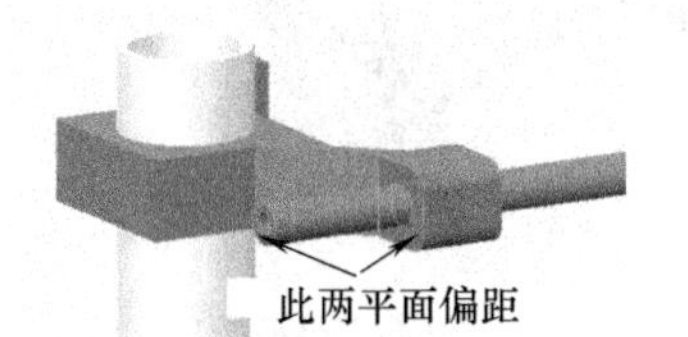

b) 约束类型二

图11.3.22 小支撑杆装配约束类型

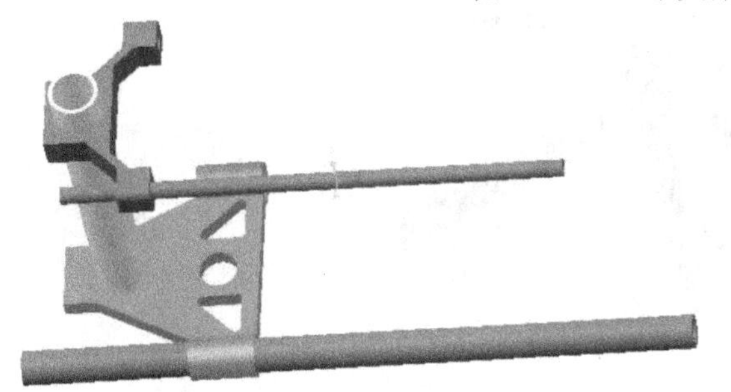

图11.3.23 小支撑杆装配

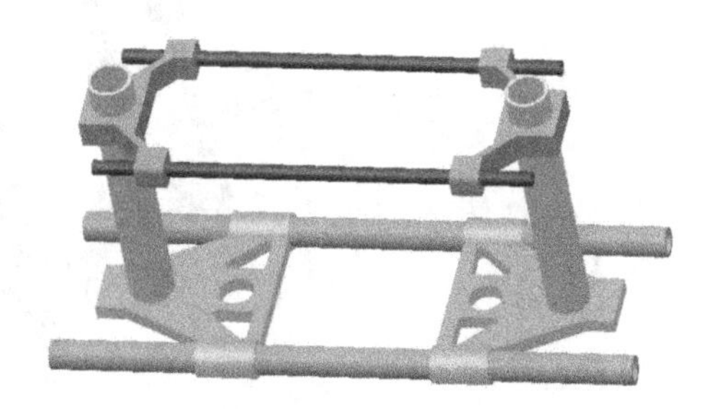

图11.3.24 上部总成装配

3. 四足步行机器人装配

单击【新建】按钮，新建一个文件，在【新建】对话框【类型】选项组中选择【装配】单选按钮，在【子类型】选项组中选择【设计】单选按钮。在【名称】文本框中输入新建文件名称“sizubuxingRobot”。然后单击【确定】按钮，进入装配模块的工作界面。

(1) 调入支架 单击【元件】特征面板的【组装】按钮，出现【文件打开】对话框，选择“zhijia. prt”，单击【打开】按钮，调入支架零件，在【元件放置】面板中，选择【约束类型】为【固定】，再单击【确定】✓按钮。支架如图11.3.25所示。

图11.3.25 支架

(2) 机器人上部与支架的装配

1) 单击【组装】按钮，出现【文件打开】对话框，选择“sizubuxingRobot _ shangbu. asm”，单击【打开】按钮，调入机器人上部组件。在【元件放置】特征面板中，选择【约束类型】为【重合】，分别选取机器人上部组件管件端面和支架上表面为约束参照，如图11.3.26a所示；打开【元件放置】面板中的【放置】选项卡，选择【新建约束】选项，选择

【约束类型】为【重合】，再分别选取机器人上部组件管件外圆柱面和支架连接孔内表面为约束参照，如图 11.3.26b 所示；再次选择【新建约束】，选择【约束类型】为【重合】。分别选取机器人上部组件第二个管件外圆柱面和支架第二个连接孔内表面为约束参照，如图 11.3.26c 所示。单击【确定】✔按钮完成装配。上部与支架装配一完成后如图 11.3.27 所示。

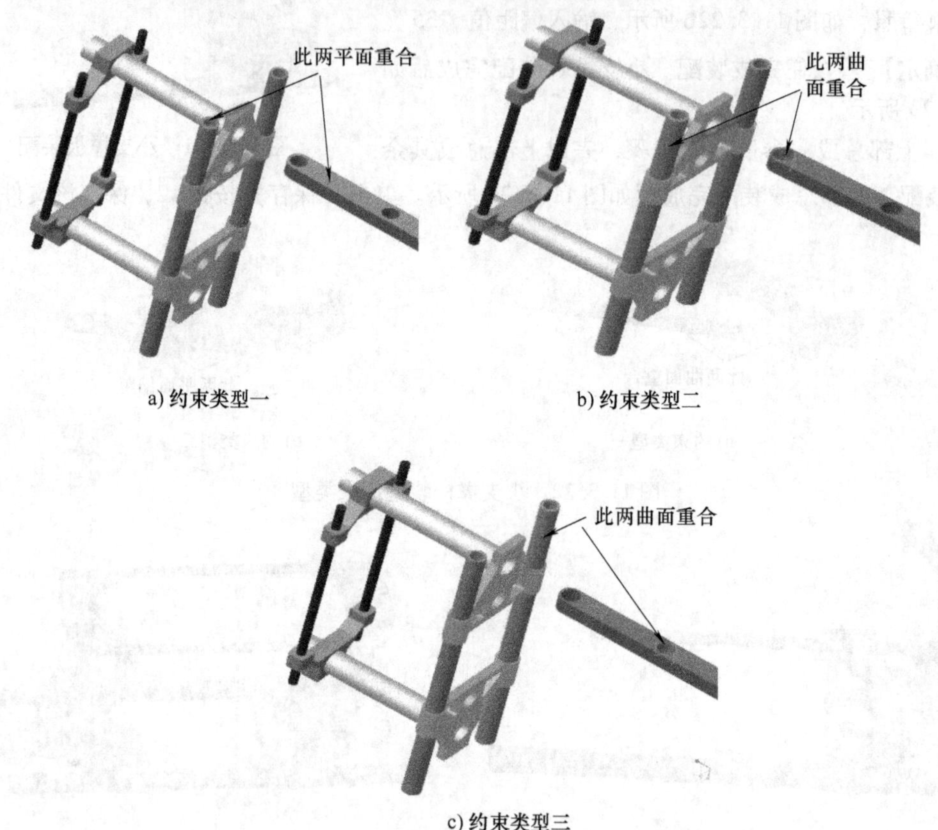

图 11.3.26　上部与支架装配一约束类型

2）单击【组装】按钮，出现【文件打开】对话框，选择“sizubuxingRobot _ shangbu. asm”，单击【打开】按钮，调入机器人上部组件。依照上一步骤将上部组件安装在支架的另一端。上部与支架装配二完成后如图 11.3.28 所示。

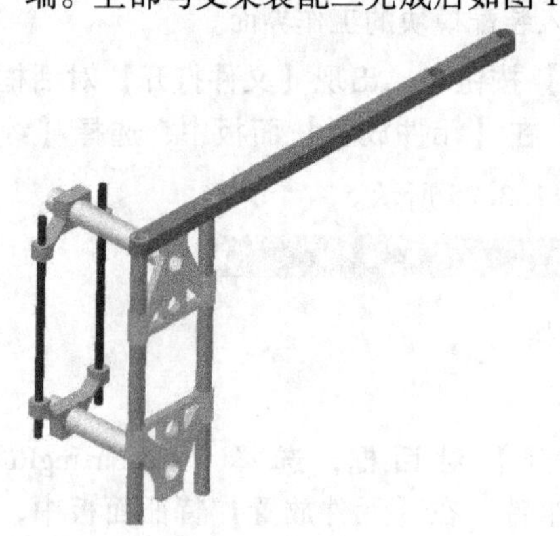

图 11.3.27　上部与支架装配一

图 11.3.28　上部与支架装配二

3）单击【组装】按钮，出现【文件打开】对话框，选择“zhijia. prt”，单击【打开】按钮，调入机器人支架。依照步骤1）~2）将支架安装在上部组件的另一端。机器人上部总成装配完成后如图11.3.29所示。

3. 上部总成与机器人腿部的装配

图11.3.29 机器人上部总成装配

1）单击【组装】按钮，出现【文件打开】对话框，选择“sizubuxingRobot _ tui _ 1. asm”，单击【打开】按钮，调入机器人腿一组件。在【元件放置】特征面板中，选择【约束类型】为【重合】，分别选取机器人上部组件中支撑板下端面和机器人腿一上端面为约束参照，如图11.3.30a所示；打开【元件放置】面板中的【放置】选项卡，选择【新建约束】选项，选择【约束类型】为【重合】，再分别选取机器人上部组件中支撑板大孔内表面和机器人腿一膝上节连接孔内表面为约束参照，如图11.3.30b所示；再次选择【新建约束】，选择【约束类型】为【角度偏移】。分别选取机器人上部组件中支撑板侧端面与机器人腿一中腿连接侧端面为约束参照，如图11.3.30c所示，输入偏移角度“0”。单击【确定】按钮完成装配。机器人腿一与上部总成装配完成后如图11.3.31所示。

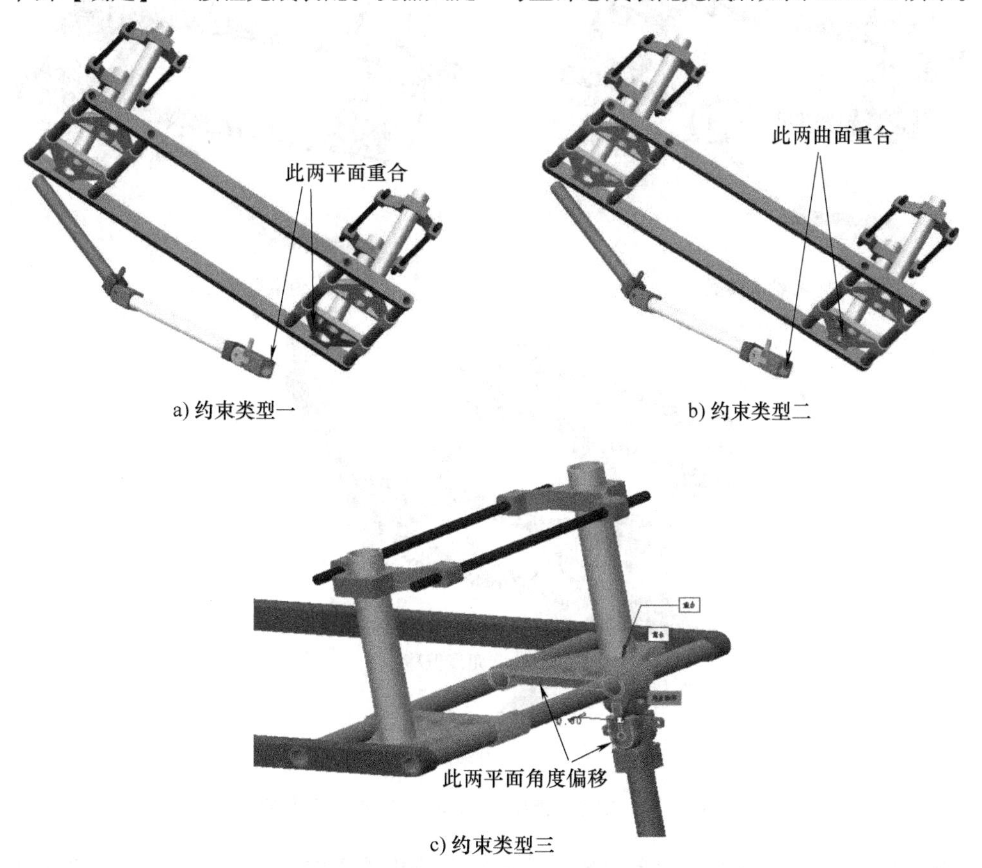

图11.3.30 机器人腿一与上部总成装配约束类型

2）单击【组装】按钮，出现【文件打开】对话框，选择“sizubuxingRobot _ tui _ 2. asm”，

单击【打开】按钮，调入机器人腿二组件。在【元件放置】面板中，选择【约束类型】为【重合】，分别选取机器人上部组件中第二支撑板下表面和机器人腿二中膝上节上表面为约束参照，如图11.3.32a所示；打开【元件放置】面板中的【放置】选项卡，选择【新建约束】选项，选择【约束类型】为【重合】，再分别选取机器人上部组件中支撑板大孔内表面和机器人腿二膝上节连接孔内表面为约束参照，如图11.3.32b所示；再次选择【新建约束】，选择【约束类型】为【角度偏移】。分别选取机器人上部组件中支撑板侧端面与机器人腿二中腿连接侧端面为约束参照，如图11.3.32c所示，输入偏移角度“90”。单击【确定】✔按钮完成装配。机器人腿二与上部总成装配完成后如图11.3.33所示。

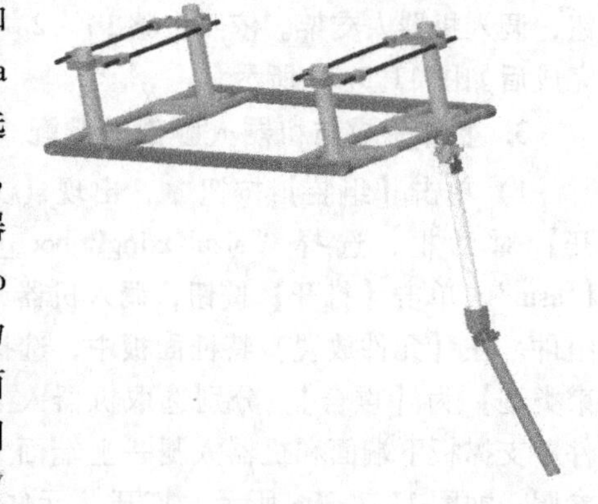

图11.3.31　机器人腿一与上部总成装配

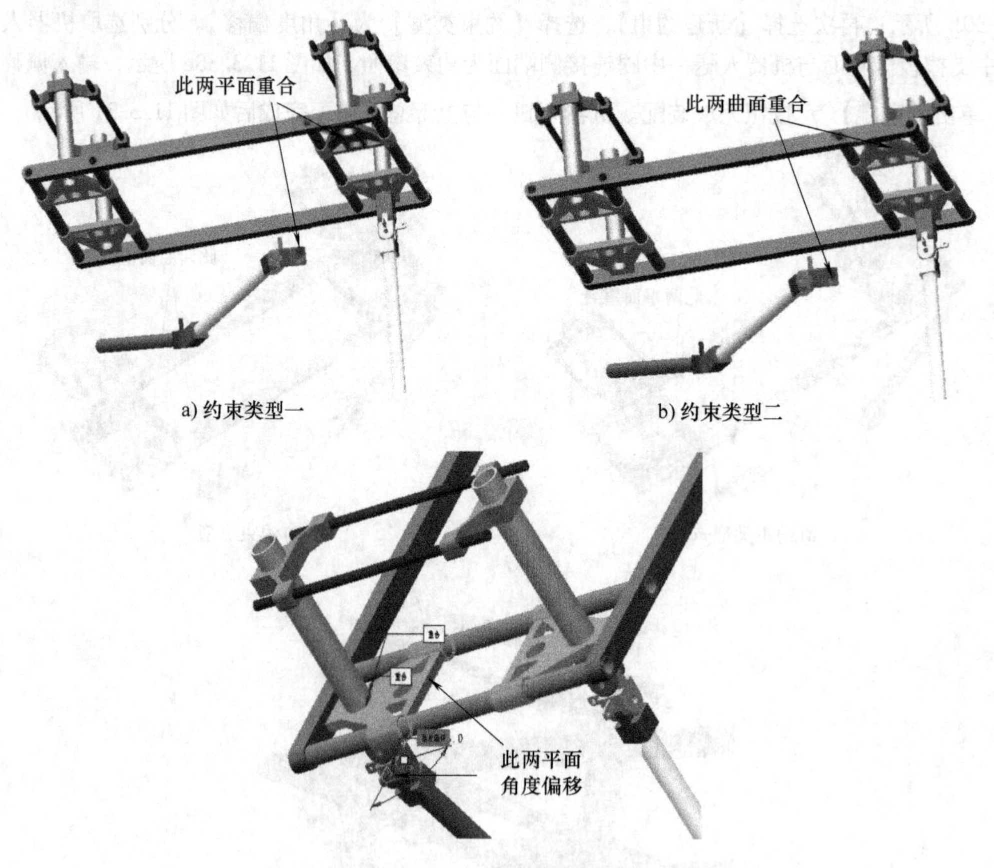

a) 约束类型一　　b) 约束类型二

c) 约束类型三

图11.3.32　机器人腿二与上部总成装配约束类型

3）重复安装步骤1）~2），上部总成前端再次安装机器人的两腿组件。单击【确定】✔按钮。四足步行机器人装配完成后如图11.3.1所示。

4）保存文件

保存当前建立的四足步行机器人模型。

图 11.3.33 机器人腿二与上部总成装配

11.4 装配体中图层及隐藏的使用

1. 关于 Creo 的层

在进行复杂产品设计时，一个比较令人烦恼的问题就是模型上的各种特征太多，在原本有限的设计界面上，过多的几何图元交错重叠，不仅影响图面的整洁和美观，也给设计带来诸多不便。例如，设计过程中设计者除了采用实时基准特征外，常常还需要插入大量的基准曲线特征、曲面特征等作为设计参考。当设计工作完成后，这些插入的特征也就完成了它的历史使命，理应退出历史舞台。但这些基准特征作为许多特征的父特征，是不能随便删除的，因此就需要一种妥善的处理办法。

Creo 提供了一种有效组织模型和管理诸如基准线、基准平面、特征和装配中的零件等要素的手段，这就是“层（Layer）”。在模型中，层的数量是没有限制的，而且层中还可以有层。通过层可以对同一个层中所有要素进行显示、隐藏及选择等操作，也可以隐藏其中某些部分要素，通过隐藏操作可以提高界面的可视化程度，极大地提高工作效率。

层显示状态与其对象一起局部存储，这意味着在当前 Creo 工作区改变一个对象的显示状态，不影响另一个活动对象的相同层的显示，然而装配中层的改变或许会影响到低层对象（子装配或零件）。

2. 层操作界面

单击【导航】选项卡【显示】按钮，在弹出的菜单中选择【层树】命令，如图 11.4.1 所示，或者直接单击【视图】功能选项卡【可见性】区域中的【层】按钮，如图 11.4.2 所示，将模型树管理器切换成层管理器。

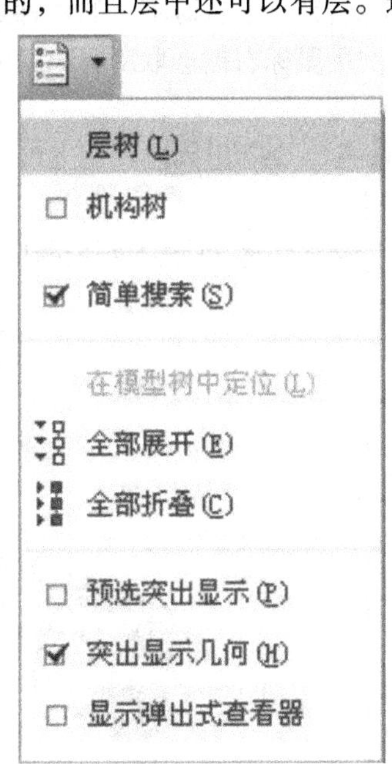

图 11.4.1 【层树】菜单

通过该操作界面可以操作层，控制层及层项目的显示状态。

3. 设置层的隐藏

可以将某个层设置为隐藏状态，这样层中项目（如基准曲线、基准平面）在模型中将不可见。层的隐藏也称为层的遮蔽，设置方法如下：

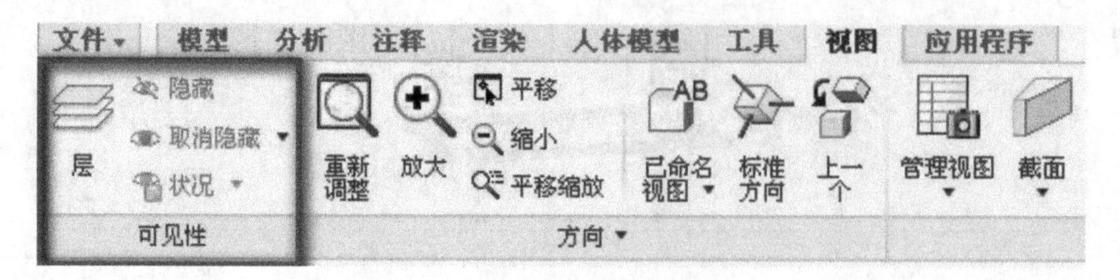

图11.4.2 【视图】选项卡

在如图11.4.3所示的【层树】中，选取要设置显示状态的层，单击鼠标右键，在系统弹出的快捷菜单中选择【隐藏】命令。隐藏后的层在层管理器中变成灰色。若要取消隐藏，可以在鼠标右键的快捷菜单中选择【取消隐藏】命令。

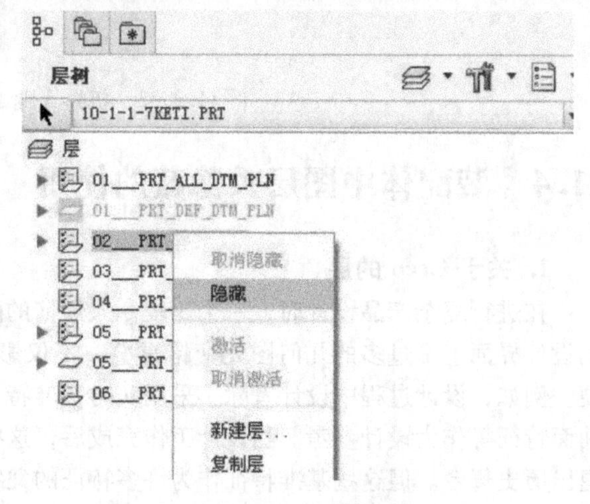

图11.4.3 图层隐藏

层使用注意事项：受层显示操作影响的层特征只有基准和曲面特征。实体几何不受影响。例如，在零件模式下，如果将孔放在层上，然后遮蔽该层，则只有孔的基准轴被屏蔽了。只有通过直接隐含它才能屏蔽孔本身。

4. 装配体中隐藏的应用

装配过程中，随着引入的零件增多，会对进行装配约束选择时的参照的选取造成很大的干扰，可以用隐藏的方法将工作区中用不到的零件暂时隐藏不显示，从而方便装配的进行。其方法在上面例子中已经进行了介绍，即用鼠标右键选取暂时不用的零件或组件，在弹出的快捷菜单中选择【隐藏】即可。待装配完成后再次用鼠标右键选取所有隐藏的零件或组件，选择【取消隐藏】完成最终装配。

11.5 实训题

完成如图11.5.1所示的风机装配。

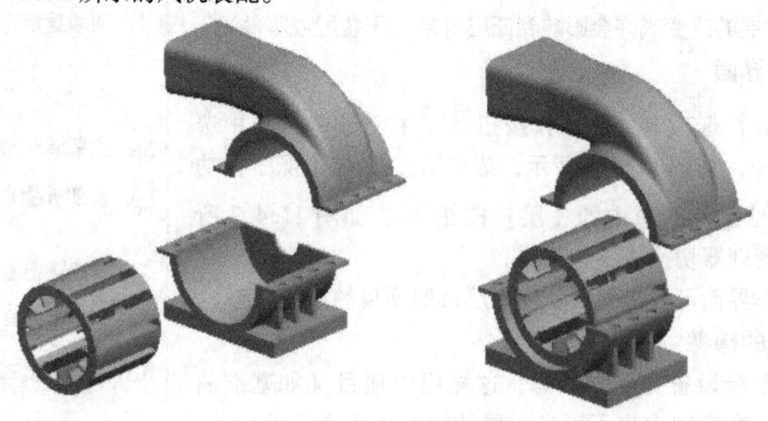

图11.5.1 风机分解图

第12章 机构运动分析和仿真

本章要点

机构的运动仿真就是利用计算机建立的机构模型，在计算机虚拟环境中模拟现实机构运动，分析其运动参数，以便进行方案选择和方案确定的一种方法。它能够提高设计效率，降低成本，缩短设计周期。本章将通过几个实例向读者介绍机构的运动仿真与动力学分析的流程、技巧与参数设置方法。

本章主要内容

❶机构运动仿真的一般过程
❷机构模型创建
❸机构模块概述
❹齿轮机构运动仿真
❺凸轮机构运动仿真
❻平面四连杆机构运动学分析
❼实训题

12.1 机构运动仿真的一般过程

学习目标

掌握机构运动仿真的一般过程。

机构运动仿真的一般过程如图12.1.1所示。

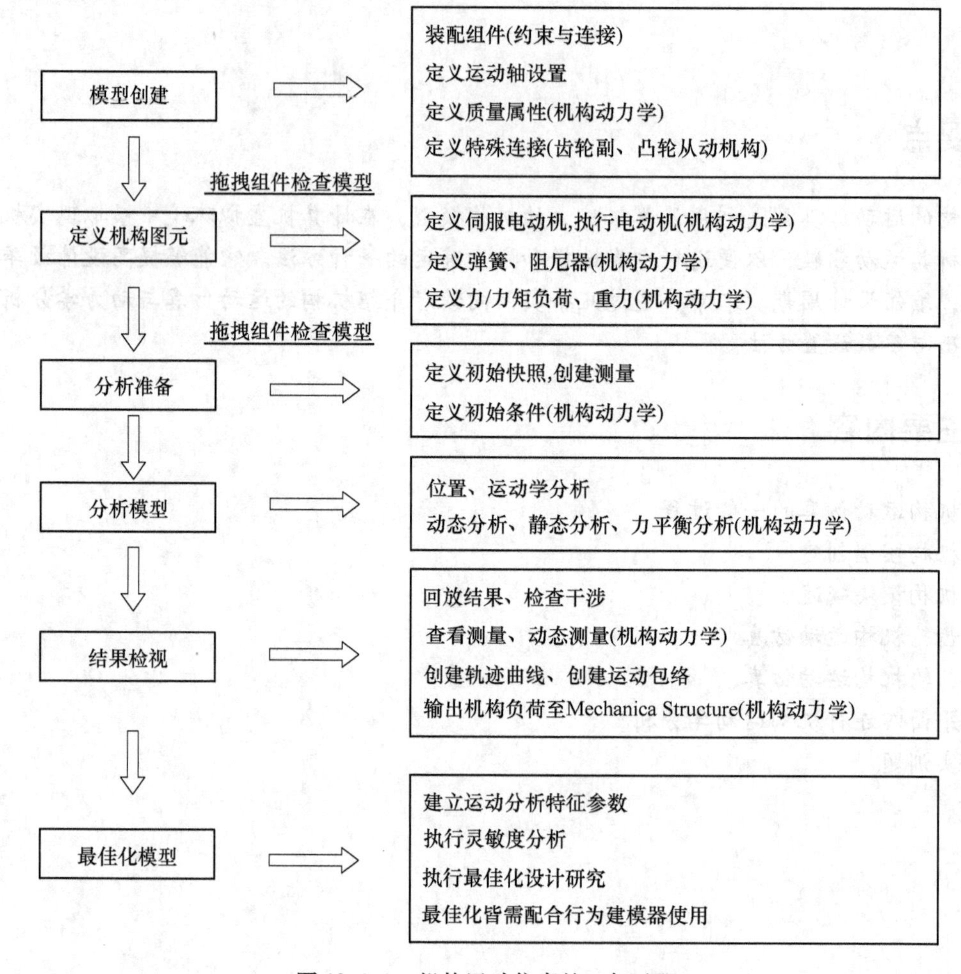

图12.1.1 机构运动仿真的一般过程

12.2 机构模型创建

学习目标

深刻了解机构创建的步骤。

1. 机构模型创建

在进行机构的运动学分析和仿真之前，必须进入装配工作界面完成各元件的连接。元件之间的连接是利用一组预先定义的约束集来实现的，组件的主要连接方式及其自由度见表12.2.1。

表 12.2.1 组件的主要连接方式及其自由度

连接类型	平移自由度	旋转自由度	说明
焊接	0	0	连接定义:坐标系对齐 作用:将两个主体焊接在一起,两个主体之间没有相对运动
刚性(Rigid)	0	0	连接定义:使用约束方式放置元件 作用:将两主体定义为刚体,无相对运动
滑动杆(Slider)	1	0	连接定义:轴对齐;平面-平面配对/偏距(限制绕轴转动) 作用:使主体沿轴向平移,限制绕轴转动
销(Pin)	0	1	连接定义:轴对齐;平面-平面配对/偏距(限制沿轴向平移) 作用:使主体绕轴转动,限制沿轴向平移
圆柱(Cylinder)	1	1	连接定义:轴对齐 作用:使主体能够绕轴转动,沿轴向平移
球(Ball)	0	3	连接定义:点与点对齐 作用:可在任何方向上旋转
平面(Planar)	2	1	连接定义:平面-平面对齐/匹配 作用:使主体在平面内相对运动,绕垂直于该平面的轴转动
轴承(Bearing)	1	3	连接定义:直线上的点 作用:球接头与滑动杆接头的混合
6DOF	3	3	连接定义:坐标系对齐 作用:建立三根平移运动轴和三根旋转运动轴,使主体可在任何方向上平移和转动

注:1. 主体:机构模型的基本元件。主体是受严格控制的一组零件,在组内没有自由度。
2. 基础:不运动的主体。

2. 各种连接创建

各种连接创建:首先进入装配工作界面,需要指定连接类型,元件(后调入的为元件)和装配件(模型区已创建好的连接模型)约束参考。

单击【组装】按钮,打开要调入的零件,弹出【元件放置】特征面板,如图 12.2.1 所示。

图 12.2.1 【元件放置】特征面板

单击【元件放置】特征面板中的【放置】按钮，弹出【放置】下滑面板，如图 12.2.2 所示。

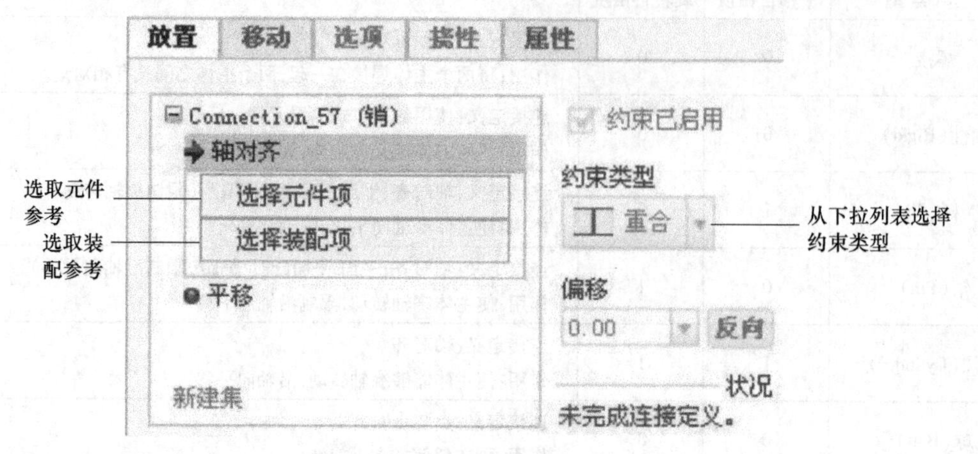

图 12.2.2 【放置】下滑面板

仅一个约束往往不足以确定元件之间的连接关系，可一直添加约束，直到完成连接定义。下面详细介绍几种常用的连接方式。

(1)【刚性】连接 通常机架与底座、箱体等构件之间都应采用【刚性】连接。

1）打开模型，单击功能区中的【模型】|【元件】区域的【组装】命令，在系统弹出的【打开】对话框中选择模型“lt001. prt”，打开该文件。

2）定义约束：单击【放置】，弹出【放置】下滑面板。单击【约束类型】选项框中的下拉按钮，选择【重合】，如图 12.2.3 所示。

3）从模型区选择两个坐标系作为元件参照和装配参照。【刚性】连接约束示意图如图 12.2.4 所示。

4）单击【完成】按钮，完成创建。

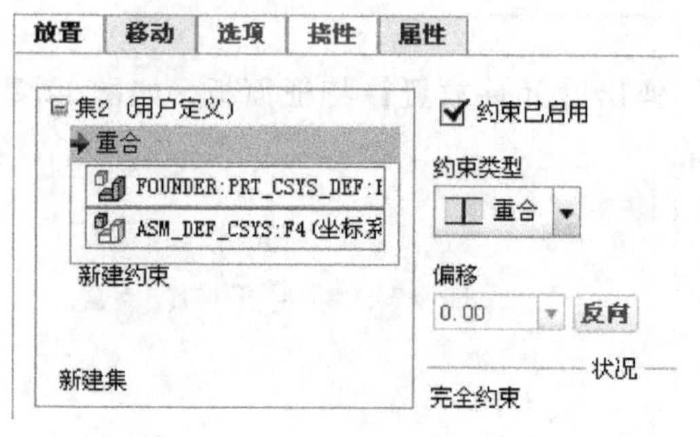

图 12.2.3 【放置】下滑面板

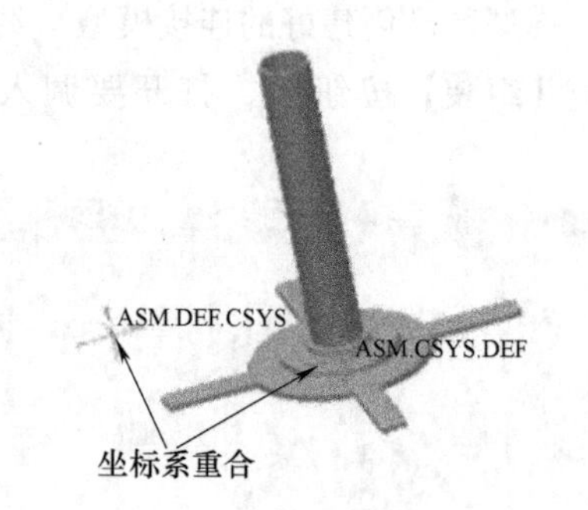

图 12.2.4 【刚性】连接约束示意图

(2)【销】连接 【销】连接由一个【轴对齐】约束和一个与轴垂直的【平移】约束组成。【轴对齐】约束将两个构件上的轴线对齐，生成公共轴线，【平移】约束限制两个构件沿着轴线的移动。用【销】连接的两个构件仅仅具有一个绕公共轴线旋转的自由度。【销】连接适用于轴类零件或带有孔的零件。

1）打开模型一，选择【默认】连接方式完成第一个元件的安装。

2）打开模型二“lt002. prt”，选择【销】连接。

3）定义模型二的约束：在【轴对齐】约束中选择如图 12.2.5 所示的轴线作为约束，并选择【约束类型】为【重合】 重合，单击【平移】命令，选择两构件端面作为【平移】约束参照。【销】连接约束示意图如图 12.2.5 所示。

4）完成【销】连接定义。单击【完成】按钮，创建【销】连接，效果如图 12.2.6 所示。

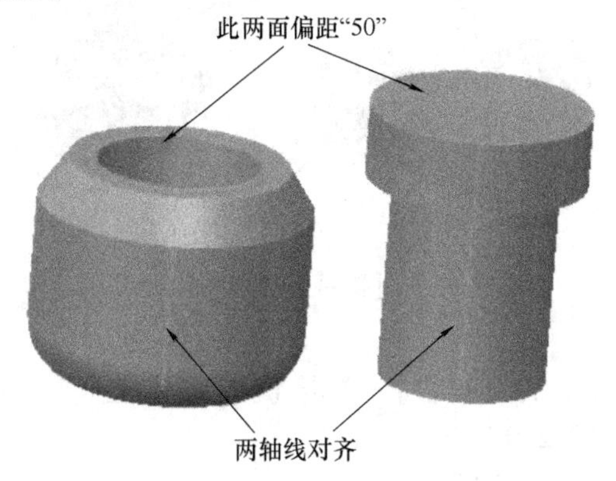

图 12.2.5 【销】连接约束示意图

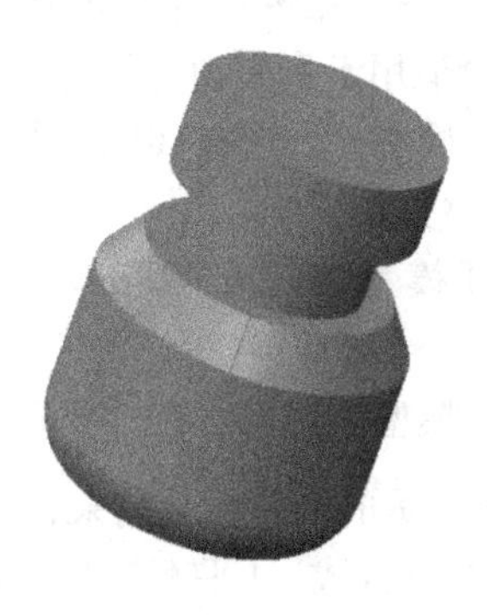

图 12.2.6 【销】连接效果图

（3）【滑块】连接。【滑块】连接用来设定两个相互连接的构件之间沿直线方向相对移动。【滑动】连接使用【轴对齐】约束将两个构件上的轴线对齐，生成移动方向的轴线，使用【旋转】约束来限制构件绕轴线转动。实施【滑块】连接后，被连接的构件只有一个平移自由度。【滑块】连接适用于活塞零件、平移从动件或推杆类零件。

1）打开模型一，选择【默认】连接方式完成第一个元件的安装。

2）打开模型二“lt002. prt”，选择【滑块】连接。

3）定义模型二的约束：在【轴对齐】约束中选择如图 12.2.7 所示的轴线作为约束，选择两基准面作为【旋转】约束，以限制绕轴线的旋转自由度。【滑块】连接约束示意图如图 12.2.7 所示。

4）完成【滑块】连接定义。单击【完成】按钮，创建【滑块】连接。

（4）【圆柱】连接 【圆柱】连接是设定一个构件的圆柱面包围（或被包围）另一个构件的圆柱面。【圆柱】连接使用【轴对齐】约束来限制其他四个自由度，被连接的构件具有两个自由度：一个是绕指定轴线的旋转自由度，另一个是沿着轴向的平移自由度。【圆柱】连接适用于有相对平移且自身可以绕其中心线旋转的轴类零件。

1）打开模型一，选择【默认】连接方式完成第一个元件的安装。

2）打开模型二“lt002. prt”，选择【圆柱】连接。

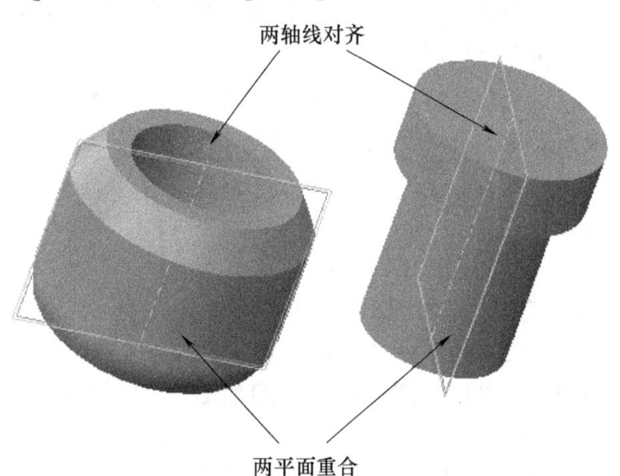

图 12.2.7 【滑块】连接约束示意图

3）定义模型二约束：在【轴对齐】约束中选择如图 12.2.8 所示的轴线作为约束，并选择【约束类型】为【重合】。【圆柱】连接约束示意图如图 12.2.8 所示。

4）完成【圆柱】连接定义。单击【完成】按钮✓，创建【圆柱】连接。

图 12.2.8 【圆柱】连接约束示意图

（5）【平面】连接 【平面】连接中，被连接的构件具有一个旋转自由度和两个平移自由度。【平面】连接适用于作平动的零件，如连杆之类。

1）打开模型一，选择【默认】连接方式完成第一个元件的安装。

2）打开模型二“lt002.prt”，选择【平面】连接。

3）定义模型二约束：在【平面】约束中选择如图 12.2.9 所示的两端面为约束，并选择【约束类型】为【重合】，单击【反向】按钮反向，调整两平面的对齐方式。【平面】连接约束示意图如图 12.2.9 所示。

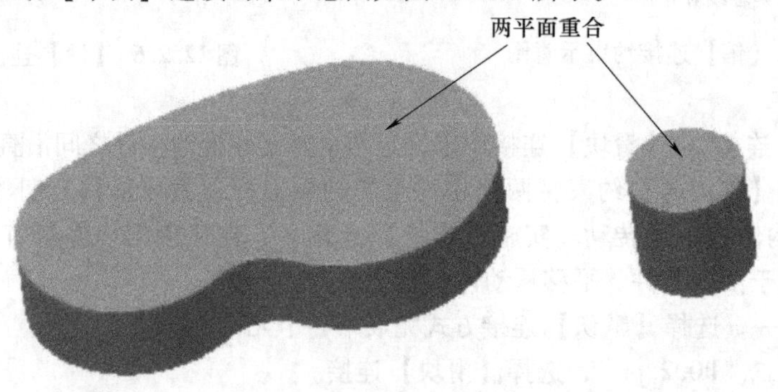

图 12.2.9 【平面】连接约束示意图

4）完成【平面】连接定义。移动构件，将模型二“lt002”放在平面上，单击【完成】按钮✓，创建【平面】连接。

（6）【球】连接 【球】连接由一个【点对齐】约束组成。【球】连接适用于机械中的球形铰链和万向节等零件。

1）打开模型一，选择【默认】连接方式完成第一个元件的安装。

2）打开模型二“lt002.prt”，选择【球】连接。

3）定义模型二约束：在【点对齐】约束中选择如图 12.2.10 所示的点作为约束，并选择【约束类型】为【重合】。【球】连接约束示意图如图 12.2.10 所示。

4）完成【球】连接定义。单击【完成】按钮✓，创建【球】连接。

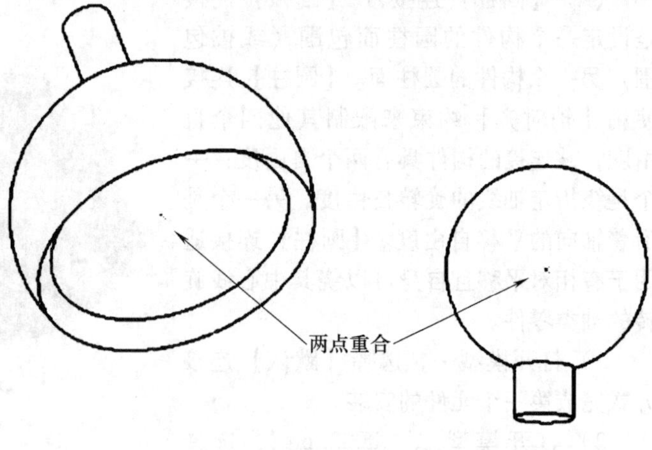

图 12.2.10 【球】连接约束示意图

12.3　机构模块概述

学习目标

了解机构模块界面。

模块简介

Creo 机构模块可以对机构进行运动仿真分析。机构模块的功能主要包括创建机构、定义特殊连接、创建伺服电动机、机构分析与回放。通过机构模块，用户可以直接观察、记录并以图形或动画形式显示运动仿真分析结果，如位移线图、速度线图、加速度线图等。

单击功能区中的【应用程序】|【机构】命令，系统进入机构工作界面如图 12.3.1 所示。

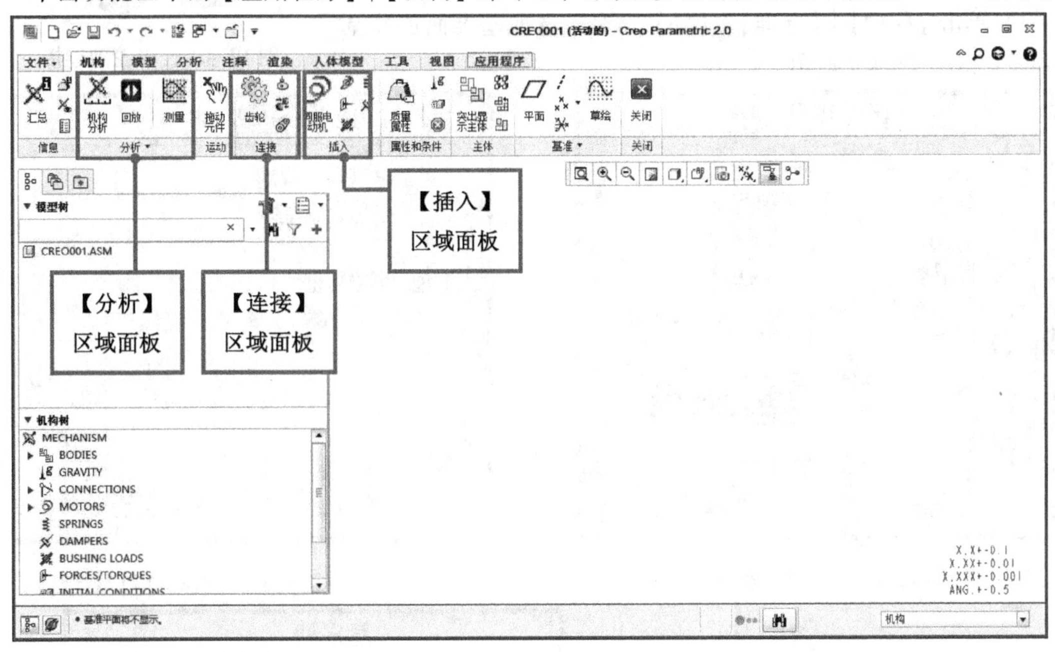

图 12.3.1　机构工作界面

1）【连接】区域面板用于创建特殊连接，包括凸轮、齿轮副、带传动等特殊连接。只有定义了特殊连接后，才能够进行运动仿真与分析。

- ◆齿轮副连接。齿轮副用来定义两个旋转轴之间的速度关系，能够模拟一对齿轮之间的啮合运动和传动关系。具体操作方法见 12.4 节。
- ◆凸轮副连接。凸轮副的定义方法是分别在两个构件上指定一个（或一组）曲面或曲线以创建凸轮连接。具体操作方法见 12.5 节。

2）【插入】区域面板用于定义伺服电动机、执行电动机、弹簧、力/力矩、阻尼器等。

- ◆创建伺服电动机：机构按照连接条件装配完毕后，要想使它“动”起来，必须为之施加伺服电动机。把伺服电动机施加在以【销】方式连接的构件（公共轴）上，可以令该构件实现旋转运动；施加在以【滑块】方式连接的构件上，可以令该构件实现平移运动。具体方法见 12.4 节、12.5 节和 12.6 节。

3）【分析】区域面板用于对所创建的机构进行分析，使用回放功能对分析结果进行回放，检查元件之间的干涉，观察分析结果。

12.4 齿轮机构运动仿真

下面以图 12.4.1 所示的圆柱齿轮连接为例，介绍齿轮副连接。

1）新建装配文件。单击【文件】|【新建】|【装配】选项，输入文件名称为“creo002”。

2）创建骨架模型。单击功能区中的【模型】|【元件】|【创建】选项，创建骨架模型作为齿轮的安装轴，如图 12.4.2 所示。单击【确定】按钮，弹出骨架模型【创建选项】对话框，选择【创建特征】，如图 12.4.3 所示。

3）单击【模型】|【基准】|【轴】命令，选取基准面创建基准轴一，如图 12.4.4 所示。

图 12.4.1 齿轮副连接

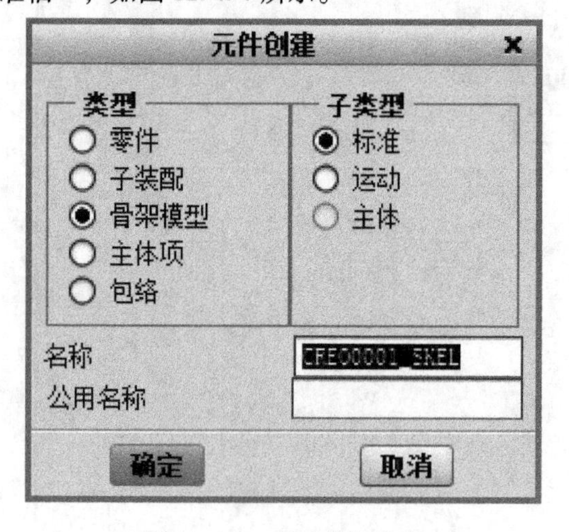

图 12.4.2 创建骨架模型

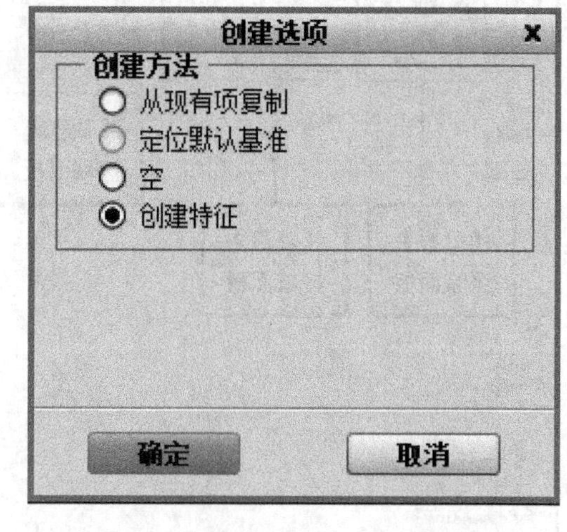

图 12.4.3 骨架模型【创建选项】对话框

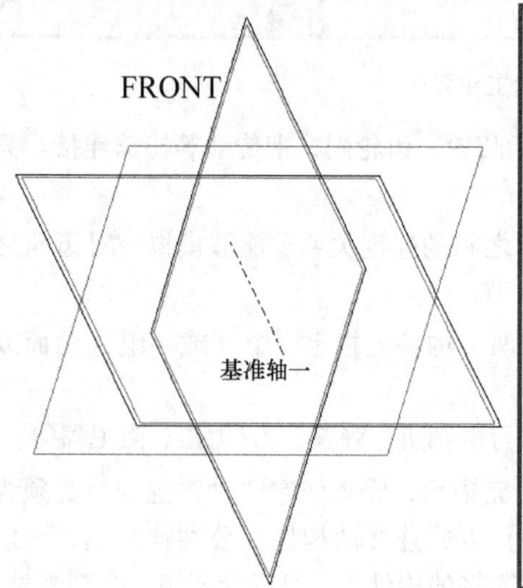

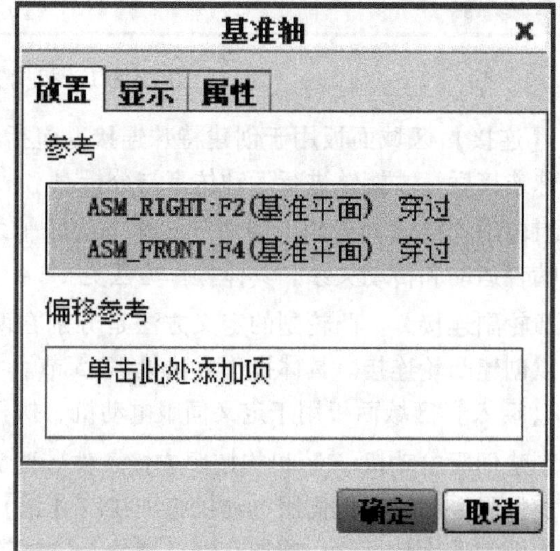

图 12.4.4 创建基准轴一

4）创建基准轴二，使之与基准轴一平行，且偏移“190”，如图 12.4.5 所示。

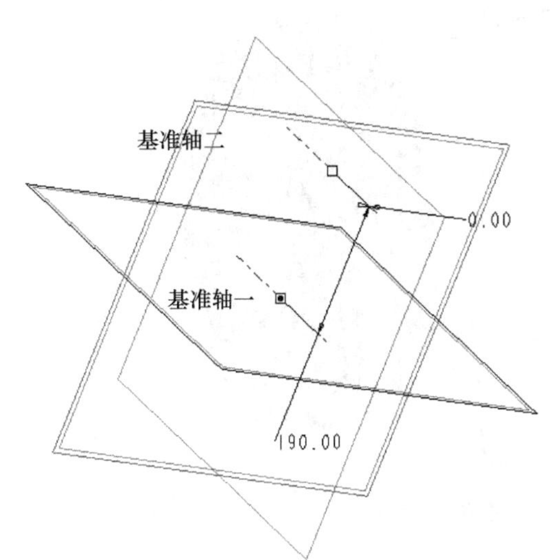

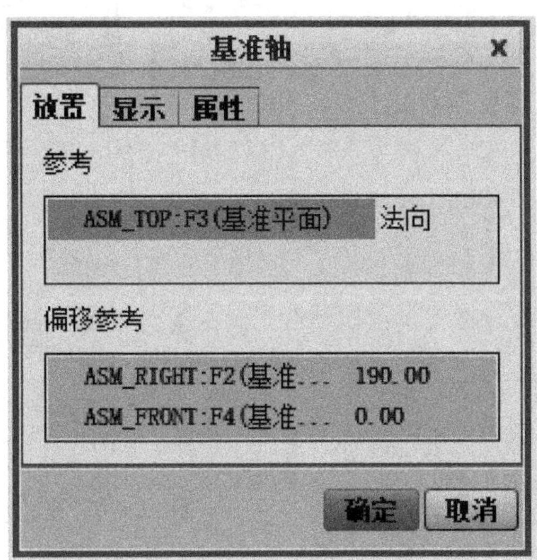

图 12.4.5　创建基准轴二

5）激活骨架模型，单击【视图】|【窗口】|【激活】命令，激活骨架模型。

6）打开齿轮一。单击功能区中的【模型】|【元件】|【组装】命令，在系统弹出的【打开】对话框中选择模型“gear001. prt”，打开该文件。

7）定义齿轮一约束。单击【放置】按钮，在弹出的【放置】下滑面板中选择【销】连接，在【轴对齐】约束中选择如图 12.4.6 所示的基准轴一作为约束，并选择【约束类型】为【重合】。

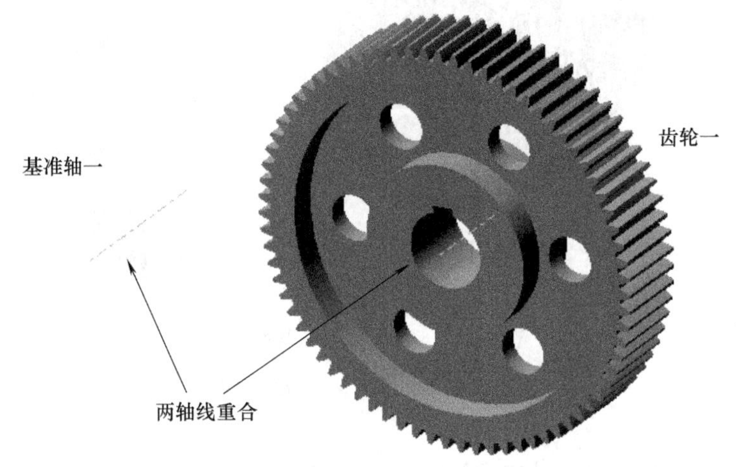

图 12.4.6　齿轮装配【轴对齐】约束

8）选择如图 12.4.7 所示基准面作为【平移】约束，【约束类型】为【距离】。

9）完成齿轮一装配。单击【完成】按钮，完成齿轮“gear001”的装配。

10）打开齿轮二。单击功能区中的【模型】|【元件】|【组装】命令，在系统弹出的【打开】对话框中选择模型“gear002. prt”，打开该文件。

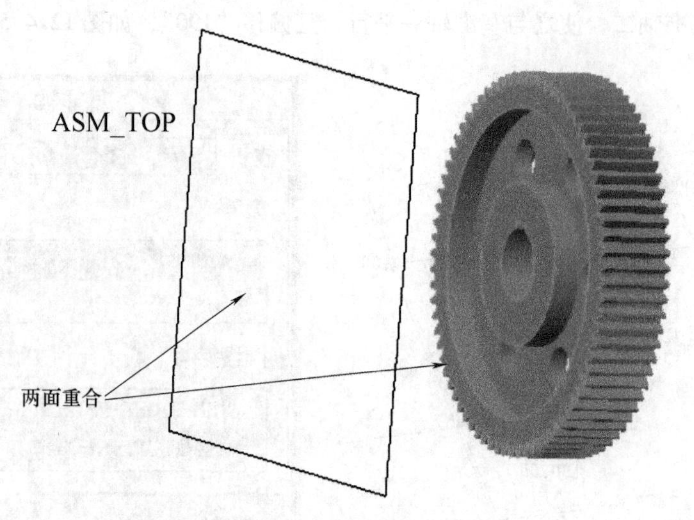

图 12.4.7　齿轮装配【平移】约束

11）定义齿轮二约束。单击【放置】按钮，在弹出的【放置】下滑面板中选择【销】连接，在【轴对齐】约束中选择基准轴二作为约束，并选择【约束类型】为【重合】。选择如图 12.4.8 所示基准面作为【平移】约束，并选择【约束类型】为【距离】。调整两齿轮的相对位置，防止齿轮轮齿重叠。

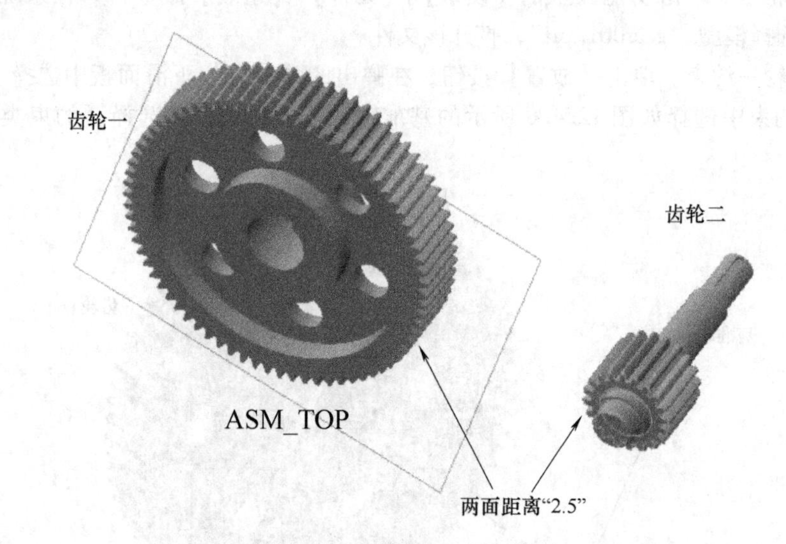

图 12.4.8　齿轮 grea002 装配

12）完成齿轮二装配。单击【完成】按钮✓，完成齿轮 grea002 装配。

13）进入机构模块，单击功能区中的【应用程序】|【机构】命令，进入机构设计平台。

14）定义齿轮副特殊连接。在功能区中单击【机构】|【连接】|【齿轮】命令，系统弹出【齿轮副定义】对话框。如图 12.4.9 所示设置齿轮一的参数，包括转动轴、分度圆直径以及图标位置。

15）在【齿轮副定义】对话框中打开【齿轮 2】选项卡，如图 12.4.10 所示设置齿轮二的参数，包括转动轴、分度圆直径以及图标位置。

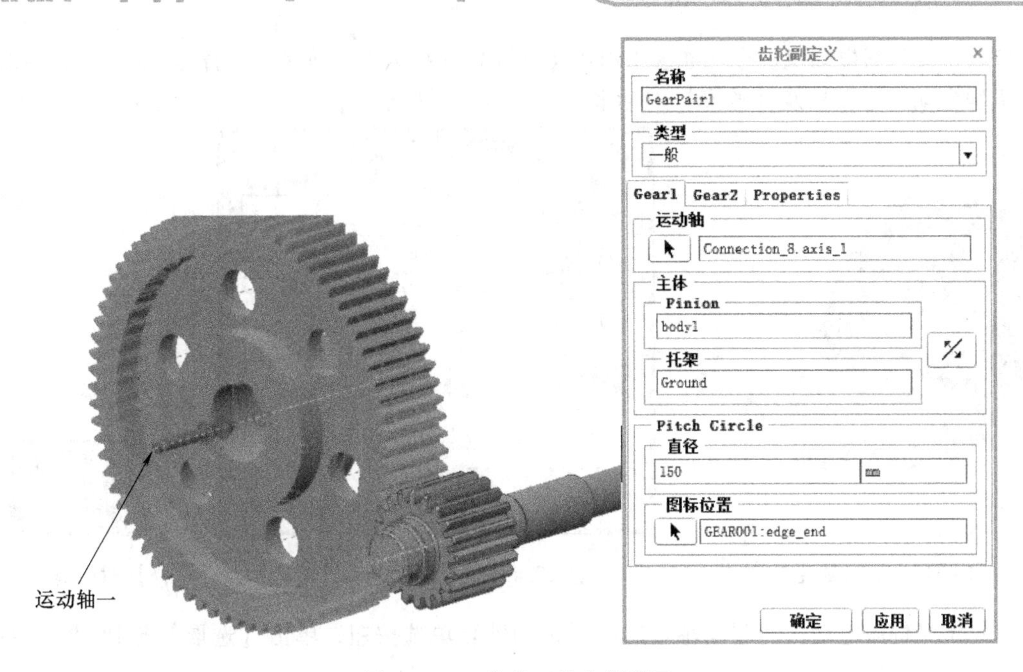

图 12.4.9　齿轮一的参数设置

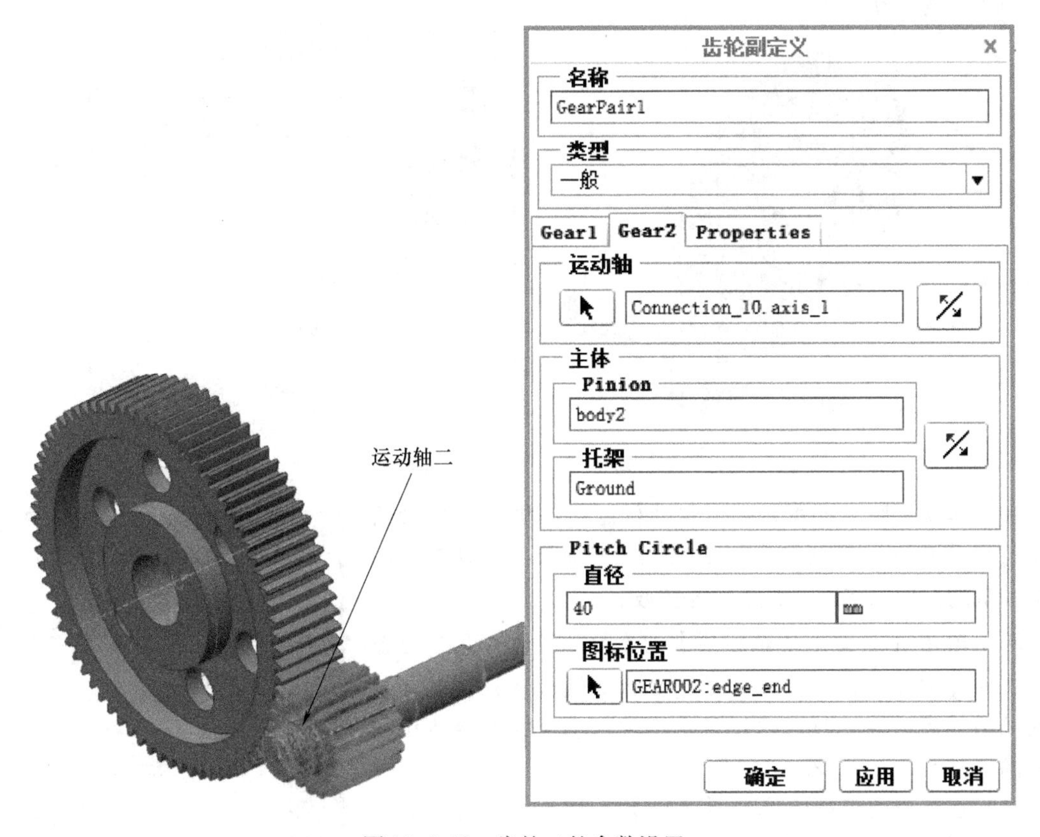

图 12.4.10　齿轮二的参数设置

16）完成特殊连接定义。单击【完成】按钮✓，创建齿轮副连接，效果如图 12.4.11 所示。

17）定义伺服电动机。在功能区中单击【机构】|【插入】|【伺服电动机】命令，系统弹出【伺服电动机定义】及【选择】对话框，如图12.4.12所示。

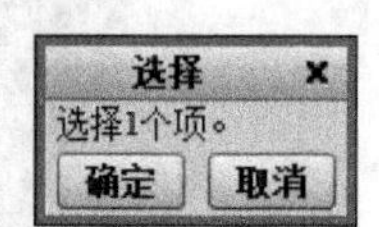

图12.4.11　齿轮副连接效果

图12.4.12　【伺服电动机定义】及【选择】对话框

18）定义伺服电动机的驱动轴。选取【运动轴】单选按钮，单击【选取】按钮，系统弹出【选取】对话框，选取小齿轮轴作为【运动轴】，如图12.4.13所示。单击反向按钮，可以改变电动机的运动方向。

图12.4.13　选取【运动轴】

19）定义伺服电动机参数。在【伺服电动机定义】对话框中打开【轮廓】选项卡，如图12.4.14所示，可以定义伺服电动机的位置、转速、加速度等参数。

20）单击【定义运动轴设置】按钮右侧的下拉列表框，选择【位置】选项，单击【定义运动轴设置】按钮，直接调用【运动轴】对话框设置连接轴，选定的连接轴和主体将高亮显示，如图12.4.15所示。

21）在下拉列表框中选择【速度】选项，可以通过输入【初始角】调整机构的零位置。输入一个角度后按【预览位置】工具按钮，使机构的零位置变为数字定义的位置，如图12.4.16所示。

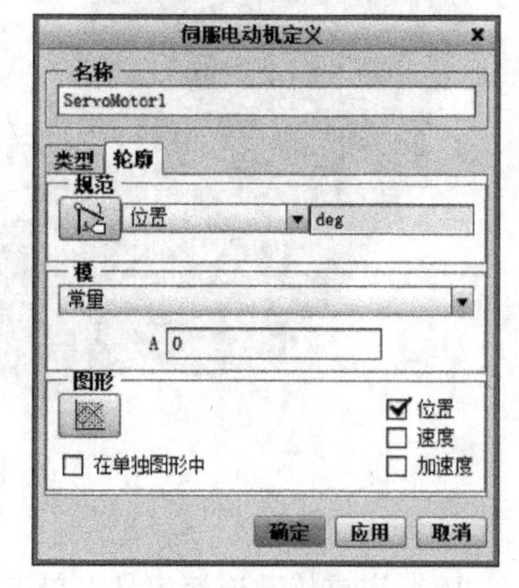

图12.4.14　【轮廓】选项卡

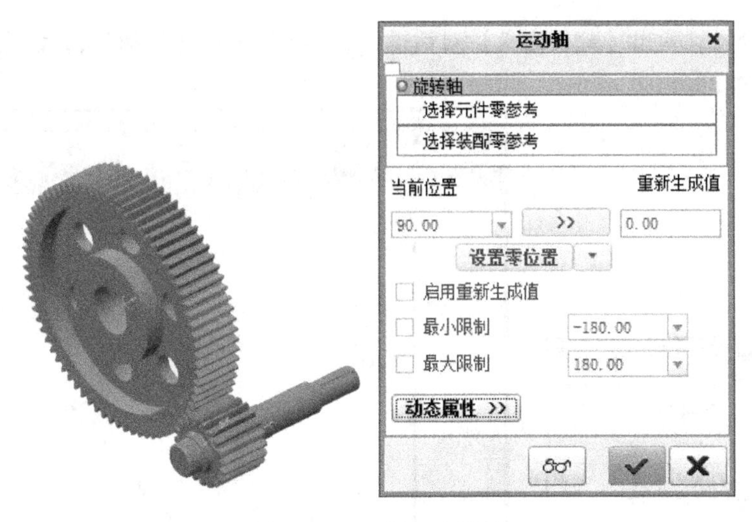

图 12.4.15　设置连接轴

22）在下拉列表框中选择【加速度】选项，可以通过输入【初始角速度】定义初始角转速的大小，调整机构的零位置，如图 12.4.17 所示。

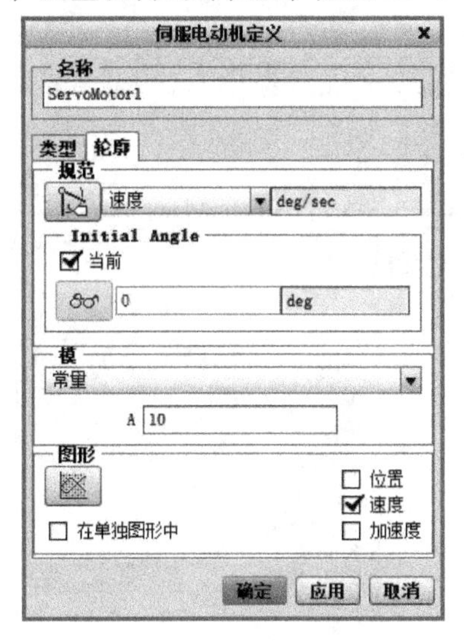

图 12.4.16　定义【初始角】

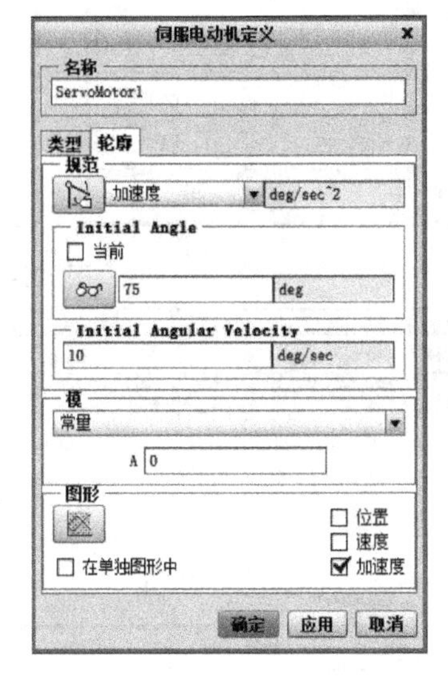

图 12.4.17　定义【初始角速度】

23）【模】选项组用于定义电动机的运动方程式。在下拉列表框中有【常量】、【余弦】、【斜坡】、【摆线】、【抛物线】等选项，选择【常量】选项，则只需在文本框中输入数值，机构就以该数值建立的方程式 $q=A$（其中 A 为常量）为机构运动方程式。

24）绘制电动机运动参数曲线。在【图形】选项组中，勾选【位置】、【速度】、【加速度】复选框，单击【绘制选定电动机轮廓相对于时间的图形】按钮，弹出【图形工具】对话框，在对话框中分别绘制位置随时间的关系曲线、转速随时间的关系曲线、角速度随时间的关系曲线，如图 12.4.18 所示。

25）在【伺服电动机定义】对话框中勾选【在单独图形中】选项，可以在单独图形中绘制选定轮廓，如图 12.4.19 所示。

26）本实例中选择速度为【常量】，值为“10”，进行机构分析。单击【机构】|【分析】|

【机构分析】命令，弹出【分析定义】对话框，【类型】选择【运动学】，设定【图形显示】。如图 12.4.20 所示。

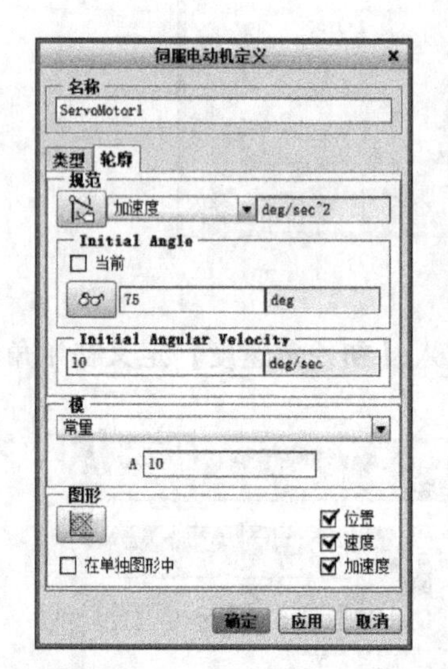

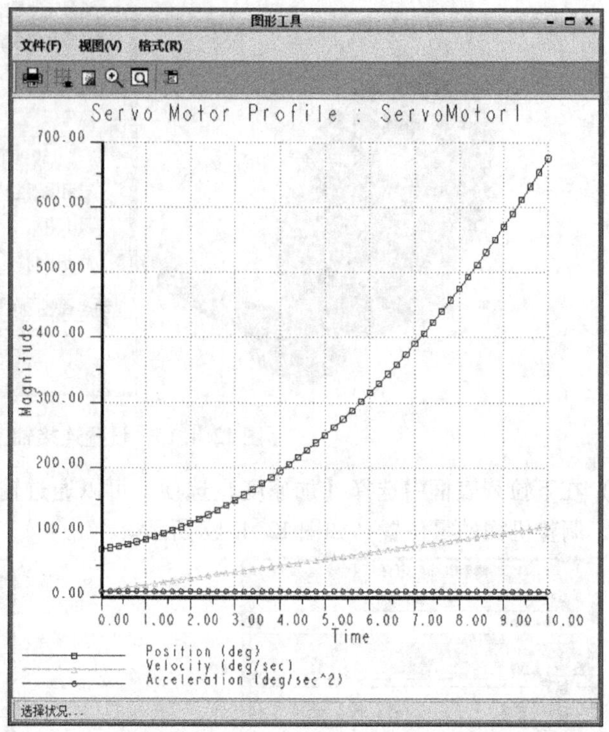

图 12.4.18 【图形工具】对话框

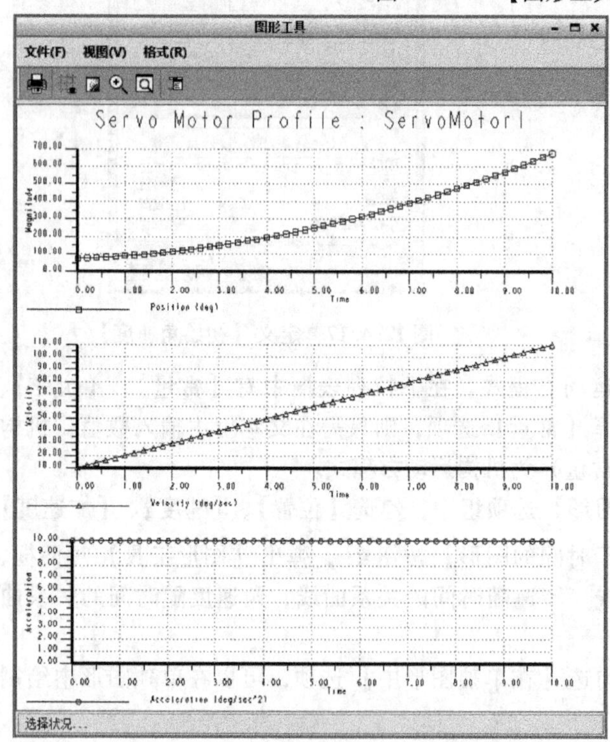

图 12.4.19 单独图形中绘制选定轮廓

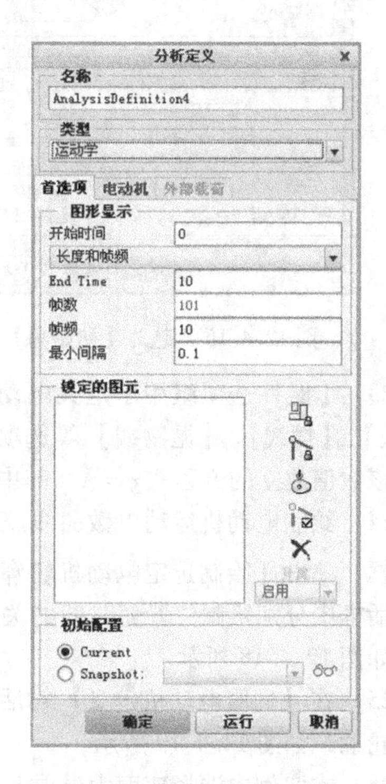

图 12.4.20 【分析定义】对话框

27）运行运动仿真。单击【运行】按钮，齿轮开始转动，运动结束后单击【确定】按钮。

28）单击【机构】|【分析】|【回放】命令，弹出【回放】对话框，可以回放以前运动的分析，如图 12.4.21 所示。

29）在【回放】对话框中单击【回放当前结果集】按钮，弹出【动画】对话框，如图 12.4.22 所示，单击各播放功能按钮，可以回放当前的运动。单击【捕获】按钮，弹出【捕获】对话框，可以以视频的格式保存当前运动，如图 12.4.23 所示。

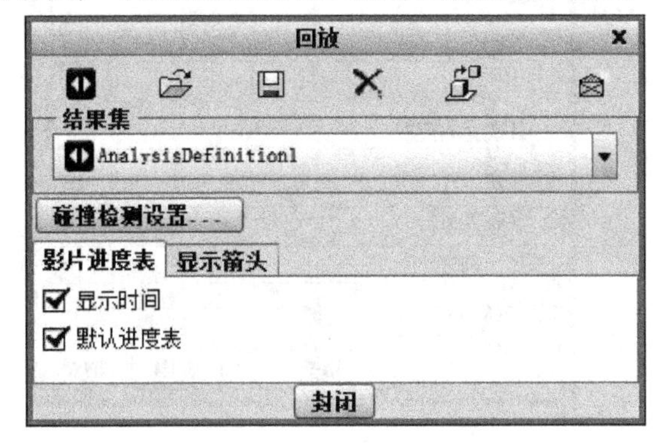

图 12.4.21　【回放】对话框

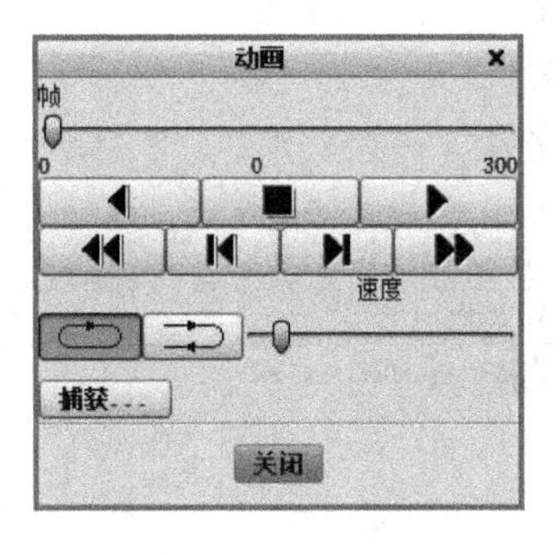

图 12.4.22　【动画】对话框

30）单击【碰撞检测设置】按钮，系统弹出【碰撞检测设置】对话框，如图 12.4.24 所示。

图 12.4.23　【捕获】对话框

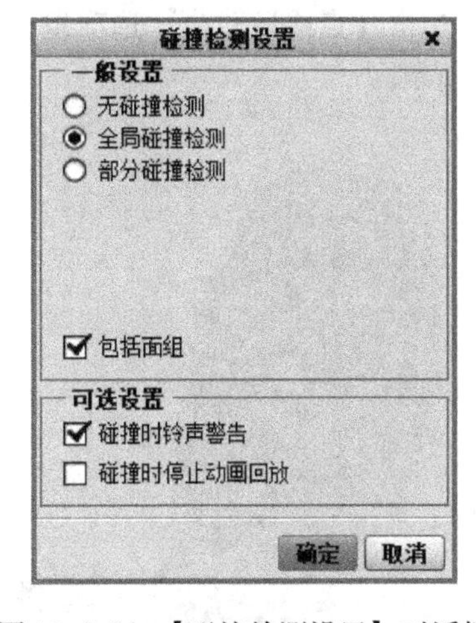

图 12.4.24　【碰撞检测设置】对话框

31）选择【全局碰撞检测】单选按钮，【可选设置】选项组可以自行选择，单击【确定】按钮。回到【回放】对话框。

32）单击【回放】按钮，系统将进行碰撞检测。

33）单击功能区中的【机构】|【分析】|【测量】命令，系统弹出【测量结果】对话框，如图 12.4.25 所示。

34）单击【创建新测量】工具按钮，系统弹出【测量定义】对话框，在【类型】下拉列表中选择【速度】选项，如图 12.4.26 所示。

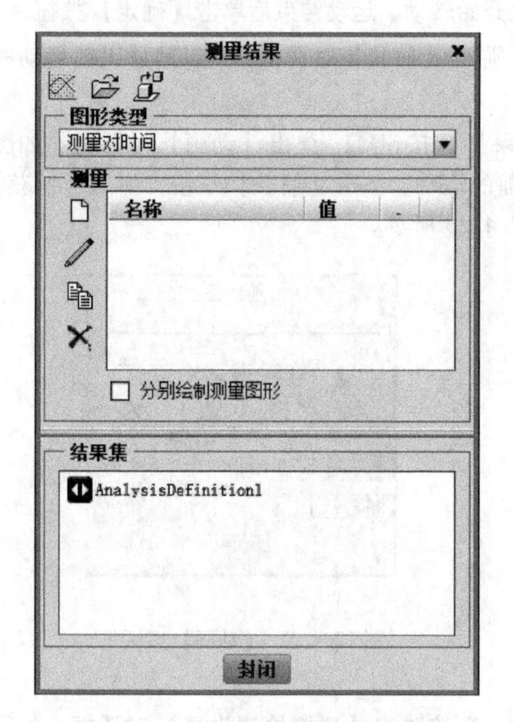

图 12.4.25 【测量结果】对话框

图 12.4.26 【测量定义】对话框

35）单击【点或运动轴】选项组中的【选取】按钮，选取轴一。轴一的测量定义如图 12.4.27 所示。

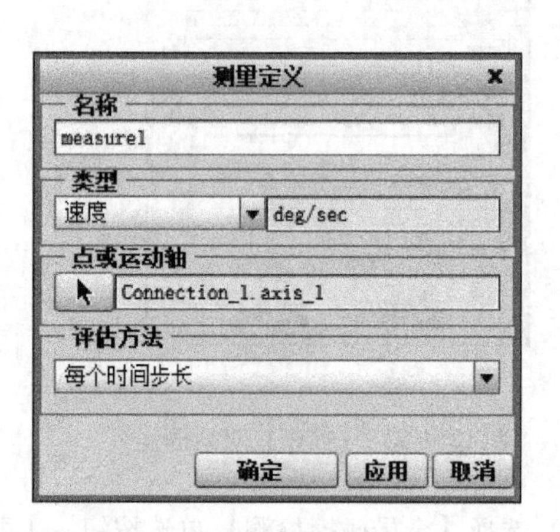

图 12.4.27 轴一的测量定义

36）参照步骤 33）~35）创建对轴二的测量定义。

37）在【测量结果】对话框的【测量】选项框中选中【measure2】，在【结果集】选项框中选中【AnalysisDefinition1】选项，如图 12.4.28 所示。单击工具栏中【绘制选定结果集所选测量的图形】按钮，系统弹出【图形工具】对话框，显示测量结果如图 12.4.29 所示。

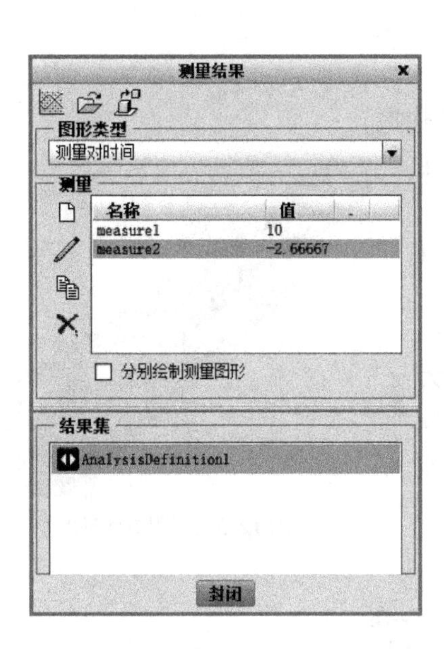

图 12.4.28 【测量结果】对话框

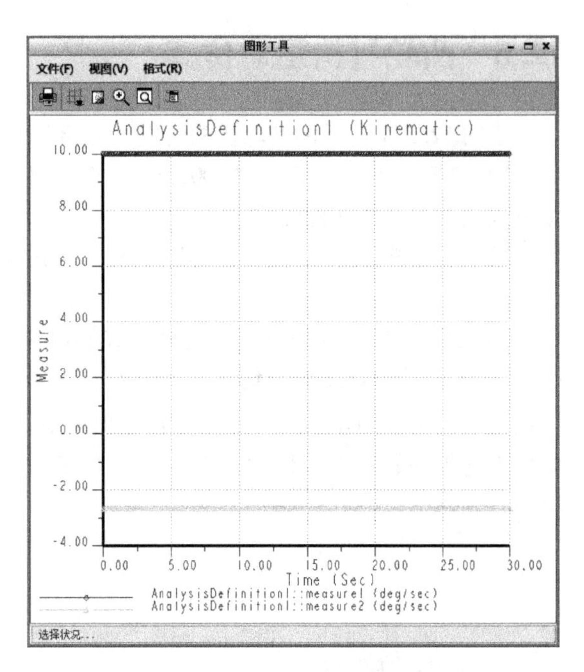

图 12.4.29 显示测量结果

38）勾选【分别绘制测量图形】选项，如图 12.4.30 所示，系统将会分别绘制两个轴的速度图形，如图 12.4.31 所示。

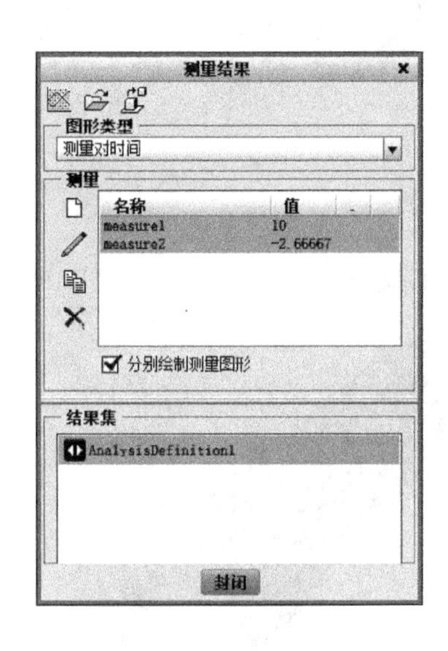

图 12.4.30 【测量结果】对话框

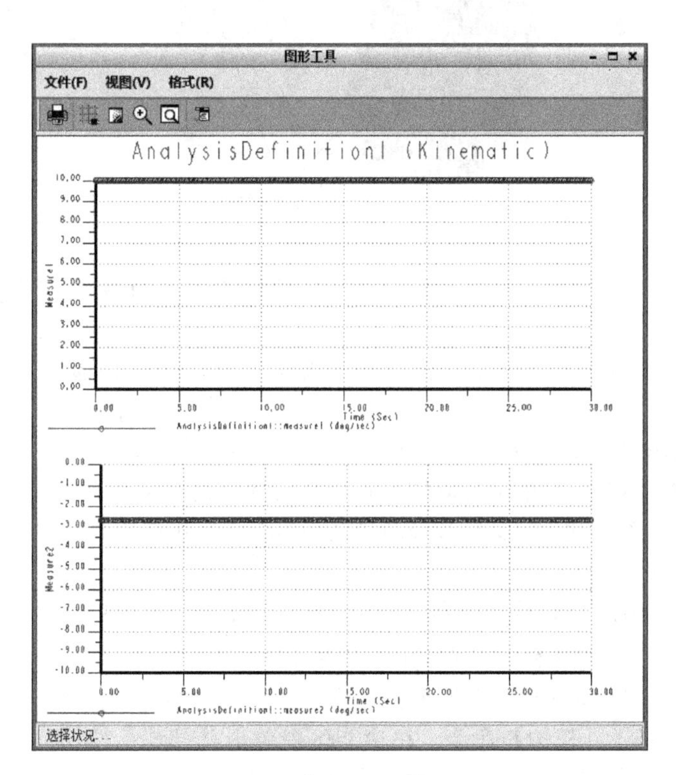

图 12.4.31 【图形工具】对话框

12.5 凸轮机构运动仿真

以图12.5.1所示的凸轮机构为例，介绍凸轮机构的连接。

1）打开模型一，插入“tl001.prt”选择【默认】连接方式完成第一个元件的安装。

2）打开模型二，插入“tl002.prt”，选择【销】连接。

3）定义模型二的约束。在【轴对齐】约束中选择如图12.5.2所示的轴线作为约束，并选择【约束类型】为【重合】工重合，单击【平移】命令，选择两模型的重合面作为【平移】约束。模型一与模型二的装配效果如图12.5.3所示。

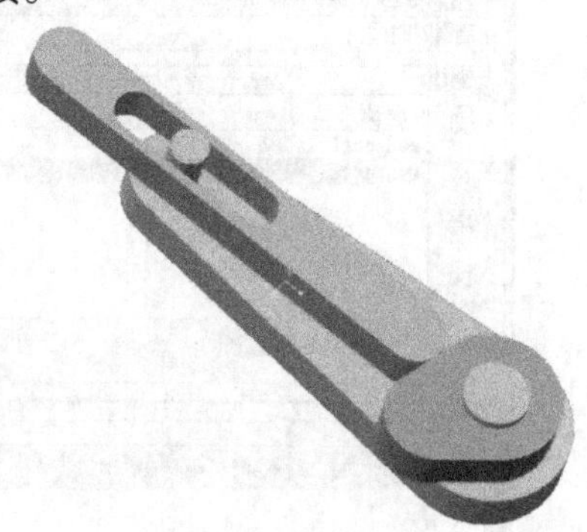

图12.5.1　凸轮机构

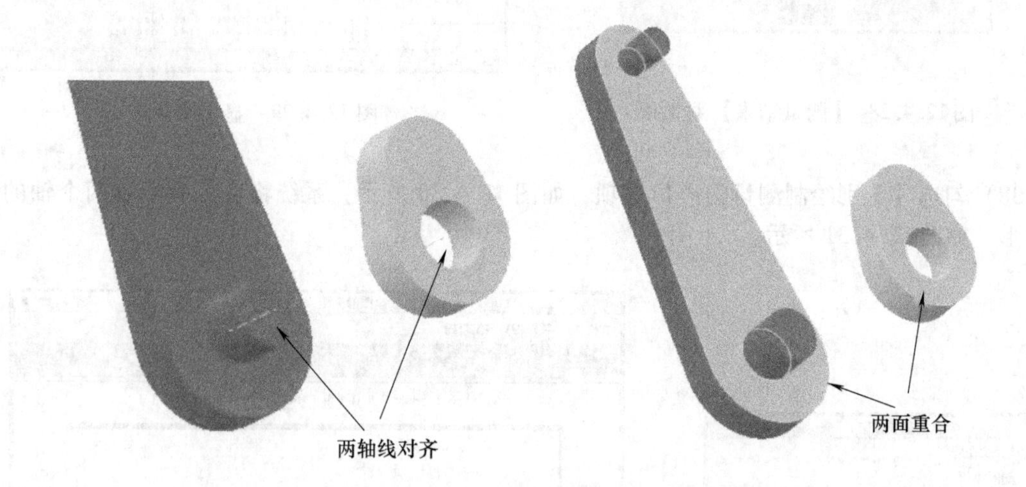

图12.5.2　定义模型二的约束

4）打开模型三（滑动杆），插入“tl003.prt”，选择【滑块】连接。

5）定义模型三的约束。在【轴对齐】约束中选择如图12.5.4中所示的两个轴线作为约束，【约束类型】为【重合】。单击【旋转】选项，设置【约束类型】为【重合】，选取如图12.5.4中所示的两个基准面作为约束。

6）完成滑动杆模型的装配。单击【完成】按钮✔，完成滑动杆模型装配，如图12.5.5所示。

7）进入机构设计平台，单击功能区中的【应用程序】|【机构】命令。在功能区中单击【凸轮】命令，系统弹出【凸轮从动机构连接定义】对话框。如图12.5.6所示。

图12.5.3　模型一与模型二的装配效果

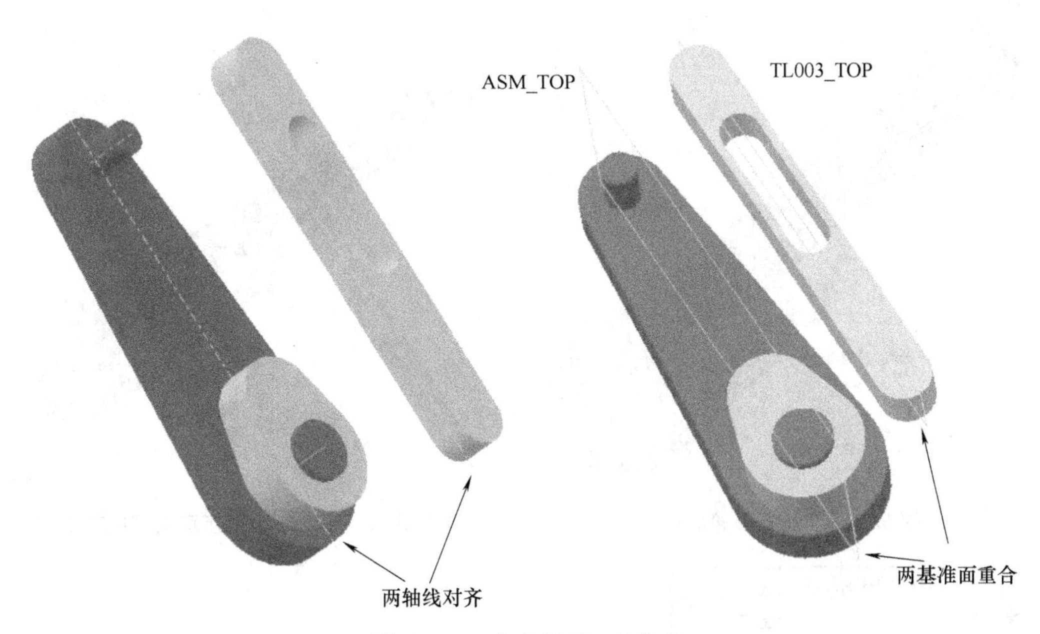

图 12. 5. 4　定义模型三的约束

图 12. 5. 5　滑动杆模型装配效果

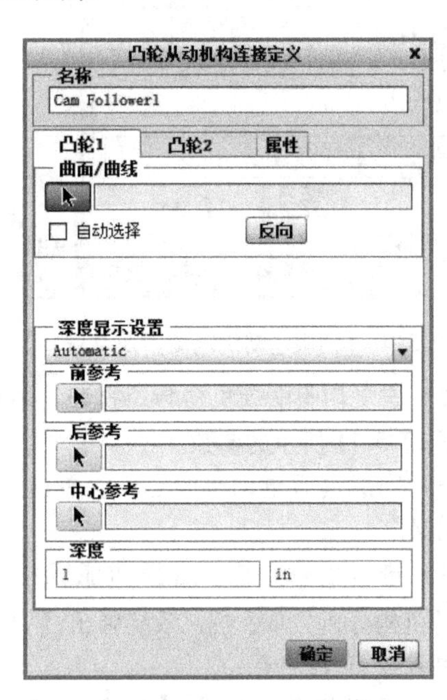

图 12. 5. 6　【凸轮从动机构连接定义】对话框

8）定义凸轮接触面，凸轮 1 与凸轮 2 表面的选择如图 12. 5. 7 所示。

9）单击【选择】对话框中的【确定】按钮，完成凸轮连接的定义，效果如图 12. 5. 8 所示。

10）定义伺服电动机。在功能区中单击【机构】|【插入】|【伺服电动机】命令，系统弹出【伺服电动机定义】及【选择】对话框，如图 12. 5. 9 所示。

11）单击【选取】按钮，系统弹出【选取】对话框，选取如图 12. 5. 10 所示的轴为【运动轴】。

凸轮2的表面
凸轮1的表面

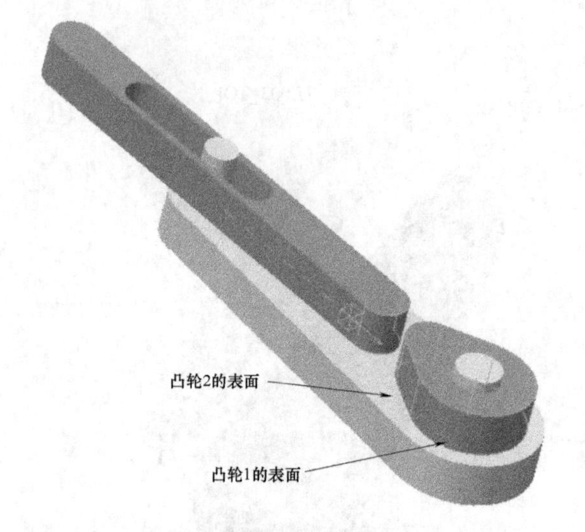

图 12.5.7　选择凸轮曲面

图 12.5.8　凸轮连接定义完成效果

伺服电动机定义
名称
ServoMotor1
类型
轮廓
从动图元
运动轴
几何
反向
确定
应用
取消
选择
选择1个项。
确定
取消

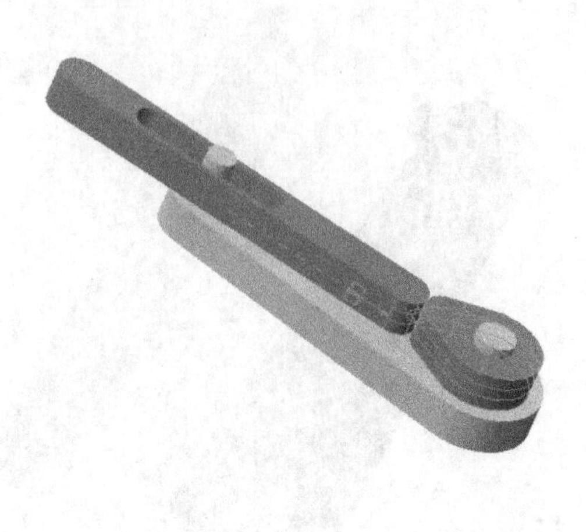

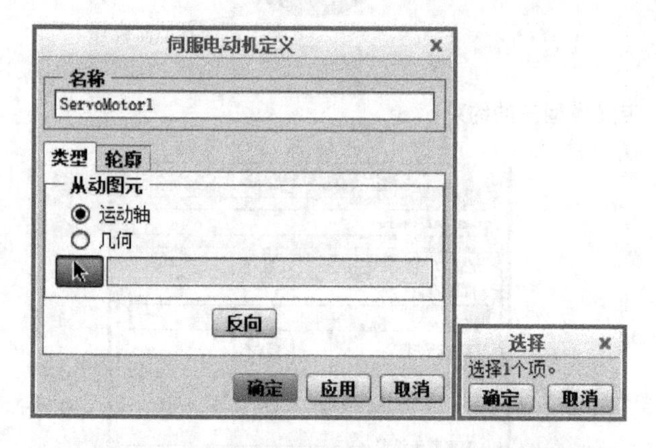

图 12.5.9 【伺服电动机定义】及【选择】对话框

伺服电动机运动轴

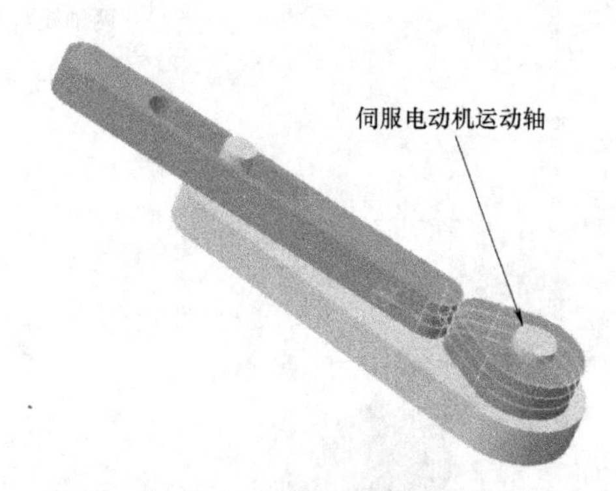

图 12.5.10　选取伺服电动机运动轴

12）定义伺服电动机参数。打开【轮廓】选项卡输入如图 12.5.11 所示的参数。

13）完成伺服电动机的定义。单击【确定】按钮，完成定义。

14）进行机构分析，选择功能区中【机构】|【分析】|【机构分析】命令，系统弹出【分析定义】对话框，如图 12.5.12 所示。

15）运行机构。单击【运行】按钮，模型开始运动。

16）选择功能区中的【机构】|【分析】|【测量】命令，系统弹出【测量结果】对话框，如图 12.5.13 所示。

17）测量凸轮速度。单击【创建新测量】工具按钮，系统弹出【测量定义】对话框，选择【类型】下拉列表中的【速度】选项，如图 12.5.14 所示。

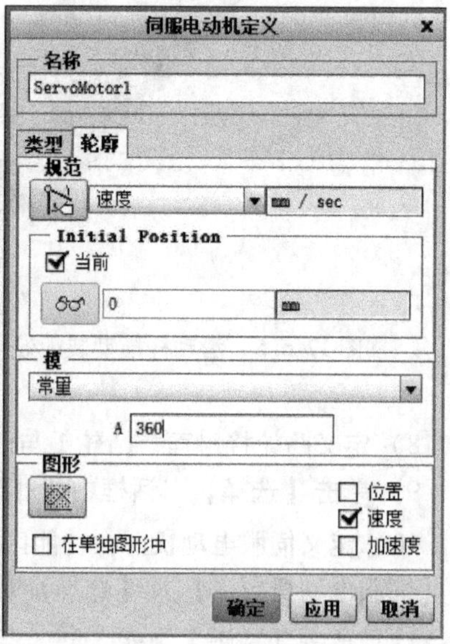

伺服电动机定义
名称
ServoMotor1
类型
轮廓
规范
速度
mm / sec
Initial Position
当前
0
mm
模
常量
A
360
图形
位置
速度
加速度
在单独图形中
确定
应用
取消

图 12.5.11 【伺服电动机定义】对话框

图 12.5.12 【分析定义】对话框

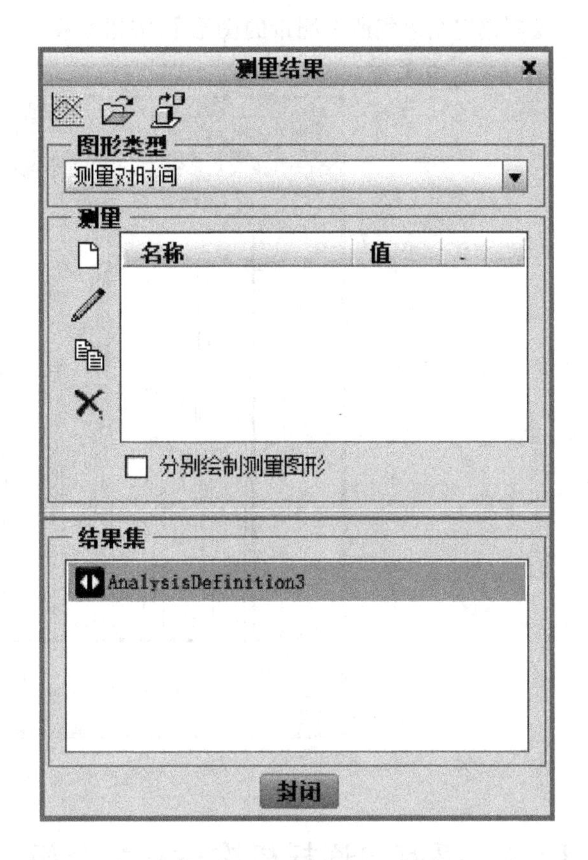

图 12.5.13 【测量结果】对话框

18）单击【点或运动轴】选项组中的【选取】按钮 ，选取模型三中的一点。测量点的选取如图 12.5.15 所示。

图 12.5.14 【测量定义】对话框

图 12.5.15 测量点的选取

19）在【测量定义】对话框中，单击【确定】按钮，返回【测量结果】对话框，选中【测量】选项框中的【measure3】，选中【结果集】中的【AnalysisDefinition3】选项，单击工具栏中

【绘制选定结果集所选测量的图形】按钮 ，系统弹出【图形工具】对话框，显示测量结果。如图 12.5.16 所示。

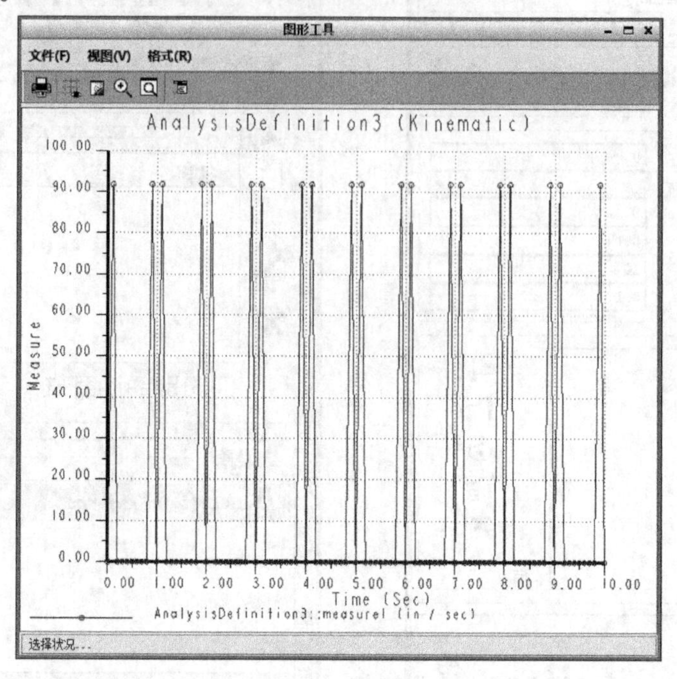

图 12.5.16 显示测量结果

12.6 平面四连杆机构运动学分析

以如图 12.6.1 所示曲柄摇杆机构为例创建四连杆机构的运动分析。

1）打开模型一“lg1. prt”，选择【固定】连接方式完成第一个零件的插入。

2）打开模型二“lg2. prt”，选择【销】连接。

3）定义模型二的约束。在【轴对齐】约束中选择如图 12.6.2 所示的轴线作为约束，并选择【约束类型】为【重合】，单击【平移】命令，选择两构件端面作为【平移】约束，如图 12.6.3 所示。

4）完成【销】连接定义。单击【完成】按钮 ，创建【销】连接，效果如图 12.6.4 所示。

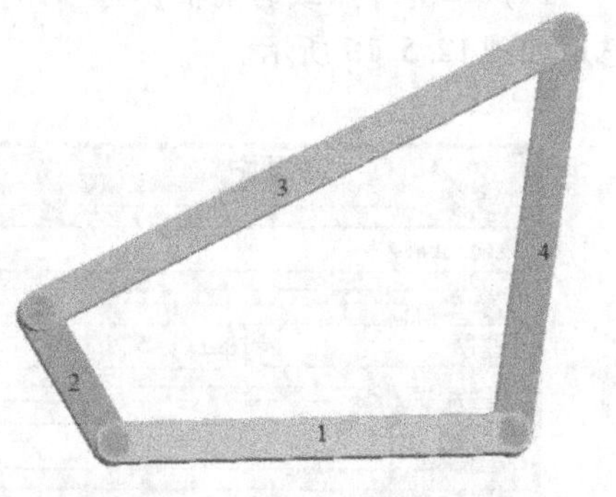

图 12.6.1 曲柄摇杆机构

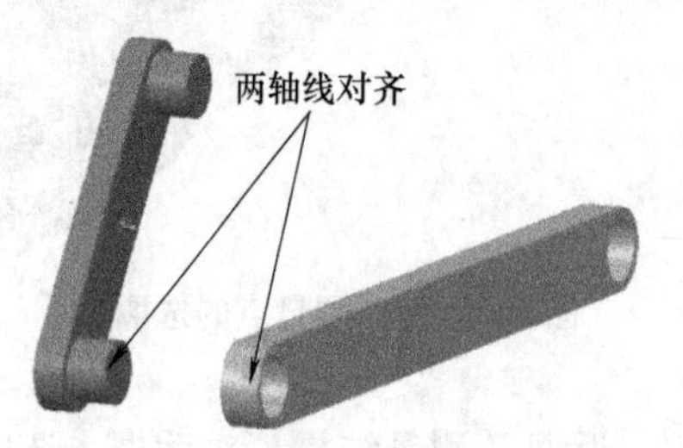

图 12.6.2 【销】连接约束示意图

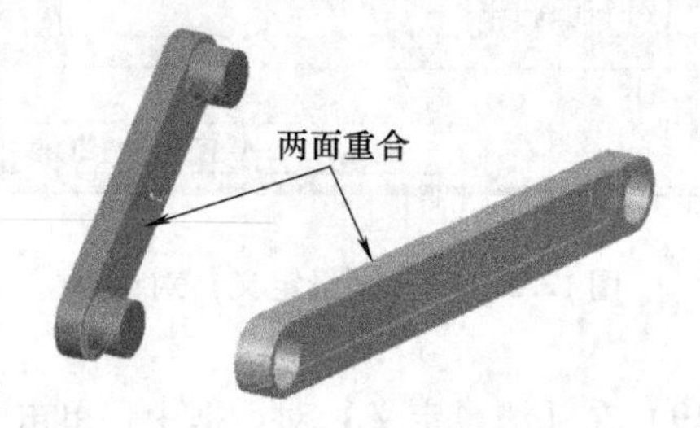

图 12.6.3 【平移】约束面的选择

5）参照步骤 1）~4），完成其他连杆的连接。曲柄摇杆机构的连接效果如图 12.6.5 所示。

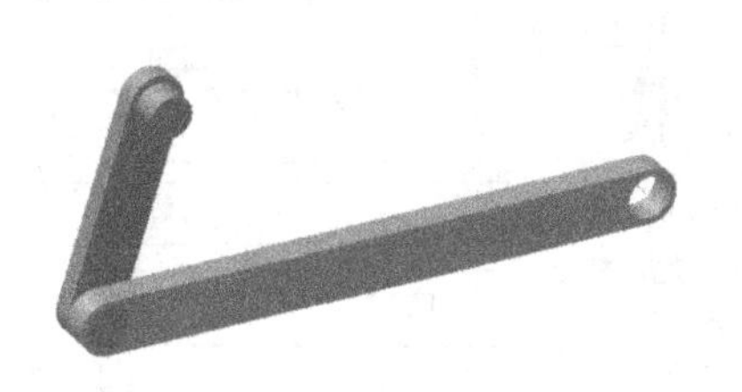

图 12.6.4　模型一与模型二的连接效果

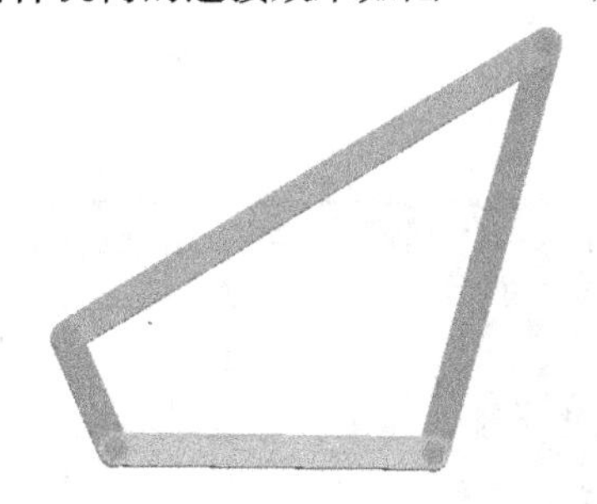

图 12.6.5　曲柄摇杆机构的连接效果

6）定义伺服电动机。在功能区中单击【机构】|【插入】|【伺服电动机】命令，系统弹出【伺服电动机定义】对话框，如图 12.6.6 所示，单击【选取】按钮，选取如图 12.6.7 所示连接轴为运动轴。

图 12.6.6　【伺服电动机定义】对话框

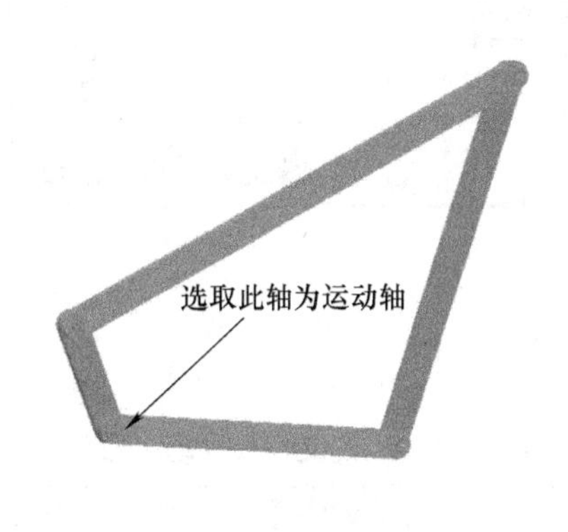

图 12.6.7　定义伺服电动机运动轴

7）定义伺服电动机参数。在功能区中单击【机构】|【插入】|【伺服电动机】命令，系统弹出【伺服电动机定义】对话框，打开【轮廓】选项卡，输入如图 12.6.8 所示的参数。

8）单击【确定】按钮，完成伺服电动机的定义。

9）进行机构分析。选择功能区中【机构】|【分析】|【机构分析】命令，系统弹出【分析定义】对话框，输入如图 12.6.9 所示的参数。

10）运行机构。单击【运行】按钮，模型开始运动。

11）选择功能区中的【机构】|【分析】|【测量】命令，系统弹出【测量结果】对话框，如图 12.6.10 所示。

12）单击【创建新测量】工具按钮，系统弹出【测量定义】对话框，选择【类型】下拉列表中的【速度】选项，如图 12.6.11 所示。

13）单击【点或运动轴】选项组中的【选取】按钮，选择如图 12.6.12 所示的轴作为测量轴。

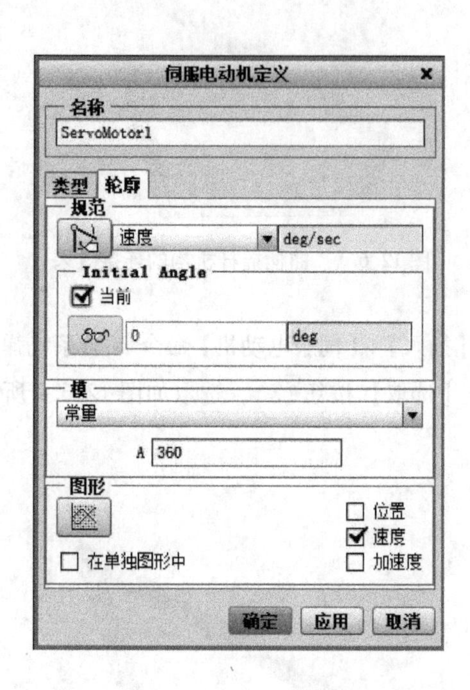

图 12.6.8 定义伺服电动机参数

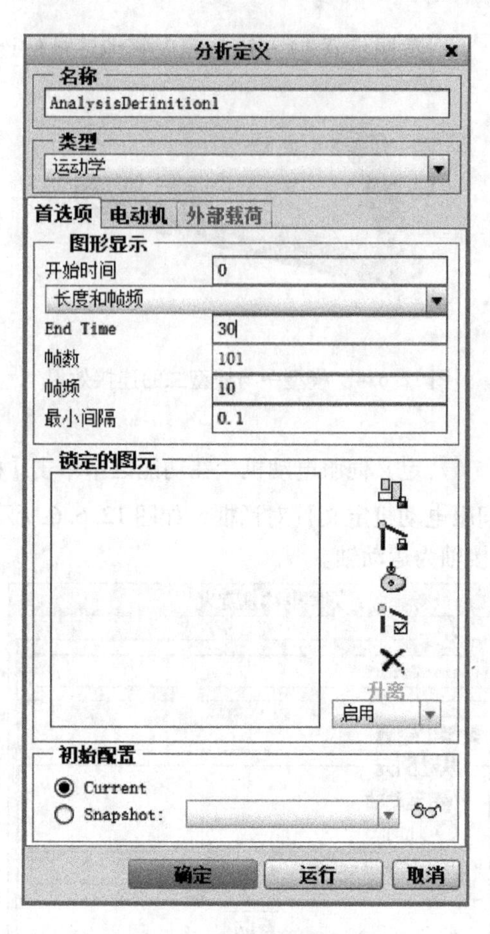

图 12.6.9 设置参数

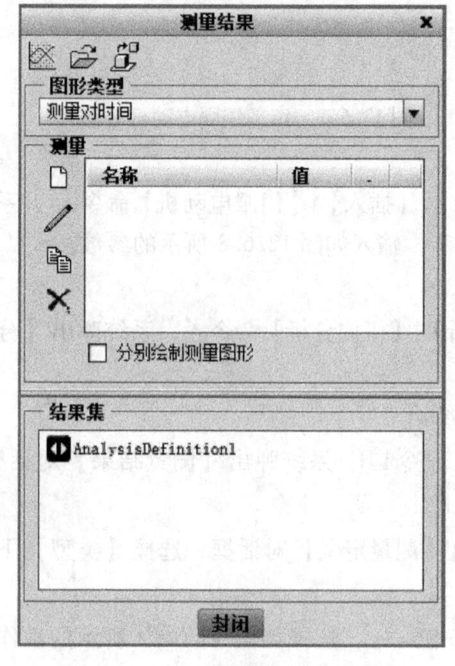

图 12.6.10 【测量结果】对话框

图 12.6.11 【测量定义】对话框

14）在【测量定义】对话框中，单击【确定】按钮，返回【测量结果】对话框，选中【测量】列表中的【measure1】，选中【结果集】中的【AnalysisDefinition1】选项，单击工具栏中【绘制选定结果集所选测量的图形】按钮，如图 12.6.13 所示。系统弹出【图形工具】对话框，显示摇杆零件绕机架旋转的角速度测量结果，如图 12.6.14 所示。

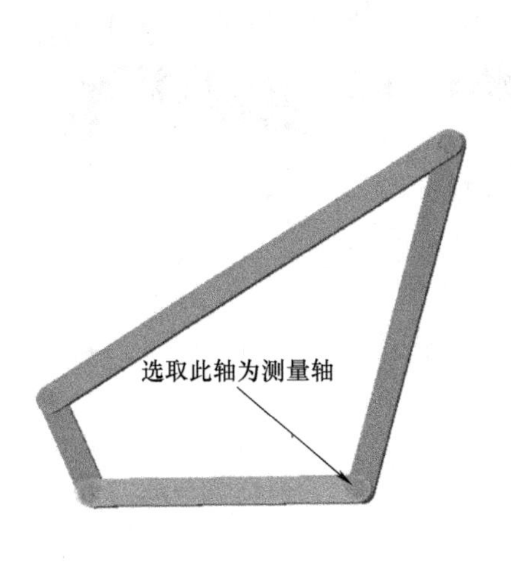

图 12.6.12　测量轴的选择

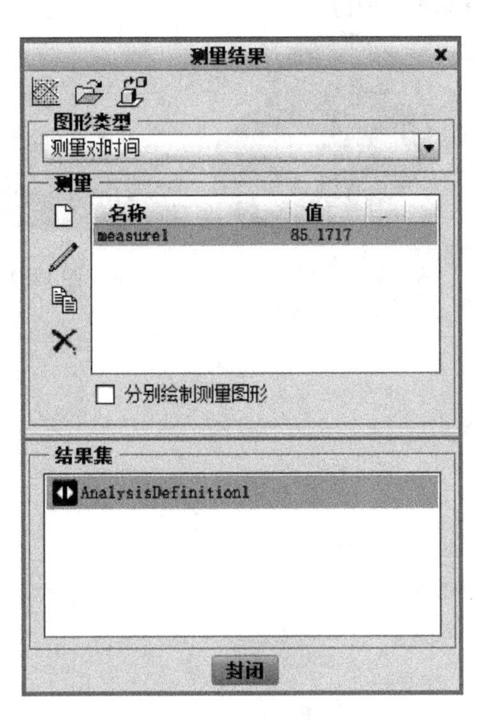

图 12.6.13　【测量结果】对话框

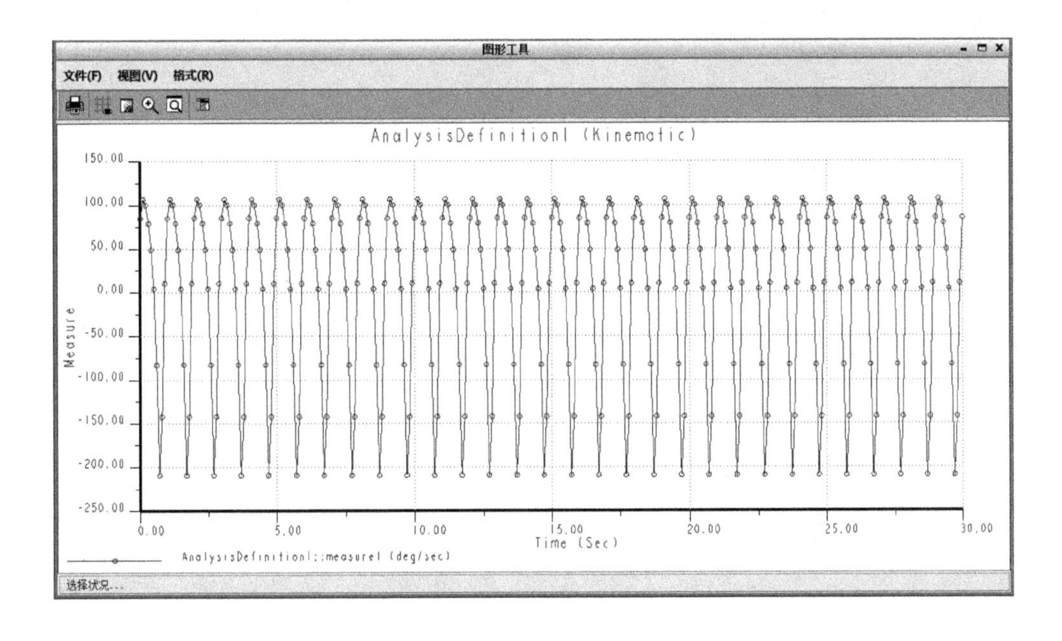

图 12.6.14　摇杆零件绕机架旋转的角速度测量结果

12.7 实训题

如图12.7.1所示的螺母与丝杠连接，分别实现螺母相对于丝杠的旋转运动、移动、既旋转又移动等三种仿真。

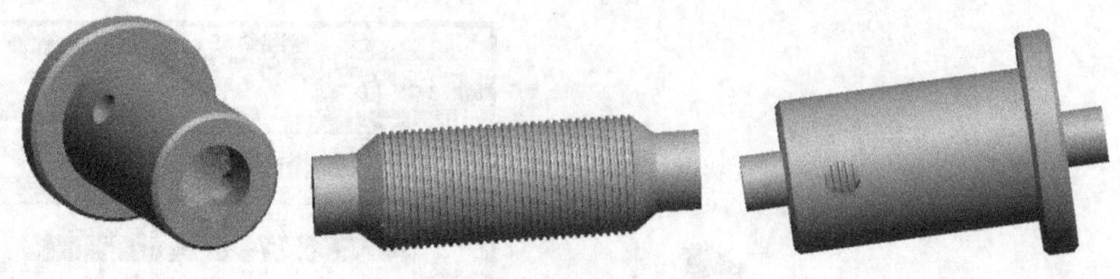

图12.7.1 螺母、丝杠

第13章 工程图模块

本章要点

工程图是表达产品结构、形状及加工参数的重要图样。本章将通过几个实例向读者介绍工程图模板及工程图的创建方法与技巧。

本章主要内容

❶工程图创建界面及创建流程简介
❷视图创建实例
❸工程图标注实例
❹装配工程图模板的创建与应用实例
❺装配体工程图实例
❻工程图打印
❼实训题

13.1 工程图创建界面及创建流程简介

学习目标

认识工程图创建界面，掌握创建工程图的一般流程。

工程图是表达设计产品结构、形状及加工参数的重要图样，是设计者与制造者沟通的桥梁，在现代制造业中占有极其重要的地位。

零部件工程图的创建是由 Creo 的工程图模块来完成的。零件的工程图与其零件三维模型及其装配模式下的零件都保持着参数化的关联，在第 1 章已经论述。下面通过新建一个工程图文件认识一下工程图创建界面。

1. 工程图创建界面

新建工程图文件的操作过程如下：

1）设置工作面目录。启动 Creo 系统，单击选择工作目录按钮，选择“\ 第 13 章实例 \ ”为工作目录。

2）新建一个名称为“进入工程图”的绘图文件。单击【新建】按钮，打开【新建】对话框。在【类型】选项组中选择【绘图】单选按钮，在【名称】文本框中输入新文件名称“进入工程图”，如图 13.1.1 所示。取消选择 使用默认模板 复选框，单击 确定 按钮。系统弹出【新建绘图】对话框，如图 13.1.2 所示。

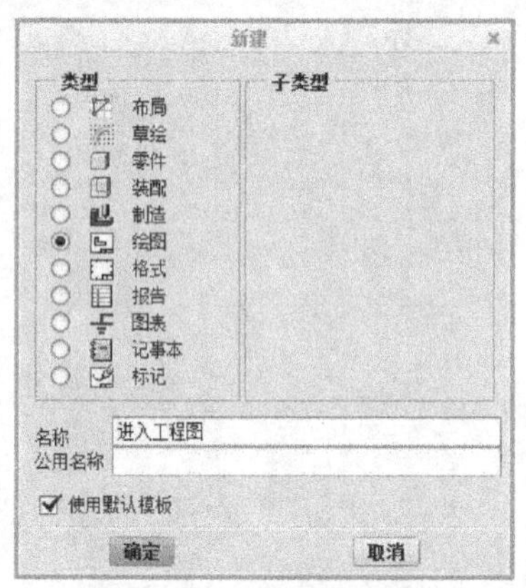

图 13.1.1 【新建】对话框

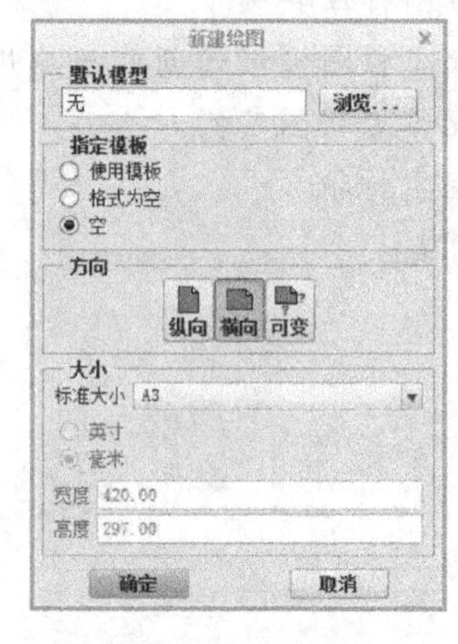

图 13.1.2 【新建绘图】对话框

3）添加零件模型。单击【浏览】按钮，弹出如图 13.1.3 所示的【文件打开】对话框，选择要为其创建工程视图的模型。在此双击“U 型座 . prt”将其打开。

操作提示：如果在新建工程图文件之前，已经在 Creo 中打开某零件或装配模型，那么此时可以不用单击【浏览】按钮来选择该模型，因为系统会将其视为默认模型。

4）工程图创建模板选择。本实例中选择【使用模板】，模板选择“a3_ drawing”，单击【新建绘图】对话框中的 确定 按钮，打开新工程图窗口。工程图工作界面如图 13.1.4 所示，默认是创建模型的标准三视图。

操作提示：在【指定模板】选项组中有【使用模板】、【格式为空】和【空】三个单选项。

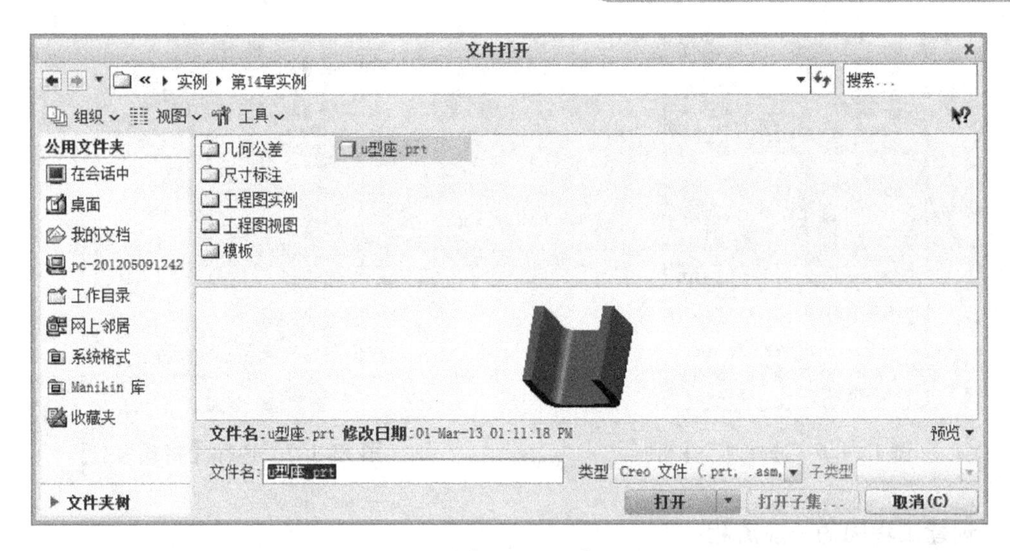

图 13.1.3　【文件打开】对话框

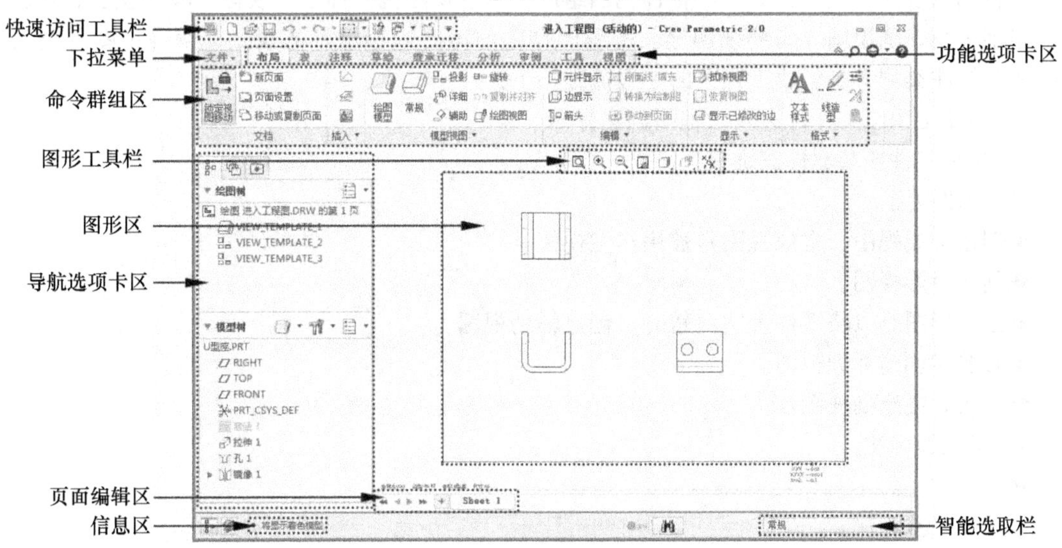

图 13.1.4　工程图工作界面

◆【使用模板】选项：如图 13.1.5 所示，选择此选项，可以在【模板】选项组中的已有模板类型中去选择所需要的模板类型。

◆【空】选项：选择此选项，用户可自定义工程图的放置方向或图纸大小，如图 13.1.6 所示。

◆【格式为空】选项：选择此选项，可选择用户自行创建的工程图模板。如图 13.1.7 所示，单击 浏览... ，查找并打开需要的工程图模板。

工程图的工作界面包括快速访问工具栏区、功能选项卡区、下拉菜单、命令群组区、图形区、图形工具栏、信息区、页面编辑区、导航选项卡区和智能选取栏区等，常用的工程图功能选项卡主要有【布局】、【表】、【注释】和【草绘】，其中的常用命令将在后续章节中结合实例详细介绍。

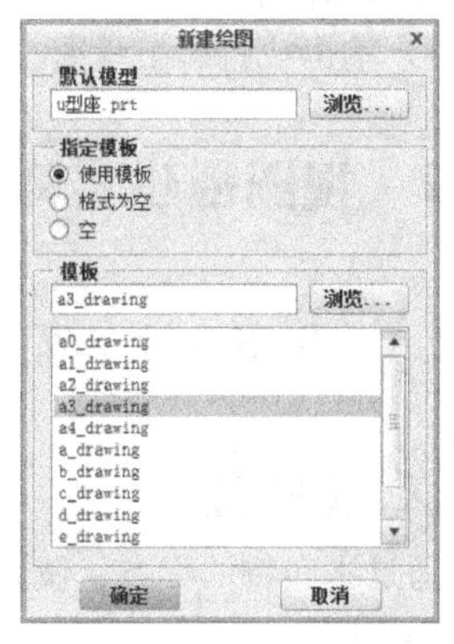

图 13.1.5　选择【使用模板】

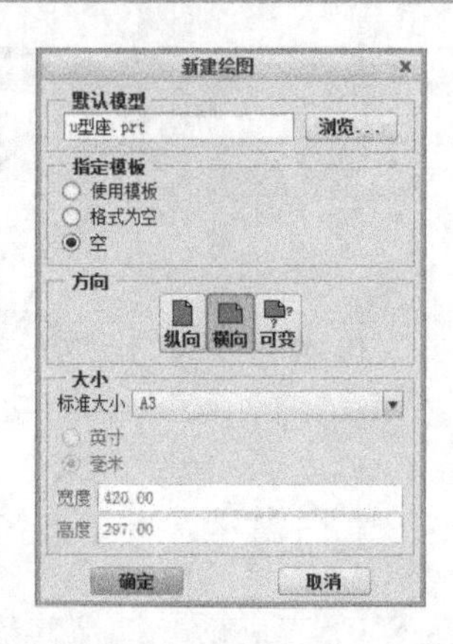

图 13.1.6　选择【空】

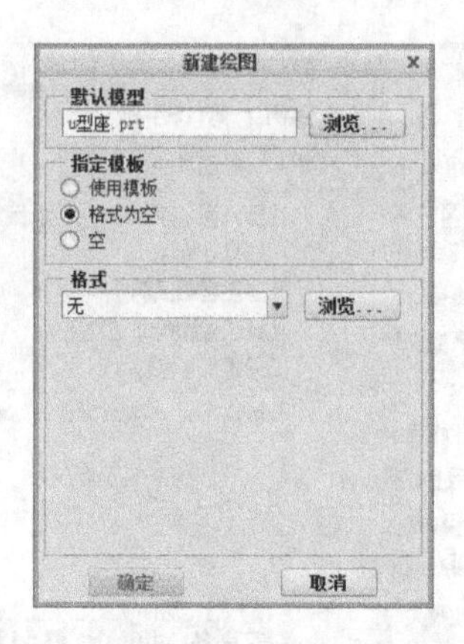

图 13.1.7　选择【格式为空】

2. 创建工程图的一般流程

工程图以表达完整为目的，由各种视图组成。这些视图包括标准三视图、辅助视图、投影视图、半剖视图、剖视图、局部视图等。工程图创建前需要进行很好的规划，明确视图种类及个数，明确标注类型等。创建工程图的一般流程如下：

1）新建工程图文件，进入工程图创建界面。

2）添加零件或装配件三维模型。

3）创建视图。

◆创建常规视图，常规视图常被用作主视图。

◆创建投影视图。

◆当投影图难以将零件表达清楚时，创建辅助视图。

◆必要时创建详细视图。

◆必要时创建剖视图。

4）工程图标注。

◆尺寸标注。

◆尺寸公差标注。

◆几何公差标注。

◆标注表面粗糙度。

◆添加注解。

5）输出或打印工程图。

13.2　视图创建实例

13.2.1　基座零件工程图视图的创建

学习目标

通过本实例的学习，使读者掌握创建常规视图、投影视图、剖视图（全剖视图、半剖视图和局部视图）以及轴测图的创建方法，掌握显示基准轴的方法，了解草绘模块的基本用法。

实例分析

图 13. 2. 1 所示的是基座零件工程图。为了将基座零件表达完整，该零件工程图中共采用了零件的主视图、俯视图、左视图和轴测图四个视图，并且在视图中应用了剖视图对零件的内部结构进行说明。本实例主要介绍该工程图中各视图的创建方法以及剖视图的创建方法。

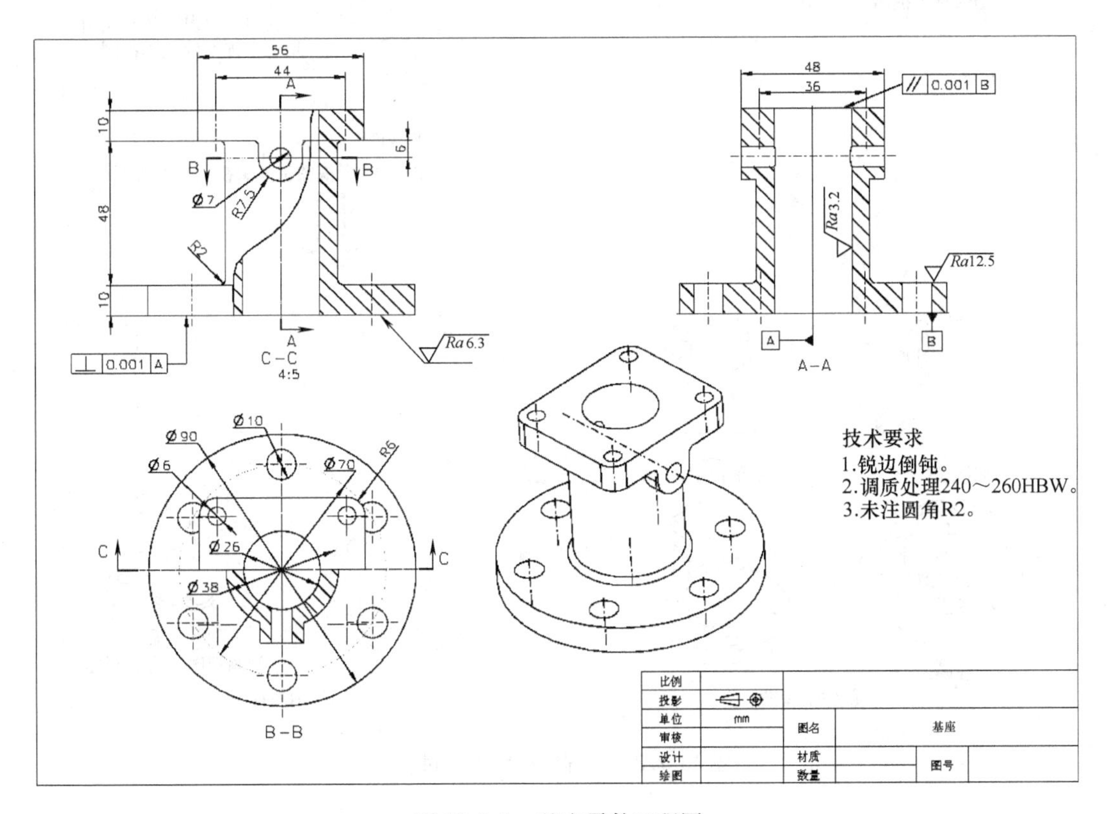

图 13. 2. 1　基座零件工程图

（1）创建过程　首先创建主视图，第二步创建左视图和俯视图，第三步创建轴测视图，第四步创建剖视图，工程图视图创建过程如图 13. 2. 2 所示。

（2）技术分析　要创建剖视图需要确定剖切断面，该步骤可以在零件模式下进行也可以在工程图模式下进行，为便于读者掌握，在本实例中对于 *A*、*B* 两个剖切断面将在零件模式下创建，*C* 剖切断面将在工程图模式下创建。笔者建议在零件模式中完成剖切断面的定义。

建模过程

1. 创建轴测视图

1）设置工作目录。启动 Creo 系统，单击选择工作目录按钮，选择“\ 第 13 章实例\ 工程图视图\ ”为工作目录。

2）单击【打开】按钮，在【打开】对话框中双击【基座 . prt】文件，基座模型如图 13. 2. 3 所示。令基准平面不显示，按住鼠标中键，移动鼠标将模型调整到如图 13. 2. 4 所示的状态。

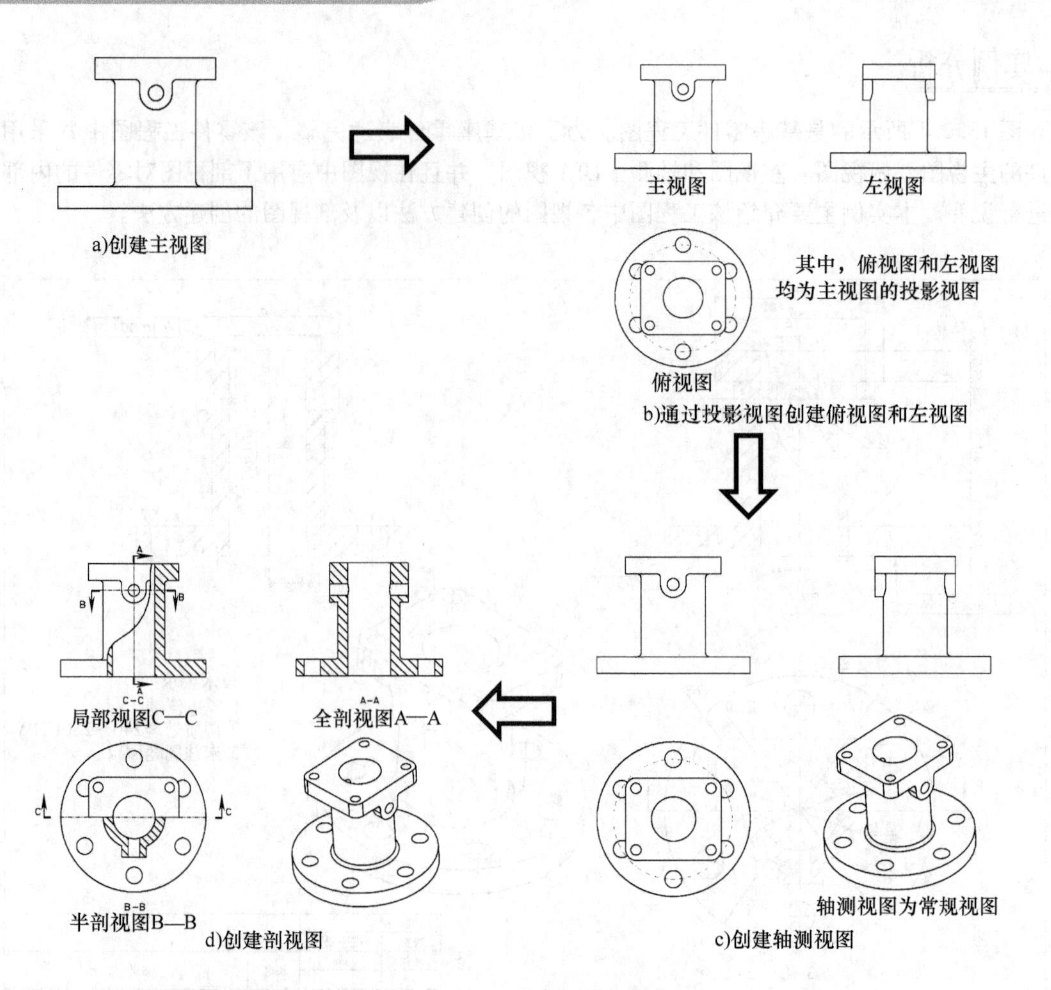

图 13.2.2　工程图视图创建过程

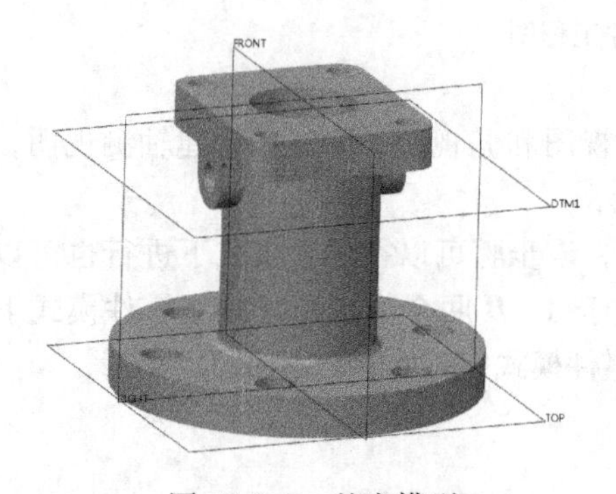

图 13.2.3　基座模型

图 13.2.4　调整模型状态

3）定向轴测视图。单击图形工具栏中的【视图管理器】按钮，打开【视图管理器】对话框，如图 13.2.5 所示。在【视图管理器】对话框中，单击【定向】|【新建】，然后输入新视图的名称为“轴测视图”，按 < Enter > 键，完成轴测视图的创建。

2. 在零件模式下定义剖切截面 *A*

1）如图 13.2.6 所示，在【视图管理器】对话框中，单击【截面】|【新建】|【平面】，然

后输入新截面的名称为“A”，如图 13.2.7 所示，按 <Enter> 键，系统弹出【截面】下滑面板，并在信息区提示 ➡选择平面、曲面、坐标系或坐标系轴来放置截面。。

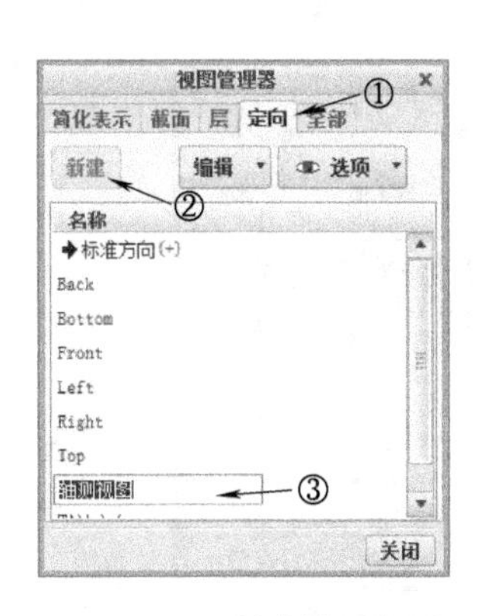

图 13.2.5　创建轴测视图

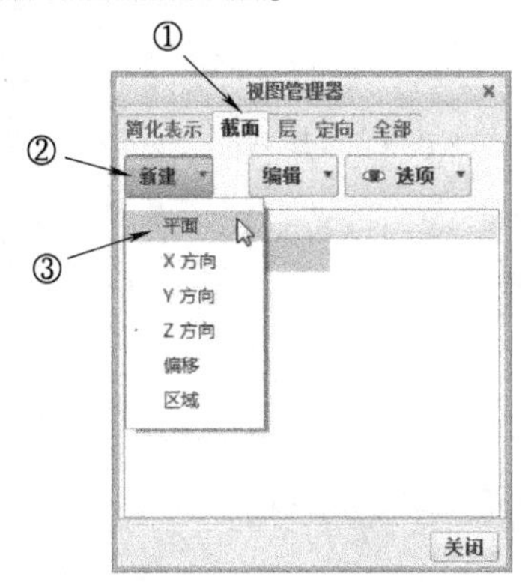

图 13.2.6　创建截面

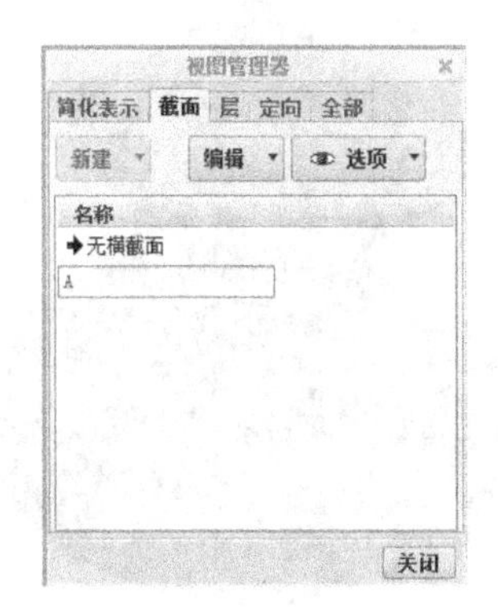

图 13.2.7　设置截面名称

2）令基准平面显示，如图 13.2.8 所示。单击选择 RIGHT 基准平面为剖切截面，模型如图 13.2.9 所示。

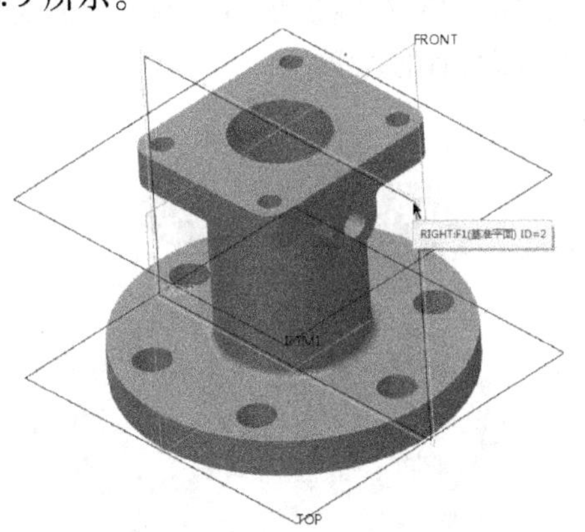

图 13.2.8　选择剖切截面

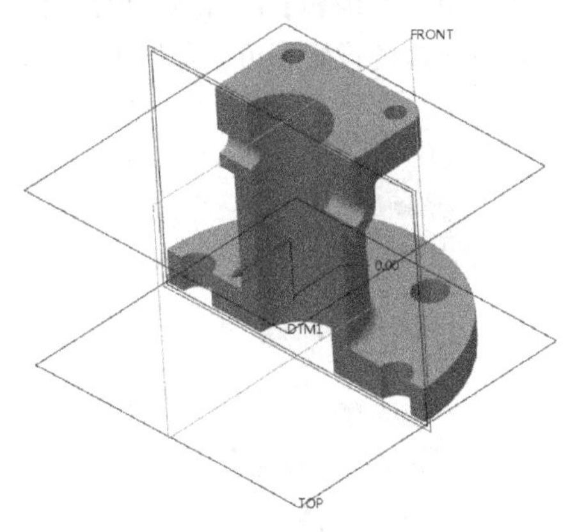

图 13.2.9　模型预览效果

3）在【截面】下滑面板中，单击显示剖面线按钮，添加剖面线如图 13.2.10 所示。单击【截面】下滑面板上的预览而不修剪按钮，模型如图 13.2.11 所示。

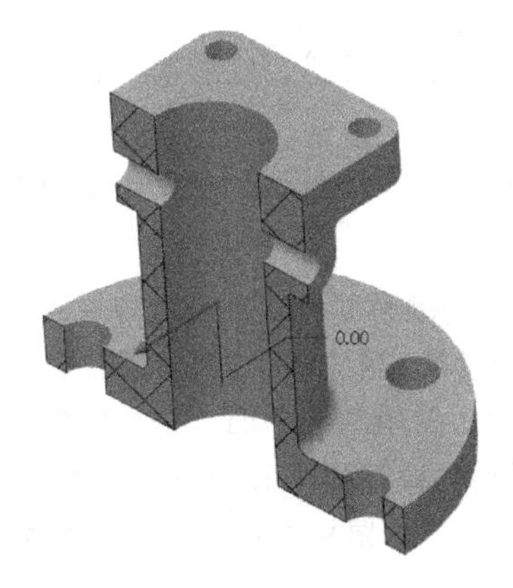

图 13.2.10　添加剖面线

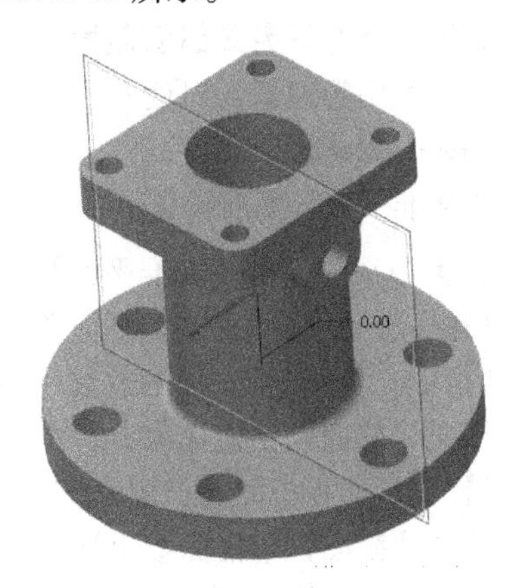

图 13.2.11　模型预览效果

4）单击【截面】下滑面板中的【确定】按钮✔，完成剖切截面的创建，模型如图 13.2.12 所示。

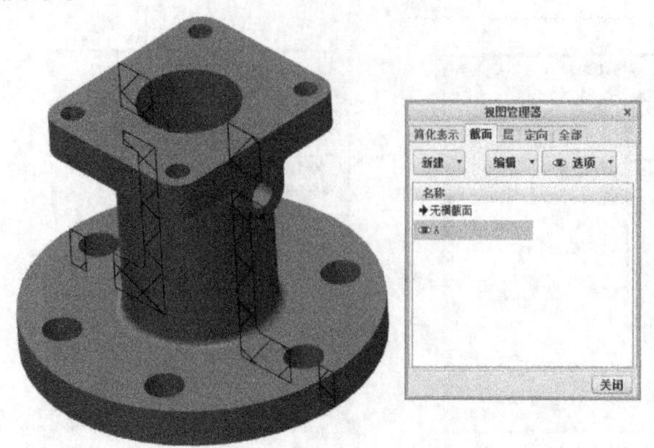

图 13.2.12　创建的剖切截面

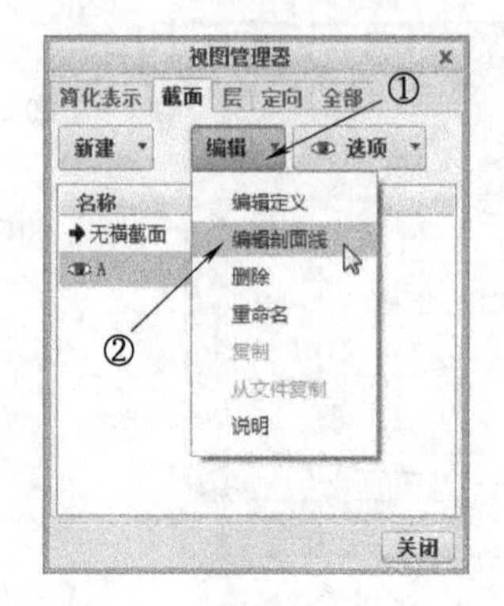

图 13.2.13　选择【编辑剖面线】

5）修改剖面线。如果要对截面的剖面线进行修改，如图 13.2.13 所示，在【视图管理器】对话框中，单击【编辑】|【编辑剖面线】，在系统弹出的如图 13.2.14 所示的【编辑剖面线】对话框中进行相应的设置即可，如图 13.2.15 所示为修改剖面线后的模型。

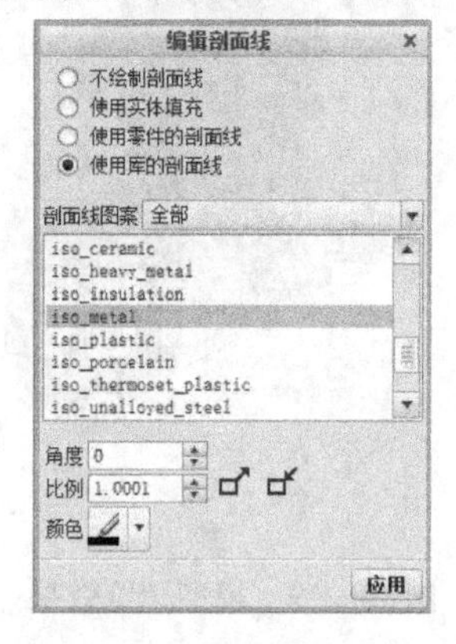

图 13.2.14　【编辑剖面线】对话框

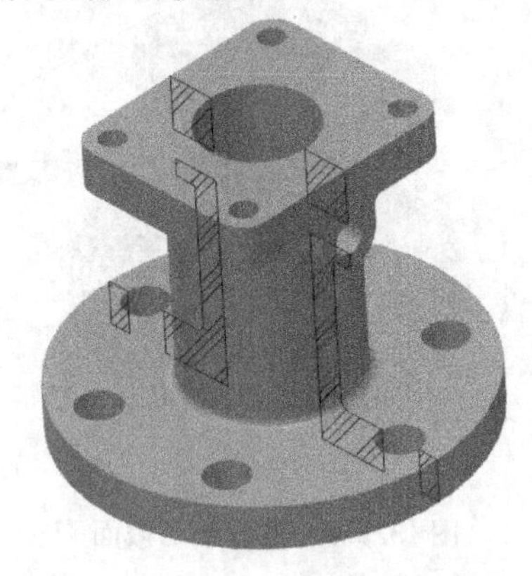

图 13.2.15　修改剖面线后的模型

3. 在零件模式下定义剖切截面 *B*

1）在【视图管理器】对话框中，单击【截面】|【新建】|【平面】，然后输入新截面的名称为“*B*”，按 <Enter> 键。

2）令基准平面、基准轴显示。打开【模型】功能选项卡，在【基准】命令群组中单击【平面】按钮▱，系统弹出【基准平面】对话框。

3）按住 <Ctrl> 键，依次单击如图 13.2.16 所示的轴和基准平面 TOP，设置与轴的放置关系为【穿过】，与 TOP 基准平面的放置关系为【平行】，单击【确定】按钮，创建基准平面。

4）打开【截面】功能选项卡，模型如图 13.2.17 所示。关闭基准平面、基准轴的显示，单击【截面】下滑面板中的显示剖面线按钮，显示剖面线后的模型如图 13.2.18 所示。

5）单击【截面】下滑面板上的预览而不修剪按钮，单击鼠标中键，完成剖切截面 *B* 的创建，创建剖切截面后的模型如图 13.2.19 所示。

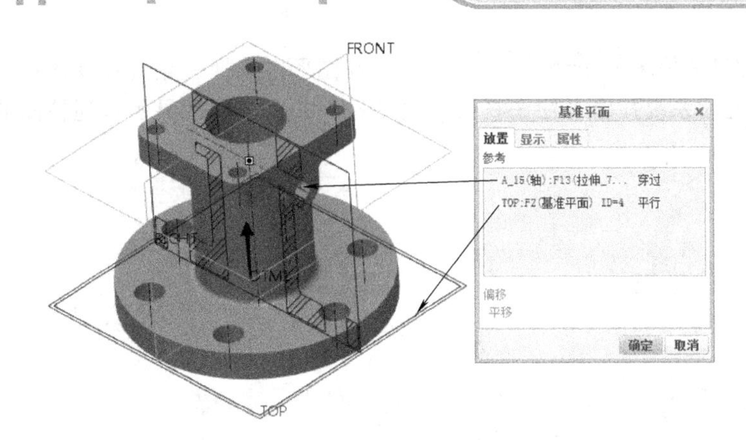

图 13. 2. 16　创建基准平面

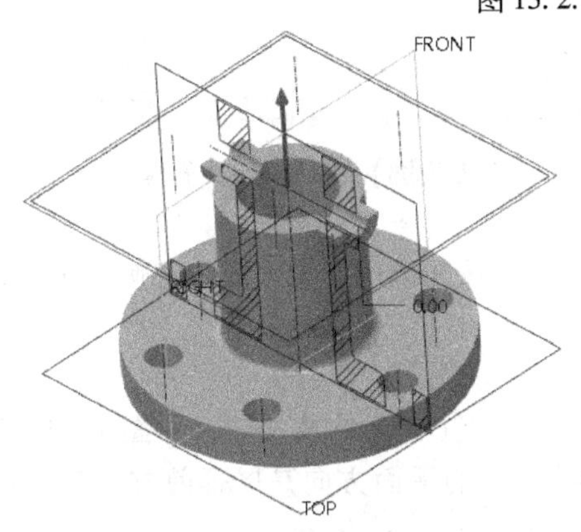

图 13. 2. 17　模型预览效果

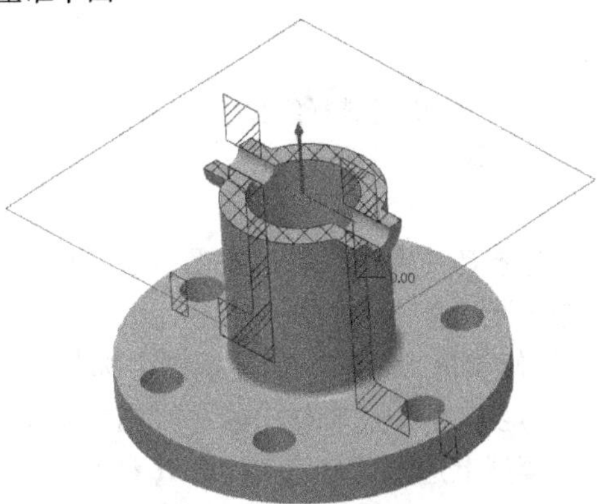

图 13. 2. 18　显示剖面线后的模型

6）单击快速访问工具栏中的【保存】按钮，完成模型的保存，单击【文件】|【管理文件】|【删除旧版本】命令，单击鼠标中键。

4. 创建工程图文件

1）新建一个名字为“基座”的工程图文件。单击【新建】按钮，打开【新建】对话框。在【类型】选项组中选择【绘图】单选按钮，在【名称】文本框中输入“基座”，取消☐ 使用默认模板复选框，然后单击【确定】按钮。

2）选用绘图模板。在弹出的【新建绘图】对话框中，单击【指定模板】选项组中的【格式为空】单选按钮，单击 浏览... 按钮，在【打开】对话框中双击“A4. frm”，单击【确定】按钮，进入工程图环境。

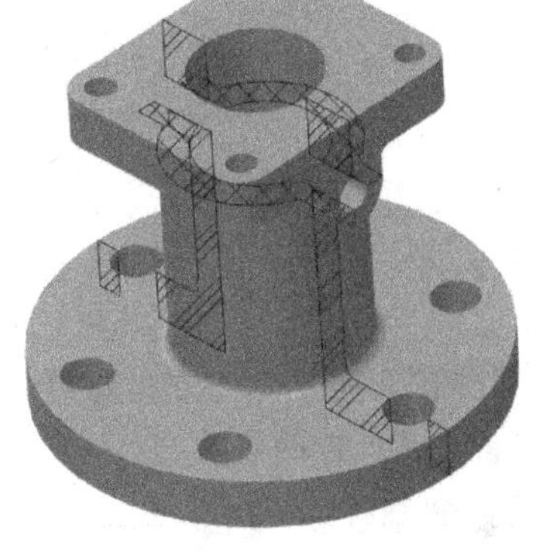

图 13. 2. 19　创建剖切面后的模型

5. 创建主视图

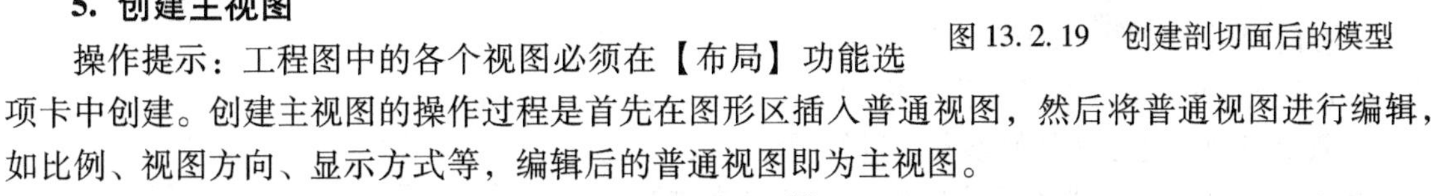

操作提示：工程图中的各个视图必须在【布局】功能选项卡中创建。创建主视图的操作过程是首先在图形区插入普通视图，然后将普通视图进行编辑，如比例、视图方向、显示方式等，编辑后的普通视图即为主视图。

1）在【模型视图】命令群组中，单击常规按钮，系统弹出如图 13. 2. 20 所示的【选择组合状态】对话框。接受默认设置，单击 确定 按钮。

2）系统在信息区提示➡选择绘图视图的中心点。，在图形区选择一点（即视图在图形区的粗略放置位置）单击，此时系统弹出【绘图视图】对话框，并在图形区显示普通视图的预览模型，如图 13.2.21 所示。

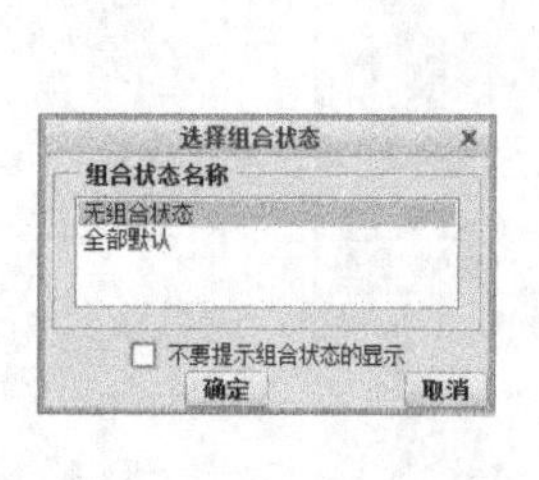

图 13.2.20 【选择组合状态】对话框

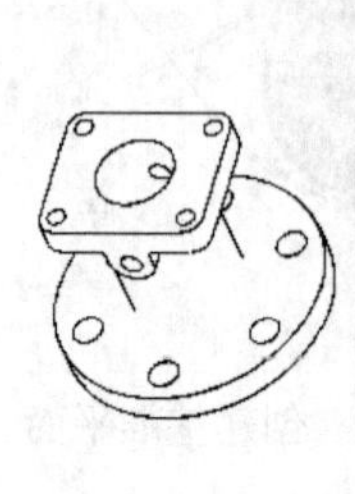

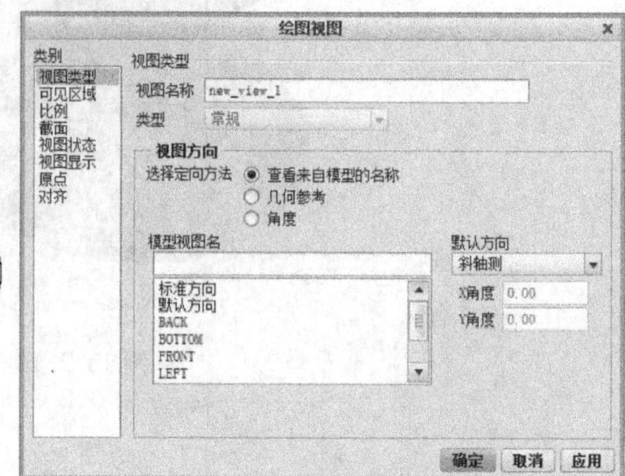

图 13.2.21 【绘图视图】对话框及预览模型

操作技巧：要插入普通视图，也可以在图形区空白处，按住鼠标右键不放，在弹出的快捷菜单中单击插入普通视图...。

3）修改视图名称。在【视图名称】文本框中输入“主视图”。

4）定义主视图方向。在【视图方向】选项组中选择◉ 几何参考单选按钮，如图 13.2.22 所示，在模型上选择【参考 1】和【参考 2】，其中【参考 1】的平面方向是屏幕前方，【参考 2】的平面方向是屏幕上方。单击 应用 按钮，视图预览效果如图 13.2.23 所示。

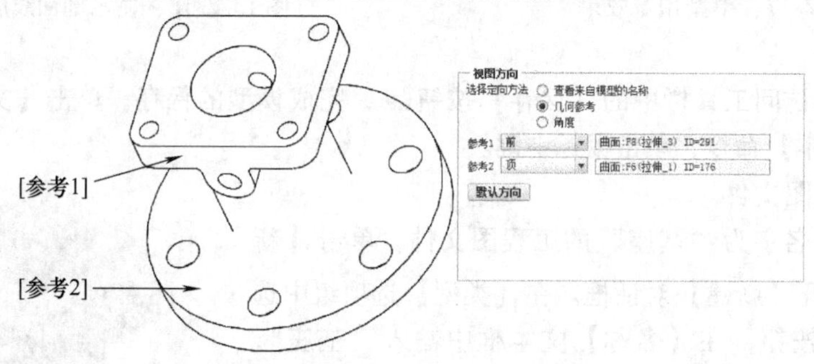

图 13.2.22 选择视图方向参考

【视图方向】定向方法说明：有三种定向方法，每一种都能达到同样的目的。

◆ ◉ 查看来自模型的名称：通过选择来自模型的已保存的视图来定向，如图 13.2.24 所示。在本例中可以选择 FRONT 基准平面作为模型视图的方向，其效果与刚才通过【几何参考】进行设定一致。

◆ ◉ 几何参考：通过选择预览模型的几何参考来进行视图定向，是本例中采用的方法。

◆ ◉ 角度：通过选择旋转参考和旋转角度定向视图。

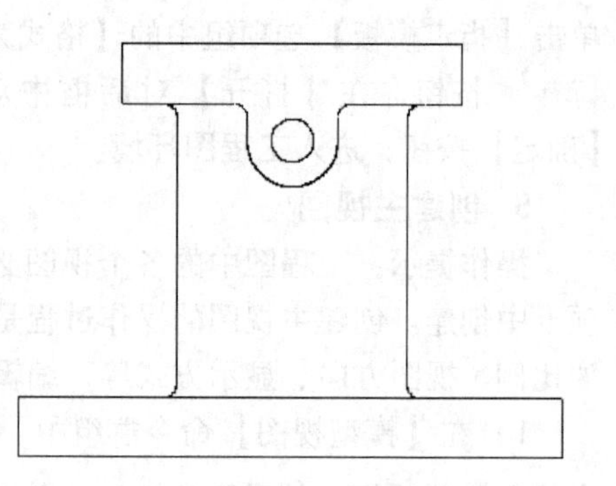

图 13.2.23 视图预览效果

5）设置视图比例。在【绘图视图】对话框中的【类别】列表框中，单击【比例】，选中◆◉ 自定义比例单选按钮，设置比例为 0.8，如图 13.2.25 所示，单击 应用 按钮。

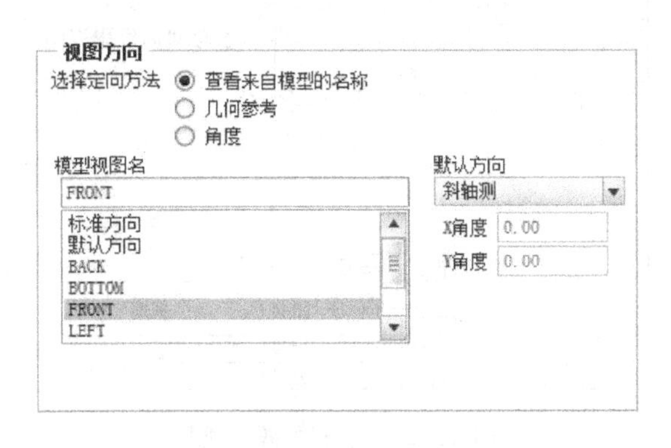

图 13.2.24　设置视图方向

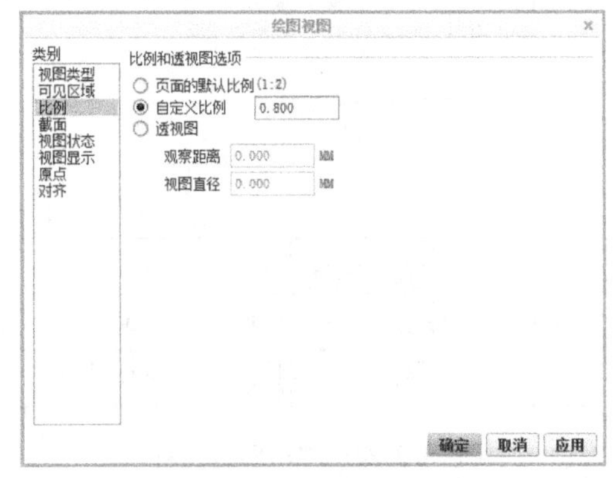

图 13.2.25　设置视图比例

6）单击【绘图视图】对话框中的 关闭 按钮，创建的主视图如图 13.2.26 所示。

6. 移动主视图

1）在【文档】命令群组中单击锁定视图移动按钮，确保按钮弹起。

2）单击创建的主视图，此时光标变为✥，如图 13.2.27 所示，拖拽主视图到合适位置，移动后的视图如图 13.2.28 所示。

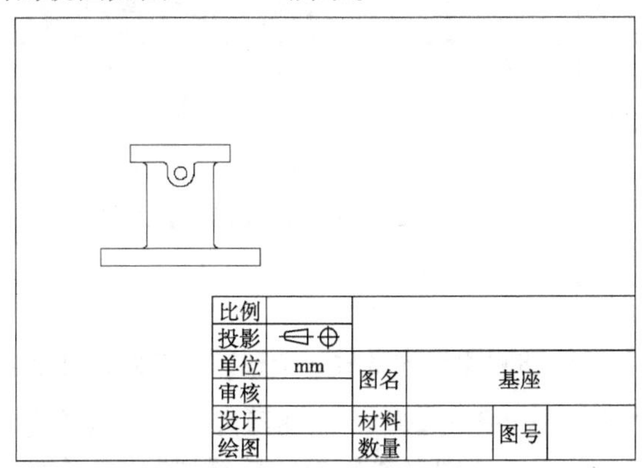

图 13.2.26　创建的主视图

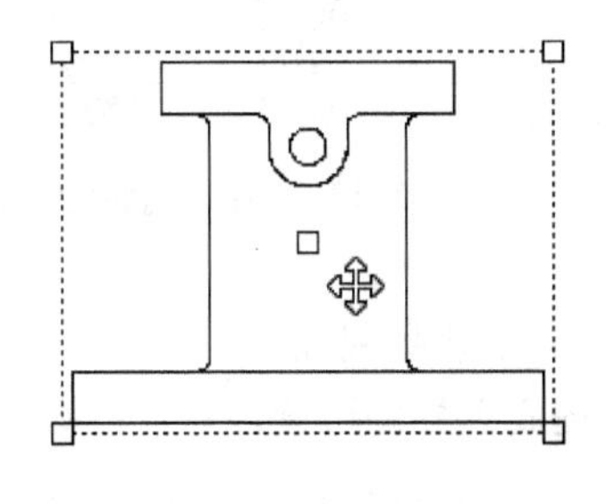

图 13.2.27　移动视图位置

7. 创建投影视图

操作提示：这里的投影视图是指主视图的投影视图，分别为基座零件的俯视图和左视图。

1）单击选中主视图作为投影视图的父项视图，在【模型视图】命令群组中，单击 投影 按钮，或按住鼠标右键不放，在弹出的快捷菜单中选择【插入投影视图…】。

2）在图形区移动鼠标到一合适的位置，即投影视图放置位置，单击鼠标左键，创建的投影视图如图 13.2.29 所示。

3）采用同样的方法，创建左视图，并调整视图位置，创建的三视图如图 13.2.30 所示。

操作提示：如果要将某个视图删除，可以单击选中该视图，然后单击 <Delete> 键，或者通过鼠标右键快捷菜单中的✕ 删除(D)命令进行删除。当选择的要删除的视图带有子视图时，系统会弹出如图 13.2.31 所示的【确认】对话框，要求确认是否删除该视图，若单击 是 按钮，会将该视图的所有子视图连同该视图一并删除。单击否按钮，取消删除操作。

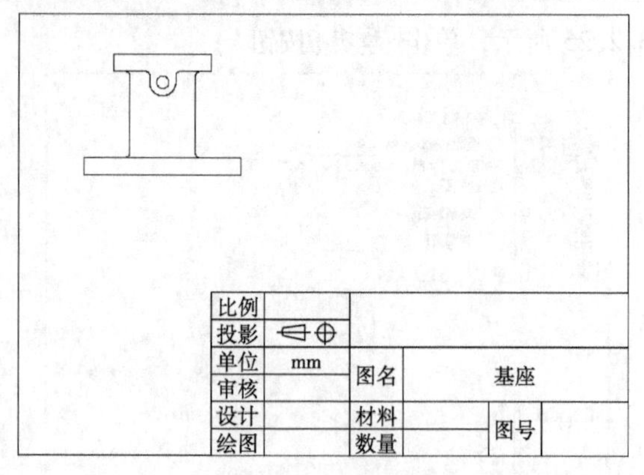

图 13.2.28 移动后的视图

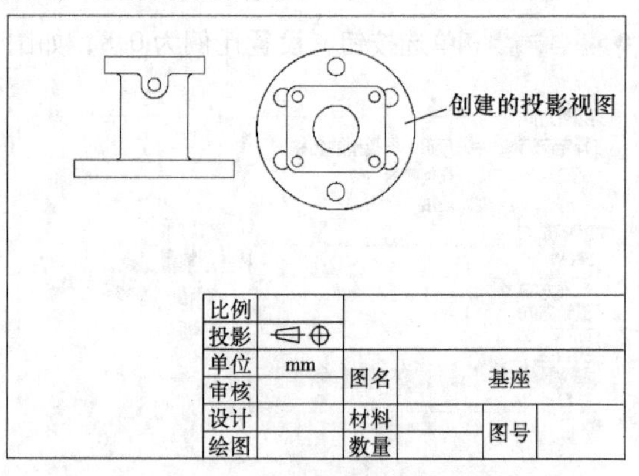

图 13.2.29 创建的投影视图

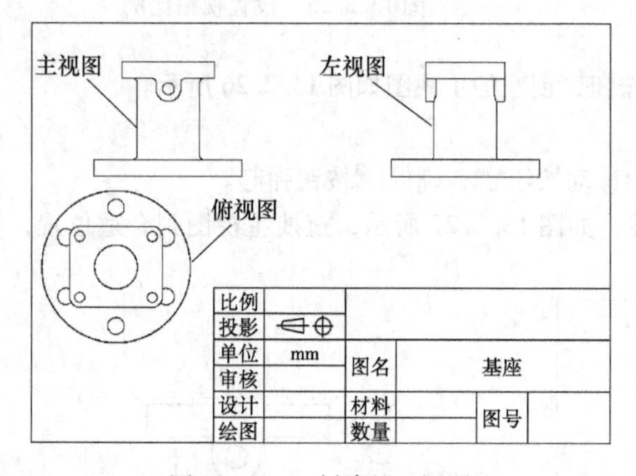

图 13.2.30 创建的三视图

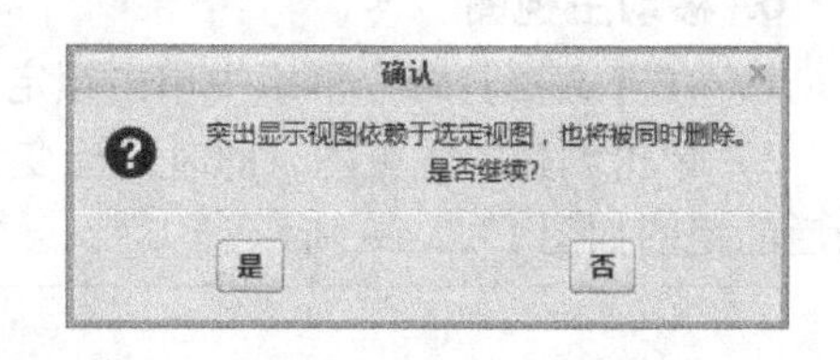

图 13.2.31 【确认】对话框

8. 添加轴测视图

为提高图样的可读性，可以添加轴测视图。一般轴测图作为最后一个视图添加到图样上。

1）单击常规按钮，系统在信息区提示选择绘图视图的中心点，在图形区选择一点单击，此时图形区出现预览模型和【绘图视图】对话框，设置【视图名称】为“轴测图”，在【视图方向】选项组中选择【查看来自模型的名称】单选按钮，然后在【模型视图名】列表中选择【轴测视图】，如图 13.2.32 所示，单击应用按钮。

2）在【绘图视图】对话框中的【类别】列表框中，单击【比例】，选中自定义比例单选按钮，设置比例为 0.8，单击应用按钮。

3）单击【绘图视图】对话框中的关闭按钮。

4）调整视图位置，创建的轴测视图如图 13.2.33 所示。

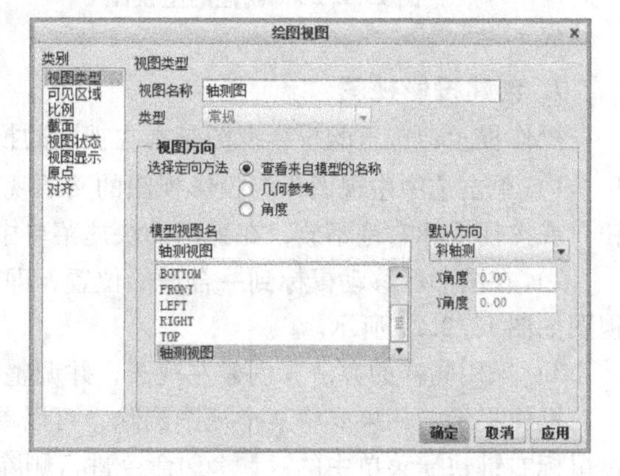

图 13.2.32 【绘图视图】对话框设置

9. 创建全剖视图

1）在图形区双击左视图，系统弹出【绘图

视图】对话框，如图13.2.34所示，在对话框的【类别】列表框中单击选择【截面】，在【截面选项】选项组中选择◉ 2D 横截面单选按钮，单击将横截面添加到视图按钮＋，单击“A”。

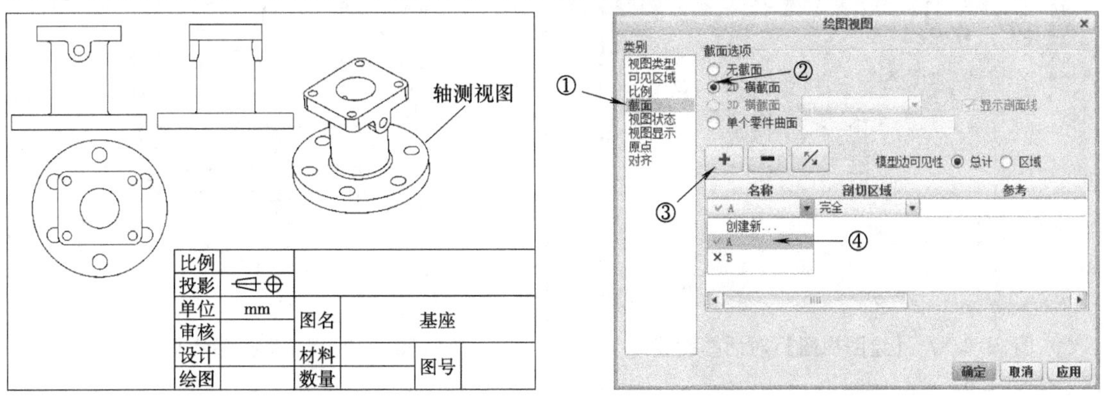

图13.2.33　创建的轴测视图　　　　图13.2.34　创建剖视图

操作提示：这里的“A”、“B”截面是前面在零件模式下创建的。

2）在【剖切区域】列表中保持默认的【完全】方式，单击 应用 按钮，左视图预览效果如图13.2.35所示。

3）单击【箭头显示】下的文本框，系统提示 给箭头选出一个截面在其处垂直的视图。中键取消。，在图形区单击主视图，单击【绘图视图】对话框中的 关闭 按钮，创建的全剖视图如图13.2.36所示，在主视图上出现视图方向的标识及截面名称。

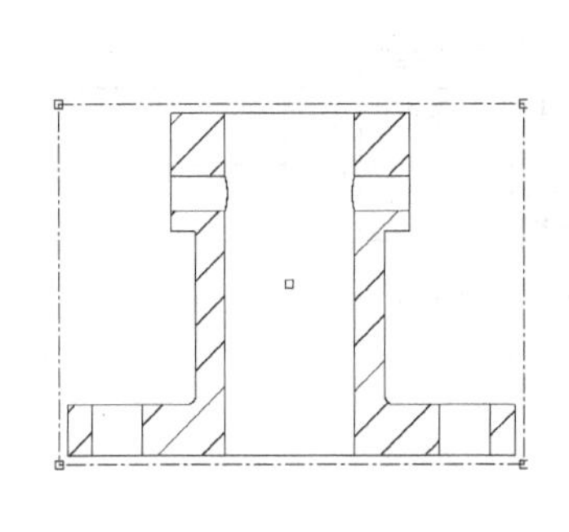

图13.2.35　左视图预览效果

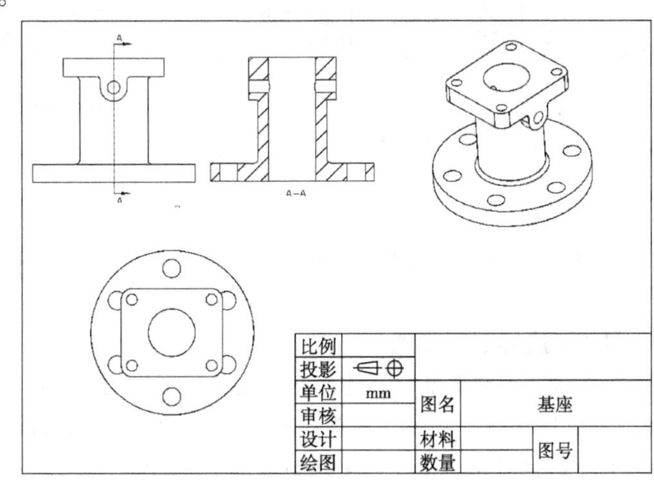

图13.2.36　创建的全剖视图

10. 创建半剖视图

1）在图形区双击左视图，系统弹出【绘图视图】对话框，在对话框的【类别】列表框中单击选择【截面】，在【截面选项】选项组中选择◉ 2D 横截面单选按钮，单击将横截面添加到视图按钮＋，单击“B”，在【剖切区域】列表中选择【一半】，如图13.2.37所示，系统在信息区提示 为半截面创建选择参考平面。。

2）令基准平面显示，如图13.2.38所示，在俯视图中单击选择FRONT基准平面，此时俯视图如图13.2.39所示，箭头方向指向进行剖视的部分。

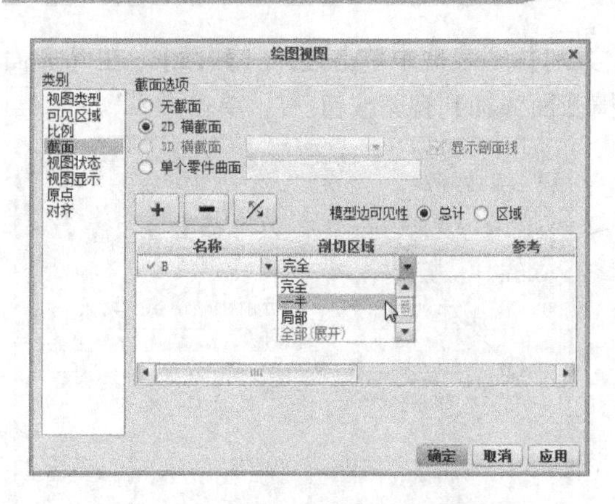

图 13.2.37 【绘图视图】对话框设置

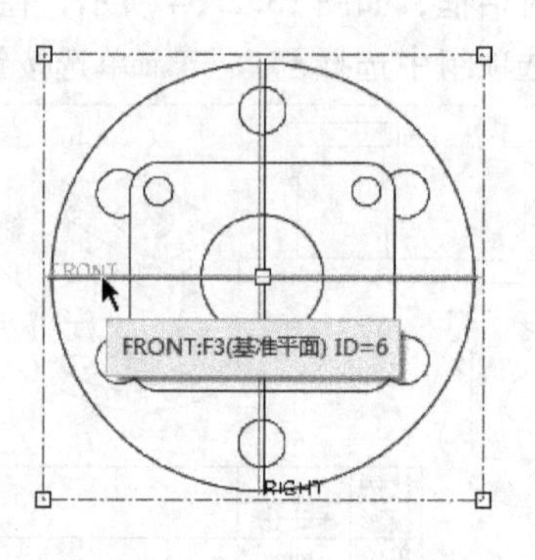

图 13.2.38 选择参考平面

3）单击【箭头显示】下的文本框，在图形区单击主视图，单击 应用 按钮，单击 关闭 按钮，创建的半剖视图如图 13.2.40 所示。

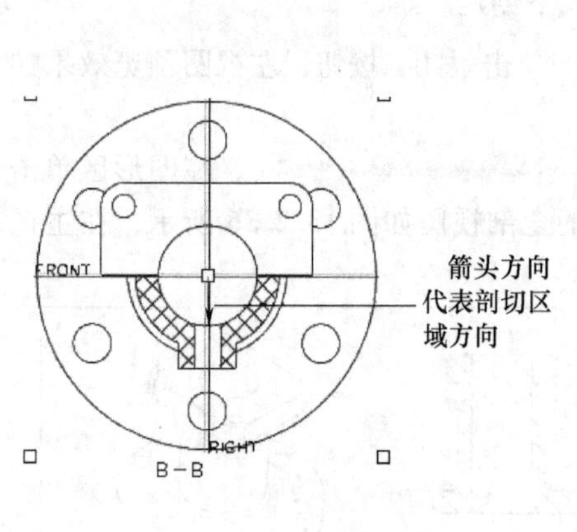

图 13.2.39 选择剖视方向

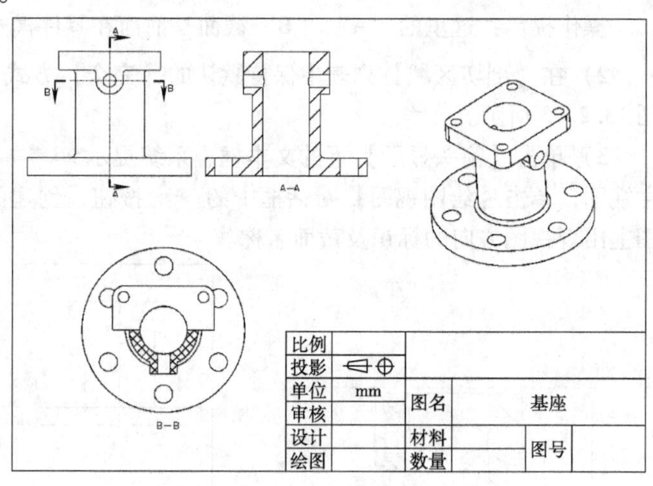

图 13.2.40 创建的半剖视图

11. 创建局部剖视图

操作提示：局部剖视图的截面将在工程图模式下创建。

1）在图形区，双击【主视图】，系统弹出【绘图视图】对话框，在对话框的【类别】列表框中单击选择【截面】，在【截面选项】选项组中选择 2D 横截面单选按钮。

2）单击将横截面添加到视图按钮 + ，系统弹出如图 13.2.41 所示的【横截面创建】【菜单管理器】。

3）在菜单管理器中单击【平面】|【单一】|【完成】，在如图 13.2.42 所示的文本框中输入横截面的名称为“C”，单击鼠标中键。

4）系统弹出如图 13.2.43 所示的【设置平面】【菜单管理器】，并在信息区提示 选择平面曲面或基准平面。。

5）如图 13.2.44 所示，在图形工具栏中单击选中 平面显示选项，将基准平面显示出来。

图 13.2.41 【横截面创建】【菜单管理器】

图 13. 2. 42　输入横截面名称

图 13. 2. 43　【设置平面】【菜单管理器】

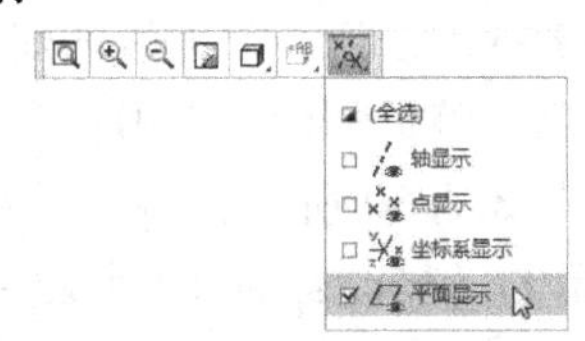

图 13. 2. 44　设置平面显示

6）在俯视图上，单击选择 FRONT 基准平面作为截面，此时【绘图视图】对话框如图 13. 2. 45 所示。

7）在【剖切区域】列表中选择【局部】。系统在信息区提示"选择截面间断的中心点< C >"，如图 13. 2. 46 所示，在主视图中需要进行局部剖视区域的任意特征（如边、曲面等）上单击，以选择中心点。此时系统在信息区提示"草绘样条，不相交其他样条，来定义一轮廓线。"。

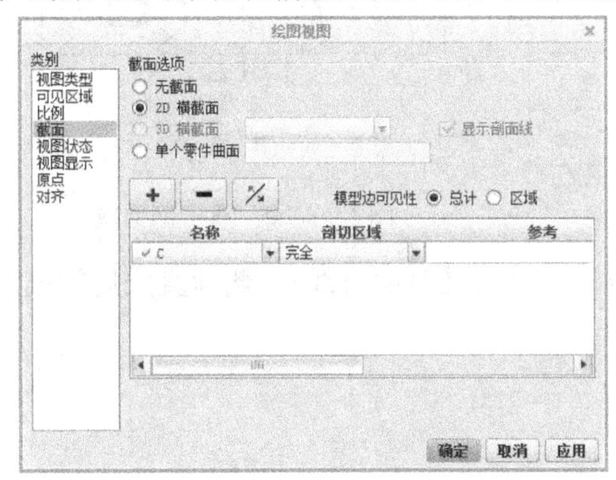

图 13. 2. 45　【绘图视图】对话框

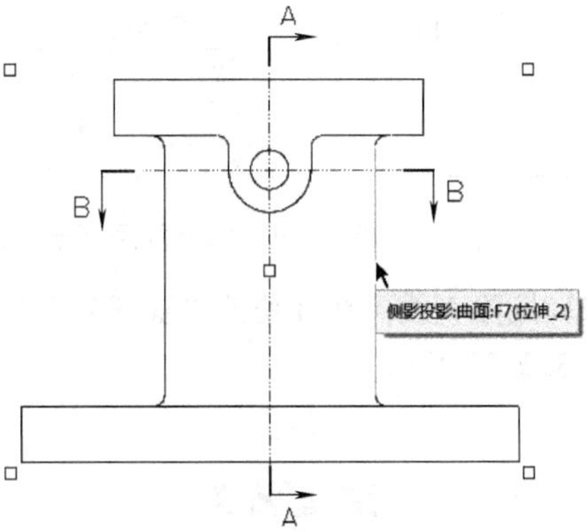

图 13. 2. 46　选择中心点

8）如图 13. 2. 47 所示，通过鼠标单击在刚才确立的中心点周围绘制一条样条线。

操作技巧：绘制样条时，不需要封闭，当鼠标在图 13. 2. 47 所示位置时，单击鼠标中键，系统会自动将样条封闭，如图 13. 2. 48 所示。

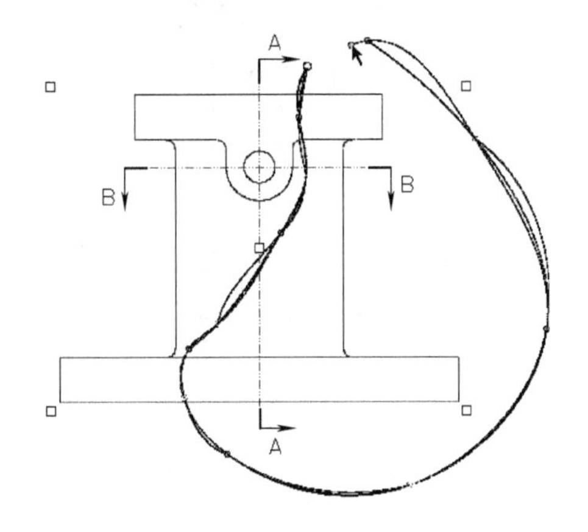

图 13. 2. 47　绘制样条线

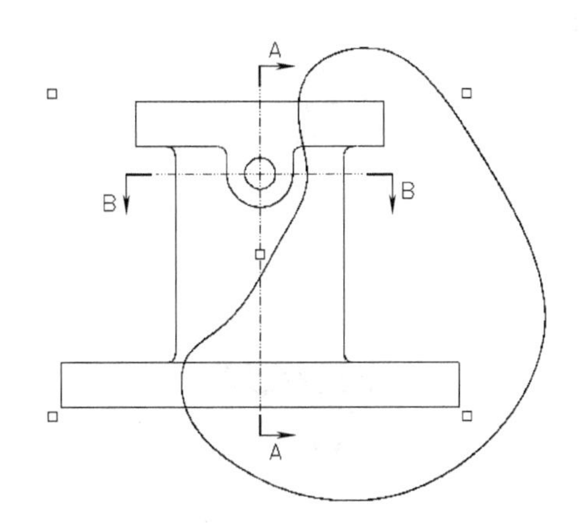

图 13. 2. 48　样条线自动封闭

9）单击【箭头显示】下的文本框，单击俯视图，单击 应用 按钮，单击 关闭 按钮。创建的局部剖视图如图 13.2.49 所示。

12. 修改剖面线

创建好剖视图以后，剖面线的间距、角度、线型等是可以修改的，操作方法如下：

操作提示：编辑剖面线必须在【布局】功能选项卡下进行。

1）如图 13.2.50 所示，将鼠标移动到剖视图的剖面线上，双击鼠标左键，系统弹出如图 13.2.51 所示的【修改剖面线】【菜单管理器】。

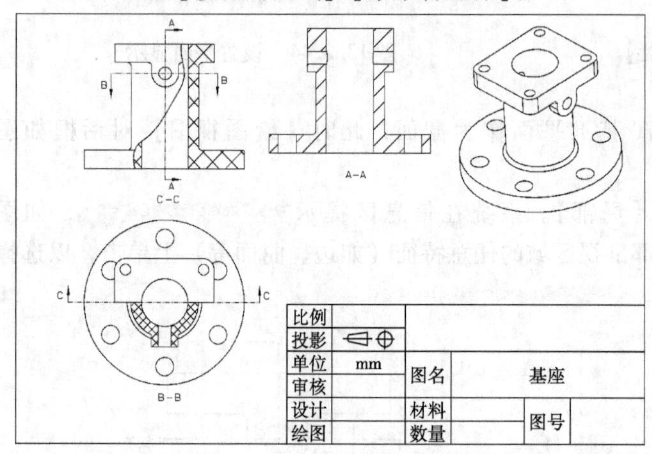

图 13.2.49 创建的局部剖视图

图 13.2.50 双击剖面线

2）删除直线。在【修改剖面线】【菜单管理器】中单击【删除直线】。删除直线后的模型如图 13.2.52 所示。

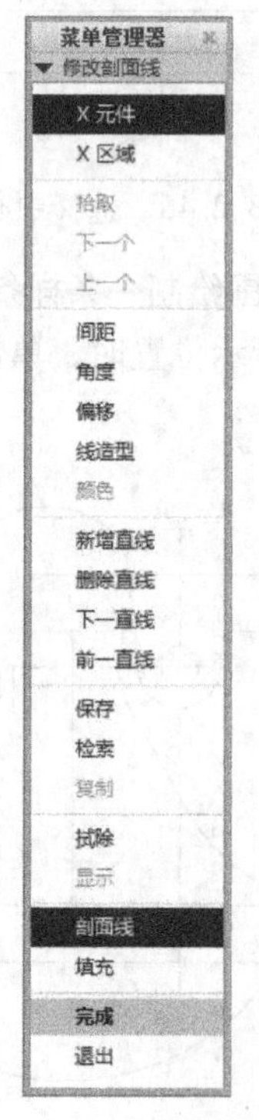

图 13.2.51 【修改剖面线】【菜单管理器】

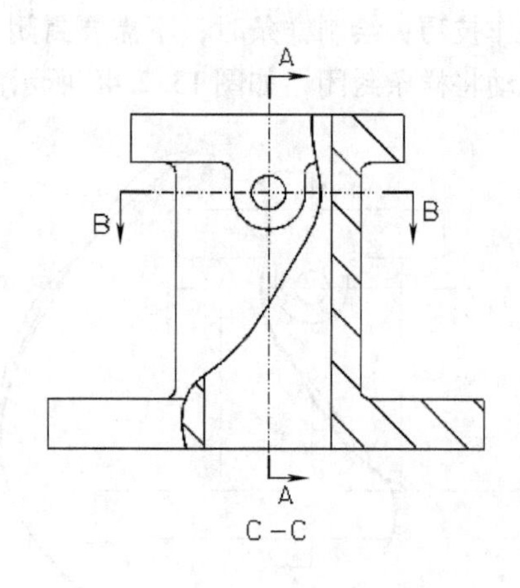

图 13.2.52 删除直线后的模型

3）修改间距。在【修改剖面线】【菜单管理器】中单击【间距】，在如图 13.2.53 所示的【修改模式】【菜单管理器】中单击【整体】|【一半】。该操作可以快速设定剖面线的间距变为原来的一半，用户也可以单击【值】，自行输入剖面线的间距。

4）修改剖面线的角度。在【修改剖面线】【菜单管理器】中单击【角度】，在如图 13.2.54 所示的【修改模式】菜单中单击【45】。用户也可以单击【值】，自行输入剖面线的角度。

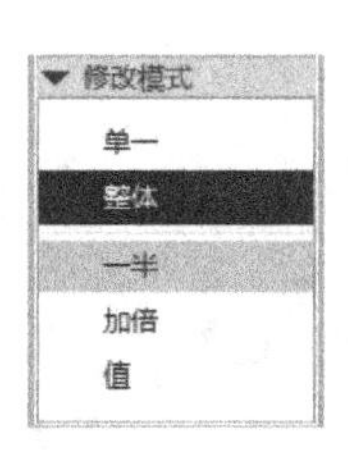

图 13.2.53　【修改模式】【菜单管理器】

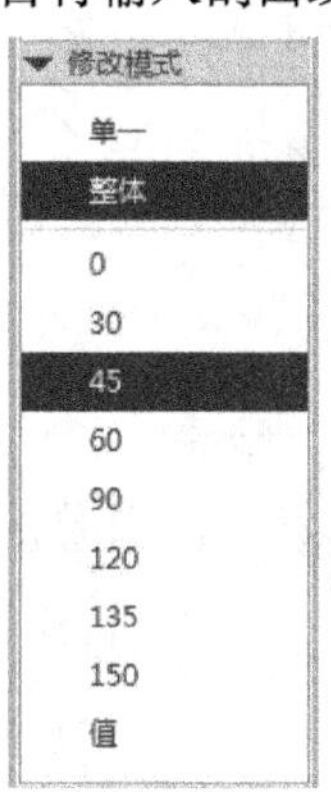

图 13.2.54　设置剖面线角度

5）单击【修改剖面线】【菜单管理器】中的【完成】，修改后的剖面线效果如图 13.2.55 所示。

13. 显示基准轴

操作提示：本例的基座零件中有很多孔特征及圆柱特征，在工程图中习惯为这些特征添加中心线，在 Creo 中可以通过显示基准轴的方法实现。

1）打开【注释】功能选项卡，在【注释】命令群组中单击【显示模型注释】按钮，系统弹出【显示模型注释】对话框。

2）打开【显示模型基准】选项卡，按住 <Ctrl> 键，在图形区依次单击需要显示基准轴的视图。

3）在如图 13.2.56 所示的【显示模型注释】对话框中，单击按钮，单击 确定 按钮，完成模型基准显示的设置，视图显示基准轴如图 13.2.57 所示。

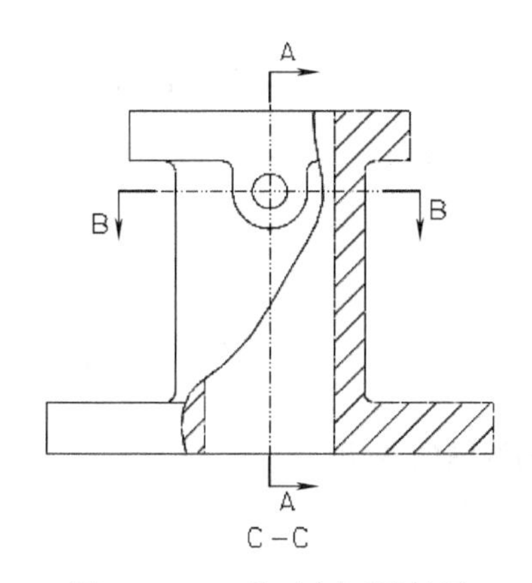

图 13.2.55　修改剖面线效果

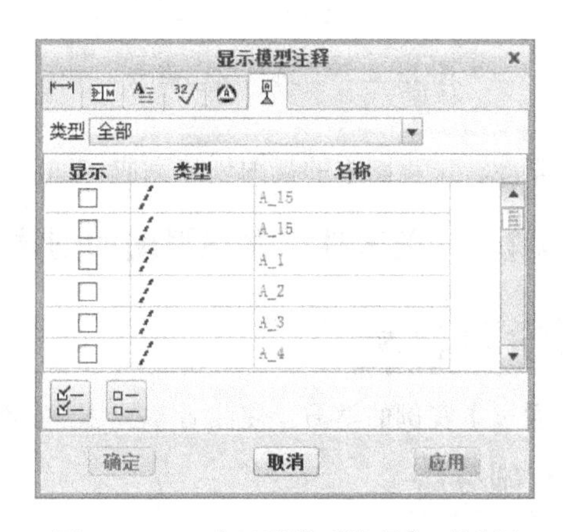

图 13.2.56　【显示模型注释】对话框

14. 草绘基准圆

1）打开【草绘】功能选项卡，在【草绘】命令群组中，单击 构造圆 命令，此时系统弹出如图 13.2.58 所示的【捕捉参考】对话框。

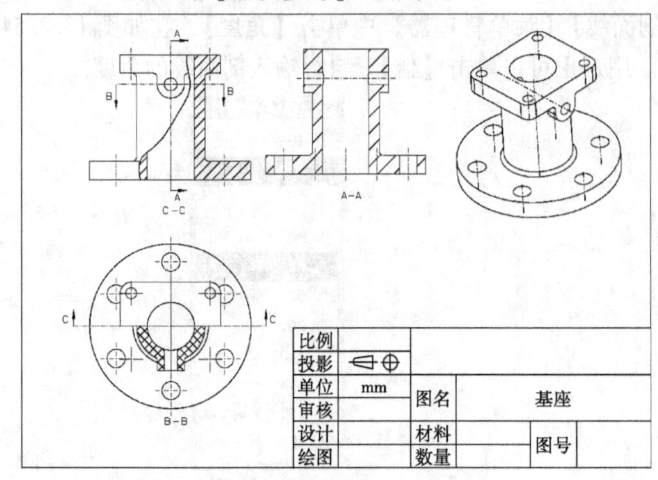

图 13.2.57　视图显示基准轴

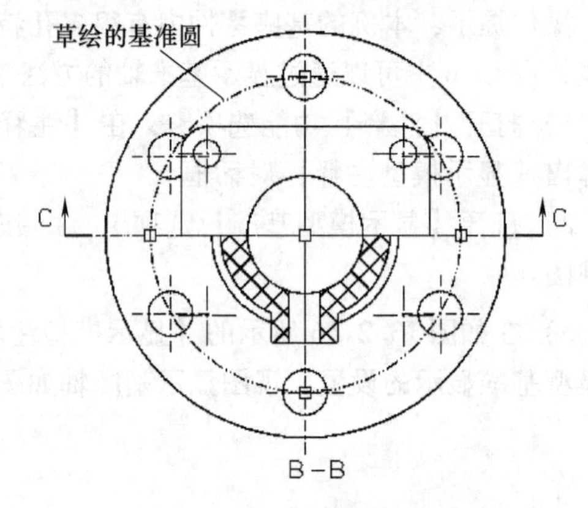

图 13.2.58　【捕捉参考】对话框

2）在【捕捉参考】对话框中单击 按钮，然后在俯视图中依次单击选择如图 13.2.59 所示的两段圆弧为绘图参考。

3）再次单击【草绘】命令群组中的 构造圆 命令，绘制如图 13.2.60 所示的基准圆。

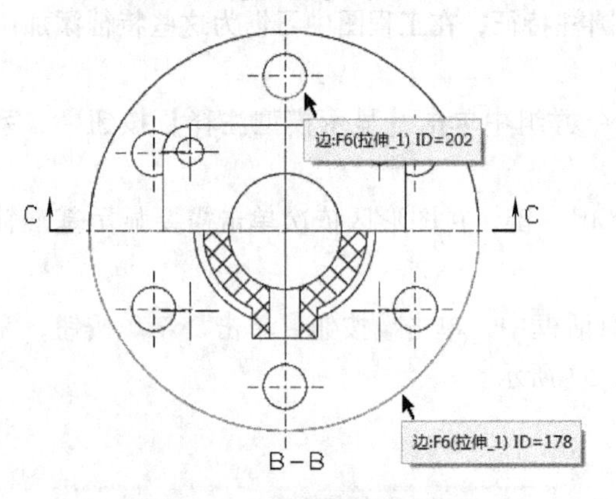

图 13.2.59　选择绘图参考

草绘的基准圆

B-B

图 13.2.60　绘制的基准圆

至此，工程图中的视图创建完成，如图 13.2.61 所示。

13.2.2　托架零件工程图视图的创建

学习目标

通过本实例的学习，使读者掌握创建详细视图和辅助视图的方法。

实例分析

如图 13.2.62 所示的托架零件，其工程图如图 13.2.63 所示，为更清晰地表达产品的结构，创建了详细视图和辅助视图。详细视图一般是放大某一个视图（该视图作为父项视图）中较为复杂的局部结构。辅助视图是一种具有投影关系的工程视图，它是以垂直角度向父项视图中的参考面进行投影而产生的视图。一般情况下，辅助视图通常是局部的。

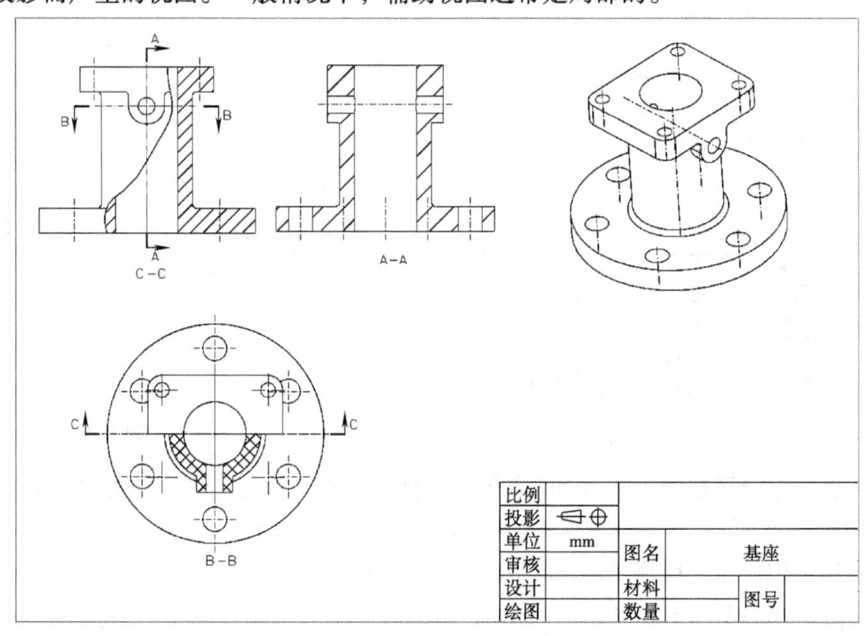

图 13. 2. 61　创建的工程图视图

图 13. 2. 62　托架零件

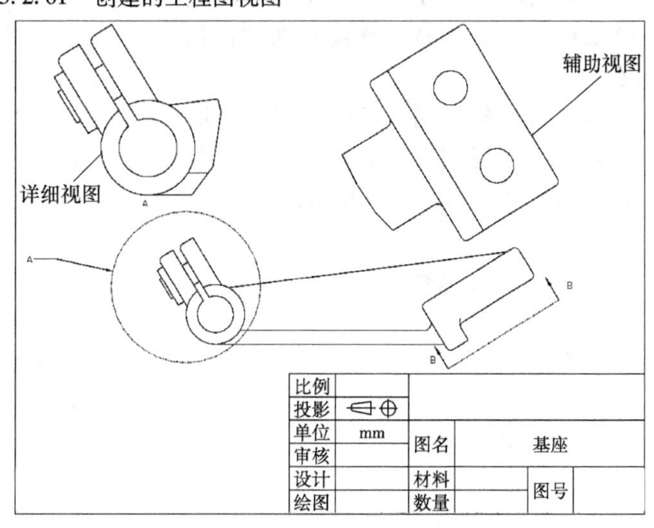

图 13. 2. 63　托架工程图

1. 打开工程图文件

1）启动 Creo 系统，单击选择工作目录按钮，选择“\ 第 13 章实例 \ 工程图视图 \ ”为工作目录。

2）单击【打开】按钮，在【打开】对话框中双击“托架 . drw”文件，模型视图如图 13. 2. 64 所示。

2. 插入详细视图

1）在【模型视图】命令群组中单击 详细 按钮，此时系统在信息区提示

➪在一现有视图上选择要查看细节的中心点。。

2）在模型上单击选择如图 13.2.65 所示的边上的任意处，以确定中心点。此时，系统在信息区提示➪草绘样条，不相交其他样条，来定义一轮廓线。。

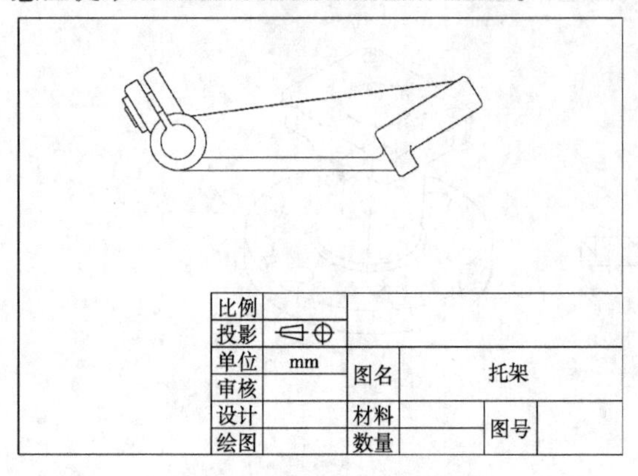

图 13.2.64　模型视图

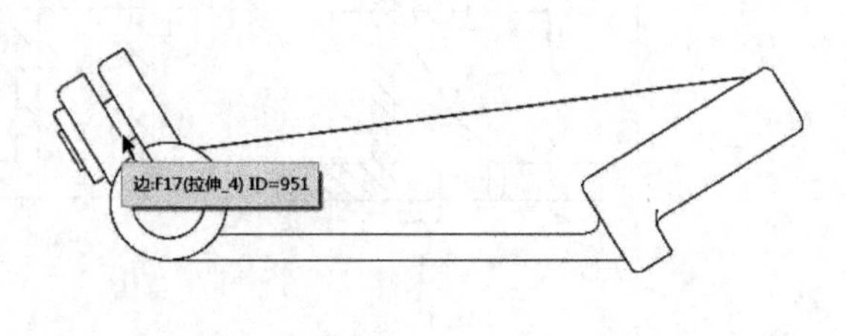

图 13.2.65　确定中心点

3）使用鼠标左键围绕着所选的中心点依次选择若干点，从而生成环绕要详细显示区域的样条线，如图 13.2.66 所示。

4）单击鼠标中键，完成样条的定义，系统在信息区提示➪选择绘图视图的中心点。。在图形区合适位置单击，此时创建的详细视图如图 13.2.67 所示，默认的详细视图的比例为"2:1"。

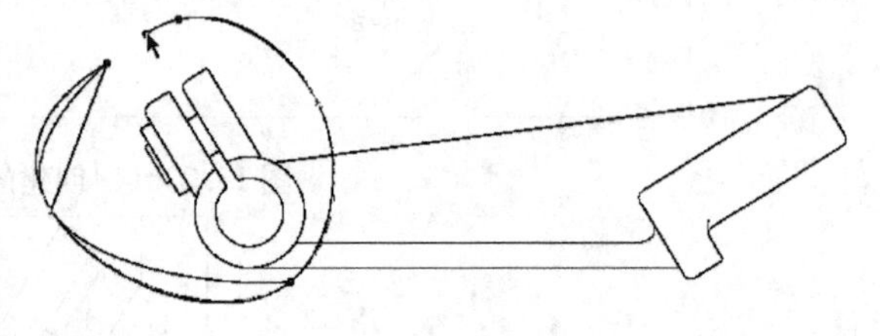

图 13.2.66　绘制样条线

5）双击详细视图，系统打开【绘图视图】对话框。单击【类别】列表框中的【比例】，选中◉ 自定义比例单选按钮，设置详细视图的比例为"1.6"，如图 13.2.68 所示。

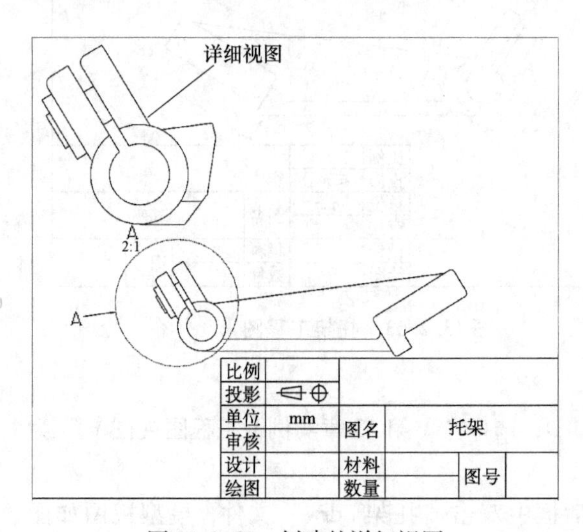

图 13.2.67　创建的详细视图

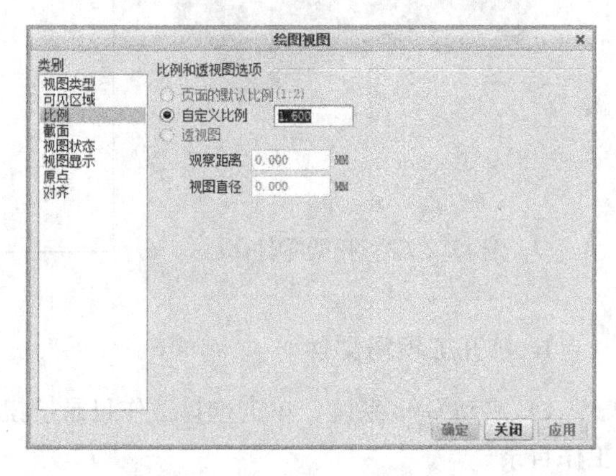

图 13.2.68　设置比例

6）在【绘图视图】对话框中，单击 应用 按钮，单击 关闭 按钮，调整视图位置，完成详细视图的创建，如图 13.2.69 所示。

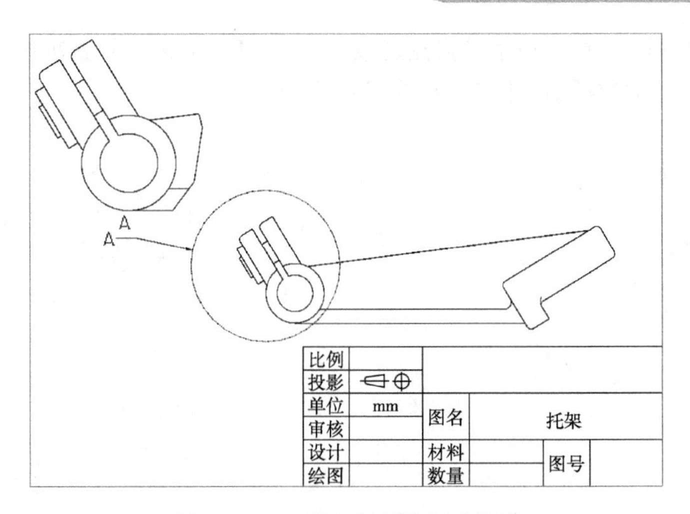

图 13.2.69 详细视图的创建效果

3. 插入辅助视图

1）在【模型视图】命令群组中，单击 辅助按钮。

2）在模型上单击选择如图 13.2.70 所示的边，以确定中心点，此时，系统在信息区提示 选择绘图视图的中心点。。

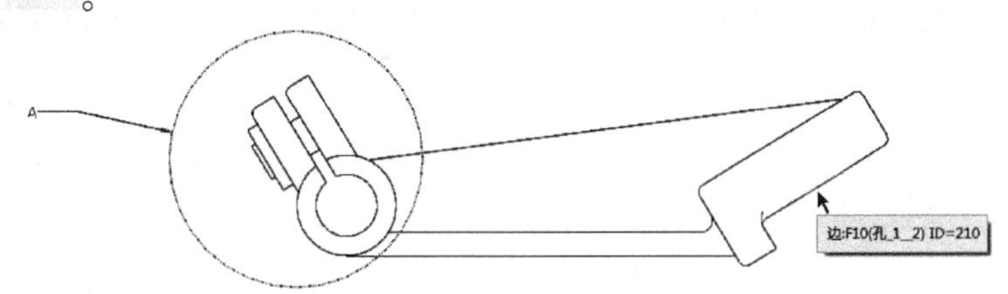

图 13.2.70 确定中心点

3）此时在参考边的垂直方向上出现一个代表辅助视图的矩形框，如图 13.2.71 所示，拖动框在投影方向上移动，在所需的放置位置单击鼠标左键，插入辅助视图如图 13.2.72 所示。

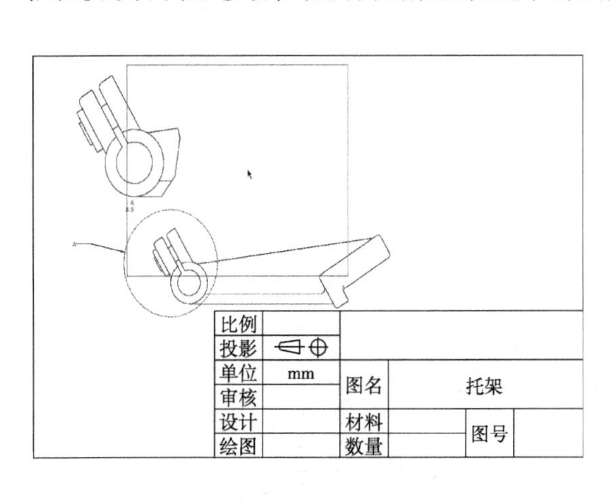

图 13.2.71 代表辅助视图的矩形框

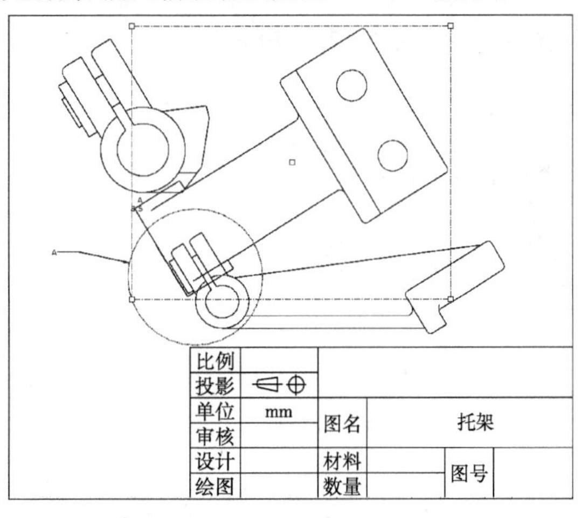

图 13.2.72 插入辅助视图

4）双击辅助视图，打开【绘图视图】对话框，在【视图类型】选项区域中，将视图名称设置为“B”，在【投影箭头】选项组中选中 双单选按钮，如图 13.2.73 所示。

5）在【类别】列表框中，单击【可见区域】，打开【可见区域】选项区域，从【视图可见性】列表框中选择【局部视图】选项，如图13.2.74所示。

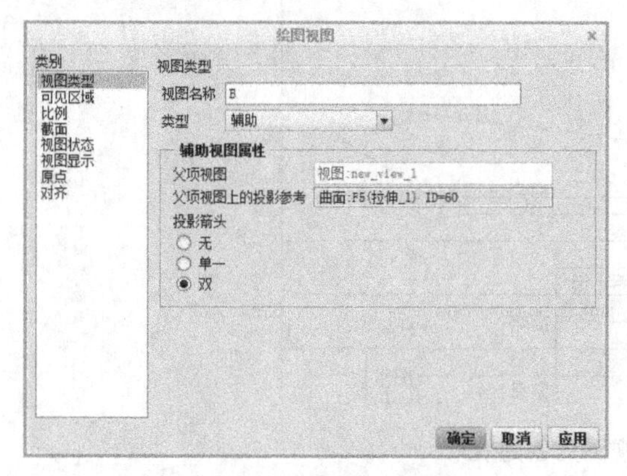

图13.2.73　设置视图类型

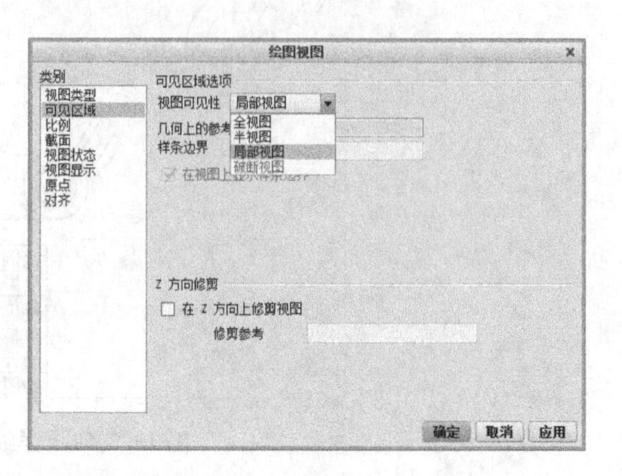

图13.2.74　选择【局部视图】

6）此时系统提示 选择新的参考点，单击"确定"完成。，在辅助视图中如图13.2.75所示的边上单击任意一点，并在参考点周围连续单击以获得所需要的样条边界，如图13.2.76所示。单击鼠标中键结束。模型预览效果如图13.2.77所示，此时【绘图视图】对话框如图13.2.78所示。

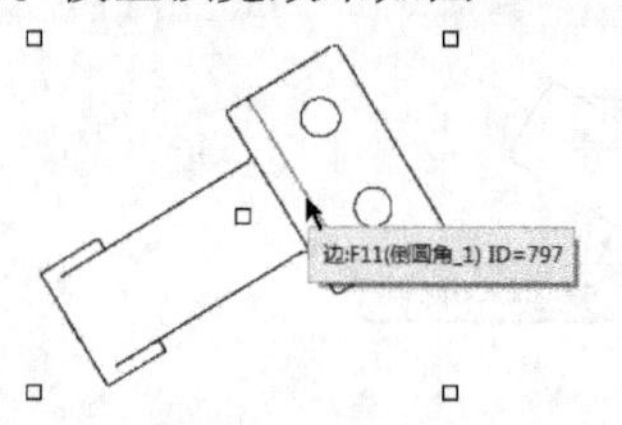

图13.2.75　确定中心点

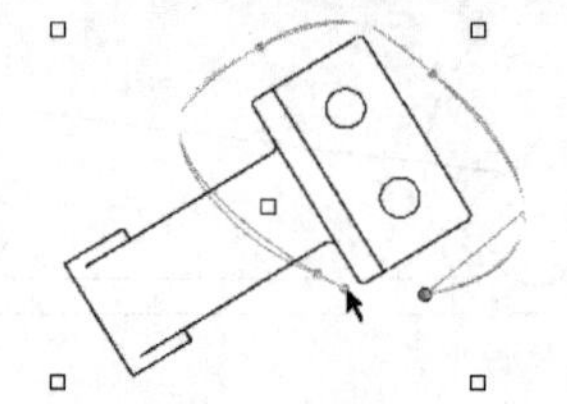

图13.2.76　绘制样条线

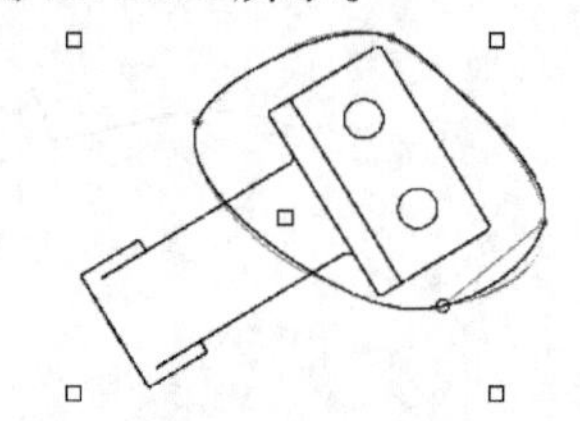

图13.2.77　模型预览效果

7）在【绘图视图】对话框中，单击 应用 按钮，单击 关闭 按钮，调整视图位置，完成辅助视图的创建，如图13.2.79所示。

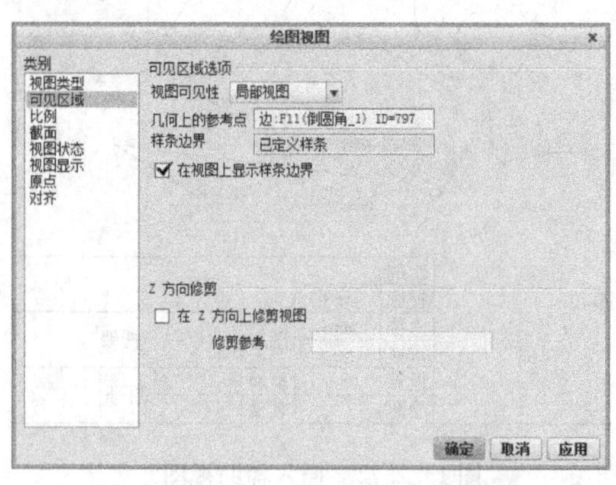

图13.2.78　【绘图视图】对话框

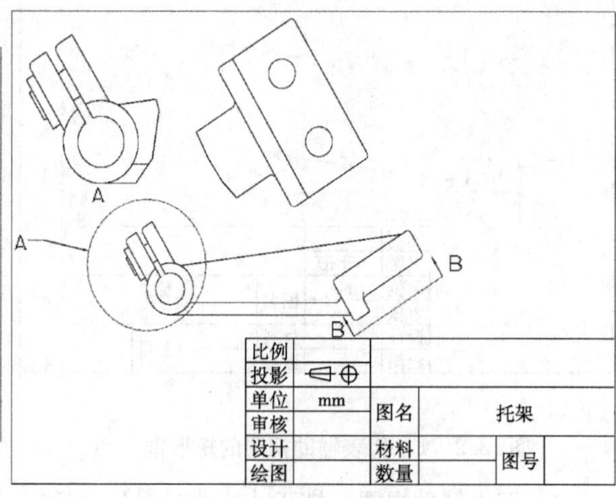

图13.2.79　辅助视图的创建效果

13.2.3　轴工程图视图的创建

学习目标

通过本实例的学习，使读者掌握创建移出剖面、破断视图操作方法。

实例分析

如图 13.2.80 所示的轴，其工程图如图 13.2.81 所示。在创建轴的工程图时，为了节省图纸空间采用了破断视图，此外，在表现键槽结构时，应用了移出截面特征。移出截面属于普通视图，其优势在于可以任意移动位置。移出截面的前提需要创建截面，图 13.2.82 所示为在零件模式下创建的两个截面。

图 13.2.80　轴

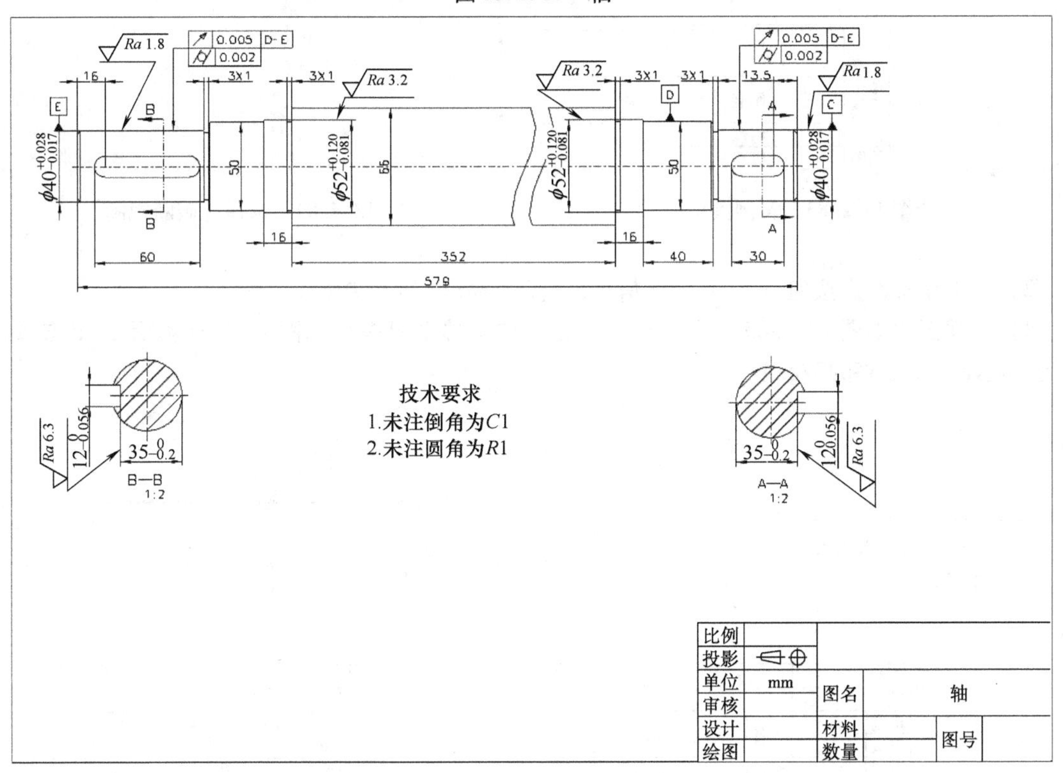

图 13.2.81　轴零件工程图

图 13.2.82　创建的截面特征

1. 打开工程图文件

1）启动Creo系统，单击选择工作目录按钮，选择“\第13章实例\工程图视图\”为工作目录。

2）单击【打开】按钮，在【打开】对话框中双击“轴.drw”文件，实例模型如图13.2.83所示。

2. 创建破断视图

1）双击现有视图，打开【绘图视图】对话框，在【类别】列表框中单击【可见区域】，在【视图可见性】列表中选择【破断视图】，如图13.2.84所示。

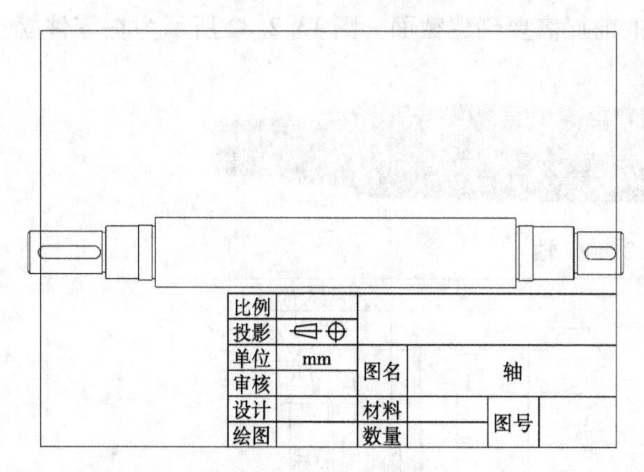

图13.2.83　实例模型

图13.2.84　选择【破断视图】

2）单击添加断点按钮，系统在信息区提示“草绘一条水平或竖直的破断线。”。

3）在视图中如图13.2.85所示的位置单击，向下移动鼠标，如图13.2.86所示，单击鼠标左键，创建一条竖直的破断线。

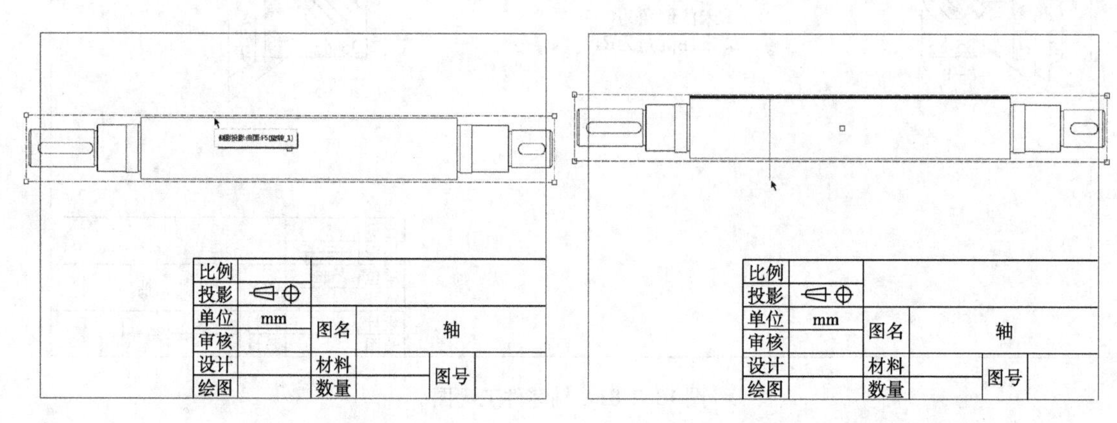

图13.2.85　单击鼠标　　图13.2.86　向下移动鼠标

4）此时系统提示“拾取一个点定义第二条破断线。”，在视图中如图13.2.87所示的位置单击，系统自动创建第二条破断线，如图13.2.88所示，此时【绘图视图】对话框如图13.2.89所示。

5）如图13.2.90所示，在【破断线造型】列表框中选择【草绘】类型，此时系统在信息区提示“为样条创建要经过的点。”。

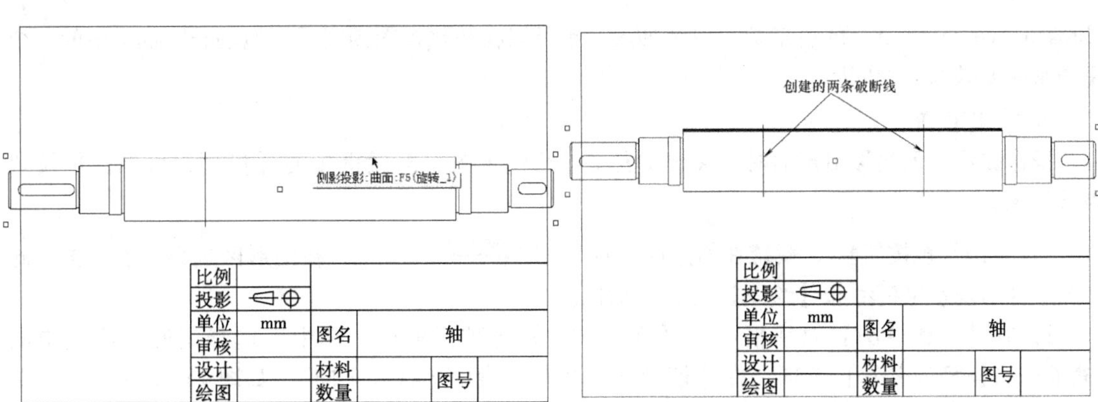

图 13.2.87　单击鼠标　　　　图 13.2.88　创建第二条破断线

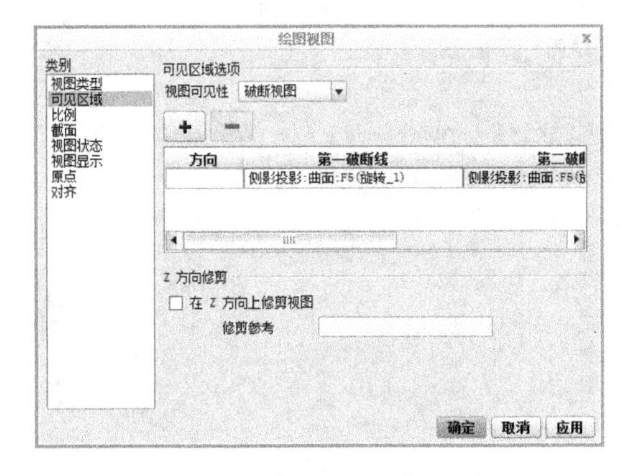

图 13.2.89　【绘图视图】对话框

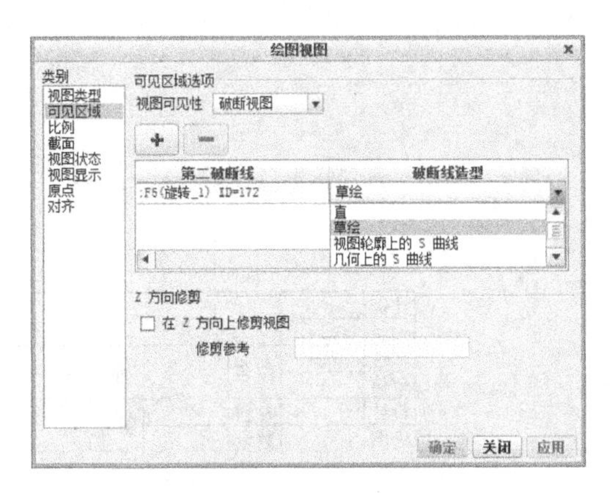

图 13.2.90　选择【草绘】

6）直接在图形区绘制如图 13.2.91 所示的样条曲线，完成后单击鼠标中键，此时系统自动生成草绘样式的破断线，如图 13.2.92 所示。

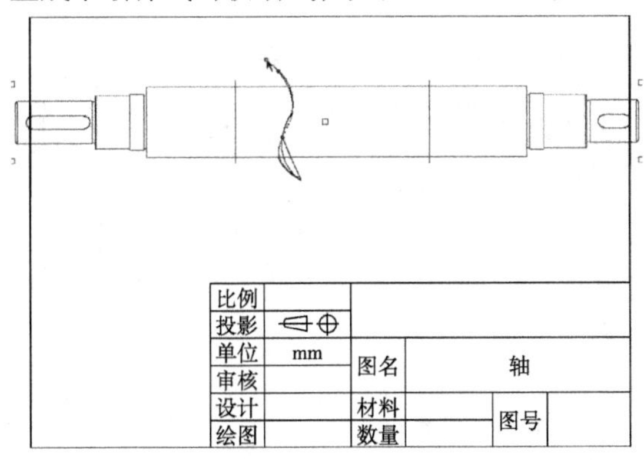

图 13.2.91　草绘样条曲线

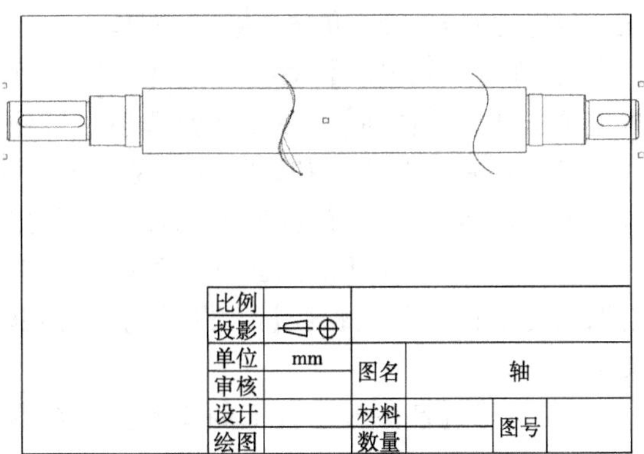

图 13.2.92　创建的破断线

7）在【绘图视图】对话框中，单击 确定 按钮，调整视图位置，创建的破断视图如图 13.2.93 所示。

操作技巧：破断视图两部分之间的偏距距离，可以通过改变视图配置文件（.dtl）选项

[broken_view_offset] 的值来减小或者加大，也可以在解除视图锁定后，拖动破断视图中的一个视图来改变破断线的间距。

3. 移出截面

操作提示：创建移出截面时，关键是要将【绘图视图】对话框中的【模型边可见性】设置为【区域】。

1）单击常规按钮，系统在信息区提示➩选择绘图视图的中心点。，在图形区选择一点单击，此时图形区出现预览模型和【绘图视图】对话框。

2）在【绘图视图】对话框中的【视图方向】选项区域中，选中【选择定向方法】中的【查看来自模型的名称】选项，在【模型视图名】列表中选择“A 向”，如图 13.2.94 所示，单击 应用 按钮。

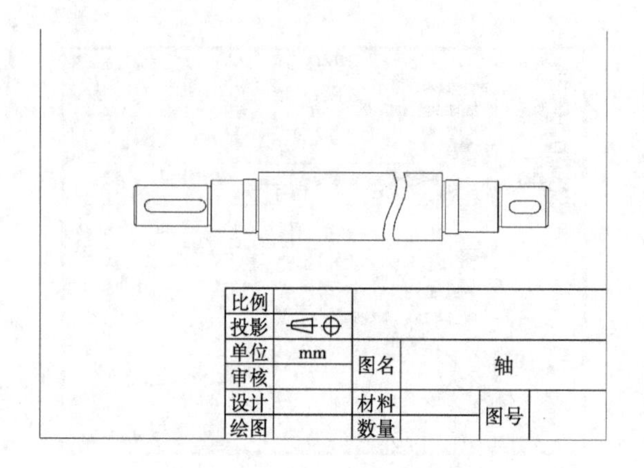

图 13.2.93　创建的破断视图

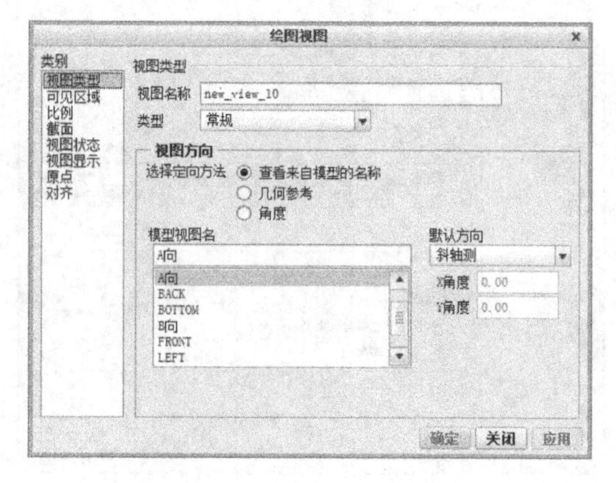

图 13.2.94　设置视图方向

3）在【绘图视图】对话框中的【类别】列表框中，单击【比例】，选中◉ 自定义比例单选按钮，设置比例为0.5，单击 应用 按钮。

4）在【绘图视图】对话框的【类别】列表框中单击选择【截面】，在【截面选项】选项组中选择◉ 2D 横截面单选按钮，将【模型边可见性】设置为【区域】，单击将横截面添加到视图按钮 + ，单击“A”，在【剖切区域】下拉列表框中选取【完全】选项，此时【绘图视图】对话框如图 13.2.95 所示。

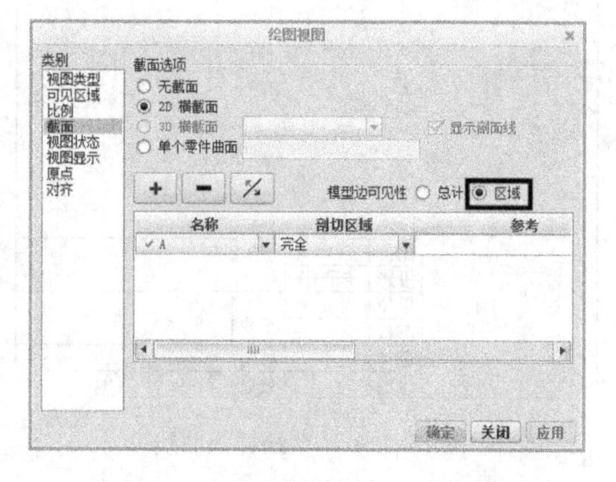

图 13.2.95　【绘图视图】对话框设置

5）单击【箭头显示】下的文本框，在图形区单击视图，单击 确定 按钮，完成移出截面的添加。移动视图，创建的移出截面如图 13.2.96 所示。

6）同样的方法，添加移出截面 *B—B*，注意在设置【视图方向】时，选择【模型视图名】为“B 向”，创建好的移出截面如图 13.2.97 所示。

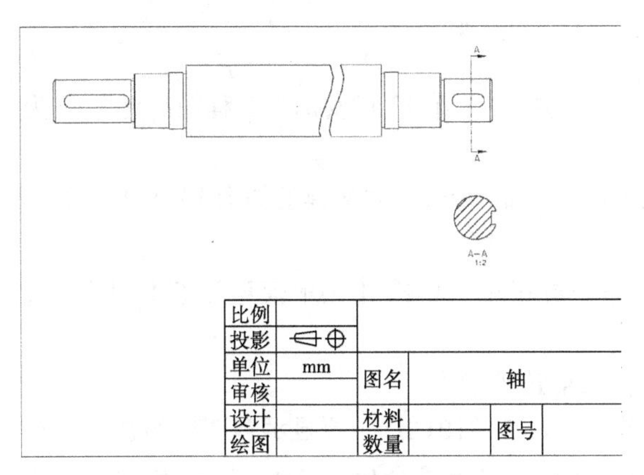

图 13.2.96　创建的移出截面

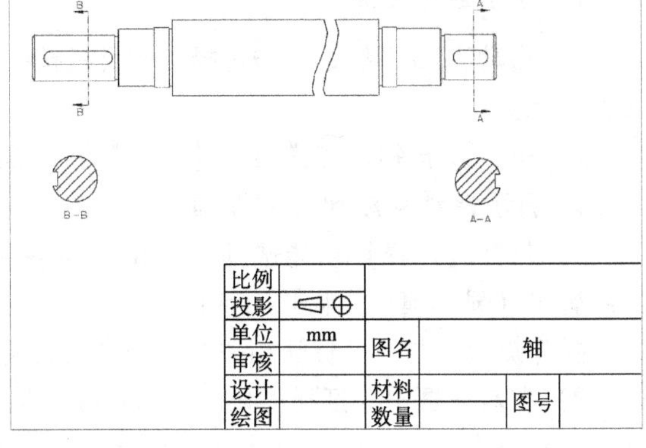

图 13.2.97　完成移出截面的创建

13.3　工程图标注实例

学习目标

掌握自动生成尺寸并编辑的方法；掌握手动添加尺寸并编辑的方法；掌握表面粗糙度、尺寸公差、几何公差的添加方法；掌握基准轴的添加与编辑方法；掌握工程图注解的创建方法。

实例分析

本例为对轴进行标注的范例。实例中涉及尺寸、注解、基准、尺寸公差、几何公差和表面粗糙度的标注及编辑，在学习本实例的过程中读者需要注意对轴进行标注的要求及特点。实例完成效果如图 13.3.1 所示。

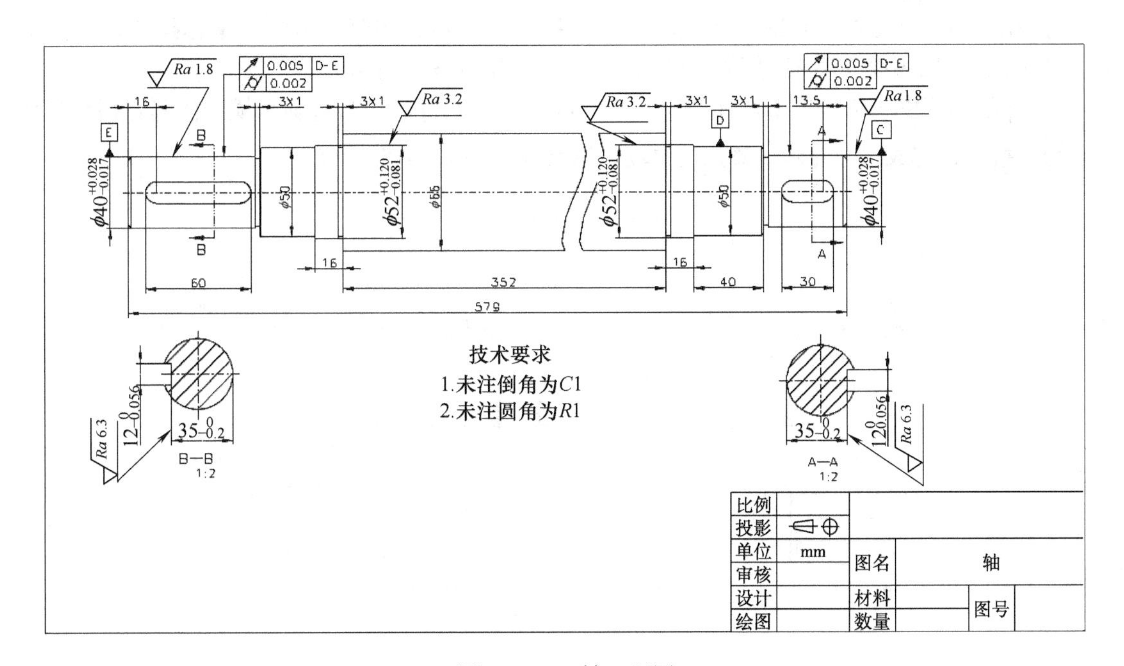

图 13.3.1　轴工程图

1. 打开零件模型

1）启动 Creo 系统，单击选择工作目录按钮，选择“\ 第 13 章实例\ 工程图标注\ ”为工作目录。

2）单击按钮，在弹出的【打开】对话框中双击【轴 . prt】，实例模型如图 13. 3. 2 所示。

2. 显示自动生成尺寸并编辑

1）打开【注释】功能选项卡，在【注释】命令群组中，单击【显示模型注解】按钮，系统弹出【显示模型注释】对话框。

操作提示：与尺寸标注相关的命令在【注释】功能选项卡中。

2）在对话框中，打开【显示模型基准】选项卡，在绘图区选中要显示基准轴的视图，按住 <Ctrl> 键，在图形区依次单击需要显示基准轴的视图。单击按钮，单击 应用 按钮，完成基准轴的显示，如图 13. 3. 3 所示。

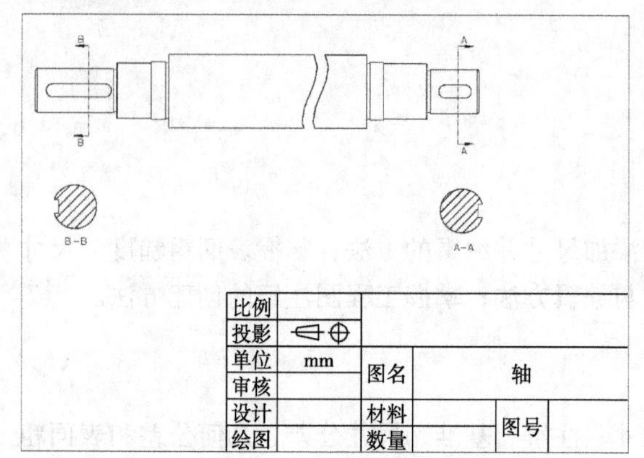

图 13. 3. 2　实例模型

图 13. 3. 3　显示基准轴

3）在【显示模型注释】对话框中，单击顶部的按钮，在模型树中单击选择特征【拉伸 2】，此时在工程图中显示特征【拉伸 2】的尺寸，如图 13. 3. 4 所示。

4）在绘图区中，依次单击选择“16”和“60”两个尺寸，单击【显示模型注释】对话框中的 确定 按钮，完成尺寸显示。添加的自动显示尺寸如图 13. 3. 5 所示。

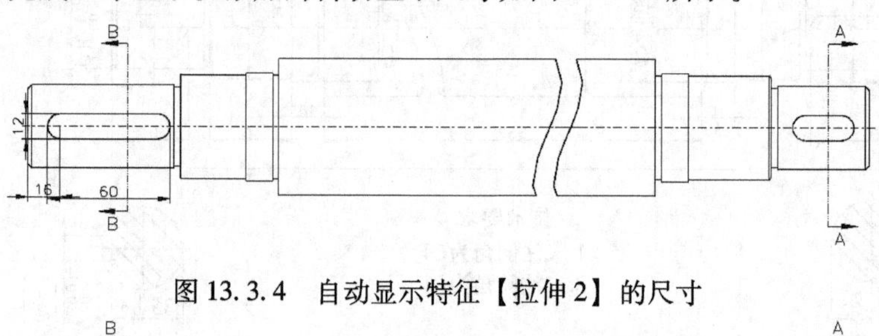

图 13. 3. 4　自动显示特征【拉伸 2】的尺寸

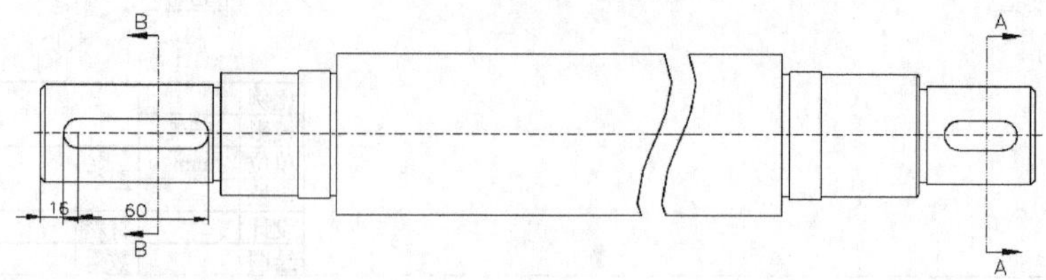

图 13. 3. 5　添加的自动显示尺寸

5）移动尺寸到合适位置。在视图中单击尺寸标注，将鼠标置于尺寸文本上，待指针以十字箭头形式显示时，按住鼠标左键，将尺寸移动到合适位置，移动尺寸后的视图如图 13.3.6 所示。

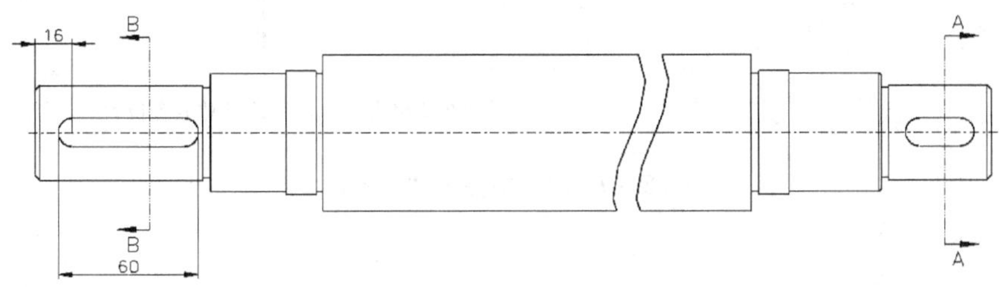

图 13.3.6　移动尺寸后标注

3. 手动添加【公共参考】尺寸并编辑

操作提示：创建【公共参考】尺寸的优势在于可以以这个参考连续进行多个尺寸的标注，系统一般以第一次选取的参考为公共参考。

1）如图 13.3.7 所示，在【注释】命令群组中单击尺寸 - 公共参考按钮，此时系统弹出【依附类型】【菜单管理器】。

图 13.3.7　选择命令

2）接受默认的【图元上】方式，在视图中依次选择如图 13.3.8 所示的两条边线，并在合适位置单击中键，放置尺寸，标注的公共参考尺寸如图 13.3.9 所示。

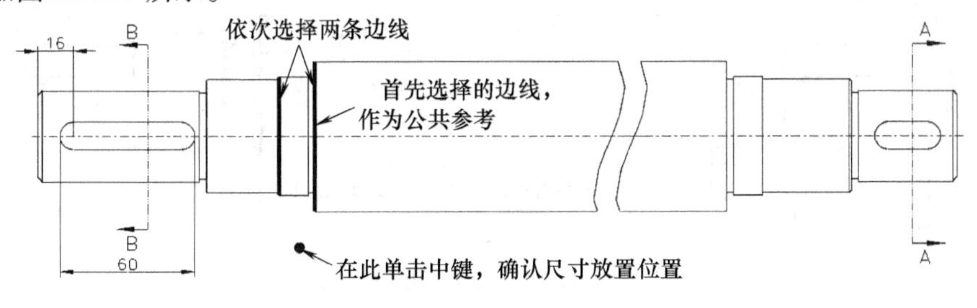

图 13.3.8　进行尺寸标注

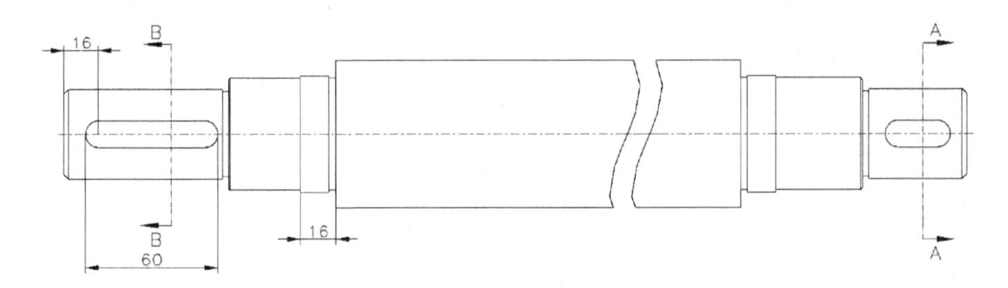

图 13.3.9　标注的公共参考尺寸

3）如图 13.3.10 所示，在视图中继续选择边线，并在合适位置单击中键，此时视图中显示尺寸，如图 13.3.11 所示，单击鼠标中键，完成公共参考尺寸的添加。

操作提示：创建【公共参考】尺寸时，需在同一步中创建完成所有的以公共边线为参考的尺寸。

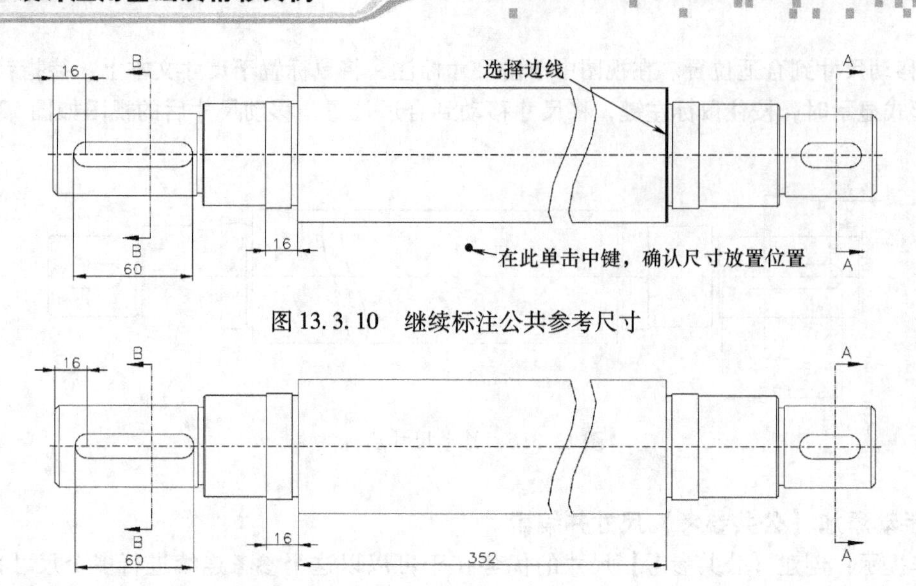

图 13.3.10　继续标注公共参考尺寸

图 13.3.11　添加公共参考尺寸

4. 手动添加一般尺寸并编辑

1）在【注释】命令群组中单击尺寸 - 新参考按钮，此时系统弹出【依附类型】【菜单管理器】，选择【图元上】方式，依次选取如图 13.3.12 所示的两条边线，并在合适位置单击鼠标中键，放置尺寸。标注的一般尺寸如图 13.3.13 所示。

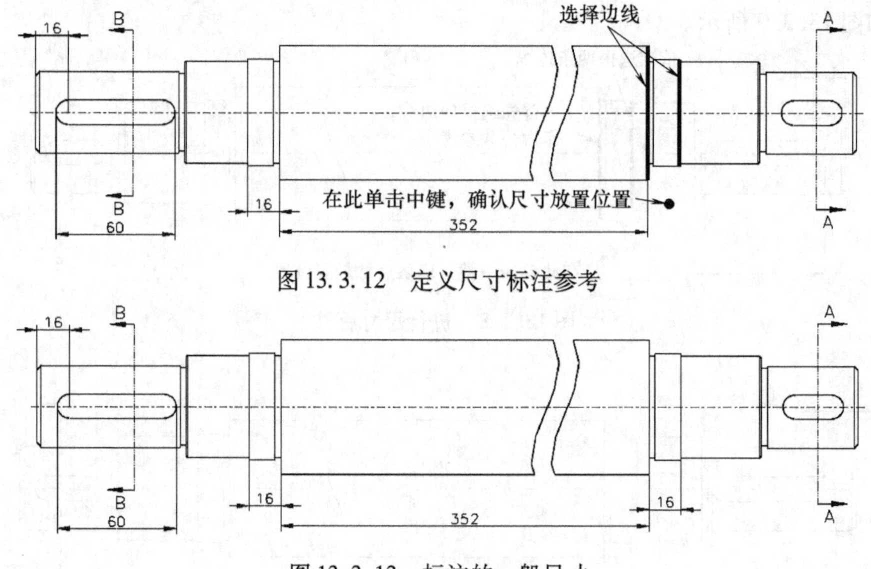

图 13.3.12　定义尺寸标注参考

图 13.3.13　标注的一般尺寸

2）参照步骤 1)，添加如图 13.3.14 所示的六个尺寸。

3）在【依附类型】【菜单管理器】中选择【中点】，依次选取如图 13.3.15 所示的两个边线，在合适位置单击中键，在系统弹出的【尺寸方向】菜单中选择【水平】，添加的尺寸标注如图 13.3.16 所示。

4）在【依附类型】【菜单管理器】中选择【中心】，在视图中选取如图 13.3.17 所示的边线一，再在【依附类型】【菜单管理器】中选择【图元上】，然后选择图 13.3.17 中的边线二，并在合适位置单击鼠标中键，添加的尺寸标注如图 13.3.18 所示。

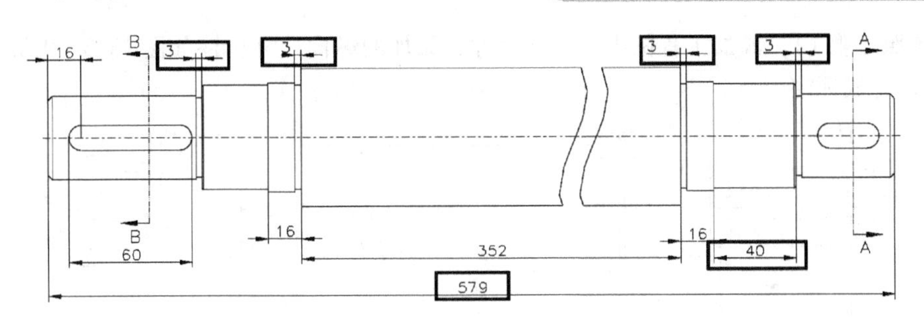

图 13. 3. 14　添加尺寸标注

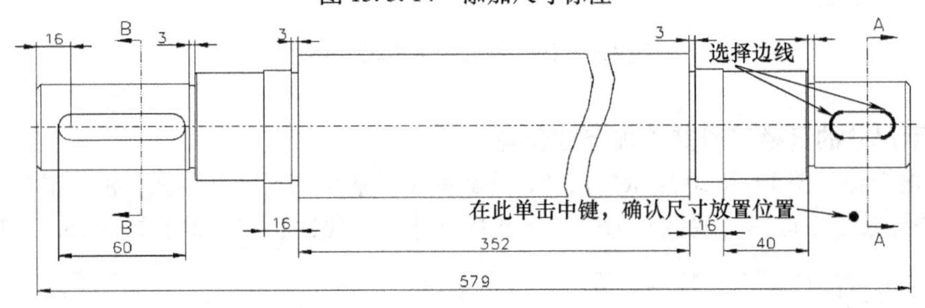

图 13. 3. 15　定义尺寸标注参考

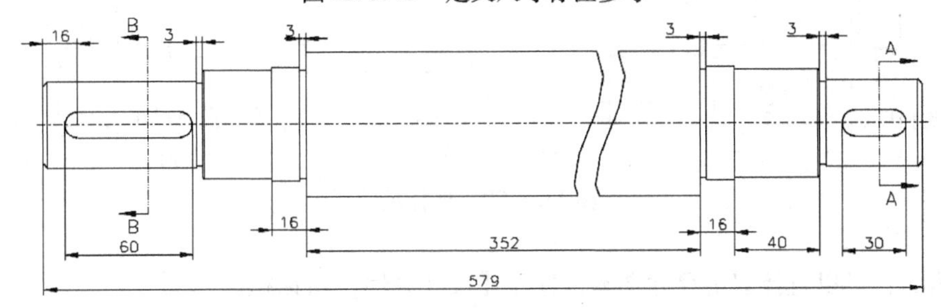

图 13. 3. 16　添加的尺寸标注

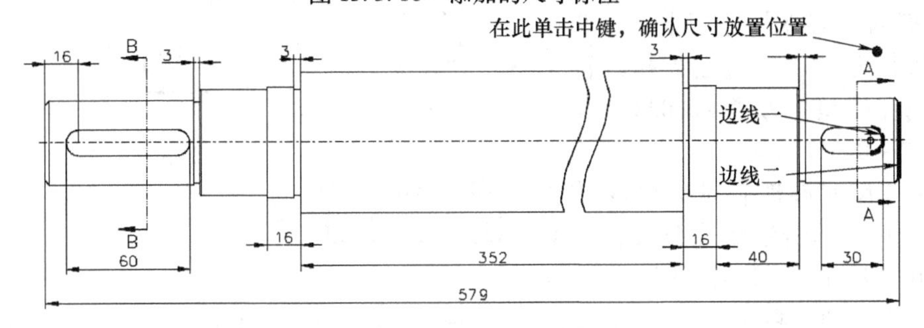

图 13. 3. 17　定义尺寸标注参考

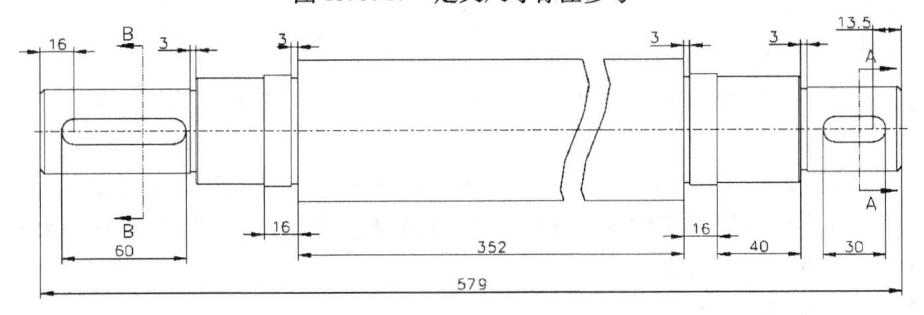

图 13. 3. 18　添加的尺寸标注

5）参照步骤1），添加工程图中的纵向尺寸，添加的纵向尺寸标注如图13.3.19所示，单击鼠标中键，完成标注。

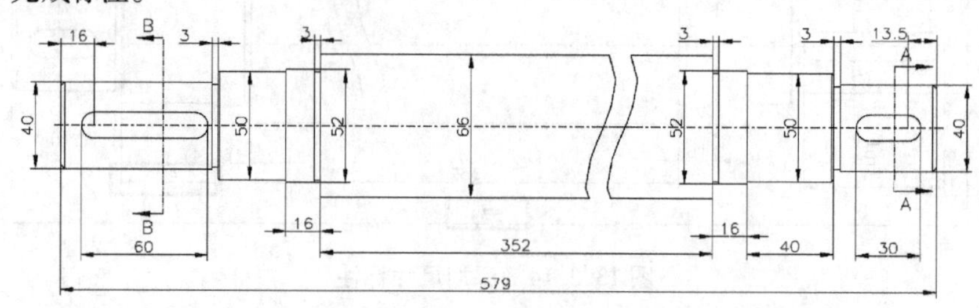

图13.3.19　添加的纵向尺寸标注

5. 显示尺寸的直径符号并添加尺寸公差

1）单击选择如图13.3.20所示的尺寸，将鼠标指针放置到尺寸文本上，按住鼠标右键不放，在弹出的快捷菜单中选择【属性】命令，系统弹出【尺寸属性】对话框。如图13.3.21所示。

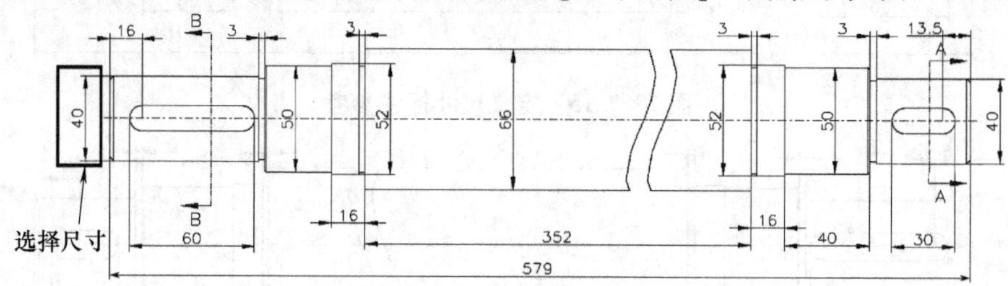

图13.3.20　选择尺寸

操作提示：可以直接双击尺寸文本，打开【尺寸属性】对话框。

2）如图13.3.21所示，在【尺寸属性】对话框的【属性】选项卡中，设置【小数位数】为“3”，【公差模式】为【正-负】，【上公差】为“+0.028”，【下公差】为“-0.017”。

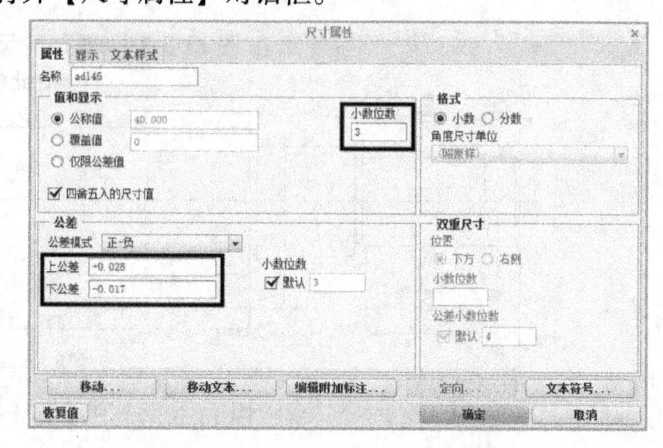

图13.3.21　【尺寸属性】对话框设置

3）在【尺寸属性】对话框的【显示】选项卡中，单击激活【前缀】文本框，然后在【尺寸属性】对话框下方单击 文本符号... 按钮，在弹出的【文本符号】对话框中单击 ⌀ 按钮。

4）单击【尺寸属性】对话框中的 确定 按钮，显示直径符号与公差如图13.3.22所示，此时在所选尺寸文本中显示直径符号和公差值。

5）参照上面的步骤，为其他尺寸添加直径符号和公差，结果如图13.3.23所示。

操作说明：在本例中配置文件tol _ display的值被设置为“yes”，因此在打开尺寸的【尺寸属性】对话框后，其【公差模式】可用。

6. 修改退刀槽的尺寸标注

1）双击如图13.3.24所示的尺寸，系统弹出【尺寸属性】对话框，在对话框的【显示】选项卡中，单击激活【后缀】文本框，在文本框中输入“×1”，单击 确定 按钮，修改退刀槽尺寸标注如图 13. 3. 25 所示。

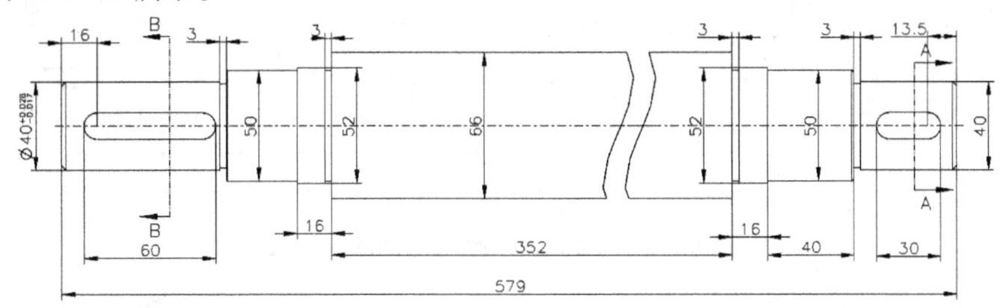

图 13. 3. 22　显示直径符号与公差

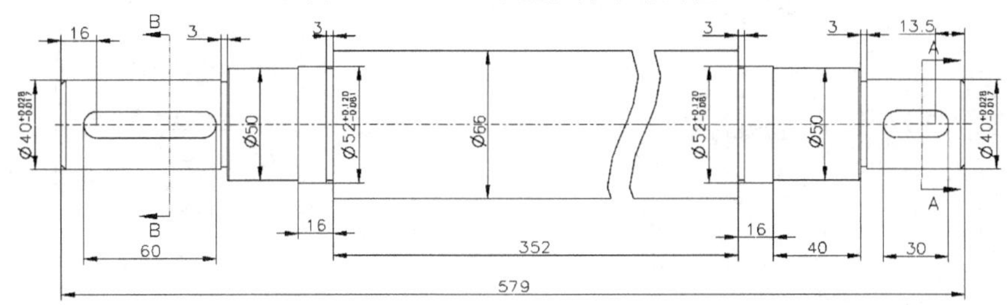

图 13. 3. 23　完成直径符号与公差的标注

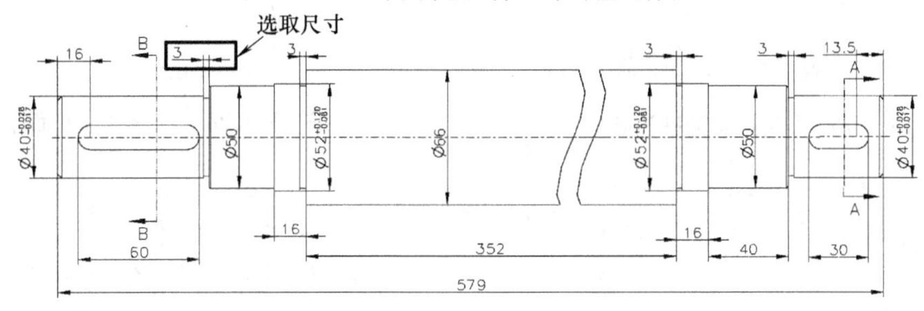

图 13. 3. 24　选取尺寸

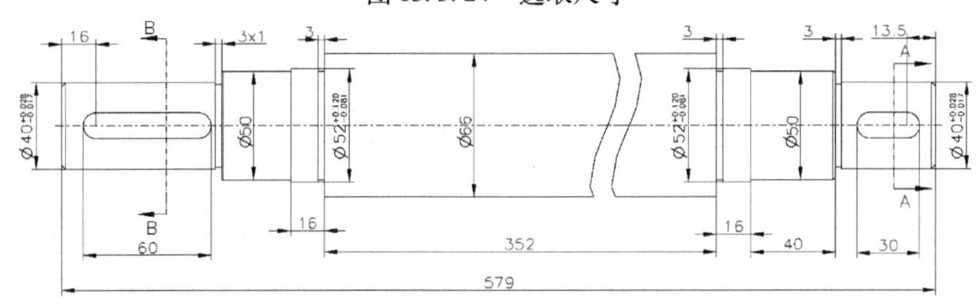

图 13. 3. 25　修改退刀槽尺寸标注

2）参照步骤 1），修改其他三个退刀槽的尺寸标注，结果如图 13. 3. 26 所示。

7. 添加并编辑基准轴

1）在【注释】命令群组中，单击 模型基准 右侧的 ▼ 按钮，在列表中单击 模型基准轴 命令，系统弹出【轴】对话框。在【轴】对话框中，设置名称为“C”，如图 13. 3. 27 所示。

2）单击【定义】按钮，在弹出的【基准轴】【菜单管理器】中选取【过柱面】，如图 13. 3. 28 所示。

3）在视图中单击选择如图 13. 3. 29 所示的曲面。

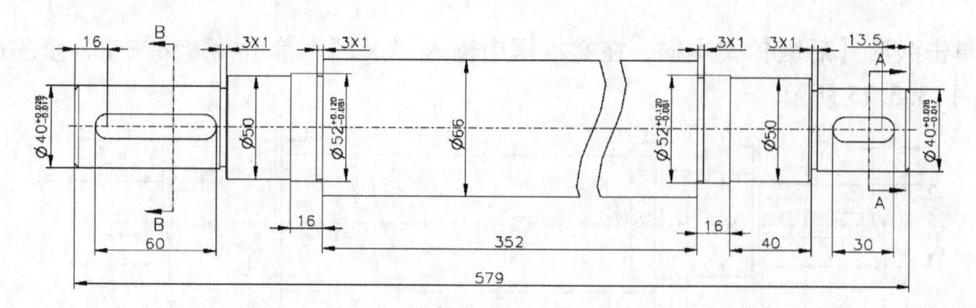

图 13.3.26　完成退刀槽尺寸标注的修改

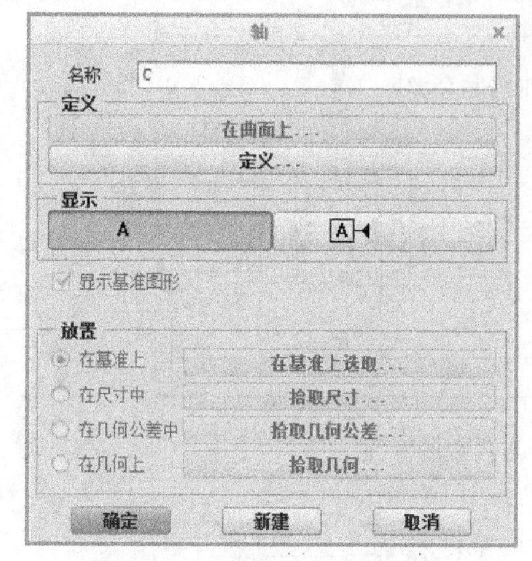

图 13.3.27　【轴】对话框设置

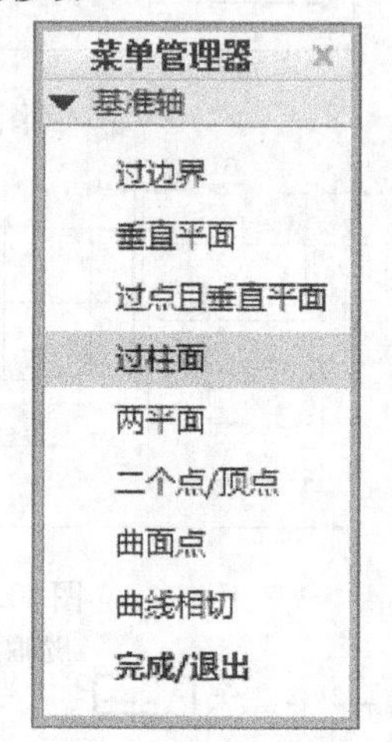

图 13.3.28　选择【过柱面】

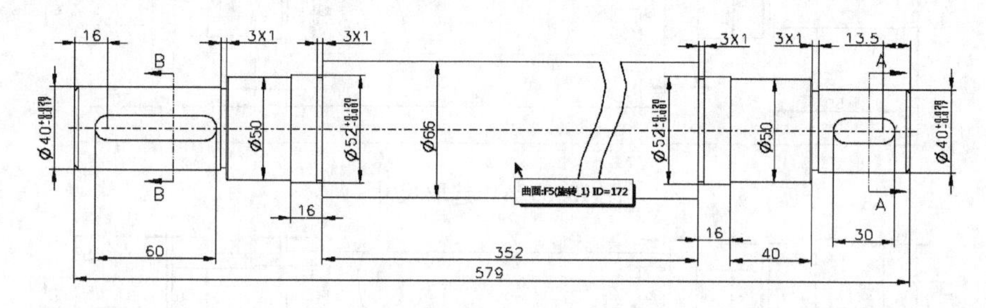

图 13.3.29　选择曲面

4）在【轴】对话框中，单击 按钮，在【放置】选项组中选择【在尺寸中】，此时系统在信息区提示 选择文本定位的尺寸。，单击选择如图 13.3.30 所示的定位尺寸，系统在视图中显示基准轴标识。

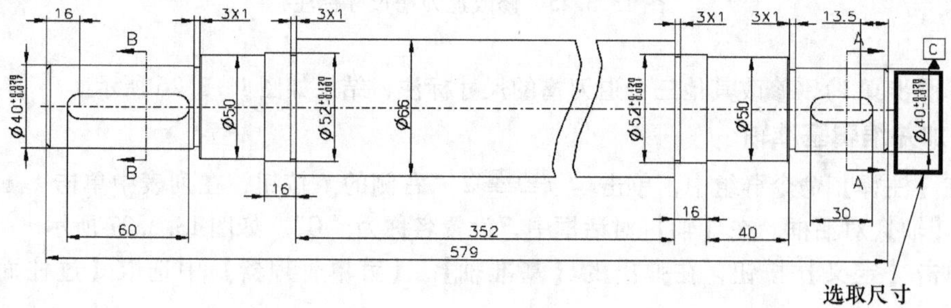

图 13.3.30　选择定位尺寸

5）单击【轴】对话框中的 确定 按钮，调整基准轴标识的位置，结果如图 13. 3. 31 所示。

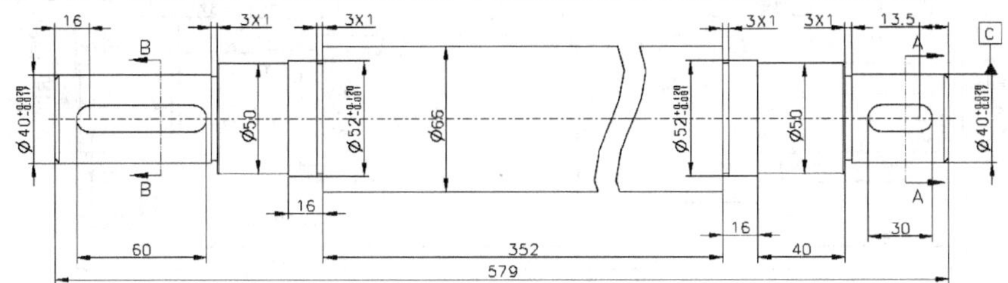

图 13. 3. 31 移动基准轴标识

操作提示：要移动基准轴标识，先单击标识，然后将鼠标指针置于符号上，当鼠标指针以十字箭头形式出现时，按住鼠标左键，拖拽鼠标，实现对标识的移动。

6）参照上面的步骤，分别添加基准轴 *D* 和基准轴 *E*，结果如图 13. 3. 32 所示。

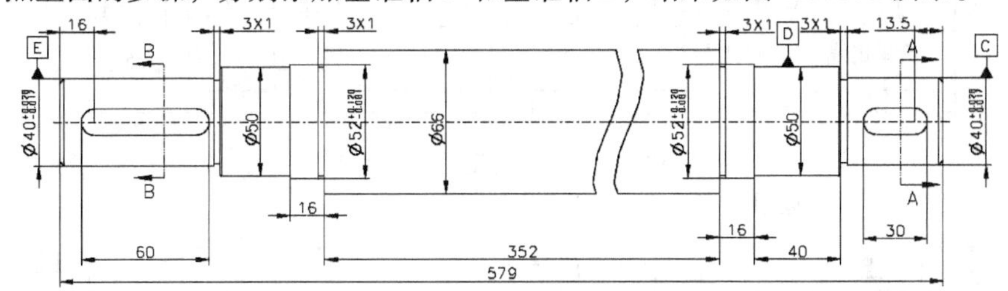

图 13. 3. 32 添加基准轴 *D*、*E*

8. 创建并编辑几何公差

1）在【注释】命令群组中单击几何公差按钮，系统弹出【几何公差】对话框，如图 13. 3. 33 所示。

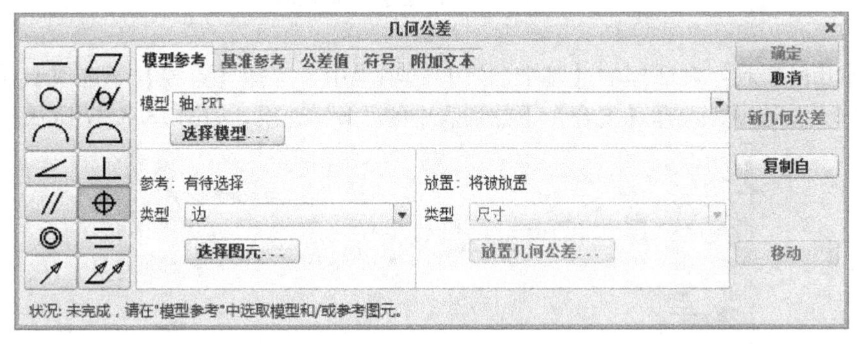

图 13. 3. 33 【几何公差】对话框

2）在对话框左侧的符号列表中，单击圆跳动按钮。

3）定义公差参考。在【模型参考】选项卡的【参考】选项组中，选择【类型】为【曲面】，单击 选择图元... 按钮，然后在视图中选择如图 13. 3. 34 所示的曲面。

4）定义公差位置。在【模型参考】选项卡的【放置】选项组中，选择【类型】为【法向引线】，在弹出的【引线类型】菜单中选择【箭头】，此时系统在信息区提示 选择多边，尺寸界线，基准点，多个轴线，曲线，顶点或截面图元。，在视图中选择如图 13. 3. 35 所示的边线，并在合适位置单击中键，放置圆跳动公差。几何公差预览效果如图13.3.36所示。

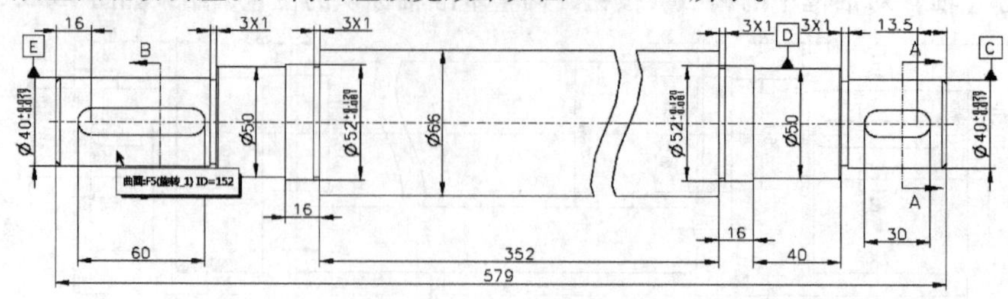

图13.3.34　选择曲面

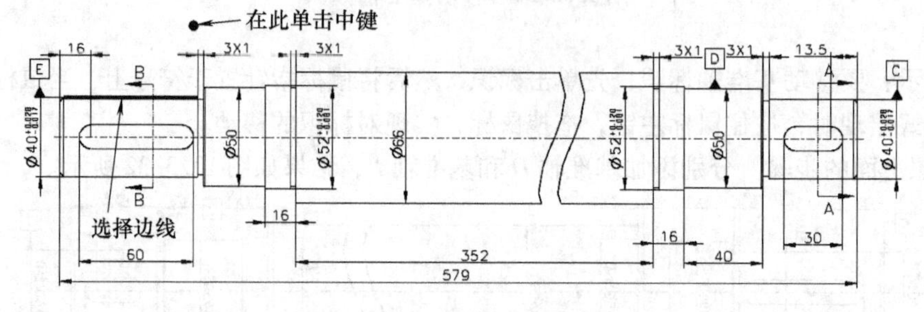

图13.3.35　设置几何公差参考

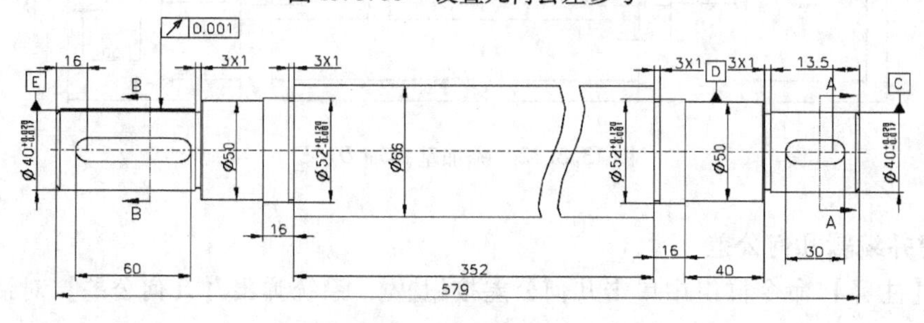

图13.3.36　几何公差预览效果

5）在【几何公差】对话框的【基准参考】选项卡中，选择【首要】子选项卡【基本】下拉列表中的“D”选项，选择【复合】下拉列表中的“E”选项，如图13.3.37所示。

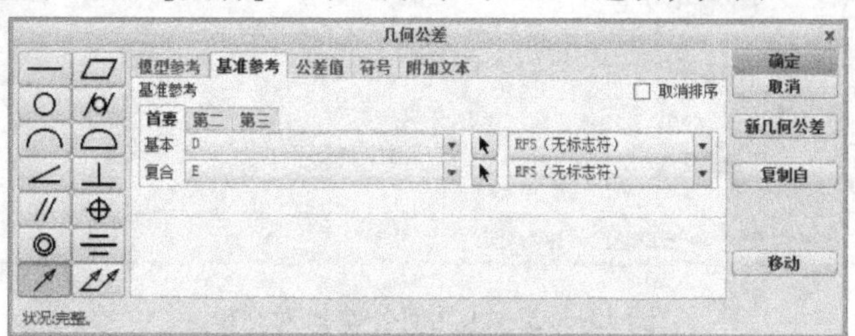

图13.3.37　设置【基准参考】

6）在【几何公差】对话框的【公差值】选项卡中，将公差值设置为“0.005”。

7）单击【几何公差】对话框右侧的 新几何公差 按钮，在对话框左侧的符号列表中单击圆柱度按钮。

8）在【模型参考】选项卡的【参考】选项组中，选择【类型】为【曲面】，单击 选择图元... 按钮，然后在视图中选择如图13.3.38所示的曲面。在【模型参考】选项卡的【放置】选项组中，选择【类型】为【其他几何公差】，此时系统在信息区提示 选择此公差将要依附的几何公差。，选择刚才添加的圆柱度公差。

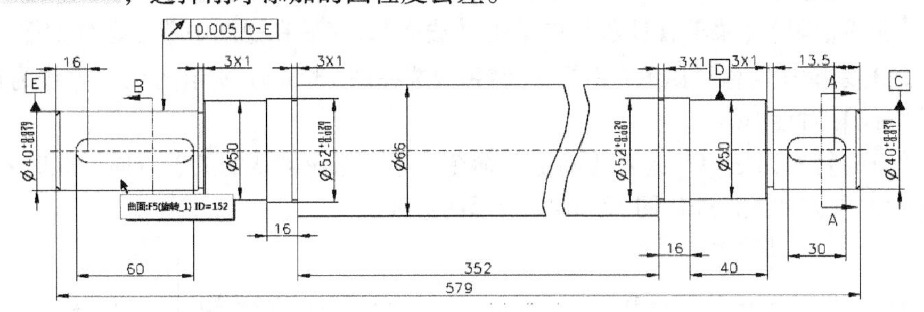

图 13.3.38　选择曲面

9）在【公差值】选项卡中，将公差值设置为“0.002”，添加的几何公差如图 13.3.39 所示。

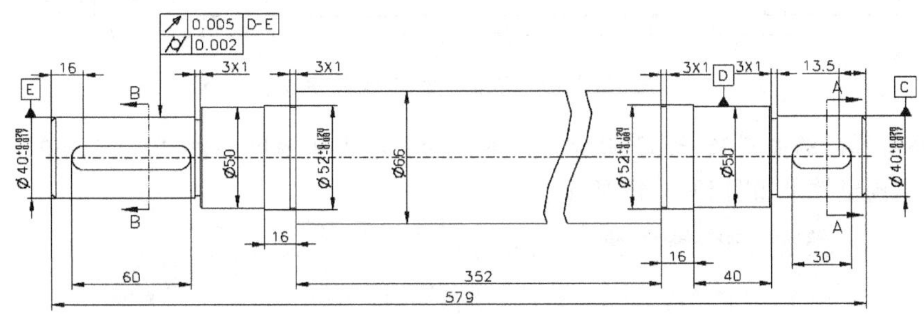

图 13.3.39　添加的几何公差

10）单击【几何公差】对话框右侧的 新几何公差 按钮，参照上面的步骤继续添加圆跳动公差和圆柱度公差，最后单击对话框中的 确定 按钮，完成几何公差的添加。

11）调整几何公差位置，调整后结果如图 13.3.40 所示。

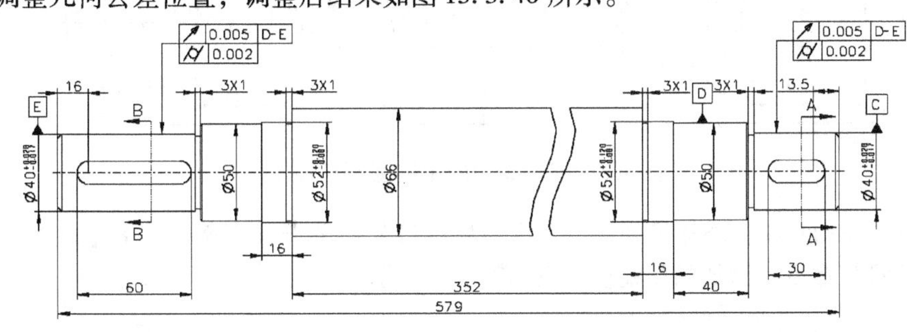

图 13.3.40　调整几何公差位置

操作提示：单击选中创建的几何公差，将鼠标指针置于公差符号的不同位置上，鼠标指针会显示不同的符号，如双箭头⟺、十字箭头✥等，待指针以不同的形式显示时，再按住鼠标拖拽，会对几何公差进行不同形式的移动，请读者自行练习。

9. 添加表面粗糙度

1）在【注释】命令群组中，单击 表面粗糙度 按钮，系统弹出【得到符号】【菜单管理器】。单击【菜单管理器】中的【检索】，系统弹出【打开】对话框，双击【machined】文件夹，在【打开】对话框中，双击【standard1. sym】文件，系统弹出【实例依附】【菜单管理器】。

2）在【实例依附】【菜单管理器】中单击【法向】，然后在视图中单击选择如图 13.3.41 所示的尺寸，此时系统在信息区提示◆在尺寸界线上选择位置。，选择图 13.3.41 所示的尺寸界线为放置位置，系统弹出【方向】对话框。

3）在【方向】对话框中，选取【确定】命令，采用系统默认的放置方向，此时系统在信息区提示◆选择与表面粗糙度值关联的几何。，选择图 13.3.41 所示的边线。

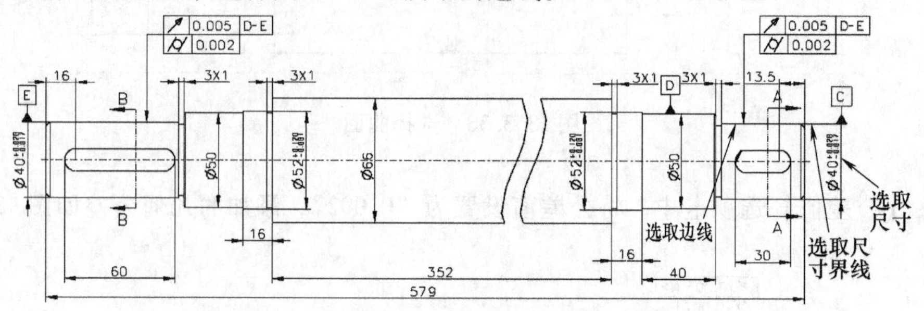

图 13.3.41　表面粗糙度放置参考

4）在系统弹出的如图 13.3.42 所示的文本框中，输入粗糙度的值“1.8”，单击鼠标中键，添加的粗糙度预览效果如图 13.3.43 所示。

图 13.3.42　输入粗糙度值

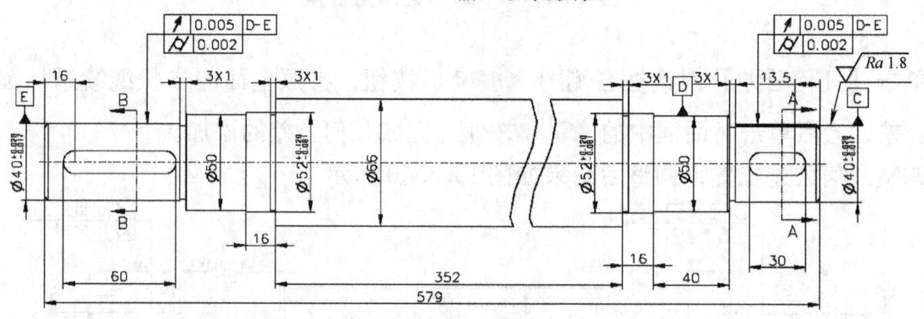

图 13.3.43　添加的粗糙度预览效果

5）参照上面的步骤，添加另外三个表面粗糙度符号，单击【实例依附】【菜单管理器】中的【完成/返回】命令，添加的粗糙度如图 13.3.44 所示。

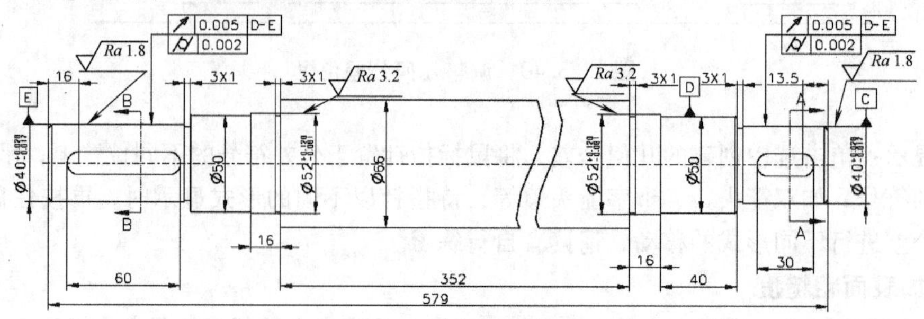

图 13.3.44　添加的粗糙度

10. 标注移出截面

参照上面的步骤，标注两个移出截面，标注移出截面如图13.3.45所示。

11. 插入并编辑注解

1）在【注释】命令群组中，单击注解按钮，系统弹出【注解类型】菜单，在【注解类型】菜单中，依次选择【无引线】|【输入】|【水平】|【标准】|【默认】|【进行注解】命令，系统弹出【选择点】对话框，并且在信息区提示选择注解的位置。。

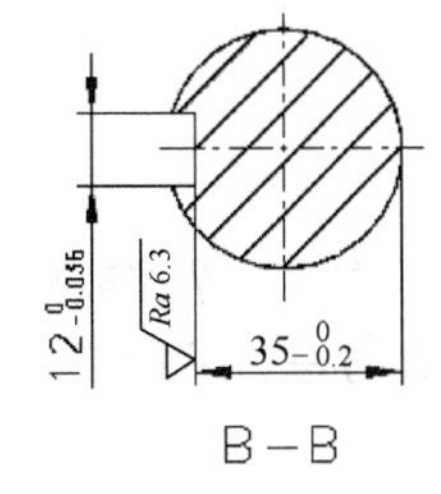

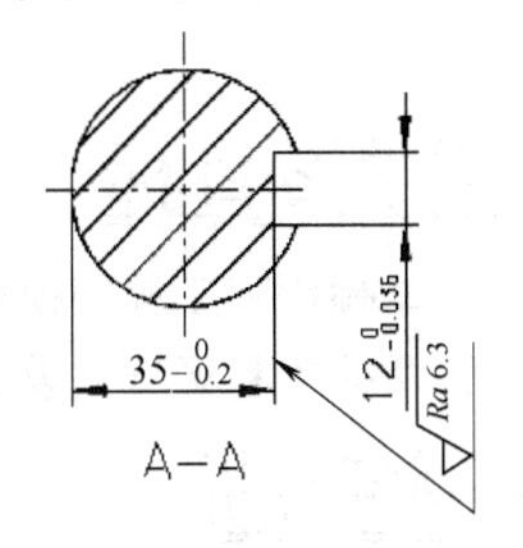

图13.3.45　标注移出截面

2）此时鼠标指针显示为，在绘图区空白处单击，以确定注解的放置点，在系统弹出的如图13.3.46所示的【输入注解】文本框中输入“技术要求”。

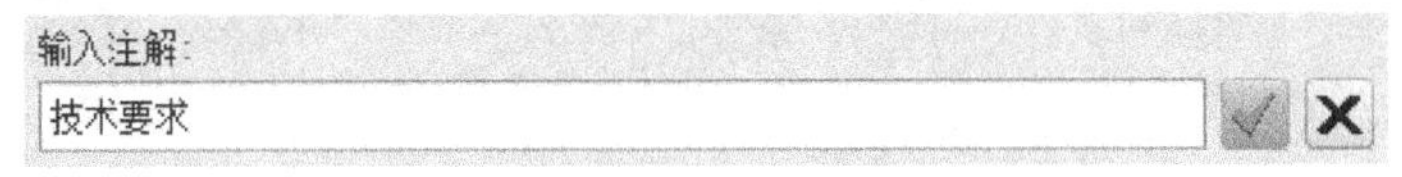

图13.3.46　输入注解

3）连续单击两次鼠标中键，参照上面的步骤创建注解“1. 未注倒角为*C*1”和“2. 未注圆角为*R*1”。

4）连续单击两次鼠标中键，选择【注解类型】菜单中的【完成/返回】命令，将注解移动到合适位置。

5）双击注解，系统弹出【注解属性】对话框，在【文本样式】选项卡中对注解的字体、高度等进行设置，如图13.3.47所示，单击确定按钮，调整后的注解如图13.3.48所示。

图13.3.47　设置注解属性

技术要求

1.未注倒角为*C*1。

2.未注圆角为*R*1。

图13.3.48　创建的注解

12. 对齐尺寸

按住<Ctrl>键，选择需要对齐的尺寸，然后单击【注释】命令群组中的【对齐】按钮。

13. 保存工程图

选择下拉菜单文件 | 保存(S)，将完成的工程图保存。

13.4　装配工程图模板的创建与应用实例

学习目标

掌握创建工程图模板的操作方法；掌握表格的创建及编辑方法；掌握装配图明细表的创建方法；掌握重复区域的设置及操作方法；掌握工程图模板的调用；掌握球标的创建与编辑方法。

实例分析

本实例首先创建一个装配工程图的模板“A1.frm”，如图13.4.1所示，然后通过铰链模型来调用该模板。零件图模板的创建方法与工程图模板的创建方法相似。

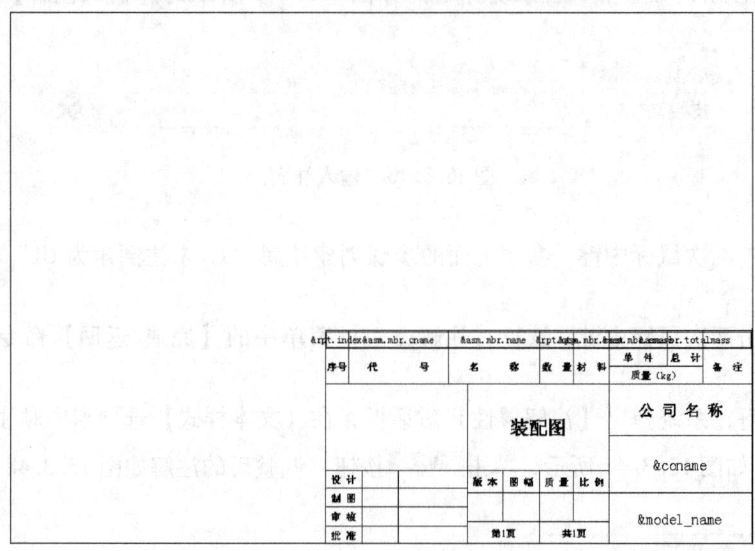

图13.4.1　装配工程图模板

1. 新建模板

1）启动Creo系统，单击选择工作目录按钮，选择“\第13章实例\工程图模板”为工作目录。单击【新建】按钮，在【新建】对话框中选择【类型】为【格式】，设置文件名称为“A1”，单击确定按钮。

2）如图13.4.2所示，在【新格式】对话框中，设置【标准大小】为“A1”，【指定模板】为【空】，单击确定按钮，进入模板编辑环境。

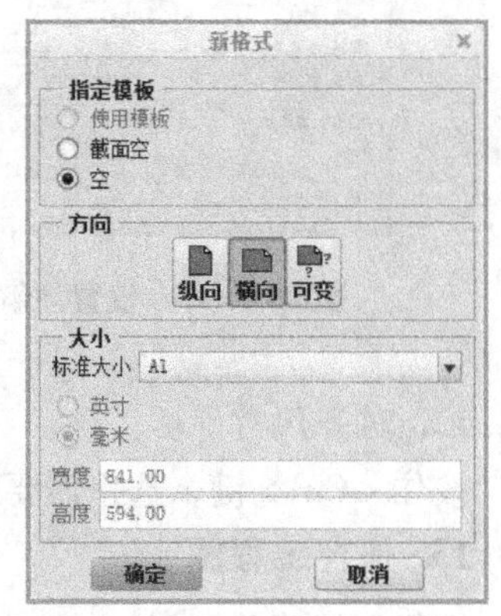

图13.4.2　【新格式】对话框

2. 插入并编辑表格

操作说明：完整的装配工程图除了包括标题栏之外还应该包括明细表，标题栏与明细表主要是靠表格来完成的。Creo提供了很多绘制表格的方法，下面主要介绍插入表格的方法。

1）单击【表】索引标签，在【表】命令群组中单击表按钮，在下拉列表中单击插入表...按钮，系统弹出如图13.4.3所示示【插入表】对话框。

【方向】类型说明：

◆ ：表的增长方向，向右且向下。

◆ ：表的增长方向，向左且向下。

◆ ：表的增长方向，向右且向上。

◆ ：表的增长方向，向左且向上。

操作提示：表格的方向非常重要，如果需要创建的明细表从上往下排序，则需要选择向下增长；如果需要明细表从下往上排序，则需要选择向上增长。

2）在【方向】选项组中，单击向右且向上增长按钮 ，设置【列数】为“14”，【行数】为“11”，【行】【高度】为“1”个字符，【列】【宽度】为“2”个字符。如图13.4.4所示。

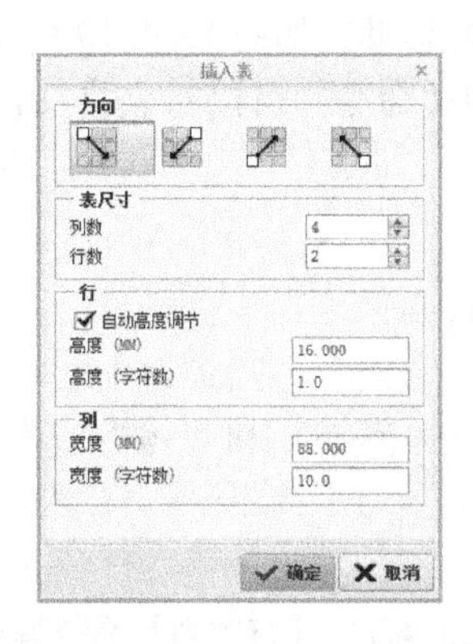

图13.4.3　【插入表】对话框

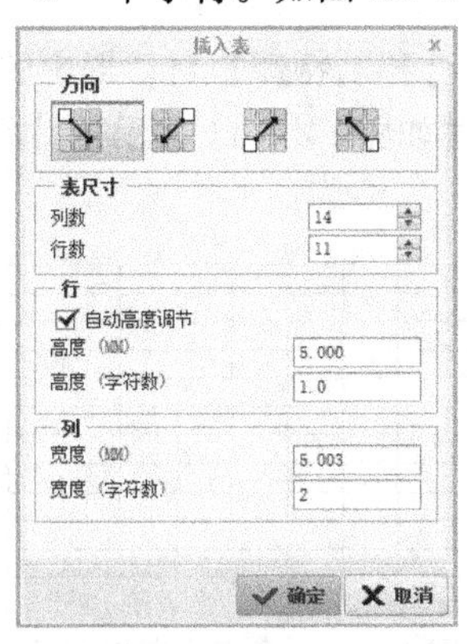

图13.4.4　设置表参数

3）单击 确定 按钮，此时系统弹出如图13.4.5所示的【选择点】对话框。

4）在【选择点】对话框中，单击 按钮，将鼠标指针移动到合适位置单击，完成表的创建，如图13.4.6所示。

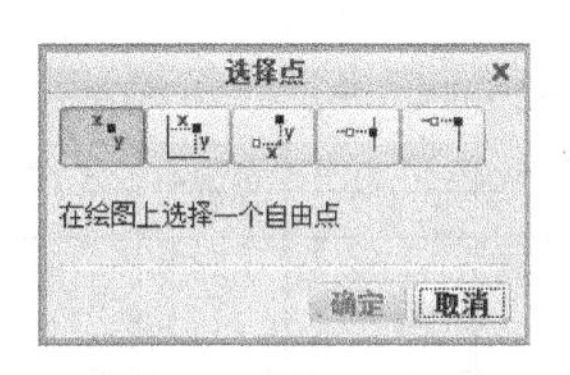

图13.4.5　【选择点】对话框

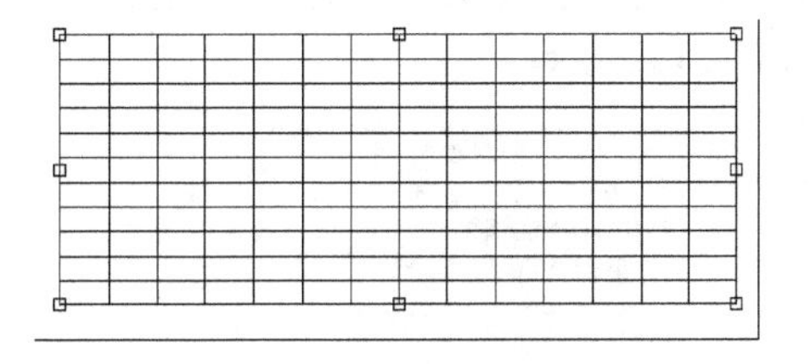

图13.4.6　创建的表

为了使表格约束在图纸的右下角，可以进行如下操作：

①框选表格，单击【表】命令群组中的 移动特殊 命令，此时系统在信息区提示 从选定的项选择一点，执行特殊移动。。

②如图13.4.7所示，单击选择表格的右下角的节点，系统弹出【移动特殊】对话框。

③在系统弹出的【移动特殊】对话框中单击 按钮，系统在信息区提示 选择要捕捉的图元。。

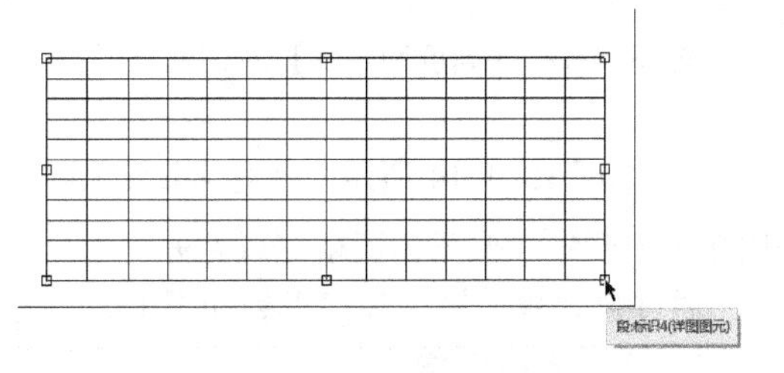

图13.4.7　选择节点

④如图 13.4.8 所示，将鼠标光标移动到图框右下角单击，此时【移动特殊】对话框如图 13.4.9 所示。

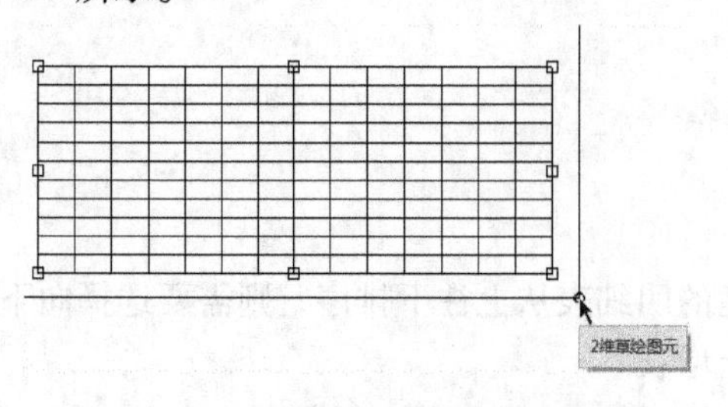

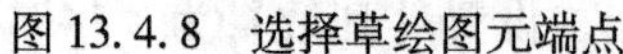
图 13.4.8 选择草绘图元端点

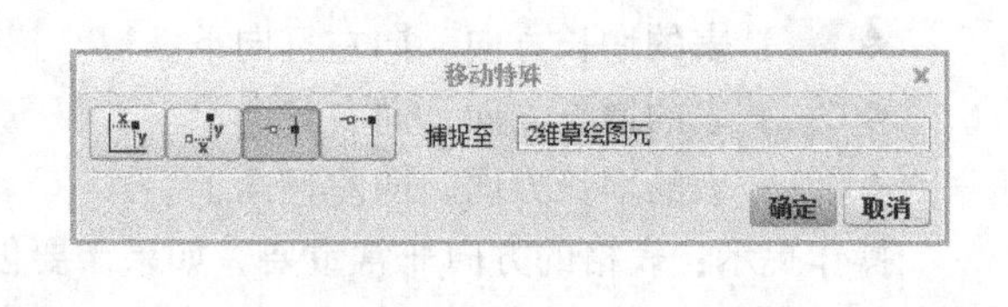

图 13.4.9 【移动特殊】对话框

⑤单击【移动特殊】对话框中的 确定 按钮，完成表格的移动，如图 13.4.10 所示。

5）通过如图 13.4.11 所示的【行和列】命令群组中的相关命令，可以对表格做进一步的修整。

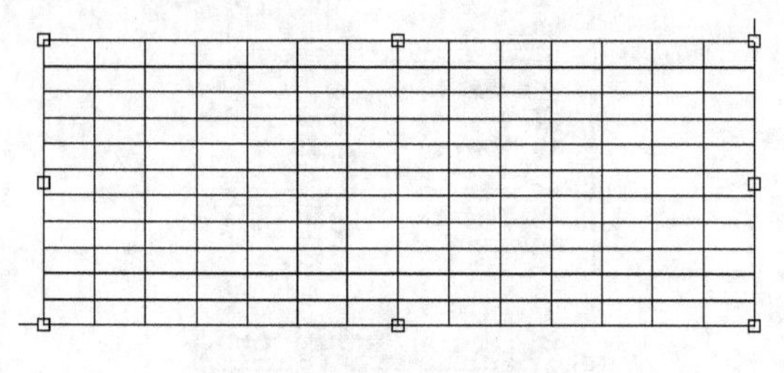
图 13.4.10 完成表格移动

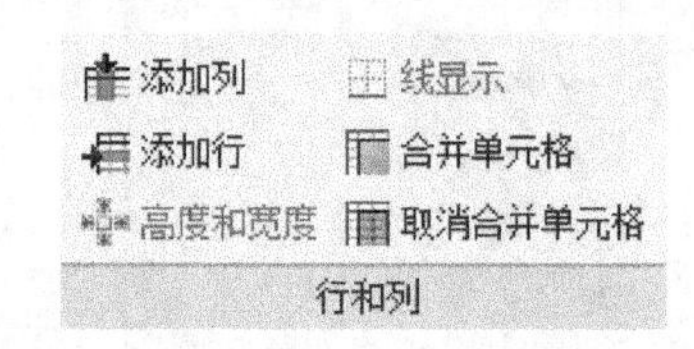

图 13.4.11 【行和列】命令群组

6）选中单元格，单击【行和列】命令群组中的高度和宽度按钮，系统会弹出如图 13.4.12 所示的【高度和宽度】对话框，在该对话框中输入新的值，可以改变行或列的大小。

该实例中列宽度（从左往右）分别设置为：15/8/23/33/12/23/24/15/6/23/14/23/23/32（字符）；行高度（从下往上）分别为：5/1/4/4/1/5/10/15/5/5/5（字符），修改完成的效果如图 13.4.13 所示。

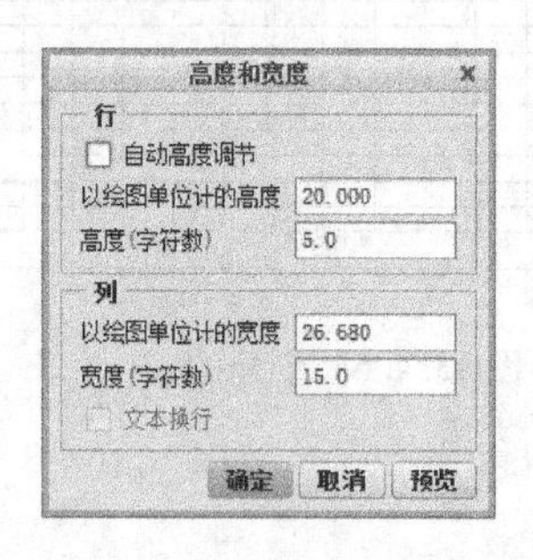

图 13.4.12 【高度和宽度】对话框

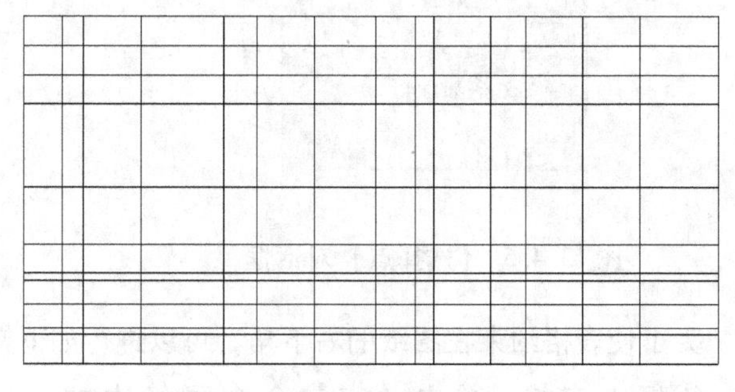
图 13.4.13 修改后的表格

7）如图 13.4.14 所示，按住 <Ctrl> 键，单击选择六个单元格，单击【行和列】命令群组中的合并单元格按钮，表格完成合并。

通过合并单元格，最终得到如图 13.4.15 所示的效果。

3. 插入表格文字

1）双击表格的单元格，打开如图 13.4.16 所示的【注解属性】对话框。

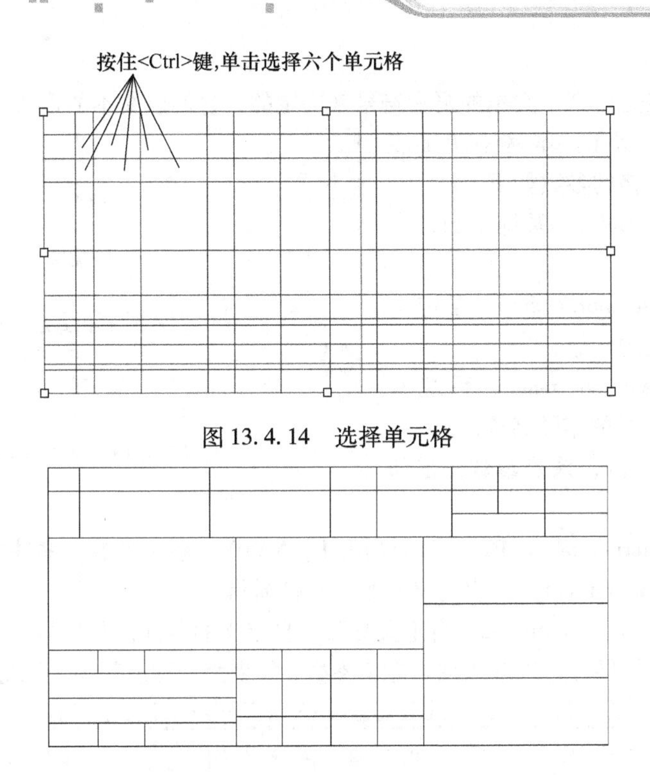

图 13. 4. 14　选择单元格

图 13. 4. 15　合并单元格后的表格

2）在【文本】选项卡的文本框内输入所需的文字或符号。如果需要定义文本的格式，则切换到【文本样式】选项卡中进行，如图 13. 4. 17 所示，进行文本样式设置。

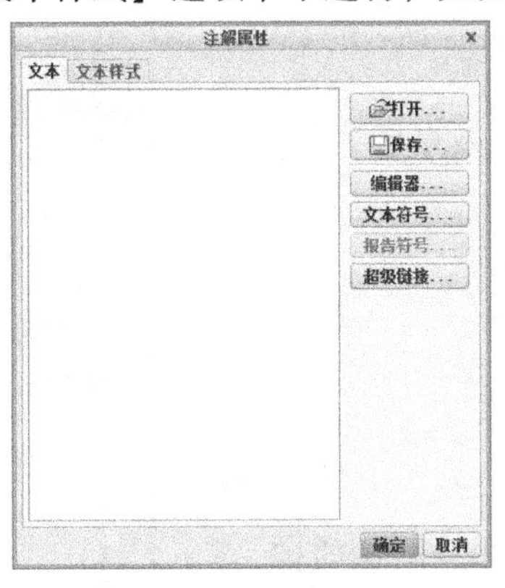

图 13. 4. 16　【注解属性】对话框

图 13. 4. 17　文本样式设置

3）单击 确定 按钮，完成在表格内输入文字的操作。最终文字输入效果如图 13. 4. 18 所示。

操作技巧：在【注解属性】对话框的【文本样式】选项卡中，单击【复制自】选项组中的 选择文本... 命令，然后单击已经存在的文本，可以将该文本的样式复制，该方法对于快速创建表格文本样式非常方便。

4. 重复区域的设置

操作说明：重复区域的设置主要用于明细表的自动生成。重复区域是表中用户指定的变量填充的部分，这部分会根据相关模型所含的数量的大小，相应地进行展开或收缩以显示所有符合条件的数据。

重复区域的信息是由基于文本的报表符号来决定的，它们以文本的形式填充到重复区域的表格中。如图 13.4.19 所示。本例中明细表重复区域内各个单元格的参数如下：

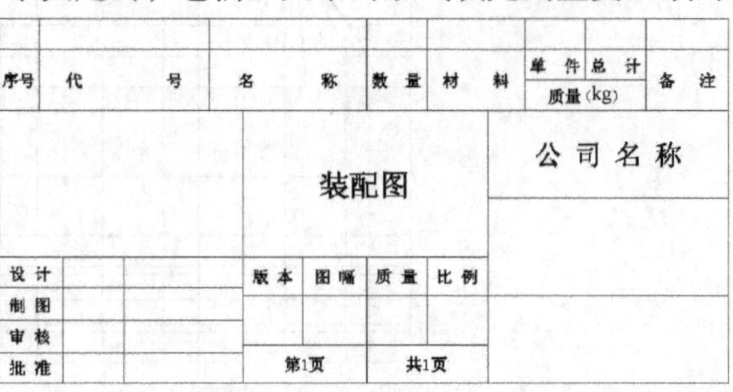

图 13.4.18 表格文字输入

◆序号栏：&rpt. index，系统参数，自动生成序号。

◆代号栏：&asm. mbr. cname，自定义参数，即模型的代号。

◆名称栏：&asm. mbr. name，系统参数，创建模型时的零件名称。

◆数量栏：&rpt. qty，系统参数，零部件装配数量。

◆材料栏：&material. param. PTC _ MATERIAL _ NAME，系统参数，零件材料。

◆单件栏：&asm. mbr. cmass，自定义参数，单件质量。

◆总计栏：&asm. mbr. totalmass，自定义参数，自定义的零部件总质量。

◆备注栏：备注栏同样可以输入用户定义参数，如表面处理或物料编码等。

&rpt.index	&asm.mbr.cname	&asm.mbr.name&rpt.qty&material.param.PTC_MATERIAL_NAME&asm.mbr.cmass&asm.mbr.totalmass					
序号	代 号	名 称	数 量	材 料	单 件	总 计	备 注
					质量（kg）		

图 13.4.19 重复区域

注：由于表格位置有限，在显示时参数名称有重叠现象。

1）单击【数据】命令群组中的重复区域按钮，系统弹出如图 13.4.20 所示的【表域】【菜单管理器】。

【表域】【菜单管理器】中的各选项说明如下：

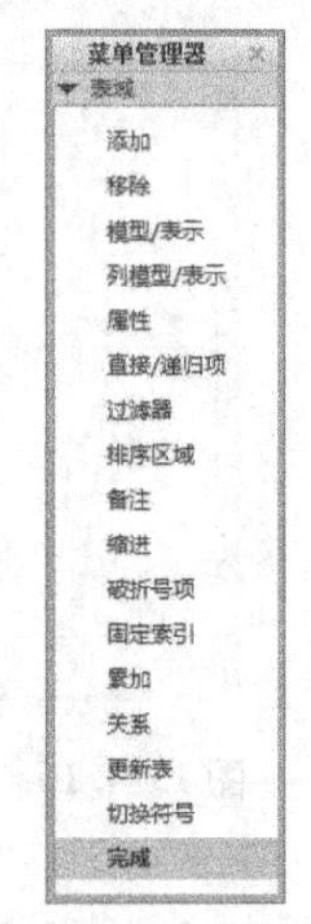

图 13.4.20 【表域】【菜单管理器】

◆【添加】：创建一个重复区域。选择第一行左第一列及最后一列。

◆【移除】：删除一个重复区域。

◆【模型/表示】：设定区域相关的模型和表示。

◆【列模型/表示】：设定数量列对应的模型和表示。

◆【属性】：设定重复区域的各项属性。

◆【直接/递归项】：设定单个项目的直接和递归。

◆【过滤器】：设定重复区域的过滤规则或单个项目。

◆【排序区域】：设定区域内容的排列方法。在 Creo 中，默认的排序是装配次序。用户需要时可自行指定某一列或几列作为依据进行排序。

◆【备注】：设定重复区域内的注释列。

◆【缩进】：设定区域不同级别间的项目的缩进量。

◆【破折号项】：可将表格中的某些内容用“ - ”代替，仅限于序号和数量，当一个序号变成“ - ”后，其他序号会自动重排，保持连续。

◆【固定索引】：设定项目的索引项。

◆【累加】：对特定项目进行统计。

◆【关系】：添加或修改报表关系。参数名不可用“.”“ - ”或“_”。

◆【切换符号】：在符号和值之间进行切换。

2）添加重复区域。

①单击【表域】【菜单管理器】中的【添加】，在如图 13.4.21 所示的【区域类型】菜单中，单击选择【简单】，系统在信息区提示定位区域的角。。

图 13.4.21　【区域类型】菜单

②如图 13.4.22 所示，单击表的第一行第一列的单元格，系统在信息区提示拾取另一个表单元。，单击如图 13.4.23 所示的第一行最后一列单元格。

③单击【表域】【菜单管理器】中的【完成】，完成重复区域的创建。

序号	代　号	名　称	数 量	材 料	单 件 总 计 质量 (kg)	备 注

		装配图				公 司 名 称
设 计		版 本	图 幅	质 量	比 例	
制 图						
审 核						
批 准		第1页		共1页		

图 13.4.22　单击重复区域起始单元格

序号	代　号	名　称	数 量	材 料	单 件 总 计 质量 (kg)	备 注

		装配图				公 司 名 称
设 计		版 本	图 幅	质 量	比 例	
制 图						
审 核						
批 准		第1页		共1页		

图 13.4.23　单击重复区域终止单元格

3）输入参数。

①系统参数的添加。

操作说明：本实例中的系统参数有：序号、名称、材料和数量。

双击序号栏对应的重复区域表格，系统弹出如图 13.4.24 所示的【报告符号】列表。在【报告符号】列表中单击【rpt…】，【报告符号】列表如图 13.4.25 所示，单击【index】，此时在表格中添加了区域表格文本，如图 13.4.26 所示。

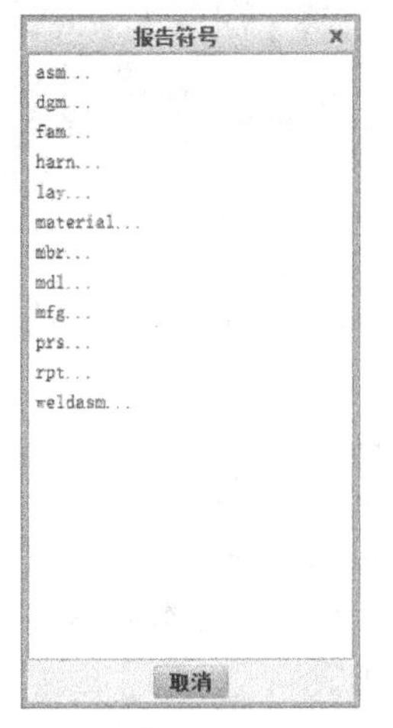

图 13.4.24　【报告符号】列表

图 13.4.25　单击【index】

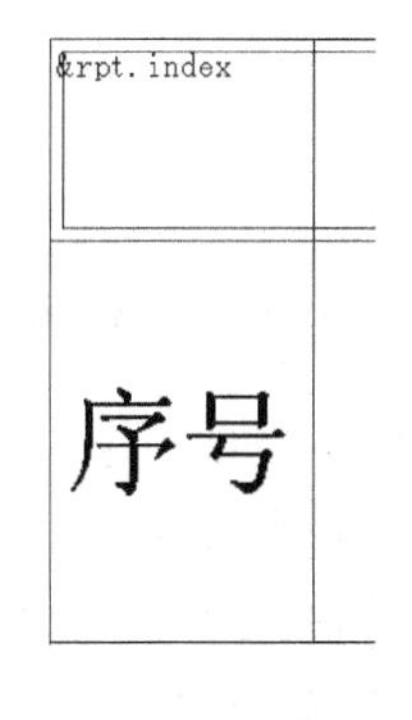

图 13.4.26　添加区域表格文本

②设置文本格式。单击刚添加的区域表格文本，按住鼠标右键，在弹出的快捷菜单中单击【文本样式】，系统弹出如图 13.4.27 所示的【文本样式】对话框。单击对话框中的选择文本...按钮，系统在信息区提示选择文本以获得样式属性。。

如图13.4.28所示，在表格中单击选择【序号】，单击【文本样式】对话框中的 确定 按钮，区域表格文本样式如图13.4.29所示。从图13.4.29中可以看出区域表格文本复制了【序号】文本的格式。

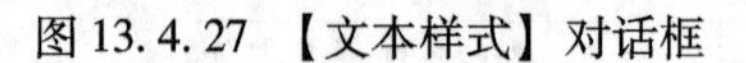

图13.4.27 【文本样式】对话框

图13.4.28 单击【序号】文本

③用户自定义参数的添加。

操作说明：本实例中的用户自定义参数主要有："代号名称"、"零件单件质量"和"零件总计质量"等。这些参数是在创建零件之前，在零件模式下定义的，参数的定义方法前面章节已经介绍过，在此不再赘述，图13.4.30所示为在【参数】对话框中用户定义的参数。

图13.4.29 区域表格文本样式效果

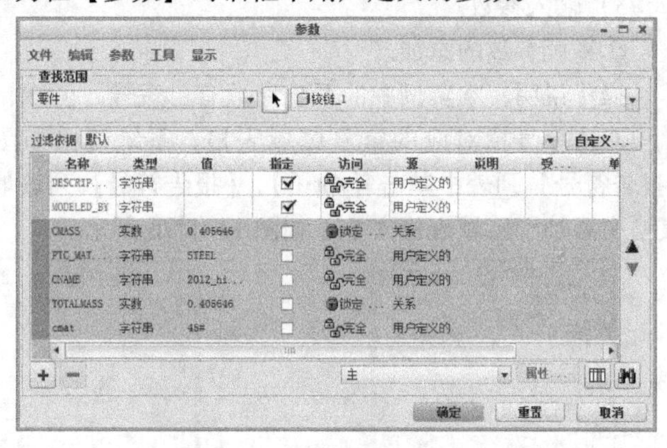

图13.4.30 【参数】对话框

双击"代号"栏对应的重复区域表格，系统弹出【报告符号】列表。

在【报告符号】列表中单击【asm···】，【报告符号】列表如图13.4.31所示。

在【报告符号】列表中单击【mbr···】，【报告符号】列表如图13.4.32所示。

在【报告符号】列表中单击【User defined】，在系统弹出的【输入符号文本】框中输入"cname"，如图13.4.33所示。单击鼠标中键，完成区域表格文本的添加。

通过上述方法，完成重复区域其他各处的表格文本的添加及文本样式的更改，重复区域文本输入效果如图13.4.34所示。

④设置重复区域属性。单击【数据】命令群组中的重复区域按钮，系统弹出如图13.4.35所示的【表域】【菜单管理器】。单击菜单中的【属性】，此时系统在信息区提示 ➪选择一个区域。，选择添加的重复区域，在【区域属性】菜单中选择【无多重记录】|【完成/返回】|【完成】。

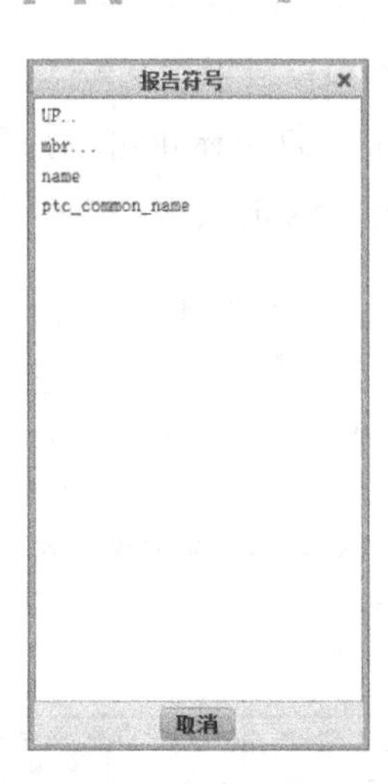

图 13.4.31　【报告符号】列表

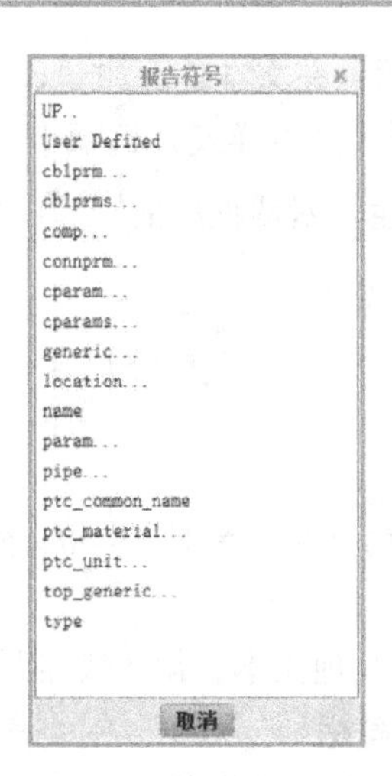

图 13.4.32　【报告符号】列表

图 13.4.33　输入符号文本

&rpt.index	&asm.mbr.cname	&asm.mbr.[illegible]	[illegible]	[illegible]	[illegible]	[illegible]r.totalmass	
序号	代　　号	名　　称	数　量	材　料	单　件	总　计	备　注
					质量（kg）		

	装配图				公 司 名 称
设 计		版 本	图 幅	质 量	比 例
制 图					
审 核					
批 准		第1页		共1页	

图 13.4.34　重复区域文本输入效果

5. 在表格中输入其他文本

1）双击“公司名称”单元格下方的单元格，在系统弹出的【注解属性】对话框中，输入“&coname”，如图 13.4.36 所示。

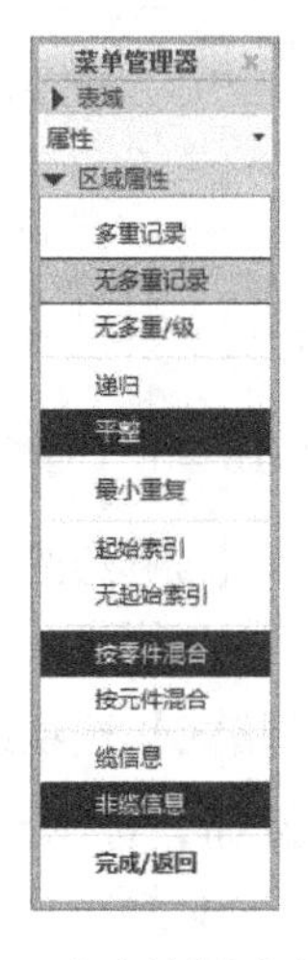

图 13.4.35　【表域】【菜单管理器】

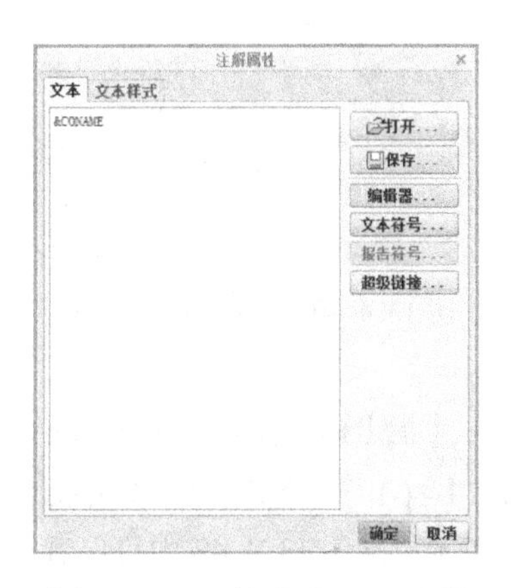

图 13.4.36　输入“&coname”

操作说明：在文本前面加“&”符号，可以调用系统参数和用户自定义参数。

2）单击【文本样式】选项卡中的 选择文本... 按钮，如图13.4.37所示单击“公司名称”，单击【注解属性】对话框中的 确定 按钮，文本输入效果如图13.4.38所示。

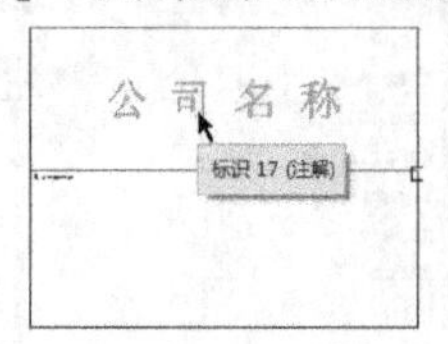

图13.4.37　单击“公司名称”

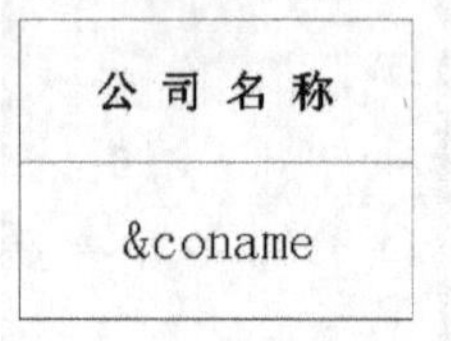

图13.4.38　文本输入效果

3）输入其他文本，创建表格最终效果如图13.4.39所示。

6. 保存模板

至此，一个简单的装配图模板创建完成。单击快速访问工具栏中的 按钮，将“A1.frm”模板文件保存，以备调用。

7. 模板的调用

操作说明：下面通过铰链模型，说明工程图模板的调用方法，以及球标的创建与编辑。

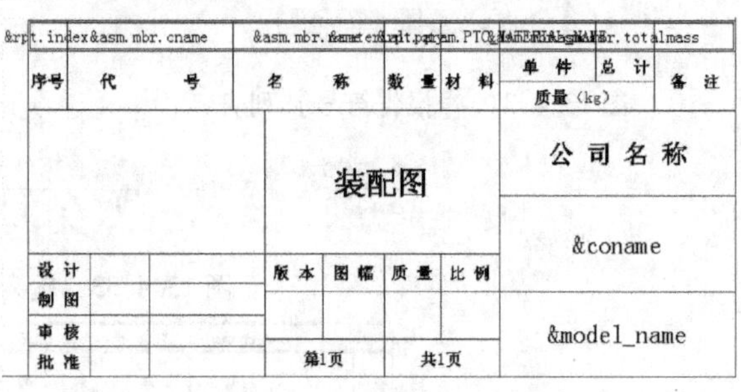

图13.4.39　创建的表格

1）单击【新建】按钮，在系统弹出的【新建】对话框中，选择【类型】为【绘图】，取消选择【使用默认模板】复选框，设置文件名称为“铰链”，如图13.4.40所示，单击 确定 按钮。

2）在【新建绘图】对话框中，单击【默认模型】选项组中的 浏览... 按钮，从【打开】对话框中双击选择“铰链.asm”，如图13.4.41所示。

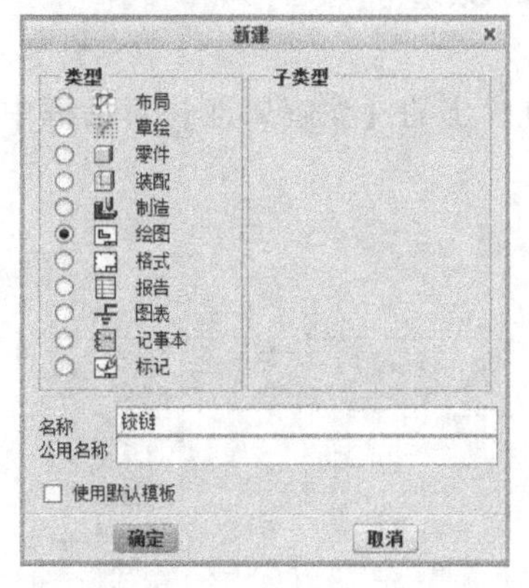

图13.4.40　【新建】对话框

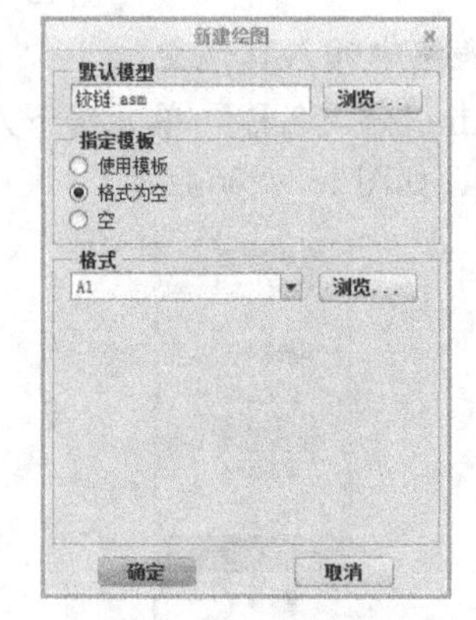

图13.4.41　【新建绘图】对话框

3）在【指定模板】选项组中选中 格式为空单选按钮，单击【格式】选项组中的 浏览... 按钮，从【打开】对话框中双击选择“A1.frm”。单击 确定 按钮，进入绘图环境，如图13.4.42所示。从图13.4.42中可以看出系统自动创建了明细表，并且标题栏中的相关项目也与铰链模型中的数据相匹配。

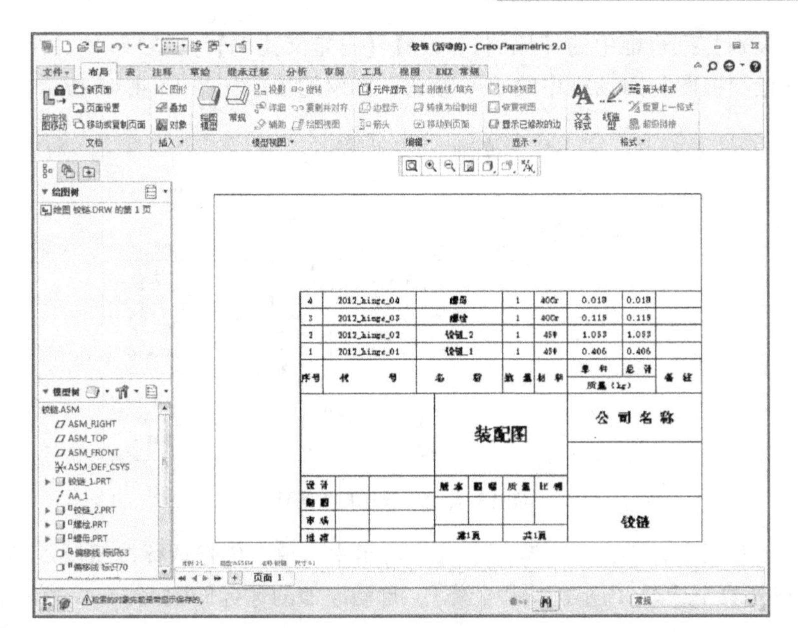

图 13.4.42　工作界面

操作说明："公司名称"栏中会自动添加"河北联合大学"，这是因为在"铰链.asm"文件中添加了相应的参数，如图 13.4.43 所示。

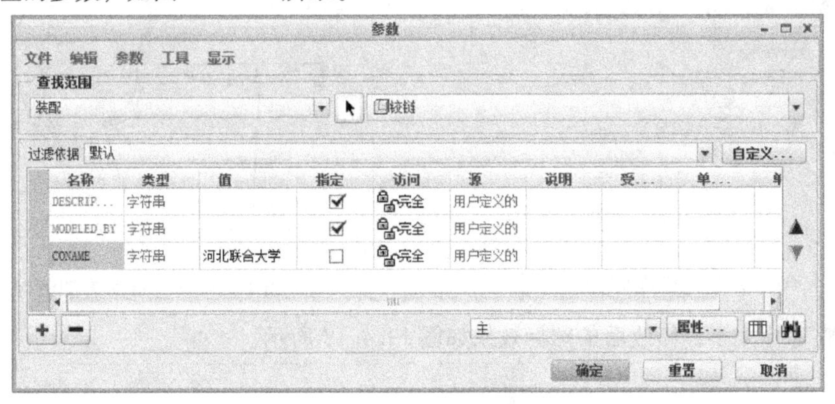

图 13.4.43　【参数】对话框

4）在【模型视图】命令群组中单击常规按钮，系统弹出【选择组合状态】对话框。接受默认设置，单击 确定 按钮。

5）系统在信息区提示 选择绘图视图的中心点。，在图形区选择一点单击，此时图形区出现预览模型和【绘图视图】对话框。

6）在【绘图视图】对话框中，单击【类别】列表框中的【视图状态】，如图 13.4.44 所示，在【分解视图】选项组中选中 视图中的分解元件 复选框，并从【装配分解状态】列表中选择【EXP0001】（在装配模型中创建的分解视图）。

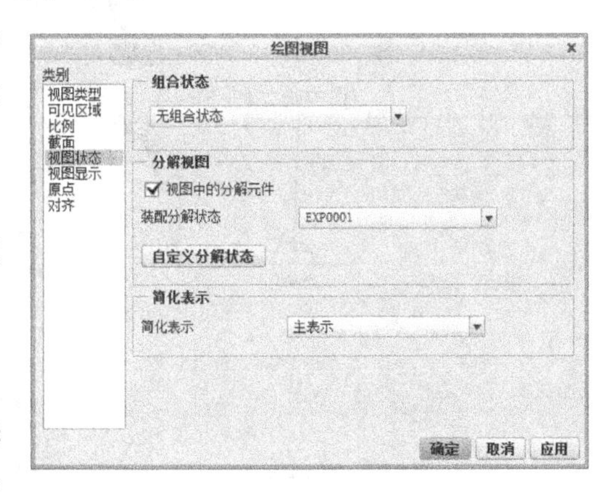

图 13.4.44　设置【视图状态】

7）单击【类别】列表框中的【比例】，设置【自定义比例】为“1”。

8）单击【绘图视图】对话框中的 关闭 按钮，创建的视图如图 13.4.45 所示。

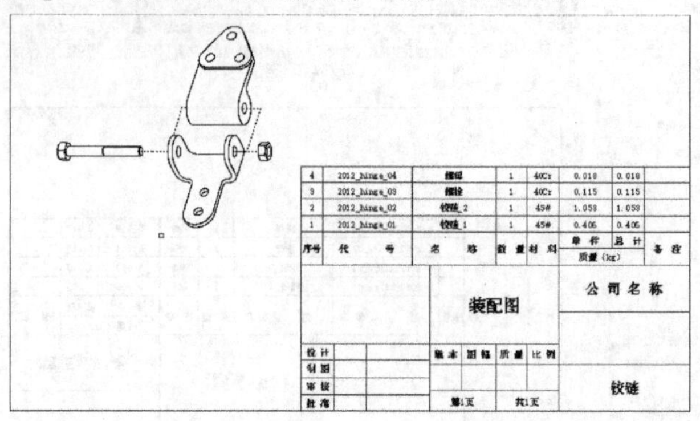

图 13.4.45　创建的视图

9）单击【表】索引标签，在【球标】命令群组中，单击创建球标按钮，在如图 13.4.46 所示的下拉菜单列表中选择【创建球标-全部】，自动添加的球标如图 13.4.47 所示。

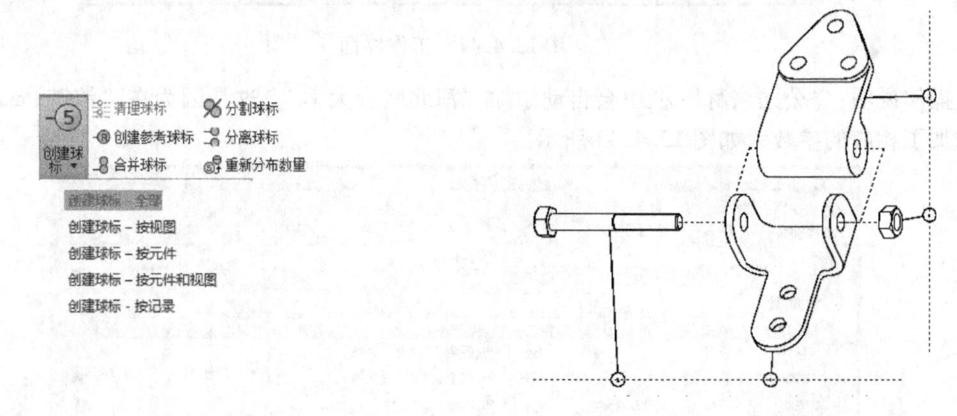

图 13.4.46　选择【创建球标-全部】　　图 13.4.47　自动添加的球标

10）调整球标大小，修改后的球标效果如图 13.4.48 所示。

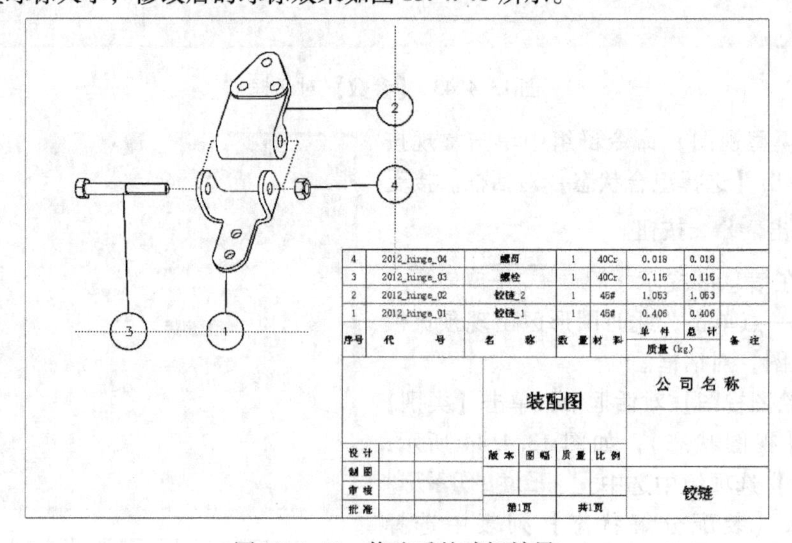

图 13.4.48　修改后的球标效果

操作技巧：要修改球标的大小可以将绘图配置文件（扩展名为 . dtl）中的 max _ balloon _ radius 与 min _ balloon _ radius 的值设置为“0”，然后双击球标，改变文本大小即可。

13.5　装配体工程图实例

学习目标

通过本实例的学习，使读者掌握装配体主要视图的创建、装配体剖视图的创建、分解视图的创建、标注装配体、插入零件模型等内容。

实例分析

本实例的模型如图 13. 5. 1 所示，为一个冲裁模的装配件，其工程图如图 13. 5. 2 所示。本实例调用了前面创建的工程图模板“A1. frm”，装配体工程图的创建方法与零件工程图的创建方法基本类似。

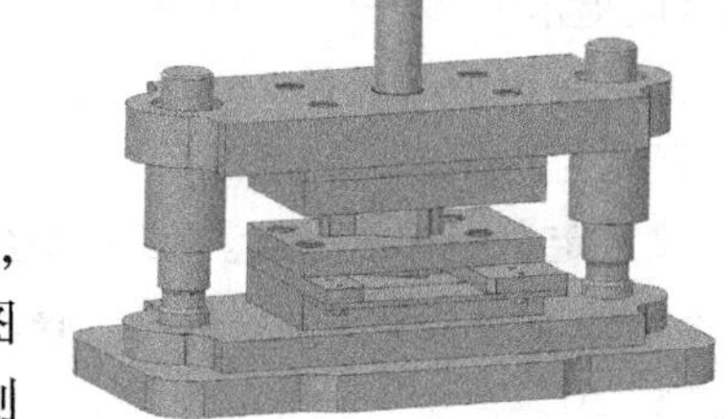

图 13. 5. 1　冲裁模装配模型

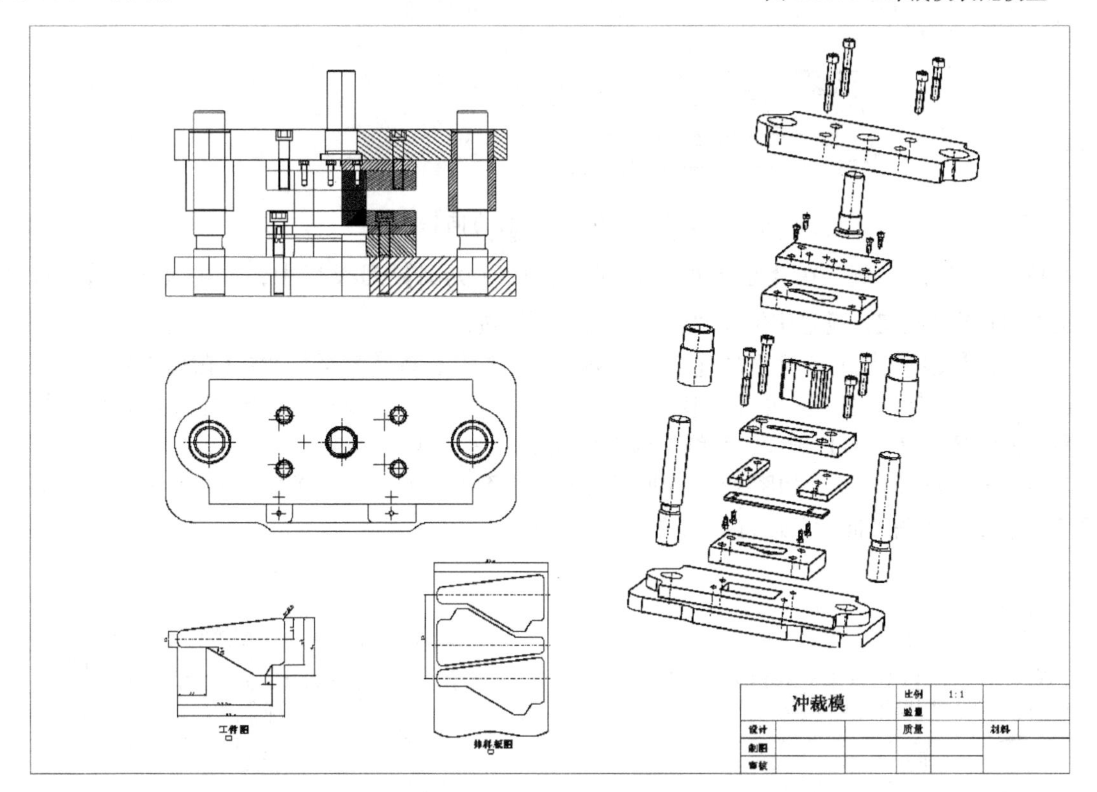

图 13. 5. 2　冲裁模装配工程图

1. 设置工作目录并打开模型

将工作目录设置为“\ 第 13 章实例\ 装配体工程图\ ”，打开“冲裁模装配 . ASM”文件。

2. 新建工程图

1）单击【新建】按钮□，在系统弹出的【新建】对话框中，选择【类型】为【绘图】，取消选择【使用默认模板】复选框，设置文件名称为“冲裁模工程图”，单击 确定 按钮。

2）在【新建绘图】对话框中，选择【指定模板】选项组中的◉ 格式为空单选按钮，单击【格式】选项组中的 浏览... 按钮，从【打开】对话框中双击选择“A0. frm”。单击 确定 按钮，进入绘图环境。

3. 创建主视图

1）在绘图区空白处，按住鼠标右键不放，在弹出的快捷菜单中选择【插入普通视图…】命令，系统弹出【选取组合状态】对话框，选择【无组合状态】选项，单击 确定 按钮。系统在信息区提示 选择绘图视图的中心点。

2）在图形区选择一点单击，系统弹出【绘图视图】对话框，并在图形区显示普通视图的预览模型。

3）定义主视图方向。在【视图方向】选项组中选择◉ 几何参考单选按钮，如图 13. 5. 3 所示，在模型上选择参考一和参考二。单击 应用 按钮，模型预览效果如图 13. 5. 4 所示。

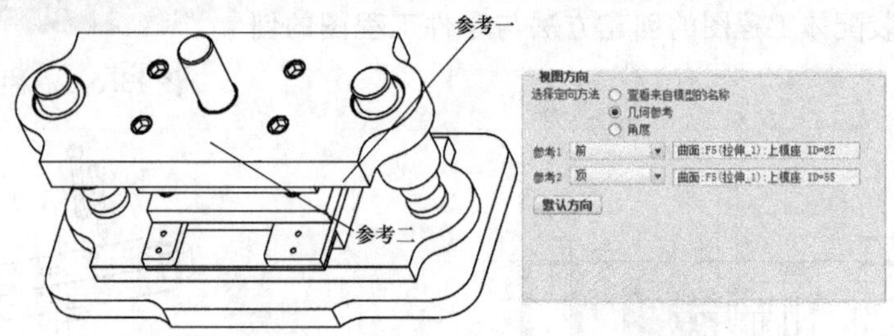

图 13. 5. 3　设置【视图方向】参考

4）设置视图比例。在【绘图视图】对话框的【类别】列表框中，单击【比例】，选中◉ 自定义比例单选按钮，设置比例为“1”，单击 应用 按钮。

5）在【绘图视图】对话框的【类别】列表框中单击选择【截面】，在【截面选项】选项组中选择◉ 2D 横截面单选按钮，单击将横截面添加到视图按钮 + ，单击“A”，在【剖切区域】下拉列表框中选取【一半】选项，系统在信息区提示 为半截面创建选择参考平面。

6）令基准平面显示，如图 13. 5. 5 所示。在主视图中单击选择半剖参考面，此时主视图如图 13. 5. 6 所示，箭头方向指向进行剖视的部分。

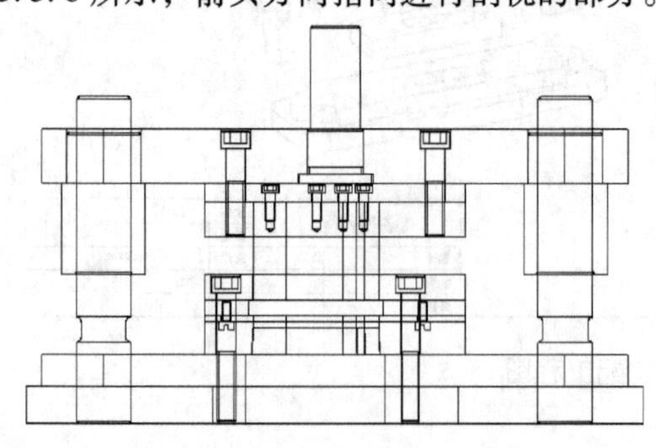

图 13. 5. 4　模型预览效果

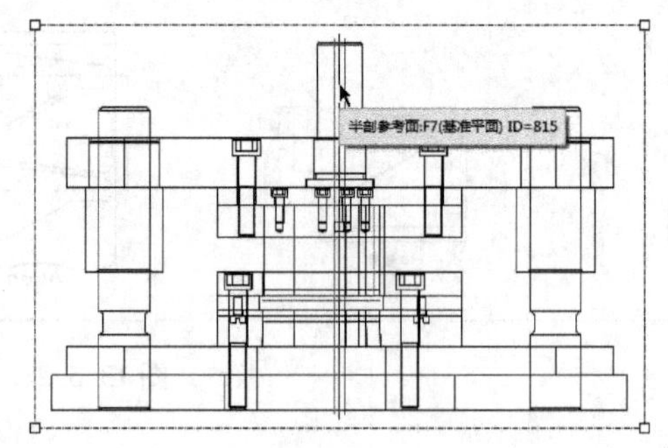

图 13. 5. 5　选择半剖视图参考

7）单击 确定 按钮，创建的主视图如图 13. 5. 7 所示。

4. 修改主视图剖面线

1）打开【布局】功能选项卡，双击主视图中任意一剖面线，系统弹出【修改剖面线】【菜单管理器】。

2）此时系统自动选取如图13.5.8所示的区域为第一个修改对象。该处的剖面线需要保留，选择【修改剖面线】菜单中的【下一个】，切换剖面线区域，当切换到不需要显示的区域时，单击【修改剖面线】菜单中的【排除】命令，剖面线区域显示如图13.5.9所示，单击【修改剖面线】菜单中的【完成】命令。

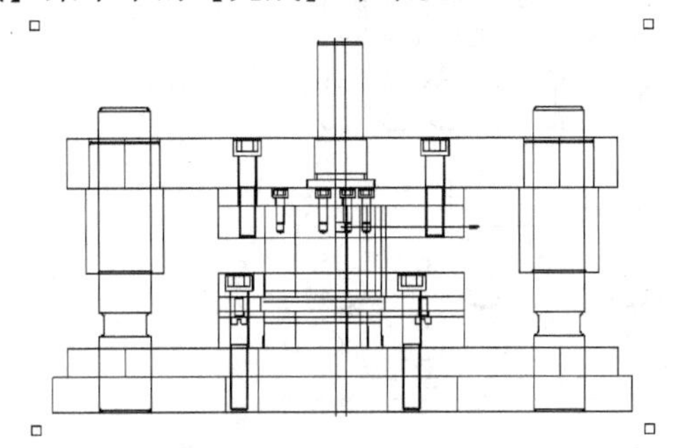

图13.5.6　设置半剖视图方向

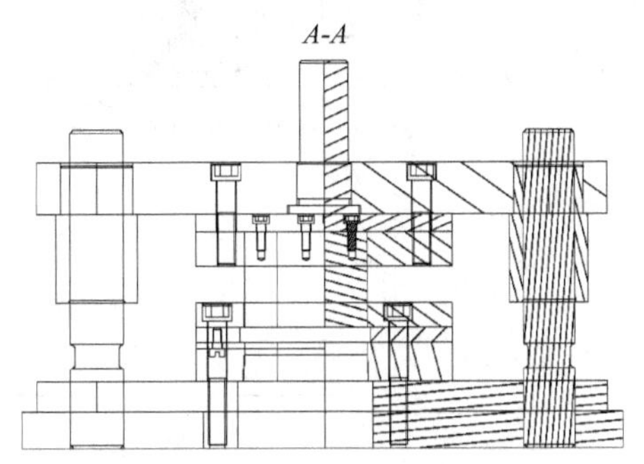

图13.5.7　装配模型主视图

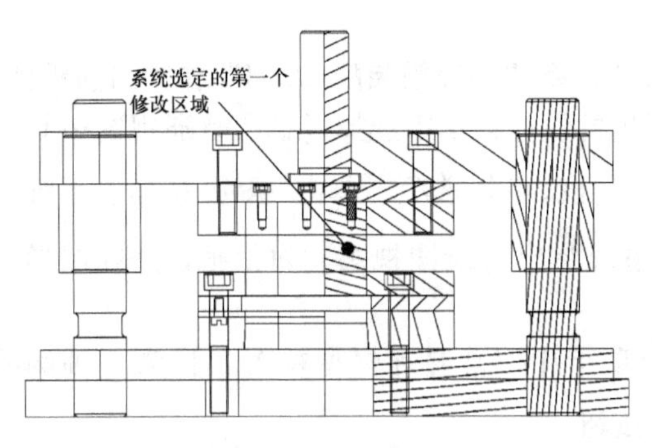

图13.5.8　剖面线修改区域

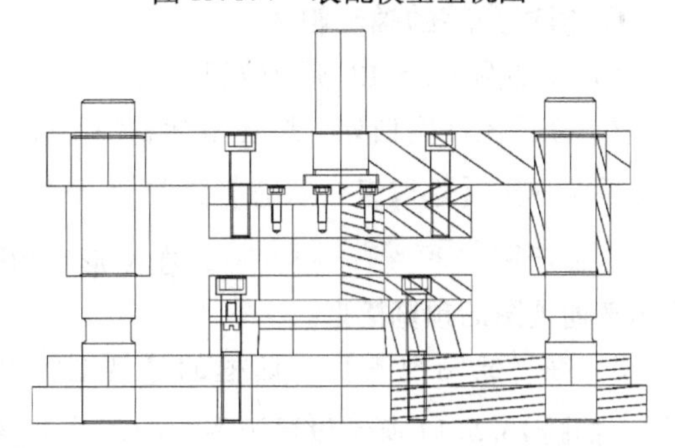

图13.5.9　设置剖面线区域显示

3）双击主视图中的任意一剖面线，系统弹出【修改剖面线】【菜单管理器】，通过菜单中的【下一个】命令，切换剖面线区域，修改剖面线的间距与角度，剖面线修改效果如图13.5.10所示，单击鼠标中键，完成剖面线的修改。

5. 添加模型

1）单击【模型视图】命令群组中的绘图模型按钮，系统弹出如图13.5.11所示的【绘图模型】【菜单管理器】。

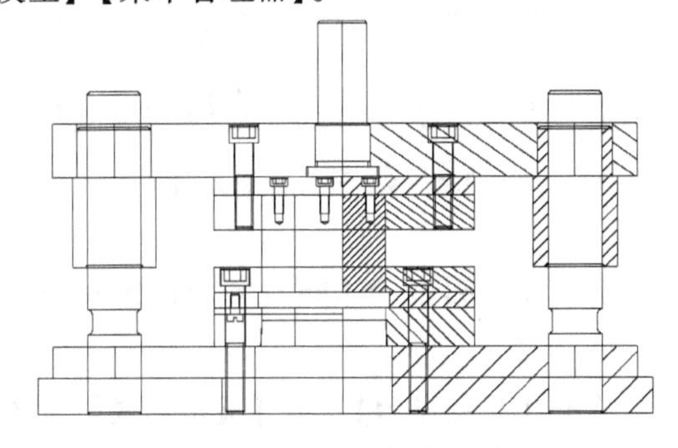

图13.5.10　剖面线修改效果

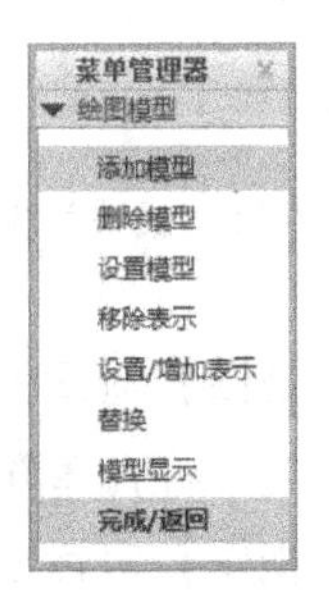

图13.5.11　【绘图模型】【菜单管理器】

2）单击【添加模型】，在系统弹出的【打开】对话框中，双击“下模.ASM”文件，将“下模.ASM”添加到工程图中。

3）单击【模型视图】命令群组中的 投影 按钮，将鼠标移动到主视图下方，单击鼠标，添加投影视图如图13.5.12所示。“下模.ASM”会作为主视图的投影视图显示。

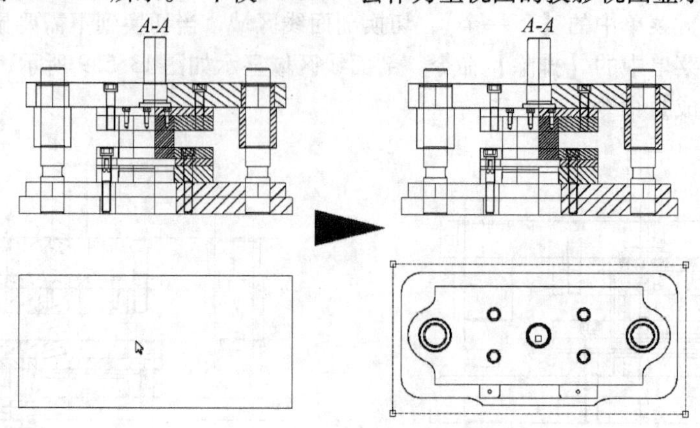

图13.5.12 添加投影视图

6. 创建分解的轴测视图

1）在如图13.5.13所示位置单击【主表示】命令，将“冲裁模装配.ASM”作为当前模型。

2）在绘图区空白处，按住鼠标右键不放，在弹出的快捷菜单中选择【插入普通视图…】命令，系统弹出【选取组合状态】对话框，选择【无组合状态】选项，单击 确定 按钮。系统在信息区提示 选择绘图视图的中心点。，在图形区单击，系统弹出【绘图视图】对话框，并在图形区显示普通视图的预览模型。

3）在【绘图视图】对话框的【视图类型】选项卡中，设置【模型视图名】为“轴测视图”，如图13.5.14所示设置视图方向，单击 应用 按钮。

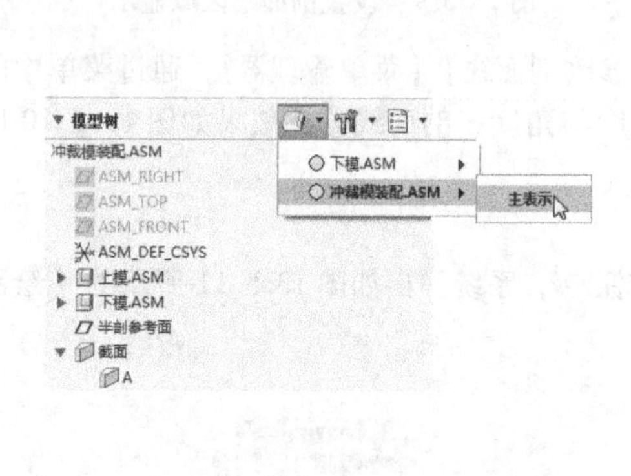

图13.5.13 设置当前模型

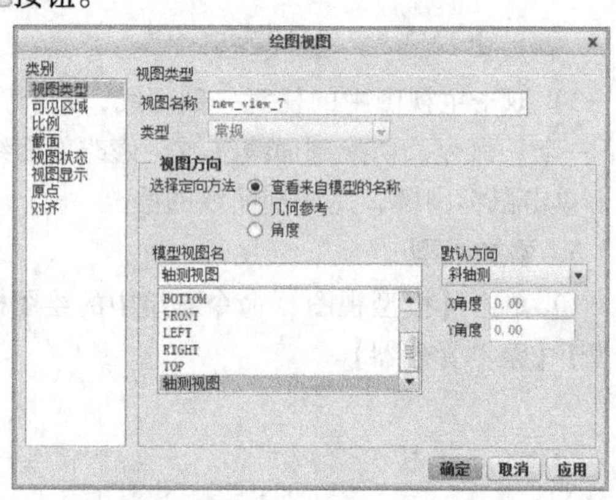

图13.5.14 设置视图方向

4）在【绘图视图】对话框的【类别】列表框中，单击【比例】，选中 自定义比例单选按钮，设置比例为“0.7”，单击 应用 按钮。

5）在【绘图视图】对话框的【类别】列表框中，单击【视图显示】，将【显示样式】设置为 消隐，【相切边显示样式】设置为 实线，单击 应用 按钮。

6）在【绘图视图】对话框的【类别】列表框中，单击【视图状态】，在【分解视图】选项组中选中 视图中的分解元件复选框。然后单击 自定义分解状态 按钮，此时系统弹出如图13.5.15所示的【警告】对话框，单击 确定 按钮，系统弹出如图 13.5.16 所示的【分解位置】对话框和【修改分解】【菜单管理器】，此时模型已经变为分解状态，如图 13.5.17 所示，但该分解视图比较乱，因此需要对元件位置进行调整。

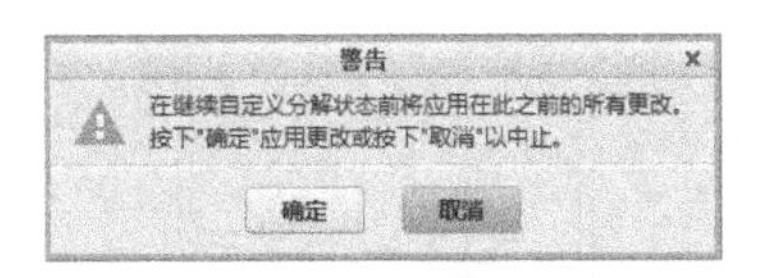

图 13.5.15 【警告】对话框

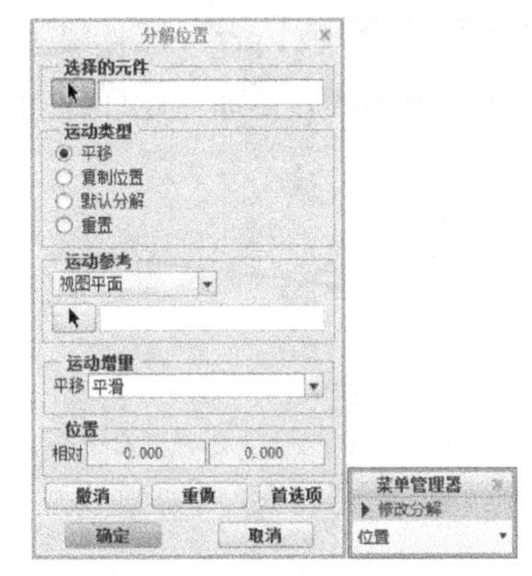

图 13.5.16 【分解位置】对话框

7）单击选择需要移动的元件，将零件拖动到适合的位置，调整后的分解视图如图 13.5.18 所示，连续单击三次鼠标中键，完成分解视图的创建，单击【绘图视图】对话框中的 确定 按钮。

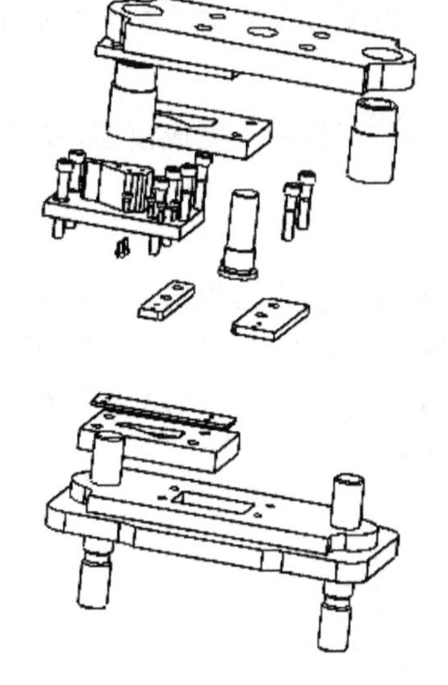

图 13.5.17 模型的分解状态

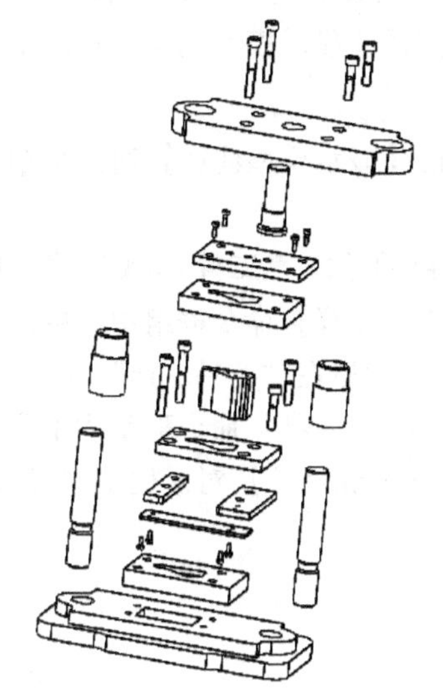

图 13.5.18 调整后的分解视图

7. 添加“工件 . prt”零件模型

1）单击【模型视图】命令群组中的【绘图模型】按钮，系统弹出【绘图模型】【菜单管理器】。单击【添加模型】，在系统弹出的【打开】对话框中，双击“工件 . prt”文件，系统在信息区提示• 工件已被加入绘图冲裁模工程图。。

2）在绘图区空白处，按住鼠标右键不放，在弹出的快捷菜单中选择【插入普通视图…】命令，系统弹出【选取组合状态】对话框，选择【无组合状态】选项，单击 确定 按钮。系统在信息区提示 选择绘图视图的中心点。，在图形区单击，系统弹出【绘图视图】对话框，并在图形区显示普通视图的预览模型。

3）在【绘图视图】对话框的【视图类型】选项卡中，设置【模型视图名】为“TOP”，单击 应用 按钮。在【比例】选项卡中，设置比例为“1.5”，单击 应用 按钮，工件视图如图 13. 5. 19 所示。

8. 添加“排样板 . prt”零件模型

参照上面的步骤，添加“排样板 . prt”零件，并创建如图 13. 5. 20 所示的排样板视图。

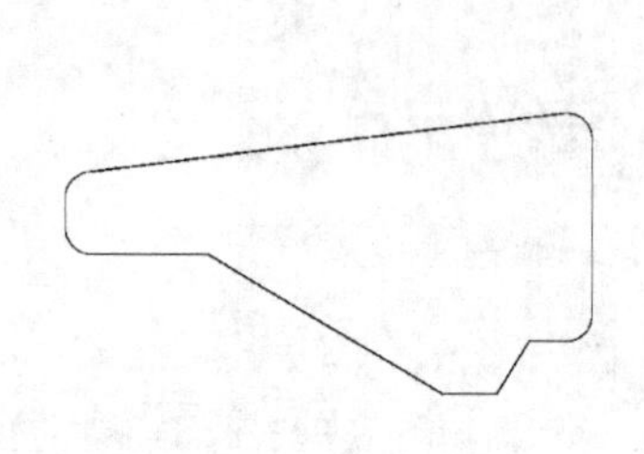

图 13. 5. 19　工件视图

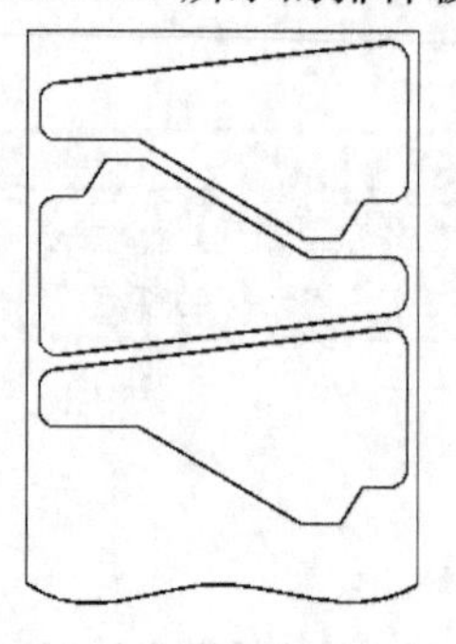

图 13. 5. 20　排样板视图

9. 在视图中显示基准轴

1）打开【注释】功能选项卡，在【注释】命令群组中，单击【显示模型注释】按钮，系统弹出【显示模型注释】对话框。

2）打开【显示模型基准】选项卡，按住 < Ctrl > 键，在图形区依次单击需要显示基准轴的视图。

3）在【显示模型注释】对话框中，单击按钮，单击 确定 按钮，完成模型基准轴显示的设置。

10. 自动添加“工件 . prt”视图标注尺寸

1）在【注释】命令群组中，单击按钮，在【显示模型注释】对话框中，单击显示模型尺寸按钮，然后在“工件 . prt”视图上单击，模型上自动显示出尺寸，如图 13. 5. 21 所示。

2）单击【注释】命令群组中的 清理尺寸 命令，框选所有标注尺寸，单击鼠标中键，在系统弹出的【清除尺寸】对话框中进行如图 13. 5. 22 所示的设置。

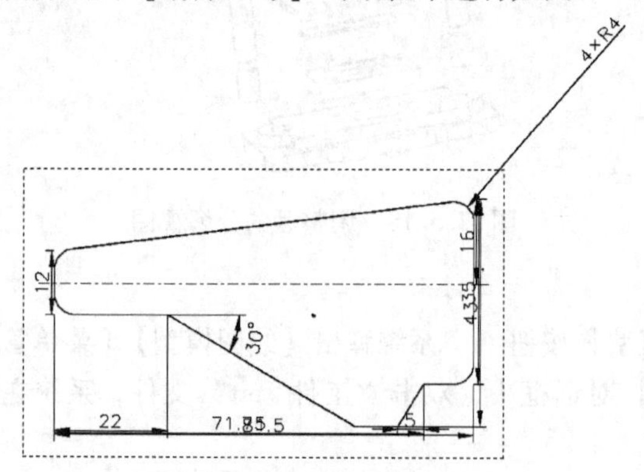

图 13. 5. 21　自动显示标注尺寸

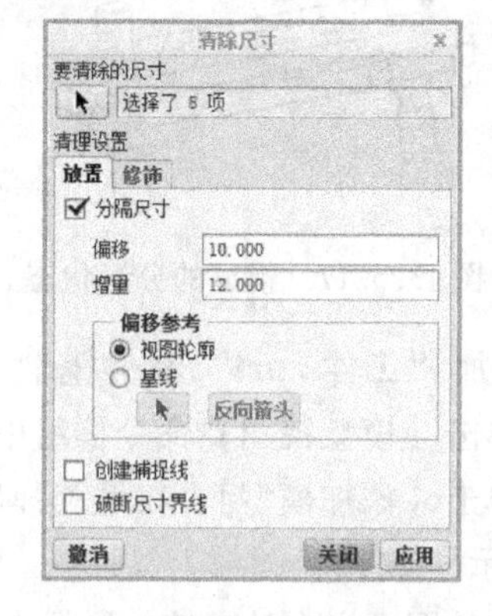

图 13. 5. 22　【清除尺寸】对话框设置

3）单击 应用 按钮，单击 关闭 按钮，清理后的尺寸标注如图 13. 5. 23 所示。

11. 手动添加“排样板 . prt”视图标注尺寸

在【注释】命令群组中单击 尺寸 - 新参考 按钮，在“排样板 . prt”视图中，添加如图 13. 5. 24 所示的尺寸标注。

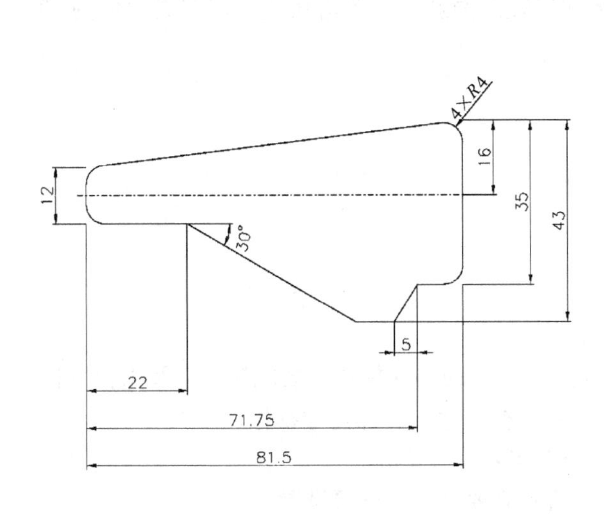

图 13. 5. 23　清理后的尺寸标注

图 13. 5. 24　排样板视图尺寸标注

12. 添加注解

1）在【注释】命令群组中，单击注解按钮，系统弹出【注解类型】菜单，在【注解类型】菜单中，依次选择【无引线】|【输入】|【水平】|【标准】|【默认】|【进行注解】命令，系统弹出【选择点】对话框，并且在信息区提示 ➡选择注解的位置。。

2）此时鼠标指针显示为，在绘图区空白处单击，以确定注解的放置点，在系统弹出的【输入注解】文本框中输入“工件图”。

3）连续单击两次鼠标中键，参照上面的步骤创建注解“排样板图”。

4）连续单击两次鼠标中键，选择【注解类型】菜单中的【完成/返回】命令，将注解移动到合适位置。

5）双击注解，系统弹出【注解属性】对话框，在【文本样式】选项卡中对注解的字体、高度等进行设置，单击 确定 按钮，移动注解位置，添加注解效果如图 13. 5. 25 所示。

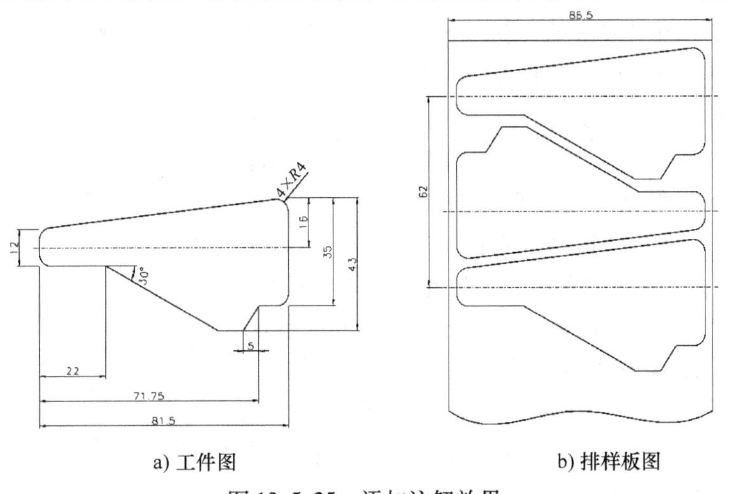

a) 工件图　　b) 排样板图

图 13. 5. 25　添加注解效果

13. 保存工程图

调整各个视图及注解的位置，完成冲裁模装配工程图的创建。单击快速访问工具栏中的按钮，保存工程图。

13.6 工程图打印

学习目标

掌握工程图打印的基本设置方法。

1. 工程图打印概述

打印出图是CAD工程设计中非常重要的环节。在Creo的零件模式、装配模式以及工程图模式下，都可以在功能区中选择 文件 | 打印 | 打印(P)，然后进行打印出图操作。

在Creo系统中进行打印出图操作需要注意以下几点：

1）打印操作前，需要对Creo的系统配置文件进行必要的打印选项设置。

2）在打印出图时一般选择系统打印机（MS Printer Maganer），需要注意的是在零件模式和装配模式下，如果模型是着色状态，不能选择系统打印机，一般可以选择【Generic Color Post-script】命令。

3）屏幕中灰色显示的隐藏线，在打印时为虚线。

2. 工程图打印的一般过程

下面以“铰链.drw”工程图为例，说明打印的一般操作过程，这是一张A1幅面的工程图，要求打印在A4幅面的纸上。

（1）打开文件　将工作目录设置为“\第13章实例\工程图打印\”，打开文件“铰链.drw”。

（2）系统配置　选择 文件 | 打印 | 打印(P)，系统弹出【打印机配置】对话框，在对话框中对下述四个选项卡分别进行设置，完成各选项卡的设置后，单击【打印机配置】对话框中的 确定 按钮。

1）【目标】选项卡设置：单击【打印机配置】对话框中【打印机】右侧的按钮，在下拉列表中选择 MS Printer Manager 命令。

2）【页面】选项卡设置：在该选项卡中，可以定义和设置图纸的幅面、偏距值、图样标签和图样单位等参数，如图13.6.1所示。在进行本例操作时，在【尺寸】选项组选择A4幅面的打印纸；在【偏移】、【标签】、【单位】选项组中先不进行操作，待首次打印操作完成后，结合图样的情况再进行相应的调试。【页面】选项卡的选项说明如下：

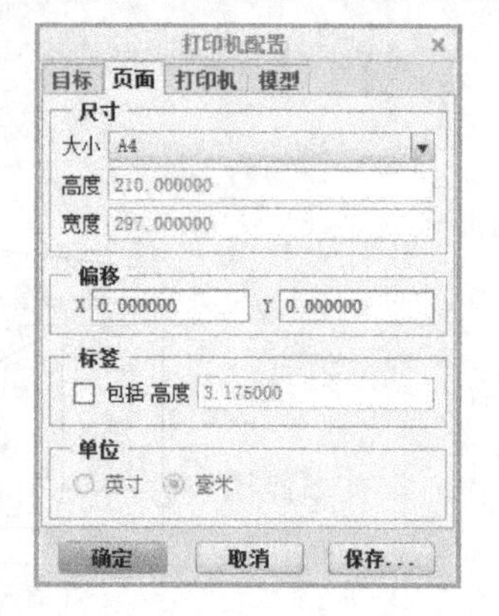

图13.6.1 【页面】选项卡

◆【尺寸】：用户可以指定打印纸的幅面，可以从列表中选择标准幅面也可以自定义幅面大小。选择的打印页面可以和图纸的实际尺寸不符，通过选择出图方式或缩放进行打印处理。例如，图纸是A2幅面的，要在A4的打印机上输出，此时必须选择A4的尺寸，出图时使用【全部出图】的方式。

◆【偏移】：出图时是否包含标签，如果包含，可以设置标签高度，标签的内容包括：用户名称、对象名称和日期。例如，

NAME：ABC Co. Ltd；OBJECT：BODY；DATE：26-May-04。

◆【单位】：当用户定义可变的打印纸幅面时，可以选择不同的长度单位：【英寸】和【毫米】。

3）【打印机】选项卡设置：在该选项卡中，可以选择使用笔参数文件、设置图形旋转角度、纸张类型等，如图 13.6.2 所示。在进行本例操作时，该选项卡中的参数保持默认设置即可。【打印机】选项卡选项说明如下：

◆【笔】：是否使用默认的绘图笔线文件。

◆【信号交换】：选择绘图仪的初始化类型。

◆【页面类型】：指定纸张类型，包括【页面】（如复印纸）和【滚动】（如卷筒纸）。

◆【旋转】：指定图形的旋转角度。

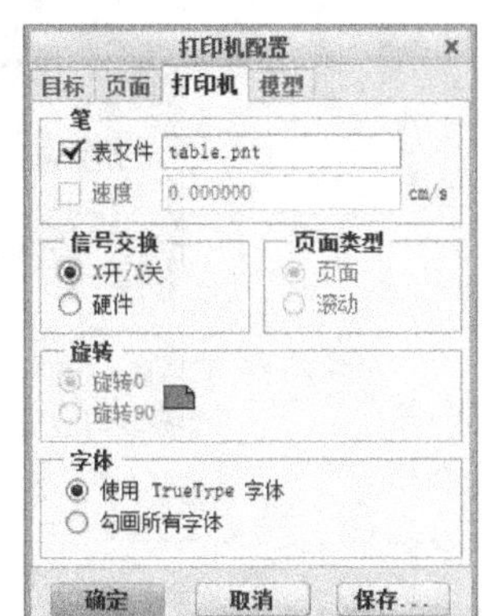

图 13.6.2 【打印机】选项卡

4）【模型】选项卡设置：在该选项卡中，可以定义和设置打印类型、打印比例以及打印质量等，如图 13.6.3 所示。在进行本例操作时，该选项卡的设置保持默认即可，待首次打印操作完成后，如果发现图形打印不完整或比例不合适，再调整出图类型和比例。【模型】选项卡选项说明如下：

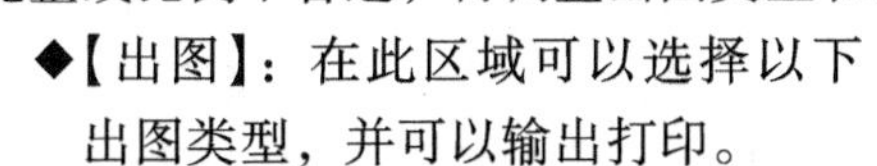

◆【出图】：在此区域可以选择以下出图类型，并可以输出打印。

◆【全部出图】：创建整个幅面的出图。

◆【修剪的】：创建经过修剪的出图打印，如果选择此项，应绘制围绕出图区域的边界框。

◆【在缩放的基础上】：该选项是系统的默认值。创建经过缩放和修剪的出图比例以及基于图形窗口的纸张尺寸和缩放设置。

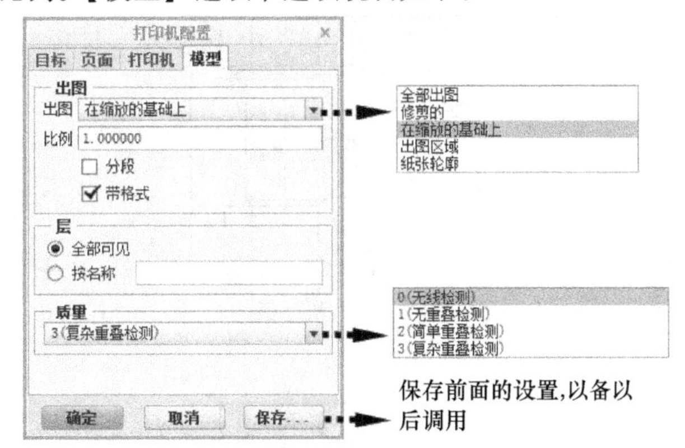

图 13.6.3 【模型】选项卡

◆【出图区域】：通过将修剪框中的区域移动到纸张左下角，并调整修剪区域，使之与用户定义的比例相匹配，从而进行打印出图。注意：在出图区域内也应将缩放和平移屏幕因子及模型尺寸比例考虑在内。

◆【纸张轮廓】：此选择仅在工程图模式下有效，在指定纸张大小的绘图纸上创建特定大小的出图。例如，对于大尺寸 A0 幅面的工程图，如果要在 A4 大小的幅面上打印，可选用此项。

◆【模型尺寸】：此选项仅在零件模式和装配模式下的线框打印时有效。将出图调整到指定的模型比例。例如，如果输入数值“0.5”，系统将按照 1∶2 的比例创建模型的出图。

◆【比例】：指定工程图的打印比例，范围为 0.01～100。

◆【层】：用 Creo 软件中的层来选择打印对象。打印所有可见层中的对象或者指定层内的对象。

◆【质量】：设置出图时重叠线的检测数量。

（3）打印　Creo 启动 Windows 系统打印机，弹出如图 13.6.4 所示的【打印】对话框，在【打印机】区域的【名称】列表中选择合适的打印设备，然后单击 确定 按钮，即可进行打印。

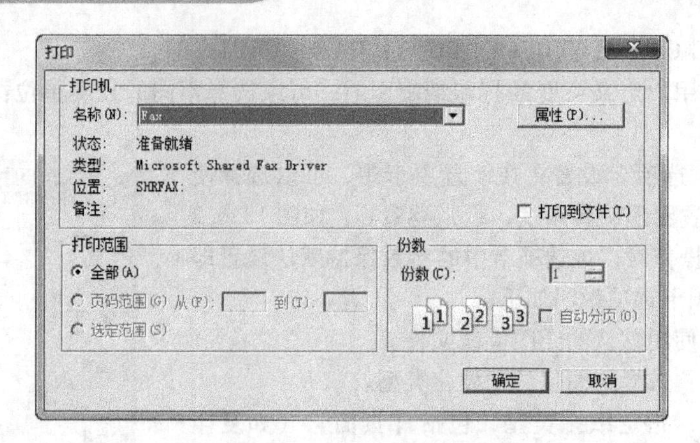

图 13.6.4 【打印】对话框

13.7 实训题

创建顶紧螺钉的工程图，如图 13.7.1 所示。

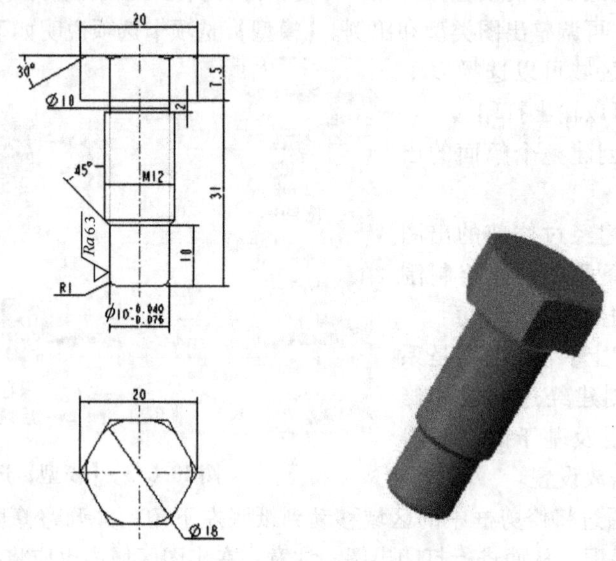

图 13.7.1 顶紧螺钉

第14章 结构分析及优化设计

本章要点

Creo Simulate 是集结构静态、动态分析于一体的有限元分析模块，它采用数值分析中的有限元技术，计算模型的应力、应变、位移等参数在空间的分布及随时间的变化规律；并能够对主要设计参数在给定的变化范围内进行敏感度分析；通过优化分析为模型寻找到最佳参数。本章将通过实例讲解结构分析和优化设计的方法步骤，使读者对结构分析和优化设计形成清晰的认识。

本章主要内容

❶结构分析模块简介
❷建立结构分析模型
❸建立结构分析
❹设计研究
❺实训题

14.1 结构分析模块简介

学习目标

了解结构分析模块界面，掌握结构分析流程。

结构分析用于确定结构在载荷作用下的变形、应变、应力及反作用力等。优化设计就是找出满足设计目标和约束条件的最佳设计方案。结构分析及优化设计在 Creo 软件中由结构分析模块来完成。

14.1.1 结构分析模块概述

Creo Simulate 有集成和独立两种运行模式。在集成模式下，不用单独启动 Creo Simulate 用户界面，因此，集成模式是进行零件或装配建模和优化的最简便的方法。

1. 进入机构分析模块

集成模式下，首先进入零件设计模块或装配设计模块完成几何模型的创建，然后选择功能区中的【应用程序】|【Simulate】命令，进入分析界面。在界面中选择功能区中的【主页】|【设置】面板中的【结构模式】命令，进入结构分析模块，如图 14.1.1 所示。

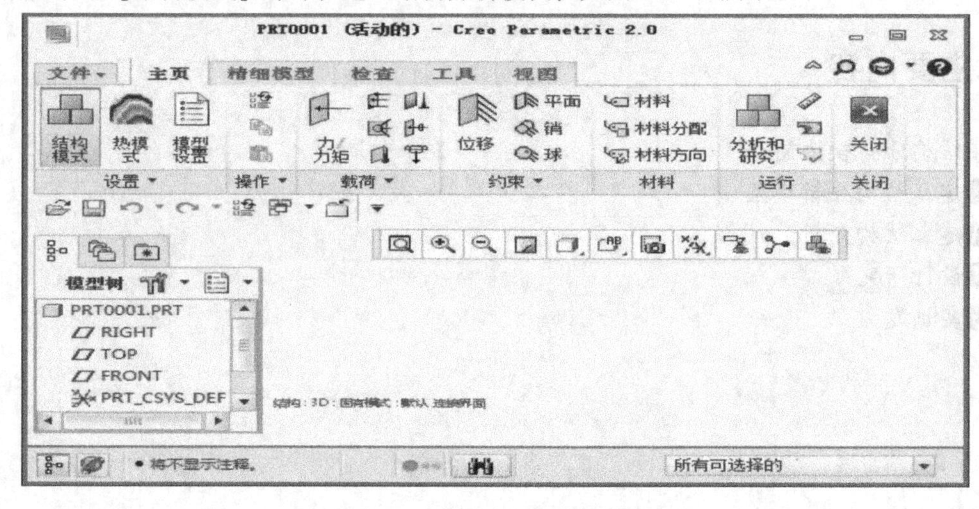

图 14.1.1 结构分析模块

2. 功能区面板简介

(1)【主页】选项卡

◆【设置】面板：主要完成结构分析模块工作模式选择、单位设置以及分析时的当前坐标系。结构分析模块的工作模式有两种：

● 固有模式：就是采用结构分析模块固有的求解器，自动进行快速准确求解。

● FEM 模式：自动为第三方有限元求解器，如 NASTRAN 和 ANSYS，创建完全关联的 FEA 网格。

固有模式与 FEM 模式的切换：单击功能区中的【主页】|【设置】面板中的【模型设置】按钮，弹出如图 14.1.2 所示的【模型设置】对话框，选择 FEM 模式。

◆【载荷】面板：用于施加结构承受的载荷。

◆【约束】面板：用于添加结构承受的约束条件。
◆【材料】面板：用于指定元件的材料及属性。
◆【运行】面板：建立分析、运行分析、获取结果。

图 14.1.2 【模型设置】对话框

(2)【精细模型】选项卡　如图 14.1.3 所示。
◆【理想化】面板：主要定义理想化模型各项属性。
◆【连接】面板：设置模型中特征或元件的连接方式。
◆【区域】面板：用于创建各种实体或曲面特征。
◆【AutoGEM】面板：用于创建有限元网格。

图 14.1.3 【精细模型】选项卡

14.1.2　结构分析流程

固有模式机构分析及优化的基本工作流程如图 14.1.4 所示。

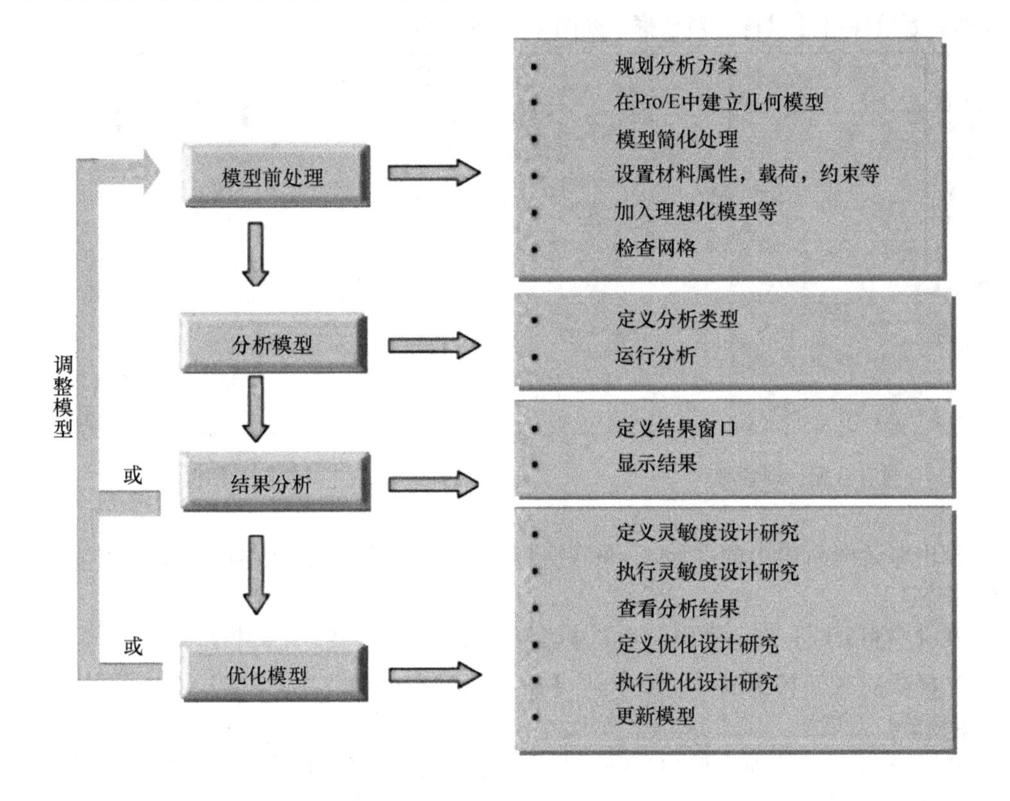

图 14.1.4　工作流程

下面通过一个简单的例子说明结构分析的流程。

如图 14.1.5 所示，一钢板左侧与固定墙焊接在一起，右侧圆孔面承受向下 100N 的力，分析钢板的应力分布和受力变形情况。钢板厚度为 5mm，钢板材料为 Q235A。

1. 建立分析模型

1）调入如图 14.1.6 所示的零件模型“xuanbiliang.prt”。

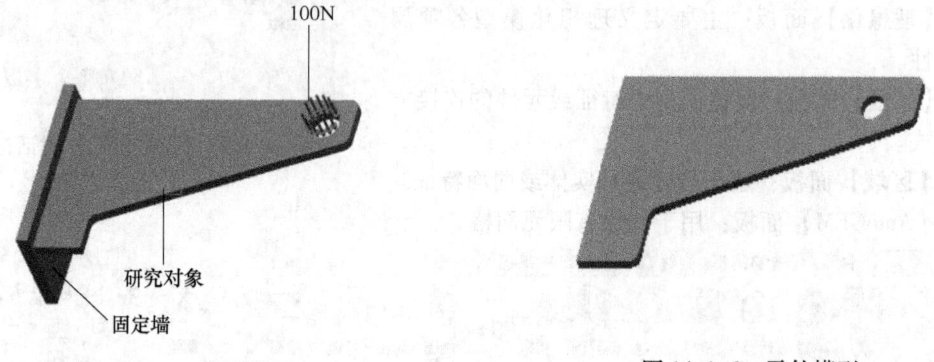

图 14.1.5　结构模型　　　图 14.1.6　零件模型

2）选择功能区中的【应用程序】|【Simulate】命令，进入到分析界面，在界面中选择功能区的【主页】|【设置】面板中的【结构模式】命令，进入结构分析模块。

3）选择功能区面板中的【主页】|【材料】面板中的【材料分配】命令 材料分配，系统弹出【材料分配】对话框，如图 14.1.7 所示。单击【属性】选项组中【材料】选项右方的【更多】按钮，系统弹出【材料】对话框，如图 14.1.8 所示。

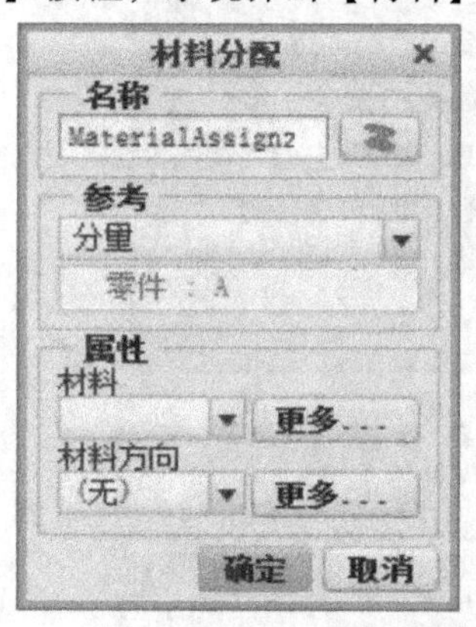

图 14.1.7　【材料分配】对话框　　　图 14.1.8　【材料】对话框

4）双击对话框列表中的“steel.mtl”，使其添加到右侧【模型中的】材料列表中，单击【确定】按钮。

5）在【材料分配】对话框中，单击【确定】按钮，材料就分配到模型中了。

6）选择功能区面板中的【主页】|【载荷】面板中的【力/力矩】命令，系统弹出【力/力矩载荷】对话框。如图 14.1.9 所示。

7）在【参考】下拉列表框中选择【边/曲线】选项，在 3D 模型中选择孔 $\phi15$ 的边，在【力】选项组的【Y】文本框中键入 Y 方向上的分力“-1000”，如图 14.1.9 所示。单击【确定】按钮，加力后的模型如图 14.1.10 所示。

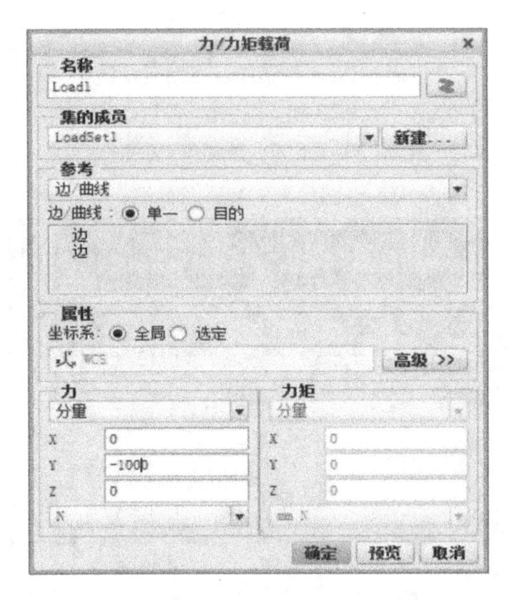

图 14.1.9 【力/力矩载荷】对话框

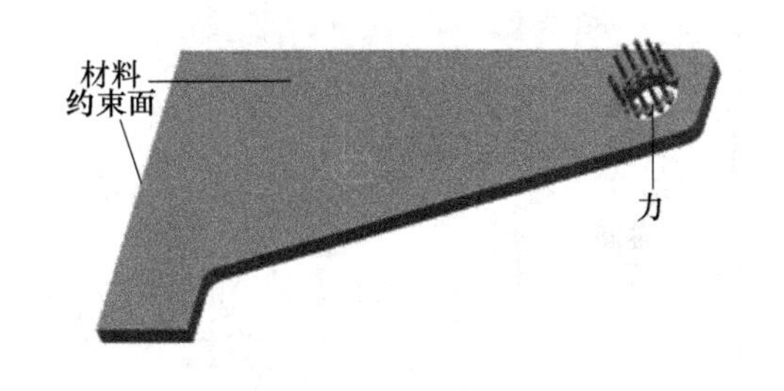

图 14.1.10 加力后的模型

8）选择功能区面板中的【主页】|【约束】面板中的【位移】命令，系统弹出【约束】对话框，如图 14.1.11 所示。

9）选择【参考】列表框中的【曲面】，在 3D 模型中选择模型与固定墙连接的如图 14.1.10 所示的约束面，将其添加到【参考】列表框中，单击【确定】按钮，完成零件约束的设置。

10）选择功能区面板中的【精细模型】|【理想化】面板中的【壳对】命令，系统弹出【壳对定义】对话框。

11）在 3D 模型中选择上、下表面，此时模型上、下表面被添加到【参考】选项组中【曲面】列表框中，如图 14.1.12 所示。

12）其他选项为默认值，单击【完成】按钮，完成零件的理想化。

2．分析模型

1）选择功能区面板中的【主页】|【运行】面板中的【分析和研究】命令，系统弹出【分析和设计研究】对话框，如图 14.1.13 所示。

2）在【分析和研究设计】对话框中，选择菜单栏中的【文件（F）】|【新建静态分析】命令，系统弹出【静态分析定义】对话框，如图 14.1.14 所示。

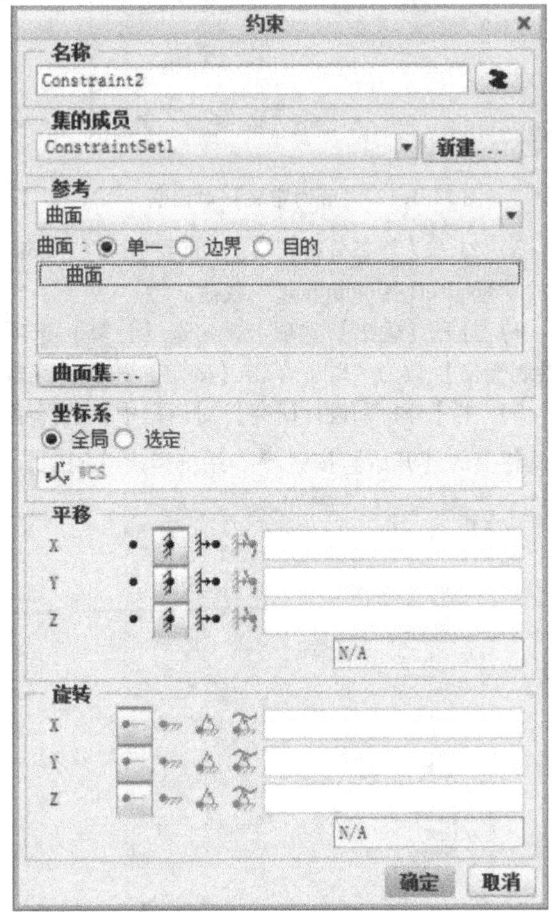

图 14.1.11 【约束】对话框

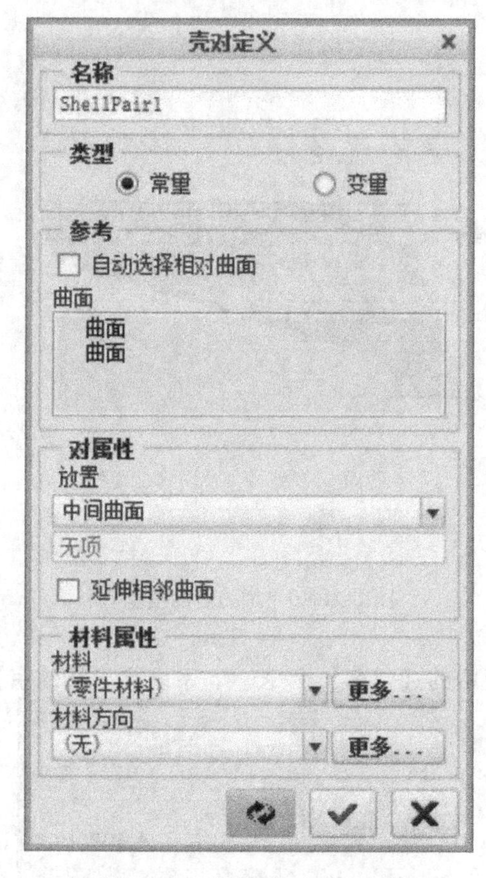

图 14.1.12 【壳对定义】对话框

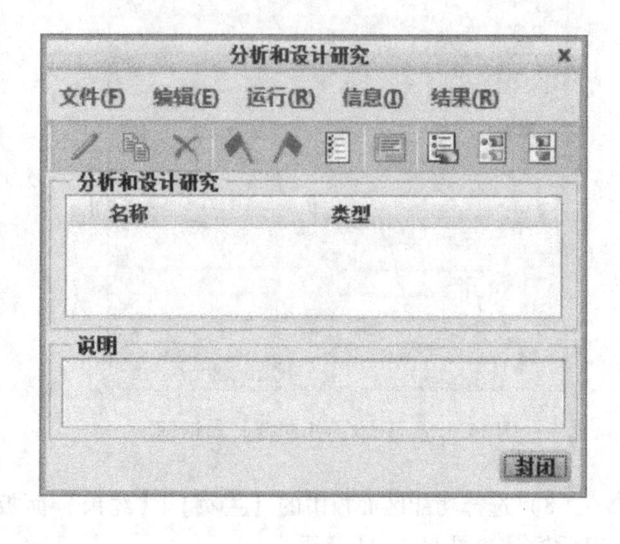

图 14.1.13 【分析和设计研究】对话框

3）勾选【静态分析定义】对话框中的“ConstraintSet1/xuanbiliang”约束及【载荷】列表框中的“Loadset1/xuanbiliang”载荷。

4）打开【输出】选项卡，勾选【计算】选项组中的【应力】、【旋转】、【反作用】复选框，【绘制栅格】数为“8”，单击【确定】按钮，完成【静态分析定义】设置。

5）在【分析和设计研究】对话框中，选择菜单栏中的【运行(R)】|【开始】命令，或单击工具栏上的【开始】按钮，系统弹出【问题】对话框，如图 14.1.15 所示。

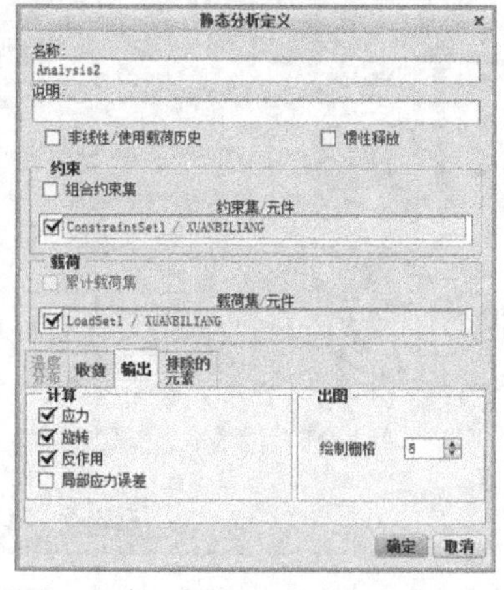

图 14.1.14 【静态分析定义】对话框

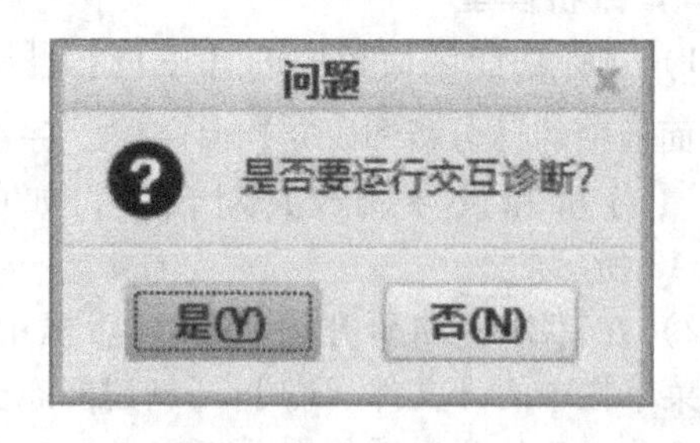

图 14.1.15 【问题】对话框

6）单击【是】按钮，分析开始。大约几分钟后系统弹出【诊断：分析】对话框，如图 14.1.16 所示，列表框中列出分析过程，单击【关闭】按钮。

7）单击工具栏上的【查看设计研究或有限元分析结果】按钮，系统弹出【结果窗口定义】对话框，如图 14.1.17 所示。

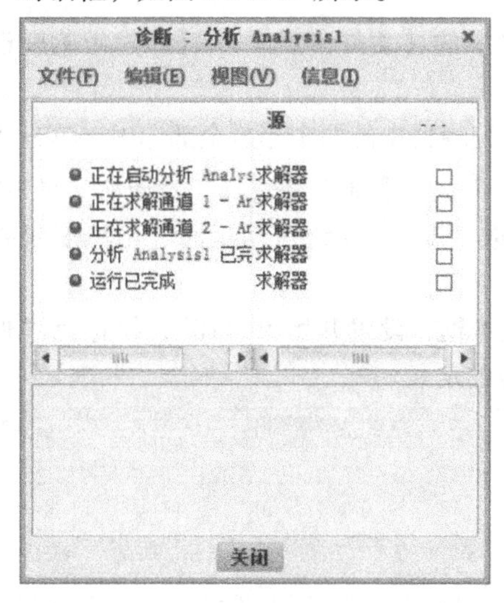

图 14.1.16　【诊断：分析】对话框

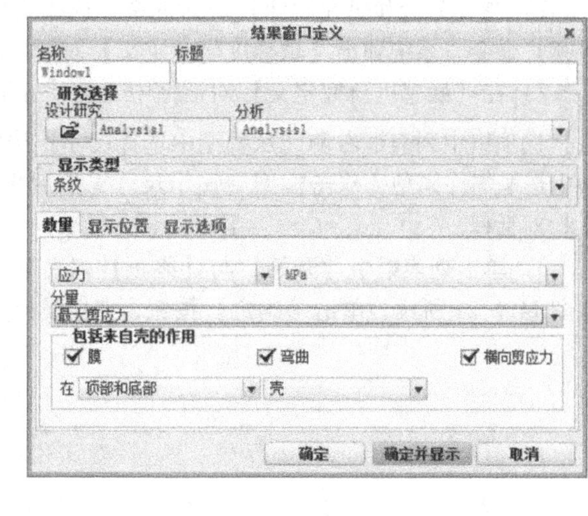

图 14.1.17　【结果窗口定义】对话框

8）在【数量】选项卡中选择【应力】选项，【分量】下拉列表框中选择【最大剪应力】选项，其他选项为默认值，单击【确定并显示】按钮，系统进入结果显示窗口，应力分析结果如图 14.1.18 所示。

9）单击工具栏上的【编辑选定定义】按钮，系统弹出【结果窗口定义】对话框，打开【显示选项】选项卡。

10）勾选【连续色调】、【已变形】、【显示载荷】、【显示约束】、【动画】、【自动启动】复选框，如 14.1.19 所示。

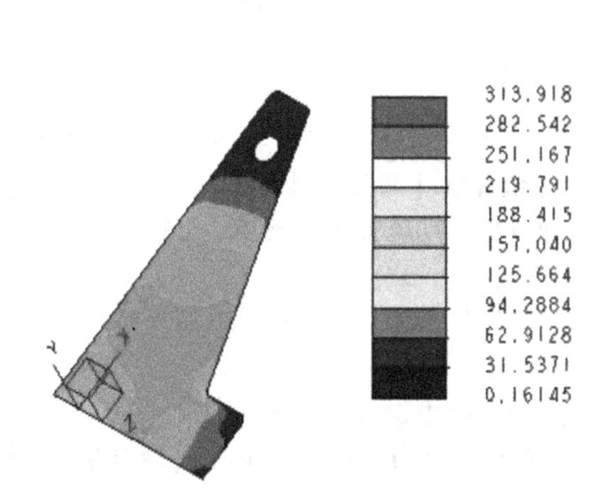

图 14.1.18　应力分析结果

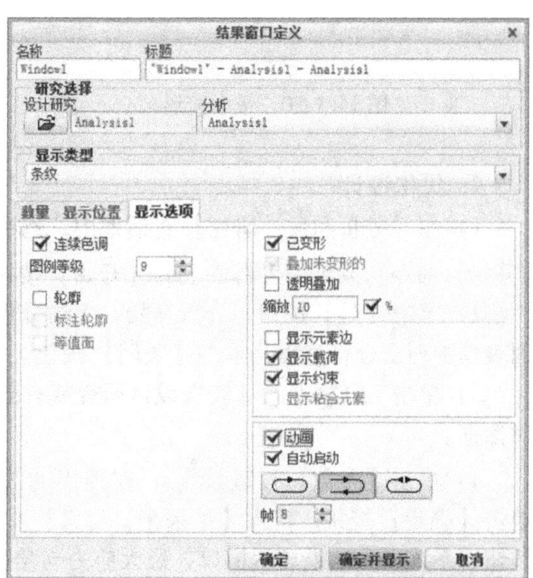

图 14.1.19　【结果窗口定义】对话框

11）在【结果窗口定义】对话框中，单击【确定并显示】按钮，系统进入分析结果显示窗口，窗口显示受力后变形的动画，其最大变形如图14.1.20所示。

12）将显示窗口关闭。返回到【分析和设计研究】对话框。

3. 定义设计变量

1）在【分析和研究设计】对话框中，选择菜单栏中的【文件（F）】|【新建敏感度设计研究】命令，系统弹出【敏感度研究定义】对话框。

2）在【敏感度研究定义】对话框中，把【分析】列表框中的两个分析全部选中，单击【变量】选项组中列表框右侧【从模型中选择尺寸】按钮，系统弹出【选择】对话框，在3D模型中选取零件模型，双击模型后显示尺寸，然后再选取“20”，系统自动返回【敏感度研究定义】对话框。

3）单击列表框中【开始】与【终止】列表下的文本框，设置开始为“10”，终止为“30”，如图14.1.21所示，单击【确定】按钮，完成设计变量的定义。

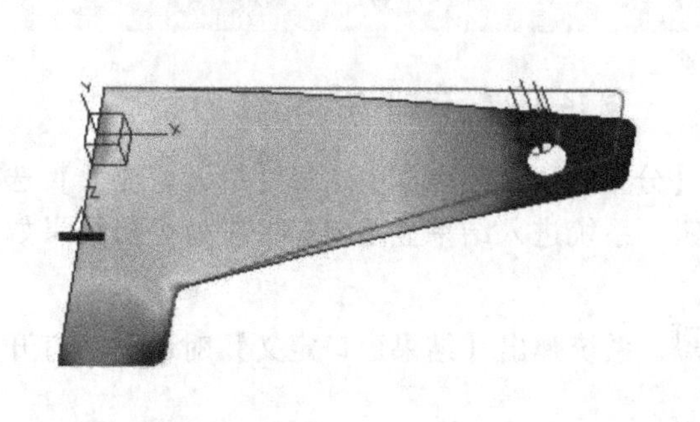

图14.1.20　最大变形

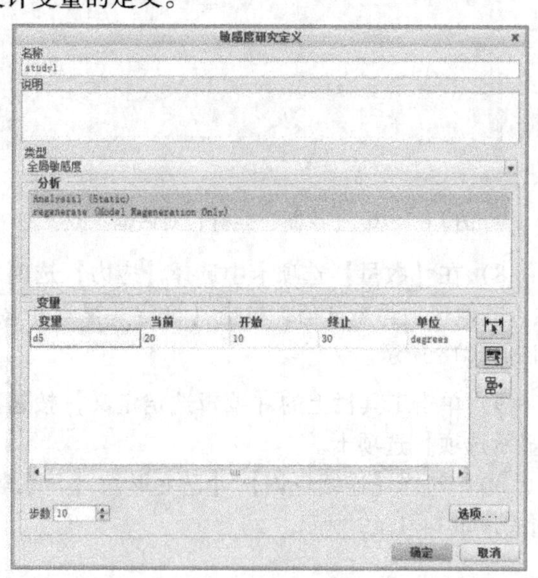

图14.1.21　【敏感度研究定义】对话框

4. 优化设计

1）在【分析和设计研究】对话框中，选中“studyl”选项，选择菜单栏中的【运行(R)】|【开始】命令，或单击工具栏上的【开始】按钮，系统弹出【问题】对话框。

2）单击【是】按钮，分析开始，大约分析几分钟以后，系统弹出【诊断：分析】对话框，列表框中列出分析过程，单击【关闭】按钮。

3）单击工具栏上的【查看设计研究或有限元分析结果】按钮，系统弹出【结果窗口定义】对话框。

4）单击【参数】按钮，在弹出的【测量】对话框中选择“max _ stress _ vm”选项，单击【确定】按钮，转入【结果窗口定义】对话框，其他选项为默认值，再单击【确定并显示】按钮，系统进入结果显示窗口，最大应力与角度曲线分析结果如图14.1.22所示。随着角度的增大最大应力逐渐减小。

5）选择菜单栏中的【文件(F)】|【退出结果（X）命令】，系统弹出【消息】对话框，询

问是否保存当前结果窗口。单击【否】按钮，返回到【分析和设计研究】对话框。

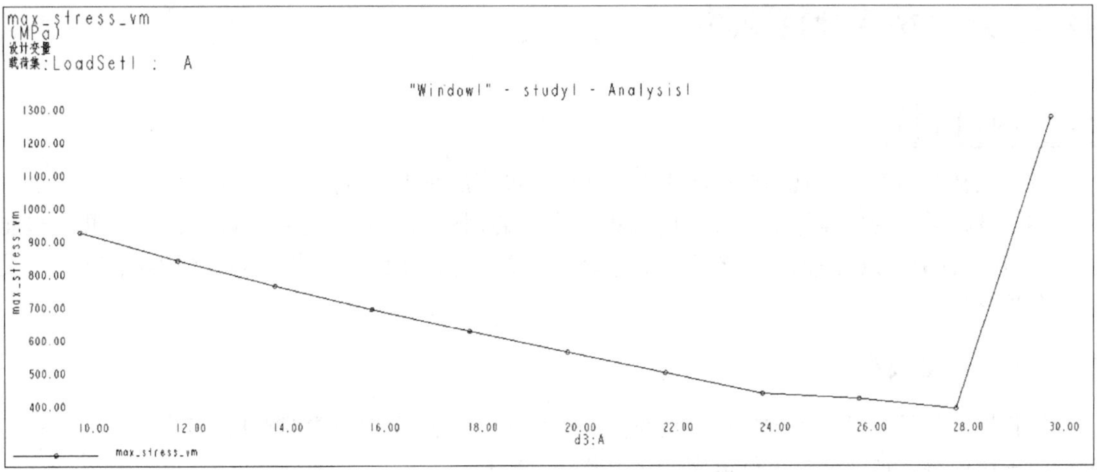

图 14.1.22　最大应力与角度曲线

6）在列表框中，选中“studyl”选项，选择菜单栏中的【编辑(E)】|【分析和研究】命令，系统弹出【敏感度研究定义】对话框。

7）单击对话框中【变量】选项组右下角【选项】按钮，系统弹出【设计研究选项】对话框，如图 14.1.23 所示，勾选【重复 P 环收敛】和【每次形状更新后进行网格重划】复选框。

8）单击【模型形状动画】按钮，系统弹出【消息输入窗口】对话框，如图 14.1.24 所示，在文本框中输入“Y”，单击【完成】按钮。

9）系统弹出【问题】对话框，如图 14.1.25 所示，询问是否将模型恢复为原始形状，单击【否（N）】按钮，优化后的模型如图 14.1.26 所示。

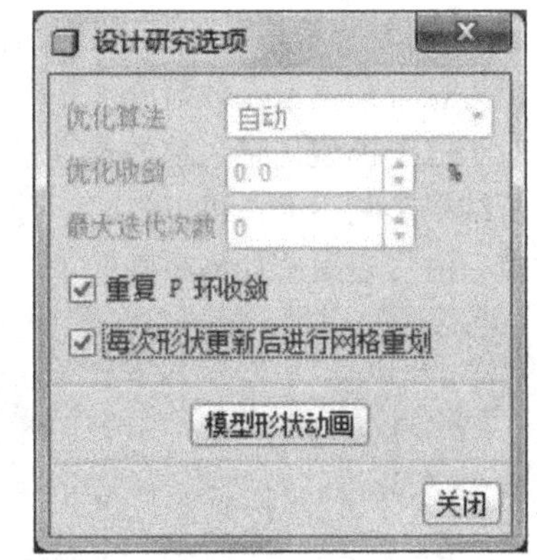

图 14.1.23　【设计研究选项】对话框

图 14.1.24　【消息输入窗口】对话框

图 14.1.25　【问题】对话框

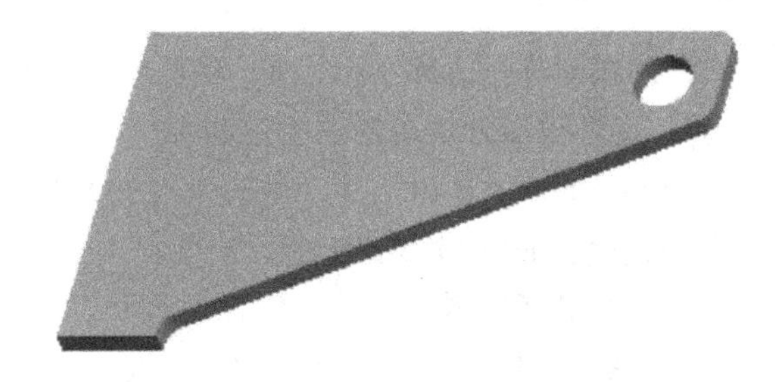

图 14.1.26　优化后的模型

14.2 建立结构分析模型

学习目标

掌握结构分析建模工具的使用和建立结构分析模型的步骤和方法。

结构分析模型的创建是结构分析的前提，模型的创建与实际情况越接近，分析结果就越准确。本节将对结构分析建模工具进行详细介绍。主要内容是模型的简化，载荷的创建、理想化模型与分配材料等。

14.2.1 简化模型

简化模型就是通过隐含与分析无关的特征或几何，对实际零件或装配进行简化，以减少模型分析时占用内存，加快分析运行速度。常用简化方法有：

◆以梁或薄壳来代替实体。

◆去除不必要的几何特征，直接创建一简单模型作仿真分析。

◆在模型树下将不需要的特征隐含起来。

图14.2.1所示是零件模型，没有经过任何简化。零件通过左端的厚板上的螺栓孔固定，近似的视为悬臂梁模型。载荷施加在右端的孔洞上，修饰结构位于上表面及两侧，并且有些边为圆边。对于这个模型，感兴趣的是直槽部分的应力分布情况，所以底座板和载荷孔（修饰部分）对分析结果影响不大，可以忽略。合理简化后模型如图14.2.2所示。下面将在模型的左端面定义约束，沿右表面施加均布载荷。

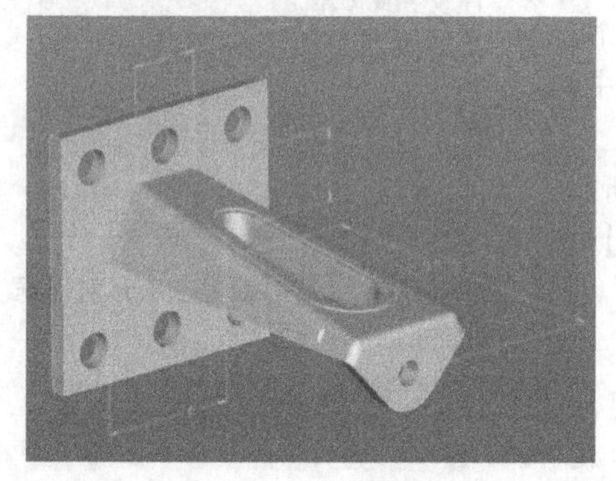

图14.2.1 零件模型

图14.2.2 简化模型

14.2.2 材料

在对模型进行仿真分析之前，需要首先定义模型的材料属性，如密度、刚度等。

1. 定义模型分析可能用到的材料

选择功能区面板中的【主页】|【材料】面板中的【定义材料】命令，系统弹出【材料】对话框，如图14.2.3所示。

（1）创建新材料

1）单击工具栏【创建新材料】按钮，系统弹出【材料定义】对话框，如图14.2.4所示。

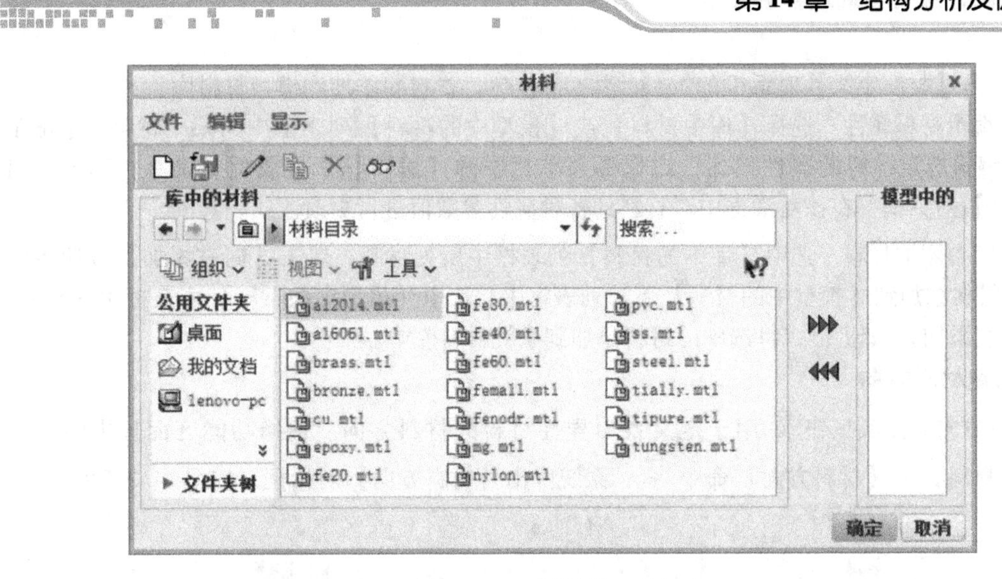

图 14.2.3 【材料】对话框

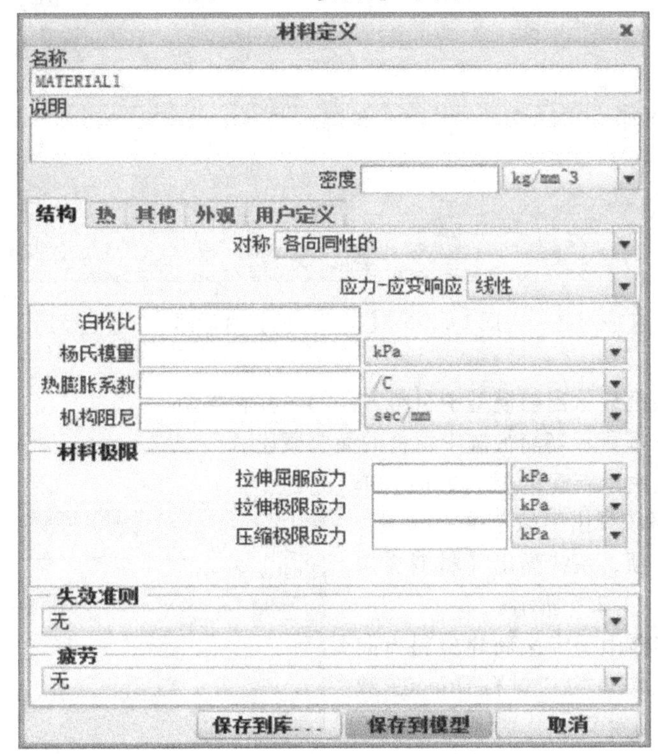

图 14.2.4 【材料定义】对话框

◆【名称】文本框用于定义当前新建材料名称，系统默认为“材料 + 数字”，也可以自定义。

◆【说明】文本框用于定义新建材料的简要概述。

◆【密度】文本框用于定义新建材料的密度，其右侧下拉列表框用于选择密度的单位。

◆【结构】选项卡用于定义新建结构材料的属性参数。如【各向同性】、【应力-应变关系】、【泊松比】、【杨氏模量】、【热膨胀系数】、【机构阻尼】、【材料极限】、【失效准则】、【疲劳】等。

2）单击【材料定义】对话框的 保存到模型 按钮，材料即添加到模型材料库。

（2）编辑材料属性　选择【库中材料】或【模型中的材料】列表框中的某一材料，单击工具栏上的编辑选定材料的属性按钮，或选择菜单栏中的【编辑】｜【属性】命令，系统弹出【材料定义】对话框，在该对话框中对材料的各种属性参数值进行更改。

（3）库中添加材料　选中【库中的材料】列表框中所列材料，单击【向右添加】按钮 ▶▶▶，将选中的材料添加到【模型中的材料】下拉列表框中；选中【模型中的材料】列表框中的材料，单击【向左添加】按钮 ◀◀◀，将选中的材料添加到系统材料库中。

2. 创建材料方向

【材料方向】工具按钮 用于定义各向异性材料的材料方向。选择功能区面板中的【主页】｜【材料】｜【材料方向】命令，系统弹出【材料方向】对话框，如图 14.2.5 示。

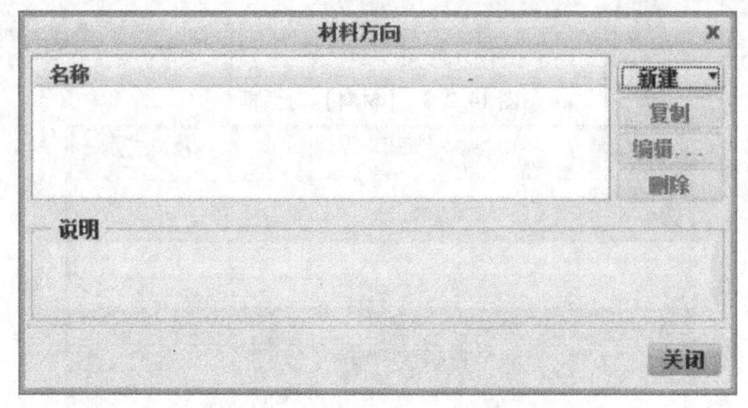

图 14.2.5 【材料方向】对话框

◆【名称】列表框显示当前模型中材料方向的名称和类型。

◆【说明】文本框显示当前被选中材料的简要概述。

◆【新建】按钮用于新建的材料方向。单击该按钮，系统弹出下拉菜单。

选择【零件】选项，系统弹出【材料方向定义】对话框，如图 14.2.6 所示。

◆【名称】文本框用于定义新建材料方向的名称，系统默认为“材料 Orient + 数字”，也可以自定义。

◆【说明】文本框用于定义新建材料方向的简要概述。

◆【相对于】选项组用于定义材料方向的参考坐标系，单击选取按钮 ，在 3D 模型中选择 WCS 坐标系。

◆【材料方向】选项组用于定义材料坐标系相对于参考坐标系的方向。在【1】,【2】,【3】选项中选中【X】、【Y】和【Z】按钮；选中【旋转参考…】单选

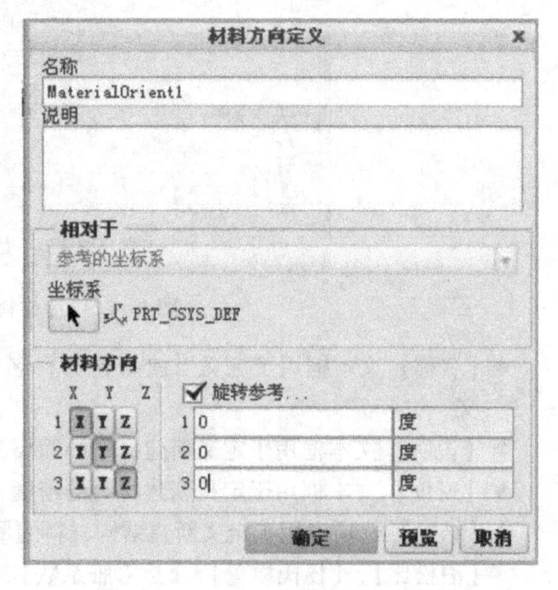

图 14.2.6 【材料方向定义】对话框

项，在其下的文本框中设置相对于选中的 X、Y、Z 轴的旋转角度。

3. 分配材料

【材料分配】工具用于将模型材料库中的材料分配给模型的某个特征或区域。选择功能区面板中的【主页】|【材料】|【材料分配】命令，系统弹出【材料分配】对话框，如图 14.2.7 所示。

- ◆【名称】文本框用于定义当前添加到模型中材料的名称，系统默认为“材料 Assign + 数字”，也可以自定义。
- ◆【参考】选项组用于定义分配材料的模型。首先单击按钮选择参考对象类型：【分量】或【体积块】；然后从模型区选择定义分配材料的模型。
- ◆【属性】选项组用于定义分配给当前模型的材料以及材料方向。

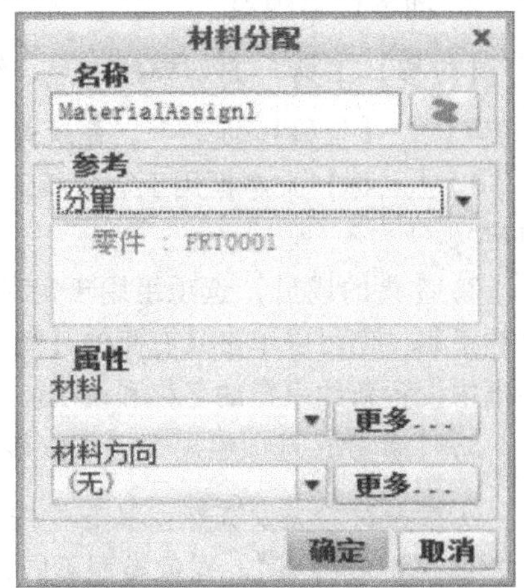

图 14.2.7 【材料分配】对话框

14.2.3 创建约束

约束就是针对实际的情况，对结构模型的点、线、面的自由度进行限制。在对模型进行约束之前，必须保证以下几何和参考存在。

- ◆坐标系。每一个约束都需要相对一个固定的坐标系。坐标系可以是系统默认的系统全局坐标系（WCS），也可以是用户定义坐标系。可以使用的三种坐标系是：【笛卡尔】坐标、【圆柱】坐标、【球】坐标。
- ◆基准点。如果在曲线或表面上约束一个特定点，常需要在该位置创建一个基准点。
- ◆区域。如果约束曲面区域，那么需要在模型中创建该区域。

1. 创建约束集

约束集是模型分析中所需多个约束的组合。约束集创建由【约束集】工具来完成，创建完成的约束集会被自动添加到模型树中。

选择功能区面板中的【主页】|【约束】|【约束集】命令，系统弹出【约束集】对话框，如图 14.2.8 所示。该对话框的内容介绍如下：

- ◆列表框用于显示当前模型存在的约束集。

【新建】按钮用于新建一个新的约束集。单击该按钮，系统弹出【约束集】对话框，如图 14.2.8 所示。

- ◆【名称】文本框用于定义新建约束集的名称，系统默认为“ConstraintSet + 数字”。
- ◆【说明】文本框用于定义当前新建约束集的说明。
- ◆【副本】按钮用于复制当前选中且加亮显示的约束集。在列表框中选中一个约束集，单击该按钮，一个复制的新约束集就创建完成。
- ◆【编辑】按钮用于对当前选中且加亮显示

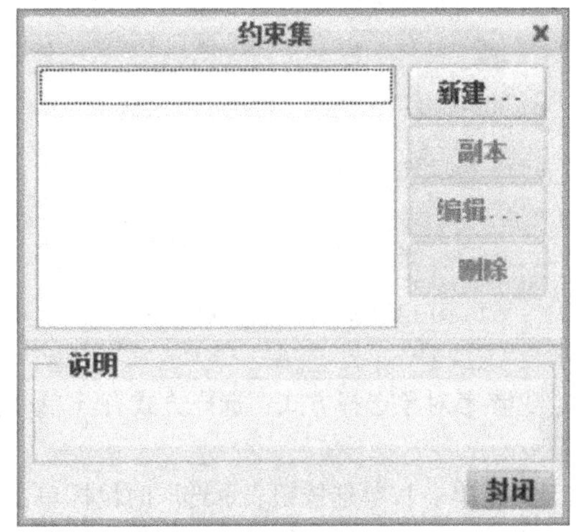

图 14.2.8 【约束集】对话框

的约束集进行编辑，可以重新定义选定的约束集的名称和说明。

◆【删除】按钮用于对选中的加亮显示的约束集进行移除。在列表框中选中欲移除的约束集，单击该按钮，被选中的约束集就被移除出当前模型。

2. 创建位移约束

【位移】工具是对模型中点、线、面进行约束的工具。选择功能区面板中的【主页】|【约束】|【位移】命令，系统弹出【约束】对话框，如图14.2.9所示。

1）【名称】文本框用于定义新建位移约束的名称，系统默认为"Constraint + 数字"，也可以自定义。

2）【集的成员】选项组用于定义新建位移约束属于哪个约束集，在其下拉列表框中选择所属约束集，也可以单击其右侧的【新建】按钮创建新的约束集，在系统弹出的【约束属性】对话框中设置新约束集的名称和说明。

3）【参考】选项组用于定义位移约束的对象。

①参考对象类型选择：单击按钮，在下拉列表框中选择位移约束参考对象类型：【曲面】、【边/曲线】或【点】。对象类型不同，【参考】选项组的界面不同，如图14.2.10所示。

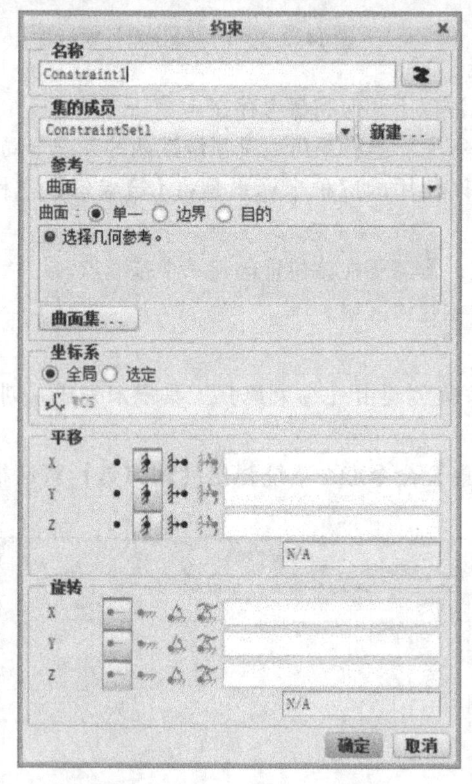

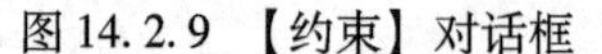
图14.2.9 【约束】对话框

图14.2.10 【参考】选项组

②参考对象选择方式：选择方式有【单一】、【目的】、【边界】等，各单选按钮表示的意思如下：

◆【单一】单选按钮表示选取时鼠标单击一次只能选择单一曲面、边/曲线、点。

◆【目的】单选按钮表示一次可选择多个曲面、边/曲线、点的集合。

◆【边界】单选按钮表示一次可选择整个模型表面。

◆【特征】单选按钮表示一次可选择一个基准点特征；该点特征可由多个基准点组成。

③参考对象选择：在3D模型中选择相应的几何元素，该几何元素就添加到列表框中。选择曲面时单击【曲面集】按钮，在系统弹出的【曲面集】对话框中可以更高效地完成曲面集的定义。

4）【坐标系】选项组用于定义约束参考坐标系。选择【全局】单选按钮，表示使用系统全局坐标系 WCS；选择【选定】单选按钮，需选择其他坐标系作为约束参考坐标系。

5）【平移】选项组用于定义所选择的点、线、面相对于 X、Y、Z 轴的平移约束。

◆选中【自由】按钮，表示所选取的点、线、面可相对于 X、Y、Z 轴自由平移。

◆选中【固定】按钮，表示所选取的点、线、面相对于 X、Y、Z 轴平移固定。

◆选中【规定的】按钮，表示所选择的点、线、面相对于 X、Y、Z 轴可平移一定距离，在其右侧的文本框中输入平移距离，在其下方下拉列表框中选择单位。

6）【旋转】选项组用于定义所选择的点、线、面相对于 X、Y、Z 轴的旋转约束。

◆选中【自由】按钮，表示所选取的点、线、面相对于 X、Y、Z 轴自由旋转。

◆选中【固定】按钮，表示所选取的点、线、面相对于 X、Y、Z 轴旋转固定。

◆选中【规定的】按钮，表示所选择的点、线、面绕 X、Y、Z 轴可旋转一定角度，在其右侧的文本框中输入旋转角度，在其下方下拉列表框中选择角度单位。

下面以创建线约束、面约束为例简要介绍其创建过程：

（1）创建线约束

1）在【约束】对话框中，选择【参考】下拉列表框的【边/曲线】选项，在3D模型中选择约束边线，如图14.2.11所示。

2）在【平移】选项组中，选中 X 轴的【自由】按钮，选中 Y 轴的【固定】按钮，选中 Z 轴的【规定的】按钮，在其右侧的文本框中输入“200”，下拉列表框中选中【m】选项。

3）单击【确定】按钮，完成视图边线约束的创建，效果如图14.2.12所示。

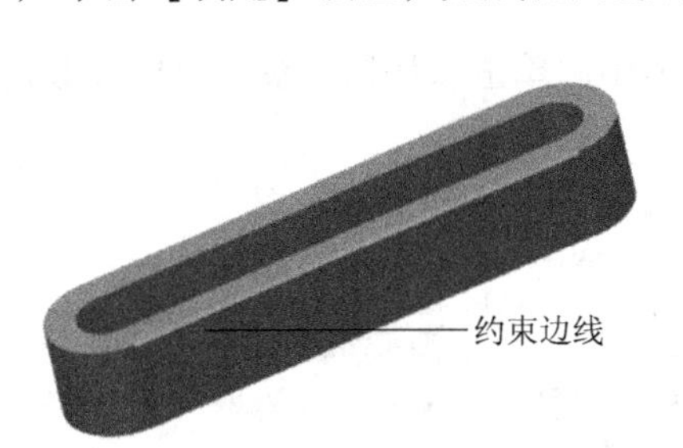

图14.2.11　选择约束的边线

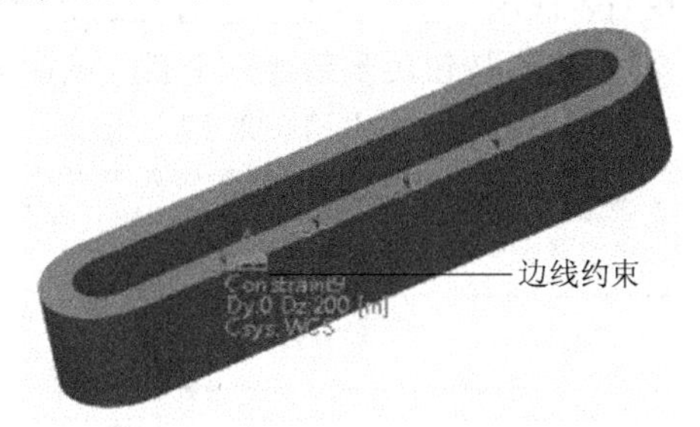

图14.2.12　创建的边线约束

（2）创建面约束

1）在【约束】对话框中，选择【参考】下拉列表框的【曲面】选项，在3D模型中选择约束面，如图14.2.13所示。

2）在【平移】选项组中，选中 X 轴的【自由】按钮；选中 Y 轴的【固定】按钮；选中 Z 轴的【规定的】按钮，在其右侧的文本框中输入“80”，下拉列表框中选中【m】选项。

3）单击【确定】按钮，完成面约束的创建，效果如图14.2.14所示。

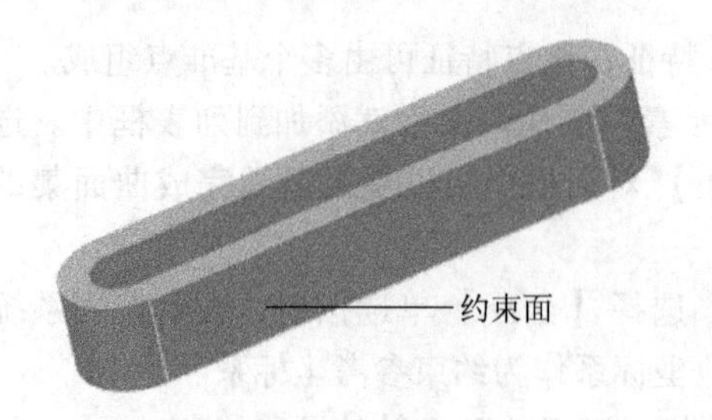

图 14.2.13 选择约束面

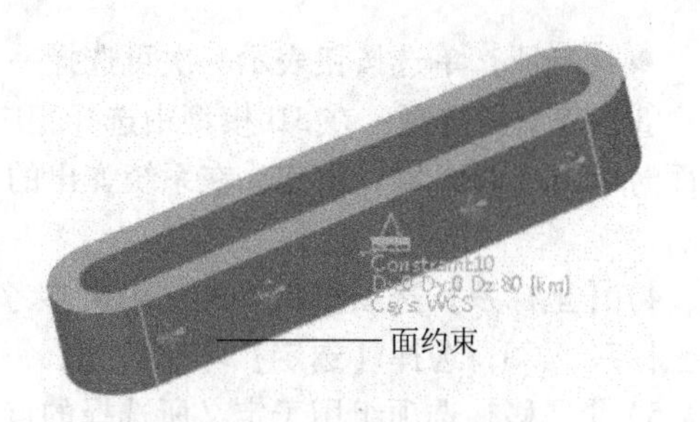

图 14.2.14 创建的面约束

3. 创建平面约束

【平面】工具是对平面的六个自由度进行约束的工具。选择功能区面板中的【主页】|【约束】面板中的【平面】命令，系统弹出【平面约束】对话框，如图 14.2.15 所示。

- ◆【名称】文本框用于定义新建平面约束的名称，系统默认“Constrain + 数字”，也可以自定义。
- ◆【集的成员】选项组用于定义新建平面约束属于哪个约束集，在其下拉列表框中选择所属约束集，也可以单击其右侧的【新建】按钮创建新的约束集，在系统弹出的【约束属性】对话框中，设置新约束集的名称和说明。
- ◆【参考】选项组用于定义需要约束的平面。

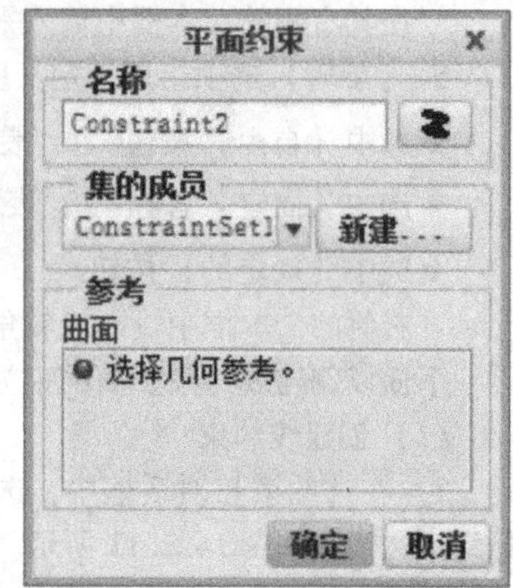

图 14.2.15 【平面约束】对话框

14.2.4 创建载荷集

载荷集就是模型分析时模型承受的多个载荷的集合。可设置多个载荷集。载荷集创建由【载荷集】工具按钮来完成。创建完成的载荷集被自动添加到模型树中。

选择功能区面板中的【主页】|【载荷】|【载荷集】命令，系统弹出【载荷集】对话框，如图 14.2.16 所示。

- ◆列表框用于显示当前模型存在的载荷集。
- ◆【新建】按钮用于新建一个新的载荷集到当前模型中。单击该按钮，系统弹出【载荷集定义】对话框，如图 14.2.17 所示。

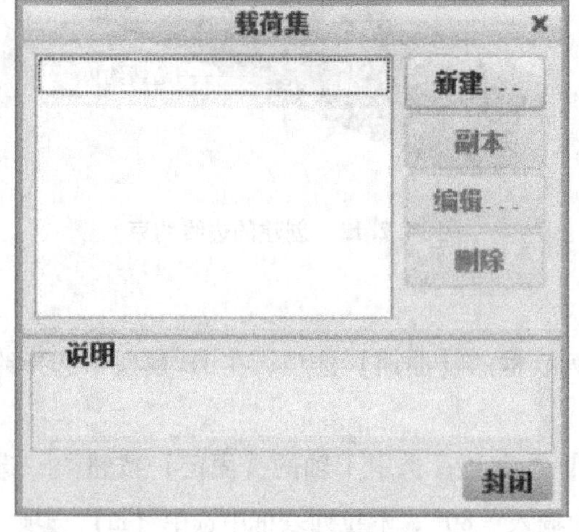

图 14.2.16 【载荷集】对话框

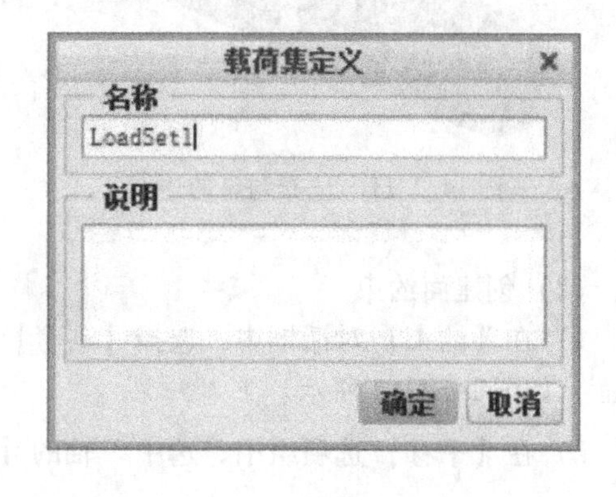

图 14.2.17 【载荷集定义】对话框

◆【名称】文本框用于定义新建载荷集的名称，系统默认为“LoadSet + 数字”。
◆【说明】文本框用于定义当前新建载荷集的说明。
◆【副本】按钮用于复制当前在列表框中选中且加亮显示的载荷集。
◆【编辑】按钮用于对当前选中且加亮显示的载荷集进行编辑。
◆【删除】按钮用于对选中的加亮显示的载荷集进行移除。

14.2.5　创建载荷

1. 载荷

【载荷】面板中的各个选项的功能如下：

◆【力/力矩载荷】选项用于在模型中添加力/力矩。
◆【压力】压力选项用于在模型中添加压力。
◆【重力】重力选项用于添加重力。
◆【离心】离心选项用于添加离心力。
◆【温度】温度选项用于添加温度载荷。

2. 创建力/力矩载荷

【力/力矩载荷】工具是在模型中添加力、力矩的工具。选择功能区面板中的【主页】|【载荷】|【力/力矩】命令，系统弹出【力/力矩载荷】对话框，如图 14.2.18 所示。

1）【名称】文本框用于定义新建力/力矩载荷的名称，系统默认为“Load + 数字”。

2）【集的成员】选项组用于定义当前创建的力/力矩载荷属于哪个载荷集。可以在下拉列表框中选中所属的载荷集，也可以单击其右侧的【新建】按钮创建新的载荷集。

3）【参考】选项组用于定义力/力矩载荷加载在模型中的位置。

◆加载对象类型选择：【曲面】、【边/曲线】、【点】；在下拉列表框中选择其一。
◆加载对象选择方式：加载对象类型不同，其下方的选项也不同，如图 14.2.19 所示。
◆参考对象选择：在 3D 模型中选择相应的几何元素，该几何元素即添加到列表框中。如果欲选择曲面，单击 曲面集... 按钮，系统弹出【曲面集】对话框，如图 14.2.20 所示，在该对话框中可以完成【曲面集】的定义。

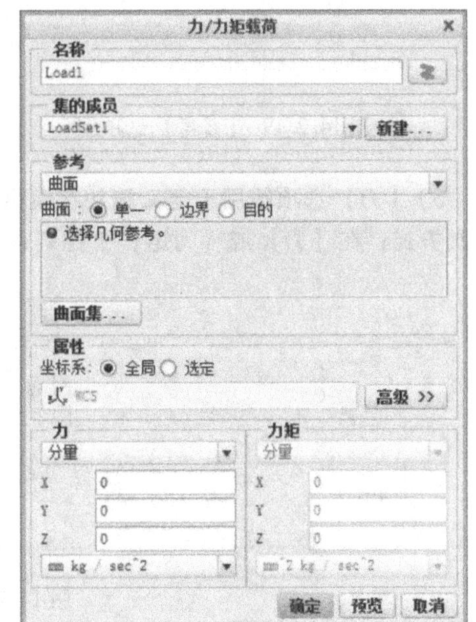

图 14.2.18　【力/力矩载荷】对话框

4）【属性】选项组用于定义施加在模型上的力/力矩的参考坐标系以及载荷分布规律。

◆选中【全局】单选按钮，表示使用系统全局坐标系 WCS；选中【选定】单选按钮，需选择系统坐标系作为载荷参考对象。
◆单击 高级 >> 按钮，系统展开【分布】和【空间变化】选项组。在【分布】下拉列表框中有【总载荷】、【单位面积上的力】、【点总载荷】三个选项，说明载荷值代表的含义；

在【空间变化】下拉列表框中有【均匀】、【坐标函数】、【在整个图元上插值】三个选项，说明载荷在空间的变化规律。

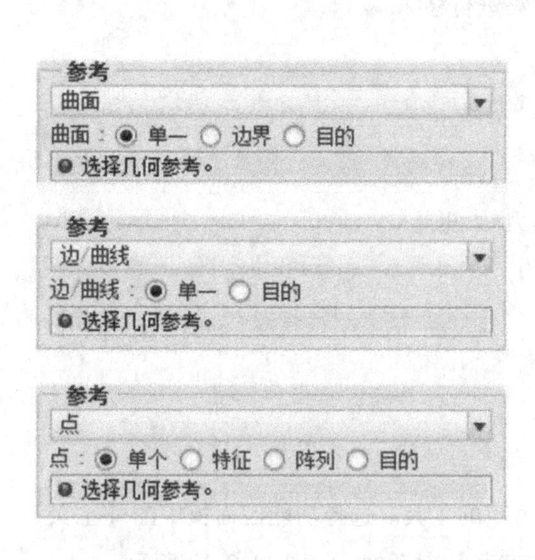

图 14.2.19 【参考】选项组

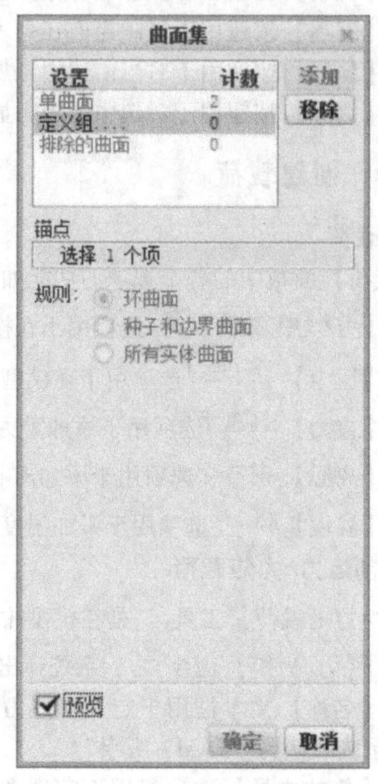

图 14.2.20 【曲面集】对话框

5）【力】选项组用于定义施加在模型上的外力/力矩，可以同时对模型施加力/力矩。力的刻画方式：在【力】或【力矩】下拉列表框中有三种，如图 14.2.21 所示，选择一种。

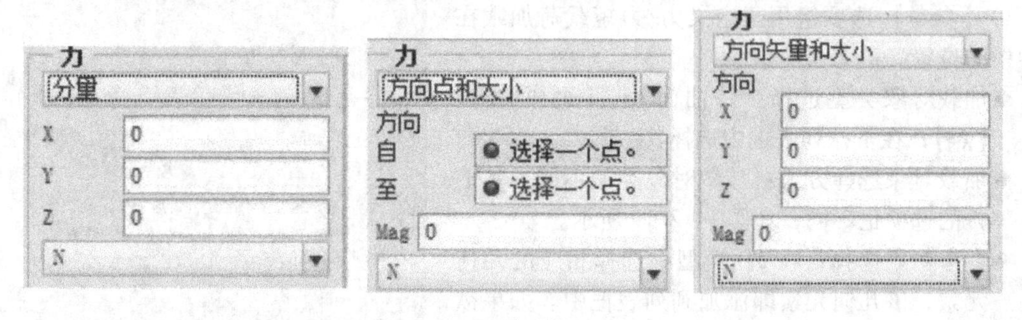

图 14.2.21 【力】选项组

◆【分量】是在模型上施加的力/力矩在 X，Y，Z 轴上的分量，然后系统自动根据输入的大小进行计算，生成合适的力/力矩。

◆【方向矢量和大小】是通过 X，Y，Z 设置方向矢量，在【Mag】文本框中输入力/力矩的大小。

◆【方向点和大小】是通过点对点定义力矩的方向，在【Mag】文本框中输入力/力矩的大小。

在【力】、【力矩】选项组的最下方是单位选项，通过下拉列表框选择施加力/力矩的单位。

例如：

①在【参考】下拉列表框中选择【点】选项，然后在 3D 模型中部单击一点确定载荷施加点，在【力】选项组的【Z】文本框中输入“100”，在其下方下拉列表框中选择【kN】选项，单击【确定】按钮，力载荷创建完成，效果如图 14. 2. 22 所示。

②在【参考】下拉列表框中选择【边/曲线】选项，然后在 3D 模型中选择右侧上边线，确定载荷施加曲线，单击 高级 >> 按钮，在弹出的【分布】选项组中选择【点总载荷】选项，在 3D 模型中选择右侧边线上一点。在【力矩】选项组的【Z】文本框中输入“100”，在其下方下拉列表框中选择【kN】选项，单击【确定】按钮，力载荷创建完成，效果如图 14. 2. 23 所示。

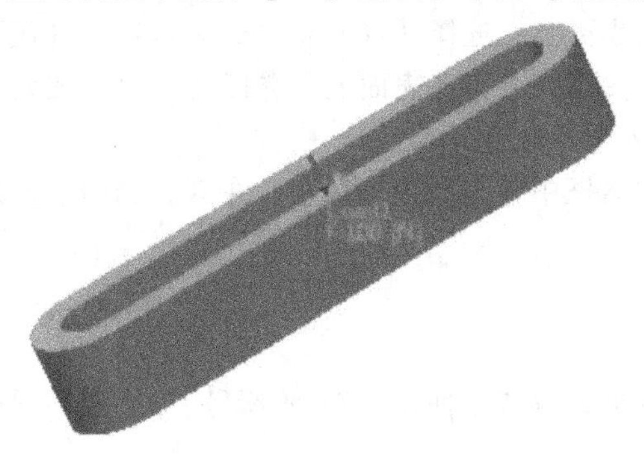

图 14. 2. 22　100kN 力载荷

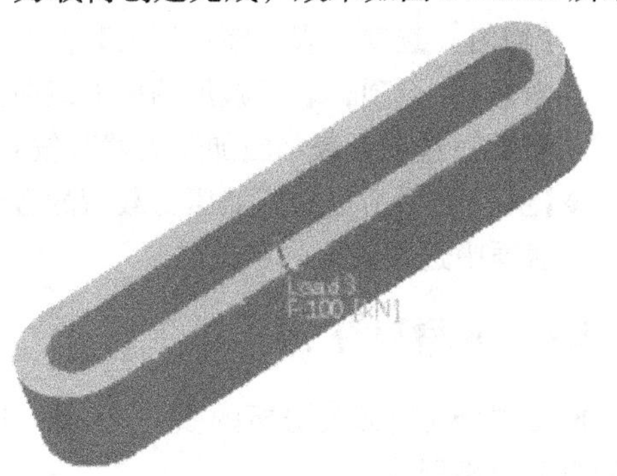

图 14. 2. 23　施加 100kN 力载荷

③在【参考】下拉列表框中选择【曲面】选项，然后在 3D 模型中选择上表面，确定载荷施加曲面。在【力】选项组的【Z】文本框中输入“100”，在其下方下拉列表框中选择【kN】，单击【确定】按钮，平面载荷创建完成，效果如图 14. 2. 24 所示。

3. 创建压力载荷

【压力】工具是对模型中的平面施加压力载荷的工具。选择功能区中的【主页】｜【载荷】｜【压力】命令，系统弹出【压力载荷】对话框，如图 14. 2. 25 所示。

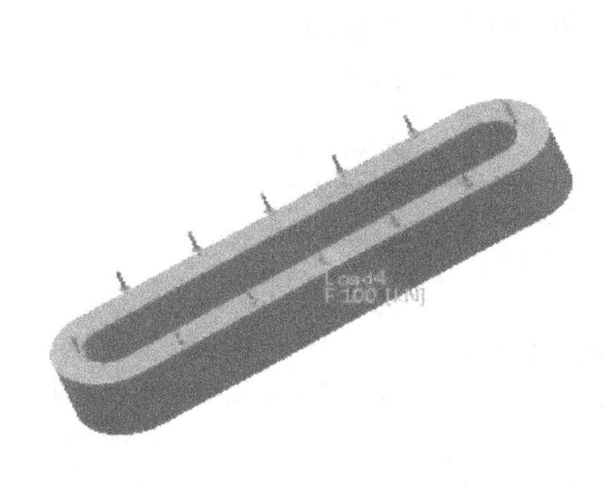

图 14. 2. 24　施加 100kN 平面载荷

图 14. 2. 25 【压力载荷】对话框

1）【名称】文本框用于定义新建压力载荷的名称，系统默认为“Load＋数字”。

2）【集的成员】选项组用于定义当前创建的压力属于哪个载荷集。可以在下拉列表框中选中所需的载荷集，也可以单击其右侧的【新建】按钮创建新的载荷集。

3）【参考】选项组用于定义压力载荷加载到模型中的位置。在【曲面】子选项组中选中【单一】单选按钮，表示在3D模型中选择单一曲面；选中【边界】单选按钮，表示在3D模型中选择边界表面，即整个模型表面；选中【目的】单选按钮，表示在3D模型中选择多个曲面。

4）【压力】选项组用于定义施加压力的方法和种类。

◆单击 高级 >> 按钮，系统展开【空间变化】选项组。在【空间变化】选项组中选择【均匀】选项，表示施加压力载荷均匀分布在表面上；选择【Function Of Coordinate（函数坐标）】选项，表示施加的压力载荷按照函数关系式分布在表面上；选择【在整个图元上插值】选项，表示施加压力载荷按照插值点数进行分布。

◆【值】选项组定义施加压力载荷的数值。在文本框中输入数值的大小，在其右侧的下拉列表框中选择数值的单位。

14.2.6 网格划分

网格划分是有限元分析的核心。Creo Simulate的集成模式中使用【AutoGEM】工具来实现模型的自动网格划分。

1. 网格控制

1）单击 控制 下拉按钮，弹出如图14.2.26所示的【网格控制】对话框，选择一种网格控制方式。

2）常用控制方式说明：

◆【最大元素尺寸】选项用于设置网格的最大尺寸。

◆【最小边长度】选项用于设置网格的最小尺寸。

◆【硬点】选项可以将节点设置到模型中的指定点。

◆【硬曲线】选项可以将节点设置到模型中的指定边或曲线上。

◆【边分布】选项用于在指定的边线上设置节点的数目以及节点之间的间隔。

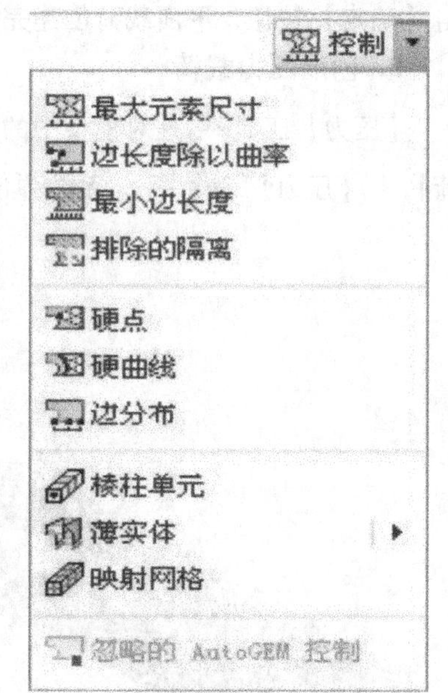

图14.2.26 【网格控制】对话框

以最大网格尺寸生成为例，单击 控制 按钮，弹出【最大元素尺寸控制】对话框，如图14.2.27所示，选择参考对象类型、选择对象选择方式、选择控制对象，在【元素尺寸】下的文本框中输入网格最大尺寸的值，并选择单位为【mm】。

2. 创建网格和删除网格

1）选择功能区中的【精细模型】|【AutoGEM】|【AutoGEM】命令，系统弹出【AutoGEM】对话框，如图14.2.28所示。

2）【AutoGEM参考】选项组用于创建新的网格以及删除已有的网格。新建网格时，首先在【AutoGEM参考】下面下拉列表框中选择需要创建网格的对象类型：选项有四个：【具有属性的全部几何】、【体积块】、【曲面】、【曲线】。如选择【曲面】选项。然后单击选择按钮，从模型区选择网格创建对象。在【选择】对话框中，单击【确定】按钮返回【AutoGEM】对话框，单击【创建】按钮，新的网格就开始创建，并弹出【诊断：Auto GEM Mesh】对话框。删除网格时，在下拉列表框选择要删除的对象类型，在 3D 模型中选择要删除的网格，单击【删除】按钮，网格就被删除了。

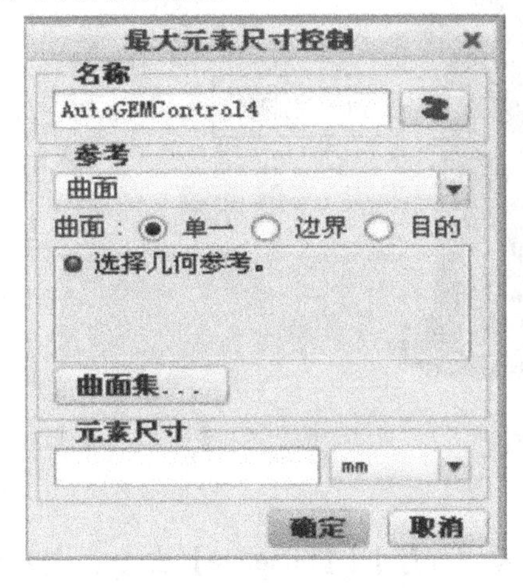

图 14. 2. 27　【最大元素尺寸控制】对话框

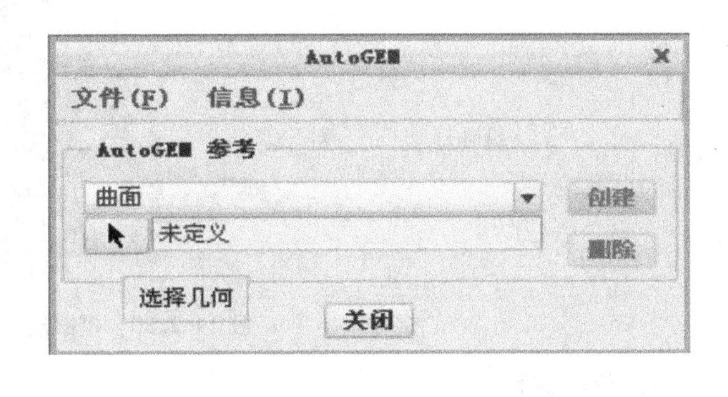

图 14. 2. 28　【AutoGEM】对话框

3）【文件】菜单可以实现加载已有的网格文件、从研究复制网格、保存现有的网格以及退出等功能。

4）【信息】菜单能够查询网格生成的信息，如模型摘要、边界边、边界表面、独立元素、AutoGEM 日志等，并验证网格。

3. 设置几何公差

选择功能区中的【精细模型】|【AutoGEM】|【AutoGEM】下拉列表【几何公差】命令，弹出【几何公差设置】对话框，如图 14. 2. 29 所示。该对话框用于设置【最小边长度】、【最小曲面尺寸】、【最小尖角】、【合并公差】等网格参数。

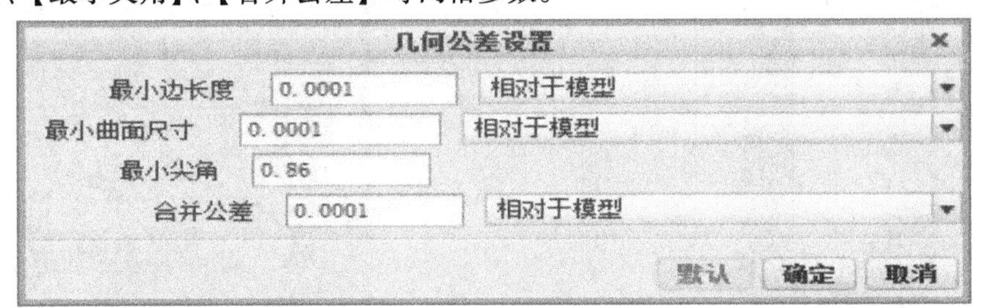

图 14. 2. 29　【几何公差设置】对话框

14. 2. 7　实例：模锻液压机

重型模锻液压机是重要的基础制造装备，其模型如图 14. 2. 30 所示。

取 8 万 t 模锻液压机的中间牌坊主框架（将承受 4 万 t 压力）作为计算模型，并作为一个应用算例进行初步的分析。参数 $R_1=2.25\text{m}$，$R_2=4.5\text{m}$，$H=17\text{m}$，$D=3.4\text{m}$（厚度），取材料参数 $E=2.1\times10^{11}\text{Pa}$，$\mu=0.3$。这里仅考虑工作状态，即在垂直方向上承受 400MPa 的压力，则在上、下拱梁的内表面上有均布压力约为26.15MPa。8万t模锻液压机主牌坊的工作情况如图14.2.31所示。

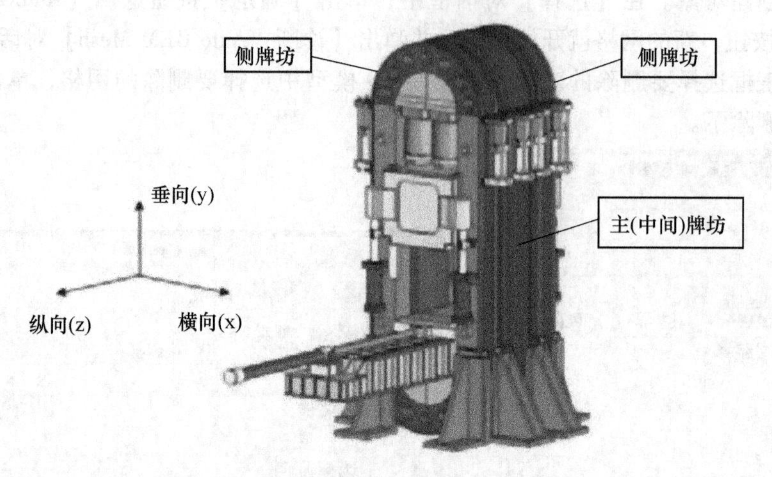

图14.2.30 模锻液压机

1. 分配材料

1）打开模型“moduanyeyaji.prt”，选择功能区中的【应用程序】|【Simulate】命令，进入到分析界面，在界面中选择功能区中的【主页】|【设置】|【结构模式】命令，进入到结构分析模块。

2）选择功能区面板中的【主页】|【材料】|【材料分配】命令，系统弹出【材料分配】对话框，如图14.2.32所示。

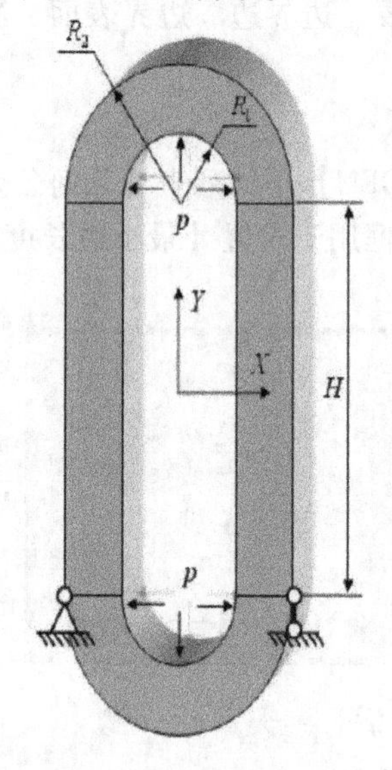

图14.2.31 8万t模锻液压机主牌坊的工作情况

图14.2.32 【材料分配】对话框

3）单击【属性】选项组中【材料】选项右方的【更多】按钮，系统弹出【材料】对话框，双击【库中的材料】列表框中的“STEEL.mtl”选项，将其加载到【模型中的材料】列表框中。单击【确定】按钮，返回【材料分配】对话框，“STEEL”添加到【材料】下拉列表框中。

4）单击【材料方向】选项右方的【更多】按钮，系统弹出【材料方向】对话框。

5）新建一个材料方向。单击【新建】按钮，系统弹出【材料方向定义】对话框。单击【坐标系】选项组中【选取】按钮，在该例的3D模型中选择当前坐标系作为参考坐标系，返回【材料方向定义】对话框；选择【1】选项组中【X】坐标，选择【2】选项组中【Y】坐标，选择【3】选项组中【Z】坐标，即定义了材料坐标系的三个方向。单击【确定】按钮，返回【材料方向】对话框，单击【确定】按钮，该材料方向添加到【材料方向】列表框中，单击【确定】按钮。

6）返回到【材料分配】对话框，单击【确定】按钮，材料添加到模型中，如图14.2.33所示。

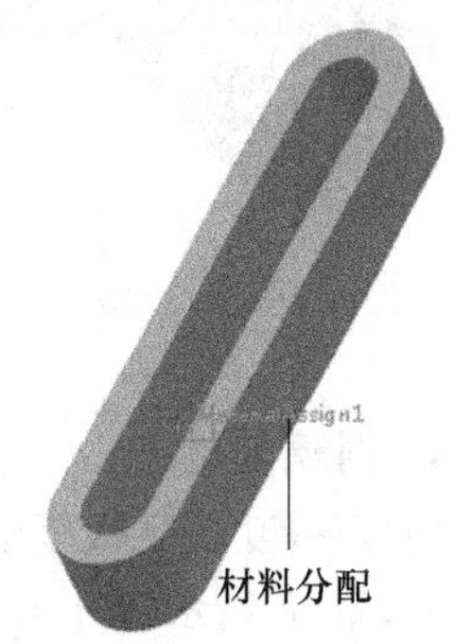

图14.2.33　添加的材料

2. 创建点约束

1）选择功能区面板中的【主页】|【约束】面板中的【约束集】命令，系统弹出【约束集】对话框，单击【新建】按钮，保持系统默认值，单击【确定】按钮，“ConstraintSet1”约束集就添加到列表框中，单击【封闭】按钮，完成约束集的创建。

2）选择功能区面板中的【主页】|【约束】面板中的【位移】命令，系统弹出【约束】对话框。

3）在【约束】对话框中，选择【参考】下拉列表框中【点】选项，在该例的3D模型中选择一个点，如图14.2.34所示。

4）在【平移】选项组中，选中X轴的【固定】按钮，选中Y轴的【固定】按钮，选中Z轴的【固定】按钮。

5）单击【确定】按钮，完成视图点约束的创建。

6）以同样的方式创建另一个约束点，在【平移】选项组中，选中X轴的【自由】按钮，选中Y轴的【固定】按钮，选中Z轴的【固定】按钮，创建的点约束如图14.2.35所示。

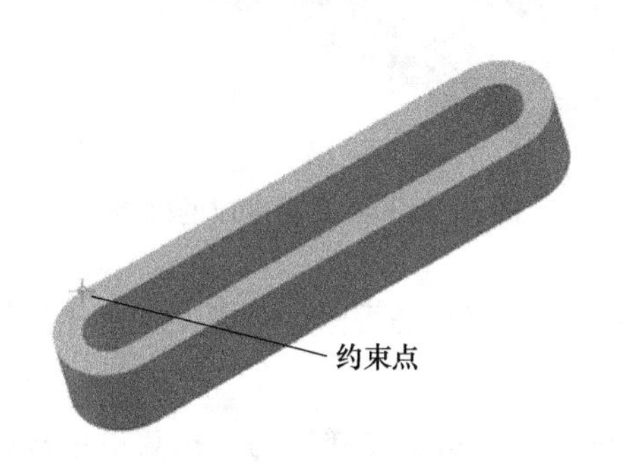

图14.2.34　选择约束点

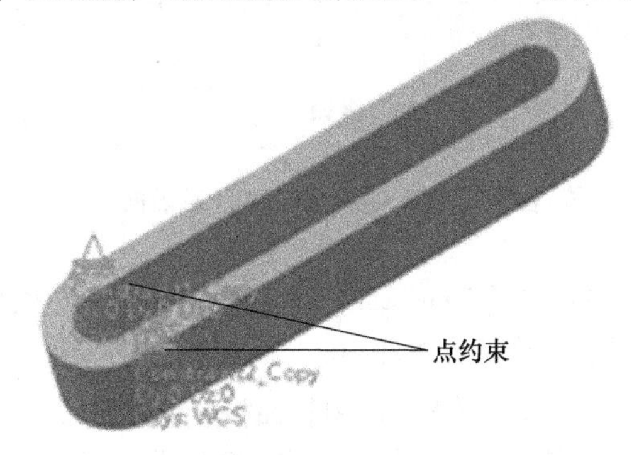

图14.2.35　创建的点约束

3. 创建压力载荷

1）选择功能区面板中的【主页】|【载荷】|【压力】命令，系统弹出【压力载荷】对话框。

2）选中【曲面】选项组中【单一】单选按钮，在该例的3D模型中选择如图14.2.36所示的两曲面（选第二个曲面时按住<Ctrl>键），单击 高级 << 按钮，在【空间变化】的下拉列

表框中选择【均匀】，在【值】文本框中输入“26.15”，在其右侧的下拉列表框中选择【MPa】选项，单击【确定】按钮，完成压力载荷的创建，如图14.2.37所示。

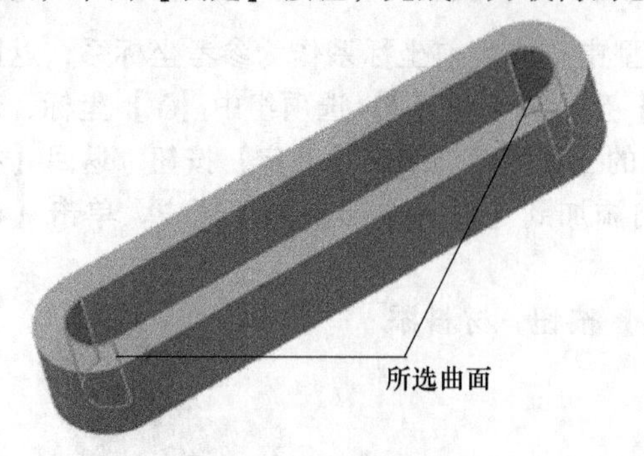

图14.2.36 压力施加曲面

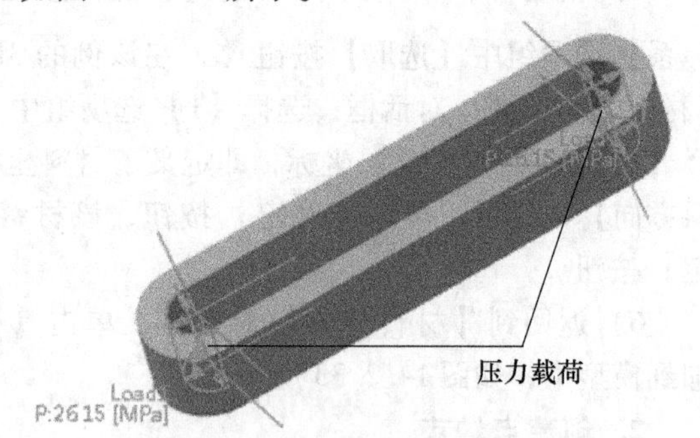

图14.2.37 压力载荷的创建

4. 创建网格

1）选择功能区面板中的【精细模型】|【AutoGEM】面板中的【AutoGEM】命令，系统弹出图14.2.38所示的【AutoGEM】对话框。对整个模型创建网格，默认创建对象类型为【具有属性的全部几何】，然后单击 创建 按钮，系统按照网格设置和控制信息生成模型网格，弹出【AutoGEM摘要】对话框和【诊断：AutoGEM网格】对话框。

2）关闭【诊断：AutoGEM网格】对话框和【AutoGEM摘要】对话框，返回【AutoGEM】对话框。自动生成的网格如图14.2.39所示。

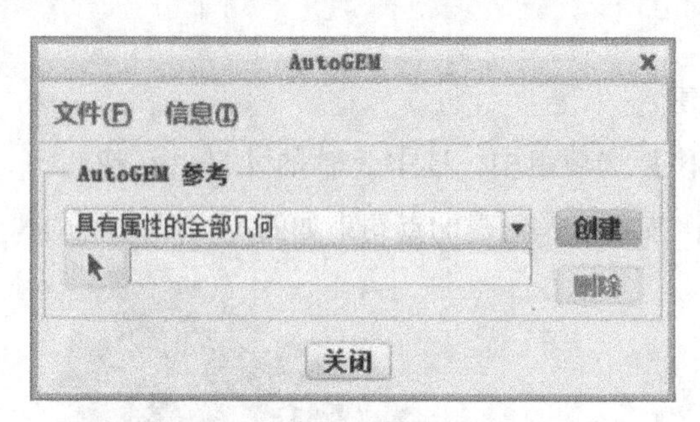

图14.2.38 【AutoGEM】对话框

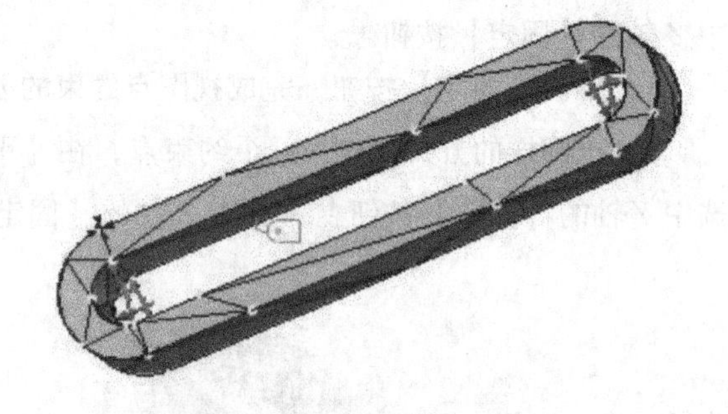

图14.2.39 自动生成的网格

3）在【AutoGEM】对话框中，单击【关闭】按钮，系统提示是否保存网格。选择【是】保存网格，准备分析使用。

4）单击【AutoGEM】面板中的控制按钮 控制 的下拉箭头，在弹出的下拉菜单中选择最大尺寸控制，弹出如图14.2.40所示【最大元素尺寸控制】对话框，在【参考】下拉列表框中选择【分量】，【元素尺寸】下的文本框中输入“1”，单位选择【m】（根据实际需要自行选择），单击 确定 按钮。

5）单击【AutoGEM】面板中的【AutoGEM】命令，系统弹出【AutoGEM】对话框，然后单击 创建 按钮，系统先后弹出两个【问题】对话框，单击【是】，覆盖以前的网格生成新网格，系统按照网格设置和控制信息生成模型网格。弹出【AutoGEM摘要】对话框和【诊断：AutoGEM网格】对话框。重复步骤2）、3）。其生成的新网格如图14.2.41所示。

图 14. 2. 40　【最大元素尺寸控制】对话框

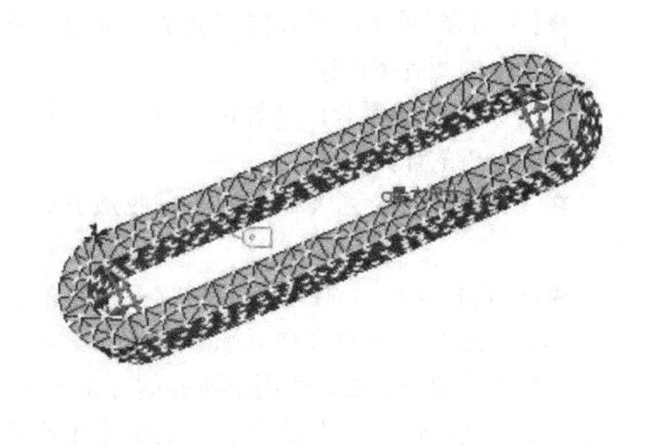

图 14. 2. 41　新生成的网格

14. 3　建立结构分析

学习目标

了解模型分析步骤及过程。

有限元分析模型建立后，即可进行分析。分析类型有静态分析、模态分析、疲劳分析等。

14. 3. 1　静态分析

1. 新建静态分析

静态分析用来模拟模型结构在载荷作用下的应力和应变，以对模型的刚度和强度作出判断。

在结构分析界面，单击【主页】|【分析和设计研究】，在弹出的【分析和设计研究】对话框中，选择菜单栏中的【文件】|【新建静态分析】命令，系统弹出【静态分析定义】对话框，如图 14. 3. 1 所示。

1）【名称】文本框用于定义新建静态分析的名称，系统默认为“Analysis + 数字”，也可以自定义。

2）【说明】文本框用于定义新建静态分析的简要概述，如分析悬臂梁的应力和应变。

3）非线性分析时，勾选【非线性/使用载荷历史】复选框，对话框中展开【非线性选项】选项组，如图 14. 3. 2 所示。可以选择【计算大变形】，然后选择【接触】、【超弹性】、【塑性】等选项之一。

4）勾选【惯性释放】复选框，表示约束选项无效，可以把结构看作为空间中自由悬浮的结构。使用【惯性释放】将得不到正确的位移解。【惯性释放】选项只能应用于线性静力分析。选择【惯性释放】选项时不能存在体荷载重力和离心力荷载。

5）【约束】选项组用于定义新建静态分析所施加的约束集。

◆勾选【组合约束集】复选框，表示分析使用列表框中两个以上约束集共同作用于模型。

◆【约束集/元件】列表框显示给当前模型施加的所有约束集。

6）【载荷】选项组用于定义新建静态分析承受的载荷。

◆勾选【累计载荷集】复选框，表示使用两个以上载荷集累计作用于模型上进行分析。

◆【载荷集/元件】列表框中显示当前模型中承受的所有载荷集。

7）【收敛】选项卡，如图14.3.3所示，用于定义静态分析的计算方法。

在【方法】下拉列表框中有三个收敛方式选项。

◆【快速检查】：是使静态分析统一设定所有单元的形函数的多项式阶次为“3”的一种不收敛的方法，适用于所有的分析类型。通常使用快速检查是为了确定是否正确地定义了当前的分析，并且可以用来确定哪些特征对分析影响很小，这对于辅助模型的简化很重要。

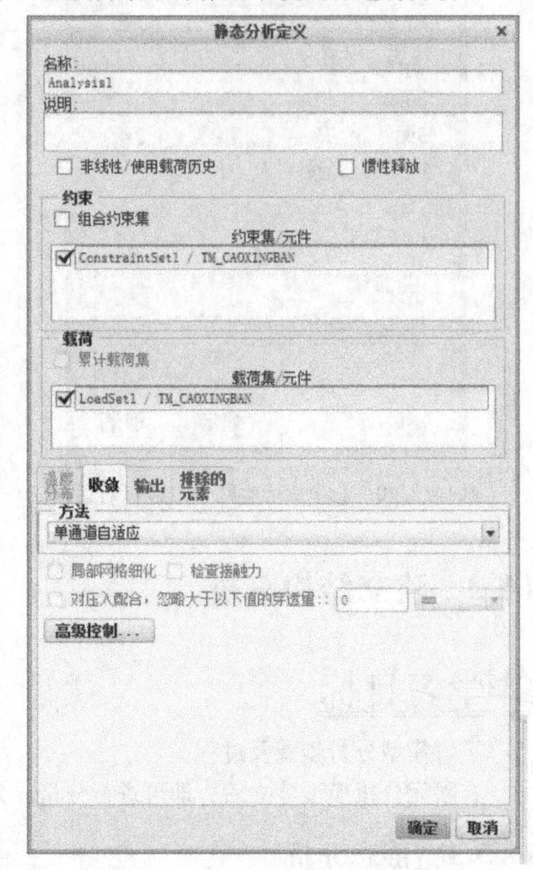

图14.3.1 【静态分析定义】对话框

图14.3.2 【非线性选项】选项组

◆【单通道自适应】：单通道自适应收敛（SPA）是一种可以适应所有单元、材料以及除预应力静力分析之外的所有分析类型的收敛方式。分析模块初始分析时，SPA设定单元的形函数多项式的阶次为“3”，然后通过检测局部的最大主应力均方根误差来表示结果的收敛性，如果系统认为均方根误差是不可接受的，分析模块会重新设定一个阶次作为分析的起点。通常，规模较大的模型比较适合使用SPA方法，这种方法比多通道自适应收敛（MPA）可节省大量的计算时间和硬盘空间。

◆【多通道自适应】：表示多次计算，每次都提高有问题单元的阶数，达到设置的收敛精度或最高阶数时为止。多通道自适应收敛（MPA）适应于除大变形分析之外的所有分析类型。使用MPA可以控制收敛的精度和单元的形函数多项式的最大阶数。分析模块使用MPA时默认的形函数的最大阶数为“6”，最小为“1”，可以自定义最大阶数为“9”，并且可以设定收敛的百分比。在MPA模式下，分析模块不仅仅统计最大主应力的全局均方根误差，也可以设定分析模块在局部变形、局部应变能、屈曲分析的BLF、模态和预应力模态分析的频率及各种测量的收敛性。

分析模块初始分析时，形函数多项式从“1”次开始，每完成一个循环多项式的阶次增加“1”，直到当前的循环结果与前一次结果相比误差在设定的范围之内即完成求解。如果最大阶次达到“9”仍然没有达到收敛要求，则需要考虑通过细化网格等措施来达到收敛要求。对于需要得到精度极高的分析案例可以使用MPA。

8）【输出】选项卡，如图14.3.4所示。

◆【计算】：选项组用于设置需要分析计算的内容：【应力】、【旋转】、【反作用】、【局部应力误差】等。

◆【应力】：设定应力的计算，对于不需要计算应力的分析（如模态分析）可以不输出应力结果，以节省结果处理时间和硬盘空间。

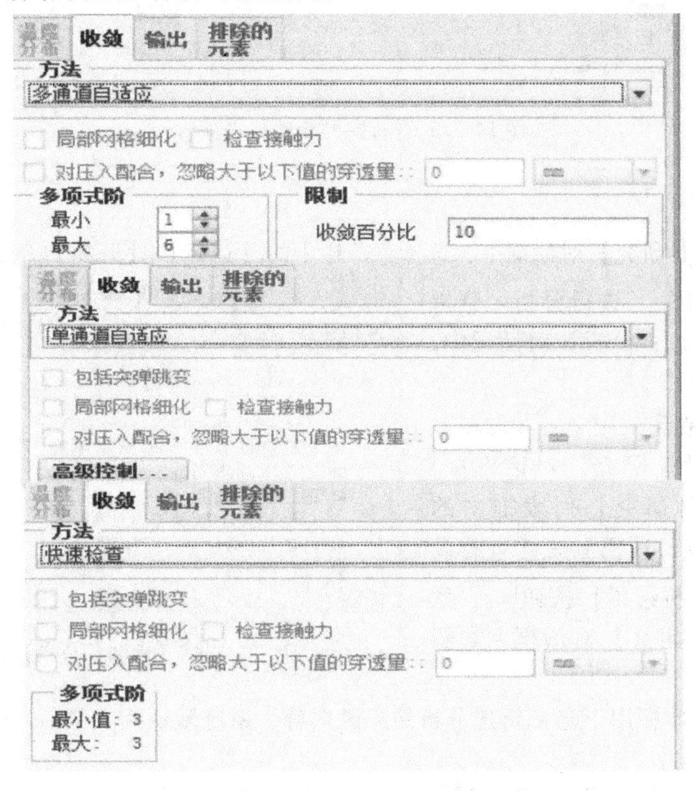

图 14.3.3 【收敛】选项卡

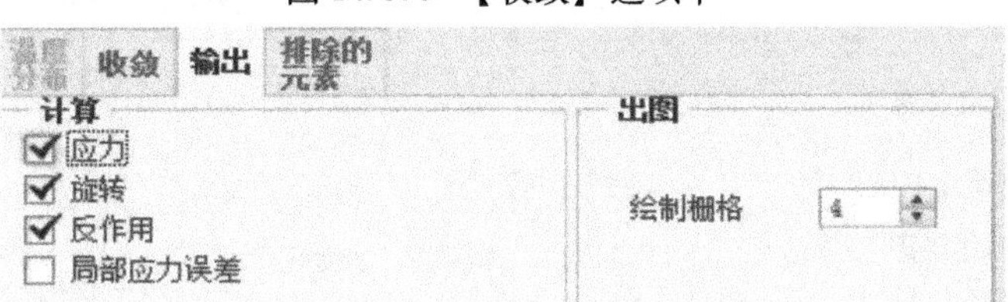

图 14.3.4 【输出】选项卡

◆【旋转】：计算模型绕 WCS 坐标轴的转动，通常这是对梁单元、壳单元而言的，分析不计算实体的转动。

◆【反作用】：计算点或线约束的支承反作用力和力矩，并且只能以 WCS 坐标系作为参考坐标系。

◆【出图】选项组：【绘制网格】默认为“4”，它表示了结果的输出密度，大小为 2 ~ 10 之间，密度越大，在结果处理时需要的硬盘空间越大，并且增加结果处理的时间，通常“4”就能满足大部分结果输出的需求。如果在一个单元内应力变化过大，则需要增大【绘制网格】的值。

9）【排除的元素】选项卡，如图 14.3.5 所示，用于定义在计算过程中可以排除的忽略元素。勾选【排除元素】复选框，在其他选项中设置需要排除的元素。

图 14.3.5 【排除的元素】选项卡

2. 运行分析

在【分析和设计研究】对话框中，选择菜单栏中的【运行】|【开始】命令，或单击工具栏上的【开始】按钮，进行分析。分析的过程列举在【诊断：分析】对话框中，如图 14.3.6 所示。

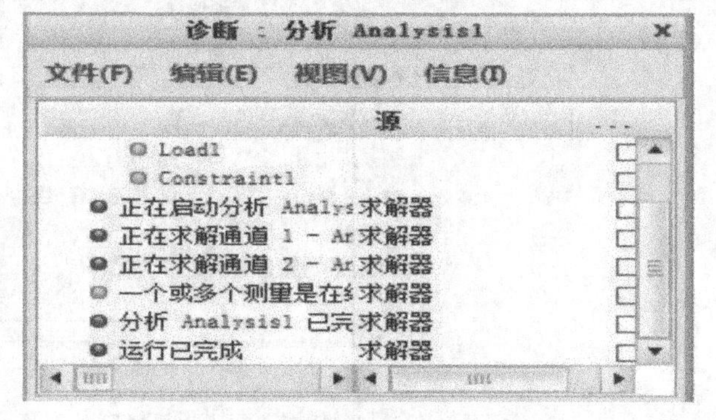

图 14.3.6 【诊断：分析】对话框

3. 获取分析结果

在【分析和设计研究】对话框中，选中【分析和设计研究】列表框中的【静态分析】，单击工具栏上的【查看设计研究或有限元分析结果】按钮，系统弹出【结果窗口定义】对话框，如图 14.3.7 所示。

1）【名称】文本框用于定义新建分析结果的名称，系统默认为“Window + 数字”，也可以自定义。

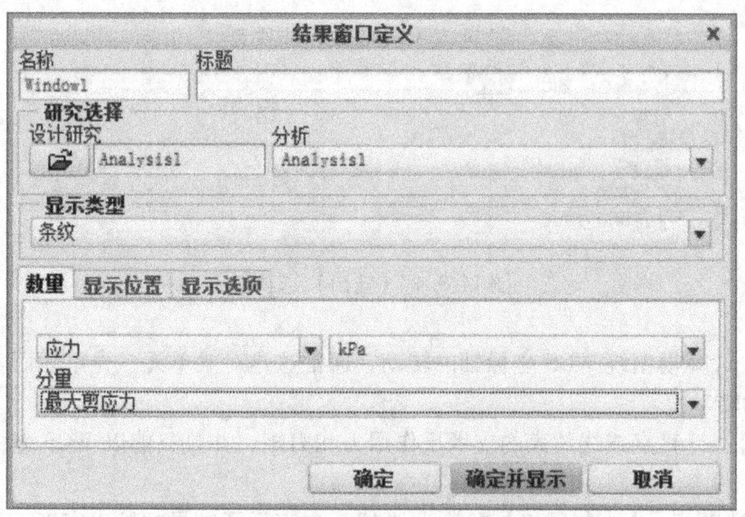

图 14.3.7 【结果窗口定义】对话框

2）【标题】文本框用于定义新建分析结果的标题，如应力变化曲线。

3）【研究选择】选项组用于定义结果显示的某个分析。

4）【显示类型】下拉列表框用于定义分析结果的显示类型。包括【条纹】、【矢量】、【图形】、【模型】等选项。

5）【数量】选项卡用于定义分析结果显示量。依次选择显示量的类型、单位、【分量】。如在下拉列表框中选择显示量的类型为【应力】，应力单位选择“MPa”，【分量】选择应力的分量“von Mises”。则结果窗口显示“von Mises 应力”。

6）【显示位置】选项卡，如图14.3.8所示，用于定义结果显示的零件几何元素，如曲线、全部、曲面、元件/层等。

图14.3.8　【显示位置】选项卡

7）【显示选项】选项卡定义结果窗口中显示的内容。如图14.3.9所示，该选项卡可以完成以下设置：

◆可以设置【图例等级】，是否显示【轮廓】、【标注轮廓】、【等值面】，是否显示【连续色调】等。

◆是否显示变形，以及显示变形的设置。

◆是否显示元素边、载荷、约束等模型元素。

◆是否显示【动画】以及显示动画的设置。

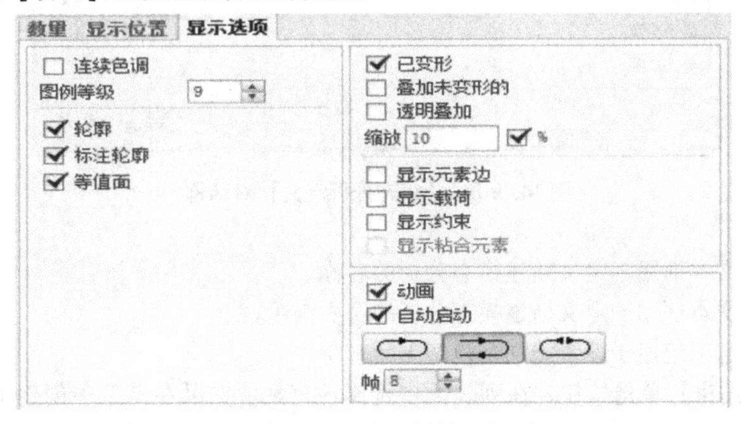

图14.3.9　【显示选项】选项卡

14.3.2　模态分析

1. 新建模态分析

模态分析可以用来解决结构振动特性问题，它可以计算出结构的固有频率和振型（模态向量）。在结构分析中，模态分析是基于无阻尼的线性系统假设的，是振动分析的基础。执行一个模态分析，可以：

◆为设计避免结构发生共振或得到共振提供参考。

◆可以判断出结构对于不同的动力荷载是如何响应的。

在结构分析中，模态分析过程由四个主要步骤组成：建模、定义材料属性和约束、定义分析及求解、检查结果。模态分析的建模、材料属性与约束、结果查看等步骤的设置与其他分析类型没有区别，在定义分析时需要注意以下几点：

◆模态分析不需要定义荷载，但是可以分析有预应力的模态。

◆模态分析允许有与温度相关的材料，但是前提是执行一个热分析。

在【分析和设计研究】对话框中，选择菜单栏中的【文件（F）】｜【新建模态分析】命令，系统弹出【模态分析定义】对话框，如图14.3.10所示。

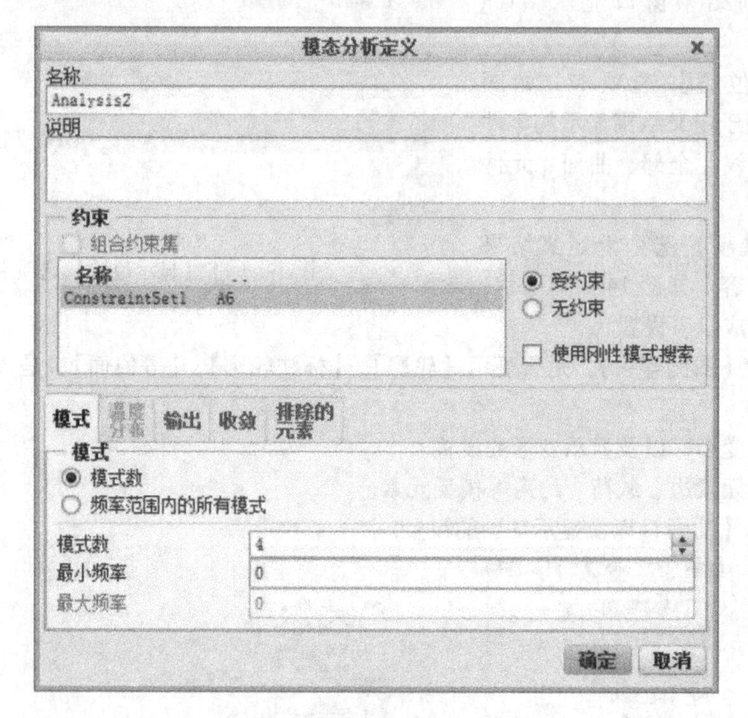

图14.3.10 【模态分析定义】对话框

1）【名称】文本框用于定义新建模态分析的名称。

2）【说明】文本框用于定义新建模态分析的简要概述。

3）【约束】选项组用于设置施加到模型上的载荷。

◆选中【受约束】单选按钮，在列表框中选择约束集。如果在模型中创建了两个以上约束集，【组合约束集】复选框可用，勾选该复选框，表示多个约束集共同作用于模型。同时可以选择【使用刚体模式搜索】选项，搜索无约束处的刚性模态，这一选项对于不清楚结构是否是完全约束的模型非常有效。

◆选中【无约束】单选按钮，可分析无约束模态，约束集列表框变成不可用状态，表示模型不受约束作用。同时【使用刚体模式搜索】选项自动被勾选。

4）【模式】选项卡用于设置需要提取的模态数目。分为两种方式：模态阶数和一定频率范围内的所有模态。

◆选中【模式数】单选按钮，需要在【模式数】文本框中指定模态阶数和在【最小频率】文本框中指定最小频率。

◆选中【频率范围内的所有模式】单选按钮，在【最小频率】和【最大频率】文本框中设置模型工作的最小频率和最大频率，以确定模态搜寻的范围。

5）其他选项的作用和使用方法参见静态分析。

2. 运行分析

同静态分析。

3. 获取分析结果

在【分析和设计研究】对话框中，选中【分析和设计研究】列表框中的模态分析，单击工具栏上的【查看设计研究或有限元分析结果】按钮，系统弹出【结果窗口定义】对话框，如图 14.3.11 所示。

1)【名称】文本框用于定义新建分析结果的名称，系统默认为“Window + 数字”，也可以自定义。

2)【标题】文本框用于定义新建分析结果的标题，如应力-应变曲线。

3)【研究选择】选项组用于定义结果显示的某个分析的某几个模态。

◆在【设计研究】子选项组中，单击【打开】按钮，选择保存在磁盘中的分析目录，在【分析】下拉列表框中选择分析。

◆在列表框中选择模态分析环境的频率模式，可以多选，单击【缩放】列中的文本框可定义缩放比例。

4)【显示类型】下拉列表框用于定义生成分析结果的显示类型，有【条纹】、【矢量】、【图形】、【模型】四种类型。

5)【数量】选项卡用于定义分析结果显示量：包括【位移】、【P 一级】、【反作用】、【点约束处的反作用】。

6) 其他选项的作用同静态分析。

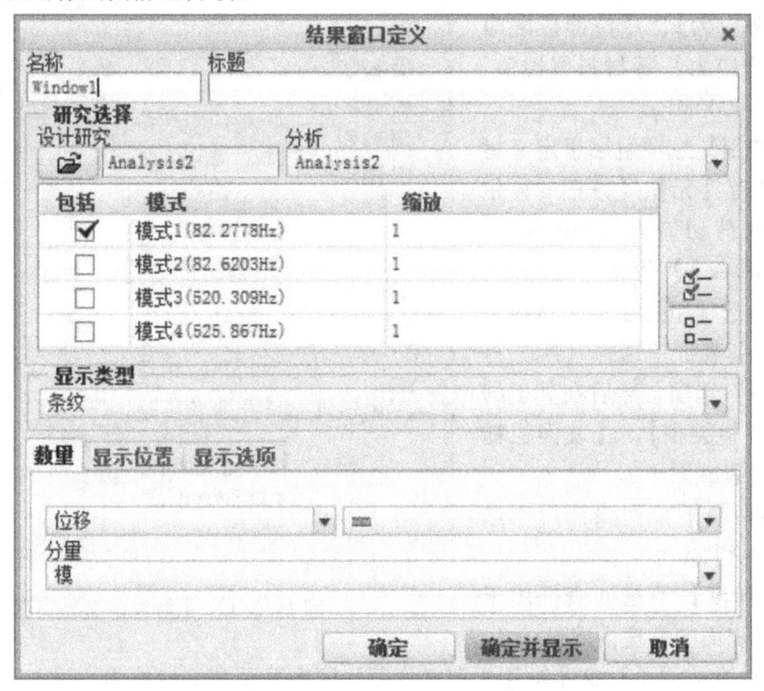

图 14.3.11 【结果窗口定义】对话框

14.3.3 疲劳分析

疲劳是指结构在低于静态极限强度荷载的连续重复作用下，当循环次数达到某定值时发生断裂破坏的现象。疲劳分析是对零件的疲劳特征进行评估，预测是否发生疲劳破坏。

疲劳分析需建立在一个静力分析的基础上，因此执行一个疲劳分析分两个步骤：

1）定义并执行一个静力分析。

2）提取静力分析结果并执行疲劳分析。

在存在一个线性静力分析的基础上，可以定义疲劳分析。进行疲劳分析，需要注意为材料定义疲劳属性。疲劳分析的材料属性与其他分析有所不同，它需要定义疲劳属性，并且只能使用正交各向同性材料。

1. 材料的疲劳特征

零件抵抗静力破坏的能力，主要取决于材料本身。零件抵抗疲劳破坏的能力不仅与材料有关，而且还与材料的组成、零件的表面状态和尺寸等有关。在疲劳分析中，不仅要确定材料密度、杨氏模量、泊松比等参数，还需要设置材料的疲劳特征参数，如最大抗拉强度、材料表面处理等。

选择功能区面板中的【主页】|【材料】|【材料】命令，系统弹出【材料】对话框，选中【模型中的材料】列表框中的材料，选择菜单栏中的【编辑】|【属性】命令，系统弹出【材料定义】对话框，如图14.3.12所示。

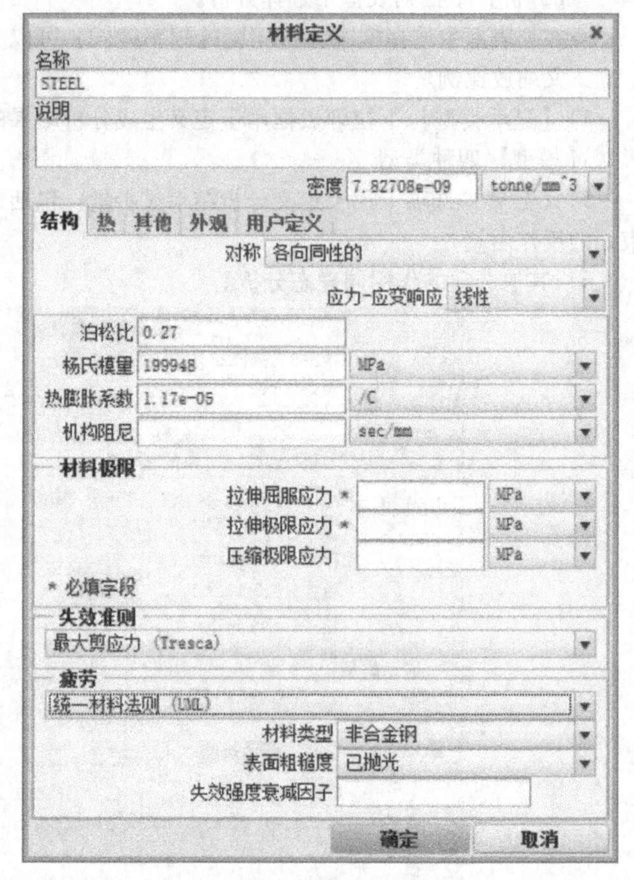

图14.3.12 【材料定义】对话框

1）【材料极限】选项组用于定义材料的【拉伸屈服应力】、【拉伸极限应力】、【压缩极限应力】等材料属性值，取值范围为50～4000MPa。

2）【失效准则】选项组用于定义材料的失效方式：有【无】、【修正的莫尔理论】、【最大剪切应力（Tresca）】，【畸变能（von Mises）】等。

3）【疲劳】选项组用于定义材料工艺特征。在下拉列表框中选择【统一材料法则（UML）】选项，然后在其下的选项中设置【材料类型】、【表面粗糙度】、【失效强度衰减因子】。

◆【材料类型】下拉列表框用于选择零件的材料。

◆【表面粗糙度】下拉列表框用于定义材料表面的处理情况。

◆【失效强度衰减因子】文本框用于定义疲劳强度换算系数，该值为大于1的数值。

2. 新建疲劳分析

在【分析和设计研究】对话框中，选择菜单栏中的【文件（F）】|【新建疲劳分析】命令，系统弹出【疲劳分析定义】对话框，如图14.3.13所示。

1）【名称】文本框用于定义新建疲劳分析的名称。

2）【说明】文本框应用于定义新建疲劳分析的简要概述。

3）【载荷历史】选项卡用于定义载荷。

◆【寿命】文本框用于定义应力循环次数。

4)【加载】选项组用于定义载荷的类型和幅值特征。在【类型】下拉列表框中有【恒定振幅】、【可变振幅】两个选项。在【振幅类型】下拉列表框中选择幅值类型：有【峰值-峰值】、【零值-峰值】、【用户定义】等。如果选择用户定义的幅值类型，则需要输入【最小载荷因子】和【最大载荷因子】。

5)【前一分析】选项卡，如图 14. 3. 14 所示。指定疲劳分析是使用已执行过的静力分析结果还是重新再执行静力分析。

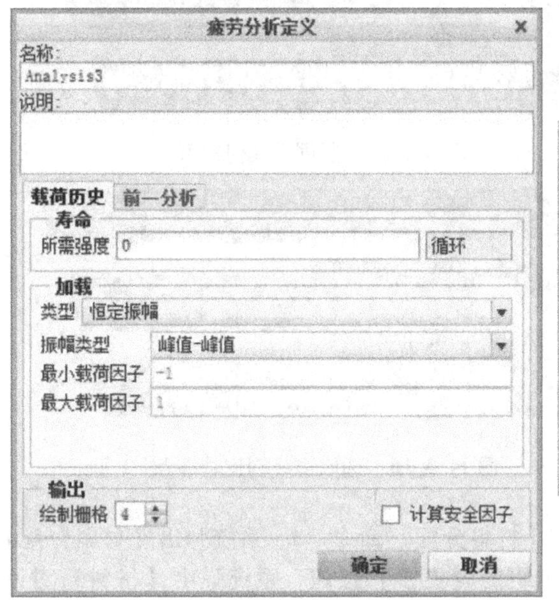

图 14. 3. 13 【疲劳分析定义】对话框

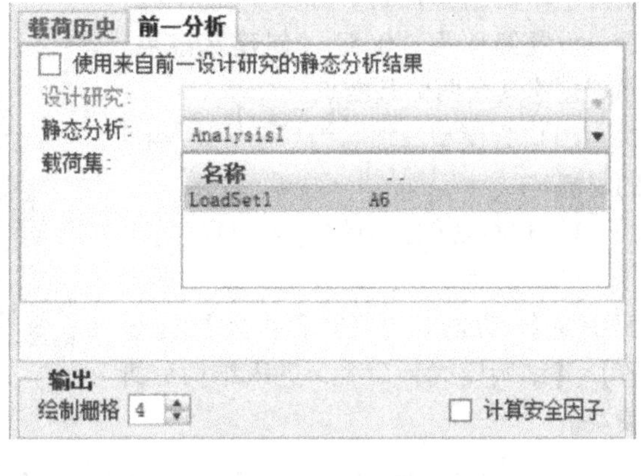

图 14. 3. 14 【前一分析】选项卡

◆勾选【使用来自前一设计研究的静态分析结果】复选框，在【设计研究】下拉列表框中选择模型中已创建的设计研究。

◆在【静态分析】下拉列表框中选择模型中已创建的静态分析。

◆在【载荷集】列表框中选中用于疲劳分析的载荷集。

6)【输出】选项组用于定义结果绘制的密度和输出疲劳安全系数。

◆【绘制栅格】表示结果绘制的密度，该数值范围为 2 ~ 10，默认为“4”。

◆勾选【计算安全因子】复选框，输出疲劳安全系数。

3. 运行分析

同前。

4. 获取分析结果

在【分析和设计研究】对话框中，选中【分析和设计研究】列表框中的疲劳分析，单击工具栏上的【查看设计研究或有限元分析结果】按钮，系统弹出【结果窗口定义】对话框，该对话框的内容与前面讲过的静态分析、模态分析的不同之处如下：

◆【显示类型】定义生成的分析结果显示类型只能是【条纹】一种。

◆在【数量】选项卡【分量】下拉列表框中选择输出结果选项，有四种类型。包括：【仅点】，【对数破坏】，【安全因子】，【寿命置信度】等。

5. 实例

下面以图 14.3.15 所示的简单紧固件几何模型为例，介绍疲劳分析的过程。

技术要求：零件为热轧低合金钢，最大抗拉强度为400MPa，零件受1000N 的交变载荷作用，设计疲劳寿命为“106”次。

（1）调入疲劳分析模型　如图 14.3.15 所示。

图 14.3.15　紧固件几何模型

（2）创建基准点　选择功能区中的【模型】|【基准】|【点】命令，系统弹出【基准点】对话框，在该例的 3D 模型中单击选择侧边，如图 14.3.16 所示。设置偏移为“0.5”，创建基准点。同理创建其余两侧基准点。

图 14.3.16　选取边线创建基准点

（3）为模型添加名为“STEEL.mtl”的材料

1）选择功能区中的【应用程序】|【Simulate】命令，进入分析界面，在界面中选择功能区中的【主页】|【设置】|【结构模式】命令，进入结构分析模块。

2）选择功能区面板中的【主页】|【材料】|【材料分配】命令，系统弹出【材料分配】对话框，单击【属性】选项组中【材料】子选项组的【更多】按钮，系统弹出【材料】对话框，双击【库中的材料】列表框中的“STEEL.mtl”材料，添加到右侧【模型中的材料】列表框中。

3）在【模型中的材料】列表框中，选中【STEEL】材料选项，选择菜单栏中的【编辑】|【属性】命令，系统弹出【材料定义】对话框。

4）在【材料极限】选项组的【拉伸屈服应力】文本框中输入“350”，在其右侧下拉列表框中选择【MPa】单位选项，【拉伸极限应力】文本框中输入“400”，在其下拉列表框中选择【MPa】单位选项。

5）【选择失效准则】下拉列表框中的【最大剪应力（Tresca）】选项；选择【疲劳】下拉列表框中的【统一材料法则（UML)】选项，在其下的【材料类型】下拉列表框中选择【低合金钢】选项，【表面粗糙度】下拉列表框中选择【热轧】选项，在【失效强度衰减因子】文本框中输入“2”，【材料定义】对话框中的设置如图 14.3.17 所示。

6）单击【确定】按钮，完成材料疲劳特性参数的设置。返回【材料】对话框，单击【确定】按钮，返回【材料分配】对话框。单击【确定】按钮，完成模型材料的定义。

（4）定义约束

1）选择功能区面板中的【主页】|【约束】|【位移】命令，系统弹出【约束】对话框。

2）在【参考】下拉列表框中选择【曲面】选项，在该例的 3D 模型中选择孔内表面，如图 14.3.18 所示。

3）选中【平移】和【旋转】选项组中所有【固定】按钮，单击【确定】按钮，完成位移约束定义，如图14.3.19所示。

（5）定义载荷

1）选择功能区面板中的【主页】|【载荷】|【力/力矩】命令，系统弹出【力/力矩载荷】对话框。

2）选择【参考】下拉列表框中的【点】选项，在该例的3D模型中单击选择侧边中点，如图14.3.20所示。

3）在【力】选项组的【Y】文本框中输入“-1000”，选择其下方列表框中【N】单位选项，单击【确定】按钮，完成载荷的定义。

4）使用同样的方法，在其他两侧也添加相同的载荷，效果如图14.3.21所示。

（6）建立并运行静态分析

1）选择功能区面板中的【主页】|【运行】|【分析和设计研究】命令，系统弹出【分析和设计研究】对话框。

2）选择菜单栏中的【文件(F)】|【新建静态分析】命令，系统弹出【静态分析】对话框，选中【约束】列表框中的【ConstraintSet 1】选项，使其高亮显示，选中【载荷】列表框中【LoadSet1】选项，其他选项为系统默认值，单击【确定】按钮，完成静态分析的建立。

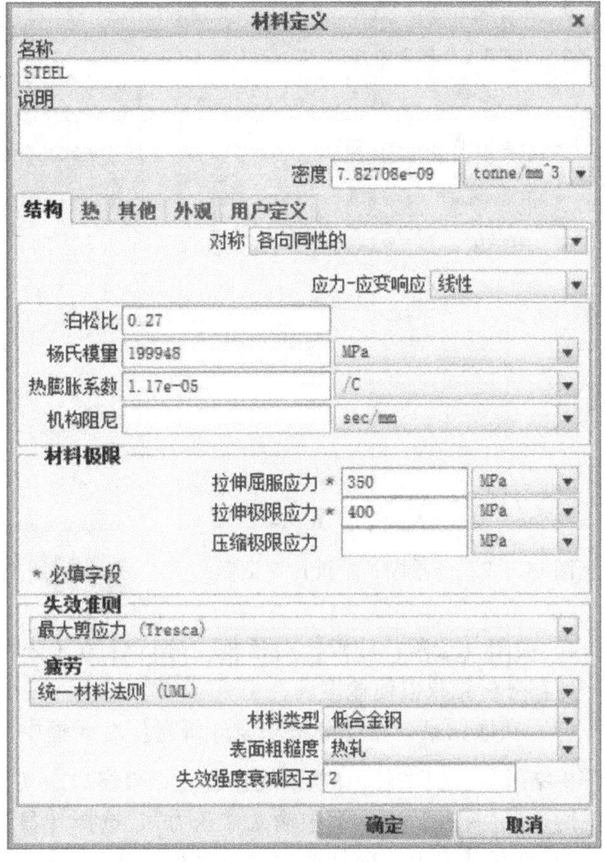

图14.3.17　【材料定义】对话框

图14.3.18　选择约束面

图14.3.19　创建的位移约束

图14.3.20　选择载荷点

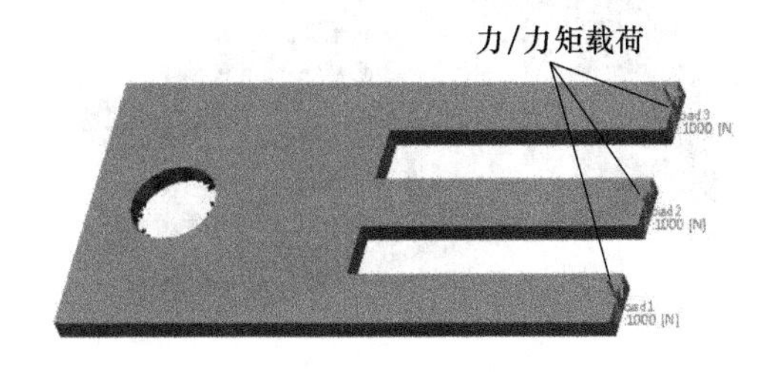

图14.3.21　加载的载荷

3）选择菜单栏中的【运行(R)】|【开始】命令，或单击工具栏上的【开始】按钮，系统弹出【询问】对话框，单击【是（Y)】按钮，系统开始进行分析，大约几分钟后，系统弹出【诊断：分析】对话框，如图 14.3.22 所示，该对话框显示分析过程中出现的问题以及分析步骤。

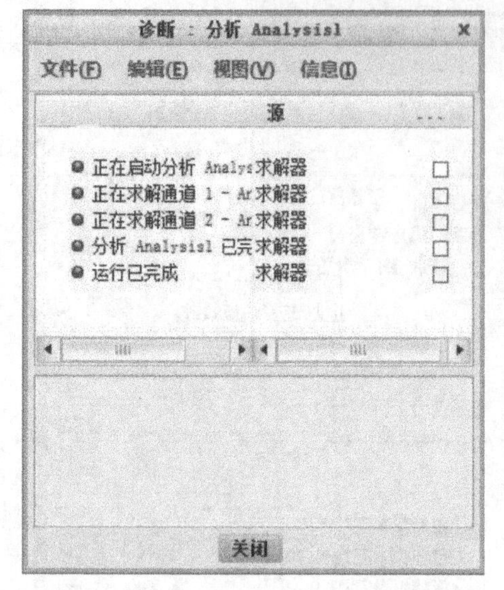

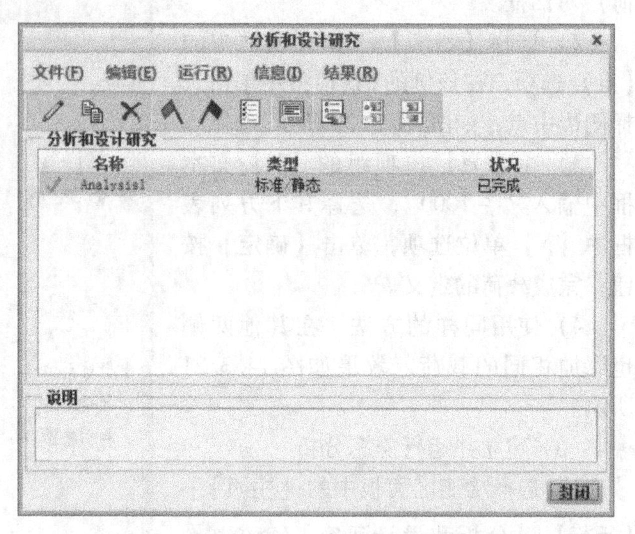

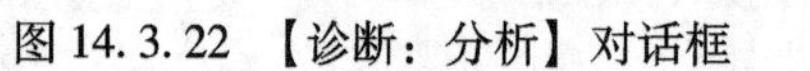
图 14.3.22 【诊断：分析】对话框

图 14.3.23 【分析和设计研究】对话框

4）关闭【诊断：分析】对话框，分析后的【分析和设计研究】对话框，如图 14.3.23 所示，保存分析结果以便输出。

（7）获取结果　在【分析和设计研究】对话框中，单击工具栏上的【查看设计研究或有限元分析结果】工具按钮，系统弹出【结果窗口定义】对话框。

1）在【标题】文本框中输入“压力”，选择【显示类型】下拉列表框中【条纹】选项。

2）打开【显示选项】选项卡，勾选【已变形】、【显示载荷】、【显示约束】复选框。

3）单击【确定并显示】按钮，压力条纹图如图 14.3.24 所示。

4）退出结果窗口，在【分析和设计研究】对话框中，单击工具栏上的【查看设计研究或有限元分析结果】按钮，系统弹出【结果窗口定义】对话框。

5）在【标题】文本框中输入“应变”，选择【显示类型】下拉列表框中【图形】选项。

6）打开【数量】选项卡，在下拉列表框中选择【应变】选项，单击【图形位置】选项组中【选取】按钮，系统弹出模型预览窗口，选择一条边，如图 14.3.25 所示。在【选取】对话框中单击【确定】按钮，返回【结果窗口定义】对话框。

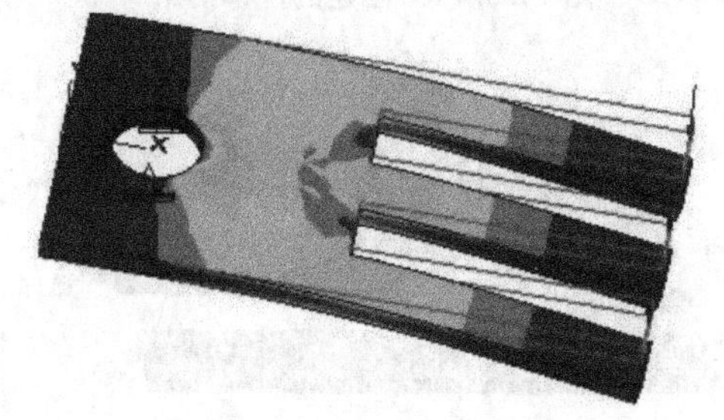

图 14.3.24　压力条纹图

图 14.3.25　选取的边线

7）单击【确定并显示】按钮，应变曲线图如图 14.3.26 所示。将窗口及对话框关闭。

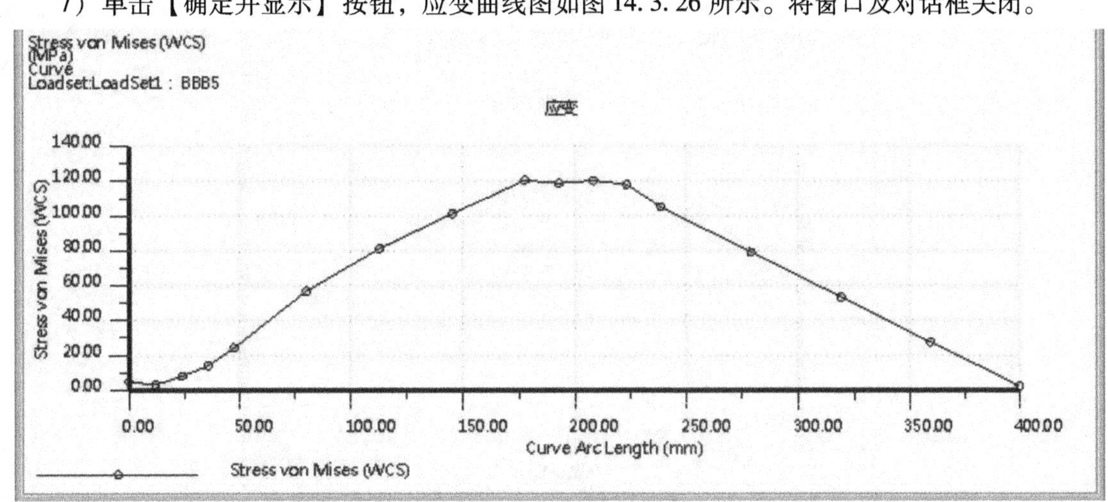

图 14.3.26 应变曲线图

（8）模态分析的创建过程

1）选择功能区面板中的【主页】|【运行】|【分析和设计研究】命令，系统弹出【分析和设计研究】对话框。

2）在对话框中，选择菜单栏中的【文件(F)】|【新建模态分析】命令，系统弹出【模态分析定义】对话框。

3）打开【模式】选项卡，选中【模式数】单选按钮，在【模式数】和【最小频率】文本框中分别输入“8”和“30”，如图 14.3.27 所示。

4）勾选【输出】选项卡中【计算】选项组的【旋转】、【反作用】复选框，其他选项为默认值，单击【确定】按钮，返回【分析和设计研究】对话框，完成模态分析的创建。

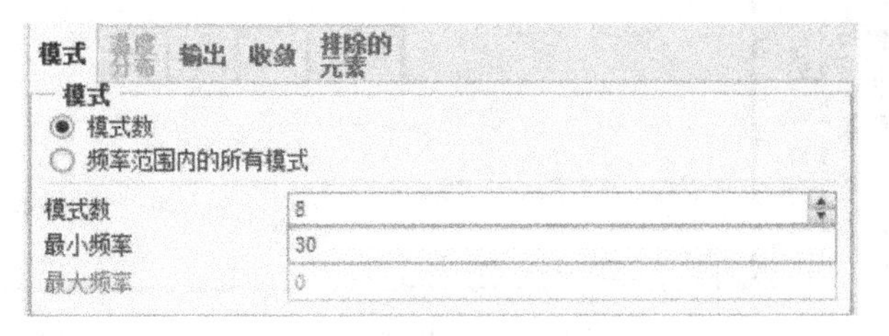

图 14.3.27 【模式】选项卡设置

5）选择菜单栏中的【运行(R)】|【开始】命令，或单击工具栏上的【开始】按钮，系统弹出【问题】对话框，单击【是（Y）】按钮，系统就开始计算。大约几分钟以后，系统弹出【诊断：分析】对话框，如图 14.3.28 所示，对话框中显示模态分析过程以及分析出现的问题。

6）关闭【诊断：分析】对话框，保存分析结果以便输出。

7）选中【分析和设计研究】列表框中的模态分析，单击工具栏上的【查看设计研究或有限元分析结果】按钮，系统弹出【结果窗口定义】对话框。

8）在【标题】文本框中输入“变形曲线”，选中【研究选择】选项组的列表框中所有模式。

9）选中【显示类型】下拉列表框中【图形】选项。

10）打开【数量】选项卡，在下拉列表框中选择【位移】选项，单击【图形位置】选项组中【选取】按钮，系统弹出模型预览窗口，选择一条边，在【选取】对话框中单击【确定】按钮，返回【结果窗口定义】对话框。

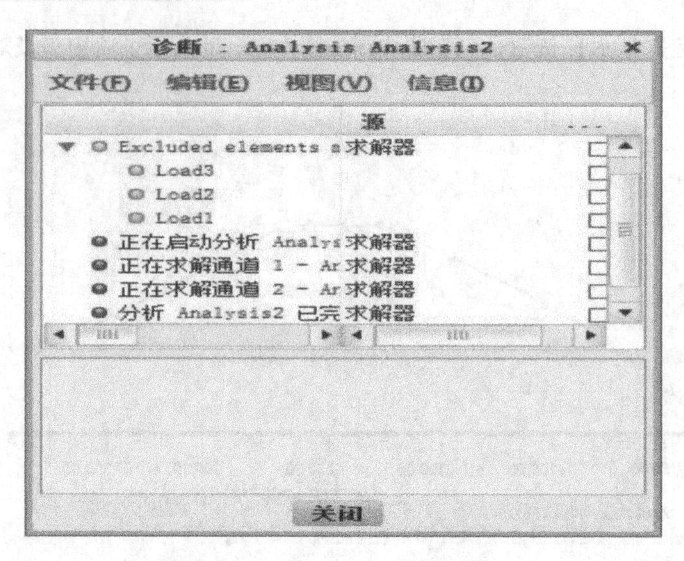

图 14.3.28 【诊断：分析】对话框

11）其他选项为默认值，单击【确定并显示】按钮，变形曲线如图 14.3.29 所示。

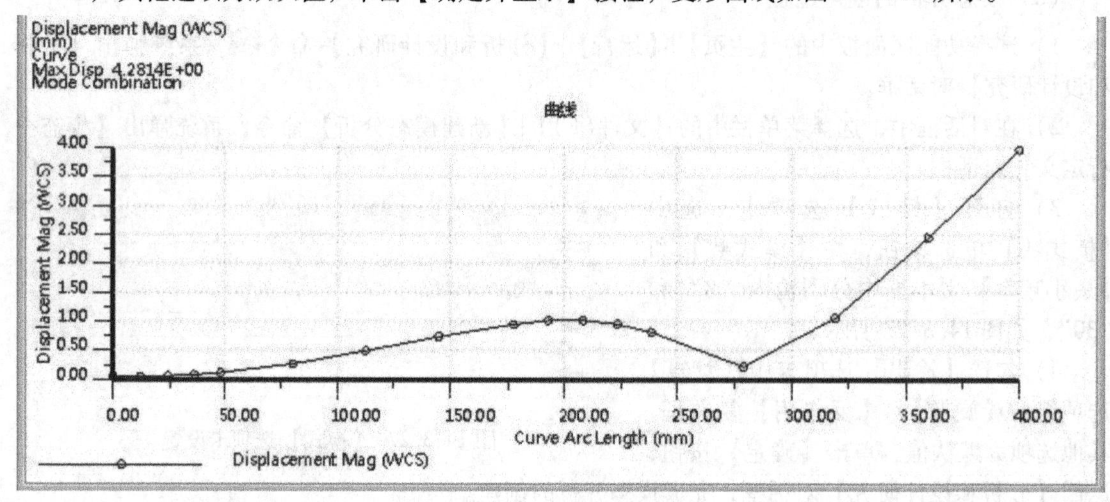

图 14.3.29 变形曲线一

12）重复第7）~11）步，在第8）步中选中第一种频率模式，单击【确定并显示】按钮，变形曲线二如图 14.3.30 所示。

（9）建立并运行疲劳分析

1）在【分析和设计研究】对话框中，选择菜单栏中的【文件(F)】|【新建疲劳分析】命令，系统弹出【疲劳分析定义】对话框。

2）打开【载荷历史】选项卡，在【寿命】选项组的【所需强度】文本框中输入“1000000”，设置栅格数为“8”，勾选【计算安全因子】复选框，单击【确定】按钮，完成零件疲劳分析的建立。

3）选择菜单栏中的【运行(R)】|【开始】命令，或单击工具栏上的【开始】按钮，系统弹出【询问】对话框，单击【是（Y）】按钮，系统开始进行分析。大约几分钟后，系统弹出

【诊断：分析】对话框，如图 14. 3. 31 所示。该对话框显示分析过程中出现的问题以及分析步骤。

图 14. 3. 30　变形曲线二

（10）输出疲劳分析结果

1）在【分析和设计研究】对话框中，选中【分析和设计研究】列表框中的疲劳分析。单击工具栏上的【查看设计研究或有限元分析结果】按钮，系统弹出【结果窗口定义】对话框。

2）打开【数量】选项卡，在【分量】下拉列表框中选择【对数破坏】选项，单击【确定并显示】按钮。图 14. 3. 32 所示的为【对数破坏】输出结果。

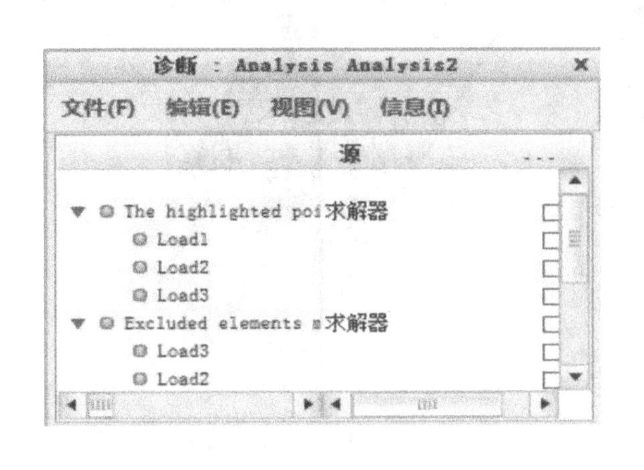

图 14. 3. 31　【诊断：分析】对话框

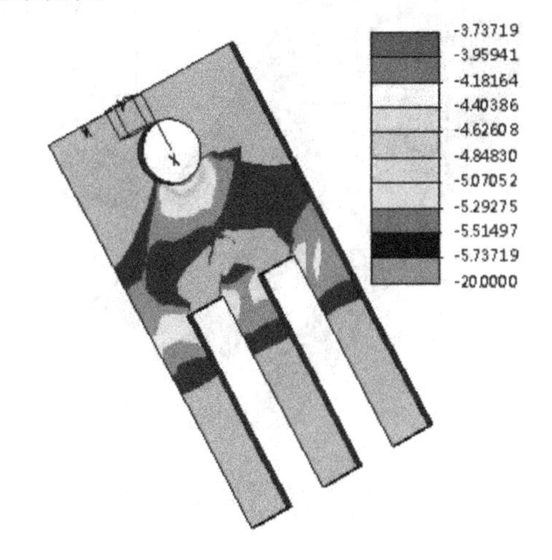

图 14. 3. 32　【对数破坏】

3）选择菜单栏中的【文件(F)】|【退出结果（X)】命令，返回【分析和设计研究】对话框。

4）在【分析和设计研究】对话框中，选中【分析和设计研究】列表框中的疲劳分析，单击工具栏上的【查看设计研究或有限元分析结果】按钮，系统弹出【结果窗口定义】对话框。

5）打开【数量】选项卡，在【分量】下拉列表框中选择【仅点】选项，单击【确定并显示】按钮，图14.3.33所示为交变载荷作用下的【仅点】破坏输出结果，最先发生断裂破坏的地方正好位于孔边。

6）选择菜单栏中的【文件((F)】|【退出结果(X)】命令，返回【分析和设计研究】对话框。

7）在【分析和设计研究】对话框中，选中【分析和设计研究】列表框中的疲劳分析，单击工具栏上的【查看设计研究或有限元分析结果】按钮，系统弹出【结果窗口定义】对话框。

8）打开【数量】选项卡，在【分量】下拉列表框中选择【安全因子】选项，单击【确定并显示】按钮，【安全因子】输出结果如图14.3.34所示。

9）选择菜单栏中的【文件(F)】|【退出结果(X)】命令，返回【分析和设计研究】对话框。

10）在【分析和设计研究】对话框中，选中【分析和设计研究】列表框中的疲劳分析，单击工具栏上的【查看设计研究或有限元分析结果】按钮，系统弹出【结果窗口定义】对话框。

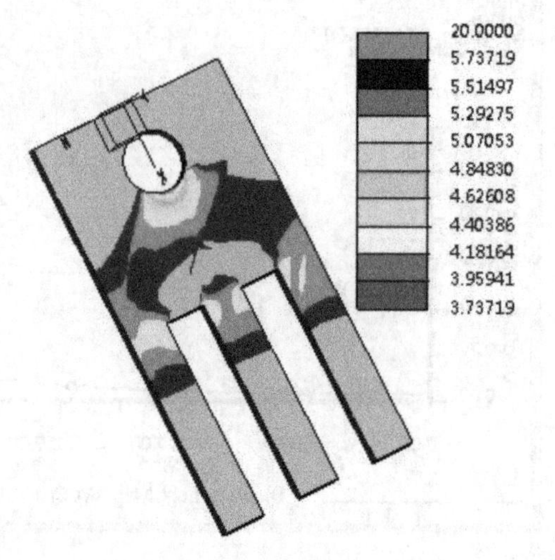

图14.3.33 【仅点】破坏

11）打开【数量】选项卡，在【分量】下拉列表框中选择【寿命置信度】选项，单击【确定并显示】按钮，【寿命置信度】输出结果如图14.3.35所示。

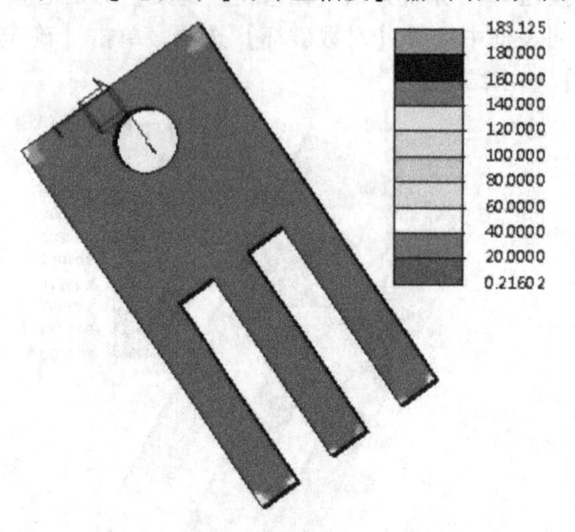

图14.3.34 【安全因子】

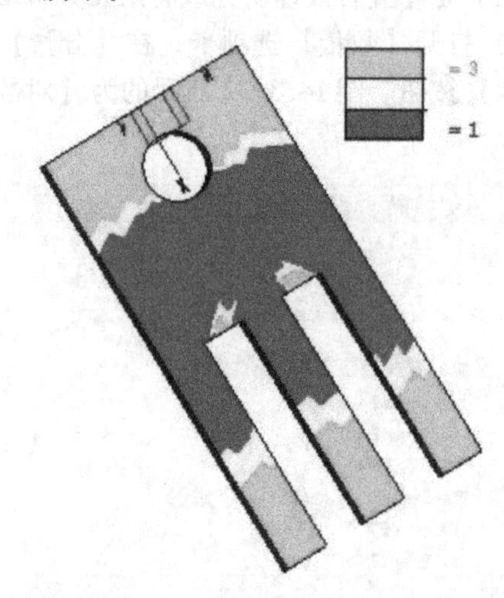

图14.3.35 【寿命置信度】

14.4 设计研究

学习目标

了解敏感度分析和优化设计的过程。

有限元分析的最终目的是进行优化设计。在优化设计前，需要对设计参数进行筛选，通过筛选，确定对优化目标函数影响最大的设计参数。敏感度分析可以完成参数筛选工作，为进一步优化奠定基础。

14.4.1　标准设计研究

标准设计研究是一种定量分析工具。通过对模型中的设计参数进行设置，分析其对模型性能的影响。

1. 新建标准设计研究

在【分析和设计研究】对话框中，选择【文件(F)】|【新建标准设计研究】命令，系统弹出【标准研究定义】对话框，如图 14.4.1 所示。

图 14.4.1　【标准研究定义】对话框

1）【名称】文本框用于定义新建标准研究的名称，系统默认为“study + 数字”，也可以自定义。

2）【说明】文本框用于定义新建标准研究的简要说明，以区别于其他设计研究。

3）【分析】列表框显示定义用于标准研究的分析，可以多选，选中的越多分析就越慢，选中的分析为高亮显示。

4）【变量】列表框用于定义变量及变量值。变量可以是模型尺寸，也可以是模型参数。

- ◆单击右侧的【从模型中选择尺寸】按钮，选中模型，模型的设计尺寸就显示出来，单击所研究的尺寸，返回【标准研究定义】对话框，选择的尺寸就添加到【变量】列表框中。单击【设置】文本框，定义所要研究的尺寸数值。
- ◆单击【从模型中选择参数】按钮，系统弹出【选择参数】对话框，如图 14.4.2 所示，在对话框下部列表框中选择所需的参数，单击插入选定参数按钮 Select，返回【标准研究定义】对话框，选中的参数就被添加到【变量】列表框中，单击【设置】文本框，对其赋值。

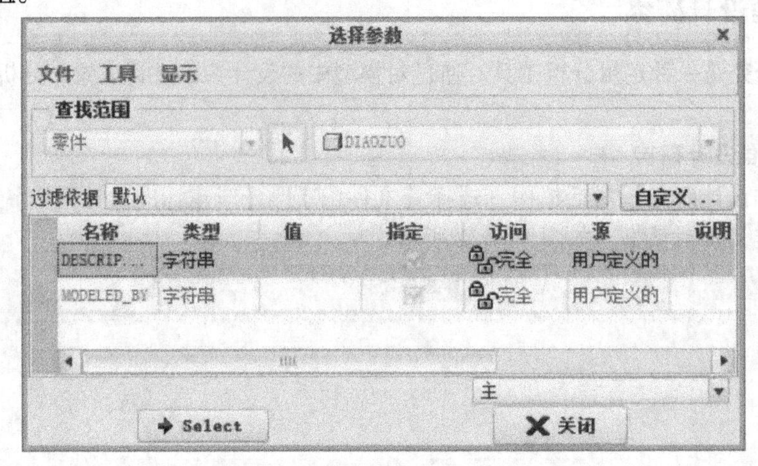

图 14.4.2 【选择参数】对话框

◆单击【删除选定行】按钮，在【变量】列表框中选中的参数就被移除掉，不再作为设计研究变量。

2. 运行分析

同前。

3. 获取研究结果

参见静态分析中相应内容。

14.4.2 敏感度设计研究

敏感度分析是一种定量分析工具，通过研究多个设计参数对模型性能的影响敏感程度，筛选出影响较大的主要设计参数，即局部敏感度分析。然后确定主要参数的变化范围，进行全局敏感度分析，寻找最佳设计。

1. 建立敏感度设计研究

在【分析和设计研究】对话框中，选择菜单栏中的【文件（F）】|【新建敏感度设计研究】命令，系统弹出【敏感度研究定义】对话框，如图 14.4.3 所示。

1）【名称】文本框用于定义新建敏感度研究的名称，系统默认为“study + 数字”，也可以自定义。

2）【说明】文本框用于定义新建敏感度研究的简要说明。

3）【类型】下拉列表框用于定义敏感度研究的类型。

◆【局部敏感度】分析计算模型测量（如应力）对轻微形状变更的敏感度。

◆【全局敏感度】分析计算模型测量对设计参数在指定范围内变更的敏感度。

4）【分析】列表框显示用于进行标准研究的分析，可以多选，选中的越多分析就越慢，选中的分析为高亮显示。

5）【变量】列表框用于显示和设置模型尺寸的数值。具体的使用方法参见标准设计研究相关内容。

2. 运行分析

同前。

图 14.4.3 【敏感度研究定义】对话框

3. 获取分析结果

参见静态分析中相关内容。

14.4.3　优化设计研究

优化设计是一种寻找最佳设计方案的技术。它是由用户指定研究目标、约束条件和设计参数等，然后在参数的指定范围内求出可满足研究目标和约束条件的最佳解决方案。

1. 建立优化设计研究

在【分析和设计研究】对话框中，选择菜单栏中的【文件(F)】|【新建优化设计研究】命令，系统弹出【优化研究定义】对话框，如图 14.4.4 所示。

1）【名称】文本框用于定义新建优化研究的名称，系统默认为“Study + 数字”，也可自定义。

2）【说明】文本框用于定义新建优化研究的简要说明。

3）【类型】下拉列表框用于定义优化研究的类型。

◆【优化】最佳化设计研究通过调整一个或多个参数以使指定的设计目标达到最佳化。

◆【可行性】就是测试一个设计方案在指定限制条件下的可行性。

4）【目标】选项组：选取一个测量作为设计研究的目标以达到最大化或最小化。

5）【设计极限】列表框：选取一个或多个测量作为优化过程中的约束条件。

◆单击右侧的【添加测量】按钮，系统弹出【测量】对话框，在【预定义】或【用户定义的】列表框中选择测量项，单击【确定】按钮，所选测量项就添加到列表框中。

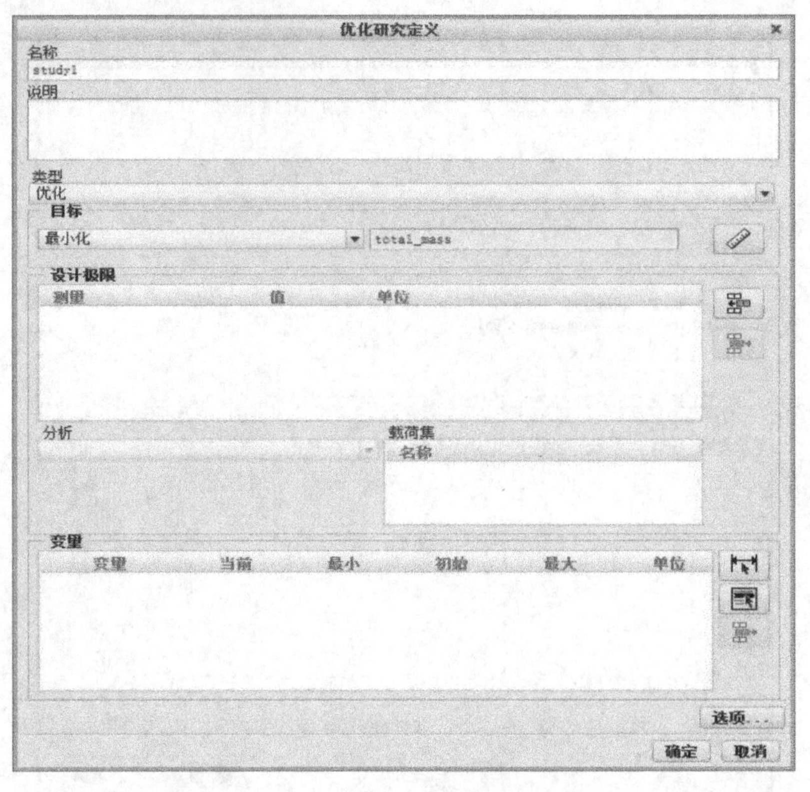

图 14.4.4 【优化研究定义】对话框

◆选中列表框中的测量项，单击【移除测量】按钮，选中的测量项就移除出列表框。

6）【分析】和【载荷集】选项组用于指定测量项所对应的分析和载荷集。

7）【变量】列表框：选取一个或多个设计参数作为优化目标达到最佳化能够调整的变量，并且需要定义变量的范围和初始值。

8）单击【选项】按钮，系统弹出【设计研究选项】对话框，在该对话框中定义设计研究优化算法、优化收敛系数、最大迭代次数以及收敛方式等。

2. 运行分析

其内容参见静态分析中的相应部分。

3. 获取优化结果

其内容参见静态分析中的相应部分。

14.4.4 实例分析

对电动机吊座进行分析。打开“diaozuo. prt”，其模型如图 14.4.5 所示。

1. 标准设计研究

1）选择功能区中的【应用程序】|【Simulate】命令，进入分析界面，在界面中选择功能区中的【主页】|【设置】|【结构模式】命令，进入机构分析模块。

2）选择功能区面板中的【主页】|【运行】|【分析和研究】命令，系统弹出【分析和设计研究】对话框。

3）在【分析和设计研究】对话框中，选择菜单栏中的【文件（F）】|【新建标准设计研

究】命令，系统弹出【标准研究定义】对话框。

4）选中【分析】列表框中的“Analysis1. Analysis2 和 Analysis3”静态分析、模态分析和疲劳分析，使其高亮显示。

注意：“Analysis1. Analysis2 和 Analysis3”在原模型中已经建好，其创建过程参照“静态分析、模态分析和疲劳分析”创建的相关内容。

5）单击【变量】右侧的【从模型中选择尺寸】按钮，系统弹出【选取】对话框，在该例3D模型上选中吊耳，使其尺寸全部显示，双击吊耳厚度尺寸“50”，系统自动返回。

6）在【变量】列表框“d7”对应的【设置】文本框输入“30”，其他选项为系统默认值，单击【确定】按钮，返回【分析和设计研究】对话框，完成标准设计研究的创建。

图14.4.5　电动机吊座模型

7）选中列表框中刚才创建的标准设计研究，选择菜单栏中的【运行（R）】｜【开始】命令，或单击工具栏上的【开始】按钮，系统弹出提示【询问】对话框，单击【是】按钮，系统开始计算。大约几分钟以后，系统弹出【诊断：分析】对话框，对话框中显示标准设计研究分析过程以及分析出现的问题。

8）关闭【诊断：分析】对话框，返回【分析和设计研究】对话框，选中列表框中刚才创建的标准设计研究，单击工具栏上的【查看设计研究或有限元分析结果】按钮，系统弹出【结果窗口定义】对话框。

9）选择【显示类型】下拉列表框中的【条纹】选项。

10）打开【数量】选项卡，选中下拉列表框中的【位移】选项，选择其右侧下拉表框中的【mm】选项，选择【分量】下拉列表框中的【模】选项，打开【显示选项】选项卡，勾选【已变形】、【显示载荷】和【显示约束】复选框。

11）其他选择为系统默认值，单击【确定并显示】按钮，结果窗口中显示变形随吊耳厚度变化的条纹图，如图14.4.6所示。

12）选择菜单栏中的【编辑（E）】｜【结果窗口（R）】命令，系统弹出【结果窗口定义】对话框，打开【数量】选项卡，选择下拉列表框中的【应力】选项，选择其右侧下拉列表框中的【MPa】选项，选择【分量】下拉列表框中的【von Mises】选项，其他选择为系统默认，单击【确定并显示】按钮，结果窗口中显示应力随吊耳厚度变化条纹图，如图14.4.7所示。

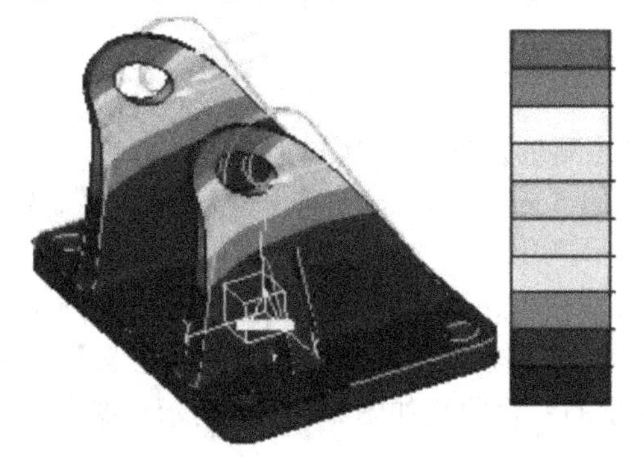

图14.4.6　变形随吊耳变化的条纹图

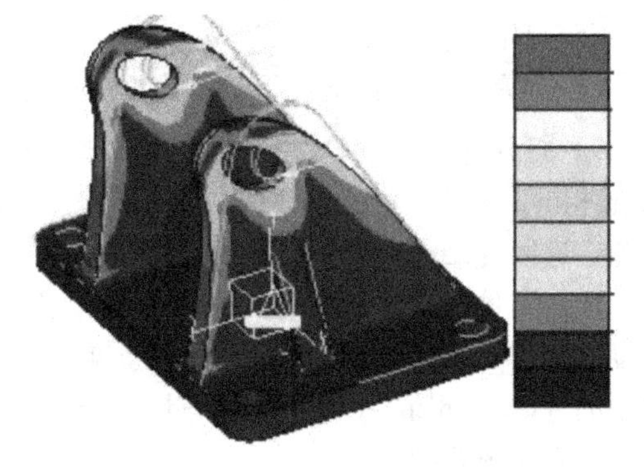

图14.4.7　应力随吊耳厚度变化条纹图

13）重复第3）~12）步，在第6）步中，在【设置】文本框中输入“60”。

14）分析的结果。图14.4.8所示为最终变形随吊耳厚度变化条纹图；图14.4.9所示为最终应力随吊耳厚度变化条纹图。

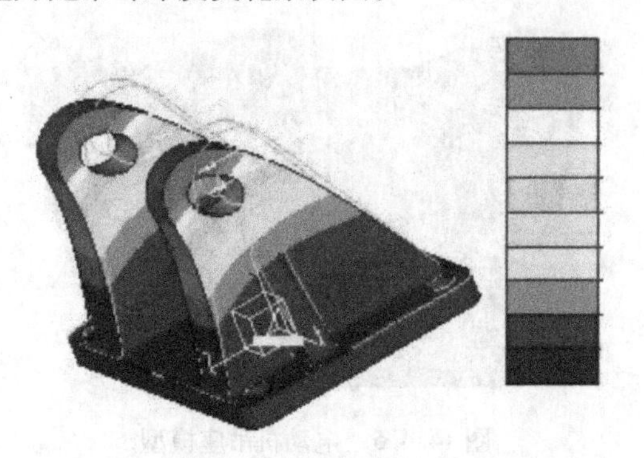

图14.4.8　最终变形随吊耳厚度变化条纹图

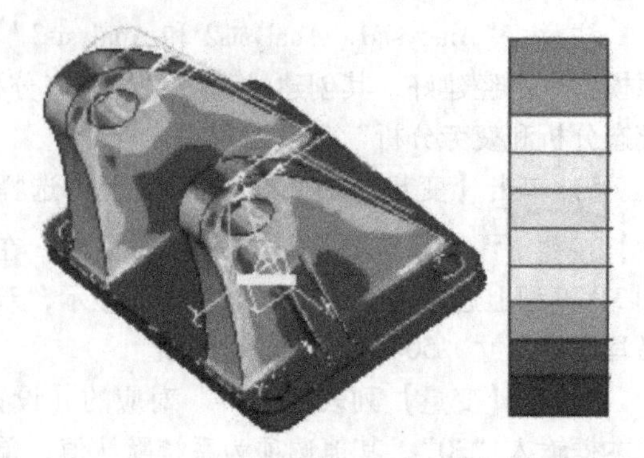

图14.4.9　最终应力随吊耳厚度变化条纹图

2. 敏感度分析

1）退出结果显示窗口，返回【分析和设计研究】对话框，选择菜单栏中【文件（F）】|【新建敏感度设计研究】命令，系统弹出【敏感度设计研究】对话框。

2）选中【分析】列表框中的“Analysis1. Analysis2和Analysis3”静态分析、模态分析和疲劳分析，使其加亮显示。

3）单击【变量】右侧的【从模型中选择尺寸】按钮，系统弹出【选取】对话框，在该例3D模型上选中吊耳，使其尺寸全部显示，双击吊耳厚度尺寸“50”，系统自动返回。

4）单击右下角【选项】按钮，系统弹出【设计选项】对话框，勾选【重复P还收敛】和【每次形状更新后进行网格重画】复选框，单击【关闭】按钮，返回敏感度设计研究对话框。

5）单击【确定】按钮，返回【分析和设计研究】对话框，完成敏感度设计研究的创建。

6）选中列表框中刚才创建的敏感度设计研究，选择菜单栏中的【运行（R）】|【开始】命令，或单击工具栏的【开始】按钮，系统弹出提示【询问】对话框，单击【是】按钮，系统开始计算。大约二十几分钟以后，系统弹出【诊断：分析】对话框，对话框中显示敏感度设计研究分析过程以及分析出现的问题。

7）关闭【诊断：分析】对话框，返回【分析和设计研究】对话框，选中列表框中刚才创建的敏感度设计研究，单击工具栏上的【查看设计研究或有限元分析结果】按钮，系统弹出【结果窗口定义】对话框。

8）选择【显示类型】下拉列表框中的【图形】选项。

9）打开【数量】选项卡，选中下拉列表框中的【测量】选项，单击【测量】按钮，系统弹出【测量】对话框，选中【预定义】列表框中的【max_stress_vm】选项，单击【确定】按钮，返回【结果窗口定义】对话框。

10）其他选项为系统默认值，单击【确定并显示】按钮，结果窗口中显示最大应力随吊耳厚度的变化曲线，如图14.4.10所示。重复第6）~9）步，在第9）步中选中【预定义】列表框中的【max_disp_mag】选项，最大变形随吊耳厚度的变化曲线如图14.4.11所示。退出结果窗口，完成敏感度分析。

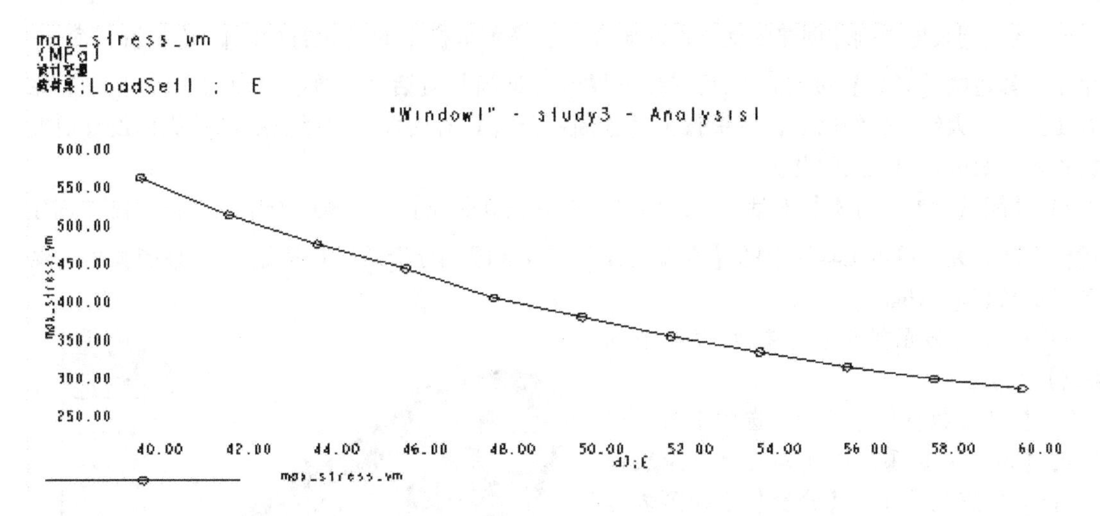

图 14.4.10　最大应力随吊耳厚度的变化曲线

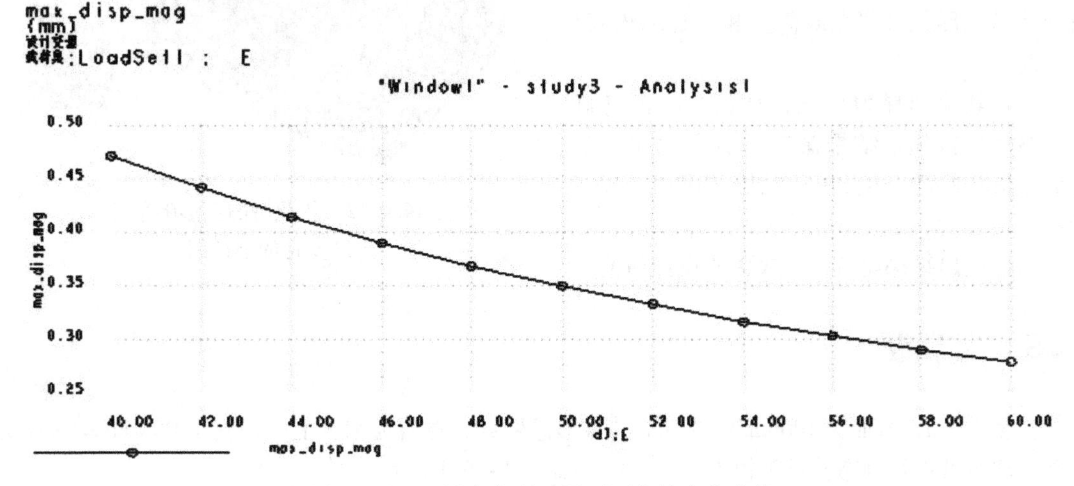

图 14.4.11　最大变形随吊耳厚度的变化曲线

3. 优化设计

1）退出结果显示窗口，返回【分析和设计研究】对话框，选择菜单栏中【文件】|【新建优化设计研究】命令，系统弹出【优化研究定义】对话框。

2）选择【类型】下拉列表框中的【优化】选项，单击【目标】选项组中的【测量】按钮，系统弹出【测量】对话框，选中【预定义】列表框中的【max _ stress _ vm】选项，单击【确定】按钮，返回【优化研究定义】对话框。

3）单击【设计极限】列表框右侧按钮，系统弹出【测量】对话框，在【预定义】列表框中选中【max _ stress _ vm】选项，单击【确定】按钮，返回【优化研究定义】对话框。

4）在【设计极限】列表框中的【值】文本框中输入“200”，单击【变量】右侧的【从模型中选择尺寸】按钮，系统弹出【选取】对话框，选中该例 3D 模型中的吊耳，使其尺寸全部显示，双击吊耳厚度尺寸“50”，系统自动返回。

5）其他选项为系统默认值，单击【确定】按钮，返回【分析和设计研究】对话框，完成优化设计研究的创建。

6）选中列表框中刚才创建的优化设计研究，选择菜单栏中的【运行(R)】|【开始】命令，或单击工具栏的【开始】按钮，系统弹出提示【询问】对话框，单击【是（Y)】按钮，系统开始计算。大约几分钟以后，系统弹出【诊断：分析】对话框，对话框中显示优化设计研究分析过程以及分析出现的问题。

7）关闭【诊断：分析】对话框，返回【分析和设计研究】对话框，选中列表框中刚才创建的优化设计研究，单击工具栏上的【查看设计研究或有限元分析结果】按钮，系统弹出【结果窗口定义】对话框。

8）选择【显示类型】下拉列表框中的【条纹】选项。

9）打开【数量】选项卡，选中下拉列表框中的【位移】选项，选择其右侧下拉表框中的【mm】选项，选择【分量】下拉列表框中的【模】选项，打开【显示选项】选项卡，勾选【已变形】、【显示载荷】和【显示约束】复选框。

11）其他选择为系统默认值，单击【确定并显示】按钮，结果窗口中显示优化后的变形随吊耳厚度变化的条纹图，如图14.4.12所示。

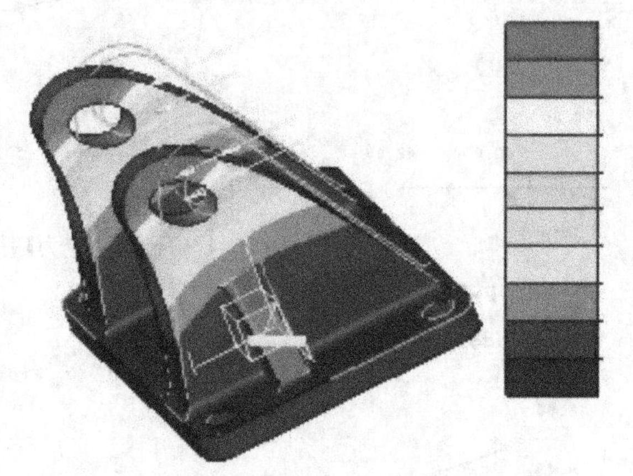

图14.4.12　优化后的变形随吊耳厚度变化的条纹图

12）退出结果窗口，完成优化设计研究。

14.5　实训题

长度为1m，截面为100mm×100mm的方形悬臂梁，材料为钢，上表面受1000MPa均布压力载荷。试对其进行静态分析和模态分析。模型如图14.5.1所示。

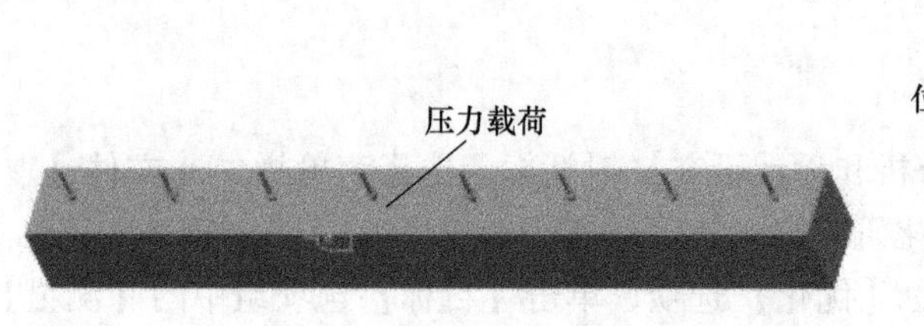

图14.5.1　模型

第15章 管道设计

本章要点

Creo 管道设计模块应用十分广泛，所有用到管道的地方都需使用该模块。Creo 管道模块为管道设计提供了非常高端的工具。

本章主要内容

❶管道设计简介
❷创建管道的一般过程

15.1 管道设计简介

15.1.1 管道设计概述

在液压设备、石油及化工设备、动力管道、设备润滑系统的设计中，管道设计占有很大比例，各种管道、阀门、泵、检测单元交织在一起，错综复杂，设计工作十分繁重。Creo管道三维设计模块可以实现管道快速设计，虚拟设计的管道线路清晰可见，可有效避免管道与相关设备的干涉现象。尤其在一些复杂的管道设计中，合理利用这些工具，可以大大减轻用户在二维设计中的难度，使设计者的思路充分发挥，提高设计者的工作效率和设计质量。Creo 管道模块的特点如下：

◆在主要设备结构件创建完成的基础上，设计生成管道系统的完整的数字化模型，真实模拟实际管道设计。

◆在设计阶段，方便检查管道、设备之间的干涉情况，避免设计错误。

◆可自动生成详细的管道物料清单，减轻设计人员和管理人员的劳动强度。

◆在管道设计过程中可以充分调用现有管件，减少建模的时间，缩短研发周期。

15.1.2 Creo管道设计的工作流程

Creo 管道设计的一般工作流程如下：

1）设置工作目录至项目文件夹。

2）在产品模型中创建管道系统节点。

3）在管道系统节点中创建各种路径基准。

4）创建线材及线材库。

5）创建管线。

6）布置管道路径。

7）编辑并修改管道路径。

8）添加管道元件。

9）生成实体管道。

10）检查管道路径规则。

11）创建工程图及明细表。

15.1.3 进入管道设计模式

Creo 管道设计的工作界面有两种启动方式：

1. 零件建模中管道设计

进入Creo零件模式，在默认菜单中若无【管道】命令，用户可单击【菜单栏】右侧中的查找按钮，文本框中输入“管道”，在【不在功能区中的命令】中找到【管道】并单击【管道】命令，系统将自动弹出【菜单管理器】完成管道的参数设计。

2. 启动 Creo 进入装配模式

单击【菜单栏】|【应用程序】，【应用程序】选项卡如图 15.1.1 所示，选择【管道】命令，进入管道设计模块。管道设计界面如图 15.1.2 所示。

图 15.1.1 【应用程序】选项卡

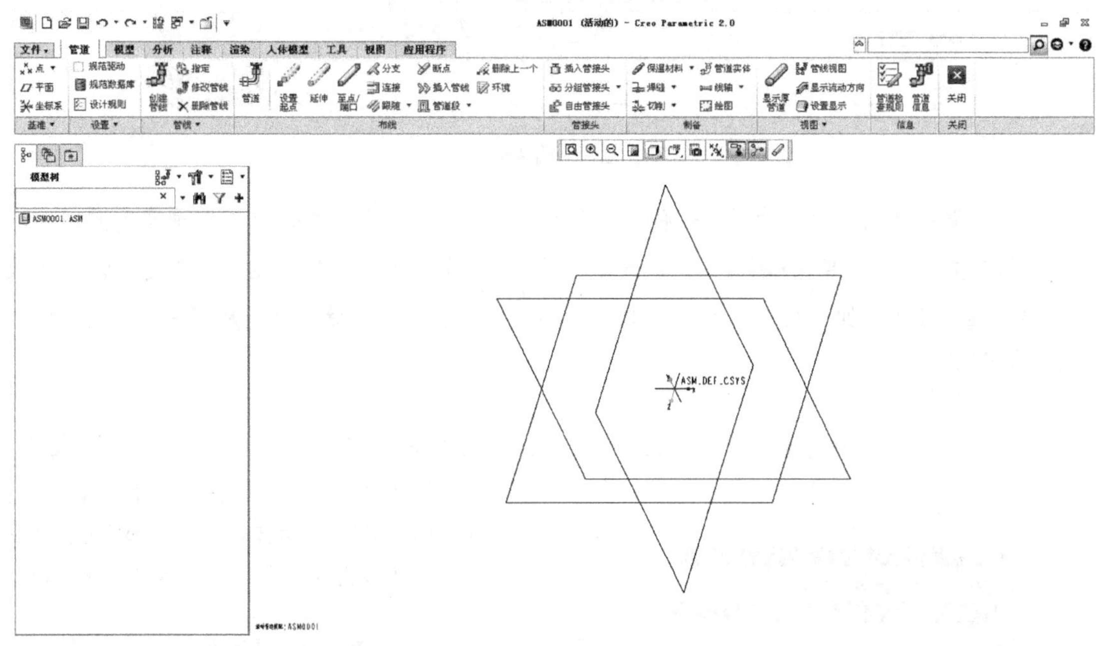

图 15.1.2 管道设计界面

注意：使用管道设计模块，功能强大、优势明显：如工艺上，多数管道都是在各零件安装定位后再设计安装，因此管道（piping）设计必须在一个装配文件的基础上进行。

15.2 创建管道的一般过程

以图 15.2.1 所示的管道系统图为例，介绍在 Creo 中创建管道的一般过程，并介绍几种常用的管道布置方法。

1. 进入管道设计模块

1）设置工作目录，并打开组件“zuzhuang. asm”，装配组件模型如图 15.2.2 所示。

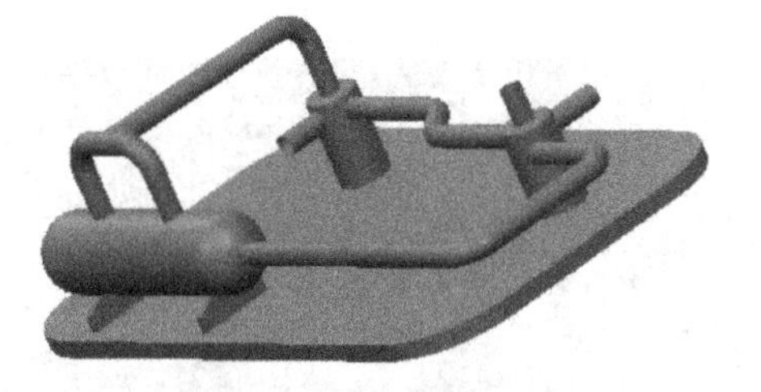

图 15.2.1 管道系统图

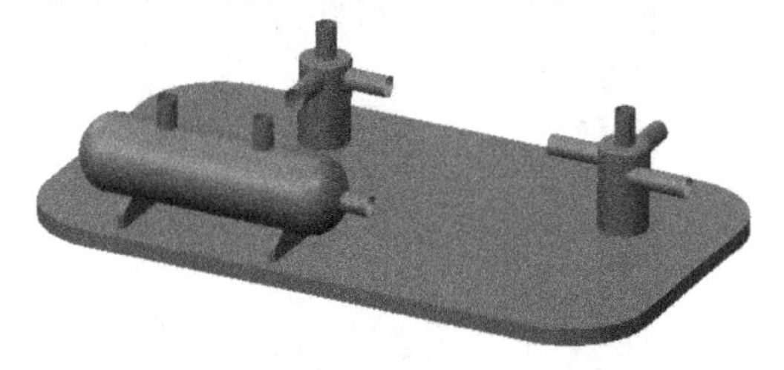

图 15.2.2 装配组件模型

2）在【菜单栏】单击【应用程序】选项卡，然后按下【管道】按钮，系统自动进入管道设计模块。

2. 创建管道 L1

（1）创建管线库（线材）及管线

1）创建管线 L1 。在管道设计模式下，按下【创建管线】按钮，在系统弹出的文本框中输入管线名称“L1”，如图 15.2.3 所示，然后单击按钮。

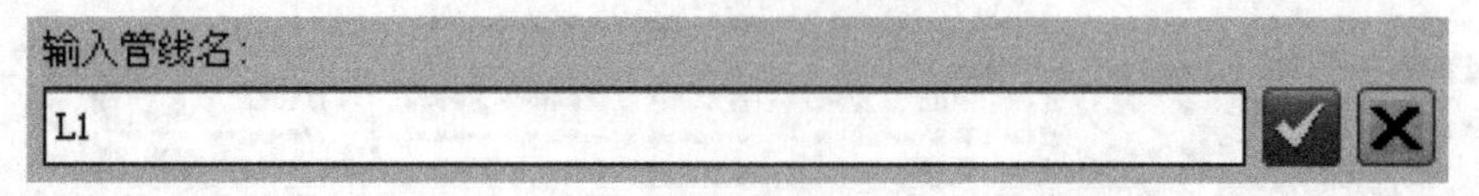

图 15.2.3　输入管线名

2）定义管线库名。定义管线名称后，系统自动弹出输入管线库名[退出]的提示文本框，输入管线库的名称“SC1”，单击按钮，系统弹出【管线库】对话框，在该对话框中完成管线参数设置，单击按钮。如图 15.2.4 所示。其中【截面参数】一项，管道外径及厚度可根据装配件的尺寸来决定。

（2）创建管道路径

1）在【布线】区域中单击【设置起点】按钮，系统弹出如图 15.2.5 所示的【菜单管理器】。选择【入口端】选项，然后选取如图 15.2.6 中所示的基准坐标系“ACS3”为管道布置的起点（加亮位置为选取的基准坐标系）。

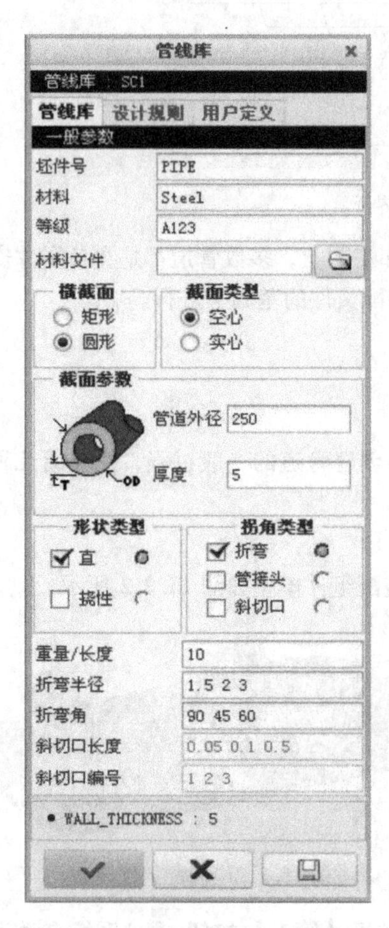

图 15.2.4　【管线库】对话框

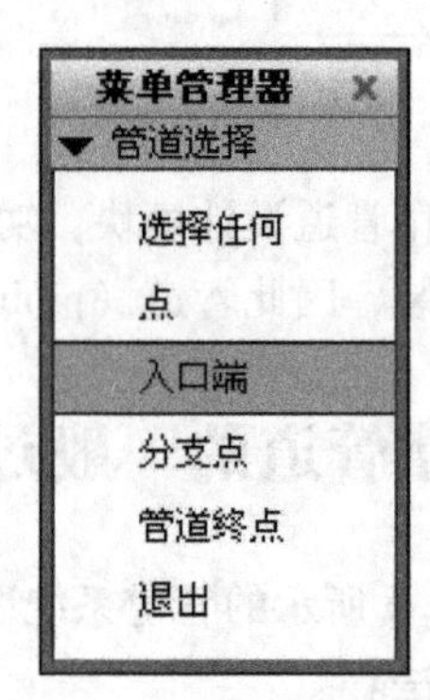

图 15.2.5　【菜单管理器】

图 15.2.6　选取基准坐标系

说明：在管道设计中，常用基准坐标系来表达管道的入口端和起始端，这些坐标系需要预先在产品的管道设计节点中创建，创建时要注意坐标系的 *Z* 轴要指向管线的引出方向。

2）定义延伸管道一。在【布线】区域中单击【延伸】按钮，系统弹出如图 15.2.7 所示的【延伸】对话框，在该对话框的【Z】文本框 Z 中输入“3500”，按 < Enter > 键确认，单击【确定】按钮 确定 。定义延伸管道一如图 15.2.8 所示。

3）定义延伸管道二。单击【设置起点】按钮，在系统弹出的【菜单管理器】中选择【入口端】选项 入口端，然后选取如图 15.2.9 中所示的基准坐标系“ACS4”为管道布置的起点，单击【延伸】按钮，在【延伸】对话框的【Z】文本框 Z 中输入数值“550”，按 < Enter > 键确认，然后单击【确定】按钮 确定 。定义延伸管道二如图 15.2.10 所示。

图 15.2.7 【延伸】对话框

图 15.2.8 定义延伸管道一

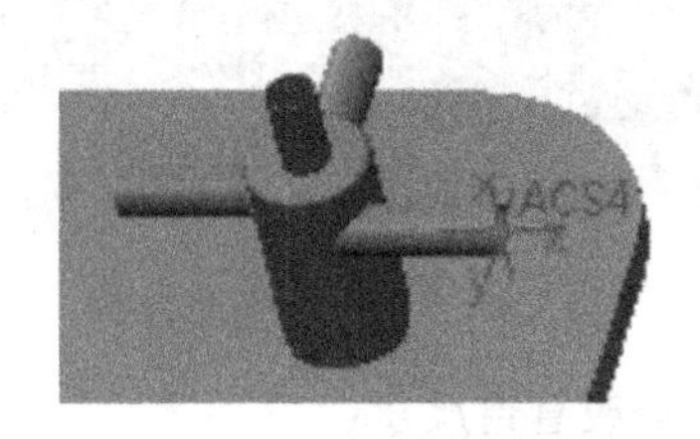

图 15.2.9 选取基准坐标系

4）定义连接管道。单击【布线】区域中的【连接】按钮 连接，系统弹出【连接】对话框，如图 15.2.11 所示，设置连接参数如图 15.2.12 所示，单击按钮，定义连接管道如图 15.2.13 所示。

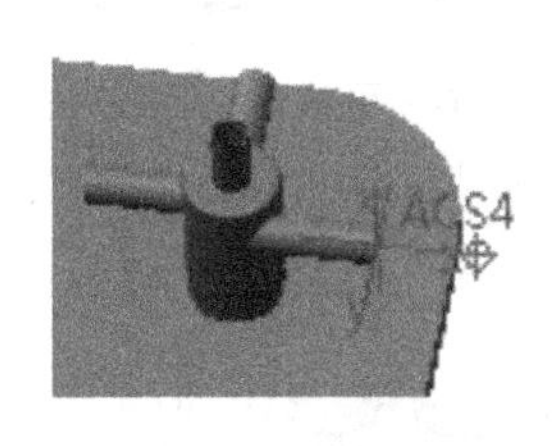

图 15.2.10 定义延伸管道二

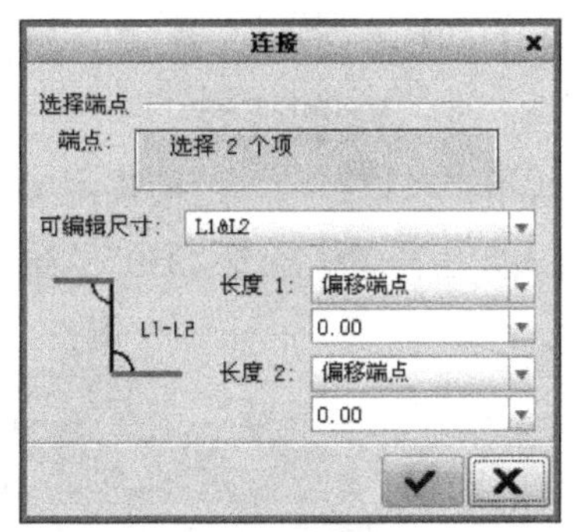

图 15.2.11 【连接】对话框

（3）定义流动方向

1）显示流动方向。在【管道】模式工具栏的 视图 区域中，按下 显示流动方向 按钮，此时，管线中显示流动方向箭头，如图 15.2.14 所示。

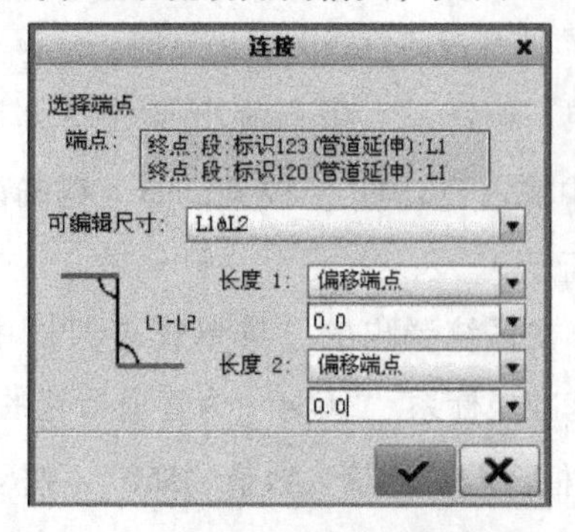

图 15.2.12　设置连接参数

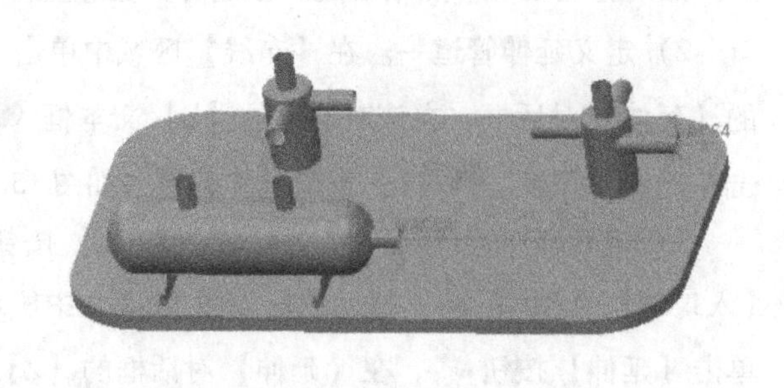

图 15.2.13　定义连接管道

2）更改流动方向。单击 视图 ▾ 区域中的 管线视图 按钮，模型树显示为如图 15.2.15 所示的管道系统树，鼠标右键单击其中的▸ L1，在弹出的快捷菜单中选择 流量 ▸ 中的 反转 命令，更改流动方向。如图 15.2.16 所示。

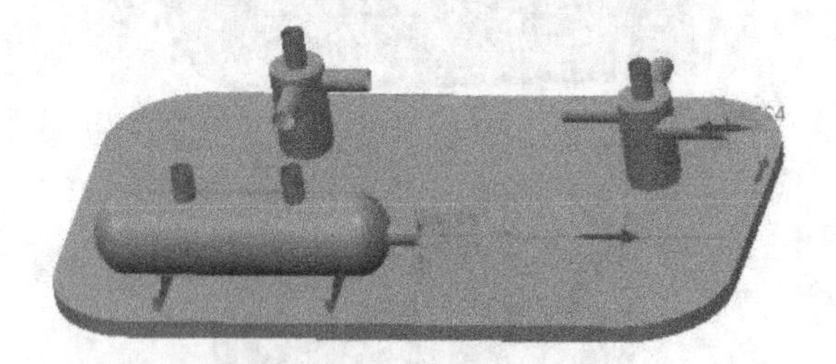

图 15.2.14　显示流动方向

图 15.2.15　管道系统树

（4）修改管道尺寸

1）在管道系统树中鼠标右键单击▸ L1下方的 折弯管道 节点，在弹出的快捷菜单中选择 编辑 命令，此时模型中显示管道 L1 的所有尺寸。

2）修改折弯半径。双击如图 15.2.17 所示尺寸“R1.5”，在系统弹出的【菜单管理器中】，选择 新值 选项，如图 15.2.18 所示。在 输入半径值 350 的提示文本框中，输入新的折弯半径值“350”，然后按 <Enter> 键，单击 ✓ 确认。

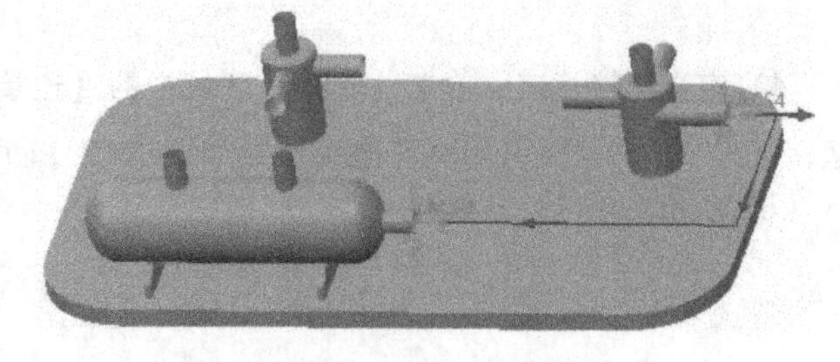

图 15.2.16　更改流动方向

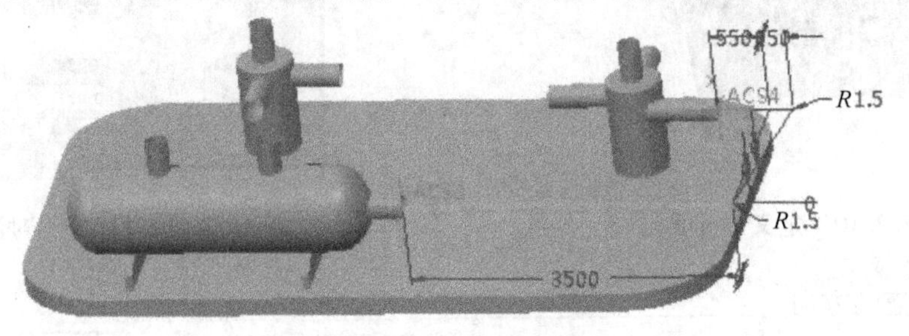

图 15.2.17　修改折弯半径

3）依照2）中的操作步骤，修改完成另一处折弯处半径值为“350”。

4）单击屏幕下方的【黄灯】按钮，弹出【重新生成管理器】，单击 重新生成 按钮，再生模型如图15.2.19所示。

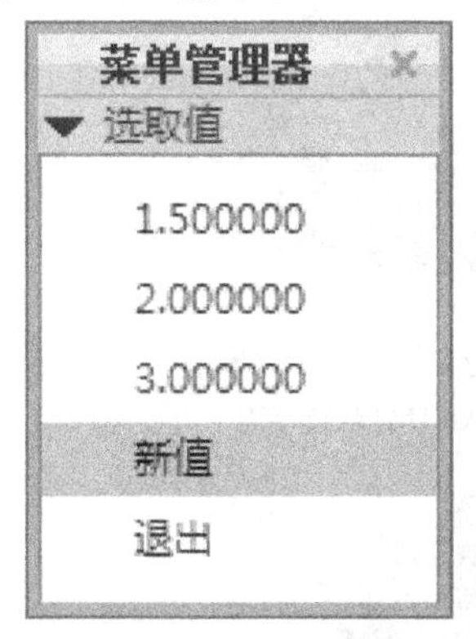

图15.2.18 【菜单管理器】

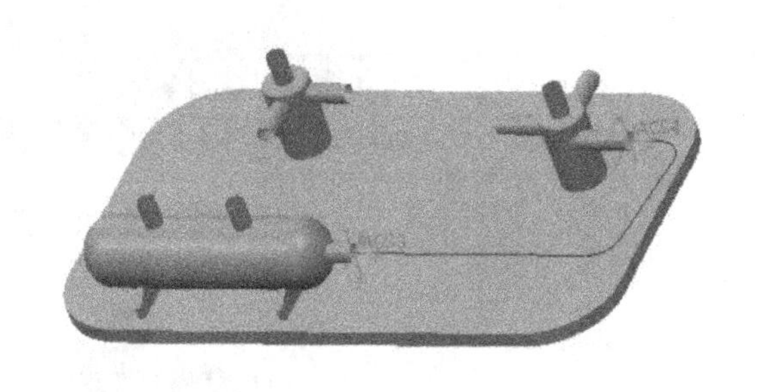

图15.2.19 再生模型

（5）生成实体管道

1）在管道系统树中鼠标右键单击▸ L1节点，在弹出的快捷菜单中选择 实体 ▸ 中的 创建 命令，此时模型中显示如图15.2.20所示的实体管道。

2）单击 视图 ▾ 区域中的 管线视图 按钮使其为弹起状态，返回到模型树显示界面，鼠标右键单击 L10001.PRT节点，在弹出的快捷菜单中选择 打开 命令，可以在新窗口中查看实体管道，如图15.2.21所示。

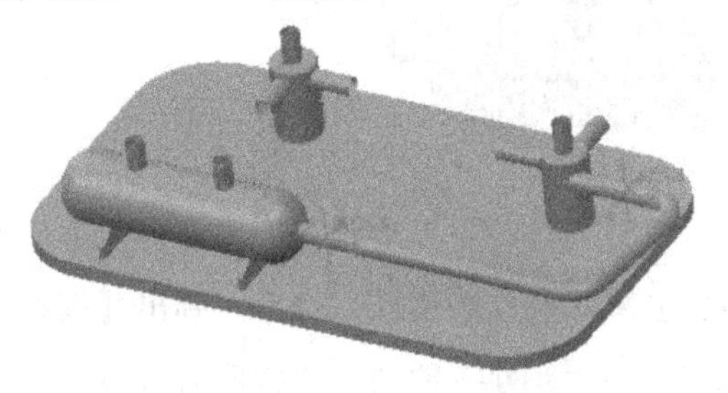

图15.2.20 生成实体管道

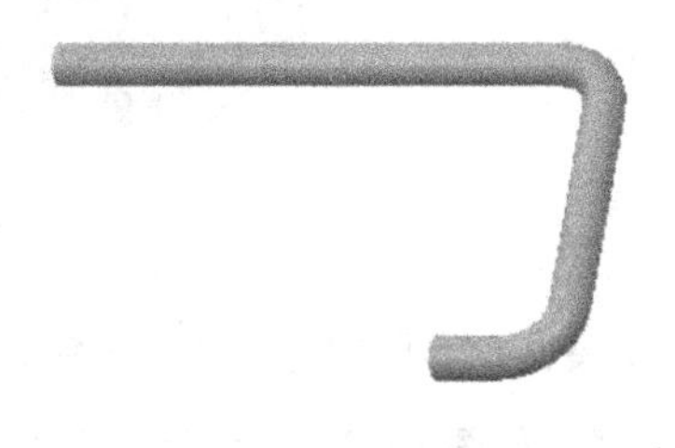

图15.2.21 查看实体管道

3）关闭实体管道窗口并保存装配模型。

3. 创建管道L2

（1）创建管线

1）创建管线L2。在工具栏的 管线 ▾ 区域中单击【创建管线】按钮，在系统弹出的文本框中输入管线名称“L2”，单击 按钮。

2）定义管线库。在系统弹出的【菜单管理器】中选择 SC1 选项。

（2）创建管道路径

1）绘制如图15.2.22所示的管道路径参考曲线。在工具栏中 基准 ▾ 下拉菜单中选择 草绘 按钮。选取如图15.2.23所示新建的ADTM1为草绘平面；选择 ASM_RIGHT:F1(基准平面)

为参考平面，方向为方向 右，单击 草绘 按钮；选取参照，绘制如图 15.2.24 所示的草图，完成后单击✓按钮。

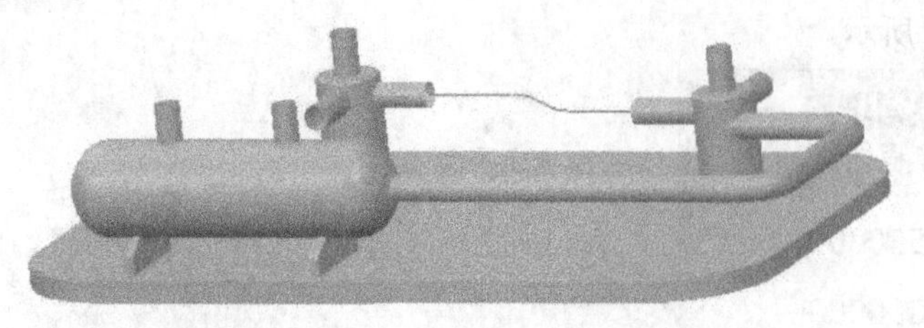

图 15.2.22 管道路径参考曲线

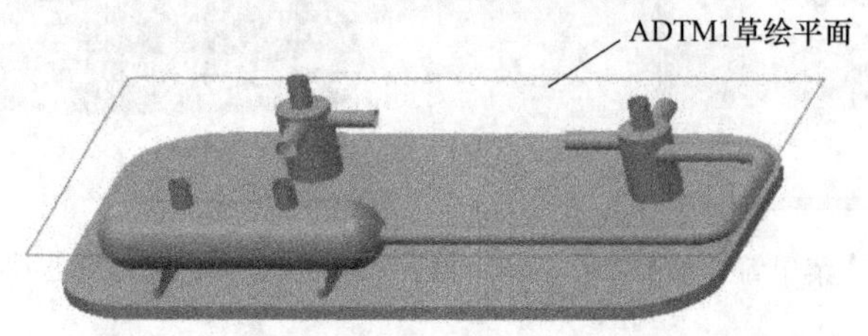

图 15.2.23 确定草绘平面

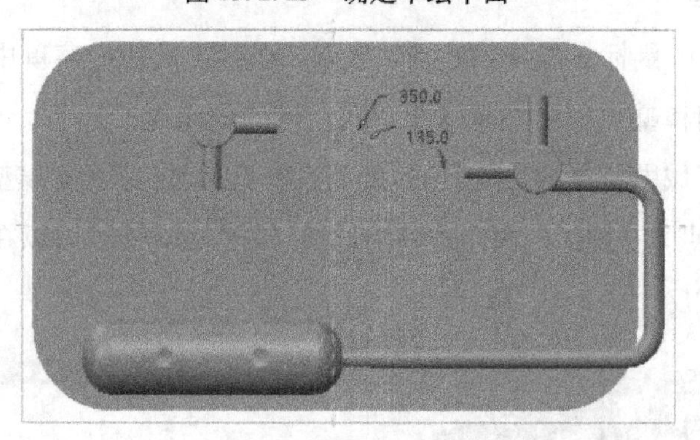

图 15.2.24 绘制草图

2）在模型树界面中选择按钮，在下拉列表中选择 树过滤器(F)... 命令，弹出【模型树项】对话框，如图 15.2.25 所示，选择 特征 复选框，单击 确定 按钮，这样所有管道特征将在模型树中显示。如图 15.2.26 所示。

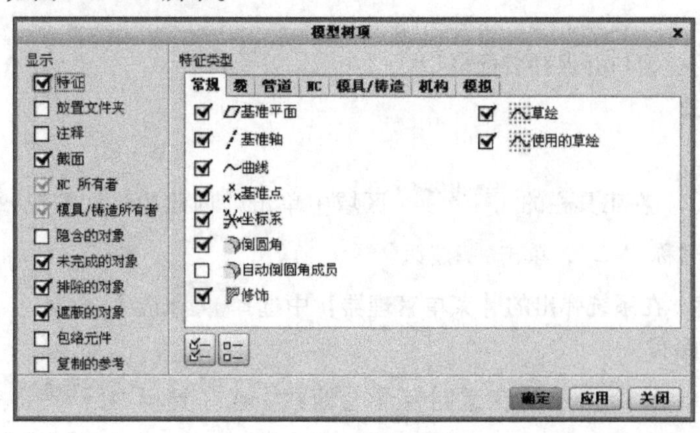

图 15.2.25 【模型树项】对话框

注意：操作运行【树过滤器】命令时，【管线视图】按钮为弹起状态。

3）在工具栏的 布线 区域中单击【管道】按钮，然后在模型树中单击节点L2。

4）在工具栏的 布线 区域中单击【跟随】按钮 跟随 的，选择 跟随草绘 命令，然后选取如图15.2.22所示的路径参考曲线；在弹出的【跟随草绘】对话框中设置如图15.2.27所示的参数，单击 按钮。

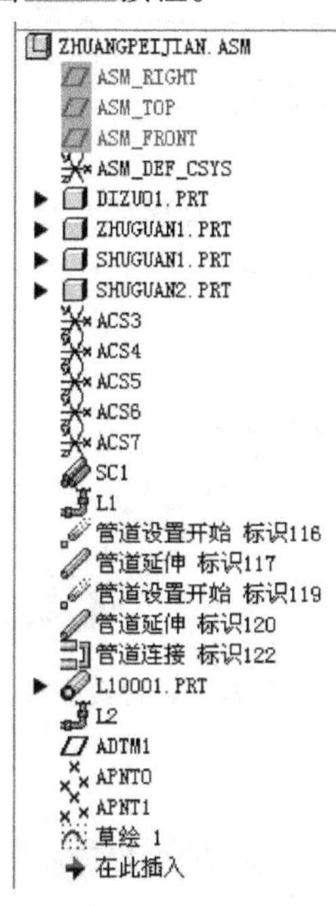

图15.2.26　模型树显示

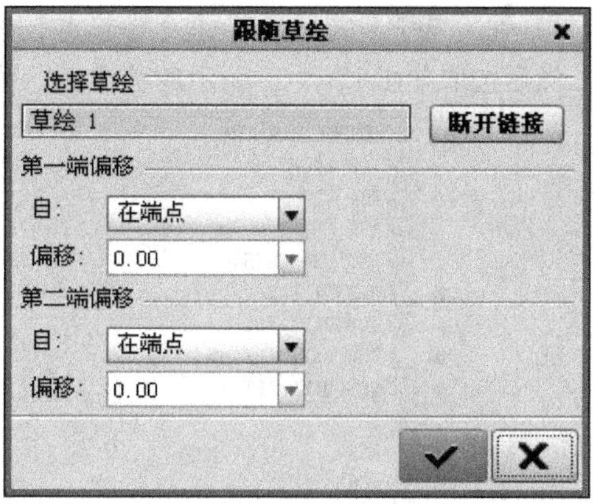

跟随草绘
选择草绘
草绘 1　断开链接
第一端偏移
自：在端点
偏移：0.00
第二端偏移
自：在端点
偏移：0.00

图15.2.27　【跟随草绘】对话框

（3）生成实体管道

1）按下 视图 区域中的 管线视图 按钮，模型树显示为管道系统树，如图15.2.28所示。鼠标右键单击其中的L2节点，在弹出的快捷菜单中选择 实体 中的 创建 命令，此时模型中显示如图15.2.29所示的实体管道。

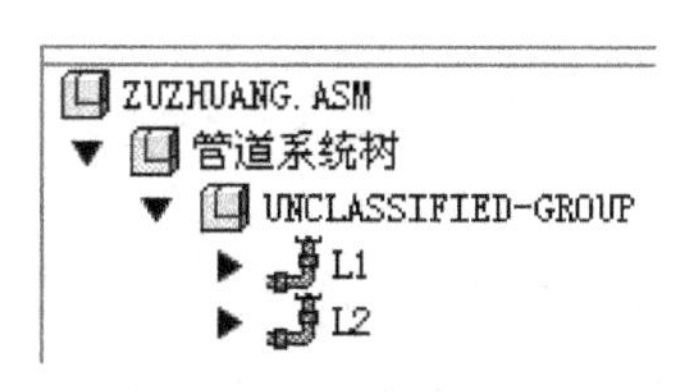

图15.2.28　模型树

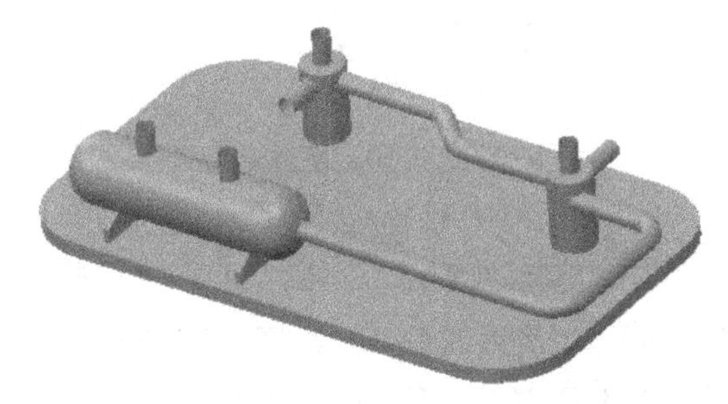

图15.2.29　生成实体管道

2）单击 视图 区域中的 管线视图 按钮使其为弹起状态，返回到模型树显示界面，如图15.2.30所示，鼠标右键单击▶ L20001.PRT节点，在弹出的快捷菜单中选择 打开 命令，可以在新窗口中查看实体管道，如图15.2.31所示。

3）关闭实体管道窗口并保存装配模型。

4. 创建管道L3

（1）创建管线

1）创建管线L3。在管道模式下，管线▼区域中单击【创建管线】按钮。在系统弹出的文本框中输入管线名称“L3”，单击按钮。

2）定义管线库。在系统弹出的【菜单管理器】中选择SC1按钮。

（2）创建管道路径

1）在布线区域按下【设置起点】按钮，在弹出的【菜单管理器】中选择入口端选项，然后选取如图15.2.32所示的基准坐标系“ACS5”为管道布置起点。

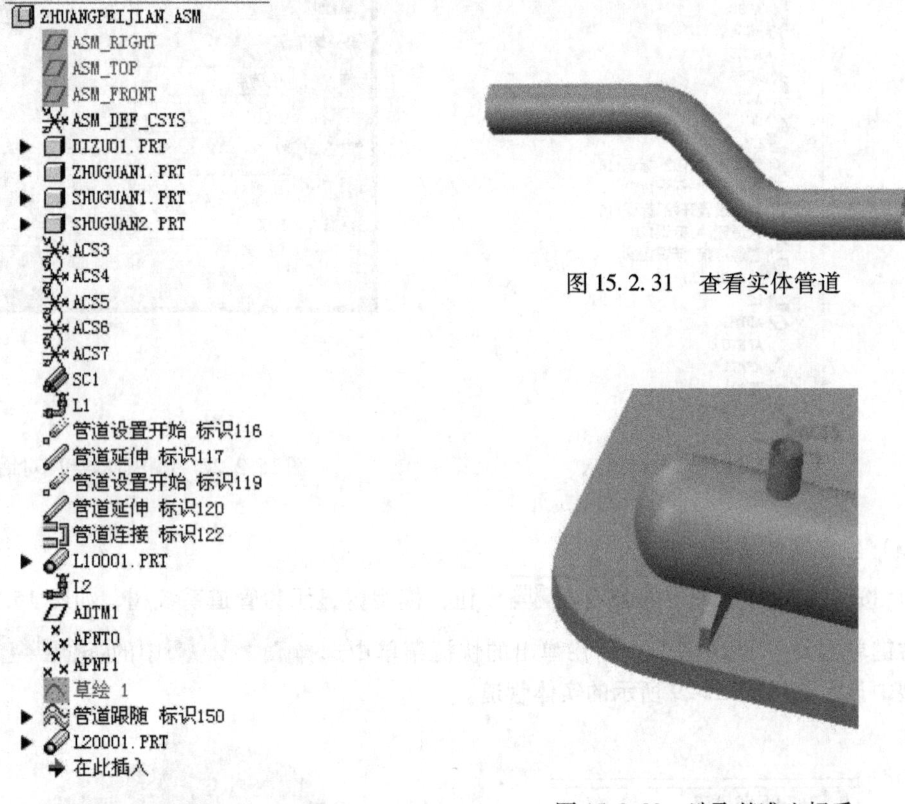

图15.2.30 模型树

图15.2.31 查看实体管道

图15.2.32 选取基准坐标系

2）定义延伸管道一。在【工具栏】的布线区域中按下【延伸】按钮，系统弹出【延伸】对话框（一），如图15.2.33所示。单击至坐标右侧的下拉按钮，选择沿坐标系轴选项，系统弹出【延伸】对话框（二），在该对话框中设置如图15.2.34所示的参数，单击应用按钮，延伸管道一如图15.2.35所示。单击确定按钮退出对话框。

3）修改管道环境。在工具栏的布线区域中按下环境按钮，系统弹出如图15.2.36所示的【管道环境】对话框的，在该对话框的折弯半径文本框中输入数值“350”，单击确定按钮。

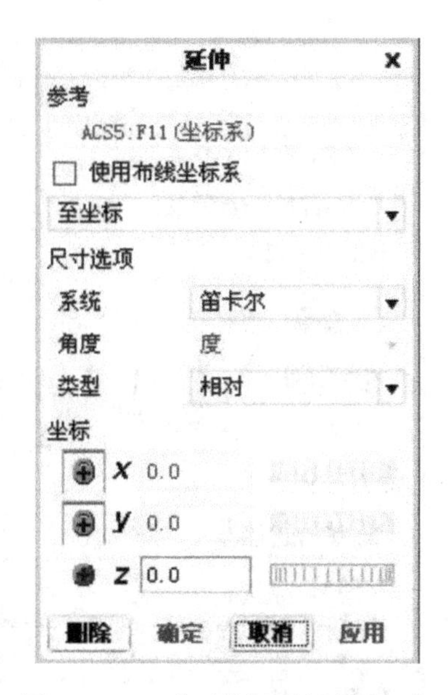

图 15.2.33 【延伸】对话框（一）

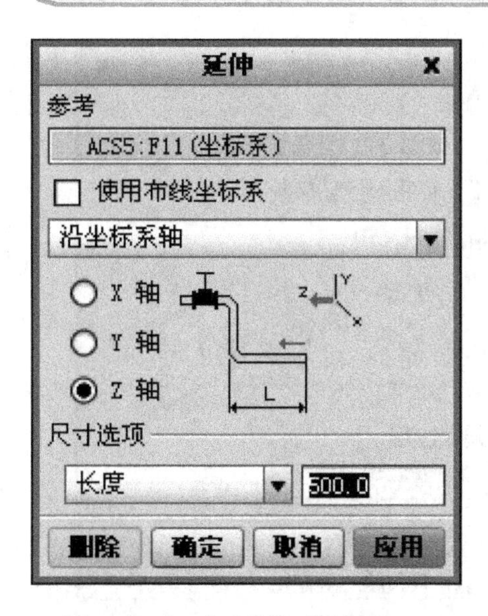

图 15.2.34 【延伸】对话框（二）

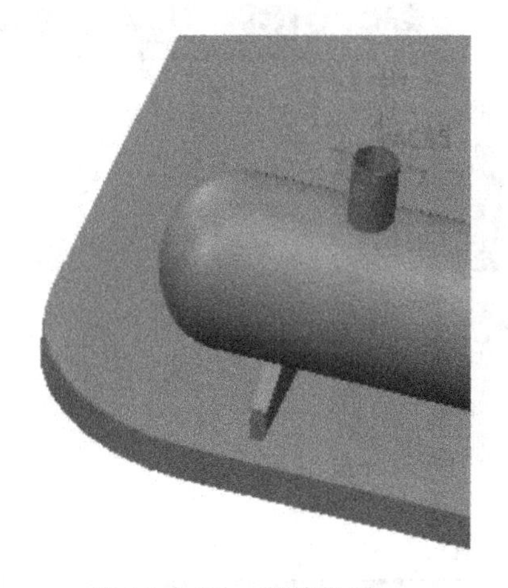

图 15.2.35 延伸管道一

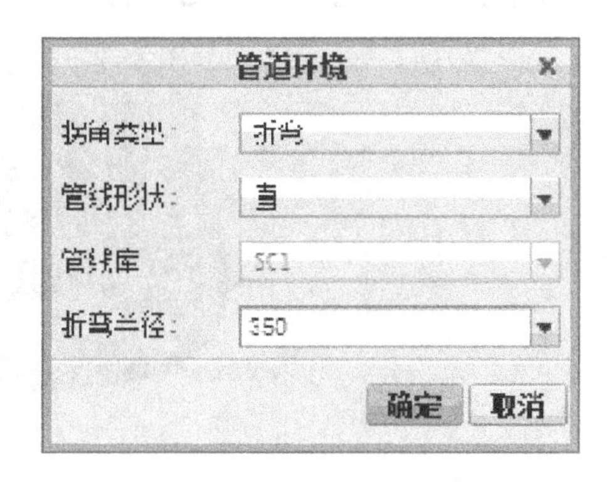

图 15.2.36 【管道环境】对话框

4）定义延伸管道二。在如图 15.2.37 所示的【延伸】对话框（三）中选中 Y 轴 单选按钮，在 尺寸选项 区域中的下拉列表中选择 距参考的偏移 选项，选取如图 15.2.38 所示的基准坐标系“ACS6”为偏移参考；单击 尺寸选项 区域下方的文本框，输入数值“0”，单击 确定 按钮，定义延伸管道二如图 15.2.38 所示。

注意：在【延伸】对话框中选取【X 轴】、【Y 轴】或【Z 轴】选项，取决于用户创建坐标系的 *X*、*Y*、*Z* 轴方向。

5）定义管道终点。在工具栏中 布线 区域单击【至点或端口】按钮，系统弹出如图 15.2.39 所示的【到点/端口】对话框，选取如图 15.2.38 所示的“ACS6”为参考基准坐标系，单击 ✔ 按钮，定义管道终点如图 15.2.40 所示。

5. 创建分支管道 L4

（1）创建管线

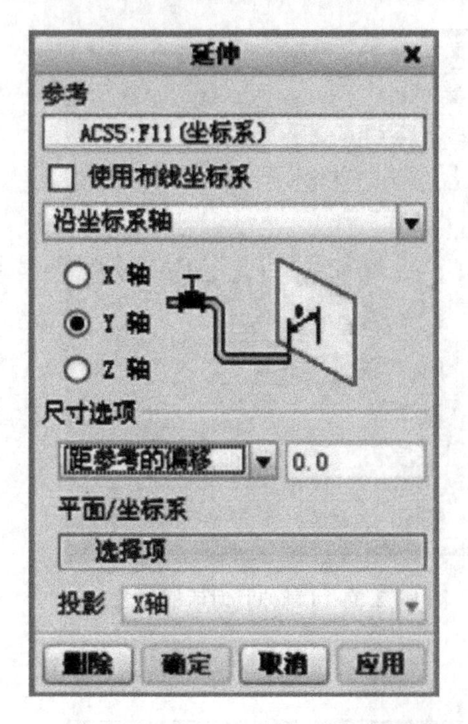

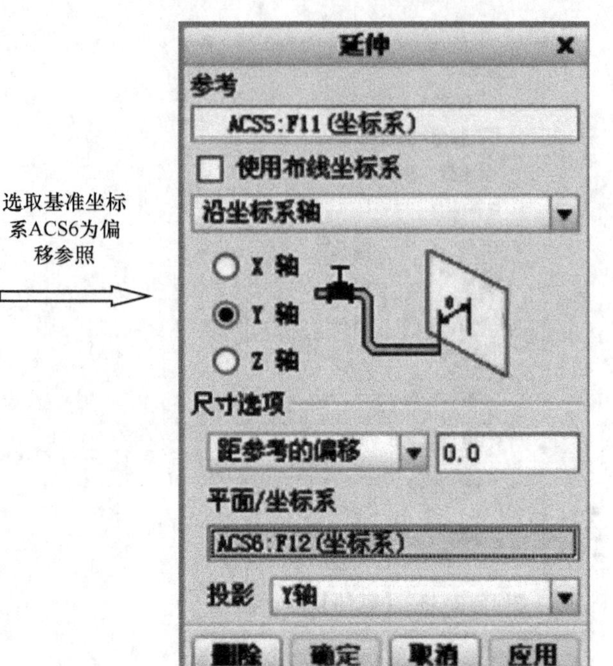

图 15.2.37 【延伸】对话框（三）

图 15.2.38 定义延伸管道二

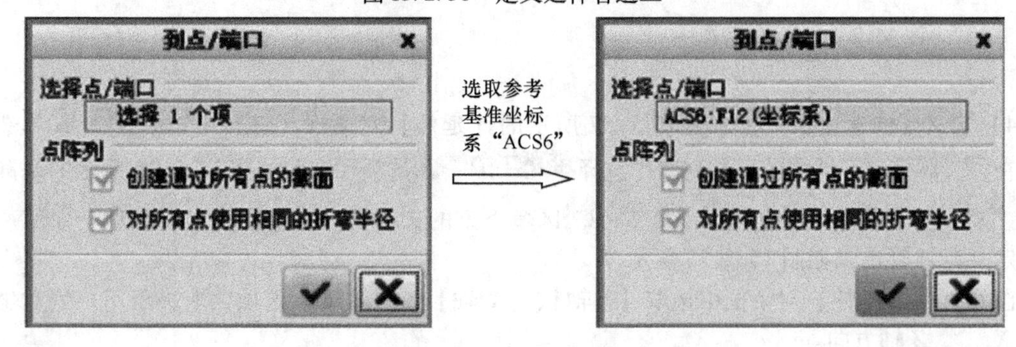

图 15.2.39 【到点/端口】对话框

1）创建管线 L4。在 管线 ▾ 区域内单击【创建管线】按钮，在系统弹出的文本框中输入管线名称“L4”，然后单击✓按钮。

2）定义管线库。在系统弹出的【菜单管理器】中选择 SC1 选项。

（2）创建管道路径

1）在 布线 区域内单击【设置起点】按钮，在系统弹出的【菜单管理器】中选择入口端选项，然后选取如图15.2.41所示的基准坐标系“ACS7”为管道布置起点。

图15.2.40 定义管道终点

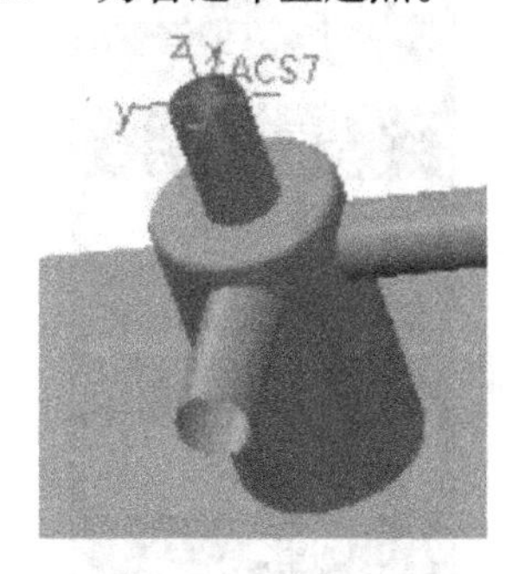

图15.2.41 选取基准坐标系

2）定义延伸管道。在 布线 区域内单击【延伸】按钮，系统弹出【延伸】对话框，在该对话框的尺寸选项区域下方的文本框中输入数值“500”，按<Enter>键确认，如图15.2.42所示，然后单击 确定 按钮，定义延伸管道如图15.2.43所示。

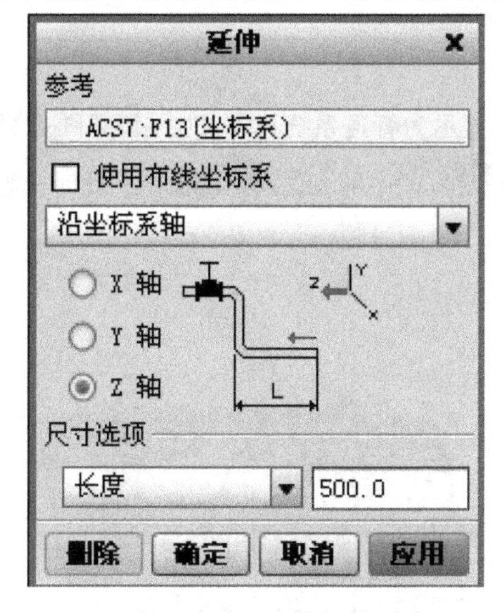

图15.2.42 【延伸】对话框

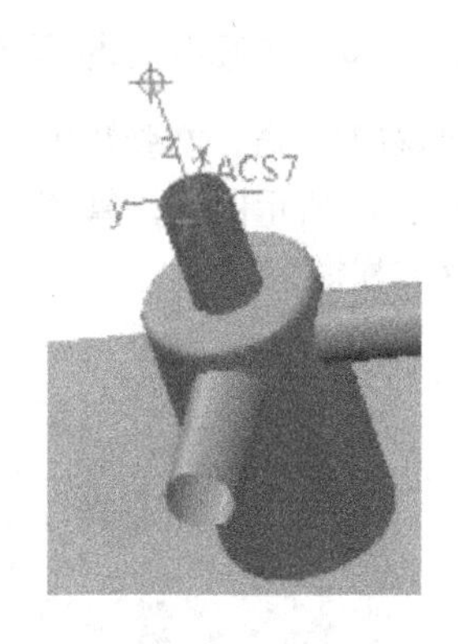

图15.2.43 定义延伸管道

3）修改管道环境。在 布线 区域中单击【环境】按钮环境，系统弹出的【管道环境】对话框，在该对话框的折弯半径:文本框中输入数值“350”，单击 确定 按钮。

4）定义分支管道。在 布线 区域中单击【分支】按钮分支，系统弹出图15.2.44所示的【分支】【菜单管理器】，选择【至点】|【创建点】命令，在图形区中选取4. 中创建的L3管线为参考对象；继续在【菜单管理器】中选择长度比例命令，如图15.2.45所示。在系统弹出的输入曲线长度比例(0.0 <= 比例<= 1.0)文本框中输入比例值“0.5”，单击按钮完成分支管道的创建，定义分支管道如图15.2.46所示。

图 15.2.44 【分支】【菜单管理器】(一)

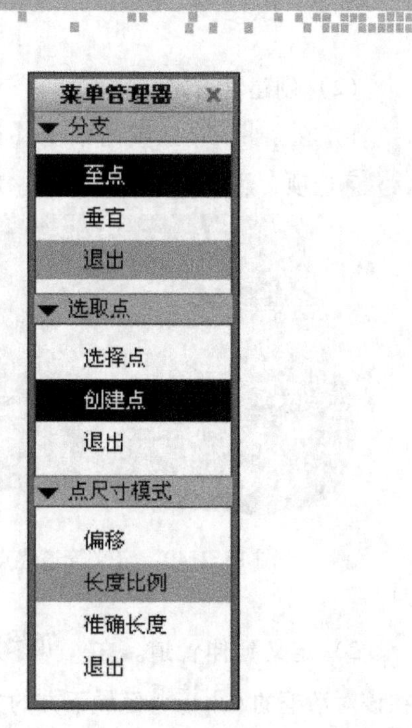

图 15.2.45 【分支】【菜单管理器】(二)

(3) 生成实体管道

1) 按下 视图▼ 区域中的 管线视图 按钮，模型树显示为管道系统树，选中 L3 和 L4 节点，然后鼠标右键单击，在弹出的快捷菜单中选择 实体 ▸ 中的 创建 命令，此时模型中显示如图 15.2.47 所示的实体管道。

2) 保存装配模型。

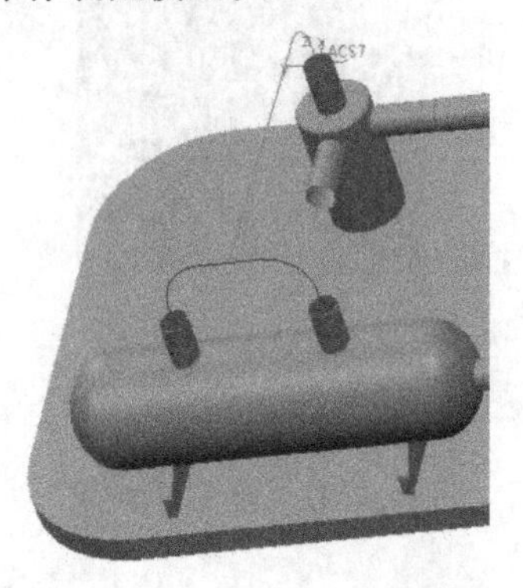

图 15.2.46 定义分支管道

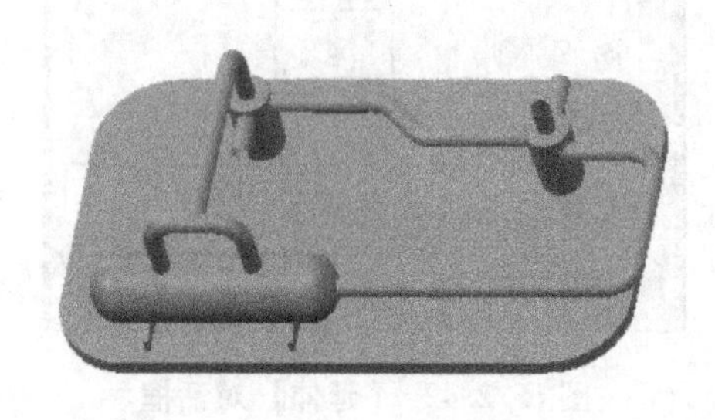

图 15.2.47 生成实体管道

参 考 文 献

［1］ 张朝晖，蔡玉强，Pro/ENGINEER 野火 2 版精彩实例教程［M］．北京：北京大学出版社，2006.
［2］ 蔡玉强，等．涡轮逆向工程设计［J］．模具工业，2002（9）：11-14.
［3］ 蔡玉强，等．基于 Pro/E 的三环减速器装配的参数化设计［J］．机械设计与制造，2006（7）：53-55.
［4］ 蔡玉俊，蔡玉强，等．基于逆向工程的模具 CAD/CAM/DNC 技术［J］．模具工业，2004（1）：17-20.
［5］ 范佳，蔡玉强，等．基于 Pro/E 的渐开线直齿轮参数建模［J］．河北理工学院学报，2006（1）：1-4.